"十三五"国家重点出版物出版规划项目
"双一流"建设精品出版工程
ELSEVIER 精选翻译图书

# 综合膜科学与工程（第2版）
## 第3册 化学/能量转换膜和膜接触器

COMPREHENSIVE MEMBRANE SCIENCE
AND ENGINEERING (SECOND EDITION)

VOLUME 3 MEMBRANES IN CHEMICAL/ENERGY
CONVERSION AND MEMBRANE CONTACTORS

［意］Enrico Drioli
［意］Lidietta Giorno    著
［意］Enrica Fontananova

姜再兴　高国林　郑文慧　董继东　译

 哈尔滨工业大学出版社
HARBIN INSTITUTE OF TECHNOLOGY PRESS

Elsevier

## 内容简介

由意大利国家研究委员会膜技术研究所(Institute on Membrane Technology of the National Research Council of Italy, ITM–CNR)的科学家 Enrico Drioli、Ldietta Giorno、Enrica Fontananova 撰写的《综合膜科学与工程(第2版)》共分为4册,分别为:第1册,膜科学与技术;第2册,先进分子分离中的膜操作;第3册,化学/能量转换膜和膜接触器;第4册,膜的应用。

本册共13章,主要包括:第1章,膜反应器基础;第2章,膜反应器和催化膜反应器的建模与仿真;第3章,生物催化膜和膜生物反应器;第4章,多相膜反应器;第5章,膜反应器中的光催化过程;第6章,渗透蒸发膜反应器;第7章,用于燃料电池的质子传导膜的基础;第8章,基于薄膜的可持续用水发电工艺:压力阻滞渗透(PRO)、反向电渗析(RED)和电容式混合(CAPMIX);第9章,用于强化气液吸收过程的膜接触器;第10章,膜蒸馏和渗透蒸馏;第11章,膜结晶技术;第12章,膜式冷凝器和膜式干燥器;第13章,膜乳化进展和前景。本书由来自不同研究背景和行业的学科前沿专家撰写,既包含现有不同膜材料的基础知识,也关注了膜科学领域近些年的最新前沿进展,并预测了膜科学未来的一些可能的发展和应用方向。

本书有较强的系统性,循序渐进,由浅入深,适合作为膜材料相关专业的本、硕、博学生及授课教师作为教材使用,也可以作为膜科学相关领域科研人员的参考书,还可以作为膜科学相关企业的工作人员的参考书。

## 图书在版编目(CIP)数据

综合膜科学与工程:第2版.第3册,化学/能量转换膜和膜接触器/(意)恩瑞克·德利奥里(Enrico Drioli),
(意)利迪塔·吉奥诺(Lidietta Giorno),
(意)恩里卡·丰塔纳诺娃(Enrica Fontananova)著;姜再兴等译.
—哈尔滨:哈尔滨工业大学出版社,2022.10
ISBN 978-7-5603-8631-7

Ⅰ.①综⋯ Ⅱ.①恩⋯ ②利⋯ ③恩⋯ ④姜⋯ Ⅲ.①膜材料 Ⅳ.①TB383

中国版本图书馆 CIP 数据核字(2020)第017532号

策划编辑　许雅莹
责任编辑　张　颖　李青晏
封面设计　高永利
出版发行　哈尔滨工业大学出版社
社　　址　哈尔滨市南岗区复华四道街10号　邮编150006
传　　真　0451-86414749
网　　址　http://hitpress.hit.edu.cn
印　　刷　黑龙江艺德印刷有限责任公司
开　　本　787mm×1092mm　1/16　印张32.25　字数762千字
版　　次　2022年10月第1版　2022年10月第1次印刷
书　　号　ISBN 978-7-5603-8631-7
定　　价　264.00元

(如因印装质量问题影响阅读,我社负责调换)

黑版贸审字 08 – 2020 – 085 号

Elsevier BV.

Comprehensive Membrane Science and Engineering, 2nd Edition
Enrico Drioli, Lidietta Giorno, Enrica Fontananova
Copyright © 2017 Elsevier BV. All rights reserved.
ISBN: 978 – 0 – 444 – 63775 – 8

This translation of Comprehensive Membrane Science and Engineering, 2nd Edition by Enrico Drioli, Lidietta Giorno, Enrica Fontananova was undertaken by Harbin Institute of Technology Press and is published by arrangement with Elsevier BV.

《综合膜科学与工程,第 3 册 化学/能量转换膜和膜接触器》(第 2 版)(姜再兴,高国林,郑文慧,董继东译)

ISBN: 9787560386317

Copyright © Elsevier BV. and Harbin Institute of Technology. All rights reserved.

No part of this publication may be reproduced or transmitted in any form or by any means, electronic or mechanical, including photocopying, recording, or any information storage and retrieval system, without permission in writing from Elsevier BV. Details on how to seek permission, further information about the Elsevier's permissions policies and arrangements with organizations such as the Copyright Clearance Center and the Copyright Licensing Agency, can be found at our website: www.elsevier.com/permissions.

This book and the individual contributions contained in it are protected under copyright by Elsevier BV. and Harbin Institute of Technology Press (other than as may be noted herein).

This edition is printed in China by Harbin Institute of Technology Press under special arrangement with Elsevier BV. This edition is authorized for sale in the People's Republic of China only, excluding Hong Kong SAR, Macau SAR and Taiwan. Unauthorized export of this edition is a violation of the contract.

本书简体中文版由 Elsevier BV. 授权哈尔滨工业大学出版社有限公司在中华人民共和国境内(不包括香港特别行政区、澳门特别行政区以及台湾地区)出版与发行。未经许可之出口,视为违反著作权法,将受民事及刑事法律之制裁。

本书封底贴有 Elsevier 防伪标签,无标签者不得销售。

注　意

　　本书涉及领域的知识和实践标准在不断变化。新的研究和经验拓展我们的理解,因此须对研究方法、专业实践或医疗方法做出调整。从业者和研究人员必须始终依靠自身经验和知识来评估和使用本书中提到的所有信息、方法、化合物或本书中描述的实验。在使用这些信息或方法时,他们应注意自身和他人的安全,包括注意他们负有专业责任的当事人的安全。在法律允许的最大范围内,爱思唯尔、译文的原文作者、原文编辑及原文内容提供者均不对因产品责任、疏忽或其他人身或财产伤害及/或损失承担责任,亦不对由于使用或操作文中提到的方法、产品、说明或思想而导致的人身或财产伤害及/或损失承担责任。

# 译 者 序

《综合膜科学与工程(第2版)》由意大利国家研究委员会膜技术研究所(ITM-CNR)的科学家 Enrico Drioli、Lidietta Giorno、Enrica Fontananova 撰写。本书从基本原理、结构设计、产业应用等方面详细地总结了膜科学与工程的发展,对于从事相关研究工作的科技工作者和研究生具有很好的参考价值。全书共分为4册,分别为:第1册,膜科学与技术;第2册,先进分子分离中的膜操作;第3册,化学/能量转换膜和膜接触器;第4册,膜应用。

第1册,从生物膜和人工合成膜出发,讨论了人工合成膜传输的基础知识以及它们在各种结构中制备的基本原理,概述了用于膜制备的有机材料和无机材料的发展现状和前景,以及膜相关的基本与先进表征方法。

第2册,针对先进分子分离过程中膜相关的操作,如液相和气相中的压力驱动膜分离及其他分离过程(如光伏和电化学膜过程),分析和讨论了它们的基本原理及应用。

第3册,介绍了广泛存在于生物系统中的分子分离与化学和能量转换相结合的研究进展,以及膜接触器(包括膜蒸馏、膜结晶、膜乳化剂、膜冷凝器和膜干燥器)的基本原理和发展前景。

第4册,侧重描述了在单个工业生产周期中,前3册中所描述的各种膜操作的组合,这有利于过程强化策略下完全创新的产业转型设计,不仅对工业界有益,在人工器官的设计和再生医学的发展中,也可以借鉴同样的策略。

哈尔滨工业大学化工与化学学院多位年轻教师和研究生对本书进行了翻译,希望能让我国读者更好地理解和掌握膜科学与工程的基本知识和发展前景。

本册由姜再兴、高国林、郑文慧、董继东译,李阳阳、徐丽娟、纪媛、任丽萍、张骥驰、刘一洁、杨铭、柳韵等博士研究生也参与了本书的翻译工作。

鉴于译者水平和能力有限,疏漏之处在所难免,欢迎广大读者对中文译本中的疏漏和不确切之处给予指正。

徐平,邵路,姜再兴,杜耘辰
2022年3月

# 第 2 版前言

《综合膜科学与工程(第 2 版)》是一部由来自不同研究背景和行业的顶尖专家撰写的跨学科的膜科学与技术著作,共 58 章,重点介绍了近年来膜科学领域的研究进展及今后的发展方向,并更新了 2010 年第 1 版出版以来的最新成果。近年来,能推动现有膜分离技术局限性的新型膜材料已取得长足进展,比如一些用于气体分离的微孔聚合物膜和用于快速水传输的自组装石墨化纳米结构膜。一些众所周知的膜制备工艺,如电纺丝,也在纳米复合膜和纳米结构膜的合成方面取得了新的进展和应用。尽管一些膜操作的基本概念在几十年前就已经为人们所熟知,但最近几年它们才从实验室转移到实际应用中,比如基于膜能量转换过程的盐度梯度功率(SGP)生产工艺(包括压力阻滞渗透(PRO)和反向电渗析(RED))。这些在膜科学方面的进展是怎样取得的,下一步的研究是什么,以及哪些膜材料及其工艺的效率低于预期,这些问题都是本书的关注点。在第 2 版中,更加强调基础研究和实际应用之间的联系,涵盖了膜污染和先进检测与控制技术等内容,给出了对这些领域更全面更新颖的见解;介绍了膜的建模和模拟的最新进展、膜的操作和耐受性,以及组织工程和再生医学领域相关内容;并列举了关于膜操作的中大型应用的案例研究,特别关注了集成膜工艺策略。因此,本书对于科研人员、生产实践人员和创业者、高年级本科生和研究生,都是一本极具参考价值的工具书。

在全球人口水平增长、平均寿命显著延长和生活质量标准全面提高的刺激下,对一些国家来说,过去的几十年是巨大的资源密集型工业发展时期。正如在第 1 版中介绍,这些积极的发展也伴随着相关问题的出现,如水资源压力、环境污染、大气中二氧化碳排放量的增加以及与年龄相关的健康问题等。这些问题与缺乏创新性技术相关。废水处理技术就是一个典型的例子。如图 1(a)所示,过去水处理工艺基本上延续了相同的理念,但在近几十年中出现了新的膜操作技术(图 1(b))。如今,实现知识密集型工业发展的必要性已得到充分认识,这将实现从以数量为基础的工业系统向以质量为基础的工业系统过渡。人力资本正日益成为这种社会经济转型的驱动力,可持续增长的挑战依赖于先进技术的使用。膜技术在许多领域已经被认为是能够促进这一进程的最佳可用技术之一(图 2)。工艺过程是技术创新中涉及学科最多的领域,也是当今和未来世界所必须要应对的新问题之一。近年来,过程强化理念被认为是解决这一问题的最佳方法,它由创新的设备、设计和工艺开发方法组成,这些方法有望为化学和其他制造与加工领域带来实质性的改进,如减小设备尺寸、降低生产成本、减少能源消耗和废物产生,并改善远程控制、信息通量和工艺灵活性(图 3)。然而,如何推进这些工艺过程仍旧不是很明朗,而现代膜工程的不断发展基本满足了过程强化的要求。膜操作具有效率高、操作简单、对特定成分传输具有高选择性和高渗透率的内在特性,不同膜操作在集成系统中的兼容性好、能量要求低、运行条件和环境相容性好、易于控制和放大、操作灵活性大等特点为化学和其他工业生产的合理化提供了一个可行的方法。许多膜操作实际上基于相同的硬件(设备、材料),只是软件不同(膜性质、方法)。传统的膜分离操作(反渗透(RO)、微滤(MF)、超滤(UF)、纳滤(NF)、电渗析(ED)、渗透汽化(PV)等),已广泛应用于许多不同的应用领域,如今已经与新的膜系统相结合,如催化膜反应器和膜接触器。目前,通过结合各种适合于分离和转化的膜单元,重新规划重要的工业生产循环,进而实现高集成度的膜工艺展现了良好的前景。在各个领域,膜操作已经成为主导技术,如海水淡化(图4)、废水处理和再利用(图5),以及人工器官制造(图6)等。

(a)过去的水处理工艺　　　　　　　　(b)新型的膜操作技术

图1　过去与现在的废水处理方法

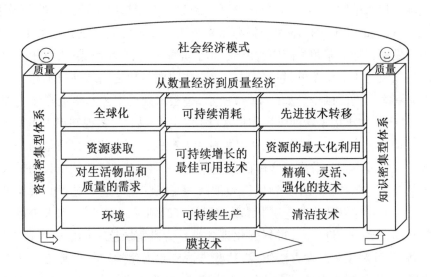

图2　当前社会经济技术推动资源密集型体系向知识密集型体系转型的过程示意图

图3　过程强化技术

(Charpentier, J. C., 2007, *Industrial and Engineering Chemistry Research*)

　　有趣的是,如今在工业层面上实现的大部分膜工艺,自生命诞生以来就存在于生物系统和自然界中。事实上,生物系统的一个重要组成部分就是膜,它负责分子分离,化学转化,分子识别,能量、质量和信息传递等(图7),其中一些功能已成功地移植到工业生产中。然而,在再现生物膜的复杂性和效率,整合各种功能、修复损伤的能力,以及保持长时间的特殊活性,避免污染问题和各种功能退化,保持系统活性等方面还有困难。因此,未来的膜科学家和工程师将致力于探究和重筑新的自然系统。《综合膜科学与工程(第2版)》介绍和讨论了膜科学与工程的最新成果。来自世界各地的资深科学家和博士生完成了4册的内容,包括膜的制备和表征,以及它们在不同的操作单元中的应用、膜反应器中分子分离到化学转化和质能转化的优化、膜乳化剂配方等,强调了它们在能源、环境、生物医药、生物技术、农用食品、化工等领域的应用。如今,在工业生产中重新设计、整合大量的膜操作单元正变得越来越现实,并极具吸引力。然而,要将现有的膜工程知识传播给公众,并让读者越来越多地了解这些创造性、动态和重要的学科的基础和应用,必须付出巨大努力。作者将在本书中尽力为此做出贡献。

图4　EI Paso 海水淡化厂反渗透膜(RO)装置

图5　用于废水处理的浸没式膜组件

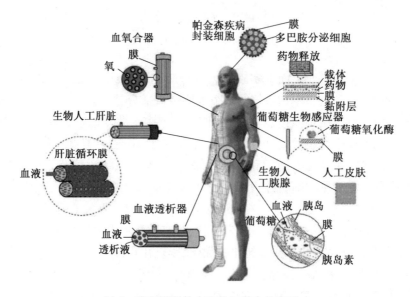

图6　膜和膜器件在生物医学中的应用

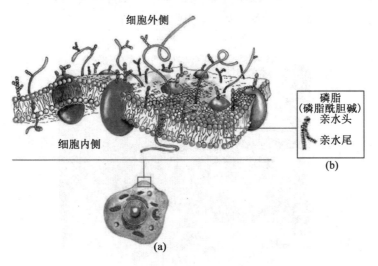

图7　生物膜的功能

# 目　　录

第1章　膜反应器基础 ·································································· 1
　1.1　概述 ············································································· 1
　1.2　萃取型膜反应器在平衡控制反应条件下的热力学转换增强 ········· 3
　1.3　反应动力学条件下分布型膜反应器选择性增强 ·························· 14
　1.4　结论 ············································································· 31
　参考文献 ············································································· 32

第2章　膜反应器和催化膜反应器的建模与仿真 ································ 38
　2.1　概述 ············································································· 39
　2.2　催化MRs的数学建模 ······················································· 40
　2.3　模拟结果 ······································································· 50
　2.4　针对MRs的过程强化度量 ················································ 59
　参考文献 ············································································· 65

第3章　生物催化膜和膜生物反应器 ················································ 71
　3.1　概述 ············································································· 71
　3.2　膜生物反应器 ································································· 73
　3.3　生物催化膜反应器 ···························································· 76
　3.4　生物催化膜和膜生物反应器的应用 ······································ 85
　3.5　结论 ············································································· 88
　参考文献 ············································································· 89

第4章　多相膜反应器 ··································································· 94
　4.1　概述 ············································································· 94
　4.2　多相膜反应器综述 ···························································· 99
　4.3　多相膜反应器的数学模型研究 ············································ 107
　4.4　结论 ············································································· 122
　参考文献 ············································································· 123

第5章　膜反应器中的光催化过程 ··················································· 128
　5.1　概述 ············································································· 128
　5.2　一种绿色光催化方法 ························································ 128
　5.3　多相光催化的基础 ···························································· 129

- 5.4 半导体材料的光催化活性 ……………………………………………………… 133
- 5.5 光催化技术的应用 ……………………………………………………………… 136
- 5.6 光催化与其他技术耦合 ………………………………………………………… 139
- 5.7 光催化技术的潜力与局限性 …………………………………………………… 139
- 5.8 悬浮固定催化剂 PMRs ………………………………………………………… 140
- 5.9 未来展望:太阳能 ……………………………………………………………… 151
- 5.10 膜光反应器的非均相光催化反应动力学模型及模型概述 …………………… 152
- 5.11 案例研究:PMR 中的部分和全部氧化和还原反应 …………………………… 157
- 5.12 结论 …………………………………………………………………………… 166
- 参考文献 …………………………………………………………………………… 167

## 第6章 渗透蒸发膜反应器 ……………………………………………………… 188
- 6.1 概述 ……………………………………………………………………………… 188
- 6.2 渗透蒸发膜反应器的定义 ……………………………………………………… 190
- 6.3 使用反应精馏的常规方法 ……………………………………………………… 192
- 6.4 R1 型渗透蒸发膜反应器 ……………………………………………………… 193
- 6.5 R2 型渗透汽蒸发反应器:酯化反应 …………………………………………… 195
- 6.6 R2 型渗透蒸发膜反应器:酯化反应以外的反应 ……………………………… 210
- 6.7 结论 ……………………………………………………………………………… 220
- 参考文献 …………………………………………………………………………… 221

## 第7章 用于燃料电池的质子传导膜的基础 …………………………………… 223
- 7.1 概述 ……………………………………………………………………………… 225
- 7.2 聚合物电解质膜的一般性质 …………………………………………………… 226
- 7.3 含有超强酸—$SO_3H$ 基团的全氟化膜 ……………………………………… 230
- 7.4 非氟化膜 ………………………………………………………………………… 244
- 7.5 结论 ……………………………………………………………………………… 257
- 参考文献 …………………………………………………………………………… 258

## 第8章 基于薄膜的可持续用水发电工艺:压力阻滞渗透、反向电渗析和电容式混合 … 283
- 8.1 盐度梯度功率 …………………………………………………………………… 284
- 8.2 Pressure-Retarded 渗透 ……………………………………………………… 286
- 8.3 反向电渗析 ……………………………………………………………………… 304
- 8.4 电容式混合 ……………………………………………………………………… 322
- 参考文献 …………………………………………………………………………… 329

## 第9章 用于强化气液吸收过程的膜接触器 …………………………………… 347
- 9.1 概述 ……………………………………………………………………………… 348
- 9.2 膜吸收与常规吸收:总体框架和说明性实例($CO_2$ 吸收) ………………… 351
- 9.3 膜材料和膜结构 ………………………………………………………………… 357

9.4　模块设计 ……………………………………………………………… 362
　9.5　膜的主要挑战 ………………………………………………………… 364
　9.6　传输和过程模拟 ……………………………………………………… 368
　9.7　工业应用 ……………………………………………………………… 375
　9.8　结论:未来趋势和前景 ………………………………………………… 380
　参考文献 …………………………………………………………………… 382

## 第10章　膜蒸馏和渗透蒸馏 393
　10.1　膜蒸馏定义 …………………………………………………………… 393
　10.2　结构、优点和缺点 …………………………………………………… 393
　10.3　质量和传热现象 ……………………………………………………… 398
　10.4　膜材料和模块 ………………………………………………………… 402
　10.5　膜蒸馏应用 …………………………………………………………… 407
　参考文献 …………………………………………………………………… 408

## 第11章　膜结晶技术 415
　11.1　概述 …………………………………………………………………… 416
　11.2　MCr概念的发展 ……………………………………………………… 417
　11.3　MCr的一般工作原理 ………………………………………………… 421
　11.4　操作配置 ……………………………………………………………… 423
　11.5　过饱和度的控制 ……………………………………………………… 425
　11.6　膜表面上的异质成核 ………………………………………………… 432
　11.7　过程强化的观点 ……………………………………………………… 436
　11.8　结论 …………………………………………………………………… 437
　参考文献 …………………………………………………………………… 437

## 第12章　膜式冷凝器和膜式干燥器 443
　12.1　概述 …………………………………………………………………… 443
　12.2　膜式冷凝器简介 ……………………………………………………… 443
　12.3　膜干燥器 ……………………………………………………………… 451
　12.4　结论 …………………………………………………………………… 456
　参考文献 …………………………………………………………………… 457

## 第13章　膜乳化进展和前景 460
　13.1　概述 …………………………………………………………………… 460
　13.2　乳液制备 ……………………………………………………………… 464
　13.3　膜乳化法制备乳液 …………………………………………………… 465
　13.4　结论 …………………………………………………………………… 493
　参考文献 …………………………………………………………………… 494

# 第1章 膜反应器基础

**术语**

致密膜：非多孔层，可分离选择性很强的气体，如通过钯合金的原子输运的氢或通过钙钛矿氧化物的氧空位的离子输运的氧。

提取式膜反应器：渗透选择膜允许产物分子离开或排出分子有选择地进入反应器。

理想分离常数：单一气体通过薄膜的通量比。它被认为是对实际混合分离系数的粗略估计。

膜反应器：将化学反应和选择性膜分离结合在一个设备中。

混合分离常数：气相色谱法测定的气体的渗透率和滞留率的摩尔比。

分子筛膜：在分子尺度上具有较窄孔径分布的纳米孔层，可以根据分子的形状和大小进行分离，如沸石、金属 – 有机骨架、碳或硅薄膜等。

运输钙钛矿膜：高选择性的氧分离器是根据氧气通过晶体骨架中的氧离子空位以氧离子的形式输送的效果而设计的膜。

钙钛矿膜中空纤维：钙钛矿粉和有机纺丝溶剂的混合物经纺丝或挤压后烧结而成的纤维。

质子运输陶瓷：通过质子跃迁机制在氢化状态下传输的致密陶瓷。

支撑膜：薄膜层是由机械强度大的陶瓷或金属基体支撑的，仅作为自持膜的薄膜是不稳定的。

## 1.1 概　　述

在膜反应器中进行化学反应可以提高反应的转化率和选择性。膜反应器是一种双功能装置，它将基于膜的分离与(催化)化学反应结合在一起。有一些综述阐述了膜支持化学反应的好处。膜支撑操作和膜反应器在工艺强化中发挥重要作用。许多具有工业重要性的化学过程，通常使用固定反应器、流化反应器或流化床反应器，涉及高温和严酷化学环境的结合来改善无机膜。然而，目前还没有无机膜用于大规模工业气体分离，也没有高温化学膜反应器在运行。相反，在生物技术中，有机膜反应器技术和无机膜反应器技术在低温应用方面的开发已经初见报道。对于如何进行催化反应以克服热力学的限制，膜反应器的使用可以成为一种强有力的工具。催化膜反应器的优势是可以提高反应安全性，例如，在低氧分压下的部分氧化，简化过程将分离和反应结合在一个单元。

按照反应器的设计把反应器分为萃取器、分配器或接触器。利用氧化、氢化、异构化、酯化等反应类型,将膜分为无机膜和有机膜,多孔膜和致密膜,惰性或催化膜反应器,以催化剂在膜内/近/前/后的位置作为分类原则。与这些复杂的概念不同,本章仅将膜反应器简单分为两类(表1.1),其特点如下:

(1)萃取型膜反应器在反应平衡附近的热力学转换增强。为了克服平衡限制,反应必须比通过膜的质量传输更快(动力学相容性)。一个特殊的优点是,去除其中一种产品可以提供完整的产品净化,从而减少工艺单元的数量。此外,选择性去除反应速率抑制剂也能提高反应的选择性。

(2)在反应动力学控制条件下运行的分配器型膜反应器的选择性增强。所需的产物通常是连续反应(部分氧化、部分氢化)的中间产物,或者是平行反应体系的产物之一。通常,在低氧/氢分压下工作时,部分氧化/氢化反应更具选择性。应该注意的是,在沿反应器分布进料的情况下,下游流量通常增加,停留在催化位点的时间将减少。另外,如果轴向引入氧气,则可以避免爆炸极限。

由于世界范围内膜反应器的研究与开发(R&D)十分密集,相应的出版物和专利数量也非常庞大,因此本章仅对这两种原理的典型例子进行讨论,重点介绍2010年后的首批开创性论文和近期文献。

表1.1 膜反应器的分类(萃取型和分配器型膜反应器)

| 热力学控制反应 | 动力学控制反应 |
| --- | --- |
| $\Delta_R G$ 接近 0 | $\Delta_R G$ 对属性有很大负面影响 |
| $\Delta_R G = -RT\ln K \rightarrow K \approx 1$ | $\Delta_R G = -RT\ln K \rightarrow K \gg 1$ |
| $A + B \rightleftharpoons C + D$ | $A + B \longrightarrow C + D$ |
| 萃取型膜反应器 | 分配器型膜反应器 |
| 转换增强 | 选择性增强 |
| 脱氢<br>酯化<br>蒸汽重整<br>Knoevenagel 缩合<br>水分解<br>甲烷芳构化<br>二甲醚合成<br>$NO_x$ 分解 | 烃类氧化<br>对二甲苯氧化<br>甲烷合成气<br>部分加氢氨氧化<br>氧-脱氢<br>甲烷芳构化<br>甲烷氧化二聚 |

## 1.2 萃取型膜反应器在平衡控制反应条件下的热力学转换增强

新型无机膜可以在平衡控制的反应条件下选择性地原位去除产物:通过分子筛膜进行酯化和脱氢(DH)反应的水和氢,芳香化过程中的质子和氧离子通过陶瓷膜的水裂解反应。

### 1.2.1 脱氢促进烷烃 DH 的生成

碱性 DHs 在平衡反应条件下按照烷烃 - 烯烃 + 氢进行。当提取的氢可以原位提取时,应达到完全烷烃的转化。利用多孔(分子筛和溶胶 - 凝胶金属氧化物)或致密(金属和陶瓷)的氢选择膜,将烷烃 DH 转化到热力学平衡值以上的例子不胜枚举。与本节所述的非氧化 DH 不同,1.3.3 节中所述的氧化 DH 对转换没有热力学限制。

通过选择性除氢来提高烷烃转化率的概念看起来似乎很简单,但在通常用于 DH 的管状膜反应器中,可能会产生许多影响,例如焦化、水解和裂解(图1.1)。此外,如果使用孔膜和类似 He 的轻扫气体来降低渗透侧的氢气分压,由于扫气在进料侧的稀释也会增加烷烃 DH 的转化率,因此必须避免扫气通过反扩散从扫气到膜的进料侧的混合。

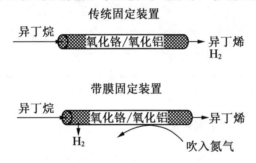

图 1.1 使用管状氢选择性膜用于膜支持的烷烃脱氢的典型试验装置
( After Illgen, U.; Schäfer, R.; Noack, M.; Kölsch, P.; Kühnle, A.; Caro, J. Catal. Commun. 2001, 2, 339.)

并不是一定要使用只有氢才能进入的窄孔膜。中孔沸石膜的孔径允许氢和碳氢化合物通过,可以成功地用于膜支撑的 DH。例如,一种可移动的五环沸石,属于五边形科,如 ZSM - 5 ( ZSM - 5 是一种由五元环组成的沸石结构)( MFI)分子筛膜用于异丁烷的催化脱氢(依据异丁烷→异丁烯 + 氢气)。由于氢(动力学直径为 0.29 nm)能够通过 0.55 nm 的孔隙而异丁烷/异丁烯(0.50 nm)不能通过。混合吸附和混合扩散的相互作用产生了高温下 $H_2$ 的选择性($H_2$ 的分离因子为 $\alpha$,通量为 $1\ m^3 \cdot m^{-2} \cdot h^{-1}$;$H_2$/异丁烷在 500 ℃时比例约为 70:1)及在低温条件下硅石 - 1 膜的异丁烷选择性(异丁烷的分离因子

为 α，通量为 0.5 m³·m⁻²·h⁻¹；异丁烷/ H₂ 在室温时比例约为 15∶1）。在经典填充床试验中，得到了热平衡转换（表 1.2）。通过硅酸盐 -1 膜选择性地去除氢后，异丁烷的转化率提高了 15% 左右。氢的去除导致氢的耗竭，这有两个积极的影响：①由于逆反应速率较低，异丁烷的转化率较预期有所提高；②由于抑制了氢化反应，异丁烷的选择性也有所提高。因此，在反应开始时，膜反应器的异丁烷收率比经典填充床高约 1/3（表 1.2）。由于氢气的去除，焦化得到了促进，流化时间约为 2 h 后，膜反应器的烯烃产率低于经典填充床。然而，氧化再生后，活性和选择性完全恢复。未来发展的膜氢经济可能在膜支持脱氢上触发新的活动。最有前途的是在各种载体上开发薄（小于 1 μm）负载的氢选择性沸石层，例如毛细血管、纤维、管或单体，以及在纺成的中空纤维上合成薄沸石层作为载体。由于富硅酸盐膜的水热稳定性更好，Corma 的全 SiO₂ 与组成为 Na₁₂(Si₁₂Al₁₂)O₄₈(LTA)结构(ITQ29)的林德 A 型沸石是一种很有前途的氢选择性膜开发候选材料。此外，利用三维孔系（AFI）孔平行磷酸铝分子筛平面外定向合成一维（1D）AlPO4 - 5 膜是开发一维氢筛选膜的一个前沿概念。六环分子筛膜，如 SOD（孔径 0.28 nm）和八环分子筛膜，如富硅分子筛结构（CHA，孔径0.34 nm）和富硅分子筛结构（DDR，孔径 0.44 nm），可以有效分离氢。

表 1.2  通过硅酸盐 -1 膜除去氢后异丁烷的转化率 $X$                    %

| 温度/℃ | 经典填充床 | 膜支撑填充床 |
| --- | --- | --- |
| 510 | 35 | 39 |
| 540 | 43 | 60 |

### 1.2.2　通过除水提高酯化收率

酯化是醇酯水的反应。膜支撑的概念包括选择性地从反应批次中去除水，以克服热力学限制。随着水选择性膜在酸性环境和有机溶剂中在高温下的稳定，膜支持的酯化成为可能。有不同的方法来增加酯化的产量，最常见的是，最便宜的排放物以过剩浓度存在，或通过反应蒸馏去除低沸点的酯。另一个概念是通过使用诸如 LTA 分子筛之类的吸附剂，甚至通过诸如三异丙酸铝水解之类的化学反应，使产品水的浓度尽可能低，从而消耗水。在甲醇或乙醇与短链单价烃酸低温酯化的情况下，亲水性有机高分子膜可用于膜反应器的原位脱水。

然而，为了在高温下支持酯化反应，必须使用对强酸具有高稳定性的亲水性无机膜。由于 Si/Al 为 1 的 LTA 酸不稳定，因此不能使用亲水性 LTA 膜作为第一种商业化的分子筛膜。另外，富硅分子筛膜具有较好的耐酸性，但其水通量较低。为了兼顾稳定性和高水通量，人们开发了一种中等铝含量的 ZSM - 5 型分子筛膜。膜支撑酯化的优点表明，正丙醇与丙酸在 Si/Al = 96 的 ZSM - 5 膜上反应时，通过膜去除水分，酯产率可从 52% 提高到 92%（图 1.2）。这种 ZSM - 5 膜在 pH = 1 的情况下是酸性稳定的；但是由于铝含量低,亲水性很低,因此,72 g·m$^{-2}$·h$^{-1}$·10$^5$ Pa$^{-1}$的水通量对于技术应用来说仍然太低。

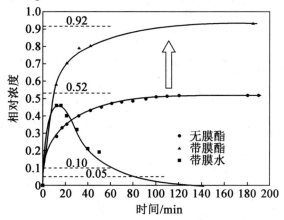

图1.2 Si/Al=96的亲水性ZSM-5膜去除水的转化增强产率
(After Caro, J.; Caspary, K. J.; Hamel C. et al. Ind. Eng. Chem. Res. 2007, 46, 2286.)

与LTA相比,具有钠长石结构的超氧化物歧化酶(SOD)的窄孔分子筛具有更高的骨架密度,因此在Si/Al比例相同的情况下,具有更高的结构稳定性。支撑SOD层的热稳定性甚至比不支撑SOD材料高。因此,对于(催化)膜反应器等恶劣条件下的水分离,已成功开发出SOD型膜。然而,由于SOD结构本身是通过吸附水和骨架氧原子之间的氢键稳定的,因此SOD的完全脱水会削弱这些氢键,并可能导致SOD结构的部分损坏。通过在骨架中插入硫,SOD的水热(或蒸汽,取决于参照)稳定性可以得到改善。

代尔夫特技术大学的Kaptijn研究小组发现,SOD膜在酸性和碱性条件下表现出显著的水热稳定性,且SOD膜已成功地在酯化反应器(图1.3)和海水淡化反应器中进行了评估。SOD膜也可用于气体分离,例如,通过微波辅助水热合成,Xu等人可制备氢选择性SOD分子筛膜,氢/正丁烷选择性大于1 000。此外,还报道了基于SOD和聚酰亚胺或黏土的混合基质膜。

由于Si/Al=1,SOD具有亲水性,孔径约为2.7 Å[①],允许小分子如H$_2$O(2.6 Å)通过。因此,SOD膜是去除高温化学反应中形成的蒸汽的最佳候选材料,例如以二氧化碳、氢或甲醇作为反应物,按照2CO$_2$+6H$_2$ ══ DME+3H$_2$O和CO$_2$+2MeOH ══ DMC+H$_2$O进行反应。SOD膜应用的另一个挑战是在费托合成中的水萃取。蒸汽/水分离的困难在于气体反应混合物中同时存在其他小分子,如氢(2.9 Å)和二氧化碳(3.3 Å),这些小分子预计会留在进料中。

---

① 1 Å=0.1 nm。

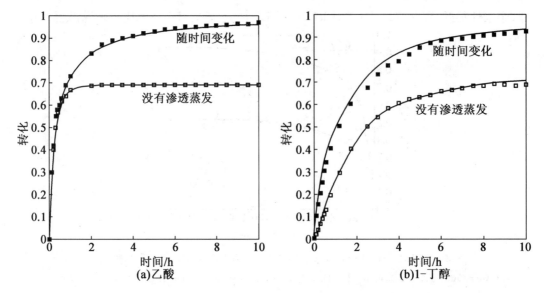

图1.3 乙酸或1-丁醇在酯化反应中随时间的变化和没有渗透蒸发
(After Khajavi, S.; Jansen, J. C.; Kapteijn, F. Catal. Today 2010, 156, 132.)

### 1.2.3 微反应器中 Knoevenagel 缩合的除水

Knoevenagel 缩合是以 Emil Knoevenagel 命名的 Aldol 缩合的一种修饰,它是在水释放的情况下,将活性氢化合物亲核加成羰基。

在膜微反应器中进行的精细化学反应的一个例子是 Knoevenagel 缩合反应,在反应过程中选择性地去除副产物水导致转化率提高25%。苯甲醛和氰乙酸乙酯反应生成乙基-2-氰基-3-苯丙烯酸酯,是由沉积在微通道上的 CSNAX 分子筛催化剂催化,并且水选择性地渗透到 LTA 膜上(图1.4(a))。反应产生的所有水都被完全去除,膜的运行速度低于其容量。这意味着膜微反应器的性能主要受到动力学的限制,也就是说热力学和传质约束都被消除了。当用改进的 CSNAX - NH$_2$ 催化剂代替 CSNAX 时,反应转化率提高了四倍。将分离膜紧靠催化剂,进一步提高了膜微反应器的性能(图1.4(b))。膜微反应器中副产物水的选择性去除也有利于其他的 Knoevenagel 缩合反应,如苯甲醛与乙酰乙酸乙酯和丙二酸二乙酯的反应。

采用多通道膜微反应器对 TS-1 纳米粒子进行过氧化氢连续选择性氧化苯胺。在微反应器(3 000 m$^2$·m$^{-3}$)中可获得的高表面积体积比有助于选择性地去除水的副产物,这也减少了反应过程中催化剂的失活。此外,还观察到产物收率和对偶氮苯选择性的提高。以硝基苯为副产物,与苯胺发生均相反应生成偶氮苯。温度升高对产量和选择性都有利;但是,超过67 ℃,由于气泡形成和过氧化氢分解,微反应器操作无效。

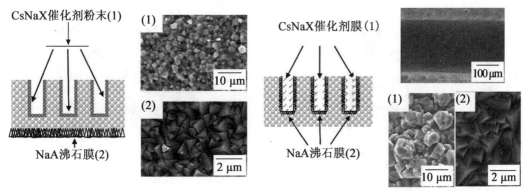

(a) 将CsNaX催化剂粉末(1)作为粉末沉积在微通道壁上，并且在不锈钢板的背面上生长6 mm厚的NaA沸石膜(2)

(b) 将CsNaX催化剂膜(1)直接沉积在微通道中6.5 mm厚的NaA沸石膜(2)的顶部

图1.4 用于除水的Knoevenagel缩合的膜微反应器

### 1.2.4 选择性氧钙钛矿膜水裂解制氢

在一篇开创性的论文中，Jiang 指出，使用 $BaCo_xFe_yZr_zO_{3-\delta}$（BCFZ）透氧中空纤维膜，可以从900 ℃左右的水裂解过程中产生大量的氢。尽管水分解成氧和氢在概念上很简单，但从水中高效产氢仍然存在差异。水解离水－氢－氢－氧的平衡常数很小。由于900 ℃下的 $K_p = 2 \times 10^{-8}$ 较低，只能找到微量的 $P_{O_2} \approx 0.46$ Pa 和 $P_{H_2} \approx 0.92$ Pa 的平衡浓度。然而，即使这些小的平衡浓度也足以通过氧选择性钙钛矿膜提取氧气。

早期研究论证了在1 400～1 800 ℃的高温下，使用混合导电氧选择膜直接水分解产生氢气的可能性。Balachandran 等在渗透侧供给氢气以消耗渗透的氧气。在这种情况下，通过膜建立了高氧分压梯度，在900 ℃条件下获得了6 $cm^3 \cdot min^{-1} \cdot cm^{-2}$ 的高产氢率。使用掺Gd的 $CeO_2$ 作为具有优化微观结构的混合导电膜，可以获得更高的产氢率，即10 $cm^3 \cdot min^{-1} \cdot cm^{-2}$。但使用外部产生的氢消耗渗透侧的氧来产氢，这是一种原理证明，是不切实际的。当甲烷根据 $CH_4 + \frac{1}{2}O_2 \Longrightarrow CO + 2H_2$ 部分氧化甲烷(POM)消耗渗透氧时，不仅膜上氧分压梯度越来越大，氧的渗透速率也会增加，而且还可以获得合成气(一氧化碳[CO]和氢[H]的混合物)可用于合成各种有价值的碳氢化合物(柴油)或氧化剂(甲醇)，也可通过 $CO + H_2O \Longrightarrow H_2 + CO_2$ 的水煤气变换反应在较低温度下转化为氢气。

图1.5 所示为在BCFZ钙钛矿中空纤维膜反应器中同时生产氢气和合成气的示意图。在800～900 ℃的温度下，水被输送到BCFZ中空纤维的蒸汽/芯侧，在这些温度下，水开始分解成氢和氧。当BCFZ中空纤维芯/蒸汽侧的氧分压高于壳/甲烷侧时，氧从蒸汽/芯侧渗透到甲烷/壳侧，氧气被POM快速消耗。因此，氧和氢被分离，水可以继续分裂。显然，产氢率直接取决于水解离系统的氧去除率。如图1.6(a)所示，在900 ℃下获得约2.25 $cm^3 \cdot min^{-1} \cdot cm^{-2}$ 的高氢产率。

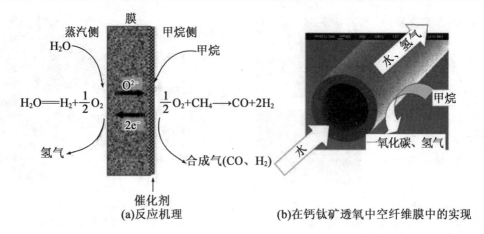

(a) 反应机理　　　　　　　(b) 在钙钛矿透氧中空纤维膜中的实现

图 1.5　通过结合水分解和甲烷部分氧化(POM)同时生产氢气和合成气的示意图

从图 1.6 可以看出,产氢速率随着温度从 800 ℃ 上升到 950 ℃ 而增加,在 950 ℃ 下得到的氢产率为 3.1 cm$^3$ · min$^{-1}$ · cm$^{-2}$。当温度升高时,吸热水劈裂的平衡常数将根据范特霍夫方程增加。因此,平衡向水的离解方向转移,可以产生更多的氢。此外,随着温度的升高,聚甲醛的用量和 BCFZ 中空纤维膜的渗透性都会增加。因此,制氢速率随着温度的升高而升高。

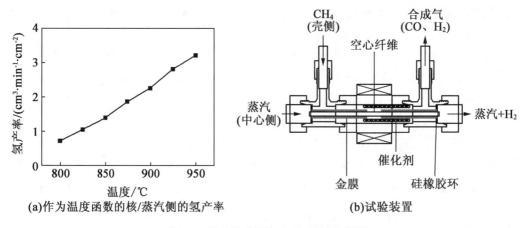

(a) 作为温度函数的核/蒸汽侧的氢产率　　　(b) 试验装置

图 1.6　通过水分解产生 H$_2$ 及试验装置

(After Jiang, H. Q.; Wang, H. H.; Schiestel, T.; Werth, S.; Caro, J. Angew. Chem. Int. Ed. 2008, 47, 9341-9344.)

事实上,BCFZ 中空纤维膜在水冷凝后,不仅在蒸汽/中心侧产生氢气作为复相,而且在 CH$_4$/壳侧也能同时产生合成气(CO 和 H$_2$)。CH$_4$/壳程出口气体主要由 H$_2$、CO 和少量的 CO$_2$、H$_2$O 和未反应的 CH$_4$ 组成。众所周知,使用镍基催化剂的 POM 工艺首先是完全氧化,然后是蒸汽和二氧化碳重整。然而,总氧化产物(CO$_2$ 和 H$_2$O)可通过催化蒸汽和干法重整步骤转化为合成气,转化量可微调。

图 1.7 所示为氧生成反应(水离解、氮氧化物裂解)和耗氧反应(碳氢化合物通过氧传导钙钛矿膜部分氧化)耦合的不同示例。在第 1.2.5 节中,将讨论带氧气输送钙钛矿

膜的膜反应器中的催化氮氧化物裂解。

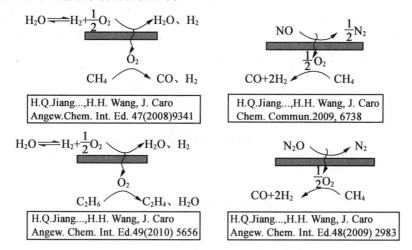

图1.7 通过氧传输膜耦合两个反应的不同示例:氧生成反应和耗氧反应

### 1.2.5 钙钛矿膜除氧促进 $NO_x$ 分解

一氧化二氮($N_2O$)在温室效应中起着重要作用,对平流层臭氧层造成严重破坏,近年来受到了广泛关注。$N_2O$ 由自然和人为来源产生。与自然资源相比,$N_2O$ 的排放量在短期内可以减少,这与化学和能源工业有关。化工生产过程中主要的 $N_2O$ 排放来源于己二酸和硝酸装置。近几十年来,人们致力于 $N_2O$ 还原技术的发展,主要是选择性催化还原(SCR)及 $N_2O$ 催化分解为 $O_2$ 和 $N_2$。SCR 的主要缺点是与还原剂消耗相关的高成本。在不添加还原剂的情况下,直接催化分解 $N_2O$ 是降低 $N_2O$ 排放的一种具有吸引力和经济性的选择。催化剂,包括负载贵金属、金属氧化物和钙钛矿,已被报道在直接催化 $N_2O$ 分解中具有活性。然而,金属氧化物催化剂存在氧抑制作用,且 $N_2O$ 分解反应速率较低。

Jiang 等报道,利用空心纤维几何结构中的 BCFZ 组成的钙钛矿膜原位脱除抑制剂氧,可以解决 $N_2O$ 直接催化分解过程中的产物中毒问题。BCFZ 膜可完成两个任务:一是作为 $N_2O$ 分解的催化剂,二是作为用于移除 $O^*$ 的膜。分解机理如图1.8所示,$N_2O$ 在钙钛矿膜表面上催化分解为 $N_2$,表面氧($O^*$)发生反应 $N_2O + (\ ^*) \Longrightarrow N_2 + (O^*)$。随后,($O^*$)通过膜以氧离子($O^{2-}$)的形式被去除,而局部电荷中性则通过电子的反扩散(E)保持。为了保证氧气通过膜传输的足够驱动力,甲烷被送入膜的渗透侧,通过 POM 将渗透的氧气消耗到 $CH_4 + O^{2-} \Longrightarrow CO + 2H_2 + 2e^-$ 的合成气反应中。因此,一旦 $N_2O$ 分解生成表面氧($O^*$),膜就可以快速去除表面氧,使平均吸氧量($O^*$)降低,$N_2O$ 分解反应速度加快。

为了证明这一机理,利用 BCFZ 钙钛矿中空纤维膜进行有氧和无氧脱氧试验。将 $N_2O$ 注入核心侧,壳侧不施加扫气,即 $N_2O$ 分解产生的氧表面物质均未通过膜渗透去除。相应结果如图1.9(a)所示,$N_2O$ 分解随温度升高而增加,但转化率相对较低(900℃时小于30%)。$N_2O$ 在钙钛矿膜表面的催化分解主要分两步进行:①$N_2O$ 分解为 $N_2$ 和吸附的表面氧($O^*$);②($O^*$)将表面氧作为 $O_2$ 解吸到气相。这种氧-氧复合被认为是 $N_2O$ 分解的限速步骤。由于 $N_2O$ 分解产生的表面氧($O^*$)占据了 $N_2O$ 分解的表面活性位点,因此只能获得较低的 $N_2O$ 转化率。与此相反,如果甲烷作为一种氧化扫气被送入壳程,则 $N_2O$ 分解会显著改善,如图 1.9(b)所示。

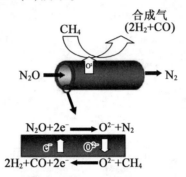

图 1.8　钙钛矿中空纤维膜原位去除速率抑制表面氧,将 $N_2O$ 分解成 $N_2$ 的机理
(After Jiang, H. Q.; Wang, H. H.; Liang, F. Y.; el al. Angew. Chem. Int. Ed. 2009, 48, 2983.)

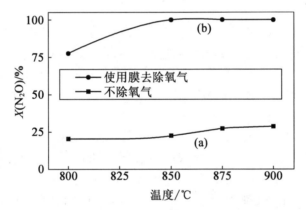

图 1.9　$N_2O$ 在不同温度下的转化(有或没有通过钙钛矿中空纤维膜除氧)
(After Jiang, H. Q.; Wang, H. H.; Liang, F. Y.; Werth, S.; Schiestel, T.; Caro, J. Angew. Chem. Int. Ed. 2009, 48, 2983.)

本节提出的膜法必须使用还原剂,以便将 $N_2O$ 脱除,再与同时生产有价值的化学品结合起来,具有可持续性和经济吸引力。可以利用渗透的氧气来产生不含氮的合成气。图 1.10 所示为壳侧的共选择性和 $CH_4$ 转化以及中心侧的 $N_2O$ 转化随时间的变化。核心侧的 $N_2O$ 完全转化。同时,合成气的甲烷转化率为 90%,共选择性为 90%,操作时间至少为 60 h。当尾气中的一氧化二氮浓度足够高时,如在己二酸装置中,该技术更加可行。

同样的机制,类似于 $N_2O$ 分解,Jiang 等成功地将 NO 分解成元素,如图 1.11 所示。首先,吸附的一氧化氮在 BCFZ 膜表面催化分解为氮气和表面氧($O^*$),发生反应 $NO + (^*) \rightleftharpoons \frac{1}{2}N_2 + (O^*)$。然后,通过钙钛矿氧转运膜将表面($O^*$)作为氧离子($O^{2-}$)去除,通过电子反扩散维持局部电荷中性。因此,一旦不分解产生表面氧($O^*$),就可以通过 BCFZ 膜连续去除,这不仅会导致不分解的动力学加速,而且还会防止 $NO_2$ 的形成。表 1.3 显示了不同温度下 NO 的转化率。

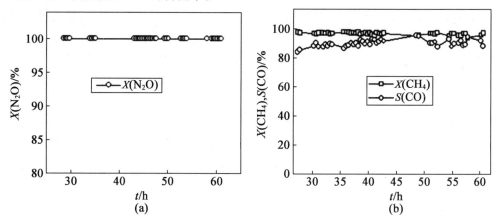

图 1.10  $N_2O$、$CH_4$ 转化率和 CO 选择性随时间的变化(温度为 875 ℃)

(After Jiang, H. Q.; Wang, H. H.; Liang, F. Y.; Werth, S.; Schiestel, T.; Caro, J. Angew. Chem. Int. Ed. 2009, 48, 2983.)

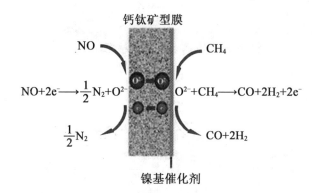

图 1.11  通过钙钛矿膜原位除去氧气的 NO 分解示意图

(After Jiang, H. Q.; Xing, L.; Czuprat, O.; Wang, H. H.; Schirrmeister, S.; Werth, S.; Caro, J. Chem. Commun. 2009, 44, 6738.)

表 1.3  甲烷作为耗氧吹扫气体在除 $O_2$ 和未除 $O_2$ 的不同温度下的转化率　　　　％

| 温度/℃ | 未除 $O_2$ | 除 $O_2$ |
| --- | --- | --- |
| 800 | 1 | 29 |
| 850 | 1 | 60 |
| 875 | 1 | 100 |
| 900 | 3 | 100 |
| 925 | 3 | 100 |

### 1.2.6 脱水膜反应器甲醇二聚法制备 DME

现有的二甲醚合成方法有两种:合成气与 $H_2$:CO = 2:1(体积比)以甲醇为中间体的反应和甲醇在放水条件下的二聚反应。在"过程集成"的概念中,从直接合成气体的途径上讲合成的步骤减少,可以优化反应在第二个概念中,甲醇生产的两个步骤及其二聚可以单独优化。

第二种方法是由宁波中科院 Huang 小组开发的甲醇二聚反应器,即夹心型沸石 – 浮石型分子筛,也称为 X 型和 Y 型分子筛(FAU – LTA)双层膜。合成二甲醚的催化膜反应器原理如图 1.12 所示。在酸度较低的 H – FAU 顶层,甲醇被脱氢为二甲醚。另一种反应产物水(临界分子大小约为 0.26 nm)通过位于多孔氧化铝载体和 H – FAU 顶层之间的亲水性 Na – LTA 层(孔径约为 0.4 nm)原位去除。由于二甲醚大于 0.4 nm,因此它仍保留在膜的反应侧。将温和的酸度与持续去除水分结合起来,可得到高甲醇转化率(310 ℃时为 90.9%)和实际上 100% 的二甲醚选择性(图 1.13)。此外,由于通过钠 LTA 膜选择性和连续地去除水,可以有效地抑制催化剂失活。

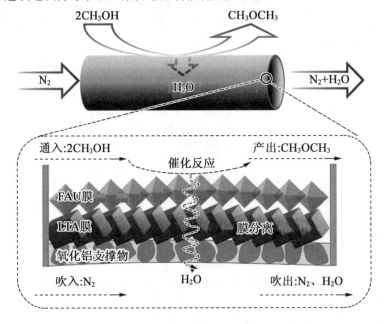

图 1.12 合成二甲醚的催化膜反应器原理

(After Zhou, C.; Wang, N.; Caro, J.; Huang, A. Angew. Chem. Int. Ed. 2016, 55, 12678.)

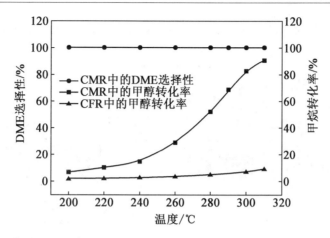

图 1.13 催化膜反应器(CMR)中的 DME 选择性、甲醇转化率及催化固定床反应器(CFR)中的甲醇转化率

(After Zhou, C.; Wang, N.; Caro, J.; Huang, A. Angew. Chem. Int. Ed., accepted.)

### 1.2.7 质子导电陶瓷除氢下非氧化甲烷脱氢异构化苯

随着对液体燃料需求的不断增加,天然气制油(GTLS)技术正吸引着学术界和工业界的极大兴趣。目前,天然气价格下跌推动了 GTLS 的研发。另一方面,还可以使用燃烧的混合气体,并将其转化为可销售的产品。在 GTLS 概念中,根据 $6CH_4 \rightleftharpoons C_6H_6 + 9H_2$,甲烷脱氢酰化(MDA)是很有前途的,因为它在甲烷直接转化为液体化学品和燃料方面具有潜力。然而,热力学不适用,因为平衡在左侧,即在启动进料侧。因此,该概念有望在原位提取氢气时消除热力学限制和反应温度高的问题。在催化膜反应器中研究了金属氢导电膜中的丙二醛。通常,钯及其合金在丙二醛反应中用作原位提取 $H_2$ 的膜,但这些钯合金膜不适合于丙二醛,因为吸热的丙二醛需要至少 700 ℃ 的高温,但在此温度下,尤其是在碳氢化合物存在下,钯合金膜会发生降解。因此,需要能够在高温和碳氢化合物存在下工作的陶瓷膜来支持 MDA。在一篇模拟论文中,Iglesia 提出了一个设计和优化 $CH_4$ 无氧化转化催化剂和膜的概念。预测,像 Mo/H - ZSM - 5 这样的双功能催化剂与连续脱氢相结合,将导致实际停留时间约 100 s 时 $CH_4$ 转化率增加。该研究小组率先使用了陶瓷膜($SrCe_{0.95}Yb_{0.05}O_{3-\delta}$),但由于该膜的 $H_2$ 渗透性较低(仅 6.4% 的 $H_2$ 去除效率),因此丙二醛的改善非常小(甲烷转化率提高 6%,950 K 时芳烃的产率几乎没有增加)。

Xue 等研究了 $6CH_4 \rightleftharpoons C_6H_6 + 9H_2$ 与质量分数为 6% 的 Mo/H - ZSM - 5 双功能催化剂的致密陶瓷透氢膜反应器的性能,如图 1.14 所示。采用组成为 $La_{5.5}W_{0.6}Mo_{0.4}O_{11.25-\delta}$ (LWM0.4) 的 U 形陶瓷中空纤维膜原位脱除 $H_2$,克服了热力学约束。与固定床反应器(FBR)相比,丙二醛中的芳烃(苯、甲苯、萘)的产率在芳构化反应开始时可提高 50%~70%,因为在 700 ℃ 条件下提取的氢气中有 40%~60% 是以 840 $cm^3 \cdot g^{-1} \cdot h^{-1}$ 提取的。膜反应器操作的这些优点随着时间的推移而减少,因为去除 $H_2$ 不仅提高了 $CH_4$ 的转化率和芳烃的产量,而且还通过沉积碳质沉积物使催化剂失活(图 1.15)。然而,催化剂系统可以通过用空气燃烧焦炭来再生。

在第 1.3.5 节中还将介绍 $CH_4 + \frac{1}{2}O_2 \Longrightarrow C_6H_6 + 9H_2O$ 的氧化甲烷脱氢的优点。

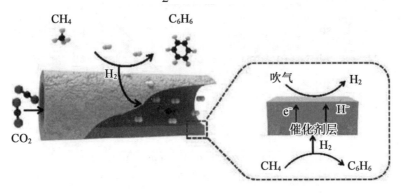

图 1.14　用于非氧化性甲烷 MDA 的 LWM0.4 陶瓷中空纤维膜反应器示意图
(After Xue, J.; Chen, Y.; Wei, Y.; Feldhoff, A.; Wang, H.; Caro, J., ACS Catal. 2016, 6, 2448.)

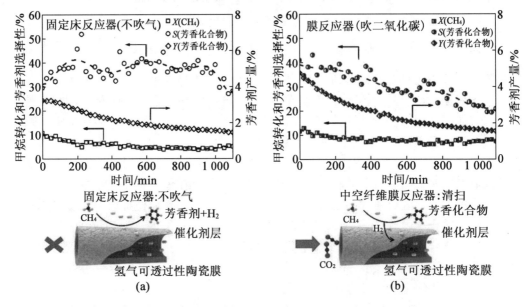

图 1.15　未经扫描的固定床反应器中的非氧化性 MDA 和用 $CO_2$ 吹扫的
LWM0.4 中空膜反应器的性能
(After Xue, J.; Chen, Y.; Wei, Y.; Feldhoff, A.; Wang, H.; Caro, J., ACS Catal. 2016, 6, 2448.)

## 1.3　反应动力学条件下分布型膜反应器选择性增强

新型无机膜允许选择性地原位向反应器投加氧气和氢气,主要好处是增加了部分氧化和氢化的选择性,因为这些反应可以在低氧/氢分压下进行。此外,在氧气输送膜的情况下,可以避免爆炸极限,并且可以避免反应器入口出现热点。使用氧气传导陶瓷膜将反应所需的氧气与周围空气分离也是经济的。

### 1.3.1 通过多孔膜作为反应器壁的非选择性供氧部分氧化烃类

简单的孔膜可用于通过膜的非选择性供氧或空气,从而沿管式反应器的轴向尺寸提供低且均匀的氧分压。由于氧气(0.344 nm)和氮气(0.364 nm)的动力学直径略有不同,因此通常空气不能提供足量的氧。这一概念是基于部分氧化(加氢)和全部氧化(加氢)速率对气相氧(氢)浓度的不同依赖性。若用幂律描述氧化(氢化)的反应速率,则速率方程中的氧(氢)浓度指数对于总氧化(氢化)比部分氧化(氢化)更高。因此,沿着反应器的低氧(氢)分压对高氧合物(氢化物)选择性有利。

在乙烷氧化脱氢(ODE)过程中,如果在多孔管反应器中连续通入空气,乙烯的选择性和收率可提高约10%。丙烷氧化脱氢反应(ODP)的选择性与传统的等转化率填充床反应器相比,提高了8%~10%。

在正丁烷部分氧化钒磷氧化物(VPO)合成顺丁烯二酸(MA)酸酐的情况下,反应器模拟预测了通过沿管式反应器长度轴的氧分布提高的选择性;但是,在试验中,由于氧含量低,选择性只有适度的提高。与反应器入口正丁烷比,钒催化剂处于还原状态。随着正丁烷转化率的增加,氧/正丁烷比例增大,形成了具有MA选择性的$V^{5+}$。然而,通过在VPO催化剂中加入CO或Mo,活性的$V^{5+}$物质即使在0.6的低氧/正丁烷比下也能稳定下来。

最后一个例子是,当氧气通过多孔壁进入反应器时,部分氧化的选择性得到改善,丙烷直接氧化为丙烯醛。Kölsch等的结果表明,丙烯醛的选择性比传统的共进反应器高出2~4倍(图1.16)。

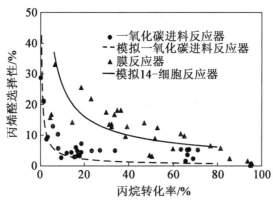

图1.16 常规共进料反应器和膜反应器中丙烷部分氧化成丙烯醛的选择性
(After Kölsch, P.; Smejkal, Q.; Noack, M.; Schäfer, R.; Caro, J. Catal. Commun. 2002, 3, 465.)

### 1.3.2 钙钛矿中空纤维膜反应器 POM 制合成气

在第1.3.1节中,通过多孔反应器壁进行非选择性供给以控制反应器上方气体反应物的分压,而在本节中,讨论了通过高氧选择性钙钛矿膜从空气中选择性投加氧气。

天然气转化为合成气（CO + $H_2$）是利用天然气的一种有吸引力的途径。到目前为止，强吸热蒸汽重整（StR）是天然气制合成气的主要工艺，其 $H_2/CO$ 为3，不适合甲醇或Fischer-Tropsch（费托）合成。因此，稍微放热的聚甲醛合成气，由于其 $H_2/CO$ 为2，引起了广泛关注。尽管以空气为氧源的聚甲醛是StR的一种潜在替代品，但后续的过程要求不能有氮的存在。因此，需要纯氧，与传统聚甲醛合成气相关的大部分投资成本是氧分离装置的投资成本。与StR相比，催化POM预计可降低约30%的成本。致密混合氧离子导电膜和电子导电膜在800～900℃的高温下选择性地对氧渗透。因此，只有氧离子才能从空气中通过膜输送到反应侧，在那里与甲烷反应生成合成气。电子的逆流输运维持了局部电荷的中性。无须外电极和电能，空气可作为POM的氧气源；纯氧分离和POM反应结合在一个反应器中，热点与传统的共给料反应器一样，可通过膜逐渐供氧而消除。

目前，传统的压片方法可以很容易地制备出较厚、膜面积有限的圆盘状膜。虽然可以采用多面叠层将膜面积扩大到与工业相关的规模，但还必须面临高温密封和耐压等诸多问题。为了减少工程难点，特别是高温密封问题，研制了直径在厘米范围内的壁管式膜。但是，它们的表面积与体积比很小，壁厚相对较厚，导致氧通量较低，不利于实际应用。采用中空纤维几何结构的薄壁膜可以解决上述问题。与圆盘膜和管状膜相比，中空纤维膜具有更大的膜面积。此外，中空纤维膜作为一种全材料（即非支撑材料），对氧渗透的阻力由于薄壁而大大降低，正如支撑的钙钛矿薄膜一样。其他模型解决方案是多通道整体、管板组件或单孔管，如Praxair研究出了约2 m长的单孔挤压管。所谓管板的空气产品包括与一个中心支撑管连接的平板纯氧。液压油和能源开发了一个多通道整体氧分离。虽然催化膜反应器的工业实现仍然是一个难以实现的目标，但实现以钙钛矿为基础的生产氧化空气或空气分离装置似乎更容易实现。Vente等对用于空气分离的单孔管、多通道整体和中空纤维的膜几何结构进行了评估。

回顾过去，膜在透析、天然气和精炼气处理中广泛应用的突破与有机聚合物纺制有机中空纤维的发展密切相关。因此，制备出的无机中空纤维的活性越来越高，包括用于高温氧气输送的气密性钙钛矿中空纤维。近年来，从改性的钙钛矿组成BCFZ、具有高透氧通量和优异的热机械性能的透氧中空纤维膜中，获得了较好的效果。图1.17（a）所示为中空纤维膜反应器；图1.17（b）所示为试验装置。中空纤维的两端用金膏密封，置于致密的氧化铝气密管中。因此，这种金封短纤维膜可以保持在炉子的中间，从而保证了真正的恒温条件。

在聚甲醛合成气中，如图1.18所示，使用BCFZ中空纤维膜对实验室规模的反应器进行优化，如果在钙钛矿中空纤维周围和后面（从反应器入口到出口方向）放置商用镍基StR催化剂，则甲烷转化率 $X(CH_4)$ 的共选择率 $S(CO)=96\%$（从反应器入口到出口方向看）。BCFZ中空纤维膜反应器可以在POM中运行300 h而不会出现故障，参考文献[73]中介绍了BCFZ中空纤维膜反应器中的POM，空气作为氧气源，通过纤维的管侧，甲烷和催化剂在外部。由此可知，POM的作用机理不能在中间产物CO和 $H_2$ 处停止，这个反应可以看作是完全氧化，然后 $CH_4$ 是完全氧化产物 $CO_2$ 和 $H_2O$ 的所谓干燥和StR。因此，采用了上述的StR催化剂。然而，必须解决两个问题：①焦炭沉积，并导致反应器在发生流机械堵塞约50 h后。以甲烷/蒸汽混合物为原料，加入 $CH_4/H_2O \leq 1$，可以完全避

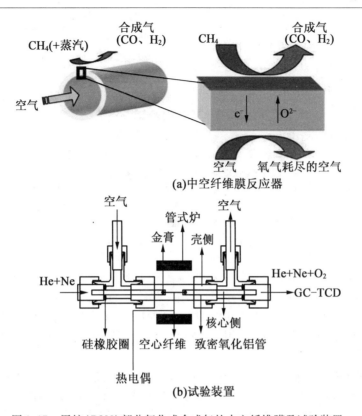

(a) 中空纤维膜反应器

(b) 试验装置

图 1.17　甲烷(POM)部分氧化成合成气的中空纤维膜及试验装置

免积炭。②BCFZ 中空纤维在反应器出口附近的冷区约 600 ℃ 处被 $BaCO_3$ 形成破坏,由于无法完全避免二氧化碳的形成,因此,由于热力学原因,必须将整个钙钛矿纤维置于 875 ℃,以阻止碳酸盐的形成,这就要求采用一种新的热封技术,以防发生热封。可以使用金膏对中空纤维进行 RT 切片(试验装置如图 1.17(b)),实验室规模的反应堆可以在 POM 中运行几百小时(图 1.19)。

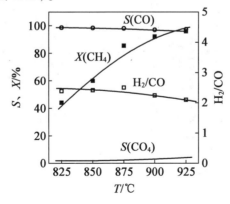

图 1.18　BCFZ 钙钛矿空心纤维的 $CH_4$ 转化率、CO 和 $CO_2$ 选择性及 $H_2/CO$ 随温度的变化
(After Caro, J.; Caspary, K. J.; Hamel, C.; et al. Ind. Eng. Chem. Res. 2007, 46, 2286.)

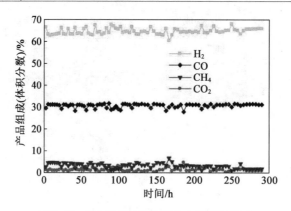

图 1.19　875 ℃下 POM 反应中的废气组成

(After Caro, J.; Caspary, K. J.; Hamel, C.; et al. Ind. Eng. Chem. Res. 2007, 46, 2286.)

图 1.20 所示为 POM 中全部氧化和部分氧化以及重整反应相互作用的可能途径,正如 Kondratenko 和 Baerns 提出的那样,只有当一些镍基 StR 催化剂填充在氧气渗透区(图 1.20 区域 3)后面时,才能获得高甲烷转化率和高 CO 选择性,总氧化产物二氧化碳和水与未反应的 $CH_4$ 发生转化。因此,甲烷在混合导电钙钛矿膜反应器中形成的合成气称为氧化重整过程。

在聚甲醛中对钙钛矿中空纤维膜进行了数百小时的测试,得到了合成气(典型的产品气成分为 65% $H_2$、31% CO、2.5% 未反应的 $CH_4$ 和 1.5% $CO_2$)和富氧空气(氧气体积分数为 30% ~ 45%)的生成。当成束排列时,中空纤维可达到每个反应器/渗透器体积的高膜面积。Perovskite 中空纤维满足了经济目标,即每立方米渗透剂的膜面积为 5 000 $m^2 \cdot m^{-3}$,价格约为 1 000 欧元 $m^2$ 的非安装面积。根据研究结果,以聚甲醛为基础的日产 2 000 t 甲醇装置所需的氧气可通过 4 600 000 根中空纤维输送。

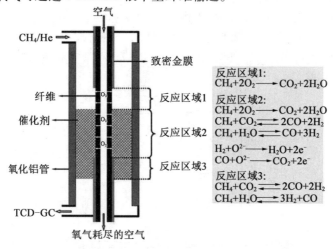

图 1.20　催化钙钛矿中空纤维膜反应器中的反应途径

(根据周围的气相,Ni 催化剂可以处于不同的氧化还原状态:在区域 1 中,催化剂主要以 $NiAl_2O_4$ 存在;在区域 2 中以 $NiO/Al_2O_3$ 存在;在区域 3 中以 $Ni/Al_2O_3$ 存在)

(After Wang, H. H.; Tablet, C.; Schiestel, T.; Werth, S.; Caro, J. Catal. Commun. 2006, 7, 907.)

应注意的是,中空纤维几何结构中的混合氧离子和电子导电膜已成功地进行了测试,不仅用于合成气生产,还用于制备富氧空气、碳氢化合物的氧化脱氢到相应的烯烃以及甲烷(OCM)到 $C_{2+}$ 碳氢化合物的氧化耦合。以下部分将讨论这些过程。

### 1.3.3 烷烃对相应烯烃的氧化脱氢

在第1.2.1节中,研究表明,如果在带有氢选择膜的萃取型膜反应器中去除提取的氢,可以避免烷烃 DHS 的热力学平衡控制。丙烷(ODP)对反应烯烃的 ODE 和 ODP 被认为是(催化)热 DH 的一个有前途的替代方案,因为对转化没有平衡约束。

在有氧传递钙钛矿膜的膜反应器中,可以进行氧-氢反应、烷烃-氧-烯烃-水反应。

由于 ODE 和 ODP 的钙钛矿膜反应器温度较高,所需的氧化 DH 与非催化气相 DH 重叠,包括裂解、焦化和其他高温反应。混合离子导电(MIEC)膜反应器的性能也取决于膜的几何结构:对于使用 $Ba(Co,Fe,Zr)O_{3-\delta}$ 膜的 ODE,圆盘几何结构对乙烯的选择性几乎达到80%,而中空纤维膜仅达到40%(图1.21和表1.4)。由于两种反应器结构的接触时间不同,即中空纤维膜不能避免乙烯深度氧化为一氧化碳和二氧化碳。一旦乙烯形成,它再次与晶格氧或气态氧反应,形成 $CO_x$ 和 $H_2O$。

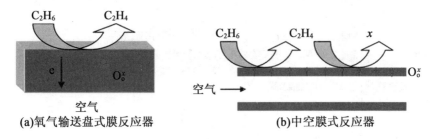

图 1.21　氧气输送盘式膜反应器和中空膜式反应器中乙烷的氧化脱氢

表 1.4　根据 $C_2H_6 + \frac{1}{2}O_2 \rightarrow C_2H_4 + H_2O$ 将乙烷氧化脱氢为乙烯

| 反应堆类型 | 膜表面积/cm² | $C_2H_6$ 转换率/% | 产品选择性/% | | 一氧化碳 | 二氧化碳 |
|---|---|---|---|---|---|---|
| | | | 乙烯 | 甲烷 | | |
| 盘膜 | 0.9 | 85.2 | 79.1 | 10.7 | 5.4 | 4.8 |
| 中空纤维 | 3.52 | 89.6 | 39.9 | 12.1 | 15.4 | 32.6 |

烷烃一步氧化二氢的改性为二步氧化二氢。在第一步中,使用传统的 DH 催化剂,根据烷烃=烯烃+氢进行催化 DH。在第二步中,通过氧气运输钙钛矿膜引入化学计量的氧气量,选择性地将提取的氢燃烧成蒸汽。由于氢与 $C_2$ 和 $C_3$ 碳氢化合物相比具有更高的反应性(图1.22),因此可以在碳氢化合物存在的情况下选择性地燃烧氢。然而,燃烧有价值的氢产品似乎不是一个好的方法。氢的燃烧有三个优点:①产生的蒸汽减少了催化剂和膜的结焦;②放热燃烧为吸热的 DH 提供热量;③除了消除热力学转换约束外,蒸汽还稀释了进料混合物,从而改变了热力学平衡。有学者在多区中空纤维膜反应器中成

功地评价了乙烷和丙烷的两步氧化-DH概念,并提出了短链烷烃两步氧化-DH的连续氧化区。

参考文献[80]中描述了两步ODE,与传统催化DH相比,使用氧气渗透膜显著增加了乙烷转化率,并允许对氧气插入进行精确控制。它还通过有一层致密的膜将碳氢化合物和氧气原料彼此分离,降低了ODE期间混合物爆炸的风险。此外,它避免了与生产常规氧化剂所需纯氧相关的重大成本。同时,它还提供了较低的平均氧浓度,通过选择性地烧掉常规催化DH中原位产生的氢,乙烯具有较高的选择性。新型中空纤维膜反应器用于乙烯生产也具有良好的长期稳定性。对于这种系统的工业实施,可以在催化固定床上使用大量的中空纤维束,并在交叉流中运行,以避免不同膜区需要金密封。可以确定与工业蒸汽裂解工艺相当的乙烯产率($Y=50\%$)的反应条件,但温度大约低于100 ℃。当乙烷转化率为95%~100%时,乙烯选择性约为55%。在乙烯转化率约为52%时,725 ℃的乙烯选择性最高,为70%。在低度和中度乙烷转化的范围内,膜反应器使用标准商用催化剂,可以与ODE共进模式中使用的最佳催化剂竞争。将更复杂的催化剂与多区膜反应器结合使用的效果仍有待研究。

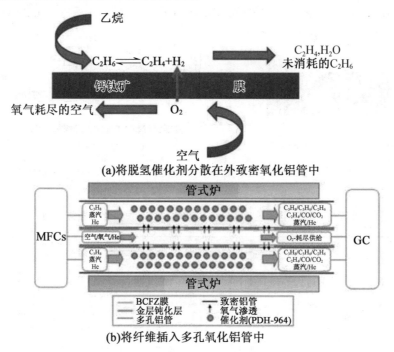

图1.22 反应器装置和用于乙烷两步氧化-脱氢的BCFZ中空纤维示意图

有学者研制了一种中空纤维膜反应器,该膜反应器具有连续的透氧和钝化表面段,用于丙烷的两步氧化脱氢。这种膜的几何结构允许受控的氧气通过其轴向长度进入反应器。在氧化DH中,可以克服丙烷DH的热力学局限性。采用这种新型的铂锡钾双氢催化剂中空纤维膜反应器,可以在625 ℃以下的温度下进行氧分离和丙烯生成,并具有长期的稳定性。将中空纤维膜与DH催化剂结合,在625 ℃下,发现丙烯最高选择性达

75%,丙烷转化率达26%,而675 ℃时丙烯最高产率达36%(丙烯选择性为48%)。应用各种反应条件对该反应器的性能进行评价,在试验条件下,催化膜反应器中丙烯的产量是无氧条件下催化DH产量的两倍。丙烯产量在725 ℃和36%的量下显示最大值(75%丙烷转化,48%丙烯选择性)(图1.23),总烯烃收率($C_2 + C_3$)为69%。

通过对产物的瞬态分析,可以深入了解选择性氢燃烧二步烷烃DH的分子机理。目前瞬态和以往稳态研究的结果使人们能够在含有商业铂锡催化剂的BCFZ钙钛矿膜反应器中发展出具有选择性氢燃烧的丙烷DH的机理。两种固体都催化丙烷DH。与钙钛矿相比,铂锡催化剂对丙烷无氧化脱氢活性高。钙钛矿的低活性是由于它的晶格氧在675 ℃时不具有破坏丙烷中C—H键的活性,但是这些氧化物可以氧化氢。$H_2$氧化具有双重作用:①增加非氧化丙烷向丙烯的转化;②提高BCFZ钙钛矿的还原程度。如果钙钛矿上的$H_2$和$C_3H_8/C_3H_6$氧化速率低于氧离子通过BCFZ膜的扩散速率,则在膜的壳侧上可形成气相$O_2$。瞬态分析表明,在气相氧气存在下,铂锡催化剂将$C_3H_8$转化为$C_2H_4$和CO。对于膜反应器中的$C_3H_8$选择性转化为$C_3H_6$,在钙钛矿上制氢反应速率与其燃烧的动力学相容性是至关重要的。透过膜的氧气量可以通过改变膜的进料侧的氧气分压来调节。

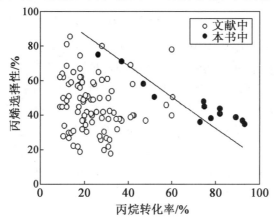

图1.23 丙烯选择性与丙烷转化率的关系
(After Czuprat, O.; Werth, S.; Caro, J.; Schiestel, T. AIChE J. 2010, 56, 2390.)

然而,氧气输送钙钛矿膜的最佳工作温度为800~900 ℃,这对催化烃化学来说过高。800~900 ℃的高温,通常用于获得足够的高氧通量,破坏了这些反应的选择性。最近有人试图开发出在低温下具有足够氧气流量的氧气输送材料,例如500~600 ℃。图1.24所示为通过BCFZ中空纤维钙钛矿膜的氧气渗透流量。图1.24(a)显示了在流上20 min后通过BCFZ中空纤维膜的低温氧通量。如图1.24(b)所示,氧通量随着渗透时间的延长而减小,但在空气中925 ℃温度下对废BCFZ中空纤维膜进行1 h处理后,可以恢复初始的氧输运特性。

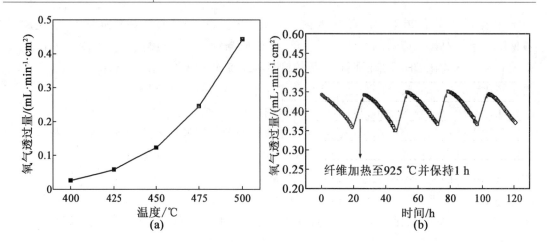

图 1.24 通过 BCFZ 中空纤维钙钛矿膜的氧气渗透流量
(After Wang, H. H.; Tablet, C.; Caro, J. J. Membr. Sci. 2008, 322, 214.)

### 1.3.4 氧化甲烷二聚

与 ODE 和 ODP 相似,OCM 与 $C_2$ 碳氢化合物(乙烷和乙烯)是 $C_1$ 化学中广泛研究的课题。在 MIEC 膜中晶格氧对 OCM 的甲烷活化也很有前景(图 1.25)。然而,氧气运输膜工作的高温水平意味着发生副反应,如热裂和各种自由基反应;最可能的情况是,在氧气运输膜反应器(OT – MRS)中在钙钛矿表面直接 POM、在钙钛矿和(或)催化剂 SURFA 处形成自由基、在催化剂表面和气相同时发生自由基反应。因此,提出了支持 OCM 反应的固体催化剂。其中一种是 Lin 在 $Bi_{1.5}Y_{0.3}Sm_{0.2}O_{3-\delta}$ MIEC 管式膜反应器中得到最高的 $C_2$ 收率(即 54% 的 $C_2$ 选择性下为 35%)之一。然而,进料被强烈稀释(He 中含 2% $CH_4$):$BaSrCoFeO_{3-\delta}$。典型结果是甲烷转化率低于 10% 和稀释进料的 $C_2$ 选择性为 70% ~ 90%。如果进料中的 $CH_4$ 含量增加,$C_2$ 选择性下降到 40% 以下。

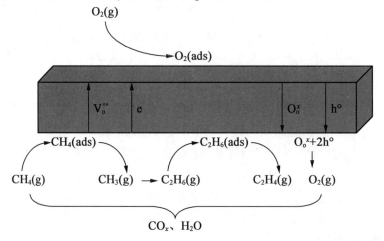

图 1.25 氧气输送膜反应器中甲烷氧化偶联的可能机理

由于甲烷是天然气的主要成分,未来将超过原油储量,因此开发将甲烷转化为高价值产品的工艺具有很大的经济效益。目前，甲烷经 StR 工业转化为合成气，经 Andrussow 反应转化为氢氰酸。OCM 对乙烷和乙烯是现有工艺的一个有吸引力的替代品，基于原油，避免了涉及 $CH_4$ 重整和费托合成的间接路线所需的连续步骤。

在 $CH_4$ 转化过程中要克服的主要困难是第一个 C—H 键（约 435 kJ·$mol^{-1}$）的断开。因此，直接热解到 $H_2$ 和 $C_2H_4$ 的路线在热力学上是不占优势的，而且需要高温，从而导致选择性较差。OCM 反应通常通过非均相－均相机理发生，即反应涉及甲基的催化形成，甲基作为自由基（$CH_3$）解吸，最终通过主要的均相途径反应。人们普遍认为，解离氧作为晶格氧（$O_S^{2-}$）应该是活性氧，它可能激活甲烷生成 $CH_3$ 自由基。无孔氧离子导电钙钛矿氧化物具有作为 OCM 催化膜反应器的潜力，利用空气作为一种经济的氧源。在膜反应器反应侧的膜表面，氧离子（$O_S^{2-}$）被两个反应竞争消耗：甲烷活化，也就是 $2CH_4 + O_S^{2-} \Longrightarrow 2CH_3 + H_2$ 和或多或少的选择性氧化。

Czurat 等将用于 OCM 的 BCFZ（$x + y + z = 1$）钙钛矿中空纤维提供氧气的膜反应器用于 OCM，其反应器装置原理如图 1.26 所示。该装置有一个致密的膜，分离碳氢化合物和氧气，可以减少爆炸性混合物的风险，并节省成本，因为不需要分离机从空气中分离氧气。此外，它允许精确控制氧气插入，从而提高 $C_2$ 选择性。在 $SiO_2$ 催化剂上，以质量分数为 2% 的 Mn/质量分数为 5% 的 $Na_2WO_4$ 为催化剂，在 800 ℃ 条件下，利用其长期稳定性和最大乙烯、乙烷比为 4:1，研究 $C_2$ 的形成。在甲烷转化率为 6% 时观察到 75% 的最高 $C_2$ 选择性（图 1.27），而在 50% 的 $C_2$ 选择性下，最高的 $C_2H_4$:$C_2H_6$ 为 4:1，最大的 $C_2$ 产率为 17%。从文献中可以看出，在没有催化剂的情况下，中空纤维膜反应器中的 OCM 需要 950 ℃ 的温度才能得到相同的结果。对于这种系统的工业实施，可以在催化固定床上使用大量的中空纤维束。此外，从所给出的结果可以推断，所产生的气态氧加速了非催化气相甲烷的燃烧，导致 $C_2$ 选择性降低。在膜表面填充活性 OCM 催化剂可以提高 $C_2$ 的选择性和收率。

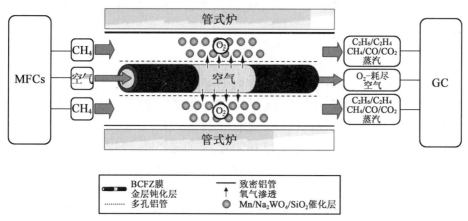

图 1.26　反应器装置原理和用于 OCM 的并入 BCFZ 中空纤维的示意图

在两端，将 30 cm 长的纤维用金涂覆，以获得 3 cm 长的等温氧渗透区。渗氧 BCFZ 中空纤维的活性表面积为 0.78 $cm^2$。将 OCM 催化剂分散在致密的外氧化铝管和纤维之间，将其插入多孔氧化铝管中

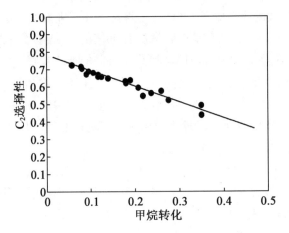

图 1.27　Mn/Na$_2$WO$_4$ 在 SiO$_2$ 催化剂上的 OCM 中空纤维膜反应器的性能。

### 1.3.5　氧化甲烷去氢异构化为苯,就地燃烧提取氢

甲烷直接转化为燃料和化学品是在石油开采后有效利用天然气的一个有效途经。非常平坦的"石油峰值"给化学家和工程师足够的时间来寻找甲烷后续化学的新方法。近年来,一种膜反应器的脱氢概念得到了发展:原位选择性氢燃烧。以 $6CH_4 + \frac{9}{2}O_2 \Longrightarrow C_6H_6 + 9H_2O$ 为原料,通过氧气输送膜,引入一定量的氧气,在化学计量上燃烧丙二醛的氢。

与第 1.2.7 节中讨论的非氧化 MDA 相比,这种选择性氢燃烧具有以下优势:
① 平衡移动导致的热力学限制降低。
② 碳沉积似乎是不可避免的,因此蒸汽作为氧化剂的产生是有益的,因为它可以减少结焦。
③ 氢燃烧将热量传递给吸热的丙二醛。
④ 由于热力学原因,蒸汽稀释反应混合物可增加甲烷转化率。

Bao 在最近的一篇综述中指出,与需要氧化剂的工艺相比,甲烷无氧化直接转化为苯($6CH_4 \Longrightarrow C_6H_6 + 9H_2$)更有吸引力,因为它对苯具有高选择性。从热力学角度来看,这种反应是非常不利的。通过使用已建立的催化剂 Mo/H – ZSM – 5 和 Mo/MCM – 22,在 700~800 ℃ 的高温下,当甲烷转化率为 10% 时,苯的选择性一般在 60%~80%,这使得苯的产率低于 10%。自 Wang 等 1993 年首次报道丙二醛以来,没有太多进展。丙二醛的主要问题是由于催化剂上迅速形成碳质沉积物而导致活性急剧下降。采用双功能 Mo/H – ZSM – 5 催化剂,分子筛组分的酸性和孔结构对失活速率有很大影响。然而,最近的一个研究热点是甲烷直接无氧化转化为乙烯和芳烃的单一铁嵌入硅石基质。

为了克服由热力学限制导致的丙二醛甲烷转化率低的问题,原位脱氢是一种将平衡向苯转移的有效方法。在参考文献[93]中,已计算出平衡甲烷转化率随丙二醛脱氢而增加的预期值。根据膜反应器的概念,不同的氢转运膜具有至少相同的氢渗透速率,就像

催化丙二醛(动力学相似性)中的氢生成一样。有学者对丙二醛(致密钙钛矿薄膜和钯基薄膜)中不同的氢转运膜进行了评价。

在曹等的一篇开创性论文中,他们在 OT－MR 中研究丙二醛,将结果与经典 FBR 中的非氧化丙二醛进行比较。试验装置如图 1.28 所示。

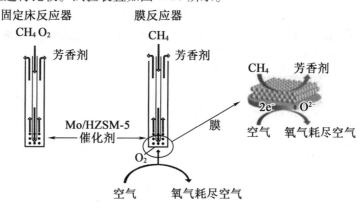

图 1.28　含氧和不含氧传输膜的 Mo/H－ZSM－5 固定床催化剂中甲烷脱氢芳构化示意图

(After Cao, Z. W.; Jiang, H. Q.; Luo, H. X.; Baumann, S.; Meulenberg, W. A.; Assmann, J.; Mleczko, L.; Liu, Y.; Caro, J. Angew. Chem. Int. Ed. 2013, 52, 13794.)

图 1.29(a)和(b)所示为甲烷转化和芳烃选择性作为 OT－MR 和经典非氧化 FBR 的随流时间的函数。完全符合先前的预期,OT－MR 中甲烷的转化率和对芳香族化合物(苯、甲苯和萘)的选择性均显著高于 FBR。随着时间的推移,甲烷转化率和芳烃选择性的降低归因于碳沉积物的不可避免沉积,尤其是在催化剂上,但与 FBR 相比,这种结焦对 OT－MR 的主导作用较小。

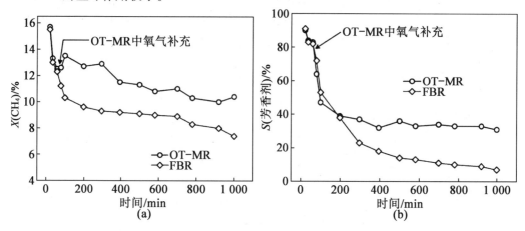

图 1.29　甲烷脱氢异构化:作为时间函数的氧输送膜反应器(OT－MR)和固定床反应器(FBR)中的甲烷转化率和芳烃选择性

(After Cao, Z. W.; Jiang, H. Q.; Luo, H. X.; Baumann, S.; Meulenberg, W. A.; Assmann, J.; Mleczko, L.; Liu, Y.; Caro, J. Angew. Chem. Int. Ed. 2013, 52, 13794.)

这种不同的失活行为作为反应时间的函数反映在产品分布中(表 1.5)。随着反应时间的增加,在无氧化 FBR 中对焦炭形成的选择性显著增加:在流化 1 000 min 后,95% 的反应甲烷形成焦炭。在 OT-MR 中,15% 的焦炭生成量要少得多,这里的主要副产品是 $CO_x$,几乎占 60%。

表 1.5 具有氧传输膜(OT-MR)的膜反应器和作为反应时间的函数的非氧化固定床反应器(FBR)中的芳烃(苯、甲苯和萘)产率

| 时间/min | 苯 FBR | 具氧传输膜 | 萘 FBR | 具氧传输膜 | 甲苯 FBR | 具氧传输膜 | $CO_x$ FBR | 具氧传输膜 | 焦炭 FBR | 具氧传输膜 |
|---|---|---|---|---|---|---|---|---|---|---|
| 200 | 31.6 | 33.3 | 3.7 | 1.6 | 2.4 | 4.1 | 0.0 | 55.2 | 62.1 | 4.5 |
| 400 | 14.4 | 25.8 | 2.0 | 1.1 | 0.9 | 3.3 | 0.0 | 58.2 | 82.5 | 10.2 |
| 580 | 10.1 | 26.3 | 1.9 | 1.0 | 0.9 | 3.4 | 0.0 | 59.2 | 86.9 | 8.5 |
| 780 | 7.0 | 27.2 | 1.2 | 1.2 | 0.7 | 2.5 | 0.0 | 51.5 | 91.1 | 16.2 |
| 1 000 | 4.3 | 25.5 | 0.7 | 1.4 | 0.3 | 2.7 | 0.0 | 54.6 | 94.6 | 14.6 |

(After Cao, Z. W.; Jiang, H. Q.; Luo, H. X.; Baumann, S.; Meulenberg, W. A.; Assmann, J.; Mleczko, L.; Liu, Y.; Caro, J. Angew. Chem. Int. Ed. 2013, 52, 13794.)

在 OT-MR 中,甲烷氧化转化为芳烃是有利的。因此,如果可以不通过膜而是作为共进料(即混合甲烷/氧气进料)将氧气引入反应器,那么问题就出现了。图 1.30 所示为共进料 FBR 和 OT-MR 中丙二醛的比较(在两个反应器中引入相同量的氧气)。从图 1.30 可以看出,在共进料 FBR 的情况下,对芳烃的选择性急剧下降。这一试验结果归因于 $Mo_2C$ 催化剂对氧分压的不稳定性,因为它发生在共进料 FBR 的情况下。与此相反,在 OT-MR 中,氧气被精细地分散,并发生准原位反应,因此不会出现损坏 $MO_2C$ 催化剂的临界氧分压。

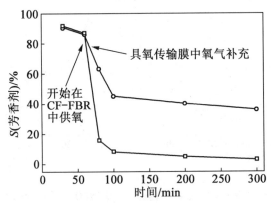

图 1.30 共进料 FBR 和 OT-MR 中丙二醛的比较(在两个反应器中引入相同量的氧气)
(After Cao, Z. W.; Jiang, H. Q.; Luo, H. X.; Baumann, S.; Meulenberg, W. A.; Assmann, J.; Mleczko, L.; Liu, Y.; Caro, J. Angew. Chem. Int. Ed. 2013, 52, 13794.)

### 1.3.6 钙钛矿膜反应器中氨氧化为 NO

NO 是一种多面分子。一方面,NO 是一种细胞信号分子,是神经科学、生理学和免疫学领域的生物调节器;另一方面,NO 是化学工业中的重要中间体,例如,废气中含有汽车发动机和发电站的空气污染物。在第 1.2.5 节中,讨论了氮氧化物的催化分解。在这里,提出了一个在钙钛矿膜反应器中低温合成 NO 的新概念,该反应器具有钙钛矿的双重功能:它作为 $NH_3$ 氧化为 NO 的催化剂,并且允许膜分离用于燃烧的氧与周围的空气。这一原理如图 1.31 所示。如图 1.31(a)所示,钙钛矿作为催化氨氧化中的固定床催化剂与共进料氧/氨:吸附的分子氧物质主要产生 $N_2$;如图 1.31(b)所示,双功能膜中的钙钛矿加催化剂:氧化以固态原子氧进行,NO 成为主要产物。

在奥斯特瓦尔德法生产硝酸的过程中,氨分两个阶段转化为硝酸。根据 $4NH_3 + 5O_2 \Longrightarrow 4NO + 6H_2O$,在强放热反应中,通过铂在第一阶段将氨部分氧化为一氧化氮,接触时间短。从热力学上讲,氮气的形成是有利的,而 NO 是不利的。因此,氨的非催化燃烧只会产生氮气,而使用合适的催化剂(如已建立的铂-铑金属网,接触时间短)进行催化燃烧则不会产生高达 98% 的 NO。用于氨氧化的工业反应器在 750~900 ℃下运行,实现了完全的氨转化,根据原料气中的氨浓度,获得 92%~98% 的 NO 产量。由此看出,氨氧化几乎不能得到改善。作为催化剂的铑和铂的成本非常昂贵,铂的损失特别高。氨氧化制备一氧化氮是大型化学工业中少数几个不能用便宜的新颖的无金属催化剂代替铂的工艺之一,其中一个例外是金属氧化物催化剂 $CO_3O_4/CeO_2$。在学术领域,有大量学者研究开发出新的氨氧化催化剂,即纯金属氧化物或负载贵金属。Pevez-Ramirez 发现,在没有气相氧的情况下,裸露的 $CeO_2$ 可以选择性地将 $NH_3$ 氧化成 NO,即通过 $CeO_2$ 的晶格氧。

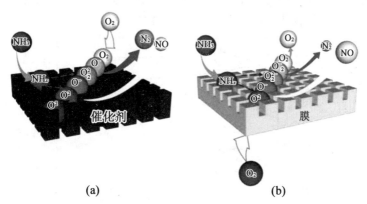

图 1.31 钙钛矿膜反应器中低温合成 NO 原理示意图
(After Cao, Z. W.; Jiang, H. Q.; Luo, H. X.; Baumann, S.; Meulenberg, W. A.; Voss, H.; Caro, J. Chem Cat Chem 2014, 6, 1190.)

Perez-Ramirez 和 Vigeland 在 2005 年发表了一个革命性的方法,使用双函数中的 $La_{1-x}CaFeO_{3-\delta}$ 和 $La_{1-x}SrFeO_{3-\delta}$,钙钛矿选择性地从空气中分离氧,并以扩散控制的离子导电性将氧输送到膜的氨侧,其中在钙钛矿表面,以晶格氧将 $NH_3$ 部分氧化为 NO。

本书作者采用与 Perez - Ramirez 和 Vigeland 相同的氧气输送钙钛矿膜反应器中氨部分氧化为一氧化氮的概念,如 Cao 等使用钙钛矿本身作为催化剂。如图 1.32 所示,在合理优化反应后,在膜模式下获得的最高 NO 选择性为 95%。在不含贵金属的 OT – MR 中所能获得的最大 NO 产率为 74%,然而,这远低于使 NO 产率高达 98% 的工艺过程。这个试验结果很可能是由于 OT – MR 中的接触时间太长。在经典的奥斯特瓦尔德过程中,与金属网格的接触时间估计为毫秒级。

### 1.3.7　孔内流动膜反应器中环辛二烯部分加氢制环辛烯

在第 1.3.1 节中,讨论了向反应器中非选择性供氧以进行碳氢化合物部分氧化的好处。将介绍部分加氢的非选择性氢供应。双烯烃部分加氢制备相应的单烯烃代表了 A – B – C 型连续反应,采用 PorethRough – Flow 膜反应器作为一种特殊的膜接触器,将 1,5 – 环辛二烯(COD)部分加氢制备环辛烯(COE)(图 1.33)。催化膜接触器是利用含有催化活性相的膜提供反应区的装置,因此膜不一定具有分离功能。在 COD 选择性加氢制备 COE 过程中,得到了 $A + H_2 \Longrightarrow B, B + H_2 \Longrightarrow C$ 型反应网络的情况,其中应避免所需中间体 B 到 C 的连续反应 A – B – C。在带有催化剂颗粒的固定床反应器中,由于扩散过程进出催化剂孔,这种反应的选择性受到传质的限制。这种孔扩散增加了中间体 B 在催化活性部位的接触时间,促进了 C 的形成。在孔通流膜反应器中,由于反应物以快速对流的方式通过膜,可以避免扩散的选择性限制。因此,中间产物 C 的活性更高,选择性也更高。通过采用高流速,这种操作模式可以消除传统多孔催化剂中存在的扩散阻力的影响,从而为开发固体活性相的真实动力学特性,即在连续反应中提高活性和选择性提供了前景。膜的催化功能化孔为氢和不饱和烃的共同进料提供具有规定接触时间的介质。Dittmeyer 等综述了内置催化剂的膜在气/液反应中的应用。

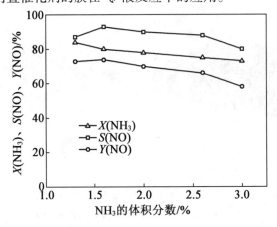

图 1.32　氨氧化转化以及氨氧化中的 NO 选择性和产率

( After Cao, Z. W. ; Jiang, H. Q. ; Luo, H. X. ; Baumann, S. ; Meulenberg, W. A. ; Voss, H. ; Caro, J. Chem Cat Chem 2014, 6, 1190. )

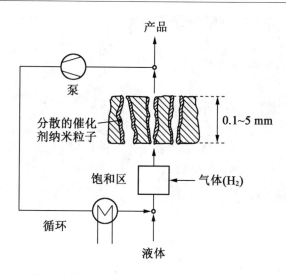

图1.33 用于多不饱和烃氢化的孔隙-流动催化膜反应器示意图
(After Dittmeyer, R.; Caro, J. Catalytic Membrane Reactors. In: Handbook of Heterogeneous Catalysis; Ertl, G., Knözinger, H., Schüth, F., Weitkamp, J. Eds. 2nd ed., Wiley – VCH: Weinheim, 2008, pp. 2198 – 2248. )

许多学者研究了膜接触器,以改善气/液反应的性能,主要是氢化反应,其中几个小组研究了双金属 Pd/Cu 和 Pd/Sn 或单体 Pd 催化剂上硝酸盐和亚硝酸盐在水中选择性加氢制氮,这些双金属 Pd/Cu 和 Pd/Sn 或单体 Pd 催化剂直接沉积在多孔陶瓷膜中,或者作为氧化铝载体的粉末催化剂嵌入在多孔聚合物膜中。其他人测试了 Fritsch 所示食用油和各种不饱和有机底物(如 1 - 辛烯到辛烯、苯乙炔到苯乙烯、COD 到 COE、香叶醇到香茅醇)选择性加氢的孔通流概念。

有学者用钯盐溶液对多孔氧化铝膜进行湿浸渍,然后用还原剂活化,以在一个反应器系统中研究它们的催化活性和选择性,该反应器系统由一个饱和容器和膜组件组成,用于将 COD 部分氢化为 COE(图 1.34)。Schomacker 等给出了有关浸渍程序和试验装置的详细信息。氢化反应从实验室转移到拜耳技术服务有限公司的中试规模。饱和单元的体积从 0.2 L 增加到 5.2 L,膜面积为 20 ~ 500 $cm^2$。反应混合物每膜面积的流速保持不变。环管反应器如图 1.34(a)所示,使用的 27 管膜组件如图 1.34(b)所示。根据用于单膜管的相同程序,通过 Pd 粒子对陶瓷管进行功能化。COD 加氢试验在 30 ~ 60 ℃、0.1 ~ 1 MPa 氢压和 0.5 ~ 2/(kg · $m^2$ · s) 循环流速范围内进行,并使用孔径为 0.6 ~ 3.0 mm 的膜管。在实验室和中试规模中,都使用了同一个回路反应器,其方案如图 1.33 所示。$H_2$ 饱和液体通过膜以高流速泵送作为进料,从而消除了扩散传质阻力。

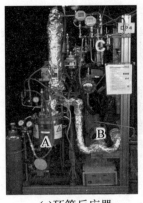

(a) 环管反应器  (b) 27管膜组件

图 1.34 用于选择性加氢工作的中试环形膜接触器反应器
A—饱和单元；B—循环泵；C—膜组件
(After Caro, J.; Caspary, K. J.; Hamel, C.; et al. Ind. Eng. Chem. Res. 2007, 46, 2286.)

对于 COD 的部分加氢，与固定床反应器或带有催化剂颗粒的浆态反应器相比，通流式膜反应器对 COE 的选择性更高(图 1.35)。在悬浮粉末催化剂的料浆反应器中可获得最高的 COE 选择性(完全转化时为 95%)，因为这里避免了所有传质限制。在孔通流膜反应器中也得到了同样的结果，表明孔通流膜反应器中的加氢反应实际上只受反应的微观动力学控制，而不受传质效应的影响，如孔扩散(表 1.6)。

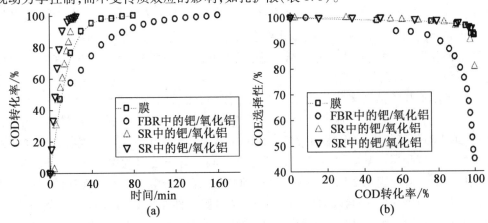

图 1.35 COD 部分氢化成 COE 时 FBR、SR 和通流式膜反应器的选择性比较
(After Caro, J.; Caspary, K. J.; Hamel, C.; et al. Ind. Eng. Chem. Res. 2007, 46, 2286.)

表 1.6 在完全转化 COD 时 COD 选择性氢化中 COE 的选择性

| 反应堆类型 | COE 在 $X(COD) \approx 100\%$ 的选择性/% |
| --- | --- |
| 穿孔膜 | 94 |
| 浆料(含粉末催化剂) | 95 |
| 固定床(带壳催化剂) | 45 |

将 COD 选择性加氢制备 COE 的中试规模提高 27 倍,为了保证反应条件恒定,将该系数应用于系统体积、膜面积和循环流量。如图 1.36 所示,在使用单管膜的实验室规模设备和使用一束 27 膜管的中试规模设备中,COD 转换和 COE 选择性是可比较的。在中试装置反应器中,反应速度甚至比实验室快,而在试验误差范围内的选择性是相同的。钯含量越高,钯在膜毛细束中的分散性越好,可以解释速率的差异。利用这些数据,得到了 1 mol/(L·h) COE 的时空产率和 30 mol/h·$g_{钯}$ 的产率。将用于多种不饱和烃部分加氢的多孔膜反应器成功地扩大到中试规模。对于通过部分加氢(其动力学与 COD 加氢类似)生产 1 t/h 产品的工艺,根据合适的反应物浓度,需要 2~10 m³ 的总体积。该溶液将通过含有 60 m² 多孔氧化铝膜(含 20 g 钯)的膜组件循环,膜组件的体积将低于 1 m³。

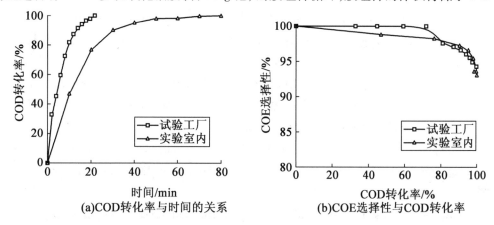

图 1.36　从实验室规模到试验工厂的孔隙－膜流动反应器中 COD 部分氢化成 COE 的选择性比较 (After Caro, J.; Caspary, K. J.; Hamel, C.; et al. Ind. Eng. Chem. Res. 2007, 46, 2286 and Schmidt, A.; Haidar, R.; Schomäcker, R. Catal. Today 2005, 104, 305.)

## 1.4　结　论

研究表明,膜反应器可以改善大型化工过程,但在催化膜反应器的工业实现之前,存在着严重的障碍。为了获得足够的氧气流量,催化膜反应器必须在大多数碳氢化合物反应发生的温度下运行,温度低于 600 ℃。可用的氧气输送材料在 800~900 ℃ 的相对高温下工作,这种高温导致了以下问题:①氧化钙钛矿膜的化学稳定性在还原气氛(CHs、CO、$H_2$)中化学性稳定;②包括膜的气密密封在内的设备的机械稳定性;③化学反应和渗透温度的匹配,因为并非所有反应都能在 $T > 750$ ℃ 下进行。

有许多应用膜来增强化学反应的例子,例如 DH、部分氧化、异构化或酯化。膜在反应器中应用的传统方法主要集中在转化率增强上。如果在平衡控制的反应条件下,产品分子(如氢或水)可以通过一个选择膜从反应器中去除,例如,DHs 或酯化反应的转化率和收率可以增加。相应的反应器称为膜萃取反应器。

选择性或非选择性地通过反应器壁给其中一种喷射物加药,该反应物的分压可沿反应器尺寸进行微调。因此,动力学控制反应的选择性可以通过组分的分压来影响。一般来说,氧/氢的低分压支持部分(而不是全部)氧化/氢化。相应的反应器称为膜分布反应器。

  到目前为止,化学工业中还没有高温运行的化学膜反应器,但燃料电池和生化过程是例外。氧传递钙钛矿型膜与催化剂结合用于部分氧化,并通过流膜反应器对孔内不饱和烃选择性加氢作为催化膜接触器的一个特例,是一种很有前景的工业化应用。

# 参 考 文 献

[1] Koros, W. J.; Ma, Y. H.; Shimidzu, T. Pure Appl. Chem. 1996, 68, 1479.

[2] Wei, Y. Y.; Yang, W. S.; Caro, J.; Wang, H. H. Chem. Eng. J. 2013, 220, 185.

[3] Dittmeyer, R.; Caro, J. Catalytic Membrane Reactors. In Heterogeneous Catalysis, 2nd edn.; Ertl, G.; Knözinger, H.; Schüth, F.; Weitkamp, J., Eds.; Wiley-VCH: Weinheim, 2008; pp. 2198-2248.

[4] Drioli, E.; Criscuoli, A.; Curcio, E. Membrane Contactors: Fundamentals, Applications and Potentialities Membrane Science and Technology Series 11; Elsevier: Amsterdam, 2006.

[5] Seidel-Morgenstern, A. Analysis and Experimental Investigation of Catalytic Membrane Reactors. In Integrated Chemical Processes; Sundmacher, K.; Kienle, A.; Seidel-Morgenstern, A., Eds.; Weinheim: Wiley-VCH, 2005; pp. 359-392.

[6] Caro, J.; Caspary, K. J.; Hamel, C.; et al. Ind. Eng. Chem. Res. 2007, 46, 2286.

[7] Drioli, E.; Giorno, L. Biocatalytic Membrane Reactors: Applications in Biotechnology and the Pharmaceutical Industry; Taylor and Francis: London, 1999.

[8] Rios, G. M.; Belleville, M. P.; Paolucci, D.; Sanchez, J. J. Membr. Sci. 2004, 242, 189.

[9] Illgen, U.; Schäfer, R.; Noack, M.; Kölsch, P.; Kühnle, A.; Caro, J. Catal. Commun. 2001, 2, 339.

[10] Schäfer, R.; Noack, M.; Kölsch, P.; Stöhr, M.; Caro, J. Catal. Today 2003, 82, 15.

[11] Corma, A.; Rey, F.; Rius, J.; Sabater, M.; Valencia, S. Nature 2004, 431, 287.

[12] Caro, J.; Noack, M.; Kölsch, P. Adsorption 2005, 11, 215.

[13] Khajavi, S.; Sartipi, S.; Gascon, J.; Jansen, J. C.; Kapteijn, F. Microporous Mesoporous Mater. 2010, 132, 510.

[14] Khajavi, S.; Kapteijn, F.; Jansen, J. C. J. Membr. Sci. 2007, 299, 63.

[15] Lee, S. R.; Son, Y. H.; Julbe, A.; Choy, J. H. Thin Solid Films 2006, 495, 92.
[16] Julbe, A.; Motuzas, J.; Cazeville, F.; Volle, G.; Guizard, C. Sep. Purif. Technol. 2003, 32, 139.
[17] Szostak, R. Handbook of Molecular Sieves; Van Nostrand Reinhold: New York, 1992.
[18] Günther, C.; Richter, H.; Voigt, I. Chem. Eng. Trans. 2013, 31, 1963.
[19] Khajavi, S.; Jansen, J. C.; Kapteijn, F. J. J. Membr. Sci. 2010, 356, 1.
[20] Khajavi, S.; Jansen, J. C.; Kapteijn, F. Catal. Today 2010, 156, 132.
[21] Khajavi, S.; Jansen, J. C.; Kapteijn, F. J. J. Membr. Sci. 2010, 326, 52.
[22] Xu, X.; Bao, Y.; Song, C.; Yang, W.; Liu, J.; Lin, L. Microporous Mesoporous Mater. 2004, 75, 173.
[23] Li, D.; Zhu, H. Y.; Ratinac, K. R.; Ringer, S. P.; Wang, H. Microporous Mesoporous Mater. 2009, 126, 14.
[24] Workneh, S.; Shukla, A. J. J. Membr. Sci. 2008, 309, 189.
[25] Breck, D. W. Zeolite Molecular Sieves; John Wiley: New York, 1974.
[26] Rhode, M. P.; Schaub, G.; Khajavi, S.; Jansen, J. C.; Kapteijn, F. Microporous Mesoporous Mater. 2008, 115, 123.
[27] Lai, S. M.; Martin-Aranda, R.; Yeung, K. L. Chem. Commun. 2003, 2, 218.
[28] Lai, S. M.; Ng, C. P.; Martin-Aranda, R.; Yeung, K. L. Microporous Mesoporous Mater. 2003, 66, 239.
[29] Zhang, X. F.; Lai, S. M.; Martin-Aranda, R.; Yeung, K. L. Appl. Catal. A 2004, 261, 109.
[30] Yeung, K. L.; Zhang, X. F.; Lau, W. N.; Martin-Aranda, R. Catal. Today 2005, 110, 26.
[31] Lau, W. N.; Yeung, K. L.; Zhang, X. F.; Martin-Aranda, R. Stud. Surf. Sci. Catal. 2007, 170, 1460.
[32] Wan, Y. S. S.; Yeung, K. L.; Gavriilidis, A.; van Steen, E.; Callanan, L. H.; Claeys, M. Eds. Stud. Surf. Sci. Catal. 2004, 154, 285.
[33] Wan, Y. S. S.; Yeung, K. L.; Gavriilidis, A. Appl. Catal. A 2005, 281, 285.
[34] Jiang, H.; Wang, H. H.; Schiestel, T.; Werth, S.; Caro, J. Angew. Chem. 2008, 120, 9481.
[35] Balachandran, U.; Lee, T. H.; Wang, S.; Dorris, S. E. Int. J. Hydrogen Energy 2004, 29, 110.
[36] Balachandran, U.; Lee, T. H.; Dorris, S. E. Int. J. Hydrogen Energy 2007, 32, 4451.
[37] Jiang, H.; Wang, H. H.; Liang, F.; Werth, S.; Schiestel, T.; Caro, J. Angew.

Chem. Int. Ed. 2009, 48, 2983.

[38] Bulushev, D. A.; Kiwi-Minsker, L.; Renken, A. J. Catal. 2004, 222, 389.

[39] (a) Bennici, S.; Gervasini, A. Appl. Catal. B 2006, 62, 336; (b) Ramos, R.; Menendez, M.; Santamaria, J. Catal. Today 2000, 56, 239.

[40] Jiang, H.; Xing, L.; Czuprat, O.; Wang, H.; Schirrmeister, S.; Schiestel, T.; Caro, J. Chem. Commun. 2009, 44, 6738.

[41] Burch, R. Top. Catal. 2003, 24, 97.

[42] Burch, R.; Millington, P. R.; Walker, A. P. Appl. Catal. B 1994, 4, 65.

[43] Zhou, C.; Wang, N.; Caro, J.; Huang, A. Angew. Chem. Int. Ed. 2016, 55, 12678.

[44] Howard, B.; Killmeyer, R.; Rothenberger, K.; Cugini, A.; Morreale, B.; Enick, R.; Bustamante, F. J. Membr. Sci. 2004, 241, 207.

[45] Iliuta, M. C.; Larachi, F.; Grandjean, B. P.; Iliuta, I.; Sayari, A. Ind. Eng. Chem. Res. 2002, 41, 2371.

[46] Kinage, A. K.; Ohnishi, R.; Ichikawa, M. Catal. Lett. 2003, 88, 199.

[47] Larachi, F.; Oudghiri-Hassani, H.; Iliuta, M.; Grandjean, B.; McBreen, P. Catal. Lett. 2002, 84, 183.

[48] Rival, O.; Grandjean, B. P.; Guy, C.; Sayari, A.; Larachi, F. Ind. Eng. Chem. Res. 2001, 40, 2212.

[49] Skutil, K.; Taniewski, M. Fuel Process. Technol. 2006, 87, 511.

[50] Jung, S. H.; Kusakabe, K.; Morooka, S.; Kim, S.-D. J. J. Membr. Sci. 2000, 170, 53.

[51] Li, L.; Borry, R. W.; Iglesia, E. Chem. Eng. Sci. 2002, 57, 4595.

[52] Liu, Z.; Li, L.; Iglesia, E. Catal. Lett. 2002, 82, 175.

[53] Xue, J.; Chen, Y.; Wei, Y.; Feldhoff, A.; Wang, H.; Caro, J. ACS Catal. 2016, 6, 2448.

[54] Ramos, R.; Menendez, M.; Santamaria, J. Catal. Today 2000, 56, 239.

[55] Alonso, M.; Lorences, M. J.; Pina, M. P.; Patience, G. S. Catal. Today 2001, 67, 151.

[56] Miachon, S.; Dalmon, J. A. Top. Catal. 2004, 29, 59.

[57] Mota, S.; Volta, J. C.; Vorbeck, G.; Dalmon, J. A. J. Catal. 2000, 193, 319.

[58] Kölsch, P.; Smejkal, Q.; Noack, M.; Schäfer, R.; Caro, J. Catal. Commun. 2002, 3, 465.

[59] Dyer, P. N.; Richards, R. E.; Russek, S. L.; Taylor, D. M. Solid State Ion. 2000, 134, 21.

[60] Wang, H. H.; Cong, Y.; Yang, W. S. J. Membr. Sci. 2002, 210, 259.

[61] Tan, X. Y.; Liu, Y. T.; Li, K. AIChE J. 2005, 51, 1991.

[62] Liu, S. M.; Gavalas, G. R. J. J. Membr. Sci. 2005, 246, 103.

[63] Van Hassel Prasad, R.; Chen, J.; Lane J. Ion – Transport Membrane Assembly Incorporating Internal Support. US Patent 6, 565, 632, 2001.

[64] Vente, J. F.; Haije, W. G.; Ijpelaan, R.; Rusting, F. T. J. Membr. Sci. 2006, 278, 66.

[65] Tan, X.; Liu, Y.; Li, K. AIChE J. 2005, 51, 1991.

[66] Tan, X.; Liu, Y.; Li, K. Ind. Eng. Chem. Res. 2005, 44, 61.

[67] Liu, S.; Gavalas, G. R. J. Membr. Sci. 2005, 246, 103.

[68] Liu, S.; Gavalas, G. R. Ind. Eng. Chem. Res. 2005, 44, 7633.

[69] Tong, J. H.; Yang, W. S.; Cai, R.; Zhu, B. C.; Lin, L. W. Catal. Lett. 2002, 78, 129.

[70] Tablet, C.; Grubert, G.; Wang, H. H.; et al. Catal. Today 2005, 104, 126.

[71] Caro, J.; Wang, H. H.; Tablet, C.; et al. Catal. Today 2006, 118, 128.

[72] Schiestel, T.; Kilgus, M.; Peter, S.; Caspary, K. J.; Wang, H. H.; Caro, J. J. Membr. Sci. 2005, 258, 1.

[73] Wang, H.; Feldhoff, A.; Caro, J.; Schiestel, T.; Werth, S. AIChE J. 2009, 55, 2657.

[74] Kondratenko, E. V., Baerns, M. In: Synthesis Gas Generation by Heterogeneous Catalysts; Horvyth, I., Ed.; Encyclopedia of Catalysis; Wiley: New York, 2003; vol. 6; pp424–456.

[75] Chen, C. S.; Feng, S. J.; Ran, S.; Zhu, D. C.; Lin, W.; Bouwmeester, H. J. M. Angew. Chem. Int. Ed. 2003, 42, 5196.

[76] Wang, H. H.; Tablet, C.; Schiestel, T.; Werth, S.; Caro, J. Catal. Commun. 2006, 7, 907.

[77] Wang, H. H.; Caro, J.; Werth, S.; Schiestel, T. Angew. Chem. Int. Ed. 2005, 44, 2.

[78] Hamel, C.; Seidel – Morgenstern, A.; Schiestel, T.; et al. AIChE J. 2006, 52, 3118.

[79] Wang, H. H.; Tablet, C.; Schiestel, T.; Caro, J. Catal. Today 2006, 118, 98.

[80] Czuprat, O.; Werth, S.; Schirrmeister, S.; Schiestel, T.; Caro, J. ChemCatChem 2009, 1, 401.

[81] Czuprat, O.; Werth, S.; Caro, J.; Schiestel, T. AIChE J. 2010, 56, 2390.

[82] Czuprat, O.; Caro, J.; Kondratenko, V. A.; Kondratenko, E. V. Catal. Commun. 2010, 11, 1211.

[83] Wang, H. H.; Tablet, C.; Caro, J. J. Membr. Sci. 2008, 322, 214.

[84] Mulla, S. A. R.; Buyevskaya, O. V.; Baerns, M. J. Catal. 2001, 197, 43.

[85] Shao, Z.; Dong, H.; Xiong, G.; Cong, Y.; Yang, W. J. Membr. Sci. 2001,

183, 181.

[86] Czuprat, O.; Schiestel, T.; Voss, H.; Caro, J. Ind. Eng. Chem. Res. 2010, 49, 10230.

[87] Ma, S.; Guo, X.; Zhao, L.; Scott, S.; Bao, X. J. Energy Chem. 2013, 22, 1.

[88] Spivey, J. J.; Hutchings, G. Chem. Soc. Rev. 2014, 43, 792.

[89] Wang, L. S.; Tao, L. X.; Xie, M. S.; Xu, G. F.; Huang, J. S.; Xu, Y. D. Catal. Lett. 1993, 21, 35.

[90] Martinez, C.; Corma, A. Coord. Chem. Rev. 2011, 255, 1558.

[91] Guo, X.; Fang, G.; Li, G.; Mao, H.; Fan, H.; Yu, L.; Ma, C.; Tang, X.; Deng, D.; Wie, M.; Tan, D.; Si, R.; Zhang, S.; Li, J.; Sun, L.; Tang, Z.; Pan, X.; Bao, X. Science 2014, 344, 616.

[92] Ismagilov, Z. R.; Matus, E. V.; Tsikoza, L. T. Energy Environ. Sci. 2008, 1, 526.

[93] Kinage, A. K.; Ohnishi, R.; Ischikawa, M. Catal. Lett. 2003, 88, 199.

[94] Liu, Z.; Li, L.; Iglesia, E. Catal. Lett. 2002, 82, 175.

[95] Li, L.; Borry, R. W.; Iglesia, E. Chem. Eng. Sci. 2002, 57, 4595.

[96] Rival, O.; Grandjean, B. P. A.; Guy, C.; Sayari, A.; Larachi, F. Ind. Eng. Chem. Res. 2001, 40, 2212.

[97] Larachi, F.; Oudghiri-Hassani, H.; Iliuta, M. C.; Grandjean, B. P. A.; McBreen, P. H. Catal. Lett. 2002, 84, 183.

[98] Iliuta, M. C.; Larachi, F.; Grandjean, B. P. A.; Iliuta, I.; Sayari, A. Ind. Eng. Chem. Res. 2002, 41, 2371.

[99] Iliuta, M. C.; Grandjeans, B. P. A.; Larachi, F. Ind. Eng. Chem. Res. 2003, 42, 323.

[100] Cao, Z. W.; Jiang, H. Q.; Luo, H. X.; Baumann, S.; Meulenberg, W. A.; Assmann, J.; Mleczko, L.; Liu, Y.; Caro, J. Angew. Chem. Int. Ed. 2013, 52, 13794.

[101] Hatscher, S. T.; Fetzer, T.; Wagner, E.; Kneuper, H. J. In Handbook of Heterogeneous Catalysis; Ertl, G.; Knözinger, H.; Schüth, F.; Weitkamp, J., Eds.; Wiley-VCH: Weinheim, 2008; p. 2575.

[102] Biausque, G.; Schuurman, Y. J. Catal. 2010, 276, 306.

[103] Isopova, L. A.; Sutormina, E. F.; Zakharov, V. P.; Rudina, N. A.; Kulikovskaya, N. A.; Plyasova, L. M. Catal. Today 2009, 147, 319.

[104] Schäffer, J.; Kondratenko, V. A.; Steinfedt, N.; Sebek, M.; Kondratenko, E. V. J. Catal. 2013, 301, 210.

[105] Perez-Ramirez, J.; Kondratenko, E. V. J. Catal. 2007, 250, 240.

[106] Perez-Ramirez, J.; Vigeland, B. Angew. Chem. Int. Ed. 2005, 44, 1112.

[107] Cao, Z. W.; Jiang, H. Q.; Luo, H. X.; Baumann, S.; Meulenberg, W. A.; Voss, H.; Caro, J. ChemCatChem 2014, 6, 1190.

[108] Dittmeyer, R.; Svajda, K.; Reif, M. Top. Catal. 2004, 29, 3.

[109] Ilinich, O. M.; Cuperus, F. P.; Nosova, L. V.; Gribov, E. N. Catal. Today 2000, 56, 137.

[110] Ilinich, O. M.; Gribov, E. N.; Simonov, P. A. Catal. Today 2003, 82, 49.

[111] Reif, M.; Dittmeyer, R. Catal. Today 2003, 82, 3.

[112] Fritsch, D.; Bengtson, G. Catal. Today 2006, 118, 121.

[113] Schmidt, A.; Haidar, R.; Schomäcker, R. Catal. Today 2005, 104, 305.

[114] Schomäcker, R.; Schmidt, A.; Frank, B.; Haidar, R.; Seidel-Morgenstern, A. Chem. Ing. Tech. 2005, 77, 549.

# 第 2 章　膜反应器和催化膜反应器的建模与仿真

## 注释

| | | | |
|---|---|---|---|
| $A$ | 表面积($m^2$) | $p$ | 压力(Pa) |
| $c$ | 浓度($mol \cdot m^{-3}$) | | 渗透率　$mol \cdot m^{-1} \cdot s^{-1} \cdot Pa$ |
| $c_p$ | 比热容($J \cdot mol^{-1} \cdot K^{-1}$) | | 渗透率　$mol \cdot m^{-1} \cdot s^{-1} \cdot Pa^{-0.5}$(塞维) |
| $D$ | 扩散率($m^2 \cdot s^{-1}$) | | 渗透　$mol \cdot m^{-2} \cdot s^{-1} \cdot Pa$ |
| $E$ | 活化能($J \cdot mol^{-1}$) | | 渗透　$mol \cdot m^{-2} \cdot s^{-1} \cdot Pa^{-0.5}$(塞维) |
| $F$ | 摩尔流率($mol \cdot s^{-1}$) | | 渗透通量　$mol \cdot m^{-2} \cdot s^{-1}$ |
| $h$ | 焓($J \cdot mol^{-1}$) | $Q$ | 容积流率($m^3$(STP)$\cdot s^{-1}$) |
| ID | 内径(m) | $R$ | 气体定律常数(8.314 $J \cdot K^{-1} \cdot mol^{-1}$) |
| $J$ | 膜通量($mol \cdot m^{-2} \cdot s^{-1}$) | RI | 回收指数 |
| $k$ | 动力学常数,见相关等式 | $r$ | 径向坐标(m) |
| $K_{平衡}$ | 平衡常数 | $r_{ij}$ | 对 $i$ 物料的 $j$ 反应速率($mol \cdot m^{-3} \cdot s^{-1}$) |
| $K_p$ | 局部压力平衡常数 | $T$ | 温度(℃或K) |
| $k$ | 导热系数($W \cdot m^{-1} \cdot K^{-1}$) | $t$ | 时间(s) |
| $L$ | 长度(m) | $U$ | 总热传导系数($W \cdot m^{-2} \cdot K^{-1}$) |
| $m$ | 进料反应物摩尔比例 | $V$ | 体积($m^3$) |
| $n$ | 摩尔数 | $X$ | 转换,- |
| $N$ | 摩尔流量($mol \cdot m^{-2} \cdot s^{-1}$) | $z$ | 轴向坐标(m) |
| OD | 外径(m) | | |

## 希腊字母

| | | | |
|---|---|---|---|
| $\varphi$ | 与氢渗透相关的焓变化($W \cdot m^{-2}$) | $\nu_{I,\varphi}$ | 参考组成 $i$ 物种在 $j$ 反应中对应化学计量系数 |
| $\psi$ | 化学反应生成的热($W \cdot m^{-2}$) | $\rho$ | 密度($g \cdot m^{-3}$) |
| $\delta$ | 界面反应的膜厚度,"壳"厚度(m) | $\tau$ | 空隙时间(s) |
| $\varepsilon$ | 孔隙度 | $n$ | 弯曲度,- |

## 缩写

| | | | |
|---|---|---|---|
| BC | 前边界条件 | MSR | 甲烷蒸气重整 |
| CPC | 浓度极化系数 | PDE | 偏微分方程 |
| GHSV | 气时空速 | STP | 标准温度(0 ℃)和压力(100 kPa) |
| IC | 初始条件 | TR | 传统反应堆 |
| MR | 膜反应器 | TREC | 传统反应器平衡转换 |
| MREC | 膜反应器平衡转换 | WGS | 水煤气转换 |

## 2.1 概 述

在本书的第 1 版中,重点介绍了膜反应器(MRs)用于多相反应的优点。事实上,膜辅助反应器提供了一个独特的机会,将反应和分离结合在一个单一的装置中,以较小的装置体积、更有效地利用原材料和能源来降低成本。在过去的 6 年中,在为各种应用开发 MRS 原型和演示方面取得了一些重要进展,这些原型和演示通常由国际和国家研究项目创建。这证实了人们对这一领域日益增长的研究兴趣,以及对 MRS 能够有效改善各种过程的信心。

最初的讨论开始于 15 年之前,根据工艺强化策略的逻辑"重新设计"传统操作——2001 年针对工艺和设备设计引入的一种创新设计方法,提出了一种新的设计理念,以实现显著减少(按 10~100 的系数)工厂产量和相同生产能力下,提高整体效率,正在成为当今在各个领域运行的真正系统。

MRS 的使用不仅在实验室范围内,而且在更接近实际应用的条件下运行,为目前尚未研究的领域开辟了方向,如浓度梯度、抑制和待处理流中特定物种引起的中毒。这些现象会显著影响磁共振的性能,需要在设计步骤中加以考虑。因此,通过对 MRS 的建模和仿真发挥了关键作用,特别是在膜装置设计中最重要的一个方面是流体动力学条件,这是降低膜外传质阻力的关键问题,在进料侧称为"浓差极化"。

浓差极化是影响所有膜过程的一个重要且经常被忽视的现象。为此,需要一种能够系统地考虑这一现象的方法来有效地设计薄膜辅助器件。然而,量化这一现象并非易事,因为通常很难直接从试验数据中测量外部传质阻力。更常见的是,通过使用与可测量装置性能相匹配的适当传输模型,对所考虑的膜装置进行模拟,基本上是高价值物种的转化和回收。这是因为膜表面附近物种的实际浓度通常是未知的,特别是在流动混合受到催化剂颗粒或管束等障碍物的影响的系统中,以这种方式增强外部传质。类似地,在设计步骤中必须考虑与进料流中存在特定组分相关的抑制作用。此外,开发用户友好的工具,评估已经在 MRS 设计阶段的这些因素的相关性,是推动该单元操作在实际环境中应用的关键因素。

在本节中,MRs 数学建模的基本方面保留在第 1 版中。本书介绍了在评估气体膜中外部传质效果和限制通过膜渗透的抑制现象方面的最新进展,并引入了清晰的渗透还原图,允许立即评估这些现象对磁共振性能的影响。同时,介绍了最新的案例研究,以证明目前 MRS 建模和仿真的潜力。

最后,通过几个实例,介绍并给出了过程强化指标,该指标可为优化操作条件提供额外的重要信息。

## 2.2 催化 MRs 的数学建模

一般来说,建立一个数学模型来描述定义系统的变量在外部操作条件(温度、压力、成分等)下的演化。这些方程的整体结构包括动量、质量和能量平衡,与传统反应堆(TRS)的结构相同。然而,在 MRS 的情况下,反应和渗透侧通过跨膜质量和能量通量物理连接,因此,建模两侧的方程相互耦合(图 2.1)。

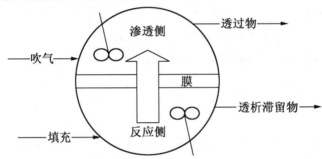

图 2.1 催化膜反应器的方案
(Reprinted from Barbieri, G.; Scura, F.; Brunetti, Elsevier: Amsterdam, 2010; pp 57 – 79.)

在一般情况下,可以进行一些简化,以获得目标系统的近似但可接受的代表性解决方案。例如,在大多数情况下,局部速度场可以被认为是已知的或指定的。此外,对于液相反应(如废水处理用膜生物反应器),可以假设为等温条件,不考虑能量平衡。

质量平衡说明了通过膜反应器的净质量流,即

$$进 - 出 + 产物 = 累积$$

考虑稳态时,反应侧和渗透侧的累积项均为零。通常情况下,渗透侧不发生反应,即使文献中有 MRS 中偶合反应的一些例子。在这种情况下,在一个膜侧产生的物质通过膜渗透,在另一个膜侧发生反应。

上述考虑是一般性的,与膜类型无关。渗透通量定律取决于决定渗透的传质机制(例如,致密聚合物或金属膜中的溶液扩散机制,以及多孔膜中的黏性、努森通量和(或)表面扩散)。

在溶液扩散机理的情况下,第 $i$ 种物质的渗透通量可以表示为

$$J_i^{渗透} = \frac{S_i D_i}{\delta^{膜}}(P_i^{进料} - P_i^{渗透})\Big|_{膜界面间} \tag{2.1}$$

对于无限选择性的钯基膜,其中唯一的渗透物质是氢,在内部扩散控制渗透和理想条件(金属晶格无限稀释)的情况下,渗透通量可以用西弗特定律表示为

$$J_{H_2}^{平衡压} = \frac{渗透率}{厚度}(\sqrt{P_{H_2}^{入口端}} - \sqrt{P_{H_2}^{渗透端}}) \tag{2.2}$$

对于多孔膜而言,当孔径可比或小于分子的平均自由程时(例如,微孔或分子筛膜),渗透主要由努森式(2.3a)和(或)表面扩散式(2.3b)控制,即

$$J_i^{渗透} = d_{孔隙} \frac{\varepsilon}{\tau} \sqrt{\frac{1}{3RTM_i}} \frac{\Delta P_i}{厚度} \tag{2.3a}$$

$$-\rho_0 \theta_i \frac{\nabla \mu_i}{RT} = \sum_{j=1}^{n种类} \frac{C_{\mu,j} N_i - C_{\mu,i} N_j}{C_{\mu s,i} C_{\mu s,j} D_{ij}} + \frac{N_i}{C_{\mu s,i} D_i} \tag{2.3b}$$

对于整个反应器,MRS 的数学表达式可分为:

(1)分布式参数系统,例如管状和管壳 MRS,其中反应侧和渗透侧的状态变量取决于轴向和/(或)径向位置。

(2)集总参数系统,如完全搅拌 MRS,其中反应侧和渗透侧均由全局变量描述。

### 2.2.1 管状膜反应器

管状磁共振是一种管内装置,其内管通常是促进反应物/产物在反应侧和渗透侧之间选择性传质的 perm - 选择性膜。在两侧,物质组成、温度和压力通常会随着反应器长度和径向以及渗透速率的变化而变化(图 2.2)。因此,这些系统的行为必须用偏微分方程(PDES)来描述。

然而,一维数学模型可以为忽略径向梯度(大径向混合)的系统提供令人满意的描述。

在这一部分中,将提出一个简单的一维数学模型的气相反应的管状 MRS 在稳态运行。这种模型的假设如下:

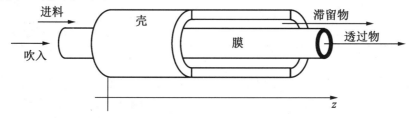

图 2.2 管式膜反应器示意图

(Reprinted from Barbieri, G.; Scura, F.; Brunetti, A. Elsevier: Amsterdam, 2010; pp 57 - 79.)

①无径向浓度分布。
②膜两侧的塞流。
③膜两侧的等压条件(即实验室规模反应器的催化床中的压力降可忽略不计)。然而,尔贡方程可用于大规模的磁共振成像。
④膜两侧的理想气体行为。
⑤对发生非均相催化反应的控制体积(即空隙率和特定催化表面)的伪均相描述包含在反应速率表达式中。

对于长度为 dz 的差分控制体积,必须编写管状膜反应器膜两侧的质量平衡(图 2.1)。磁共振结构(内腔/环隙中的反应)不影响反应侧和渗透侧质量平衡方程的形式,

但它确实影响求解这些方程的数值方法。事实上,对于易于求解的并流配置,必须处理初值问题;对于逆流配置,必须处理边值问题,对于该问题,必须实现反应和配置等迭代方法。在本例中,考虑并流配置,其方程和相应的边界条件(BCs)均在系统入口处定义,并在方程中报告。式(2.4)和式(2.5)分别用于反应侧和渗透侧。反应侧的所有本构方程项见表2.1。

选择性地去除一个或多个反应产物,作为 Le Chatelier 原理的直接结果,提高了转化率(表2.2)。

**表 2.1  具有圆柱对称性的管状膜反应器的质量平衡插头膜反应器一阶模型)- 并流流动配置 - 稳态**

| 反应侧 | $-\dfrac{dN_i^{反应}}{dz} + \sum\limits_{j=1}^{N_{反应}} v_{i,j} r_j - \dfrac{A^{膜}}{V^{反应}} J_i^{渗透} = 0$ <br> BC $\quad C_i^{反应}\big|_{z=0} = C_i^{进料}$ | (2.4) |
|---|---|---|
| 透过侧 | $\dfrac{dN_i^{渗透}}{dz} + \dfrac{A^{膜}}{V^{渗透}} J_i^{渗透} = 0$ <br> BC $\quad C_i^{渗透}\big|_{z=0} = C_i^{吹扫}$ | (2.5) |

**表 2.2  组成术语**

| $N_i^{反应} = C_i v + \sum\limits_{j=1}^{N_{反应}} v_{i,j} r_j - \dfrac{A^{膜}}{V^{反应}} J_i^{透过}$ | 沿反应侧的轴向对流流动物 |
|---|---|
| | 在所有反应中涉及第 $i$ 种的反应项 |
| | 通过膜的第 $i$ 种物质的渗透期 |

除与化学反应有关的术语外,控制渗透侧的方程式与反应侧的方程式包含相同的术语。在膜作为反应物供应商运行的情况下,通量从渗透到进料侧,因此,通量符号与膜用于产品分离的情况相反。此外,当不能忽略轴向弥散(小的 peclet 数值)时,除对流通量外,方程中还必须包含一个涉及浓度梯度的扩散输运项。这就产生了一个一维二阶模型,它需要额外的 BCs(例如,在反应入口之前和反应器出口之后,Danckwerts 表示没有浓度梯度的条件)。

在圆柱对称中,当径向轮廓不平坦时,组成、温度和压力也取决于径向坐标,因此,必须考虑沿径向和轴向的控制体积差。在这种情况下,平衡方程中也出现了一个与径向扩散有关的项,数学模型变为二维二阶。因此,与渗透通量相关的进出项从质量平衡方程中消失,通过膜表面的边界条件来考虑,根据膜的厚度是否如此之小,曲率是否可以忽略,这两个方程可能会有所不同。径向坐标上所需的第二个边界条件可以是内管对称轴上和外管(壳体)壁上没有径向通量。

众所周知,相对于其他化学物质,钯基膜对氢的选择性是无限的。因此,这些膜可有效地用于需要从反应区选择性脱氢的工艺,例如脱氢反应(丙烷、异丁烷/正丁烷、乙苯等)或用于制氢的工艺,也可用于聚合物电解质膜(PEM)燃料电池(例如甲烷或甲醇蒸气重整(MSR)和水煤气变换反应)。根据外部操作条件,钯合金膜中的氢渗透可能非常复杂,因此,有必要建立适当的模型来优化膜性能,最大限度地提高工艺效率。

从20年前,钯的相对较高成本和增加氢渗透性的必要性一直在推动越来越薄的膜的制造,因此需要支持以获得必要的机械阻力。然而,由于渗透性较小,气体膜中存在载体和外部传质效应。所谓的浓度极化(浓度梯度)是额外的氢渗透阻力,决定了膜的渗透性能或多或少显著降低通量。

一般来说,从物理角度来看,一个物种通过膜的渗透可以看作是一系列阻力,需要通过适当的驱动力来克服。如前所述,对于基于钯的膜,可以证明,当通过金属体的传输足够慢以作为渗透速率确定步骤,并且对于足够低的浓度,氢跨膜通量($J$)可以用西弗特定律来描述,即

$$J = 磁导^{西弗茨}(P_{H_2,逆流}^{0.5} - P_{H_2,顺流}^{0.5}) \tag{2.6}$$

由于式(2.6)的简单性,类似的经验表达式(式(2.7))在文献中大量使用,只是用另一个半经验表达式代替了原来的西弗特指数0.5,即

$$J = 磁导^{西弗茨}(P_{H_2,逆流}^{n} - P_{H_2,顺流}^{n}) \tag{2.7}$$

这种方法的问题是,指数 $n$ 仅在少数情况下具有精确的物理意义,除此之外,它仅代表一个经验参数,通过对现有试验数据的统计分析来估计,这不可避免地受到拟合误差的影响,并增加了另一个不确定度。另外,仅考虑经验压力指数是不可能识别渗透过程中涉及的每一个输运和动力学现象的相对贡献的,因此,这显然不足以描述许多相互作用现象的影响。事实上,指数从0.5增加可归因于表面现象以及支撑物和(或)邻近膜表面的气膜中的外部传质和(或)表面现象(吸附/解吸)。出于所有这些原因,偏离原始西弗特定律($n = 0.5$)可能有不同的解释,因此不必得出明确的结论。而且,即使在相同的膜设备上,该指数的值也可能发生变化。事实上,在 MRS 和(或)接触器中,目标部件分压或温度的显著变化可导致从确定渗透速率的步骤转移到另一步骤。在所有情况下,只有当这些变化不显著时,经验方法才能正确描述系统行为,例如,在温度差异显著的高热和(或)吸热反应中,这一事实不会发生。基于这些原因,有必要使用适当的模型来识别氢渗透到钯基膜中的每种现象的影响。

正常情况下,经验方法对那些变化不显著的情况能够正确地描述系统的行为,然而事实并非如此,例如在强放热和(或)吸热反应中,其中温差显著。基于这些理由,对于氢透过钯膜需要用适当的模型来确定每一种现象的具体效果。

在这个意义上,Ward 和 Dao 是第一个通过几个基本步骤引入模型的。然而,他们的模型不考虑支撑的存在,而且,他们对外部传质的方法是基于二元混合物方法,它并不能处理实际系统。后来,Caravella 等考虑到不同的基本步骤,特别注意多层多孔支撑中的输运和外部传质,都是基于多组分斯蒂芬-麦克斯韦方程。支架内的输送用基于努森、泊肃叶和普通扩散的含尘气体模型来描述。对于通过钯合金层的输运,氢化学势梯度作为扩散的驱动力。

该模型是分析 $H_2$ 透过支撑膜渗透的有效工具,目的是:
(1)评估膜顶层、非对称多孔支撑层和邻近支撑膜的气相层中的氢分布,更详尽地描

述质量输运。

(2)定量计算每一步对整个渗透过程的影响,以确定速率决定步骤作为操作条件的函数。

(3)扩大数学描述的适用范围。

(4)通过最小化每个基本步骤的阻力,膜的跨膜通量最大化。这可以通过降低Pd基层的厚度来实现Pd层的扩散;通过修改流体动力学膜中输运的流态(尽可能湍流);通过减小支撑的阻力(采用大的平均孔径、高的孔隙率和(或)小的厚度),用于支架的输送。

目标系统的物理和原理图如图2.3所示。不对称支撑的Pd基膜的特征是有几(五)个层,每一层都有不同的厚度和孔径。本研究描述了考虑沿正交方向向膜表面输送,而不考虑轴向分布。

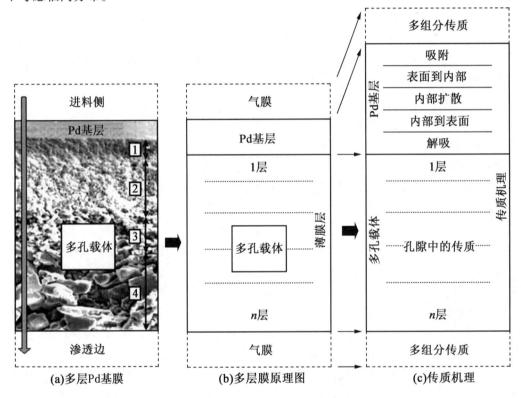

图2.3　目标系统的物理和原理图

(Hollein, V.; Daud, K. J. Mol. Catal. A: Chem. 2001, 173, 135–184. A.; Barbieri, G.; Drioli, E. Chem. Eng. Sci. 2008, 63, 2149–2160.)

因此,该方案可用于描述连续搅拌系统或各搅拌系统的渗透率管状系统的横坐标。整个渗透机理可分为以下几个基本步骤:

(1)渗余物方面。

①膜在界面附近的液相中的传质。

②吸附:Pd合金表面原子中的氢分解。

(2) Pd 合金层内部。

①表面-本体:原子氢从 Pd 合金表面过渡到 Pd 合金本体。

②扩散:在 Pd 合金体中的输运。

③本体到表面:从 Pd 合金本体到 Pd 合金表面的氢原子过渡。

(3) 渗透面。

①解吸:Pd 合金表面的氢原子重组。

②多层多孔支撑流体相中的传质。

③膜在界面附近的液相中的传质。

所有关于模型方程和发展的细节都可以在 Caravella 等的文章中找到。

对于外部浓度梯度,原则上这种现象影响所有的膜过程,而对于气体分离技术在过去很长一段时间里一直被忽视。对于 Pd 基膜的氢提纯中的效果,Caravella 等从建模的角度进行了研究,Peters 等和 Barbieri 等进行了试验研究并测量了混合料中 CO 含量对净化膜性能的影响抑制现象。也有报道认为 CO-Pd 表面键存在物理吸附现象,即适合于低温。一些关于 Pd 膜和 Pd-MRS 因抑制而降低性能的研究已经进行,证明了未考虑在反应器和(或)分离设备的设计中 CO 的抑制作用而导致的膜面积的低估。事实上,抑制现象不仅和气体分离相关,而且在反应过程中如水气移(WGS),其中就包括在相对较低的温度(280~350 ℃)CO 作为主要反应物。根据上述理由,在氢透过 Pd 基膜时,有必要尽可能准确地加以考虑 CO 可能引起的极化和抑制作用(图 2.4)。

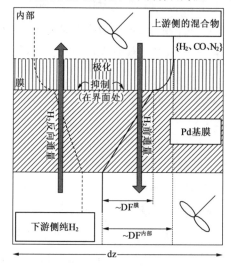

图 2.4 在管中渗透器的一般无限小体积内的氢渗透示意图

(实线和虚线分别表示正向通量和反向通量。Caravella, A. ; Barbieri, G. ; Sep. Purif. Technol. 2009, 66, 613-624.)

在这些条件下,在进行氢渗透测量时,希福特渗透率可以作为膜纯净时的固有特性,明显不同于在体积中测量,因为当一个或这两种现象都存在时,体积特性通常不同于固体-流体界面的特性。Caravella 等发展了一种系统的方法,通过保持这种形态来解释抑制和极化的存在,但通过适当的总渗透系数(PRC)来修正其结构,即

$$J_{H_2} = (1-\text{PRC})磁导^{西弗茨}\left(\sqrt{P_{H_2}^{滞留物}} - \sqrt{P_{H_2}^{渗透物}}\right)\Big|^{反应器} \tag{2.8}$$

在这个方程中,唯一需要计算的量是PRC,因为固有希福特渗透率不受抑制和极化的影响,从温度和压力的外部条件出发,可以对体积驱动力进行评价。

PRC数值通过一个由基本步骤推导出的复杂模型进行计算。根据一些性能图来评价膜的行为,其中PRC和其他两个系数(浓度极化系数(CPC)和抑制系数(IC))被报道为几种操作条件(氢摩尔分数、CO分压和上游总压)的函数。这些性能图是估算主要设计参数(总渗透率)在复杂输运和动力学现象影响的情况下膜性能的有用工具,使膜性能得到更好的评价,从而分离设备得到更好的发展设计。

### 2.2.2 催化膜

在非惰性膜的情况下,质量、能量和动量平衡也必须考虑到膜本身流入/残留和扫描/渗透控制体积。特别是催化转化的产物选择性通过膜的渗透可以得到沿膜的物质浓度和温度的沿膜厚度的分布情况。这些剖面不仅取决于膜的催化活性和(或)催化剂在膜内的分布,而且它们也依赖于反应物通过薄膜的渗透通量。一般情况下,操作条件(温度、压力、水流组成)和膜的渗透选择性影响物种的选择性渗透,由此,影响反应物的转化率和反应的选择性。因此,通常膜相的质量平衡方程必须与外部相的质量平衡相耦合。

载酶MRs反应器是一类重要的反应器,在制药、水处理和食品加工等传统工艺中日益成为有价值的替代品。在这些系统中,酶在膜孔与通过对流或扩散运输的物质相互作用,反应物逐渐转变和产物被连续移除。载酶MRs的典型结构是管壳结构(空心纤维),其中大的酶分子固定在不对称微滤膜的孔中。

根据不同的工艺应用(如外消旋混合物在制药工业或废水处理中的分解),不同的转运机制可以控制酶载膜中的工艺。

特别地,这里将讨论两个不同的载酶MRs的例子:

(1)外消旋混合物动力学拆分的两个独立阶段。

(2)通过孔流动进行液相溶解的物质转换。

#### 1. 一个(种)两相分离酶载膜反应器

脂肪酶水解$S$-萘普生甲酯被认为是一种广泛应用于非甾体类抗炎药物生产的重要反应。反应发生在两个不可混相之间的界面,有机相中只有反应物($S$-萘普生甲酯)和水溶液缓冲液中溶解的产物($S$-萘普生酸)。有机相和水相之间的界面位于膜孔内。两个独立的阶段,包含两个不同的罐,不断地回收到中空纤维膜模块中。$S$-萘普生从本体有机相向膜内界面扩散。从建模的角度来看,反应发生的相界面被假定为位于给定径向薄膜上的一个微小的"壳层"位置,位点取决于操作条件,即跨膜压差。反应层的厚度假设与酶分子大小相当。从整个系统来看,高回收流量和低反应动力学允许忽略外部传质阻力,因为在进料/滞留和扫描/渗透两侧或沿(轴向)中空纤维膜中没有径向浓度分布。这样,膜的两边都可以被认为是集中参数系统。在这种情况下,膜的两侧可以看作是两种时间演化的批处理系统,反应物和生成物的浓度被描述为体积相和膜之间的瞬时通量。因此,只有径向输运(反应物的扩散与反应和产物的扩散)发生在中空纤维膜上是该系统的特点,在建模时将予以考虑。图 2.5 所示为两相酶载 MRs 示意图。

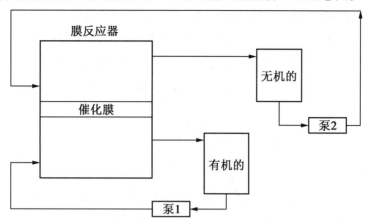

图 2.5　两相酶载 MRs 示意图

(Barbieri, G.; Scura, F.; Brunetti, Elsevier: Amsterdam, 2010; pp 57 – 79.)

考虑位于外膜表面的界面层和壳体侧进料结构(产物在空心纤维中回收)。式(2.9)描述了瞬态、1D、二阶质量平衡和初始条件(IC)及无量纲形式的 Michaels – Menten 动力学。符号"+"和"–"分别指产物 S – 萘普生酸和反应物 S – 萘普生甲酯。

$$\frac{\partial C_i}{\partial t} + \left[\frac{1}{r}\frac{\partial}{\partial r}\left(-r\frac{\partial C_i}{\partial r}\right)\right] = \pm G^2 \Phi^2 \frac{D_{酯}}{D_i}\left(\frac{C_{酯}}{1+C_{酯}}\right), \quad i = 酯或酸$$

$$\text{IC} \quad t = 0 \Rightarrow C_i = 0$$

$$\text{BC1} \quad r = 1 \Rightarrow C_{酯} = C_{酯}(t), \frac{\partial C_{酸}}{\partial r} = 0$$

$$\text{BC2} \quad r = \frac{\text{OD}^{膜} - 2\delta}{\text{OD}^{膜}} \Rightarrow \frac{\partial C_{酯}}{\partial r} = 0, C_{\text{add}} = C_{酸}(t) \tag{2.9}$$

蒂勒模数:

$$\Phi^2 = \frac{V_{\max} \cdot \delta^2}{D_{酯} K_{\text{M}}} \tag{2.10}$$

几何因子:

$$G^2 = \frac{(\text{OD}^{膜})^2}{4(层厚)^2} \tag{2.11}$$

蒂勒模数(式(2.10))是在没有传质限制的情况通过膜孔的扩散速率的固有化学反应速率的比值。$G^2$ 是一个几何因子,取决于所用的无量纲变量长度参考值和"$\delta$"层厚度。式(2.12)是在考虑其渗透通量($J_{酯}(t)$)下反应物($S$ – 萘普生甲酯)随时间的变化。同时,式(2.13)是产物 $S$ – 萘普生酸在缓冲溶液中类似的演化方程。

Du Preez 等最近提出了另一种方法,他们对连续固定化酶生物催化 MR 用于酰胺酶催化的内酰胺转化为乳酸进行了建模。该模型是从非稳态发展而来的结合酶失活的状态微分质量平衡,描述了酰胺酶催化的动力学性能以及膜生物反应器中的生物转化。由于酶随着时间的推移而衰减,反应区以连续搅拌槽反应器为代表处于不稳定状态下。一个标准的摩尔平衡来考虑衬底的变化采用时间连续搅拌釜式反应器(式(2.14)),其中 $N$ 为摩尔数,$F$ 为摩尔流量,$V$ 为反应体积(膜内微孔的体积),$r$ 为反应速率。

$$C_{\text{酯}}^{\text{体积}}(t) = C_{\text{酯}}^0 - \frac{A^{\text{膜}}}{V^{\text{有机}}} \int_0^t J_{\text{酯}}|_{r=1} \mathrm{d}t \tag{2.12}$$

$$C_{\text{酸}}^{\text{体积}}(t) = C_{\text{酸}}^0 + \frac{A^{\text{膜}}}{V^{\text{无机}}} \int_0^t J_{\text{酸}}|_{r=1} \mathrm{d}t \tag{2.13}$$

$$\frac{\mathrm{d}N^{\text{底物}}}{\mathrm{d}t} = F_{\text{底物}0} - F_{\text{底物}} - r_{\text{底物}}V \tag{2.14}$$

式(2.15)是假设 Michaels–Menten 动力学下反应速率,其中 $K_M$ 为 Michaels–Menten 常数下与酶活性($e_a$)成比例的最大反应速率($r_{\max}$),$e_a$ 如式(2.16)所示。二阶酶衰变定律,与试验数据拟合良好(式(2.17))。此外,有效因子($\eta$)通过蒂勒模数计算得到,证实了膜载体中的传质不限制观察到的反应速率(式(2.18)和(2.19))。

$$r_{\text{底物}} = \frac{r_{\max} C_{\text{底物}}}{C_{\text{底物}} + K_M} \tag{2.15}$$

$$r_{\max} = k_3 e_a \tag{2.16}$$

$$\frac{\mathrm{d}a}{\mathrm{d}t} = -k_d a^2$$

$$e_a = e_{a0} a = e_{a0} \frac{1}{k_d t + 1} \tag{2.17}$$

$$r_{\text{底物}} = \eta \frac{r_{\max} C_{\text{底物}}}{C_{\text{底物}} + K_M} \tag{2.18}$$

$$\eta = \frac{3}{\varphi_1} \left( \frac{1}{\tanh \varphi_1} - \frac{1}{\varphi_1} \right) \tag{2.19}$$

**2. 孔流式酶载 MR**

第二个例子是利用孔流式酶载 MR 降解废水中苯酚的模型。在某些应用中,起支撑作用的多孔膜,除了具有改善固定相的酶和反应物的相互接触外,同时固定化酶与流经膜的进料流中的反应物分子之间的相互作用,在均相分批操作结束时,降低酶从反应混合物中分离的成本。在第二种情况下,每一个膜孔都可以看作是一个塞流反应器,其中的反应物流从进料/回给到扫面/渗透面是逐步转换的。例如,对于两个独立的酶载 MRs,质平衡方程除包含扩散项外,还包含与对流通量有关的项,显然,还有反应性的项。

对于集总参数系统(体相中没有物种分布)、稳态、1D、二阶、膜方程中无量纲的参数及反应物的相关 BCs 为

$$\text{Péclet}_{\text{苯酚}} G \frac{\partial C_{\text{苯酚}}}{\partial r} = \left( \frac{1}{r} \frac{\partial C_{\text{苯酚}}}{\partial r} + \frac{\partial^2 C_{\text{苯酚}}}{\partial r^2} \right) - \Phi^2 G^2 \frac{C_{\text{苯酚}}}{1 + \xi C_{\text{苯酚}}}$$

$$\text{BC1} \quad r = \text{OR} \Rightarrow C = C_{苯酚}^{进料}$$

$$\text{BC2} \quad r = \text{IR} \Rightarrow \frac{\partial C_{苯酚}}{\partial r} = 0 \tag{2.20}$$

$$\text{Péclet}_{苯酚} = \frac{v_r \cdot \delta}{D_{苯酚}} \tag{2.21}$$

$$\xi = \frac{C_{苯酚}^{进料}}{K_M} \tag{2.22}$$

Péclet 常数将物质的平流与扩散联系起来,而 $\varphi^2$ 和 $G^2$ 都是无量纲的数值,如式(2.20)和式(2.21);$\tau = \delta/\nu r$ 是停留时间,$\xi$ 是无量纲 Michaelis – Menten 常数。最后,多孔膜中的速度场可以用达西定律或布林克曼方程来预测。反应产物方程类似于式(2.20)。

### 2.2.3 能量平衡

通常,在化学反应中产生的热量促进温度分布。任何温度变化都意味着动力学(反应速率)变化,尤其是 MRs,温度影响物种渗透和渗透通量。当热量参与反应时产生一个敏感的温度变化(例如,MSR 是一个高度吸热反应),除了质量平衡外,膜两侧的能量平衡也要作为方程来考虑。在这种情况下,一个低浓度溶解的物质在液相中反应(如 S – 萘普生甲酯水解),热效应可以忽略不计。在任何情况下,温度分布和这些分布对薄膜属性产生的影响使 MRs 能够按照需求进行操作(表 2.3)。

表 2.3 管状 MRs 能量平衡方程

| 平推流 MRs(一阶模型)——恒稳态 | |
|---|---|
| 圆环域 | $-\sum_{i=1}^{N_{物种}} N_i Cp_i \dfrac{\partial T^{圆环域}}{\partial z} + \dfrac{U^{壳} A^{壳}}{V^{圆环域}}(T^{炉} - T^{圆环域})$ $-\dfrac{U^{膜} A^{膜}}{V^{圆环域}}(T^{圆环域} - T^{内腔}) + \Psi + \phi \dfrac{A^{膜}}{V^{圆环域}} = 0$ IC $\quad T^{圆环域}\big|_{t=0} = T^{圆环域,初始}$ BC $\quad T^{圆环域}\big|_{z=0} = T^{进料}(T^{尾气})$ $\hfill(2.23)$ |
| 内腔 | $-\sum_{i=1}^{N_{物种}} N_i Cp_i \dfrac{\partial T^{内腔}}{\partial z} + \dfrac{U^{膜} A^{膜}}{V^{内腔}}(T^{圆环域} - T^{内腔}) + \Psi + \phi \dfrac{A^{膜}}{V^{内腔}} = 0$ IC $\quad T^{内腔}\big|_{t=0} = T^{内腔,初始}$ BC $\quad T\big|_{z=0} = T^{进料}(T^{尾气})$ $\hfill(2.24)$ |

式(2.23)、式(2.24)为一维管中管系统的能量平衡及相应的初始和 BCs。这些方程必须与质量平衡方程(2.4)、式(2.5)相耦合。能量平衡包含膜两侧和被渗透侧物种运输之间的热交换。环空与炉膛和管腔侧进行换热,而流道中的流体只与环空体积交换热量。反应产生的热量 $\Psi$(式(2.26))根据所使用的构型,表 2.4 给出了环面或腔面方程。热量通过渗透物质 $\varphi$(式(2.25)),在渗透侧不同于零(有助于升温),但在另一方面为零,因为渗透的流体在相同的温度下离开反应侧。系统的行为就像溪流的一个分裂点,其中只有广泛的变量(如流速、流焓等),而没有密集的变量(如温度)发生变化。

表 2.4 MRs 中能量平衡中的特征项

| 温度变化是由与之相关的焓通量引起的物种渗透 | $\varphi = \begin{cases} 0 & \text{反应方面} \\ J_i^{渗透}(h^{T^{反应}} - h^{T^{渗透}}) & \text{渗透一边} \end{cases}$ | (2.25) |
|---|---|---|
| 化学反应产生的热 | $\Psi = \begin{cases} \sum_{j=1}^{N_{反应}} r_j(-\Delta H_j) & \text{反应方面} \\ 0 & \text{渗透一边} \end{cases}$ | (2.26) |

## 2.3 模拟结果

本节提供了一些关于建模在模拟 MRs 表现方面的潜力的见解。催化 MRs 和催化膜的模拟将提供一些例子,旨在突出一些有关物质对反应器选择性的作用具有重要影响。此外,还将讨论浓度极化和 CO 抑制对 Pd 基膜的影响;同时,MRs 也将会被讨论,通过引入过程强化指标即度量对其进行非常规分析,以及传统的工艺参数用于工艺性能的评价,为工艺类型的选择和操作条件窗口的识别提供额外的重要信息,使工艺过程更加简便。

### 2.3.1 管状 Pd 基 MRs

使用基于 Pd 的 MRs 的成功例子是制氢的高温反应。这种反应选择性地从反应体积中去除氢,获得明显的优势,如生产纯 $H_2$ 流增强了反应的转化率,消除了二级反应,增加了反应物的停留时间,减少了反应的体积。利用 WGS 反应进行合成气的转化是国内外试验和模拟研究的热点之一。

WGS 反应工业上是在两个固定床绝热反应器中进行的,它们之间与一个冷却器(热交换器)串联。第一个反应器是采用 Fe - Cr 基催化剂的 300～500 ℃ 的高温水气转换(HT - WGS)。由于 WGS 反应是放热的,因此第二个反应器(低温水气转换)使用的是

CuO-ZnO 基催化剂,运行温度较低(180~300 ℃)以取代平衡。整个周期最大的缺点是伴随着大量的二氧化碳排放。反应纯化的 3~4 个阶段的使用可以被一个单独的 MR 阶段替代,其中反应和分离发生在同一容器并且转换效率显著高于传统体系(图 2.6)。

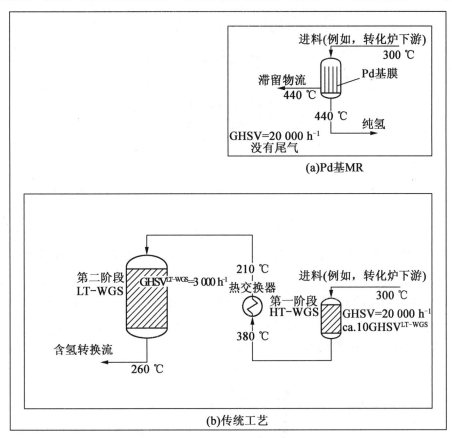

图 2.6 WGS 反应的"基于 Pd 的 MR"和"传统工艺"示意图
(图中显示的温度值是反应中常用温度。Barbieri, G.; Brunetti, A.; Caravella, A.; Drioli, E. RSC Adv. 2011, 1(4), 651-661.)

图 2.7 比较了 CO 转换作为温度的函数得到的 MR 和传统的工艺操作在相同的入口条件,即相同的气体小时空速(GHSV)(20 000 h$^{-1}$)、温度的 MR 和传统工艺(第一阶段)。MR 实现的 CO 转换比传统工艺整体高 10% 左右,它也大大超过(25%~30%)传统的反应器平衡转换(TREC)。这种效果在 MR 反应上得到了很好的发挥,由于反应压力为 15 bar 时,氢气的渗透性较好。考虑到 MR 转换,这种增益更为清晰,比传统工艺第一阶段(HT-WGS)提高了 33%。

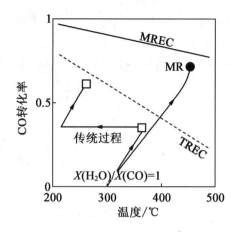

图 2.7 在 MR 和传统工艺中 CO 转换随温度的变化函数
(Barbieri, G.; Brunetti, A.; Caravella, A.; Drioli, E. RSC Adv. 2011, 1(4), 651-661.)

所产氢气大部分以纯气体形式在渗透流中回收(图 2.8)。此外,残留物被浓缩在 $CO_2$(摩尔分数 65%)中,因此,$CO_2$ 更容易被捕获,从而导致相关的连续分离的减少。相反,从传统工艺中获得的 $H_2$(摩尔分数约为 60%)仍然与其他气体混合(图 2.8),特别是其中含有的约 5.5% 的 CO 必须使其大幅度降低,因此需要进一步分离/净化。此外,只有整个 $H_2$ 被分离残留的 $CO_2$ 浓度才能接近 70%。考虑到实际分离,由于工业变压吸附(PSA)的效率,$CO_2$ 浓度不超过 60%,$H_2$ 的回收率不超过 80%~90%。

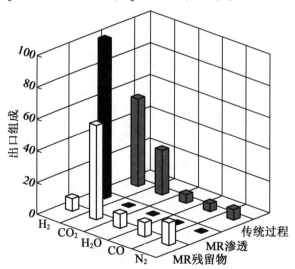

图 2.8 MR 和传统工艺的出口流分组成
(Barbieri, G.; Brunetti, A.; Caravella, A.; Drioli, E. RSC Adv. 2011, 1(4), 651-661.)

MR 性能对温度和压力的依赖关系如图 2.9 所示,并与 HT-WGS(传统工艺的第一阶段)在相同的操作条件进行了比较,从而更好地理解这两个反应系统的区别。这四条曲线的任意一点都是 MR 的出口转换和出口温度。在研究的整个温度范围内,当温度高于 370 ℃ 和压力超过 5 bar 时,MR 实现的 CO 转换明显高于 HT－WGS 实现的 CO 转换,此时温度超过了 TREC。三种进料压力下模拟的 CO 转换曲线,起初随温度的升高呈上升趋势,达到最大,随后略有下降。

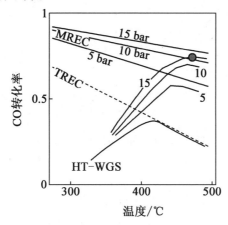

图 2.9　在三种进料压力下,MR 和传统工艺的出口转换与出口温度的关系
(Barbieri, G.; Brunetti, A.; Caravella, A.; Drioli, E. RSC Adv. 2011, 1(4), 651－661.)

　　GHSV 是一个变量,通常用来表示反应物在催化床上停留时间的倒数。一个低 GHSV 表示高停留时间,因此倾向于转换,而高 GHSV 则相反。然而,一个高 GHSV 是非常可取的,因为这意味着低催化剂量可以转换高的进料流量,此外,低反应器体积是必需的。图 2.10 所示为三种情况下 MR CO 转换及 $H_2$ 对应的 GHSV 函数在三种进料压力下的变化曲线。其中,虚线表示用于比较的 HT－WGS 的 CO 转换。GHSV 的增加对应于 CO 转化率降低,这一趋势随着 MR 的进给压力越来越大而得到重视,考虑的最低 GHSV 明显较高,因此有更大的降低空间。然而,在所有情况下 MR CO 转换比 HT－WGS 转换高(在 15 bar 和 20 000 $h^{-1}$ 时高 5 倍),也超过了 TREC 在较低的 GHSV 和 10 bar 以上。因此,氢气回收率对 GHSV 的依赖程度降低。实际上,高 CO 转换意味着高 $H_2$ 生成量,或者更确切地说,反应侧的高 $H_2$ 分压。这是由于受到高渗透驱动力的影响,在渗透过程中回收的 $H_2$ 较多。特别是 $H_2$ 的回收总是在 20 000 $h^{-1}$ 和 15 bar 处更高,达到 92%。基于此,还对 30 bar 进料压力的 MR 进行了模拟,具有较高的工业价值,即使目前市场上还没有这种耐腐蚀的自持膜。结果非常有趣,尤其是在 40 000 $h^{-1}$ 时,考虑的最高 GHSV,其中 80% 的转换要高得多,大约是同一 MR 在 15 bar 时的 4 倍。说明高压明显有利于氢气渗透,事实上,15 bar 的阶段削减是 55% 而不是 30%。

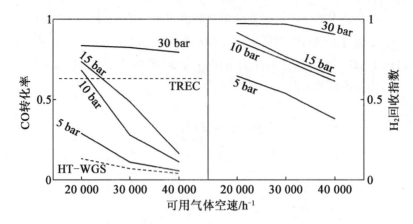

图 2.10　在 MR 和传统工艺(HT – WGS)第一阶段的 CO 转换和氢回收指数随 GHSV 的变化曲线
(Barbieri, G.; Brunetti, A.; Caravella, A.; Drioli, E. RSC Adv. 2011, 1(4), 651 – 661.)

近 5 年来,极化、抑制等现象对影响 Pd – Ag 膜渗透的评价取得了显著进展,其估算是 MR 设计中需要考虑的一个重要方面。在大多数情况下,这两种现象是结合在一起的。

特别是 Caravella 等在浓度极化图中对这些现象进行了量化,同时绘制了 Pd – Ag 膜辅助氢分离膜系统的抑制图。这些曲线提供了考虑温度、压力、氢组成等外部运行条件的作用,以西弗茨定律为参比驱动力,对还原驱动力进行评价。分析表明,极化效应(图 2.11)是相关的(CPC 高于 20%),尤其是在使用非常薄(膜厚 1 ~ 5 mm)的材料时。

作为进一步的发展,采用相同的方法引入了渗透还原图,结合了单一系数(PRC)中的浓度极化和抑制效应。这个分析的有用之处在于利用 Sieverts 定律的可能性,甚至当膜受到极化和抑制等负面因素的影响时由于所有这些耦合现象的复杂性都在 PRC 计算中。这样,有效的渗透率表示实际的主要设计变量,可以通过直接在渗透率降低图上读取整个 PRC 来评估,这是为一些操作条件而建造的。

从分析中可以看出,在高氢摩尔分数下,CO 对极化的抑制作用明显,当氢含量较低时,CO 的影响开始显现(采用 Sieverts – Langmuir 方程建模)接近平衡值。综上所述,Sieverts 定律仍然可以通过将一个解释极化和抑制的额外术语(PRC)以其原始形式整合使用,这就需要使用 Caravella 等开发的 PRC 曲线(图 2.12)。

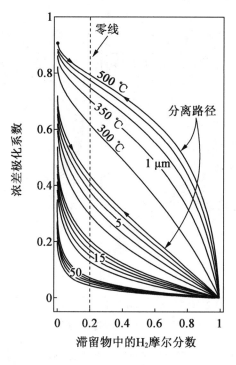

图 2.11　在不同的温度和膜厚度下,滞留物中 $H_2$ 摩尔分数的极化图

在相同的顺序下,较高厚度的温度与 1 mm 的情况相同。1 和 5 mm 处较粗的箭头表示分离路径。滞留物压力 = 1 000 kPa,渗透压力 = 200 kPa,$Re \approx 5\ 200$

(Caravella, A.; Barbieri, G.; Drioli, E. Sep. Purif. Technol. 2009, 66, 613 - 624.)

最近,Caravella 等研究基于 Pd 的 MR 中浓度极化分布的仿真方法耦合利用文献中的渗透数据对 3.6 μm 厚膜进行了改进表征,同时对颗粒床的计算流体动力学(CFD)进行模拟,建立了 MR 的复杂模型。

上述基于多组分的渗透模型已开发并验证,更新为说明颗粒(催化剂)床的存在。这种修正包括使用有效的扩散系数校正 $\varepsilon_{bed}/\tau_{bed}$(孔隙度/弯曲度)(0.51/1.7)和有效的粒子间的速度估计其传质膜厚度。从这个意义上说,整个模型可以命名为"1D + 1D",沿着径向和迁移现象轴向组合求解。这一分析表明,颗粒与膜之间的速度场有助于增强向膜表面的传质,而颗粒大小在反应器中的极化水平改变方向并没有明显的改善,至少对于单分散粒子而言没有明显的改善。

仿真结果(图 2.13)表明反应器内最大浓度极化为 20%。这么高的价值,出现在反应器末端,是由于氢气浓度低,这意味着更大的阻力,对质量输送所造成的非渗透性物种。然而,这个反应堆截面对整个 CPC 的权重并不高。实际上 CPC 平均值为 10.5%,明显低于最大值。

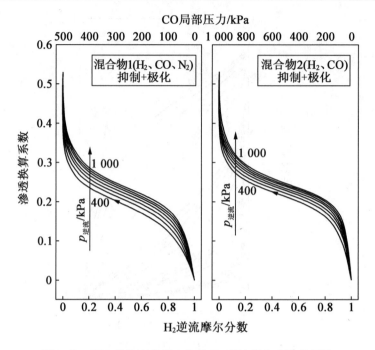

图 2.12 PRC 作为两种混合物的 $H_2$ 逆流摩尔分数的函数

分离路径仅适用于 400 kPa 的情况。自变量(氢的摩尔分数)报告在主轴上,而相应的 CO 分压显示在二次轴上,便于读数。上游压力 = 1 000 kPa,下游压力 = 200 kPa

(Caravella, A.; Barbieri, G.; Drioli, E., J. Phys. Chem. B 2010, 114, 12264 - 12276.)

对于 WGS MR 中的抑制影响,根据计算得到的填料床平均温度在 450 ℃ 左右,可以忽略抑制作用。从这个意义上说,对 MRs 的 CPC 提供有用的信息,以识别那些最影响整体性能的反应堆区域,从而允许采用最佳的催化剂和(或)膜分布。

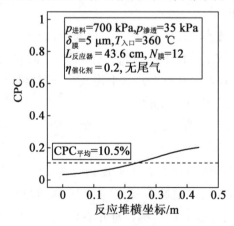

图 2.13 在图例中所述条件下计算的 WGS 反应器浓度极化系数剖面

### 2.3.2 催化膜

**1. 两相酶载 MR**

在 $S$-萘普生甲酯水解的情况下,式(2.9)中所报道的 PDEs 体系有可能对膜孔内两界面两侧各相物种的浓度分布进行评价。特别是,使用整体质量平衡方程(式(2.9)),有机大体积相 $S$-萘普生甲酯转化为 Thiele 的模量值的时间函数,如图 2.14 所示。该图还显示了所进行的一些试验数据实验室规模设置(全循环)。根据 $\Phi^2$(式(2.7))越高,催化活性越高;增加这个参数在负载酶的 MR 中实现了更高的 $S$-萘普生甲酯转化。

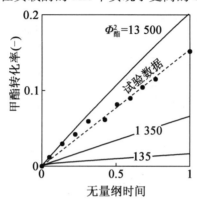

图 2.14 $S$-萘普生甲酯的转化率随操作时间的无因次变化
(Barbieri, G.; Scura, F.; Brunetti, A. Elsevier: Amsterdam, 2010; pp 57-79.)

特别是由于固定化脂肪酶在多孔非对称膜中的 $v_{max}$ 和 $K_M$ 值未知,虽然有效的 $S$-萘普生甲酯扩散率已经被试验评估,建模时允许 Michaelis-Menten 动力学参数的估计用 $\phi^2 = V_{max} s^2 / D_{酯} K_M$ 来表示,用来匹配试验数据的转化趋势。

Du Preez 等的模型预测在不同的酰胺酶量、稳定性、流速和初始酰胺的范围内浓度量化了这些参数对最大转化率影响的方向和程度,从而确定了最佳膜生物反应器性能的关键参数范围。图 2.15 所示为利用开发的模型进行可能的灵敏度分析。

**2. 透孔流动模式:酶载 MR**

对于利用中空纤维中的酪氨酸酶对废水中苯酚进行生物降解 MR,如图 2.16 所示,预测苯酚沿多孔酶富载的膜在不同蒂勒氏模量($\Phi^2$)下沿径向剖面的浓度。$\Phi^2$ 值越大,说明扩散受限且/或扩散速度越快,而它的值越小意味着受反应动力学的限制。在这种情况下,苯酚浓度从它的最大值(进料浓度)在外膜表面单调地降低。Thiele's 模量越高,苯酚转化率越高(如内膜表面苯酚浓度越低)。基于这些结果,还有更多单层膜区应加入酶,以加速苯酚的生物转化。

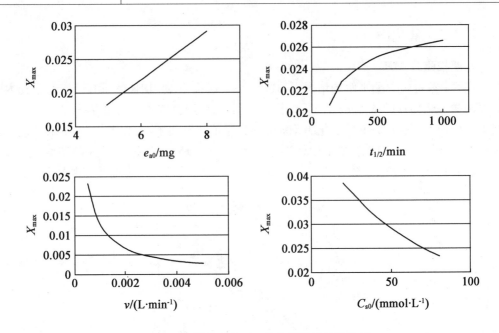

图 2.15　CO 转化对主要工艺参数的灵敏性分析

(du Preez, R.; Clarke, K. G.; Callanan, L. H.; Burton, S. G. J. Mol. Catal. B Enzym. 2015, 119, 48 – 53.)

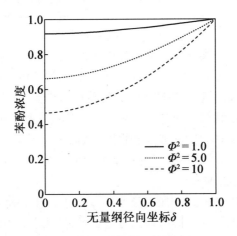

图 2.16　Thiele's 弹性模量对苯酚的浓度剖面的影响($\xi = 0.014$, Péclet $= 3.04$)

(Barbieri, G.; Scura, F.; Brunetti, A. Elsevier: Amsterdam, 2010; pp 57 – 79.)

图 2.17 所示为进料组成对酶载 MR 性能的影响。特别是,在 Peclet 值为 3.04 时,转化是以苯酚进料浓度的三个 Thiele 模量值(1、5 和 10)的函数进行评估。任何改变反应物进料浓度表示无量纲 Michaelis – Menten 参数变化($\xi$,式(2.22))。正如预期的那样,由于固定的生物催化剂负载,进料浓度越高,苯酚的转化率越低。$\Phi^2$ 越高,苯酚的转化率越高。MR 能够在给定的操作时间内处理更多的、用于浓缩进料的苯酚。考虑 $\Phi^2 = 10$ 的情况下,苯酚进料浓度为 $0.1 \sim 1 \text{ mmol} \cdot \text{L}^{-1}$,转化率为 51% ~33%。然而,在 1 mmol·

$L^{-1}$时,转化反应物的总量约为原料组成比低10倍时转化反应物总量的6倍。

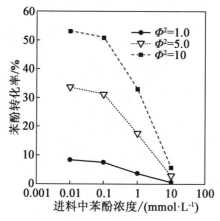

图 2.17　酚的转化率随进料浓度的不同而变化的曲线
(Barbieri, G.; Scura, F.; Elsevier: Amsterdam, 2010; pp 57 – 79.)

## 2.4　针对 MRs 的过程强化度量

在过去的10年中,人们做出了许多努力,将传统的工业增长转变为可持续的增长。这个过程是最近被引入的一种新的设计理念,为制造业加工带来了巨大的改善,旨在以一种有竞争力但可持续的方式追求这种增长,减少能源消耗,更好地开发原材料,减少浪费,提高计划效率,减少工厂规模和资金成本,提高安全性等。

为了深入了解工艺强化原理,提出了膜技术和膜工程实施的重要作用。在涉及膜的其他新单元操作中,MRs 有望在可持续增长的领域中发挥决定性作用。它们代表了当今涉及石油化工、能源转换、制氢等行业流程的解决方案,较好地满足了工艺集约化的要求,对于各方面常规操作具有较好的性能、较低的能耗和占用量。在同一单元中 MRs 具有反应与分离相结合的协同效应,它们的简单性以及高级自动化和控制的可能性为重新设计提供了一个有利的机会。然而,为了使一项新技术的使用更具吸引力,定义一种新方法是至关重要的,即分析其性能,并强调其相对于巩固传统技术的良好潜力。随之而来的是对新流程的重新设计,从而识别出新的索引,也就是指标。通常用于分析流程的传统参数可以提供额外的重要信息,以支持关于操作类型的决策流程以及识别使流程更复杂的操作条件。到目前为止,人们正在做出许多努力来确定工业进程的各项指标,其中大多数是以适当的比率计算,该比率可反映与业务规模无关的影响的程度,或权衡成本和收益,在某些情况下,还可以比较不同的操作。这些新指标的使用可以加强对单元操作性能分析的创新,在膜技术的情况下,可以清楚而容易地显示出该特定技术与传统技术比较所能提供的优点和缺点。基于以上考虑,合成气通过 WGS 进行升级 MR 被认为

是一个案例研究,介绍了非传统的性能分析的替代单位操作。再具体参照 MRs 绩效评价,定义如下指标:

体积指数,定义为 MR 和 TR 达到某一固定 CO 转化率时的催化体积之比,即

$$\text{体积指数} = \frac{\text{体积}^{MR}}{\text{体积}^{TR}}\bigg|_{\text{转化}} \quad (2.27)$$

转化指数,在给定反应体积下,MR 与 TR 的转化比率,即

$$\text{转化指数} = \frac{\text{转化}^{MR}}{\text{转化}^{TR}}\bigg|_{\text{催化剂}} \quad (2.28)$$

质量强度(MI),是 MR 反应产生的总 $H_2$ 与生成物以及总加入量的比值,即

$$\text{质量强度(MI)} = \frac{\text{加入和反应产生 } H_2 \text{ 的总量}}{\text{加入质量总和}}, \frac{kg_{H_2}/s}{kg/s} \quad (2.29)$$

$$= \frac{F_{\text{总}}^{\text{加入量}}(x_{H_2}^{\text{加入量}} + x_{CO}^{\text{加入量}} \cdot \chi_{CO}^{\text{实际}}) M_{H_2}}{M_{\text{总}}^{\text{加入量}}} \quad (2.30)$$

$$\text{MI}^{\text{传统反应器平衡转化率或膜反应器平衡转化率}} = \frac{F_{\text{总}}^{\text{加入量}} \cdot (x_{H_2}^{\text{加入量}} + x_{CO}^{\text{加入量}} \chi_{CO}^{\text{传统反应器平衡转化率或膜反应器平衡转化率}}) M_{H_2}}{M_{\text{总}}^{\text{加入量}}}$$

$$(2.31)$$

能量强度(EI),反应器中所涉及的总能量与 MI 中输入的总 $H_2$(也就是,离开系统所有氢)的比值,即

$$\text{能量强度(EI)} = \frac{\text{反应器中反应产生(或消耗)的能量总和}}{\text{加入和反应产生 } H_2 \text{ 的总量}}, \frac{J/s}{kg_{H_2}/s} \quad (2.32)$$

$$= \frac{F_{\text{总}}^{\text{加入量}} x_{CO}^{\text{加入量}} \chi_{CO}^{\text{实际}} \Delta H^{\text{反映}}}{F_{\text{总}}^{\text{加入量}}(x_{H_2}^{\text{加入量}} + x_{CO}^{\text{加入量}} \cdot \chi_{CO}^{\text{实际}}) M_{H_2}} \quad (2.33)$$

$$\text{EI}^{\text{传统反应器平衡转化率或膜反应器平衡转化率}} = \frac{F_{\text{总}}^{\text{加入量}} \cdot x_{CO}^{\text{加入量}} \chi_{CO}^{\text{传统反应器平衡转化率或膜反应器平衡转化率}} \Delta H^{\text{反应}}}{F_{\text{总}}^{\text{加入量}}(x_{H_2}^{\text{加入量}} + x_{CO}^{\text{加入量}} \chi_{CO}^{\text{传统反应器平衡转化率或膜反应器平衡转化率}}) M_{H_2}}$$

$$(2.34)$$

容积指数是新建厂房安装的一个重要参数,必须具有体积小、生产力大的特点。体积指数是 MR 反应生产率的指标,它将 MR 反应的体积与 TR 反应的体积进行比较,需要实现相同的转化。低体积指数意味着 MR 反应达到固定 CO 转化所需的体积比 TR 所需的体积小得多。因此,MR 中所需催化剂的质量显著降低。

以 WGS 反应为例,可以看出体积指数是进料压力的递减函数,由于后者在 MR 中对 CO 转化有积极的影响。在 600 kPa 时,MR 反应体积为 TR 反应体积的 75%,在 1 500 kPa 时减小为 25%,当加入等分子混合物时,80% 的最终转化率(对应于 90% 的 TREC)被考虑。这意味着减小工厂规模(图 2.18),从而降低成本。当一个典型的合成气流也含有氢时,由于钯-银 MR 低的平衡转化率,体积指数更低($V_{CO_2} : V_{H_2O} : V_{H_2O} : V_{CO_2} = 20 : 20 : 50 : 10$)。因此,达到合适的转化率所需的催化剂用量大幅减少,增益明显增多。

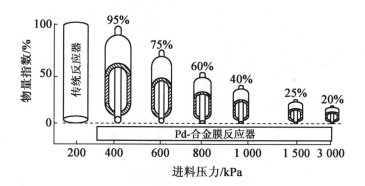

图 2.18 体积指数作为进料等摩尔分子混合物的进料压力的函数
(炉温为 -280 ℃。将 CO 转化设置为 TREC 的 90%。Reprinted from Brunetti, A.; Caravella, A.; Barbieri, G.; Drioli, E. J. Membr. Sci. 2007, 306, 329-340.)

图 2.19 所示为按 MR 所需反应体积与整个传统工艺所需的反应体积之比计算得到的体积指数(高温和低温反应器),为实现相同的转化进料压力对入口温度 300 ℃ 和 325 ℃ 的函数作用。本节首先进行了评价,计算了各因素的影响,因其适宜的操作条件,在传统工艺中实现了转化(为每个高温和低温 WGS 反应器定义了反应体积);然后,评估 MR 获得相同 CO 所需的反应体积。两种反应体系之间的巨大差异主要取决于需要的低温 WGS。由于 CuO - ZnO 催化剂的缓慢动力学,在 220~300 ℃ 和低 GHSV (3 000 h$^{-1}$) 下运行,体积显著增大。这意味着在相对较小的进料中,催化剂的用量要大得多。流量及其在整个传统工艺反应体积的测定中占有重要的地位。正如预期,MR 结果所要求的反应体积总是比整个传统过程所要求的反应体积要小,而且进料压力越高小得越多。在 5 bar、300 ℃ 入口温度下,MR 反应体积约为传统反应体积的 90%,由于 $H_2$ 渗透率的限制,因此 MR 的工作效果并不比 TR 好。更高的进料压力,在 15 bar 时变为 13%。此外,在高于 325 ℃ 的温度下,它仍然显示在 5 bar 时 55%,15 bar 时 10%。事实上,高压和高温意味着有更多的 $H_2$ 通过。因此,实现集总转化所需的催化剂较少。较高的压力 (30 bar) 会进一步降低 MR 的反应体积,如图 2.19 中 40 000 h$^{-1}$ 的 GHSV。

能够达到比 TR 更高的转化,超过 TR 平衡极限,是 MR 的一个典型特性。对于给定的反应体积,转化指数定义为 MR 实现的转化与 TR 实现的转化之比,给出了从转化率的角度对增益的评估,并特别指出了在进料混合物中也含有反应的产品情况下转化率对增益的效果。一个较高的转化指数意味着相对于传统的反应,反应量相同,意味着更好的原料开发和更少的浪费。MRs 是一个压力驱动系统。因此,转化指数是进料压力的增加函数,如图 2.20 所示,此时炉温度为 280 ℃。其中,当进料流 ($V_{CO}:V_{H_2O}:V_{H_2O}:V_{CO_2}$ = 20:20:50:10) 在 200 kPa 时转化指标为 2,而在 1 500 kPa 时转化指标为 6。然而,在 500 kPa 时,转化指数就等于 4。当 MR 只含有一个质量分数相等的反应物,由于 TR 的转化率已经很高,因此转化率指数在 1.5~1.0 之间。然而,一个等于 1.5 的转化指数表示约 95% 的 CO 转化,这不仅意味着渗透侧有 $H_2$,也有浓度较高 $CO_2$ 残留。

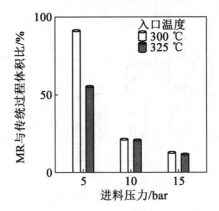

图 2.19 入口温度为 300 ℃ 和 325 ℃ 时，MR 体积与传统工艺体积之比与进料压力的关系
（Reproduced from Barbieri, G.; Brunetti, A.; Caravella, A.; Drioli, E. RSC Adv. 2011, 1(4), 651 – 661）

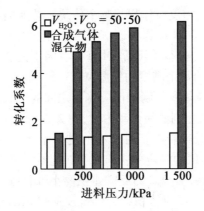

图 2.20 转化指数作为不同进料压力的函数
（Barbieri, G.; Scura, F.; Brunetti, A. Elsevier：Amsterdam, 2010, 57 – 79.）

MI 的值越高，这个过程就越强化。在任何情况下，当纯氢被注入时，它都不能大于 1，这是一个既不发生反应也不发生分离的特例。该指数的值取决于转化率及进料流的组成分析。在本例中，MI 的指定器由输入反应器的 $H_2$ 加上由于反应的化学计量学反应给出的氢气，即 WGS 反应中 1 mol 的 CO 发生转化生成 1 mol 的 $H_2$。MI 的最大值或理想值是反应器平衡转化时的值，在 TR 的情况下为 TREC，而对于膜反应器 MR，它表示平衡转化（MREC）。

EI 是整个系统的氢的比值，该指数值越高，反应过程强度越大。该指数的值还取决于转换和进料流的组成，理想的 EI 是在平衡条件下获得的。最高的 EI（考虑放热反应时的绝对值，如 WGS）意味着系统产生更多的能量，因此反应器的性能最佳。

在 TR 和 MR 的比较中，后者总是比 TR 更耗材、更耗能，特别是在进料压力较高的情况下，表明 MR 作为进料所需的材料较少，同样数量的 $H_2$ 的情况下生产中可获得更多的能量。例如,在图 2.21 中,当 GHSV 为 30 000 h$^{-1}$ 时,350~380 ℃温度范围出现适合的次数最多,表明需要一个更强的过程,因为 TR 和 MR 的质量和能量指数都很高。特别是,在 350 ℃ 和 1 500 kPa 时,MR 的 MI = 0.031,EI = -12.6 kJ/$g_{H_2}$,然而对于 TR,MI 只有 0.023,EI 只有 -9 kJ/$g_{H_2}$。这个结果很有趣,因为它也可以从不同的角度观察。为了使 TR 在 350 ℃下得到相同的指标值,MR 在 320 ℃和 5 bar 或 300 ℃和 10 bar 下运行就足够了。这意味着在较温和的条件下,催化剂寿命也能有效延长。

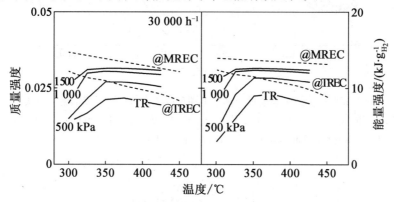

图 2.21 质量强度和能量强度在不同反应压力下温度的函数
(虚线表示计算的值 TREC 或 MREC (1 500 kPa),实线表示 MR。Brunetti, A.; Drioli, E; Barbieri, G. Fuel Process. Technol. 2014, 118, 278-286.)

MR 所提供的优势,也可以参考 TR。在类似条件下运行的 MR 总是比 TR 更强化;当温度高于 350 ℃,TR 超过了所能达到的理想性能。

MR 相对于通常使用的传统反应单元的优势在图 2.22 中得到了清晰的显示,其中 MR 的实际指标与 TR 的相应理想指标(在均衡、TREC 下计算)的比值如图 2.22 所示。

图 2.22 中还绘制了 TR 实际值的计算曲线。在图中两个区域可以明显区分:第一个相对于大于 1 的值,第二个相对于小于 1 的值。比值等于 1 意味着 MR 允许 TR 在相同条件下在平衡状态下达到最佳的性能。比值大于 1 表示用 MR 进行的过程更加强化,这种情况是 TR 无法实现的。一般来说,比例越高,过程越强化。在高于 350 ℃ 的温度条件下,MR 总是比 TR 在实际操作中更加强化,甚至超过了 TR 的理想性能。进料压力更高时,这个温度可以更低,因为它促进转换。质量和能量强度的证明,符合这一强化过程,MR 技术也在原材料的利用方面得到更好的开发(减少高达 40%)以及更高的能源效率(高达 35%)。图 2.23 所示为 TREC 条件下能量强度随质量强度的变化曲线,该相图绘制了参考传统反应器平衡转化率的 MI 和 EI 比值。质量和 EI 越高,过程的结果越强化。其中,坐标系(1,1)上的点是 TR 处于平衡状态时的理想情况。

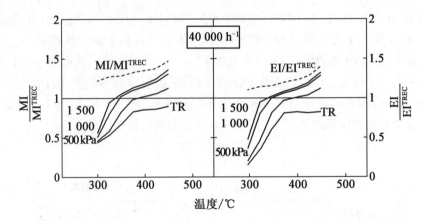

图 2.22　质量强度和能量强度在不同反应压力值下随温度的变化曲线

(实线表示 MR。Brunetti, A.; Drioli, E.; Barbieri, G. Energy and Mass Intensities in Hydrogen Upgrading by a Membrane Reactor. Fuel Process. Technol. 2014, 118, 278 – 286.)

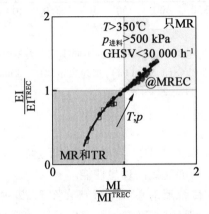

图 2.23　TREC 条件下能量强度随质量强度的变化曲线

(Brunetti, A.; Drioli, E.; Barbieri, G. Energy and Mass Intensities in Hydrogen Upgrading by a Membrane Reactor. Fuel Process. Technol. 2014, 118, 278 – 286.)

通过该点绘制的水平线和垂直线确定了四个区域：

(1) 在右上方区域，两个参数都是最理想的值，MI 和 EI 的比值都大于 1。

(2) 左下方区域，变量 MI 和 EI 的比值小于 1。

(3) 其他两个区域是白色的，在这些区域中，MI 和 EI 的比值分别低于和高于 1，另一个也是如此。

右上方区域只有 MR 才能达到，因为 MI 和 EI 比传统反应器平衡转化率高；当变量落在这里时，在平衡态下，MR 比任何 TR 都强。

(4) 左下方区域表示 TR 的所有可能值，在 TREC 条件下得到最佳值 1。这个区域对 MR 来说是一样的。

(5) 比值的所有点都穿过 (1,1) 点并位于同一曲线上，且与操作条件无关，表明 MI

越好 EI 也越好。因此,白色区域不适合任何 TR 或 MR。

(6)随着温度和压力的增加,其值趋于强化区。例如,MR 在温度高于 350 ℃、压力大于 500 kPa、GHSV 不超过 30 000 h$^{-1}$ 的条件下,其性能超过了 TR 在平衡态下的性能。

# 参 考 文 献

[1] Barbieri, G.; Scura, F.; Brunetti, A. Modeling and Simulation of Membrane Reactors and Catalytic Membrane Reactors. In Comprehensive Membrane Science and Engineering—Vol. 3: Catalytic Membranes and Catalytic Membrane Reactors; Drioli, E.; Giorno, L., Eds.; Elsevier: Amsterdam, 2010; pp 57 – 79, ISBN:978 – 0 – 08 – 093250 – 7.

[2] Stankiewicz, A.; Moulijn, J. A. Process Intensification. Ind. Eng. Chem. Res. 2002, 41, 1920 – 1926.

[3] Drioli, E.; Romano, M. Progress and New Perspectives on Integrated Membrane Operations for Sustainable Industrial Growth. Ind. Eng. Chem. Res. 2001, 40, 1277 – 1300.

[4] Abo – Ghander, N. S.; Grace, J. R.; Elnashaie, S. S. E. H.; Lim, C. J. Modeling of a novel membrane reactor to integrate dehydrogenation of ethylbenzene to styrene with hydrogenation of nitrobenzene to aniline. Chem. Eng. Sci. 2008, 63 (7), 1817 – 1826.

[5] Gobina, E.; Hou, K.; Hughes, R. Mathematical analysis of ethylbenzene dehydrogenation: comparison of microporous and dense membrane systems. Chem. Eng. Sci. 1995, 50, 2311 – 2319.

[6] Barbieri, G.; Scura, F.; Brunetti, A. Mathematical Modelling of Pd – Alloy Membrane Reactors. In Membrane Science and Technology—Vol. 13: Inorganic Membranes: Synthesis, Characterization and Applications; Mallada, R.; Menendez, M., Eds.; Elsevier: Amsterdam, 2008; pp 325 – 399, ISBN:978 0 444 53070 7; ISSN: 0927 – 5193, http://dx.doi.org/10.1016/S0927 – 5193(07)13009 – 6.

[7] Barbieri, G. Pd – Based Tubular Membrane Reactor. In Encyclopedia of Membranes; Drioli, E.; Giorno, L., Eds.; Springer: Berlin, 2015; pp 1 – 4, ISBN:978 – 3 – 642 – 40872 – 4, http://dx.doi.org/10.1007/978 – 3 – 642 – 40872 – 4_439 – 1.

[8] Barbieri, G. Continuous Stirred Tank Membrane Reactor (CST – MR). In Encyclopedia of Membranes; Drioli, E.; Giorno, L., Eds.; Springer: Berlin, 2015; pp 1 – 4, ISBN:978 – 3 – 642 – 40872 – 4, http://dx.doi.org/10.1007/978 – 3 – 642 – 40872 – 4_152 – 1.

[9] Caravella, A.; Scura, F.; Barbieri, G.; Drioli, E. Sieverts Law Empirical Exponent for Pd – Based Membranes: Critical Analysis with Pure $H_2$ Feed. J. Phys. Chem. B 2010, 114, 6033 – 6047. doi:10.1021/jp1006582.

[10] Caravella, A.; Hara, S.; Drioli, E.; Barbieri, G. Sieverts Law Pressure Exponent for Hydrogen Permeation Through Pd – Based Membranes: Coupled Influence of Non – Ideal Diffusion and Multicomponent External Mass Transfer. Int. J. Hydrog. Energy 2013, 38, 16229 – 16244. doi:10.1016/j.ijhydene.2013.11.074.

[11] Caravella, A.; Hara, S.; Sun, Y.; Drioli, E.; Barbieri, G. Coupled Influence of Non – Ideal Diffusion and Multilayer Asymmetric Porous Supports on Sieverts Law Pressure Exponent for Hydrogen Permeation in Composite Pd – Based Membranes. Int. J. Hydrog. Energy 2014, 39, 2201 – 2214. doi:10.1016/j.ijhydene.2013.09.102.

[12] Ward, T.; Dao, T. Model of Hydrogen Permeation Behaviour in Palladium Membranes. J. Membr. Sci. 1999, 153, 211 – 231.

[13] Caravella, A.; Barbieri, G.; Drioli, E. Modelling and Simulation of Hydrogen Permeation Through Supported Pd – Based Membranes with a Multicomponent Approach. Chem. Eng. Sci. 2008, 63, 2149 – 2160. doi:10.1016/j.ces.2008.01.009.

[14] Dittmeyer, R.; Hollein, V.; Daud, K. Membrane Reactors for Hydrogenation and Dehydrogenation Processes Based on Supported Palladium. J. Mol. Catal. A Chem. 2001, 173, 135 – 184.

[15] Caravella, A.; Barbieri, G.; Drioli, E. Concentration Polarization Analysis in Self – Supported Pd – Based Membranes. Sep. Purif. Technol. 2009, 66, 613 – 624. doi:10.1016/j.seppur.2009.01.008.

[16] Peters, T. A.; Stange, M.; Klette, H.; Bredesen, R. High Pressure Performance of Thin Pd – 23% Ag/Stainless Steel Composite Membranes in Water Gas Shift Gas Mixtures: Influence of Dilution, Mass Transfer and Surface Effects on the Hydrogen Flux. J. Membr. Sci. 2008, 316, 119 – 127.

[17] Scura, F.; Barbieri, G.; De Luca, G.; Drioli, E. The Influence of the CO Inhibition Effect on the Estimation of the $H_2$ Purification Unit Surface. Int. J. Hydrog. Energy 2008, 33, 4183 – 4192. doi:10.1016/j.ijhydene.2008.05.081.

[18] Hara, S.; Sakaki, K.; Itoh, N. Decline in Hydrogen Permeation Due to Concentration Polarization and CO hindrance in a Palladium Membrane Reactor. Ind. Eng. Chem. Res. 1999, 38, 4913 – 4918.

[19] Barbieri, G.; Scura, F.; Lentini, F.; De Luca, G.; Drioli, E. A Novel Model Equation for the Permeation of Hydrogen in Mixture with Carbon Monoxide Through Pd – Ag Membranes. Sep. Purif. Technol. 2008, 61, 217 – 224. doi:10.1016/j.seppur.2007.10.010.

[20] Caravella, A.; Scura, F.; Barbieri, G.; Drioli, E. Inhibition by CO and Polarization in Pd – Based Membranes: A Novel Permeance Reduction Coefficient. J. Phys. Chem. B 2010, 114, 12264 – 12276. doi:10.1021/jp104767q.

[21] Nagy, E. Mathematical Modelling of Biochemical Membrane Reactors. In Membrane Operations: Innovative Separations and Transformations; Drioli, E.; Giorno, L.,

Eds.; Wiley – VCH: Weinheim, 2009; pp 309 – 334, ISBN10:3 – 527 – 32038 – 5; 13:978 – 3 – 527 – 32038 – 7.

[22] Du Preez, R.; Clarke, K. G.; Callanan, L. H.; Burton, S. G. Modelling of Immobilised Enzyme Biocatalytic Membrane Reactor Performance. J. Mol. Catal. B Enzym. 2015, 119, 48 – 53.

[23] Barbieri, G. Hydrogen Production by Membrane Reactors. In Encyclopedia of Membranes; Drioli, E.; Giorno, L., Eds.; Springer: Berlin, 2015; pp 990 – 994, ISBN: 978 – 3 – 642 – 40872 – 4, http://dx.doi.org/10.1007/978 – 3 – 642 – 40872 – 4_708 – 1.

[24] Barbieri, G.; Brunetti, A.; Granato, T.; Bernardo, P.; Drioli, E. Engineering Evaluations of a Catalytic Membrane Reactor for Water Gas Shift Reaction. Ind. Eng. Chem. Res. 2005, 44, 7676 – 7683.

[25] Brunetti, A.; Barbieri, G.; Drioli, E.; Lee, K. H.; Sea, B.; Lee, D. W. WGS Reaction in a Membrane Reactor Using a Porous Stainless Steel Supported Silica Membrane. Chem. Eng. Process. 2007, 46, 119 – 126.

[26] Brunetti, A.; Barbieri, G.; Drioli, E.; Granato, T.; Lee, K. – H. A Porous Stainless Steel Supported Silica Membrane for WGS Reaction in a Catalytic Membrane Reactor. Chem. Eng. Sci. 2007, 62, 5621 – 5626.

[27] Brunetti, A.; Caravella, C.; Barbieri, G.; Drioli, E. Simulation Study of Water Gas Shift in a Membrane Reactor. J. Membr. Sci. 2007, 306 (1 – 2), 329 – 340.

[28] Brunetti, A.; Barbieri, G.; Drioli, E. A PEM – FC and $H_2$ Membrane Purification Integrated Plant. Chem. Eng. Process. Process Intensif. 2008, 47 (7), 1081 – 1089, Special issue "Euromembrane 2006".

[29] Barbieri, G.; Brunetti, A.; Tricoli, G.; Drioli, E. An Innovative Configuration of a Pd – Based Membrane Reactor for the Production of Pure Hydrogen. Experimental Analysis of Water Gas Shift. J. Power Sources 2008, 182 (1), 160 – 167.

[30] Brunetti, A.; Barbieri, G.; Drioli, E. Upgrading of a Syngas Mixture for Pure Hydrogen Production in a Pd – Ag Membrane Reactor. Chem. Eng. Sci. 2009, 64, 3448 – 3454.

[31] Brunetti, A.; Barbieri, G.; Drioli, E. Pd – Based Membrane Reactor for Syngas Upgrading. Energy Fuel 2009, 23, 5073 – 5076.

[32] Brunetti, A.; Barbieri, G.; Drioli, E. Integrated Membrane System for Pure Hydrogen Production: A Pd – Ag Membrane Reactor and a PEMFC. Fuel Process. Technol. 2011, 92, 166 – 174.

[33] Barbieri, G.; Brunetti, A.; Caravella, A.; Drioli, E. Pd – based Membrane Reactors for One – Stage Process of Water Gas Shift. RSC Adv. 2011, 1 (4), 651 – 661.

[34] Brunetti, A.; Drioli, E.; Barbieri, G. Medium/High Temperature Water Gas Shift Reaction in a Pd – Ag Membrane Reactor: An Experimental Investigation. RSC Adv. 2012, 2 (1), 226 – 233. doi:10.1039/C1RA00569C.

[35] Brunetti, A.; Caravella, A.; Drioli, E.; Barbieri, G. Process Intensification by Membrane Reactors: High Temperature Water Gas Shift Reaction as Single Stage for Syngas Upgrading. Chem. Eng. Technol. 2012, 35, 1238–1248.

[36] Brunetti, A.; Caravella, A.; Fernandez, E.; Pacheco Tanaka, D. A.; Gallucci, F.; Drioli, E.; Curcio, E.; Viviente, J. L.; Barbieri, G. Syngas Upgrading in a Membrane Reactor with Thin Pd–Alloy Supported Membrane. Int. J. Hydrog. Energy 2015, 40 (34), 10883–10893.

[37] Barbieri, G. Water Gas Shift (WGS). In Encyclopedia of Membranes; Drioli, E.; Giorno, L., Eds.; Springer: Berlin, 2015; pp 1–4, ISBN: 978–3–642–40872–4, http://dx.doi.org/10.1007/978–3–642–40872–4_598–1.

[38] Miller, G. Q.; Stöcker, J. Selection of a Hydrogen Separation Process. In NPRA Annual Meeting held March 19–21, 1989, San Francisco, California (USA), 1989.

[39] Miller, G. Q.; Stöcker, J. Selection of a Hydrogen Separation Process. In 4th European Technical Seminar on Hydrogen Plants, Lisbon (Portugal), October 2003, 2003.

[40] Caravella, A.; Melone, L.; Sun, Y.; Brunetti, A.; Drioli, E.; Barbieri, G. Concentration Polarization Distribution Along Pd–Based Membrane Reactors: A Modelling Approach Applied to Water–Gas Shift. Int. J. Hydrog. Energy 2016, 41 (4), 2660–2670.

[41] Zhang, J.; Barbieri, G.; Scura, F.; Giorno, L.; Drioli, E. Modelling of two separate phase enzyme membrane reactors for kinetic resolution of naproxen ester. Desalination 2006, 200, 514–515.

[42] Giorno, L.; D'Amore, E.; Mazzei, R.; Piacentini, E.; Zhang, J.; Drioli, E.; et al. An innovative approach to improve the performance of a two separate phase enzyme membrane reactor by immobilizing lipase in presence of emulsion. J. Membr. Sci. 2007, 295, 95–101.

[43] Giorno, L.; Zhang, J.; Drioli, E. Study of mass transfer performance of naproxen acid and ester through multiphase enzyme–loaded membrane system. J. Membr. Sci. 2006, 276, 59–67.

[44] Choi, S.–H.; Scura, F.; Barbieri, G.; Mazzei, R.; Giorno, L.; Drioli, E.; et al. Bio–degradation of Phenol in Wastewater by Enzyme–loaded Membrane Reactor: Numerical Approach. J. Membr. Sci. 2009, 19 (1), 72–82.

[45] Van Gerven, T.; Stanckiewicz, A. Structure, Energy, Synergy, Time—The Fundamentals of Process Intensification. Ind. Eng. Chem. Res. 2009, 48, 2465–2474.

[46] Stankiewicz, A.; Moulijn, J. A. Process Intensification. Ind. Chem. Eng. Res. 2002, 41, 1920–1924.

[47] Tsouris, C.; Porcelli, J. V. Process Intensification—Has Its Time Finally Come? Chem. Eng. Progr. 2003, 99, 50–54.

[48] Dautzenberg, F. M.; Mukherjee, M. Process Intensification Using Multifunctional Reactors. Chem. Eng. Sci. 2001, 56, 251–267.

[49] Lutze, P.; Gani, R.; Woodley, J. Process Intensification: A Perspective on Process Synthesis. Chem. Eng. Proc. 2010, 49, 547–558.

[50] Drioli, E.; Brunetti, A.; Di Profio, G.; Barbieri, G. Process Intensification Strategies and Membrane Engineering. Green Chem. 2012, 14, 1561–1572.

[51] Bortolotto, L.; Dittmeyer, R. Direct Hydroxylation of Benzene to Phenol in a Novel Microstructured Membrane Reactor with Distributed Dosing of Hydrogen and Oxygen. Sep. Purif. Technol. 2010, 73, 51–58.

[52] Ye, S.; Hamakawa, S.; Tanaka, S.; Sato, K.; Esashi, M.; Mizukami, F. A One-Step Conversion of Benzene to Phenol Using MEMS-Based Pd Membrane Microreactors. Chem. Eng. J. 2009, 155, 829–837.

[53] Luo, H. X.; Tian, B. B.; Wei, Y. Y.; Wang, H. H.; Jiang, H. Q.; Caro, J. Oxygen Permeability and Structural Stability of a Novel Tantalum-Doped Perovskite $BaCo_{0.7}Fe_{0.2}Ta_{0.1}O_{3-\delta}$. AICHE J. 2010, 56, 604–610.

[54] Luo, H. X.; Wei, Y. Y.; Jiang, H. Q.; Yuan, W. H.; Lv, Y. X.; Caro, J.; Wang, H. H. Performance of a Ceramic Membrane Reactor with High Oxygen Flux Ta-Containing Perovskite for the Partial Oxidation of Methane to Syngas. J. Membr. Sci. 2010, 350, 154–160.

[55] Brunetti, A.; Barbieri, G.; Drioli, E. Membrane Engineering for the Treatment of Gases. In Gas-Separation Problems Combined with Membrane Reactors; Drioli, E.; Barbieri, G., Eds.; Vol. 2; The Royal Society of Chemistry: Cambridge, 2011; pp 87–109, ISBN 978-1-84973-239-0.

[56] Liu, P. K. T.; Sahimi, M.; Tsotsis, T. Process Intensification in Hydrogen Production from Coal and Biomass via the Use of Membrane-Based Reactive Separations. Curr. Opin. Chem. Eng. 2012, 1, 342–351.

[57] Koc, R.; Kazantzis, K.; Ma, Y. H. Process Safety Aspects in Water-Gas-Shift [WGS] Membrane Reactors Used for Pure Hydrogen Production. J. Loss Prev. Process Ind. 2011, 24, 852–869.

[58] Abashar, M. E. E.; Alhumaizi, K. I.; Adris, A. M. Investigation of Methane-Steam Reforming in Fluidized Bed Membrane Reactors. Chem. Eng. Res. Des. 2003, 81 (2), 251–258.

[59] Tsotsis, T. T.; Champagnie, A. M.; Vasileiadis, S. P.; Ziaka, Z. D.; Minet, R. G. Packed Bed Catalytic Membrane Reactors. Chem. Eng. Sci. 1992, 47, 2903–2908.

[60] Adris, A. M.; Lim, C. J.; Grace, J. R. The Fluidized-Bed Membrane Reactor for Steam Methane Reforming: Model Verification and Parametric Study. Chem. Eng. Sci. 1997, 52 (10), 1609–1622.

[61] Criscuoli, A.; Drioli, E. New Metrics for Evaluating the Performance of Membrane Operations in the Logic of Process Intensification. Ind. Chem. Eng. Res. 2007, 46, 2268-2271.

[62] Sikdar, S. K. Sustainable Development and Sustainability Metrics. AICHE J. 2003, 49, 1928-1932.

[63] IChemE. Sustainable Development Progress Metrics: Recommended for Use in the Process Industries; Institution of Chemical Engineers: Rugby, 2006. http://www.icheme.org/sustainability/metrics.pdf.

[64] Brunetti, A.; Drioli, E.; Barbieri, G. Energy and Mass Intensities in Hydrogen Upgrading by a Membrane Reactor. Fuel Process. Technol. 2014, 118, 278-286.

[65] Barbieri, G. Volume Index. In Encyclopedia of Membranes; Drioli, E.; Giorno, L., Eds.; Springer: Berlin, 2015. ISBN 978-3-642-40872-4. doi:10.1007/978-3-642-40872-4_780-1.

[66] Marigliano, G.; Perri, G.; Drioli, E. Conversion-Temperature Diagram for a Palladium Membrane Reactor. Analysis of an Endothermic Reaction: Methane Steam Reforming. Ind. Eng. Chem. Res. 2001, 40, 2017-2026.

# 第 3 章　生物催化膜和膜生物反应器

**术语**

生物催化膜:膜具有生物催化性能。
生物催化膜反应器:在膜水平具有生物催化运输同时促进质量运输的反应器。
固定化酶:附着在惰性物质上的酶,如膜。
膜生物反应器:生物反应器具有膜操作。生物转化不一定发生在膜层。一般来说,生物转化在体(如发酵罐)和膜中发生连续分离产物或抑制剂。
定点固定化:具体的策略是附加一种可控的方式。定位的策略固定化是基于基因融合、翻译后修饰、位点直接诱变等。
水下膜反应器:具有水下模块的膜生物反应器。

## 3.1　概　　述

膜生物反应器是一种基于在生物催化剂的作用下同时进行生物化学转化和物质转移的膜。膜既可以提供试剂,也可以提供反应的场所或从反应中除去产物及其组合。

与传统的化学催化剂相比,酶的催化作用具有极高的效率和选择性;酶具有较高的反应速率、较温和的反应条件和较高的立体特异性。大规模使用生物催化剂生产是一个重要的研究课题,因为它使生物转化能够整合到生产反应周期中。

最常见的膜生物反应器构型可分为两类(图 3.1):①该膜控制着进出反应器本体的质量传输,并对反应本身产生间接影响(例如,反应不在膜上发生,膜通过去除产物,加入试剂,将催化剂保留在反应本体中);②反应发生在膜级,因此,它除了控制通过质量输运外,还对反应有直接的影响。后者类型更多地命名为生物催化膜反应器(或催化膜生物反应器),以突出其催化性能是由生物源催化剂促进的。

值得一提的是,由于这是一个不断发展的研究领域,各种新的术语不断涌现,用于表示开发的特定反应器类型。例如,它们通常是根据所使用的组件来命名的,包括溶剂、膜材料和(或)结构、耦合膜分离过程、加工体膜组件的位置(侧流或潜流)。因此,常使用多相酶反应器,有机/水两相(或两相分离)催化膜生物反应器,聚合物(或无机)载酶膜反应器,毛细管、中空纤维或平板膜生物反应器,超滤膜生物反应器,细胞再循环膜生物反应器(或发酵罐),浸没式膜生物反应器(SMBRs)等,然而,它们中的大多数是可以根据生物催化剂相对于膜的位置来进行普遍的归类,即催化剂是位于膜层还是在膜结构外部。

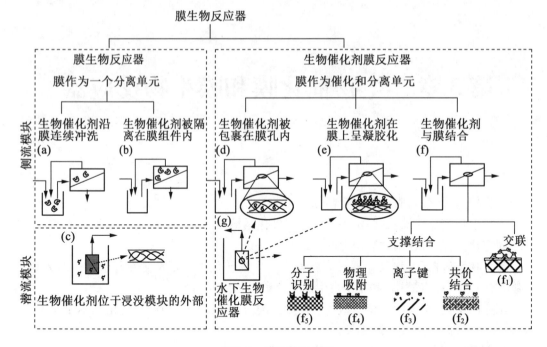

图 3.1 膜生物反应器

(a)、(b)、(d)、(e)、(f)—生物催化膜和膜生物反应器的原理分类图；(c)、(g)—潜流模块；($f_1$) ~ ($f_5$)—适用于水下生物催化膜反应器

当反应发生在容器的体相时,膜执行分离过程的结构反应器是目前开发程度最高的形成生产规模的结构。这是因为集成两个众所周知的单元操作(如罐式反应器和压力驱动膜分离过程)和增强整个过程相对容易,同时得益于独立的参数控制性能优良。

生物催化膜反应器代表了一个更强化的系统,因为它们可以同时进行反应和分离膜单元。然而,目前关于生物催化剂负载下纳米级机制的知识仍然有限,膜微环境以及如何从宏观层面对其进行控制/调控/引导,是膜微环境开发的生物催化膜反应器的生产规模的一个局限。模型研究和预测方法有望促进更多该领域的发展。对高度精确、有选择性、清洁、安全和节能过程的需要必将促进这项技术更多的研究成果。

水下生物催化蒸反应器在废水处理中可能是一种相对较新的技术中最具代表性的例子,在国家和国际压力和政治战略的驱动下(包括缺水、严格的法规、研究)已在几十年内达到实际服务阶段。

污水处理的水下生物催化膜反应器在其他地方进行了讨论。本章介绍了生物反应器和生物催化剂的结构,讨论了采用模组浸没或浸没在反应槽中的反应器的生产工艺水以外的有价值的化合物。

## 3.2 膜生物反应器

膜生物反应器在一般结构中控制着物质的输送(即使它不参与),其固有的优点包括连续操作,使其成为一个合适的替代传统的搅拌槽生物反应器;在连续系统中重复使用生物催化剂的可能性,有助于提高生产率,并可能提高该过程的经济可行性;从反应介质中连续选择性地去除产物,从而增加反应的进行(屈服于勒夏特列原理)。此外,控制试剂对催化反应环境的供应可以解决高底物存在时过饱和度抑制酶的问题。

膜生物反应器在多步反应中具有其他优点。在这种情况下,如果膜表现出一些对产品的选择性,那么可以在出口工艺流程中减少不合格品的富集。另外,如果一个产品被膜所排斥,那么它可以被浓缩在系统内。

### 3.2.1 在滞留系中膜生物反应器与生物催化剂回收利用

在膜仅作为分离单元的情况下,生物催化剂可沿膜连续冲洗或限制在膜组件内,即壳体或腔空间内。在第一种情况下,给出了一个常见的示例,初始溶液中同时含有酶和底物,产物从进料中分离出来的解决方案(图 3.2)。该反应器是在传统搅拌釜反应器(STR)与分离装置相结合的基础上发展起来的(膜工厂)。

反应器作为连续搅拌槽反应器(CSTR)工作,其中产品通过膜渗透,而酶被保留并循环回到反应器中,或者被限制在膜模块中。反应堆的体积保持不变,通过不断地将新鲜介质的加入量与渗透率匹配来保持恒定。

适当的膜分离是用来在反应容器中保持较大的组分(酶和大分子底物)和去除低分子量分子(即产品和抑制剂)。生物催化剂在反应容器中被膜分隔,这样就可以用生物催化剂连续处理悬浮在溶液中的底物。底物与生物催化剂之间的直接接触是在有限或无阻力扩散的情况下实现的。

在这种设置中最常用的分离过程是 UF,两个末端连续搅拌的扁平的 UF 膜和通过管状和毛细管跨流超滤 UF 膜模块已被广泛研究。

浓差极化现象严重影响膜分离过程的性能,使膜仅作为分离介质,必须利用流体力学和适当的模块设计在反应器中对膜加压。薄膜界面由于剪切应力、生物催化剂失活和促进蛋白质凝胶形成的风险,以高轴向速度实现湍流流态控制浓度通常是不合适的。

这些反应器特别适用于催化剂分布均匀的酶系,尤其是需要协同因子的单酶和多酶系统。

酶的活性通常不随时间而恒定。酶结构的物理化学变化、热变性和微生物污染使酶活性随时间不断降低。当酶或膜在超滤装置中被分隔时,由于对化学和形态性质的错误选择,甚至会造成生物催化剂的损失。通常用酶的半衰期($t_{1/2}$)来衡量酶的稳定性,即酶活性的时间减少到初始值的一半。由下式可得

$$K_d = \frac{2.303}{\vartheta} \log \frac{A_{E_0}}{A_{E_3}} t_{1/2} = \frac{0.693}{K_d} \tag{3.1}$$

式中，$K_d$ 为酶失活常数；$\vartheta$ 为运行时间；$A_{E_0}$ 为初始酶活性，或单位时间内的产物质量反应体积；$A_{E_3}$ 为酶在运行时间 $\vartheta$ 上的活性。

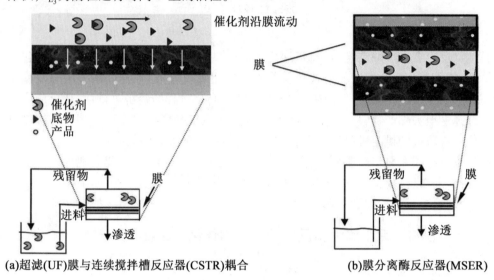

(a) 超滤(UF)膜与连续搅拌槽反应器(CSTR)耦合   (b) 膜分离酶反应器(MSER)

图 3.2   以膜为分离单元的膜生物反应器示意图

酶在连续过程中的生物转化需要仔细考虑酶活性的衰减时间的函数，以正确评估反应器的性能。

CSTR/UF 结构的膜生物反应器适用于典型固定化反应酶无效的几种反应器。这些具有高分子质量和(或)需要高输运的底物才能有效接触生物催化剂，或生物催化剂本身是一个处于生长阶段的细胞。

连续膜发酵剂(或细胞循环膜发酵剂)属于这类例子(图 3.3)。微孔膜用于将发酵液从产品流中分离出来，从而将活细胞保留在发酵罐中。

稳态 CSTR 在不累加的定常条件下工作。因此，稳态平衡方程为

流动相中 $A_{IN}$ 的比率 − 流动相中 $A_{OUT}$ 的比率 + 反应生成 $A$ 产物的比率 = 0

$$(FC_A)_{IN} - (FC_A)_{OUT} + V_r \cdot V = 0 \tag{3.2}$$

由此可以确定反应速率为

$$V_r = \frac{F(C_{AIN} - C_{AOUT})}{V} \tag{3.3}$$

式中，$V_r$ 为反应速率，$mmol \cdot cm^{-3} \cdot min^{-1}$；$F$ 为透过率，$cm^3 \cdot min^{-1}$；$C_{AIN}$ 为进料浓度，$mmol \cdot cm^{-3}$；$C_{Aout}$ 为渗透浓度，$mmol \cdot cm^{-3}$；$V$ 为体积，$cm^3$。

如果催化剂是一种酶，那么这个反应可以用下面的化学方程式来描述，即

$$E + S \underset{k_{-1}}{\overset{k_1}{\rightleftharpoons}} ES \underset{k_{-2}}{\overset{k_2}{\rightleftharpoons}} E + P \tag{3.4}$$

描述酶的动力学行为的数学模型为 Michaels – Menten (M – M) 方程，即

$$V_0 = \frac{V_{max}[S]}{K_M + [S]} \tag{3.5}$$

式中，$V_0$ 为初始反应速率；$V_{max}$ 为最大反应速率；$K_M$ 为 M－M 常数；$[S]$ 为底物浓度。将 M－M 方程以线性形式重新排列，得到线性编织－伯克方程，这是一种直观的图形化方法。

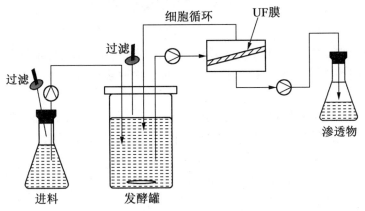

图3.3　具有超滤细胞循环系统的连续膜发酵罐装置

估算 $K_M$ 和 $V_{max}$：

$$\frac{1}{V_0} = \frac{K_M}{V_{max}} \frac{1}{[S]} + \frac{1}{V_{max}} \tag{3.6}$$

由 $1/V_0$ 对 $1/[S]$ 作一条直线，在 $Y$ 轴的截距为 $1/V_{max}$，直线的斜率为 $K_M/V_{max}$。

在 CSTR/UF 体系中，酶在体相中以自由均匀分布的分子形式工作，这些方程用于测定生物催化剂的内在动力学性质。

产物去除外，膜还可用于控制试剂分子的供给。例如，萃取采用膜生物反应器将有机分子通过膜渗透到生物活性反应器中。离子交换膜生物反应器用于将离子化合物通过非多孔离子交换膜运输到生物活性物质中。因此，防止了生物质与废水的接触，且生物质性能不受废水 pH 和组成的影响。此外，生物质分解代谢产物不会释放到处理过的水中。

### 3.2.2　含有催化剂的膜生物反应器在模块空间中的限制

在这种结构中，催化剂被限制在膜组件空间的特定位置，即中空纤维内管腔或在环绕纤维外表面的壳体内[图3.2(b)]。当低分子量的产物和抑制剂通过膜被去除时，生物催化剂不能在废水中循环。这个系统也被称为膜分离酶反应器(MSER)。然而，现在这个词很少使用。

反应器的体积由包含酶模块的空间表示，因此该空间表示质量平衡区域。

直径可达 100 mm 的空心纤维的发展，使高比表面积管壳式反应器成为可能。

具有分隔细胞或微粒体的生物反应器，可作为生物人工胰腺或体外解毒仪器，对治疗应用有很高的价值。评价系统的固定化的稳定性和催化性能，必须考虑到在发生反应的纤维的内芯和进料溶液的体积。

反应器结构的选择取决于反应体系的性质。例如，生物催化剂在被膜分隔的反应器中的生物转化，优化催化剂的均匀分布尤为重要。

## 3.3 生物催化膜反应器

在生物催化膜反应器中，膜参与生物催化转化，促进传质，因此，除分离外，膜还代表催化单元。不同种类的生物催化剂膜反应器的结构取决于复合生物催化剂膜的制备方法。

固定化生物催化剂在有机合成、生物活性分子生产等领域有着广泛的应用（包括手性分子、污染控制和诊断用途）。膜的选择要用在酶膜反应器应考虑（生物）催化剂的大小、底物、产品以及溶液和膜本身的化学性质。在此选择中要使用的一个重要参数是产物的溶质排斥系数为0，以促进渗透，酶的排斥系数为1，以确保催化剂在反应体系中保持完整。膜的选择性通常与以分子尺寸为基础进行区分，也有以静电排斥、化学作用、应用亲和力或它们的组合为基础分离机理进行划分。

固定化消除了从产品溶液中分离酶的需要，并允许这些昂贵的化合物被重用。此外，酶的热稳定性、pH 稳定性和储存稳定性也可能因此而提高。人们经常观察到催化活性的降低与催化活性稳定的增加有关。然而，已经证明，这种逆关系不是一个普遍规律，如果使用适当的微环境条件，固定化酶可以保持其固有的动力学性质，同时提高催化稳定性。

催化剂可以包裹在膜内、在膜上固化或与膜结合（图3.1(d)~(g)）。

### 3.3.1 膜内包埋酶的生物催化膜反应器

生物催化膜可以通过物理诱捕获得，这种固定化方法是建立在多孔膜厚度内的一种酶定位的基础上。它的作用是在促进渗透的同时保留酶衬底。

在膜制备过程中，可以通过反相或交叉流过滤的方法来获得，一种酶溶液通过一层已经形成的膜，从海绵到较薄的那一层其孔径小于酶，这样就可以把酶留在膜内（图3.4）。不对称中空纤维可以提供合适的酶截留支撑。

生物催化剂的负载量、通过载体的分布和活性以及使用寿命是非常重要的参数，这些参数可以确定此类系统的开发方向。固定化蛋白的量可由初始解和最终解之间的质量平衡获得。研究表明，采用这种固定化方法，酶载膜沿膜长和膜厚均匀分布。有学者结合定性方法将传统的酶活原位检测与 Western blot 分析方法相结合，首次对其进行检测。采用毛细管不对称聚砜膜反应器，同时测定酶（b-糖苷酶）通过膜厚沿膜模块的空间分布并用光学显微镜观察其固定化后的活性。

底物和产物通过载酶膜的转运是评价膜反应器的控制生物催化的一个重要性能指标。

当基体通过对流通过膜时，如在压力下渗透时，梯度、停留时间是需要优化的重要因素。

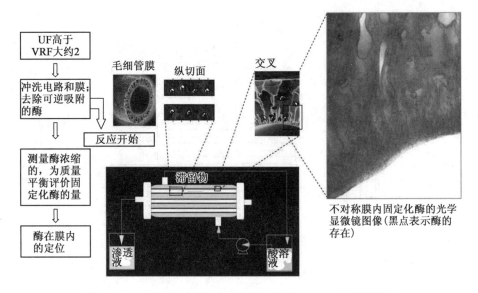

图 3.4　不对称毛细管膜中酶从壳层到管腔的交叉流超滤截留

底物溶液停留时间($\tau$)为

$$\tau = \frac{F}{V} \tag{3.7}$$

式中,$F$ 为通过膜的流速,$L \cdot s^{-1}$;$V$ 为反应器体积,$L$。

在此条件下,假设对流通过微孔可以保证完全混合,膜微孔含有固定化酶的微反应器可以看作是高通量的连续搅拌微反应器。反应器的总体容积由膜孔容积表示。反应速率方程可由稳态下的平衡方程导出(图 3.5),在这些条件下不存在积累,反应速率可根据式(3.3)确定。

对于控制良好的对流模式,恒定浓度的试剂注入反应器,可以使其混合均匀(流体力学通过孔隙促进)。这样的条件允许测量动力学,这些性质可以被同化为固有的性质,也就是说,在 STR 中它们的结果与无酶溶液的结果是一样的。

对于所有不满足上述条件的情况,如扩散发生输运时,则需要考虑各种假设,采用不同的方法。

催化膜生物反应器的转化率,其中酶只存在于微孔内即可,计算如下:

$$\text{Conversion} = \frac{C_f - C_p}{C_f} \tag{3.8}$$

式中,$C_f$ 和 $C_p$ 分别为进料渗透溶液中基质的浓度,其中 $C_f$ 是一个时间常数。

如果一些酶分子也存在于膜表面(除此之外,在膜的内部)时,有必要考虑在残留溶液中底物的转换。

在这种情况下,总转换计算为

$$\text{Conversion} = \frac{(C_r - C_p) + (C_{fi} - C_r)}{C_{fi}} \tag{3.9}$$

式中,$C_r$ 和 $C_{fi}$ 分别为残留和初始进料溶液中的底物浓度。

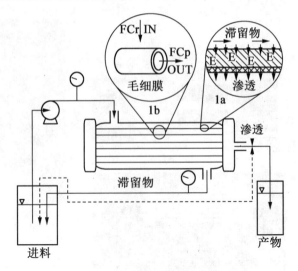

图 3.5 膜反应器体积的示意图

### 3.3.2 膜表面固化酶的生物催化膜反应器

利用在膜表面固化的酶制备了催化膜。生物催化剂的凝胶化对膜的研究是基于膜工艺的主要缺点之一：浓差极化现象和随后蛋白质在膜界面达到临界浓度时沉淀。另一个缺点是由于大规模运输的限制，系统减少了特定的活动。这种类型的固定是直接使用，否则固定化酶无法与底物溶液接触(大的底物分子不能穿透膜结构)。但在操作过程中存在蛋白泄漏的缺点。

### 3.3.3 利用酶化学结合到膜上的生物催化膜反应器

生物催化剂可以通过化学和生物化学的相互作用，即通过物理吸附和离子作用附着在膜上，即共价键、交联和分子识别。交互可以是随机的，也可以定向到特定的位置。

**1. 酶通过弱键附着在膜上**

酶通过弱相互作用，如物理吸附(或物理吸附)，附着在固体膜基质上，在范德瓦耳斯力的推动下，可能是制备固定化酶最简单的方法。

吸附依赖于酶与膜表面之间的非特异性相互作用，是一种表面能量的结果。弱相互作用黏附作为固定化(或异构化)的一般方法的主要优点是酶通常不需要试剂，只需要最少的激活步骤。因此，它更便宜，而且对酶蛋白的破坏比共价连接要小。事实上，这种酶的黏附性很强，薄膜主要由氢键和范德瓦耳斯力形成。在这方面，该方法的承受力最大，类似于在生物膜中发现的在体内的情况，并已被用来建模这类系统。

由于所涉及的键较弱，蛋白质的解吸是由于温度、pH、离子强度或即使仅仅是底物的存在。另外，可以表现为对其他物质的吸附，即反应过程中的蛋白质或物质。这可能会改变固定化酶的性质，如果是物质，吸附到膜上的底物是酶的一种底物，底物的利用率可能会随着表面的流动性而降低。这种类型的固定化尤其适用于界面蛋白的使用。例如，脂肪酶和酯酶,采用聚丙烯等疏水聚合物膜吸附两相膜反应器,与固定化蛋白相比,具有更高的稳定性和选择性。反应器系统的示意图如图 3.6 所示。

脂肪酶对膜的吸附是膜疏水性和蛋白浓度的函数。它的吸附对 pH 和温度的变化非常稳定,蛋白质氢氧化钠水解可以从膜中去除酶。

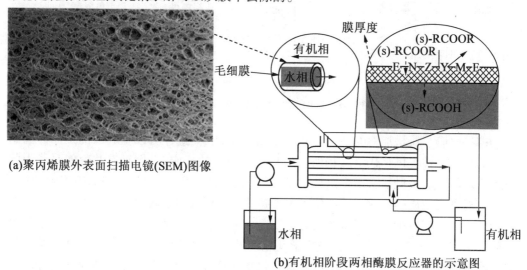

(a)聚丙烯膜外表面扫描电镜(SEM)图像

(b)有机相阶段两相酶膜反应器的示意图

图 3.6　反应器系统的示意图

**2. 酶通过强键附着在膜上**

最稳定的固定化方法是在酶和载体之间形成共价键矩阵。当试图选择一种特定蛋白质应该附着的反应类型时,这种选择受到一些情况的限制。结合反应必须在不引起酶变性和相应损失的条件下进行,酶的活性以及活性位点的部分不能直接参与连接。

适宜于温和条件下共价结合的蛋白质官能团包括:①链的 α - 氨基和赖氨酸、精氨酸的 ε 氨基;②链末端的 α - 羧基、天冬氨酸的 β - 羧基和谷氨酸的 ν - 羧基;③酪氨酸的苯环;④半胱氨酸的巯基;⑤丝氨酸和苏氨酸的羟基,组氨酸的咪唑基团,色氨酸的吲哚基团(图 3.7)。防止酶活性的改变或使固定化蛋白完全失活,重要的是催化该酶的官能团,使其不参与该载体的共价键形成。

不幸的是,许多适合共价键的反应基团通常也位于酶的活性中心。这个问题有时可以通过固定分子的存在与活性位点相互作用,在固定过程中保护它,如基质或竞争抑制剂的酶。

一般来说,共价键的优点非常稳定,因此使用这种方法,在制备的装置中不会发生酶的泄漏。这可能只是在替换失活酶以供膜的后续使用支持。该方法广泛应用于制备高选择性单用途器件(如生物传感器)。酶的固定化也可以通过蛋白质与其他蛋白质的分子间交联来实现,或不溶性支持基体上的官能团。将酶与自身交联既昂贵又不足,由于一些蛋白质材料不可避免地主要起支撑作用,因此酶特异性活性较低(以蛋白质质量归一化的催化活性表示)。一般来说,交联与不太稳定的方法(如凝胶化、吸附等)结合使用。

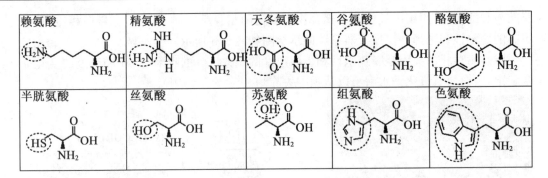

图3.7 适用于共价结合的氨基酸官能团

在某些情况下，增加酶的活性位点的数目是可能的，这样可以提高酶的产率。固定化酶，为酶的活性提供替代反应场所。参与种类繁多的反应，提供具有共价偶联能力的官能团的膜，或者被激活来产生这样的官能团，这样就产生了一种普遍适用的固定化方法，即使对其蛋白质结构或活性部位不太了解的酶也可以用于偶联。

在文献中，有各种途径携带酶固定化创造一个结合的支持。主要的策略是基于化学嫁接或分子识别的多孔载体。这一化学反应涉及的位点包括羧酸、羟基、氨基或季铵盐基团，在多孔材料表面通过各种手段如直接化学处理或等离子体或紫外活化。这样产生的反应位点使得酶可以通过偶联试剂，如氯甲苯、二环己基碳二亚胺和戊二醛。

离子结合的固定化，包括带电荷的酶部分对相反的载体的吸引，表示一种稳定的附着，膜的支持依赖于单个酶大分子与分子间相互作用的次数。对于这种固定化，使用带负电荷或正电荷的膜。

### 3.3.4 定点固定化酶生物催化膜反应器

在这里强调了一些特定的策略，旨在以控制的方式将酶附着到膜上，从而避免活动中心在固定后可能不再可接近。为了这些目的，可以通过引入间隔分子来实现。糖蛋白酶通过碳水化合物的部分定向固定化可使活性位点获得良好的空间。

为了适应具有不同结构的酶的位点特异性固定化，开发了各种方法特征，如基因融合，在酶的 N 或 C 端加入肽亲和标记；翻译后修饰，在酶上加入单个生物素片段；定点诱变，将独特的半胱氨酸引入酶中。

少数反应被设计成与氨基和酚类残基以外的官能团偶联的蛋白质。氨基乙基纤维素已偶联到酶蛋白的羧酸残基，蛋白质的硫醇残留被丙烯酰胺和 N - 丙烯酰 - 半胱氨酸共聚物发生氧化交联。创造生物相容性环境的方法包括通过改变聚合物膜的表面附着功能基团如糖、多肽及吸附酶。

另一种被认为是仿生灵感的方法，它被证明是有效的酶附着，包括利用小蛋白亲和素与生物素之间很强的特异性相互作用。亲和素的四聚体结构允许它自己同时与四种不同的生物素分子相互作用。各种蛋白质和酶都很容易生物素化，这种酶接枝的方式已经被用于由导电纤维组成电极和膜的生产。

### 3.3.5 纳米 led 酶固定化新技术

理想的生物分子约束膜除了价格不高外,还应满足以下特定要求,如惰性、物理强度、稳定性、再生能力、减少非特异性吸附和微生物污染的能力。然而,目前的酶固定化策略存在许多漏洞,特别是酶的整合膜基质对连续工业生物催化提出了严峻的挑战,主要原如下:

(1)大多数工业生物催化是在相对于引起酶的反应速率较高的传质速率下进行的,导致衬底过饱和现象,最终屏蔽酶所能达到的生物催化作用。

(2)随着时间的推移,固定化酶由于各种操作条件而失活是不可避免的。

(3)亲水微环境需要酶的固定化。

(4)酶在膜上的直接结合可能导致分子拥挤,从而使膜选择通透性显著减少。

底物过饱和度要求在不影响酶微环境的情况下进行膜清洗,失活要求在不影响膜的选择通透性的情况下将其去除。因为在实践中两者都实现是困难的,目前的做法是在这两种情况下清理膜模块。

为了避免这些问题和其他问题发生,目前生物催化剂固定化一个很有前途的趋势是开发一种生物杂种多能级系统,其中生物功能化的粒子与膜相关。特别是,超顺磁性纳米粒子(MNP)最近获得了一个有趣的应用。因为这些粒子对它们的磁性没有任何影响,在没有外部磁场的情况下,它们可以分散在反应混合物中。其中,聚合物能够为生物分子锚固创造生物相容环境和表面官能团。

薄膜产生磁响应 BMR 一种重要用途是所得材料可用于可逆固定化生物分子。生物分子可以很容易地与铁基磁性材料结合或嫁接纳米颗粒形成生物杂化/生物单组分复合材料,具有机械、光学、电气、离子、传感器、生物传感器和催化剂性能。与微尺度载体相比,纳米生物催化剂具有较高的载酶能力以及更好的传质效率。

综上所述,在 BMR 中使用 MNP 作为生物分子固定化的载体,可以实现:①生物分子容易变性时可逆地将生物催化剂放置于膜内进行有效的膜生物催化,从而在膜生物催化过程中去除或恢复生物分子膜清洗步骤;②增加固定表面/面积;③保持;④提供刺激反应稳定的支持。例如最近的 Gebreyohannes 等将各种生物分子固定在胺功能化的 MNP 上。这些 MNPs 随后被固定在可以控制的使用外部磁场薄膜表面。该工艺的新颖之处在于利用 MNP 作为酶的载体形成生物阳极复合材料和纳米填料,形成磁响应杂化膜。嵌入的磁性纳米颗粒当外加磁场作用于薄膜表面时,起磁场致动器的作用,增强薄膜表面的磁场应用。它还有助于使 MNP 均匀分散,从而使酶固定在膜表面(图 3.8)。

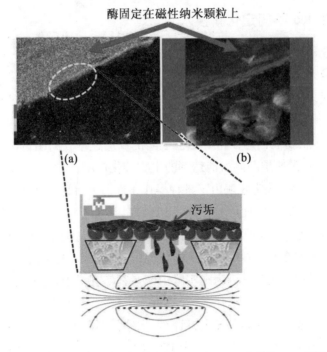

图 3.8 （a）WDS 图，显示 Fe 沿膜截面的元素分布。（b）3 g·m$^{-2}$ 膜的 WDS 测图，EnzSP 动态层，显示膜 EnzSP 上发现的各种元素沿 EnzSP 方向的分布

这种结合保证了磁导可逆酶在膜表面的固定（图3.9），这种新方法的优点包括：既不需要功能化膜表面，也不需要保留膜表面纳米级、高表面积的固定化酶通过微孔膜的泄漏，酶的充分回收和重复利用，酶的混合物实现最佳转化的可能性，以及生物分子变性后的膜。

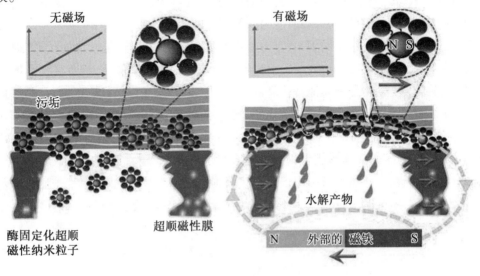

图 3.9 磁敏生物催化系统原位降解污垢的工作原理

通过沉积 1~2 g·m$^{-2}$ 的果胶酶和（或）木聚糖酶激活的平均直径为 8 nm 的 MNP，从 40%~100% 在 17 L·m$^{-2}$·h$^{-1}$ 恒流量下观察到 0.3 g·L$^{-1}$ 果胶溶液在微滤（MF）过程中过滤阻力降低。

此外，由于稳定的固定，系统连续运行超过 200 h，没有明显的由于底物积累或任何酶活性损失而引起的压力下降（图 3.10）。

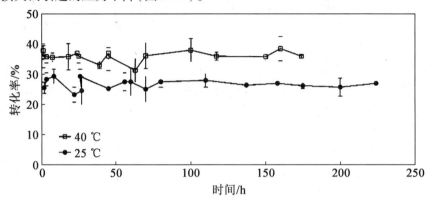

图 3.10　磁响应 BMR 在 15 L·m$^{-2}$·h$^{-1}$、0.3 g·L$^{-1}$ 果胶、3 g·m$^{-2}$ 果胶酶含 MNP 时的长期可操作性

在传统的酶固定化方法中，膜上可以共价固定化的生物分子的数量常受可用表面积的限制而不能移动。酶的多层形成导致酶的交联及分子拥挤。分子拥挤降低扩散速率，并引起反应产率的减少。此外，它减少了应该积极参与生物催化的生物催化位点的数量。

在磁响应型 BMR 中，通过增加 EnzSP 的数量，可以将多层酶包裹起来以更好地分布，也就是说，在给定的膜面积上增加酶固定的表面积，这将显著降低污垢厚度。此外，所开发的系统还允许重复使用酶和膜，确保延长膜的工作寿命超过酶的活性期。

在某些应用中，例如，与使用固定化技术净化空气中存在的有害物质及有关酶，疏水膜是必要的，以避免膜湿润和允许空气自由通过。膜疏水性可通过使酶变性或阻碍酶活性而对酶活性产生负面影响，抑制与水溶性底物的相互作用。一般来说，酶的活性通常随着水的活性而增加。因此即使酶被固定化在疏水膜上，也必须给予亲水微环境。最近一项利用亲水性微凝胶在疏水性 PVDF 膜上共价固定化酶的研究就是最好的例子。该体系在不改变酶的宏观疏水性的情况下，能有效地固定膜上的酶。采用的胶态聚丙烯酰胺（PAAm）微凝胶具有 100~200 nm 的粒径和胺表面官能团，然后将氨基功能化的 PAAm 微凝胶固定在含有醛类表面官能团的预改性 PVDF 膜上。通过黏附试验研究了酶固定化体系的有效性戊二醛作为交联剂的脂肪酶。用对硝基苯基对固定化脂肪酶的生物催化效率进行了测试，以棕榈酸酯为底物，与无微凝胶固定在 PVDF 膜上的脂肪酶进行了比较。酶在微凝胶存在下固定化表现出 2.3 倍更好的特异性生物催化活性。

### 3.3.6　生物催化膜反应器扩散输运动力学研究

固定化酶通过扩散进行转运的动力学反应通常表示为

$$E+S_0 \underset{k_{-1}}{\overset{k_1}{\rightleftharpoons}} ES \underset{k_{-2}}{\overset{k_2}{\rightleftharpoons}} E+P_0 \qquad (3.10)$$

$$\uparrow k_{ds} \qquad\qquad\qquad \uparrow k_{dp}$$

$$S_b \qquad\qquad\qquad\qquad P_b$$

式中，$S_0$ 和 $P_0$ 为固定化酶附近底物和产物的浓度；$S_b$ 和 $P_b$ 为体积相中基体和产物的浓度；常数 $k_{ds}$ 和 $k_{dp}$ 与基体从体积相到酶的扩散有关和产物从酶到固相的扩散有关，这些常数考虑了附近的酶膜之间的扩散现象。

实际上，底物和产物的浓度梯度在固定化酶的基体中是不同且相反的。由于扩散作用，基体在体相中的浓度在支撑附近降低，在酶基质附近继续减少。产物的浓度梯度则相反，在酶基质附近，产物浓度因反应而升高，而在远离载体处，产物浓度降低，在整体溶液中达到稳定状态。

**1. 酶固定在表面**

对于固定在表面的酶，形成附着在酶膜表面的固定膜，也称为神经扩散层。这一层限制了衬底的扩散，因此固定化酶基质附近底物的浓度会减少。

在稳定状态下，在界面处，底物的传质在反应中达到平衡，因此底物被消耗。在这种情况下，M-M 方程考虑了体积中不同的底物浓度溶液及表面附近，即

$$J_s = k_s(S_0 - S) = \frac{V_{max}[S]}{K_m + [S]} \qquad (3.11)$$

式中，$S$ 和 $S_0$ 分别为固定化酶界面和本体底物浓度；$k_s$ 为传质系数。

最大反应速率与最大传质速率之比由 Damkohler 数给出，即

$$Da = \frac{V_{max}}{k_s S_0} \qquad (3.12)$$

如果 $Da \ll 1$，传质速率大于反应速率，这意味着系统在低传质阻力下工作。这就是反应有限制度。在本系统中，方程

$$V_{kin} = \frac{V_{max}[S]_b}{K_m + [S]_b} \qquad (3.13)$$

如果 $Da \gg 1$，反应速率大于传质速率，这种情况称为扩散限制制度和 $V_{diff} = k_s[S]_b$。

Damkohler 数也是 $V_{max}/K_m$ 和 $k_s$ 之间的比值，$V_{max}/K_m$ 也是 $1/V_0$ 对 $1/K_m$ 函数的斜率，$k_s$ 是 $V_{diff}$ 对 $S_b$ 的斜率。

传质对反应的影响由因子 $\eta$ 表示，即

$$\eta = \frac{观察到的反应速率}{在没有质量传输阻力下观察到的速率} \qquad (3.14)$$

如果 $\eta \ll 1$，传质阻力很高，这就会降低催化剂的活性。Da 和 $\eta$ 之间的关系是，当 Da 接近 0，$\eta$ 接近 1。

**2. 酶固定在多孔基质中**

为了计算酶负载载体固定化到内表面的观察到的底物转换，必须考虑扩散层内的浓度分布。

除了基体在体相中的扩散率外，多孔支撑体的扩散率还受到几个因素的影响。其中

有效扩散系数为

$$D_{eff} = D_{S_0} \frac{\varepsilon_p}{\tau} \frac{K_p}{K_r} \qquad (3.15)$$

式中，$\varepsilon_p$ 为孔隙度（或支撑面积/孔隙面积）；$\tau$ 为弯曲度（孔隙的几何形状不是管状的，发生扩散不断改变方向），曲折度因子取值范围为 1.4~7；$K_p/K_r$ 为受限扩散，粗略估计为 $[1-r_{底物}/r_{孔隙}]$，考虑了孔径与孔径的关系，可以有类的尺寸，并导致限制扩散的情况。

1930 年，在平面膜与固定化酶均匀分布的效果下，研究了多孔催化剂内扩散对反应动力学的影响。将稳态扩散方程与适用的动力学速率表达为

$$D_{eff} \frac{d^2[S]}{dx^2} - \frac{V_{max}[S]}{K_m + [S]} = 0 \qquad (3.16)$$

式中，$D_{eff}$ 为有效扩散率，这意味着在稳态时基质通过多孔基质的扩散速率等于转换率。

此外，在固定化体系中，如果反应受到动力学或 Thiele 的质量输运的限制，也可以用模量 ø 对其进行评估，表达式为

$$\phi = L \left( \frac{V_{max}}{D_{eff} K_m} \right)^{\frac{1}{2}} \qquad (3.17)$$

该式即反应速率/扩散速率。

## 3.4　生物催化膜和膜生物反应器的应用

与大规模生物催化膜这一需求的发展相关的技术问题主要有，用于酶的辅助因子昂贵，底物水溶性低，对膜清洗剂的酶抗性低。然而，与传统程序相比，这种技术提供的一些优势推动了它们的发展，特别是在生产高附加值组件方面。

本节主要介绍生物催化膜和膜生物反应器的专利和其鲁棒性在样机规模和工业的应用。在表 3.1 中，报道了固定化生物催化剂在制药和食品中的应用。

### 3.4.1　生物催化膜和膜生物反应器在制药中的应用

在文献中，关于膜生物反应器生产的发展有许多不同的工作报道，包括氨基酸、抗生素、抗癌和抗炎药、维生素、光学纯对映体和抗氧化剂。

生物催化膜和膜生物反应器在工业规模上也得到了发展，例如由 Degussa 商业化的氨基酸用于生产甘油三酯水解的三明治生物反应器，或利用商业化的空心纤维膜生物反应器从淀粉中生产环糊精；另一个工厂生产的例子是 Sepracor Inc，它是在 20 世纪 90 年代初开发的一个全面的多相系统萃取酶膜反应器装置，用于生产手性地尔硫卓中间体。该系统是集成强化两相反应器的实例，其中生物催化膜具有双重作用分隔生物催化剂，使两相同时接触和分离。这个过程被运行了具有 60 $m^2$ 活性膜面积的模组；另一个技术规模的应用是从消旋混合物中生产 L-氨基酸用固定化氨基酰基。

表 3.1　固定化生物催化剂在制药和食品中的应用

| 固定生物催化剂 | 应用 | 参考文献 |
|---|---|---|
| β-半乳糖苷酶 | 寡糖的生产 | 39 |
| 葡萄糖异构酶 | D-葡萄糖转化为D-果糖 | 40 |
| 嗜热菌蛋白酶 | 阿斯巴甜的生产 | 41 |
| 大肠杆菌 | L-天冬氨酸的生产 | 42 |
| 假单胞菌 | 生产丙氨酸 | 43 |
| 果胶酶 | 水解蛋白质以提高加工性能 | 44、45 |
| 葡糖苷酶 | 食物的香味 | 46 |
| 虫漆酶 | 改进酿酒的工艺 | 47 |
| 胰蛋白酶 | 酪蛋白生物活性肽的产生 | 48 |
| 乳球菌、乳杆菌 | 生产乳酸 | 49、50 |
| 果糖基转移酶 | 生产福来多 | 51、52 |
| 乙酰转移酶 | 生产浆果赤霉素Ⅲ | 53 |
| 蛋白酶 | 水解胡萝卜素-蛋白质 | 54 |
| 脂肪酶 | 卵形纯对映体的产生,尔硫草的生产,洛伐他汀的生产 | 12、55、56 |
| β-葡糖苷酶 | 抗氧化分子的生产 | 13、57、58 |

### 3.4.2　生物催化膜和膜生物反应器在食品中的应用

膜生物反应器应用于食品领域的首批案例之一是生产低乳糖牛奶。目前,利用膜生物反应器水解乳糖(存在于全脂牛奶或奶酪乳清中)是一种大规模运行的有效的技术方法。

对牛奶的不耐受不仅是因为乳糖的存在,还因为一些人无法消化高分子量糖蛋白(大于 5 ku)。这是一种生产低过敏性新鲜牛奶的新方法,与目前使用的重组奶粉相比,采用膜生物反应器技术对蛋白质进行水解。利用该技术的优点是可以设计成膜生物反应器去除相等或较低的蛋白质片段,比 5 ku 大的蛋白质通过适当的膜切断。膜表面蛋白水解酶的固定化,也可能有助于控制分离过程中膜上保留的蛋白质。为了达到高效率水解步骤应该是一个综合考虑的方法,其中上下游的牛奶是适当的选择。膜生物反应器还可以通过回收和再利用废弃物中的化合物来稳定奶酪生产过程中的副产品流。

在食品行业的另一个重要应用包括:通过水解果胶降低果汁的黏度,使多酚类化合物和花青素转化,以及从牛奶中去除过氧化物而得到肥料和葡萄酒产品。

膜生物反应器是近年来应用于食品行业的一种新型生物反应器,主要应用于工业生产中的功能食品和营养保健品,以及对健康有益的替代食品或食品配料。其他应用包括 L-天冬氨酸的生产、天冬氨酸的合成、天冬氨酸的生产、果糖浓缩糖浆的生产、短杆菌生产 L-苹果酸氨合物夹在 PAAm 中。

### 3.4.3 水下膜生物反应器在水处理等方面的新兴应用

SMBRs 是近几十年来在世界范围内受到广泛关注的工业废水膜操作之一。

造成这一现象的原因是人们对饮用水的需求增加,以及生活和工业废水的增多,排放与人口增长有关。此外,更严格的环境保护立法,迫使工业尽量减少能量和水的输入。

该技术的潜力在于能量投入低,长期运行不须清洗,对环境的依赖性较小,流变特性随浓度的变化;主要的限制是在高膜区由于低通量连接跨膜压力小。

生物反应器和膜技术的结合,使处理过程具有创新性和有效性。传统的废水处理技术具有废水量大的特点。它们通常使用开放的盆地,需要高表面废水的水力滞留时间长。在传统的活性污泥处理过程中,净化阶段(曝气池)和从纯化废水(沉淀池)中分离生物质分别独立进行。曝气池和最终澄清器需要大的容积。生物量浓度曝气池一般在 $3 \sim 5$ g/L 范围内。

膜生物反应器是生物处理与膜分离相结合的产物。处理后的水通过膜过滤而不是在沉淀池中净化细菌(活性污泥)。只有经过处理的废水才能通过膜,污水被泵出,污泥被回收。最终澄清器中的为沉淀物,然后被一种膜过滤工艺所取代,这种工艺允许将生物质从水中分离出来,但是纯净水的质量也有了很大的提高。使用的 MF 膜孔径通常在 $0.1 \sim 0.4$ mm,可确保悬浮物质完全保留,并可大大减少污水流出。

与传统的废水处理工艺相比,膜生物反应器的水力停留时间短,生物量浓度高。此外,由于其结构紧凑,膜生物反应器有相对较低的表面积。

SMBRs 采用由中空纤维束或平板膜板制成的膜模块。这些模块被垂直浸入装有废水和活性污泥的槽中,并由底部的气泡系统充气。曝气的作用是激活污泥,并在膜水平上控制浓度极化和污垢使其产生一个向上的跨膜流动。此外,它保证了有效的罐体混合生物质均匀分布。生物质可以在非常高的浓度下工作,这使得较小的池容积和较长的污泥龄成为可能,大大减少了污泥产量。处理后的废水用重力从膜单元中去除(一般为 $1 \sim 1.2$ m),或采用泵吸操作。

目前的研究兴趣主要集中在:①生物反应器中生物质分离膜的不同构型;②新型低成本膜材料作为屏障技术在 MBR 系统中的应用;③特定模式的影响生物反应器在 MBRs 中用于生物质生产和分离的操作;④MBR 系统中的膜最小化污染的新操作策略。

SMBR 技术的发展也出现在其他领域,包括生物燃料、制药、食品和生物技术。浸没膜模块可以帮助水解或合成生物燃料酯及实验室研究生物技术。特别是它们在集成膜系统中的发展研究,水下生物膜反应器可以用来进行水解或酯化反应(图 3.11),而 SMBRs 有助于污水的净化和循环进入生产系统。其他膜结合 MF、UF、纳滤、膜接触器、膜乳化等操作进行推广分离、纯化、浓缩和配方。

膜操作的协同集成将是提高工艺精密度效率的关键策略之一,最大限度地将质量和能量转化为有价值的商品,同时防止和减少浪费。换句话说,这意味着实现先进的技术,能够面对可持续工业生产的挑战。

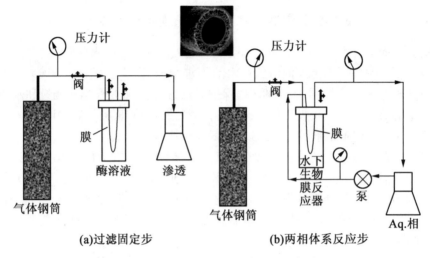

图 3.11　水下生物催化膜生物反应器示意图

## 3.5　结　论

膜生物反应器技术具有效率高、操作简单、灵活性强等特点,特定组分生物转化和转运的选择性和渗透性高,能量要求低,稳定性好,环境兼容性好,易于控制和放大,这些特性使得该技术对于工业生产可持续发展引起了人们的兴趣。

除废水处理外,膜生物反应器正处于新兴探索阶段。然而,需求的日益增长精确的过程使得人们对替代的受控仿生路径越来越感兴趣,尤其是在温和的操作条件下实现的工业生产而备受关注。生物催化膜反应器不仅可以生产生物相关成分,而且还可以促进人们对能源和化学产品的兴趣转变。例如,利用脂肪酶进行转酯化反应生产生物柴油,可以防止发生不理想的副皂化反应,避免游离脂肪酸碱解。在一些原核生物中发现的固氮酶可以从氮气中产生氨,使 $H_2$ 在该环境条件下工作。提高对酶产氨基本机理的认识是可行的,与目前的 Haber-Bosch 工艺相比,该工艺使用碱性铁催化剂,需要极高的温度和压力,大大降低了能源和生产成本。用膜作为酶固定化和固定化的载体辅助反应和分离将有助于在工业规模上实施生产过程。

所有这些机遇必将促进生物催化膜和膜在生物反应器领域的研究工作。先进技术的融合,包括分子建模、系统工程和系统生物技术在膜工程中的应用,将对膜工程技术的发展及其在各方面的应用起到至关重要的作用。

# 参 考 文 献

[1] Taniguchi, M.; Kotani, N.; Kobayashi, T. High Concentration Cultivation of Bifidobacterium longum in Fermenter with Cross – Flow Filtration. J. Ferment. Technol. 1987, 65, 179.

[2] Giorno, L.; Drioli, E.; Carvoli, G.; Cassano, A.; Donato, L. Study of an Enzyme Membrane Reactor with Immobilized Fumarase for Production of L – Malic Acid. Biotechnol. Bioeng. 2001, 72 (1), 77 – 84.

[3] Livingston, A. G.; Arcangeli, J. – P.; Boam, A. T.; Zhang, S.; Maragon, M.; Freita dos Santos, L. M. Extractive Membrane Bioreactors for Detoxification of Chemical Industry. J. Membr. Sci. 1998, 151, 29 – 44.

[4] Splendiani, A.; Nicolella, C.; Livingston, A. G. A Novel Biphasic Extractive Membrane Bioreactor for Minimization of Membrane – Attached Biofilms. Biotechnol. Bioeng. 2003, 83 (1), 8 – 19.

[5] Velizarov, S.; Crespo, J. G.; Reis, M. A. Ion Exchange Membrane Bioreactor for Selective Removal of Nitrate from Drinking Water: Control of Ion Fluxes and Process Performance. Biotechnol. Prog. 2002, 18, 296 – 302.

[6] Crespo, J. G.; Velizarov, S.; Reis, M. A. Membrane Bioreactors for the Removal of Anionic Micropollutants from Drinking Water. Curr. Opin. Biotechnol. 2004, 15, 463 – 468.

[7] Butterfield, D. A. Biofunctional Membranes; Plenum: New York, 1996.

[8] Drioli, E.; Giorno, L. Biocatalytic Membrane Reactors: Application in Biotechnology and Pharmaceutical Industry; Taylor & Francis: London, 1999.

[9] Amounas, M.; Innocent, C.; Cosnier, S.; Seta, P. A Membrane Based Reactor with an Enzyme Immobilized by an Avidin – Biotin Recognition in a Polymer Matrix. J. Membr. Sci. 2000, 176, 169 – 176.

[10] Amounas, M.; Magne, V.; Innocent, C.; Dejean, E.; Seta, P. Elaboration and Chemical Reactivity of Enzyme Modified Ion Exchanging Textile. Enzyme Microb. Technol. 2002, 31, 171 – 178.

[11] Rios, G. M.; Belleville, M.; Paolucci – Jeanjean, D. Membrane Engineering in Biotechnology: Quo vamus? Trends Biotechnol. 2007, 25, 242 – 246.

[12] Giorno, L.; D'Amore, E.; Mazzei, R.; et al. An Innovative Approach to Improve the Performance of a Two Separate Phase Enzyme Membrane Reactor by Immobilizing Lipase in Presence of Emulsion. J. Membr. Sci. 2007, 295, 95 – 101.

[13] Mazzei, R.; Giorno, L.; Mazzuca, S.; Drioli, E. Kinetic Study of a Biocatalytic Membrane Reactor Containing Immobilized – Glucosidase for the Hydrolysis of Oleuro-

pein. J. Membr. Sci. 2009, 339, 215 – 223.

[14] Giorno, L.; Molinari, R.; Drioli, E.; Bianchi, D.; Cesti, P. Performance of a Biphasic Organic/Aqueous Hollow Fibre Reactor using Immobilized Lipase. J. Chem. Technol. Biotechnol. 1995, 64, 345.

[15] Crespo, J. P. S. G.; Trotin, M.; Hough, D.; Howell, J. A. Use of Fluorescence Labelling to Monitor Protein Fractionation by Ultrafiltration Under Controlled Permeate Flux. J. Membr. Sci. 1999, 155, 209 – 230.

[16] Liu, Z. M.; Dubremez, J.; Richard, V.; Yang, Q.; Xu, Z. K.; Seta, P. Useful Method for the Spatial Localization Determination of Enzyme (Peroxidase) Distribution on Microfiltration Membrane. J. Membr. Sci. 2005, 267, 2 – 7.

[17] Mazzuca, S.; Giorno, L.; Spadafora, A.; Mazzei, R.; Drioli, E. Immunolocalization of Å – Glucosidase Immobilized within Polysulphone Capillary Membrane and Evaluation of Its Activity In Situ. J. Membr. Sci. 2006, 285, 152 – 158.

[18] Nagy, E. Immobilization of Enzymes on Electrodes. In Membranes Operations: Innovative Separations and Transformations; Drioli, E.; Giorno, L., Eds.; Wiley – VCH: Weinheim, 2009; pp 309 – 332, Chapter 21.

[19] Li, N.; Giorno, L.; Drioli, E. Effect of Immobilization Site and Membrane Materials on Multiphasic Enantiocatalytic Enzyme Membrane Reactors. Ann. N. Y. Acad. Sci. 2003, 984, 436 – 452.

[20] Goel, M. K. Immobilized Enzymes. http://www.rpi.edu/dept/chem – eng/Biotech – Environ/IMMOB/goel2nd.htm (Accessed February 2010).

[21] Nunes, G. S.; Marty, J. Immobilization of Enzyme on Electrodes. In Methods in Biotechnology: Immobilization of Enzymes and Cells; Guisan, J. M., Ed.; 2nd ed.; Humana: Totowa, NJ, 2006; p 239, Chapter 21.

[22] Jiang, H.; Zou, H.; Wang, H.; Ni, J.; Zhang, Q.; Zhang, Y. On – Line Characterization of the Activity and Reaction Kinetics of Immobilized Enzyme by High – Performance Frontal Analysis. J. Chromatogr. A 2000, 903, 77 – 84.

[23] Xie, S.; Svec, F.; Fréchet, J. M. J. Rapid Reversed Phase Separation of Proteins and Peptides Using Optimized "Molded" Monolithic Poly (Styrene – co – Divinylbenzene) Columns. Biotechnol. Bioeng. 1999, 62, 30.

[24] Charcosset, C. Membrane Processes in Biotechnology: An Overview. Biotechnol. Adv. 2006, 24, 482 – 492.

[25] Turková, J. Oriented Immobilization of Biologically Active Proteins as a Tool for Revealing Protein Interactions and Function. J. Chromatogr. B Biomed. Sci. Appl. 1999, 722, 11S – 31S.

[26] Krenková, J.; Foret, F. Immobilized Microfluidic Enzymatic Reactors. Electrophoresis 2004, 25, 3550.

[27] Butterfield, D. A.; Bhattacharyya, D.; Daunert, S.; Bachas, L. Catalytic Biofunc-

tional Membranes Containing Site – Specifically Immobilized Enzyme Arrays: A Review. J. Membr. Sci. 2001, 181, 29 – 37.

[28] Rosano, C.; Arosio, P.; Bolognesi, M. The X – ray Three – Dimensional Structure of Avidin. Biomol. Eng. 1999, 16, 5 – 12.

[29] Gebreyohannes, A. Y.; Bilad, M. R.; Verbiest, T.; Courtin, C. M.; Dornez, E.; Giorno, L.; Curcio, E.; Vankelecom, I. F. J. Nanoscale Tuning of Enzyme Localization for Enhanced Reactor Performance in a Novel Magnetic – Responsive Biocatalytic Membrane Reactor. J. Membr. Sci. 2015, 487, 209 – 220.

[30] Gebreyohannes, A. Y.; Giorno, L.; Vankelecom, I. F. J.; Verbiest, T.; Aimar, P. Effect of Operational Parameters on the Performance of a Magnetic Responsive Biocatalytic Membrane Reactor. Chem. Eng. J. 2017, 308, 853 – 862.

[31] Gebreyohannes, A. Y.; Mazzei, R.; Poerio, T.; Aimar, P.; Vankelecom, I. F. J.; Giorno, L. Pectinases Immobilization on Magnetic Nanoparticles and Their Anti – Fouling Performance in a Biocatalytic Membrane Reactor. RSC Adv. 2016, 6, 98737 – 98747.

[32] Vitola, G.; Büning, D.; Schumacher, J.; Mazzei, R.; Giorno, L.; Ulbricht, M. Development of a Novel Immobilization Method by Using Microgels to Keep Enzyme in Hydrated Microenvironment in Porous Hydrophobic Membranes. Macromol. Biosci. 2017. doi:10.1002/mabi.201600381.

[33] Yeon, K. M.; Lee, C. H.; Kim, J. Magnetic Enzyme Carrier for Effective Biofouling Control in the Membrane Bioreactor Based on Enzymatic Quorum Quenching. Environ. Sci. Technol. 2009, 43, 7403 – 7409.

[34] Miguel – Sancho, N.; Bomati – Miguel, O.; Roca, A. G.; Martinez, G.; Arruebo, M.; Santamaria, J. Synthesis of Magnetic Nanocrystals by Thermal Decomposition in Glycol Media: Effect of Process Variables and Mechanistic Study. Ind. Eng. Chem. Res. 2012, 51, 8348 – 8357.

[35] Brullot, W.; Reddy, N. K.; Wouters, J.; Valev, V. K.; Goderis, B.; Vermant, J.; Verbiest, T. Versatile Ferrofluids Based on Polyethylene Glycol Coated Iron Oxide Nanoparticles. J. Magn. Magn. Mater. 2012, 324, 1919 – 1925.

[36] XiaoMing, Z.; Wainer, I. W. On – Line Determination of Lipase Activity and Enantioselectivity Using an Immobilized Enzyme Reactor Coupled to a Chiral Stationary Phase. Tetrahedron Lett. 1993, 34, 4731 – 4734.

[37] Militano, F.; Poerio, T.; Mazzei, R.; Piacentini, E.; Gugliuzza, A.; Giorno, L. Influence of Protein Bulk Properties on Membrane Surface Coverage During Immobilization. Colloids Surf. B Biointerfaces 2016, 143, 309 – 317.

[38] Bailey, J. E.; Ollis, D. F. Biochemical Engineering, Fundamentals; McGraw – Hill: New York, 1986; p 97.

[39] Pastore, M.; Morisi, F. Lactose Reduction of Milk by Fiber – Entrapped Beta – Gal-

actosidase. Pilot – Plant Experiments. Methods in Enzymology 44 (Immobilized enzymes). Methods Enzymol. 1976, 44, 822 – 830.

[40] Carasik, W.; Carrol, J. O. Development of Immobilised Enzymes for Production of High Fructose Corn Syrup. Food Technol. 1983, 37, 85 – 91.

[41] Oyama, K.; Nishimura, S.; Nonaka, Y.; Kihara, K.; Hashimoto, T. Synthesis of an aspartame precursor by immobilized thermolysin in an organic solvent. J. Org. Chem. 1981, 46, 5242.

[42] Chibata, I.; Tosa, T.; Sato, T. Immobilized Aspartase – Containing Microbial Cells: Preparation and Enzymatic Properties. Appl. Microbiol. 1974, 27, 878 – 885.

[43] Takamatsu, S. Production of L – Alanine from Ammonium Fumarate Using Two Immobilized Microorganisms. Appl. Microbiol. Biotechnol. 1982, 15, 147 – 149.

[44] Alkorta, I.; Garbisu, G.; Llama, M. J.; Serra, J. L. Å – Transelimination of Citrus Pectin Catalyzed by Penicillium Italicum Pectin Lyase in a Membrane Reactor. Process Biochem. 1998, 33, 21 – 28.

[45] Giorno, L.; Donato, L.; Drioli, E. Study of Enzyme Membrane Reactor for Apple Juice Clarification. Fruit Process. 1998, 8, 239 – 241.

[46] Gallifuoco, A.; D'Ercole, L.; Alfani, F.; Cantarella, M.; Spagna, G.; Pifferi, P. G. Immobilized Å – Glucosidase for the Winemaking Industry: Study of Biocatalyst Operational Stability in Laboratory – Scale Continuous Reactors. Process Biochem. 1998, 33, 163 – 168.

[47] Duran, N.; Rosa, M. A.; D'Annibale, A.; Gianfreda, L. Enzyme Microb. Technol. 2002, 31, 907 – 931.

[48] Qi, H. Z. Process of Continuous Production of Casein Bioactive Polypeptide Using Integrally Enzymolysis and Filtering Membrane. Patent No. CN1546682, 2004.

[49] Kamoshita, Y.; Ohashi, R.; Suzuki, T. Improvement of Filtration Performance of Stirred Ceramic Membrane Reactor and Its Application to Rapid Fermentation of Lactic – Acid by Densecell – Culture of Lactococcus – lactis. J. Ferment. Bioeng. 1998, 85, 422 – 427.

[50] Shiraldi, C.; Adduci, V.; Valli, V.; et al. High Cell Density Cultivation of Probiotics and Lactic Acid Production. Biotechnol. Bioeng. 2003, 82, 213 – 222.

[51] Nishizawa, K.; Nakajima, M.; Nabetani, H. A Forced – Flow Membrane Reactor for Transfructosylation Using Ceramic Membrane. Biotechnol. Bioeng. 2000, 68, 92 – 97.

[52] Hicke, H. – G.; Becker, M.; Paulke, B. – R.; Ulbricht, M. Covalently Coupled Nanoparticles in Capillary Pores as Enzyme Carrier and as Turbulence Promoter to Facilitate Enzymatic Polymerizations in Flow – Through Enzyme – Membrane Reactors. J. Membr. Sci. 2006, 282, 413 – 422.

[53] Frense, D.; Lisicki, D.; Pflieger, C.; Lauckner, G. Device and Method for Enzy-

[54] matically Producing Baccatin III. Pat. No. WO40066353, 21 July 2005.

[54] Guerrero, L. M. I. Enzymatic Process for Obtaining Astaxanthin and Protein from Fermented Shrimp Residue. Pat. No MXPA02012838, 27 April 2004.

[55] Lopez, J. L.; Matson, S. L. A Multiphase/Extractive Enzyme Membrane Reactor for Production of Diltiazem Chiral Intermediate. J. Membr. Sci. 1997, 125, 189 – 211.

[56] Yang, W.; Cicek, N.; Ilg, J. State – of – the – Art of Membrane Bioreactors: Worldwide Research and Commercial Applications in North America. J. Membr. Sci. 1997, 270, 201 – 211.

[57] Mazzei, R.; Drioli, E.; Giorno, L. Biocatalytic Membrane Reactor and Membrane Emulsification Concepts Combined in a Single Unit to Assist Production and Separation of Water Unstable Reaction. J. Membr. Sci. 2010, 352, 166 – 172.

[58] Mazzei, R.; Drioli, E.; Giorno, L. Enzyme Membrane Reactor with Heterogenized b – Glucosidase to Obtain Phytotherapic Compound: Optimization Study. J. Membr. Sci. 2012, 390 – 391, 121 – 129.

[59] Giorno, L.; Drioli, E. Biocatalytic Membrane Reactors: Applications AND Perspectives. Trends Biotechnol. 2000, 18, 339 – 348.

[60] Wandrey, C. Biochemical Reaction Engineering for Redox Reactions. Chem. Rec. 2004, 4, 254 – 265.

[61] Piacentini, E.; Mazzei, R.; Giorno, L. Membrane Bioreactors for Pharmaceutical Applications: Optically Pure Enantiomers Production. Curr. Pharm. Des. 2017, 23, 1 – 13.

[62] Nam, C. H.; Furusaki, S. Adv. Biochem. Eng. Biotechnol. 1991, 44, 27 – 64.

[63] Matson, S. L. Method for Resolution of Stereoisomers in Multiphase and Extractive Membrane Reactors. Pat. No. DK481889, 1 December 1989.

[64] Sato, T.; Tosa, T. Optical Resolution of Aminoacids by Aminoacylase. In Industrial Application of Immobilized Biocatalyst; Tanaka, T.; Tosa, T.; Kobayashi, T., Eds.; Marcel Dekked: New York, 1993; pp 3 – 14.

[65] Tanaka, I.; Tosa, T.; Kobayashi, T., Eds.; Industrial Application of Immobilized Biocatalysts; Marcel Dekker: New York, 1993; pp 53 – 55.

[66] Bazzarelli, F.; Piacentini, E.; Poerio, T.; Mazzei, R.; Cassano, A.; Giorno, L. Advances in Membrane Operations for Water Purification and Biophenols Recovery/Valorization from OMWWs. J. Membr. Sci. 2015, 497.

[67] Bazzarelli, F.; Poerio, T.; Mazzei, R.; D'Agostino, N.; Giorno, L. Study of OMWWs Suspended Solids Destabilization to Improve Membrane Processes Performance. Sep. Purif. Technol. 2015, 149, 183 – 189.

# 第4章 多相膜反应器

## 4.1 概 述

膜之所以被认为是用来分离不同成分是因为它们具有不同的物理特性。尽管如此，它们还是作为一个化学反应的装置来使用，大量的研究已在大学和研究中心实验室证明具有巨大的潜力。与此同时，膜化学反应器在现代工艺中已经开始成为现实。过程强化是引起如此巨大兴趣的众多原因之一，例如，单元反应和分离步骤合并成单一系统的可能性，远不能要求不进行研究。

对近几十年来出现的有关膜反应器的所有科学著作进行全面的综述是不可能的，但这是目前工作的一个目标，而且考虑到目前信息的规模，这在任何情况下都是不可能完成的任务。为此，读者可以参考近年来出版的优秀作品来总结科学的进步，例如，从 Krishna 和 Sie 的工作开始，他们提出了"最好"的个性化反应器配置符合多相反应器系统的工艺要求，由 Santamaria 和 Dixon 致力于开发和利用无机膜反应器的可能，到最后 Rios 和同事们最近的报告显示，在不久的将来，纳米技术在生物膜上将有巨大的潜在应用前景。

即使在最近几年，也有许多关于多相膜反应器潜在工业应用的报告，几乎涵盖了目前使用的所有工业过程。

Rahimpour 等提出了一种新的气泡柱膜反应器概念，用于费舍尔-特罗普斯气体合成液体(GTL)技术，该技术在提高汽油收率和降低汽油不良产物形成的同时具有良好的温度分布。邱和同事们指出，膜技术可能用于在过程强化技术的框架下生产生物柴油。Vospernik 等测试了一种用于液相的催化膜反应器，甲酸氧化揭示了影响总转化率的主要参数，臭氧分解以降低有机物的浓度，膜反应器废水的处理已被各个研究小组提出。

膜生物反应器在民用水处理中的应用已成为现实，目前正在进行优化研究，其运行参数使其在经济上与传统的活性污泥厂具有竞争力。

膜反应器技术在热化学制氢中的应用是一种未来主义的应用，而 Pal 和 Dey 在乳酸生产中采用三级膜混合反应器系统。利用高温条件下的过氧化氢直接合成在管状膜多相反应器中，进行反应被证明可能在各种独立的试验研究中有良好的选择性。

采用固定化酶对生物催化和酶膜反应器进行了深入的研究，如重用和提高整体生产力，都有很多的文献报道。膜技术的应用为其中之一，包括工业相关过程、催化加氢等，已被广泛报道。

与其他化学反应器单元一样,膜反应器可以根据催化剂的存在与否进行分类,提高物料的反应速率。此外,反应可以发生在膜的内部或外部,或在膜结构本身内部,使六种可能的排列方式可以被整体识别。本节将简短介绍文献中描述的和典型的结果。

### 4.1.1 膜反应器的一般注意事项

通常,膜被用来选择性地分离气相或液相中的至少一种组分。一个膜的有趣和鲜为人知的用途是它作为一种界面,用一种化学物质隔离两种不同的液相反应。这两种液相可以是两种不混相液体,也可以是气相和液相。角色膜是提供一个明确的和恒定的接触面积之间的两个流体阶段。没有化学反应时置于催化剂上,如在"膜接触器"中,膜只是用来连接两相;正确使用膜的结构和几何形状允许在非常小的体积内实现非常高的相间接触面积。膜界面两相间的传质明显改善,在两相中的一相中均相反应增强。

在三相催化膜反应器(TPCMR)中,该膜具有催化性能,因此反应发生在膜结构。典型的膜接触器传质现象也可以在 TPCMR 中遇到;在这种情况下,关于有效催化层利用的总效率将取决于膜结构中两相传质速率对催化合成传质速率和反应速率的影响,这一点将在后面讨论。

每单位系统体积的界面面积大小与膜组件的几何形状和配置有关。不同的膜和膜组件现在已经可以在市场上买到,它们中的每一个都可以用填料密度。填料密度通常定义为膜的表面积与膜的体积之比。例如,膜可以有不同的几何形状:

①可装配在板框内或螺旋缠绕模组内的平板;
②管(单管或多通道)或中空纤维(直径在 3~50 mm)。

表 4.1 显示了一些典型情况膜组件的包装密度。

**表 4.1 膜组件的包装密度**

| 膜几何模型 | 堆积密度/($m^2 \cdot m^{-3}$) |
| --- | --- |
| 单板 | 30~40 |
| 板框式 | 200~400 |
| 螺旋缠绕 | 300~900 |
| 单管 | 30~300 |
| 多通道 | 300~600 |
| 空心纤维 | 9 000~30 000 |

(Rahimpour, M. R.; Jokar, S. M.; Jamshidnejad, Z. Chem. Eng., Res. Des. 2012, 90, 383-396.)

### 4.1.2 膜反应器材料

膜反应器的材料可以是无机或聚合物。商业上可用的中空纤维是聚合物纤维,但这是一项致力于探索机械抗性无机中空纤维制备方法的研究。聚合物多孔膜通常用作膜接触器,但近年来沸石膜的应用越来越受到人们的关注。聚合物和无机多孔催化膜用于催化膜反应器中,也有一些致密聚合催化膜反应器的例子。采用多种方法将催化剂引入膜孔,例如,浸渍技术(使用能与膜材料相互作用或不相互作用的催化剂前体)或均匀控制。

在三相膜催化反应器中,膜通常充当两相之间的界面。然后膜决定了在不同的液相中反应物之间相遇,最终与所含的催化剂种类相结合膜结构。由此可见,选择合适的膜材料和设计合适的催化膜是可行的,成为三相膜反应器成功和有效性的关键。

膜材料和结构的选择显然与反应环境的特点有关(液相的溶剂性质、pH)和操作条件(如温度和压力)。膜通常由聚合物或无机材料(如陶瓷和金属)或聚合物–无机复合材料制成。自膜反应器应用于气相或气相反应要求材料具有良好的热稳定性,具有较大的研究价值(主要研究无机材料)。具体参照三相膜反应器,使用的可能性、温和的操作条件也为聚合膜提供了新的机会。选择膜反应器的适宜材料与其在反应过程中及反应过程中所处的反应环境的稳定性有关,也和操作时间有关。此外,疏水或亲水性的存在会对反应器的性能产生影响,因为薄膜将被一种液体而不是另一种液体填充。考虑三相膜反应器在气相和水相之间工作,大多数非水溶性聚合物膜可以找到一个应用。当其中一个反应相是含有腐蚀性组分(如氯)或水相时有机溶剂的相容性或聚合物膜在溶剂中的稳定性应在操作条件下决定验证。

聚合物膜在商业上有多种不同的结构和构型。为作为膜接触器和膜反应器的应用,大多数调查的是扁平、管状和中空纤维的结构。在三相膜反应器中应用的聚合物膜可以是致密的,也可以是多孔的。例如,一个致密膜可应用于包含流动相的反应器。因为它在膜高分子中溶解,而可以扩散到膜另一面与气相反应物发生反应。关于多孔膜,孔沿膜厚的分布可以是均匀的(对称膜),也可以随膜腔的存在而变化。现有的膜合成方法可以得到几种孔洞分布模型,特别是中空纤维膜。

用于膜的常见无机材料是单一氧化物(氧化铝、二氧化钛和氧化锆)或混合氧化物(例如,氧化铝–氧化钛和氧化铝–氧化锆)、硅铝酸盐和沸石,以及多孔不锈钢、玻璃或碳。无机通过组合先前的无机材料可以获得复合膜。表4.2恢复了一些陶瓷材料的稳定性特征。研究用于多相膜反应器的无机膜具有通常是管状几何形状,单通道(图4.1(a))或多通道(图4.1(b)~(f))。最近无机中空纤维膜正在开发中,原则上它们可以提供更高的包装密度,尽管它们在许多情况下仍然太脆;因此,它们可能会在不久的将来找到有趣的应用作为三相膜反应器。

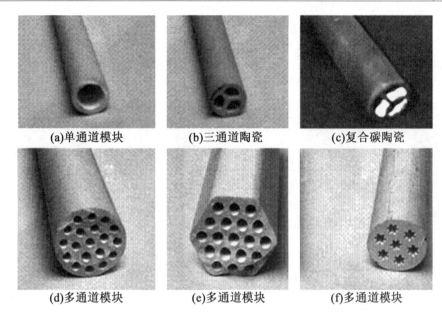

图 4.1 一些商用陶瓷膜组件

表 4.2 膜制备用无机材料的化学稳定性和热稳定性

| 组成 | 在酸和碱中的稳定性 | 注意 |
| --- | --- | --- |
| 氧化铝 | 在 HCl 和 HNO$_3$ 中稳定<br>在 HF,H$_3$PO$_4$,热 H$_2$SO$_4$ 和热 NaOH 中不稳定 | pH 稳定性:0~14<br>α 氧化铝显示了一个更广泛的范围,比 γ 氧化铝 pH 稳定 |
| 二氧化钛 | 在 HCl,H$_3$HNO$_3$ 和 NaOH 中稳定<br>在 HF 和热 H$_2$SO$_4$ 中不稳定 | pH 稳定性:0~14 |
| 氧化锆 | 在 HCl,HNO$_3$ 和 NaOH 中稳定<br>在 HF,H$_3$PO$_4$ 和 hot H$_2$SO$_4$ 中不稳定 | 在热液条件下不稳定<br>pH 稳定性:0~14 |
| 二氧化硅 | 在 HCl,HNO$_3$,H$_2$SO$_4$ 和 H$_3$PO$_4$ 中稳定<br>在 HF 和 NaOH 中不稳定 | pH 稳定性:0~10<br>在 HF 和 NaOH 中不稳定 |

### 4.1.3 催化膜制备

催化剂在膜结构中的沉积可以采用不同的方法,从而导致不同的催化活性和催化位点分布。Ozdemir 等综述了高分子催化膜的制备方法,这里不再重复。无机载体上的沉积方法主要有改变了传统的催化剂在颗粒上沉积的方法;下一段将提出总的概览目的是向读者介绍一个仍需进一步研究的主题。

当考虑催化膜反应器时,调整催化剂在膜结构中的分布是很有意思的。图 4.2 显示了一些可能的催化剂分布。图 4.2(a)是指由单个支撑材料构成的膜,哪种催化剂均匀地沉积在膜结构上(情况一),或者优先沉积在膜本身的特定位置上(情况二和情况三)。另外,图4.2(b)表示由两种不同材料组成的膜,催化剂仅沉积在其中一种材料中。由于在EE相膜反应器中THR是两个反应相之间的界面,因此催化剂沉积会导致活性物质的分布,从而导致反应物扩散路径的减少是可取的。

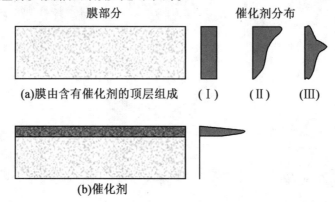

图4.2 催化剂在催化膜中的分布
(分布(Ⅰ、Ⅱ或Ⅲ)可与沿膜横截面(1、2或3)的不同孔径分布耦合)

基本上,催化剂溶液或催化剂前体的催化剂沉积技术可以大致分为两个功能类别:
(1)不与膜材料相互作用的沉积技术。

催化剂的沉积过程实际上独立于膜材料的性质。膜被浸渍或浸入催化剂前体一段时间。使用制备催化剂前体溶液所用的同一溶剂可以使起始膜干燥或湿润。为了增加催化剂在膜上的负载,可以多次重复浸渍操作。根据膜的孔径大小,不同的浸渍时间可导致前体溶液在膜结构中的渗透不同,进而导致催化剂分布不同。与前体溶液接触后的膜干燥,然后稳定(例如通过煅烧),以及在反应器中使用前激活。用催化剂前体溶液浸渍制备的膜的示例($H_2PtCl_6$水溶液)随后的干燥步骤可在Vospernik等中找到,用于制备铂/陶瓷膜,而Bottino等则用于再次在陶瓷膜支架上制备贵金属催化剂。Espro等为了通过$Fe^{2+}$–$H_2O_2$氧化系统对轻烷烃进行选择性氧化,在碳纸上支撑碳和特氟隆的糊状物,然后用全氟磺酸异丙醇溶液进行初始湿浸渍,制备了Nafion基多孔催化膜。

降水方法也可以包括在这一类中。用催化剂前体溶液(例如,金属硝酸盐)浸渍多孔膜,并通过添加碱(以沉淀金属的氢氧化物)诱导沉淀催化剂的不溶物。由于沉淀剂可被膜周围溶液中的前体消耗,而不是被充满孔隙的前体溶液消耗,因此较低的沉淀速度更可取。一种获得均匀沉淀的有效方法是使用尿素,尿素在90 ℃处分解非常缓慢,在体积和孔隙中都能得到均匀的$OH^-$浓度。

(2)与膜材料相互作用的沉积技术。

许多膜材料在孔壁表面提供官能团,这些官能团可以与合适的催化剂前驱体相互作用。这种类型的著名技术是离子交换法。在不同的pH下,某些官能团(如羟基)具有不同的电荷值(正电荷或负电荷)。当表面上的正电荷数等于负电荷数且总电荷为中性的pH称为零点电荷(PZC)。pH > PZC时膜表面带负电,而pH < PZC膜表面带正电荷。在溶液中,带正电荷的表面很容易与催化剂前驱体(如$PtCl_6^{2-}$)的阴离子相互作用,而负电

表面则能与溶液中催化剂的阳离子物种相互作用。文献中列举了离子交换技术在催化膜制备中的应用实例(用于制备催化陶瓷膜)。在某些情况下,可以方便地在膜结构中引入合适的官能团或化合物来利用与催化剂前驱体的相互作用。Bottino 等制备了聚偏氟乙烯膜,使其与吡咯烷酮功能化,有利于膜表面与铂前驱物的相互作用。通常,以膜孔壁表面的官能团相互作用或与官能团的反应为基础的沉积技术会使催化物种得到更好的分散。此外,当膜由几何排列的不同材料组成(例如,在表面官能团密度较低的大孔载体上,富含羟基的氧化物的高表面层),催化剂的沉积只会发生在膜的相互作用材料中(例如,在顶层)。

在前两类方法中,气相沉积法(如化学气相沉积法、CVD 法)在某些特殊情况下被用于制备催化膜。以钯(Ⅱ)-六氟乙酰丙酮为钯前驱体,采用金属有机 CVD 法制备了 Rif 和 Dittmeer 催化膜。在陶瓷膜顶层以高度分散的金属团簇的形式获得钯。

最后,Choi 等报道了一种有趣的复合聚合物-陶瓷催化膜的制备方法。制备了杂多酸-聚合物复合催化膜,用于 MTBE 的气相分解。用聚苯醚/杂多酸层包覆多孔陶瓷管。

图 4.3 所示为在实验室制备的催化膜上可以得到的不同催化剂分布的例子。图 4.3(a)描述的膜是用尿素沉淀法在不对称大孔氧化铝载体上沉积氧化铁(稳定形式)得到的。催化剂的沉淀发生在管状载体的所有孔内(膜上 RED 均匀)。采用离子交换技术,在 pH 为 3 的 $H_2PtCl_6$ 溶液和 α-氧化铝大孔载体(羟基密度低)上形成 g-氧化铝膜(PZC ≈ 8),制备了图 4.3(b)中的膜。可以很容易地注意到,催化剂优先沉积在内部的 g-氧化铝顶层。最后,在大孔陶瓷管的内外两侧沉积沸石层(ZSM-5),然后通过离子交换沉积 Pt,得到了图 4.3(c)中的膜。

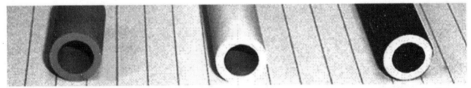

(a)沿着所有交叉区域分散了氧化铁的氧化铝膜　　(b)在管内顶层5 nm处含铂的不对称氧化铝膜　　(c)含两层铂/硅藻土的氧化铝膜

图 4.3　在实验室制备的催化膜上可以得到的不同催化剂分布的例子

## 4.2　多相膜反应器综述

本节简要介绍了多相膜反应器的主要类型。如前所述,它们的分类取决于催化作用的存在与否,以及反应是发生在膜腔中、膜结构中或是在膜本身之外。对于每一种类型,都提供了现有大量文献中取得的典型结论。

### 4.2.1　反应发生在两个流体相中的一个

这里考虑一种反应物存在一相中而反应发生在另一相的两相非催化反应。通常可以把它描述成反应物 A 在第一相中,反应物 B 在第二相中,反应要么在第一相中发生要么在第二相中。气液系统和液－液系统是这一现象的经典案例,有大量的文献报道。在气－液情况下,从气流中反应吸附其中一组分,例如用胺溶液去除二氧化碳,可能是最常见和最常用的情况,在实际中的这类系统有,以水相与有机相反应制备纳米粒子为例,说明了液－液体系的特征行为。作为最常见的一种情况,通常会提到气相中某一组分在液相中的反应,而在液相中已有一组分存在,尽管应该记住,这种反应也可能发生在气相(或第一组分可能来自不同的液相)。

与其他多相反应系统一样,膜反应器的使用对反应的传导来说并不是必需的,传统的装置,如气泡塔、喷雾塔和填料塔,通常用于工业领域。正如 Li 和 Chen 指出的那样,膜系统在以下领域具有各种已确定的和潜在的优势:操作灵活性、经济性、扩展性、性能可预测性。

显然,膜的存在降低了传质速率,如果层流发生在一相或两相中,那么传质速率可能会进一步降低,但总体优势似乎大于不利因素。

整个过程的排列方式是相当直截了当的:一个相将在膜中空纤维内流动,另一个相以纵向模式(目前或同时进行)或以横流方式流动。纵向或横流模块的选择将取决于各种变量,然而,无论如何,最重要的是以最精确的方式确定两个阶段之间的界面位置。可以出现两种限制情况:一是界面实际上位于膜纤维的外表面,二是界面位于膜纤维的内表面。这两种情况在数学上更容易描述,而中间情况,与膜结构内部的界面,很可能是在实践中通常遇到的情况,同时,也是最不容易精确的数学建模。

最后应该考虑,无论界面位置如何,化学反应都可以发生在膜的内部、外部或固体结构中,这些情况现在将分别处理。

**1. 反应发生在膜外**

当反应组分之一在膜纤维内流动时,反应发生在完全位于膜纤维外面的另一相。

有许多属于这一类的例子,文献中最常研究和报道的例子可能是活性液体溶液吸收二氧化碳,或用空气、纯氧或臭氧氧化处理水或废水。

然而,要满足在膜纤维之外发生反应的假设,必须考虑的第一个问题,就是保证液体不会渗透到膜中。

这个问题在科学界被称为"膜的润湿性"。对于给定的液体,使其进入膜孔的最小压力由著名的 Laplace 方程(将在后面提出和讨论)给出,该方程指示液相不进入膜孔必须具有的最大阈值压力。显然,这种压力取决于膜的物理特性,如膜材料(直接影响接触角)和膜孔径。关于膜润湿性条件的详细信息已在许多论文中提出,将不再在此重复,它们主要应用于以下几个方面:疏水膜的使用、膜表面改性、复合膜、致密纤维膜、具有适宜表面张力的液体、操作条件。

为了让大家对现有条件下膜反应器工作有一个定性的了解,一项关于反应溶液从气体流中脱除二氧化碳的研究结果被报道。在该工作中使用了毛细管膜 Accurel S6/2(Membrana,德国)。为了获得不同的接触面积,采用长度均为 17 cm 但不同数量的毛细管膜(1、3、10 和 18)制备了四个模块。试验在实验室中进行。将一种体积分数为 15% $CO_2$ 和 85% $N_2$ 的气体混合物(燃煤厂烟气的典型成分)送入膜腔。采用单乙醇胺

(MEA)和 NaOH 水溶液作为 $CO_2$ 吸收剂。液相通过循环泵以 100 L/h 左右的流量输入膜组件的壳体侧。压力保持在一个适当的值,以避免溶液渗透到膜孔,以及在吸收液中形成气泡。温度在 20～60 ℃ 之间变化。试验研究了各种操作参数对系统性能的影响。

例如,如图 4.4 所示,反应液类型的影响,通过膜传递的二氧化碳来量化。MEA 的性能明显优于 NaOH 溶液,说明该反应过程与扩散共同影响整体速率。总接触面积和气体流量的影响如图 4.5 所示。如预期的那样,$CO_2$ 的脱除率随着接触面积的增加而增加,随着气体流量的增加而减小。

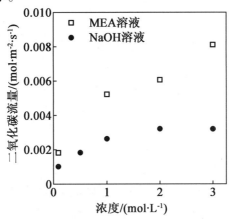

图 4.4　膜气－液反应器(吸附剂溶液组合物对来自气流的二氧化碳流的影响)

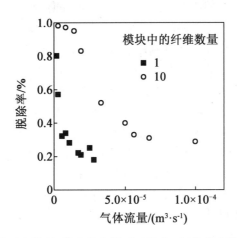

图 4.5　膜气液反应器(气体流量和界面面积对二氧化碳去除效率的影响)

第二个例子涉及水(或废水)生物处理装置。在经典的配置中,反应物(氧气)之一通过位于反应槽底部的气体喷雾器供应到水溶液中。在使用溶液的替代膜中,由纤维膜组件提供空气(或氧气)。如图 4.6 所示,这一方案已被一些学者试验并取得了很好的结果。如图 4.6 显示,空气通过薄膜和喷雾器时底物消耗量的对比。

另外,如 Parameshwaran 等所调查的那样,如果使用相同的膜作为固/液分离器,这种解决方案尤其有吸引力。相同的沉膜在白酒和滤液的交替曝气方面非常有效,这使得处理后的水在化学参数(COD、硝酸盐含量等)和物理参数(浊度和颜色)方面具有非常好的特性。

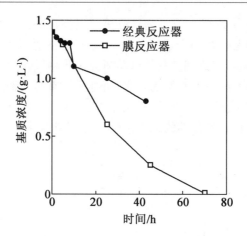

图 4.6　经典反应器和膜反应器

### 2. 反应发生在膜内

自第一批开创性著作(Li 和 Cussler 和 Kreulen 等)发表以来,气相向外流动和液相在膜通道内流动的配置被考虑。整体考虑没有一种配置比另一种配置更可取,选择哪一种主要取决于具体体系和需要遵守的操作限制。随着液体在纤维内部的层流流动,用于化学反应的体积通常会受到更大的限制。文献中所报告的例子几乎全是关于通过水相液体反应吸收气体组分的情况,如 $CO_2$、$H_2S$、$SO_2$ 和 $NH_3$。从气流中脱除的成分必须通过膜扩散,然后与液体反应。如前所见,当反应发生在膜外时,扩散和反应是控制整个过程速率的重要步骤,这是在处理这个问题的首批工作之一中明确提出的。他们的试验结果概述如图 4.7 所示,即 $1\ mol\cdot L^{-1}$ 的氢氧化钠溶液对不同气体种类的吸附。在相同的装置和相同的条件下,不同组分的吸附效果不同。结果表明,$H_2S$、$SO_2$ 和 $NH_3$ 的吸收受膜中阻力的控制,$CO_2$ 的吸收可能受液体中扩散和反应的控制。

Kreulen 等报道了纤维中液体速度对 $CO_2$ 从气体向液体中转移量的影响,如图 4.8 所示,表现出如预期的积极影响。毋庸置疑,提高纤维中液体速度的效率函数必须考虑液体侧压降的负面影响,通常必须寻求折中。Kreulen 等的结果还表明,当速度增加时,从层流状态到湍流状态的可能转变决定了整体行为的不同。与之前的工作一致,Kim 和 Yang 报道了不同操作参数和三种吸附剂溶液对 $CO_2$ 脱除效率的影响,认为最佳工作点的选择取决于温度、模块尺寸、气液流量和传质总量。

### 3. 反应发生在膜结构内部

如前段所述,一般采用疏水膜,使膜孔完全被气相所占据。若膜是亲水性的,则孔隙中充满停滞的液体,对传质产生负面影响。如前所述,液相压力不应超过膜的穿透压力,以防止膜润湿。

然而,工艺条件的控制一般比较困难,膜润湿在许多实际应用中是值得期待的,这是由于毛细冷凝现象的出现或污染成分的存在降低了液体表面张力。

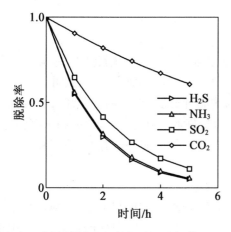

图4.7 气液膜反应器对各种吸附气体的去除效率

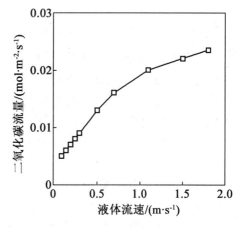

图4.8 气液膜反应器中液体速度对二氧化碳流量的影响

膜润湿的发生会导致膜性能的下降,对整体的传质速率的影响增加,因为在这种情况下,由于反应完全或至少部分地发生在膜结构内部,反应物必须扩散到那里才能发生反应,同时产物必须扩散回来。

虽然原则上很难估计是否发生了润湿现象,但将观察到的膜性能与理论上预期的性能进行比较是确定润湿发生的一个很好的标志。这在 Mouvradi 等报告的以下例子中得到了很好的说明,他发现,以 $CO_2$ 出口浓度表示的膜性能与用非润湿系统假设计算的数值不同(图4.9)。

从 Bao 等的工作中可以得出同样的结论,提出了 $CO_2$ 渗透数据,发现试验渗透率比预期的要低得多,并将不一致归因于部分润湿。以润湿分数为可调参数,与试验观察结果吻合较好(图4.10)。毋庸置疑,这种方法需要很好地描述膜的性能,这将在本节后面讨论。

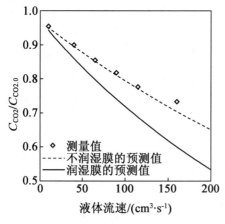

图4.9 测量和预测的部分润湿气液膜反应器液体流速的二氧化碳去除效率

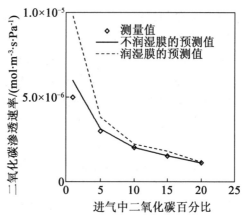

图4.10 测量和预测的部分润湿的气-液膜反应器的二氧化碳渗透速率与进料中二氧化碳浓度的函数关系

### 4.2.2 反应在催化剂上进行

在本节中,考虑了多相膜反应器,其中的反应速度是通过使用催化剂。催化剂的存在显然将简化分析,因为反应将完全发生在催化剂实际沉积的地方,尽管前几段所述的所有问题仍将存在,但是反应物必须到达催化剂才能进行反应,产品必须离开催化剂并加入出口流才能完成这一过程。同样,在以前质量最好的工作中,例如 Dittmeyer 等的工作中,对这一具体过程进行了非常全面的研究和介绍。与以前一样,这里将只做一个非常简短的总结。

**1. 催化剂被放置在膜腔内**

考虑第一种情况在多相反应中的膜使用,膜存在的唯一目的是控制反应物的成瘾性或优先从主流中脱除产物。催化剂远离膜结构,一般以膜腔内固定床的形式存在,但也提出了在流化床状态下使用催化剂的一些建议。在这种情况下,考虑到膜的被动作用,这个系统通常被称为"惰性膜反应器"。

选择性优选的产物去除是最常见的工艺,考虑到从其他化合物中分离氢的相对容易的方法,脱氢反应在惰性膜结构中受到很大冲击也就不足为奇了。其他热门的研究领域是平衡反应:这里的潜在优势是显而易见的,因为去除其中一个产品将使系统远离平衡成分,从而增加整体转化率。

在串联-平行反应中,反应物通过膜分布到固定的催化剂床上,目的是与其他产物相比,提高一种产物的选择性。可以通过控制反应物的相对浓度来提高选择性,例如各种氧化过程中的局部氧浓度。此外,在控制热点形成和失控反应的情况下,膜的使用也可以使整个操作更加安全。

前面讨论的一个典型例子如图 4.11 所示,其中提到了对经典的气液变换反应的研究,其中描述了在采用惰性膜反应器,选择性地将氢从气流中分离出来时,如何增加产氢。

前面讨论的案例都是指气相中发生的反应。在文献中 Piera 等的工作是一个例外。他们通过在催化床上进行液相反应来研究异丁烯的齐聚反应。床层放置在沸石惰性膜内,可以去除中间产物异-辛烷,与其他较大的碳氢化合物($C_{12+}$)相比,它代表了所需的产物。通过渗透蒸发过程,利用气相膜去除了异-辛烷,试验结果非常清楚地表明,与传统固定床反应器相比,使用惰性膜多少可以提高对异-辛烷的选择性,这在很大程度上取决于空间速度,如图 4.12 所示。

**2. 催化剂被放置在膜表面**

气相的反应物与液相的反应物相遇在反应发生的膜上的催化层结构内,可以在三相体系中进行的反应有氢化反应和氧化反应。可以采用不同的系统给料方式,如图 4.13 所示,其中 A 和 B 分别代表气体和液体反应物。

在不进行更详细的描述的情况下,图 4.13 的分析显示,至少有四种不同的进料结构是可能的。在情况(a)中,仅利用膜作为催化剂载体,从相同的点供给两种反应物,系统类似于非常多的整体式化学反应器。在情况(b)中,将反应物一起加入到膜反应器中,但它们强制通过沉积催化剂的膜,从而改善了液体和固相之间的接触。在情况(c)和(d)

中,供料配置不同于先前所考虑的示例,气体和液体被供给到膜的两侧。这两个情况之间的区别在于产物收集方式的不同,在情况(c)中分别收集产物流,在情况(d)中混合在一起,从而使 A 相被迫通过膜。

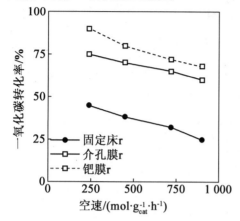

图 4.11　不同水煤气变换反应器中一氧化碳转化率的空间速度函数比较

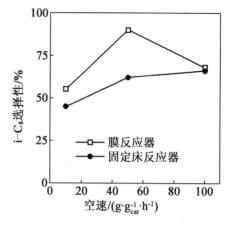

图 4.12　两种不同液-液反应器的测量选择性

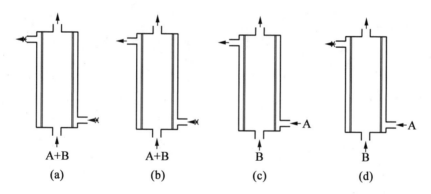

图 4.13　气-液催化膜反应器的不同进料和产物排列

Bottino 等已经提出了使用气液催化膜反应器的优点的试验证据,他们将甲基十六环己烷的竞争性加氢异构化,并将其结果与常规浆体反应器(SR)的试验结果进行了比较。如图 4.14 所示,所采用的新型膜反应器结构似乎不受传质限制,在动力学控制过程中,反应速率随着温度的升高而稳定增加。

文献中报告的另一个例子是关于用空气(或纯氧)氧化液体废水的问题,该问题在一系列论文中得到了全面的调查和报告,其中公布了由欧洲联盟提供财政资助的大学和工业的联合项目结果。该项目旨在将一种新型气液催化膜反应器与工业上用于处理液体废水的传统技术进行比较。采用不同的惰性材料膜类型,用浸渍技术沉积单通道或多通道的薄层 Pt 催化剂($6.2 \sim 7\ g_{Pt} \cdot m^{-2}$)。调查的细节发表在原始论文,但总体的结论指出,该新型催化膜反应器可以成功地用于该过程,并且由于较温和的温度和压力操作条件和更好的催化剂利用率,与传统方法相比更加经济。如果把注意力限制在实验室和中试规模钻机所产生的系统的工作状态上,那么膜反应器可能不受传质的限制,而是在动力学状态下运行(图 4.15 和图 4.16)。

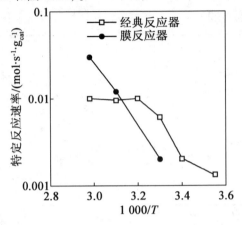

图 4.14　固定床和膜反应器测量的特定反应速率

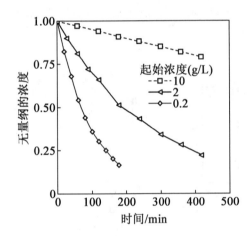 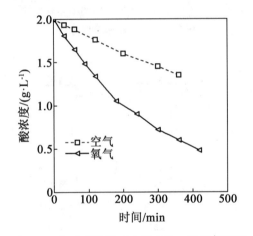

图 4.15　不同初始浓度下气-液催化膜反应器的出口浓度随时间的变化

图 4.16　气液催化膜反应器中出口浓度对不同进料浓度的时间函数的影响

### 3. 催化剂分散在膜结构上

与上一段所述的情况不同,有些情况下催化剂分布在整个膜结构中。这一方案得到了广泛的研究和报道,特别是在酶催化反应和多相膜反应器中,采取此方案拥有一些非常独特的优势。

文献报道了多个例子,此处以水溶性差的酯类为例,将难溶于水的酯水解成高水溶性的羧酸。

工艺装置由负载活性酶的亲水膜组成,该膜分离不混溶的有机工艺流和水工艺流。以这种方式,相界面被放置在与有机相接触的膜的一侧。反应物从有机相扩散到膜中,在膜结构内反应,产物从水侧去除。因此,该膜既是酶的载体,又是相接触器,避免了与一个液相分散到另一个液相有关的所有问题。

试验结果表明,该酶对不同酶载量的产率和选择性影响较小,表明该酶在研究范围内得到了有效的利用。

## 4.3　多相膜反应器的数学模型研究

在本节的这一部分中,将考虑在膜反应器中进行这一过程的速率。很明显,根据定义,当考虑化学反应时,总速率必须考虑反应动力学。因此,由于动力学速率定律是给定过程的一个具体特征,因此不能得出一般的结论。众所周知,在多相反应器中,总速度必须同时考虑传质和反应速率,其中一步是限制步骤,而另一步则要快得多。因此,考虑的因素一般适用于传质步骤,反应步骤明显取决于具体的反应。本节首先给出了膜接触器中反应速率可以忽略的极限情况,然后讨论了非催化反应的影响,最后给出了膜反应器中催化反应的总体效果。

### 4.3.1　膜接触器

膜接触器可以避免传统液-液接触器以及填料或气泡柱的一些缺点。在大多数传统接触装置中,两相(如气相和液相)是相互依存的,如果操作条件和材料选择不当,就会发生乳化液形成、发泡、卸载或驱油。在许多传统的接触装置(填料塔除外)中,两相之间的接触是以分散的方式进行的。例如,在喷雾塔中,液体是在小液滴中以连续气相的形式引入的,而在气泡塔中,气相则是浸入液体连续相的气泡中。一般来说,对于这样的系统,界面面积并不总是容易评估的,而且随着操作条件的变化,界面面积也会发生很大的变化。

膜的使用使接触不分散,液-液界面位于膜孔口。因此,这两种流体流动是相互独立的,界面面积对于每一种条件都是已知的和恒定的,因为它对应于膜面积。与许多传统接触器相比,它的优点是可以避免乳化液的形成,不需要两种流体之间的密度差,而且可以使用低溶剂滞留。由于非常大的膜表面可以用于膜接触器中,因此获得的效率很高,而且由于商业膜的模块化性质,从一个小到一个大单元的规模很容易扩大。

另一方面,两个相之间膜的存在引入了额外的传质阻力,但是,只要适当选择膜,就可以将这种阻力降到最低。

如果考虑多孔膜与气相和液相的接触,可以发现两种极端情况。

(1)膜孔完全被液相填充,膜接触器工作在"润湿模式"下(图4.17(a))。这种情况发生在膜材料与液相有亲和力时(如膜与液相均为亲水性或相反)。

(2)膜孔只被气相占据,因此膜接触器工作在"非润湿模式"下(图4.17(b))。非润湿流体(液相)只有在其压力超过下式定义的"突破压力"时,才能代替润湿流体(气相):

$$\Delta p = \frac{2\sigma \cos \theta}{r_p} \tag{4.1}$$

式中,$r_p$ 为孔隙半径;$\sigma$ 为表面张力(或液-液系统的表面张力);$\theta$ 为润湿流体和膜孔之间的接触角。

一般来说,由于膜的结构不对称,且具有孔径分布的特点,因此实际情况很容易对应于部分润湿的膜。在这项工作中,大小分布的影响将被忽略。

在下面的章节中,将在液相中不存在或不存在均相反应的情况下,对这两种情况的总传质系数进行评估。

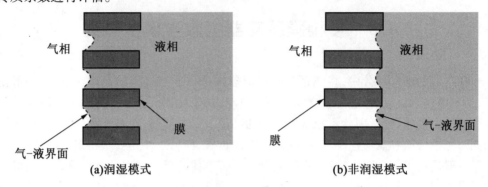

图 4.17　膜接触器的两种操作模式

**1. 可忽略均相反应的湿模下的膜接触器**

如图 4.18 所示,通过湿式膜接触器,从气相 A 吸收到液相 B 物质的浓度分布曲线。由于液相润湿了膜,所以气相和液相之间的界面对应于膜的气侧表面。通常,A 从气侧扩散到液体侧时,会遇到以下传质阻力:(1)由气相向孔口气液界面的传质;

(2) A 物质向液相的溶解;

(3) A 物质通过液相润湿膜的传质;

(4) A 物质从膜到液相体的传质。

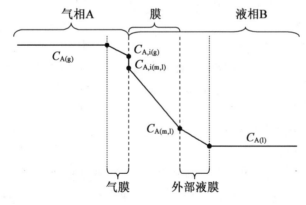

图 4.18　根据薄膜模型,在润湿模式下操作的膜接触器没有反应的浓度分布图

同样,组成或存在于液相中的物种也可以沿着从液相到气相的相反路径。假设液相是不挥发的,不向气相转移。

从图 4.18 所画的浓度分布开始,物质平衡可以用摩尔通量贯通面积 $A_M$ 的膜表面和局部传质系数来表示。

膜间气膜传质阻力:

$$N_A = k_g (C_{A(g)} - C_{Ai(m,g)}) \tag{4.2}$$

湿膜传质:

$$N_A = k_M(C_{Ai(m,l)} - C_{A(m,l)}) \tag{4.3}$$

通过外液膜传质：

$$N_A = k_l(C_{A(m,l)} - C_{A(l)}) \tag{4.4}$$

A 在液相中的溶解被认为处于平衡状态，并假设存在亨利定律

$$C_{Ai(m,l)} = HC_{Ai(m,g)} \tag{4.5}$$

摩尔通量也可以用气相浓度的总传质系数来表示：

$$N_A = K_G(C_{A(g)} - C^*_{Ai(g)}) = K_G\left(C_{A(g)} - \frac{C_{A(l)}}{H}\right) \tag{4.6}$$

或者液相浓度

$$N_A = K_L(C^*_{Ai(l)} - C_{A(l)}) = K_L(HC_{A(g)} - C_{A(l)}) \tag{4.7}$$

这里

$$C^*_{Ai(l)} = HC_{A(g)} \tag{4.8}$$

和

$$C^*_{Ai(g)} = \frac{C_{A(l)}}{H} \tag{4.9}$$

显然

$$\frac{K_L}{K_G} = H \tag{4.10}$$

式(4.2)~(4.4)利用亨利定律，通过与式(4.6)或式(4.7)的比较，总传质系数 $K_L$ 和 $K_G$ 可表示为物种 A 通过膜接触器吸收过程中所遇到的每个阻力对应的局部传质系数：

$$K_L = \frac{1}{\left(\dfrac{H}{k_g}\right) + \left(\dfrac{1}{k_M}\right) + \left(\dfrac{1}{k_l}\right)} \tag{4.11}$$

或

$$K_G = \frac{\dfrac{1}{H}}{\left(\dfrac{H}{k_g}\right) + \left(\dfrac{1}{k_M}\right) + \left(\dfrac{1}{k_l}\right)} \tag{4.12}$$

换句话说，总传质阻力（如 $1/K_L$）是由气相阻力（如 $H/k_g$）、湿膜阻力（$1/k_M$）和液相传质阻力（$1/k_l$）共同作用的结果。在靠近膜的液相和气相中，传质阻力的评估取决于膜两侧的流动条件，这将在后面讨论。

目前，把重点放在表征膜阻力的传质系数的评估上。在湿膜中，由膜孔内的液体提供传质阻力。膜体积定义为

$$V_M = A_M t_M \tag{4.13}$$

式中，$t_M$ 为膜厚度。

然而，并非所有的膜几何体积 $V_M$ 都可用于溶解 A 的扩散。液体填充的体积分数对应于膜的孔隙度 $\varepsilon$，即

$$\varepsilon = \frac{V_{\text{孔}}}{V_M} \tag{4.14}$$

利用滞水膜模型，膜传质系数可定义为

$$k_M = \frac{D_{eff}}{t_M} \tag{4.15}$$

式中，$D_{eff}$为有效扩散系数。

对于由大孔或中孔组成的膜，考虑到膜的存在，将液相中的溶质扩散系数乘以一个因子就足够了，即

$$D_{eff} = \frac{\varepsilon}{\tau} D_{AB} \tag{4.16}$$

式中，$D_{AB}$为 A 在 B 液体中的二元扩散率。

有效扩散系数修正了二元扩散系数，因为液体只填充了膜的孔隙度 $\varepsilon$，而 A 物种从膜的一边移动到另一边，必须遵循由弯曲度 $\tau$ 定义的或多或少曲折的路径。

溶质的二元扩散可以用众所周知的相关关系来评价。Wilke – Chang 扩散系数常用于评价二元扩散率：

$$D_{AB} = \frac{7.4 \times 10^{-12}(\varphi M_B)^{\frac{1}{2}} T}{\mu_B V_A^{0.6}} \tag{4.17}$$

式中，$D_{AB}$为极低浓度溶质 A 在溶剂 B（$m^2 \cdot s^{-1}$）中的相互扩散系数；$M_B$为溶剂 B（$g \cdot mol^{-1}$）的分子量；$T$ 为温度，K；$\mu_B$为溶剂 B（cP）的黏度；$\varphi$ 为溶剂 B 的关联因子，无量纲；$V_A$为溶质 A 在其正常沸点（$cm^3 \cdot mol^{-1}$）的摩尔体积。

$V_A$ 可由临界体积 $V_c$ 用 Tyn 和 Claus 方法计算：

$$V_A = 0.285 V_c^{1.048} \tag{4.18}$$

对于微孔膜，特别是沸石膜，其扩散系数的估计更加困难，必须考虑到膜的特性和渗透种类的特殊性。

**2. 非润湿模式下的膜接触器反应，均匀性可忽略不计**

对于在非湿润模式下工作的膜接触器，薄膜模型如图 4.19 中所表示的情况。气液界面现在位于膜的液体一侧。摩尔通量可以用每个阻力阶跃的局部传质系数来表示，也可以用整体传质系数来表示。同样的方法计算湿膜的总传质系数，可以用气液两相扩散 A 组分所遇到的单阻力的局部传质系数来表示。

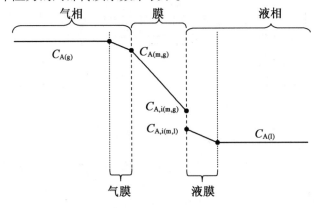

图 4.19　在非湿润模式下操作的膜接触器中的浓度分布（没有任何反应）

同样,可以用总的传质系数来表示摩尔通量:

$$N_A = K_G(C_{A(g)} - C^*_{Ai(g)}) \tag{4.19}$$

和

$$N_A = K_L(C^*_{Ai(l)} - C_{A(l)}) \tag{4.20}$$

得

$$C^*_{Ai(g)} = \frac{C_{A(l)}}{H} \tag{4.21}$$

$$C^*_{Ai(l)} = HC_{A(g)} \tag{4.22}$$

结果

$$K_G = \frac{\dfrac{1}{H}}{\left(\left(\dfrac{H}{k_g}\right) + \left(\dfrac{H}{k_M}\right) + \left(\dfrac{1}{k_l}\right)\right)} \tag{4.23}$$

$$K_L = \frac{1}{\left(\left(\dfrac{H}{k_g}\right) + \left(\dfrac{H}{k_M}\right) + \left(\dfrac{1}{k_l}\right)\right)} \tag{4.24}$$

正如前面看到的,传质系数 $k_M$ 取决于多孔膜的结构,可以用式(4.13)和式(4.14)再次计算。

当膜为大孔时,"分子扩散"是驱动传质的主要机制。气体分子扩散可以用已知的相关性来评估。例如,二元扩散率 $D_{AB}(\mathrm{m^2 \cdot s^{-1}})$ 的 Fuller-Schettler-Giddings 相关式为

$$D_{AB} = \frac{1 \times 10^{-7} T^{1.75} M_{AB}^{\frac{1}{2}}}{p[(\sum v)_A^{\frac{1}{3}} + (\sum v)_B^{\frac{1}{3}}]^2} \tag{4.25}$$

式中,$(\sum v)_i$ 为单分子的原子扩散体积,用原子结构扩散-体积增量 $v_i$ 从原子组成中制表或计算的;$T(\mathrm{K})$ 为温度;$p(\mathrm{bar})$ 为压强;$M_{AB}$ 为由扩散种($\mathrm{g \cdot mol^{-1}}$)的 $M_A$、$M_B$ 分子质量定义为

$$M_{AB} = \frac{2}{\left(\left(\dfrac{1}{M_A}\right) + \left(\dfrac{1}{M_B}\right)\right)} \tag{4.26}$$

若膜孔径与平均自由程相当,则以克努森机制为主,克努森有效扩散率可表示为

$$D_{eff}^K = D_K \frac{\varepsilon}{\tau} \tag{4.27}$$

得

$$D_K = 48.5 d \sqrt{\frac{T}{M}} \tag{4.28}$$

当一种组合的克努森扩散机制控制质量输运时,Bonsaquet 方程可以近似有效扩散率:

$$\frac{1}{D_{eff}} = \left(\frac{1}{D_{eff}^m} + \frac{1}{D_{eff}^K}\right) \tag{4.29}$$

### 4.3.2 膜表面两侧边界层局部传质系数的计算

边界层传质系数的估算取决于膜两侧的流体动力学状态。理论上,可以利用化学工

程中提出的物理模型(如薄膜模型、渗透模型)来评价传质速率。然而,在这里,将报告一种更实际和更简单的方法,它依赖于试验观察和无量纲数据的阐述。边界层内的传质系数可用无量纲群表示的相关系数估计:

$$Sh \propto Re^{\alpha} Sc^{\beta} f(\text{geometry}) \tag{4.30}$$

式中,$Sh$ 为舍伍德数,为界面传质速率与体相扩散速率的比较:

$$Sh = \frac{k_c \ell}{D} \tag{4.31}$$

当 $Sh$ 已知时,可以估计边界层的传质系数 $k_c$。因此,$Sh$ 常与雷诺数 $Re$ 相关:

$$Re = \frac{\ell u \rho}{\mu} \tag{4.32}$$

施密特数 $Sc$,为

$$Sc = \frac{\mu}{\rho D} \tag{4.33}$$

对于膜接触器,Graetz 数被证明是有用的。Graetz 数描述了管道中的层流

$$Gz = \frac{u l^2}{D L} \tag{4.34}$$

参数和关联形式取决于系统的几何形状和膜表面附近的流体动力学。流体可以是湍流状态,也可以是层流状态。若流体处于层流状态($Re < 2\,100$),则进入区之后将是一个完全发育的流区,在这两种情况下的相关性将有所不同。因此,在层流流态的情况下,可以很方便地使用平均 $Sh$ 除以整个管道长度的相关性。表 4.3 总结了一些可以用来估计不同流体动力学情况下,圆柱形或平面结构的管道中的传质系数的关联式。

表 4.3 各种几何形状的管道的传质相关性

| 管几何形状 | 相关性 | 应用 |
|---|---|---|
| 圆柱体 | $Sh = 3.67$ | 层流区:全扩展流或 $Gz < 10$ |
| 圆柱体 | $Sh = (3.67^3 + 1.62^3 Gz)^{\frac{1}{3}}$ | 层流区:$10 < Gz < 20$ |
| 圆柱体 | $Sh = 1.62 \left( \frac{u d^2}{DL} \right)^{\frac{1}{3}}$ | 层流区:$Gz > 20$ |
| 圆柱体 | $Sh = 0.026 Re^{0.8} Sc^{0.33}$ | 湍流区:$Re > 20\,000$ |
| 平行 | $Sh = 7.54$ | 层流区:全扩展流 |
| 平行 | $Sh = 0.036 Re^{-0.2} Sc^{-0.67}$ | 湍流区:$Re > 10^6$ |

来源:Adapted from Gabelman, A.; hwang, S.-T. J. Membr. Sci. 1999, 159, 61-106; Basmadjian, D. Mass Transfer. Principles and Applications, CRC:Boca Raton, Fl, 2004.

表 4.4 报告了与中空纤维膜类似的几何形状为圆柱形时膜外侧面的相似关联。在这种情况下,在相关关系中可以表现出对模块中纤维填充分数的依赖。

最后,也可以为中空纤维膜定义 Sherwood 数(即 Wall Sherwood 数):

$$Sh_w = \frac{k_M d_M}{D} \tag{4.35}$$

式中，$d_M$是光纤中通道的直径。

表 4.4 中空纤维模块壳侧的传质关系

| 相关性 | 应用 |
| --- | --- |
| $Sh = 1.25\left(\dfrac{ReD_e}{L}\right)^{0.93} Sc^{0.33}$ | $0.5 < Re < 500$，纤维的填充率为 0.03；平行于纤维的流动 |
| $Sh = 0.019Gz$ | $Gz < 60$；封闭包装纤维；纤维间流动 |
| $Sh = 0.61Re^{0.32}Sc^{0.33}$ | $0.6 < Re < 49$；pd = 0.003；纤维间流动 |

来源：Adapted from Basmadjian, D. Mass Transfer: Principles and Applications, CRC: Boca Ration, FL, 2004.

### 4.3.3 膜接触器在液相中存在均相反应

由膜界面的两相之间的物理传质已经用总传质系数来描述，总传质系数集中了从一相（如气相）扩散到另一相（如液相）的各组分所遇到的单一传质阻力。

在化学吸收中，气相中的组分在液相中发生反应。反应对传质的影响可再次集中在一个整体传质系数中。在存在化学反应的情况下，膜接触器的模拟处理类似于传统化学工程教科书中所报告的方法，其中引入了薄膜传质有关的术语。在下面的讨论中，只会回顾一些常用的概念和定义，而没有详细解释所有可能的情况。这将有助于向读者介绍这一问题，以面对更详尽的关于多相传质与均相化学反应的教科书。图 4.20 所示为在液相中存在均相反应时，膜接触器在非湿润模式下的界面浓度分布的示例。膜在气侧起附加阻力的作用。

对于瞬时反应，反应物在一个反应平面内相遇和反应（图 4.20(a)），反应平面在薄膜中的位置取决于两种反应物的相对扩散率。当反应速率与传质速率相当时，反应在液膜中再次发生，但处于反应区（图 4.20(b) 和图 4.20(c)）。当反应速度极慢时，反应发生在液相的体相（图 4.20(b)）。读者可以尝试绘制湿膜的类似图形。

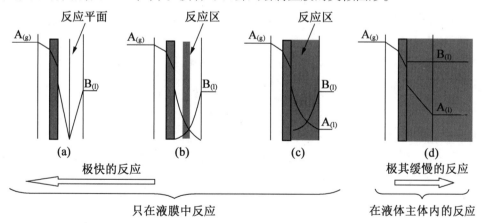

图 4.20 在具有反应 A(g) + B(l) → 产物(l) 的非润湿膜接触器中用于质量传递的不同动力学方案的比例浓度

基于这些考虑,定义一个参数似乎是合理的,它可以给出化学反应速率和物理传质速率的相对重要性的概念。在具体的文献中,哈塔数(Hatta number, $Ha$)经常被引用。Hatta 数是一个无量纲数,定义为

$$Ha = \frac{\text{单位接触面积膜中 A 的最大转化速率}}{\text{通过膜而未参与反应的最大扩散量}} \tag{4.36}$$

例如,对于一个一阶反应 A(g) + B(l)→产物(l)有下列反应速率方程:

$$(-r_A) = kC_A \tag{4.37}$$

$Ha$ 为

$$Ha = \delta\sqrt{\frac{k}{D_A}} = \frac{\sqrt{kD_A}}{k_{l0}} \tag{4.38}$$

式中,$\delta$ 为膜厚度;$D_A$ 为组分 A 在液相中的扩散系数;$k_{l0}$ 是无反应时液相传质系数,定义为

$$k_{l0} = \frac{D_A}{\delta} \tag{4.39}$$

以未润湿膜为例,液相通过界面的摩尔通量为

$$N_A = k_l E_{A0}(C_{Ai(m,l)} - C_{A(l)}) \tag{4.40}$$

式(4.35)通过增强因子 $E_{A0}$,比较有无化学反应时的吸收率,考虑液相中是否存在反应。

$$E_{A0} = \frac{\text{一个化学反应中液体对一种气体的吸收速率}}{\text{未参与反应的吸收速率}} = \frac{k_l}{k_{l0}} \tag{4.41}$$

增强因子是最大可能增强因子、$Ha$ 数、A 组分液体体积浓度的函数,即

$$E_{A0} = f(E_\infty, Ha, C_{A(l)}) \tag{4.42}$$

最大增强因子 $E_\infty$ 是在发生极快反应时得到的,它可获得如下结果:

$$E_\infty = 1 + \frac{D_B C_{B(l)}}{v_B D_A C_{Ai(m,l)}}\left(\frac{D_B}{D_A}\right)^{n-1} \tag{4.43}$$

式中,$n=1$ 和 $n=0.5$ 分别取决于假定的薄膜模型或穿透模型。

$E_{A0}$ 的一般表达式是相当复杂的,建议读者参考专门的教科书。在有反应的情况下,增强因子可以假定值(高达 1 000),可以大大地增强接触系统中的传质。当化学反应极慢时,则为 $E_{A0}\to 1$。

以膜接触器为例,A 的摩尔通量仍然可以用串联电阻模型表示:

$$N_A = \frac{1}{\left(\dfrac{H}{k_g}\right) + \left(\dfrac{H}{k_M}\right) + \left(\dfrac{1}{k_l E_{A0}}\right)}(C_{A(l)}^* - C_{A(l)}) \tag{4.44}$$

正如预期的那样,在所有的情况下,膜作为相间接触器的存在会产生额外的传质阻力。然而,如果选择合适的膜,这种阻力就会很低,而且某些膜结构提供的很高的界面面积可以使膜接触器成功地应用。

### 4.3.4 催化三相膜反应器

在 TPCMR 中,使用催化膜使气流和液流紧密接触。气相中的反应物与发生反应的催化膜结构内的液相反应物相遇。在 TPCMR 中,催化膜提供了两个相之间的界面,同时也是反应发生的地方。当将该系统与传统布置(如浆液或三相流化床反应器(催化剂悬

浮在流体中)进行比较时,可以指出不同的优点和特点。气-液-固系统中的催化反应通常使用 SR 或滴流床反应器(TBR)进行。在 SR 中,气相(分散相)鼓泡进入液相(连续相),其中含有催化剂的颗粒。催化剂正与其他两相一起移动。TBR 是一种垂直固定的催化剂床。通常,液相是从固定床的顶部引入的,而气相则是从底部引入的。气相中的反应物必须溶解在另一种反应物所在的液相中,而这两种反应物都必须到达催化中心,才能得到反应的产物。

在 SR 中,催化剂颗粒的尺寸通常为 1~50 μm,通过搅拌分散到液相中。气体以气泡的形式分散到液相中,气泡大小为 0.5~5 mm(取决于气体分散系统及其功率)。当反应物分别在液相和气相中在催化剂颗粒上相遇时,反应就会发生。常规 SR 系统中的反应过程一般可以描述为由以下步骤组成(图 4.21)。考虑到气相反应物,假设液相中的反应物和反应产物不挥发(它们没有被气相剥离),有:

(1)气体反应物从气相通过气体膜的传质,通过气-液界面(如果气体相仅由反应物组成,不考虑该电阻);

(2)反应物在液相中的溶解;

(3)在所述气相周围通过所述液膜传质;

(4)在催化剂颗粒上通过液膜传质;

(5)催化剂的多孔结构内的扩散和反应。

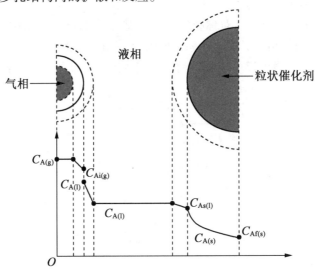

图 4.21　反应物 A 在淤浆反应器中的气-液-固反应中的界面浓度分布

显然,反应产物必须从催化剂颗粒扩散到液相。

传质对 TPCMR 反应速率的影响是完全不同的,这是由两种流体相与固体催化相(膜)之间的接触方式所致。图 4.22 示意性地示出了在由不参与该反应的大孔结构支撑的催化层构成的催化膜中发生的情况。

在 TPCMR 中,催化剂是一层薄的(以几微米计),通常被液相所润湿。气相直接存在于液相和催化剂表面。

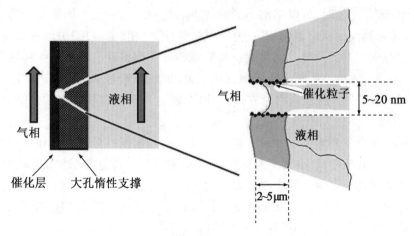

图 4.22 膜反应器催化层上两相之间的接触

在三相系统中,膜反应器与传统反应器的主要区别在于反应物到达催化中心的路径不同。在 SR 反应器中,传质路径通常比膜反应器长。因此,对传质的整体阻力可以小于传统的三相反应器。另一个优点是在膜活性层上沉积了催化剂,从而消除了由从反应器内的流体流动中洗脱而导致的催化剂损失。

**1. TPCMR 中的内扩散**

考虑了液相润湿催化多孔对称膜的特殊情况,为了简单起见,膜中不存在惰性载体。目前,不考虑液相和气相中最终存在的传质阻力,假定催化膜上发生了一级反应 $A(g) + B(l) \longrightarrow C(l)$。催化膜中反应物和产物的预期浓度分布如图 4.23 所示。

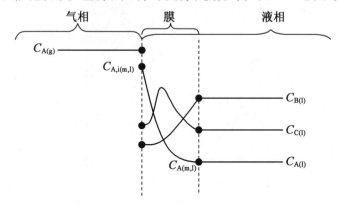

图 4.23 具有反应 $A(g) + B(l) \longrightarrow C(l)$ 的三相催化膜反应器的原样浓度

就目的而言,薄催化膜可视为板坯。将反应物的微分质量平衡写入催化膜 $dV$ 的微分体积中是有用的,其定义为

$$dV = A_M dz \tag{4.45}$$

式中,$z$ 为垂直于 $A_M$ 区膜表面的坐标。

考虑到反应物 A,物质平衡时为

A 的积累速率 = A 流入体系的速率 − A 流出体系的速率 + 体系内化学反应生成 A 的速率
$$\tag{4.46}$$

写作
$$0 = N_A\big|_z A_M - N_A\big|_{z+dz} A_M + R_A dV \tag{4.47}$$

式中,一级反应速率表示为
$$R_A = -kC_A \tag{4.48}$$

消除所有条件下的膜面积,得到
$$0 = N_A\big|_z - N_A\big|_{z+dz} - kC_A dz \tag{4.49}$$

在 Taylor 逼近的基础上,对于无穷小 dz 长度,有
$$N_A\big|_{z+dz} = N_A\big|_z + \frac{dN_A}{dz}\bigg|_z dz \tag{4.50}$$

用菲克定律
$$N_A = -D_{\text{eff}} \frac{dC_A}{dz} \tag{4.51}$$

得到如下微分方程:
$$\frac{d^2 C_A}{dz^2} - \frac{k}{D_{\text{eff}}} C_A = 0 \tag{4.52}$$

在考虑的体系中常用的边界条件的二阶微分方程(4.47)将给出反应物 A 沿厚度 $T_m$ 的催化膜的轮廓浓度。

$$C_A\big|_{z=0} = C_{As} \tag{4.53}$$

$$\frac{dC_A}{dz}\bigg|_{z=t_M} = 0 \tag{4.54}$$

引入无量纲参数,z 方向分数坐标为
$$\delta = \frac{z}{t_M} \tag{4.55}$$

无量纲浓度为
$$C^* = \frac{C_A}{C_{As}} \tag{4.56}$$

齐勒模数的平方:
$$\varphi^2 = L \frac{k}{D_{\text{eff}}} \tag{4.57}$$

式(4.47)写成无量纲形式为
$$\frac{d^2 C^*}{d\delta^2} - \phi^2 C^* = 0 \tag{4.58}$$

得到的微分方程为一类齐次线性二阶微分方程:
$$y'' = ay = 0 \tag{4.59}$$

它的特征方程是

$$\lambda^2 + a = 0 \tag{4.60}$$

即

$$\lambda = \pm\sqrt{-a} = \pm\phi \tag{4.61}$$

微分方程(4.52)的通解是

$$C^* = M_1 e^{-\phi\delta} + M_2 e^{\phi\delta} \tag{4.62}$$

式中,$M_1$ 和 $M_2$ 为常数,可以通过施加边界条件(由式(4.48)及式(4.49)表示)得到,以无量纲形式

$$C^*\big|_{\delta=0} = 1 \tag{4.63}$$

$$\frac{dC^*}{d\delta}\bigg|_{\delta=1} = 0 \tag{4.64}$$

推导出

$$\frac{dC^*}{d\delta} = M_1\phi e^{-\phi\delta} + M_2\phi e^{\phi\delta} \tag{4.65}$$

$M_1$ 和 $M_2$ 可以计算为

$$M_1 = \frac{e^\phi}{e^\phi + e^{-\phi}} \tag{4.66}$$

$$M_2 = \frac{e^{-\phi}}{e^\phi + e^{-\phi}} \tag{4.67}$$

因此,催化膜中的浓度分布为

$$C^* = \frac{e^{\phi(1-\delta)} + e^{-\phi(1-\delta)}}{e^\phi + e^{-\phi}} \tag{4.68}$$

可以用双曲函数来重写:

$$C^* = \frac{\cosh[\phi(1-\delta)]}{\cosh\phi} \tag{4.69}$$

显然,反应物 B 也可以得到类似的表达式。

此时,可以引入效能因数的概念。有效因子 $\eta_{\text{int}}$ 被定义为

$$\eta_{\text{int}} = \frac{\text{观察到的反应速率}}{\text{外表面条件下的反应速度}} = \frac{N_A\big|_{z=0}\cdot A_M}{r(C_{As})\cdot V_M} = \frac{-D_{\text{eff}}\dfrac{dC}{dz}\bigg|_{z=0}\cdot A_M}{r(C_s)\cdot V_M} \tag{4.70}$$

有效因子比较了膜结构中存在扩散时的反应速率和不受内扩散限制的反应速率,这也被称为内部有效性因子,因为它指的是催化剂的利用率仅受扩散在多孔催化层中的影响。

因为

$$\frac{A_M}{V_M} = \frac{1}{t_M} \tag{4.71}$$

$$-D_{\text{eff}}\frac{dC_A}{dz} = -\frac{D_{\text{eff}}A_M}{L}C_{As}\frac{dC^*}{d\delta} \tag{4.72}$$

即

$$\frac{dC^*}{d\delta} = -\frac{\phi\sinh[\phi(1-\delta)]}{\cosh\phi} \tag{4.73}$$

所以

$$\left.\frac{dC^*}{d\delta}\right|_{\delta=0} = -\phi\tanh\phi \tag{4.74}$$

得到了所述反应物 A 的催化膜的效率因子：

$$\eta_{\text{int}} = \frac{\tanh\phi}{\phi} \tag{4.75}$$

当 $\eta_{\text{int}}$ 接近 1 时，有效地利用了膜层中的催化剂。

对于 $n$ 阶反应速率

$$(-r_A) = \eta k C_{i(m,l)}^n \tag{4.76}$$

齐勒模数变成

$$\phi = t_M\left(\frac{kC_s^{n-1}}{D_{\text{eff}}}\right)^{\frac{1}{2}} \tag{4.77}$$

**2. 外部传质的影响**

上文中已经讲了内扩散对催化膜反应器反应速率的影响。现在将考虑气相中存在的传质阻力。图 4.24 显示了这种情况下浓度分布的定性视图。

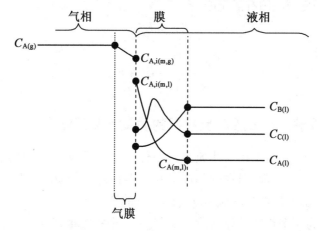

图 4.24　具有反应 A(g) + B(l)→C(l) 的三相催化膜反应器的分布浓度

在这种情况下，可以方便地将传质速率写成每催化膜质量的扩散速率：

$$-r'_A = N_A\frac{A_M}{V_M\rho_M} = k_s\frac{A_M}{V_M\rho_M}[C_{A(g)} - C_{Ai(g)}] \tag{4.78}$$

在气 – 液界面上，根据亨利定律，A 在两相中的浓度处于平衡状态：

$$C_{Ai(ml)} = HC_{Ai(g)} \tag{4.79}$$

催化膜中的扩散和反应过程描述如下：

$$-r'_A = \eta(-r'_{As}) = \eta k' C_{Ai(m,l)} \tag{4.80}$$

然后把方程式(4.82)和(4.84)相等，可以得到 A 的总速率方程

$$-r'_A = \frac{1}{\left(\dfrac{HV_M\rho_M}{k_g A_M}\right) + \left(\dfrac{1}{\eta_{int}k}\right)} C_{A(g)} \tag{4.81}$$

总体效果可以定义为

$$\eta_{总} = \frac{\eta_{int}}{1 + \eta_{int}\left(\dfrac{HkV_M\rho_M}{k_g A_M}\right)} = \frac{\eta_{int}}{1 + \eta_{int} Da} \tag{4.82}$$

式中,Damköler 数($Da$)为相内反应与外部传质的相对速率。

Cini 和 Harold 对 TPCMR 进行了开创性的研究,并考虑了不同质量传输阻力的影响,对不同的情况进行了分类。对于每一种考虑的情况,它们都得到了表观活化能的一些表达式。

当反应不受内部或外部传质的限制时,通过绘制所观察到的反应速率的对数与温度的反比(Arrhenius 型图),既不受内部传质的限制,也不受外部传质的限制($\eta_{总} = 1$ 和 $\eta_{int} = 1$)。

$$E_{app} = -R \frac{d(\ln \text{速率})}{d\left(\dfrac{1}{T}\right)} \tag{4.83}$$

表观活化能对应于反应的固有活化能:

$$E_{app} = E_{in} \tag{4.84}$$

当气相传质受限时

$$E_{app} = E_{sat} + \frac{E_{in} + E_{diff}}{2} \tag{4.85}$$

### 4.3.5 膜接触器和三相膜反应器的质量平衡问题

在前面的章节中,介绍了在一些典型的条件下,膜接触器和三相膜反应器在界面处的局部质量平衡。可以发现,当在气相和液相中存在外部传质时,局部传质系数的估计取决于控制在膜界面的流体相的流体动力学状态的类型。

图 4.25 所示为两个相被膜分离的系统,其中每个相被很好地混合。在此假设下,反应器体积内的浓度分布在膜的两侧都是恒定的。另外,图 4.26 所示为了膜两侧的流体沿轴向运动的情况,然后,在膜的两侧沿反应器长度可以发生速度和浓度的分布。图 4.27 所示为以浓度和流体速度依赖于反应器长度而将充分混合状态下的流体与另一流体分离的膜。

因此,似乎很清楚,在相接触膜中的物质平衡应考虑到这样一个事实,即由于膜的存在,组件的浓度剖面既可以是轴向,也可以是垂直于膜表面的方向(圆柱形几何图形以及中空纤维,沿径向)。这一事实可能导致偏微分方程往往需要数值求解。因此,在可能的情况下,一些简化的假设可以帮助将二维问题简化为一维问题。

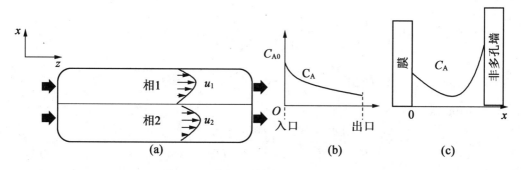

图 4.25　膜在充分混合的条件下分离两种流体

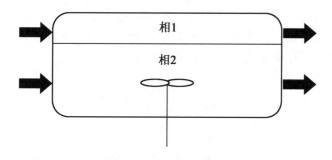

图 4.26　膜在层流条件下分离两种流体

图 4.27　在充分混合的条件下，膜将层流状态的流体与流体分离

例如，中空纤维和管状膜通常用作膜接触器和三相膜反应器。典型情况下，管状膜管腔内的流动状态是层流的，流体速度和组分浓度分布的结果是，它们不仅依赖于轴向坐标，而且与径向位置有关。

当气相（没有反应项）流入中空纤维的内部时，柱坐标下气相中组分 A 的质量平衡形式如下（其中忽略沿轴向的色散效应）（图 4.28）：

$$u_r \frac{\partial C_{A,g}}{\partial z} = D_{A,g}\left[\frac{1}{r}\frac{\partial}{\partial r}\left(r \frac{\partial C_A}{\partial r}\right)\right] = D_{A,g}\left[\frac{\partial^2 C_A}{\partial r^2} + \frac{1}{r}\frac{\partial C_A}{\partial r}\right] \tag{4.86}$$

假设为发展的层流状态，径向速度剖面为抛物线形，可表示为

$$u_r = 2u_m \left[1 - \left(\frac{r}{R}\right)^2\right] \tag{4.87}$$

湿膜的边界条件为

$$D_{A,g}\left(\frac{\partial C_{A(g)}}{\partial r}\right)_{r=R} = -k_M(C_{A(g)}|_{r=R} - C_{A,i(g)}) \tag{4.88}$$

$$\left(\frac{\partial C_{A(g)}}{\partial r}\right)_{r=R} = 0 \tag{4.89}$$

$$C_{A(g)}|_{z=0} = C_{A0(g)} \tag{4.90}$$

相反,当液相(均相反应存在)在膜腔内流动时,物料平衡为

$$u_r \frac{\partial C_{A(l)}}{\partial z} = D_{A(l)}\left[\frac{\partial^2 C_A}{\partial r^2} + \frac{1}{r}\frac{\partial C_A}{\partial r}\right] - kf(C_A, C_B) \tag{4.91}$$

以及非湿润膜的边界条件

$$D_{A,g}\left(\frac{\partial C_{A(g)}}{\partial r}\right)_{r=R} = \left(\frac{1}{\left(\frac{1}{k_g}\right) + \left(\frac{1}{k_M}\right)}\right)(C_{A(g)} - C_{A,i(g)}) \tag{4.92}$$

$$D_{A,g}\left(\frac{\partial C_{B(l)}}{\partial r}\right)_{r=R} = 0 \quad \text{非挥发性消耗 B} \tag{4.93}$$

在管子的中心线

$$\left(\frac{\partial C_{A(l)}}{\partial r}\right)_{r=0} = \left(\frac{\partial C_{B(l)}}{\partial r}\right)_{r=0} = 0 \tag{4.94}$$

初始条件是

$$C_{A(l)}|_{z=0} = 0 \tag{4.95}$$

$$C_{B(l)}|_{z=0} = C_{B0} \tag{4.96}$$

这些是部分微分方程,需要用数值方法求解,或者通过一些简化的假设,在定义了流动流体的平均浓度之后,可以简化成一维问题,即

$$C_{A,dV} = \frac{\int_0^R C_{A(r,z)} dS}{dS} \tag{4.97}$$

## 4.4 结 论

膜作为不同流体相间的界面,提供了一种新的接触方式,可用于改进膜接触器(膜接触器)之间的传质或进行多相非均相反应(TPCMR),但其传质限制比传统反应器要小。对本条所述事项的处理方式将是进一步研究这一专题的起点。

# 参 考 文 献

[1] Lim, S. Y.; Park, B.; Hung, F.; Sahimi, M.; Tsotsis, T. T. Chem. Eng. Sci. 2002, 57, 4933-4946.

[2] Krishna, R.; Sie, S. T. Chem. Eng. Sci. 1994, 49, 4029-4065.

[3] Coronas, J.; Santamaria, J. Catal. Today 1999, 51, 377-389.

[4] Dixon, A. G. Int. J. Chem. Reactor Eng. 2003, 1, R6.

[5] Rios, G. M.; Belleville, M.-P.; Paolucci-Jeanjean, D. Trends Biotechnol. 2007, 25, 242-246.

[6] Rahimpour, M. R.; Jokar, S. M.; Jamshidnejad, Z. Chem. Eng. Res. Des. 2012, 90, 383-396.

[7] Qiu, Z.; Zhao, L.; Weatherly, L. Chem. Eng. Proc. 2010, 323, 330.

[8] Vospernik, M.; Pintar, A.; Bercici, G.; Levec, J.; Walmsley, J.; Raeder, H.; Iojoiu, E. E.; Miachon, S.; Dalmon, J.-A. Chem. Eng. Sci. 2004, 59, 5363-5372.

[9] Guha, A. K.; Shanbhag, P. V.; Sirkar, K. K.; Vaccari, D. A.; Trivedi, D. H. AIChE J. 1995, 41, 1998.

[10] O'Brien, M.; Baxandale, I. R.; Ley, S. V. Org. Lett. 2010, 12, 1596-1598.

[11] Heng, S.; Yeung, K. L.; Djafer, M.; Schotter, J.-C. J. Membr. Sci. 2007, 289, 67-75.

[12] Prieske, H.; Bohm, L.; Drews, A.; Kraume, M. Desalination Water Treat. 2010, 18, 270-276.

[13] Pellicer-Nacher, C.; Domingo-Felez, C.; Lackner, S.; Smets, B. F. J. Membr. Sci. 2013, 446, 465-471.

[14] Meng, L.; Cheng, J.-C.; Jiang, H.; Yang, C.; Xing, W.-H.; Jin, W.-Q. Chem. Eng. Technol. 2013, 36, 1874-1882.

[15] Karande, R.; Halan, B.; Schmid, A.; Buchler, K. Biotechnol. Bioeng. 2014, 111, 1831.

[16] Kar, S.; Bindal, R. C.; Prabhakar, S.; Tewari, P. K. Int. J. Hydrogen Energy 2012, 37, 3612-3620.

[17] Pal, P.; Dey, P. Chem. Eng. Proc. 2013, 64, 1-9.

[18] Pashkova, A.; Dittmeyer, R.; Katelnborn, N.; Richter, H. Chem. Eng. J. 2010, 165, 924-933.

[19] Shi, L.; Goldbach, A.; Zeg, G.; Xu, H. J. Membr. Sci. 2010, 348, 160-166.

[20] Inoue, T.; Tanaka, Y.; Pacheco Tanaka, D. A.; Suzuki, T. M.; Sato, K.; Nishioka, M.; Hamakawa, S.; Mikuzami, F. Chem. Eng. Sci. 2010, 65, 436-440.

[21] Conidi, C.; Mazzei, R.; Cassano, A.; Giorno, L. J. Membr. Sci. 2014, 454, 322 – 329.

[22] Lozano, P. Green Chem. 2010, 12, 555 – 569.

[23] Jochems, P.; Satyawali, Y.; Diels, L.; Dejonghe, W. Green Chem. 2011, 13, 1609 – 1623.

[24] Giorno, L.; D'Amore, E.; Mazzei, R.; Piacentini, E.; Zhang, J.; Drioli, E.; Cassano, R.; Picci, N. J. Membr. Sci. 2007, 295, 95 – 101.

[25] Bhatia, S.; Long, W. S.; Kamarrudin, A. H. Chem. Eng. Sci. 2004, 59, 5061 – 5068.

[26] Giorno, L.; Zhang, J.; Drioli, E. J. Membr. Sci. 2006, 276, 59 – 67.

[27] Singh, D.; Pfromm, P. H.; Ezac, M. E. AIChE J. 2011, 57, 2450.

[28] Jani, J. M.; Aran, H. C.; Wessling, M.; Lammertitink, R. G. H. J. Membr. Sci. 2012, 419 – 420, 57 – 64.

[29] Aran, H. C.; Chinthaginjala, J. K.; Groote, R.; Roelofs, T.; Lefferts, L.; Wessling, M.; Lammertink, R. G. H. Chem. Eng. J. 2011, 169, 239 – 246.

[30] Caro, J.; et al. Ind. Eng. Chem. Res. 2007, 46, 2286 – 2294.

[31] Aran, H. C.; Pacheco – Benito, S.; Luiten – Olieman, M. W. J.; Er, S.; Wessling, M.; Lefferts, L.; Benes, N. E.; Lammertink, R. G. H. J. Membr. Sci. 2001, 381, 244 – 250.

[32] Oda, K.; Akamatsu, K.; Sugawara, T.; Kikuchi, R.; Segawa, A.; Nakao, S. I. Ind. Eng. Chem. Res. 2010, 49, 11287 – 11293.

[33] Hsieh, H. P. Inorganic Membranes for Separation and Reaction; Elsevier: Amsterdam, 1996.

[34] Gabelman, A.; Hwang, S. – T. J. Membr. Sci. 1999, 159, 61 – 106.

[35] Wu, S.; Gallot, J. – E.; Bousmina, M.; Bouchard, C.; Kaliaguine, S. Catal. Today 2000, 56, 113 – 129.

[36] Regalbuto, J. Handbook of Catalyst Preparation; CRC Press: Singapore, 2006.

[37] Ozdemir, S. S.; Buonomenna, G.; Drioli, E. Appl. Catal. A: Gen. 2006, 307, 167 – 183.

[38] Bottino, A.; Capannelli, G.; Comite, A.; Del Borghi, A.; Di Felice, R. Sep. Purif. Technol. 2004, 34, 239 – 245.

[39] Espro, C.; Arena, F.; Frusteri, F.; Parmaliana, A. Catal. Today 2001, 67, 247 – 256.

[40] Hermans, L. A. M.; Geus, J. W. Preparation of Catalysts II; Elsevier: Amsterdam, 1979, p. 113.

[41] Uzio, D.; Peureux, J.; Giroir – Fendler, A.; Torres, M.; Ramsay, J.; Dalmon, J. – A. Appl. Catal. A Gen. 1993, 96, 83 – 97.

[42] Bottino, A.; Capannelli, G.; Comite, A.; Di Felice, R. Desalination 2002, 144,

411-416.

[43] Reif, M.; Dittmeyer, R. Catal. Today 2003, 82, 3-14.

[44] Choi, J. S.; Song, I. K.; Lee, W. Y. Catal. Today 2001, 67, 237-245.

[45] Bao, L.; Trachtenberg, M. C. Chem. Eng. Sci. 2005, 60, 6868-6875.

[46] Bottino, A.; Capannelli, G.; Comite, A.; Firpo, R.; Di Felice, R.; Minacci, P. Desalination 2006, 200, 609-611.

[47] Mavroudi, M.; Kaldis, S. P.; Sakellaropoulos, G. P. Fuel 2003, 82, 2153-2159.

[48] Charcosset, C.; Fessi, H. J. Membr. Sci. 2005, 266, 115-120.

[49] He, F.; Wang, P.; Jia, Z.; Liu, Z. J. Membr. Sci. 2003, 227, 15-21.

[50] Zarkadas, D. M.; Sirkar, K. K. Chem. Eng. Sci. 2006, 61, 5030-5048.

[51] Chen, G. G.; Luo, G. S.; Xu, J. H.; Wang, J. D. Powder Technol. 2004, 139, 180-185.

[52] Li, J.-L.; Chen, B.-H. Sep. Purif. Technol. 2005, 41, 109-122.

[53] Kumar, P. S.; Hogendoorn, J. A.; Feron, P. H. M.; Versteeg, G. F. Chem. Eng. Sci. 2002, 57, 1639-1651.

[54] Wang, R.; Li, D. F.; Liang, D. T. Chem. Eng. Process 2004, 43, 849-856.

[55] Bottino, A.; Capannelli, G.; Comite, A.; Di Felice, R.; Firpo, R. Sep. Purif. Technol. 2008, 59, 85-90.

[56] Gonzalez-Brambila, M.; Monroy, O.; Lopez-Isunza, F. Chem. Eng. Sci. 2006, 61, 5268-5281.

[57] Parameshwaran, K.; Visvanathan, C.; Ben Aim, R. J. Environ. Eng. 1999, 125, 825-834.

[58] Qi, Z.; Cussler, E. L. J. Membr. Sci. 1985, 23, 333-345.

[59] Qi, Z.; Cussler, E. L. J. Membr. Sci. 1985, 23, 321-332.

[60] Kreulen, H.; Smolders, C. A.; Versteeg, G. F.; van Swaaij, W. P. M. J. Membr. Sci. 1993, 78, 197-216.

[61] Kreulen, H.; Smolders, C. A.; Versteeg, G. F.; van Swaaij, W. P. M. J. Membr. Sci. 1993, 78, 217-238.

[62] Kim, Y.-S.; Yang, S.-M. Sep. Purif. Technol. 2000, 21, 101-109.

[63] Keshavarz, P.; Fathikalajahi, J.; Ayatollahi, S. J. Hazard. Mater. 2008, 152, 1237-1247.

[64] Dittmeyer, R.; Hollein, V.; Daub, K. J. Mol. Catal. A: Chem. 2001, 173, 135-184.

[65] Dittmeyer, R.; Svajda, K.; Reif, M. Top. Catal. 2004, 29, 3-27.

[66] Criscuoli, A.; Basile, A.; Drioli, E. Catal. Today 2000, 56, 53-64.

[67] Piera, E.; Tellez, C.; Coronas, J.; Menendez, M.; Santamaria, J. Catal. Today 2001, 67, 127-138.

[68] Peureux, J.; Torres, M.; Mozzanega, H.; Giroir-Fendler, A.; Dalmon, J.-A. Catal. Today 1995, 25, 409-415.

[69] Torres, M.; Sanchez, J.; Dalmon, J. - A.; Bernauer, B.; Lieto, J. Ind. Eng. Chem. Res. 1994, 33, 2421 - 2425.

[70] Diakov, V.; Varma, A. AIChE J. 2003, 49, 2933 - 2936.

[71] Schmidt, A.; Wolf, A.; Warsitz, R.; Dittmeyer, R.; Urbanczyk, D.; Voigt, I.; Fischer, G.; Schomacker, R. AIChE J. 2008, 54, 258 - 268.

[72] Bottino, A.; Capannelli, G.; Comite, A.; Di Felice, R. Catal. Today 2005, 99, 171 - 177.

[73] Vospernik, M.; Pintar, A.; Levec, J. Chem. Eng. Proc. 2006, 45, 404 - 414.

[74] Vospernik, M.; Pintar, A.; Bercic, G.; Levec, J. J. Membr. Sci. 2003, 223, 157 - 169.

[75] Vospernik, M.; Pintar, A.; Bercic, G.; Levec, J. Catal. Today 2003, 79 - 80, 169 - 179.

[76] Bercic, G.; Pintar, A.; Levec, J. Catal. Today 2005, 105, 589 - 597.

[77] Iojoiu, E. E.; Landrivon, E.; Reader, H.; Torp, E. G.; Miachon, S.; Dalmon, J. - A. Catal. Today 2006, 118, 246 - 252.

[78] Iojoiu, E. E.; Miachon, S.; Landrivon, E.; Walmsley, J.; Reader, H.; Dalmon, J. - A. Appl. Catal. B: Environ. 2006, 69, 196 - 206.

[79] Iojoiu, E. E.; Walmsley, J.; Reader, H.; Miachon, S.; Dalmon, J. - A. Catal. Today 2005, 104, 329 - 335.

[80] Miachon, S.; Perez, V.; Crehan, G.; Torp, E. G.; Reader, H.; Bredesen, R.; Dalmon, J. - A. Catal. Today 2003, 82, 75 - 81.

[81] Reader, H.; Bredesen, R.; Crehan, G.; Miachon, S.; Dalmon, J. - A.; Pintar, A.; Levec, J.; Torp, E. G. Sep. Purif. Technol. 2003, 32, 349 - 355.

[82] Iojoiu, E. E.; Miachon, S.; Dalmon, J. - A. Top. Catal. 2005, 33, 135 - 139.

[83] Lopez, J. L.; Matson, S. L. J. Membr. Sci. 1997, 125, 189 - 211.

[84] Findrik, Z.; Presecki, A. V.; Vasic - Racki, D. J. Biosci. Bioeng. 2007, 104, 275 - 280.

[85] Liu, J.; Cui, Z. J. Membr. Sci. 2007, 302, 180 - 187.

[86] Gonzo, E. E.; Gottifredi, J. C. Biochem. Eng. J. 2007, 37, 80 - 85.

[87] Yawalkar, A. A.; Pangarkar, V. G.; Baron, G. V. J. Membr. Sci. 2001, 182, 129 - 137.

[88] Bessarabov, D. G.; Theron, J. P.; Sanderson, R. D. Desalination 1998, 115, 279 - 284.

[89] Park, B.; Ravi - Kumar, V. S.; Tsootsis, T. T. Ind. Eng. Chem. Res. 1998, 37, 1276 - 1289.

[90] Kieffer, R.; Charcosset, C.; Puel, F.; Mangin, D. Comp. Chem. Eng. 2008, 32, 1325 - 1333.

[91] Pedernera, M.; Mallada, R.; Menendez, M.; Santamaria, J. AIChE J. 2000, 46, 2489–2498.

[92] Dindore, V. Y.; Brilman, D. W. F.; Versteeg, G. F. Chem. Eng. Sci. 2005, 60, 467–479.

[93] Bathia, S.; Long, S. W.; Kamaruddin, A. H. Chem. Eng. Sci. 2004, 59, 5061–5068.

[94] Treybal, R. E. Mass–Transfer Operations; McGraw Hill: Singapore, 1981.

[95] Basmadjian, D. Mass Transfer: Principles and Applications; CRC Press: Boca Raton, FL, 2004.

[96] Bird, R. B.; Stewart, W. E.; Lightfoot, E. N. Transport Phenomena; Wiley VCH: New York, 2007.

[97] Reid, R. C.; Prausnitz, J. M.; Poling, B. E. The Properties of Gases and Liquids; McGraw–Hill: Singapore, 1988.

[98] Cunningham, R. E.; Williams, R. J. J. Diffusion in Gases and Porous Media; Plenum Press: New York, 1980.

[99] Westerterp, K. R.; Van Swaaij, W. P. M.; Beenackers, A. A. C. M. Chemical Reactor Design and Operation; Wiley: New York, 1988.

[100] Carberry, J. J. Chemical and Catalytic Reaction Engineering; McGraw Hill: New York, 1976.

[101] Fogler, H. S. Elements of Chemical Reaction Engineering; Prentice Hall: Upper Saddle River, 1999.

[102] Biardi, G.; Baldi, G. Catal. Today 1999, 52, 223–234.

[103] Cini, P.; Harold, M. AIChE J. 1991, 37, 997–1008.

# 第5章 膜反应器中的光催化过程

## 5.1 概 述

光催化膜反应器(PMRS)是一种有趣的替代技术,在水和空气净化领域以及在有机合成领域都很有用。必须开发减少或消除有毒物质的使用和产生以及对人类健康和环境有风险的化学产品和工业工艺,这是以绿色化学原则为基础的研究工作的目标。

自1972年Fujishima和Honda在$TiO_2$电极上发现水的光催化裂解反应以来,多相光催化技术得到了广泛的研究。

当分离膜法与光催化法耦合时,可获得协同效应,使环境和经济影响降至最低。实际上,在这种杂化体系中,利用催化剂辐照产生的自由基进行部分或全氧化还原反应,得到选择性产物或澄清的溶液,可被膜分离。

PMR的几个特点使其成为一种绿色技术,因为光催化剂的使用安全,操作条件温和,可以连续运行,催化剂的回收、反应和产品分离一步进行,节省了大量的时间和成本。

因此,选择合适的膜和了解影响光催化过程的参数是PMR设计中的一个重要步骤。此外,利用太阳光进行光催化反应的可能性使这一过程在未来的工业应用中非常有趣。

## 5.2 一种绿色光催化过程

就资源和环境影响而言,传统的化学产品制造工艺是不可持续的。特别是,尽管在过去几十年中,化学工业的工艺效率有了很大提高,但查明可再生原料、使用有毒或稀有催化剂以及产生危险废物流出物仍然是吸引科学界的一些尚未解决的问题。应用创新的科学解决办法解决这些问题是绿色化学的主要目标,也被称为可持续化学。这一新方法以Anastas和Warner最初出版的"绿色化学12项原则"为基础,促进创新和可持续的化学技术,使人们能够减少或消除在对环境有意识的设计、制造和使用化学产品和工程过程中有害物质的使用或产生。世界上有几个组织参与了这些绿色概念的发展和推广。

在此背景下,PMRS作为纯化方法和合成途径,代表了一种很有前途的绿色技术。正如几位学者所报告的那样,光催化的绿色特性成为一个很有吸引力的过程:

①使用绿色更安全的光催化剂,如作为药物和牙膏成分的$TiO_2$;
②使用温和的氧化剂,如分子氧;

③在接近室温和压力的温和反应条件下工作的可能性；
④需要很少的辅助添加剂；
⑤减少难降解、毒性很强和不生物降解的分子的可能性；
⑥污染物的真正破坏而不产生有害化学品；
⑦在液体、固体底物中广泛应用；
⑧低浓度溶液的应用；
⑨利用可再生太阳能的可能性。

当膜分离技术耦合到光催化路线上时，这些潜力得到了进一步的提高。事实上，PMRS 可以实现一个连续的一步过程，在此过程中可以减少催化剂和溶剂的用量，使净化步骤最小化，并能更好地控制平衡反应，避免了在多步过程中通常形成的大量废品。此外，连续反应器可能比相应的间歇反应器小得多，使用合适的膜可以连续去除纯度较高的产品。

## 5.3 多相光催化的基础

光催化技术是近几十年来广泛研究的一项重要技术。特别地，科学研究的目的是了解影响整个过程的机制、变量和动力学参数。

在膜反应中的光催化过程非均匀光催化是描述光催化剂相对于底物处于不同阶段的过程的术语。在此条件下，反应方案意味着在（固体）光催化剂与含有反应物的液相或气相之间形成界面。对这些现象的理解对于提高光催化系统的性能具有重要意义。

### 5.3.1 机理

一种半导体呈现一种电子结构，其特征是导电带（CB）和由能带隙（EG）隔开的价带（VB）。催化剂的辐照，其能量（$h\nu$）大于或等于带隙的光子，通过电子－空穴对（$e_{cb}^- - h_{vb}^+$）的产生，促进电子从 VB 到 CB（图 5.1）。

CB 的最低能级定义了光电子的还原势，而 VB 中的最高能级分别决定了光孔的氧化能力。在没有合适的电子和空穴清除器的情况下，输入能量在几纳秒内通过复合被耗散。光催化活化的第一步是催化剂的光子激发，几个学者提出了表征光催化机理的主要步骤：

(1) 催化剂的激发。
$$TiO_2 + h\nu \longrightarrow e^- + h^+$$

(2) 催化剂表面吸附。
$$Ti^{IV} + H_2O \longrightarrow Ti^{IV} - H_2O$$
$$Ti^{IV} + OH^- \longrightarrow Ti^{IV} - OH^-$$
$$催化剂位置 + S_1 \longrightarrow S_{1ads}$$

(3) 电子空穴捕获。
$$Ti^{IV} + e^- \longrightarrow Ti^{III}$$

$$Ti^{IV} - H_2O + h^+ \longrightarrow Ti^{IV} - OH^{\cdot} + H^+$$
$$Ti^{IV} - OH^- + h^+ \longrightarrow Ti^{IV} - OH^{\cdot}$$
$$S_{1ads} + h^+ \longrightarrow S_{1ads}^+$$
$$Ti^{III} + O_2 \longrightarrow Ti^{IV} - O_2^{\cdot -}$$

(4) 电子-空穴对的复合。

$$e^- + h^+ \longrightarrow 热$$

这些体系中的主要氧化剂是 VB 中电子施主分子（水或羟基离子）氧化产生的羟基自由基。羟基自由基对底物(S)的攻击可以在不同的条件下发生：

$$Ti^{IV} - OH^{\cdot} + S_{1ads} \longrightarrow Ti^{IV} + S_{2ads}$$
$$OH^{\cdot} + S_{1ads} \longrightarrow S_{2ads}$$
$$Ti^{IV} - OH^{\cdot} + S_1 \longrightarrow Ti^{IV} + S_2$$
$$OH^{\cdot} + S_1 \longrightarrow S_2$$

在 CB 中，受体分子的还原势高于光电子的还原势，如 $O_2$，则可以还原为超氧化物离子或还原为较低价态的金属离子：

$$O_2 + e^- \longrightarrow O_2^{\cdot -}$$
$$M^n + e^- \longrightarrow M^{(n-1)}$$

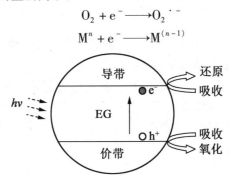

图 5.1 一个半导体中的能带间隙

### 5.3.2 光催化反应参数

在这一节中，总结了影响光催化过程的主要因素。

**1. 催化剂的量**

催化剂的作用是在不消耗的情况下加快反应的速度。然而，紫外(UV)光(仅报告为光解)可以导致某些有机底物的降解，但它无法像在水中光降解药物的研究中所报告的那样将有机中间体矿化。

在一个真正的非均相催化体系中，催化剂表面的光子激发代表了过程激活的第一步，反应的初始速度与光催化剂的量成正比。然而，在一定的质量催化剂水平($m$)以上，反应速度达到一个平台条件，与催化剂的最大用量相对应，在该条件下，所有的表面活性中心都被基片照亮和占据。

此外，观察到催化剂颗粒的附聚发生在高催化剂量，因此进入悬浮液中的光穿透减少，这导致光催化剂活性降低。为了避免过量的催化剂，并确保令人满意的反应效率，催化剂的最佳用量必须用作底物浓度的函数。

**2. 基质浓度**

光催化速率对底物浓度的依赖性是文献中广泛研究的一个方面。康斯坦丁努和艾博年在光催化降解偶氮染料的综述中指出,随着底物浓度的增加,偶氮染料的光催化降解速率逐渐增大,降解速率降低。这可以通过考虑光催化反应的机理来解释,这些反应包括 OH 自由基的形成和催化剂表面底物的吸附。

最初,增强的底物浓度增加了分子与氧化物种之间的反应速率。然而,进一步地增加会导致光散射导致 OH 自由基生成减少,以及可用于产生 OH 自由基的活性催化剂位置的减少。

**3. 溶液的 pH**

一些研究报告说,在酸性条件下,$TiO_2$ 表面带正电荷,而在碱性介质中,$TiO_2$ 表面按以下平衡带负电:

$$TiOH + H^+ \rightleftharpoons TiOH_2^+$$

$$TiOH + OH^- \rightleftharpoons TiO^- + H_2O$$

在此基础上,虽然在碱性 pH 条件下,由于催化剂表面有较多的氢氧化物离子,所以容易产生羟基自由基,但由于 $TiO_2$ 负电荷表面与羟基阴离子之间存在排斥现象,光催化活性下降。

还可以假设催化剂与底物分子之间存在库仑相互作用。这方面解释了不同的反应产物所观察到的改变的 pH。事实上,根据底物的不同,pH 的增加可以决定反应速率的正或负影响。Bekkouche 等在钛氧化物吸附苯酚的研究中发现,由于催化剂表面的电离状态不同,阴离子在碱性或酸性 pH 下的吸附量较小或更多。

Noguchi 等还观察到 $BrO_3^-$ 还原速率增加,pH 从 7 降低到 5,是由于阴离子底物与 $TiO_2$ 光催化剂正电荷表面的电相互作用增强,因此增加了 $BrO_3^-$ 的吸附量。

此外,在酸性条件下,催化剂粒子聚集,减少了可用于光子吸收和底物吸附的催化活性中心,从而降低了催化活性。

**4. 氧存在时**

氧作为电子清除剂和强氧化剂,在许多底物的光催化氧化过程中起着重要的作用。它与 VB 中的光电子发生反应,可以防止电子-空穴复合延长空穴的寿命。此外,形成的超氧阴离子($O_2^{·-}$)还引发一系列反应,通过形成过氧化氢而产生额外的羟自由基:

$$O_2 + e^- \longrightarrow O_2^{·-}$$

$$O_2^{·-} + H^+ \longrightarrow HO_2^{·}$$

$$HO_2^{·} + e^- \longrightarrow HO_2^-$$

$$HO_2^- + H^+ \longrightarrow H_2O_2$$

$$H_2O_2 + e^- \longrightarrow OH^{·} + OH^-$$

因此,反应自由基的形成提高了整个过程的光催化效率。

**5. 其他物质存在时**

反应环境中其他物种的存在会对光催化反应的速率产生积极或消极的影响,这取决于反应机理。

特别地,氧阴离子氧化剂,如 $S_2O_8^{2-}$、$BrO_3^-$、$IO_4^-$、$ClO_2^-$ 和 $ClO_3^-$ 的加入,通过清除 CB 电子和减少电荷-载流子的复合,提高光的反应活性:

$$S_2O_8^{2-} + e^- \longrightarrow SO_4^{2-} + SO_4^{\cdot -}$$

$$SO_4^{\cdot -} + H_2O \longrightarrow SO_4^{2-} + \cdot OH + H^+$$

$H_2O_2$ 是另一种由于羟基自由基的形成而对光催化反应产生积极影响的氧化剂。然而,正如奥古利亚罗等所报告的那样,过量的 $H_2O_2$ 可能会产生有害的影响,因为它是 VB 孔的清除剂和·OH,产生氢过氧自由基,它的氧化能力比·OH 低:

$$H_2O_2 + 2h^+ \longrightarrow O_2 + 2H^+$$

$$H_2O_2 + \cdot OH \longrightarrow H_2O + HO_2^{\cdot}$$

其他研究报道了溶解的金属离子对光催化反应的影响。金属阳离子,用于最高氧化态,用作防止电荷载流子复合的光电子受体:

$$M^{n+} + e^- \longrightarrow M^{(n-1)+}$$

此外,减少的物种可以与 $H_2O_2$ 反应,产生额外的·OH,由光-芬顿反应,根据以下一般表达式:

$$M^{(n-1)+} + H_2O_2 \longrightarrow M^{n+} + \cdot OH + OH^-$$

在溶解金属存在下,在二氧化钛悬浮液中降解苯酚的研究中,Brezoveletal 对该方面进行了广泛的研究。他们观察到通过添加三价铁离子,降解速率增加,但溶解的 $Mn^{2+}$、$Co^{2+}$、$Cr^{3+}$ 和 $Cu^{2+}$ 的存在是有害的。特别是,将铜离子还原为非活性形式 $Cu^0$ 及其在催化剂表面上的沉积以及在 $TiO_2$ 表面上的 $Cr^{3+}$ 或离子的竞争性吸附,这可能导致光催化降解苯酚的降低。相反,存在 $Ca^{2+}$、$Mg^{2+}$、$Zn^{2+}$ 和 $Ni^{2+}$ 时未观察到任何效应。

由于这些金属离子对光催化效率的不同作用,在其他研究中,可以被认为是一种有争议的行为,取决于基质的物理化学性质。

另外,据报道,$Cl^-$、$NO_3^-$、$PO_4^{3-}$ 等共溶阴离子可能在 $TiO_2$ 表面吸附,与底物竞争,阻碍·OH 自由基的形成,从而影响反应速率。

最后,在催化剂表面,钝化光催化剂,或用作遮光剂可以与活性位点竞争的其他有机分子的存在情况下,可以预期其负面效果。

### 6. 波长和光强

如前所述,光催化过程的第一步是对催化剂表面进行辐照。一些研究报告显示,反应速率取决于光源的波长和强度以及所用催化剂的吸收光谱。特别是,光催化剂的有效活化只在小于或等于催化剂吸收边的光子中进行,这种现象在低光强下占主导地位,而电子空穴对在较高的光强下可能发生复合(这些方面将在下面的章节中广泛讨论)。

## 5.4 半导体材料的光催化活性

### 5.4.1 光催化剂

光催化剂是一种半导体材料,它必须能够将辐照的光能转化为电子空穴对的化学能。因此,选择固体光催化剂时,需要考虑合适的带隙能量、化学和物理稳定性、无毒性、可用性和低成本。

文献中常用的几种半导体材料作为光催化剂,最常见的是氧化物($TiO_2$、$Fe_2O_3$、$SnO_2$、$ZnO$、$ZrO_2$、$CeO_2$、$WO_3$、$V_2O_5$ 等)、硫化物($CdS$、$ZnS$、$WS_2$ 等)。它们的氧化还原电位分别在 +4.0 V 和 -1.5 V,相对于普通氢电极的价态和 $CB_S$,它们可以通过光催化反应来转换广泛的分子。

在文献中使用它们的带隙能量和激活所需波长的最常见的半导体材料见表5.1。

**表5.1 经典光催化剂的带隙能量和波长**

| 半导体 | 带隙/eV | 带隙波长/nm |
| --- | --- | --- |
| $TiO_2$ 锐钛矿 | 3.2 | 387 |
| $TiO_2$ 金红石 | 3.0 | 380 |
| $Fe_2O_3$ | 2.2 | 560 |
| $SnO_2$ | 3.8 | 318 |
| $ZnS$ | 3.7 | 335~336 |
| $ZnO$ | 3.2 | 387~390 |
| $ZrO_2$ | 5.0 | 460 |
| $WO_3$ | 2.8 | 443 |
| $CdS$ | 2.5 | 496~497 |
| $GaP$ | 2.3 | 539~540 |
| $V_2O_5$ | 2.0 | 600 |
| $CdSe$ | 1.7 | 729~730 |
| $Gaas$ | 1.4 | 886~887 |

### 5.4.2 二氧化钛

应用最广泛的光催化剂是多晶二氧化钛($TiO_2$),由于其催化活性强,电子空穴对寿命长,在水介质中具有很高的化学稳定性,pH 为 0~14,成本低(由于地壳中 Ti 含量高),且无害。它在自然界中以三种不同的形态存在:金红石、锐钛矿(四方矿物)和布罗克岩

（一种稀有的正交矿物）。这三种晶体结构均由变形的 $TiO_6$ 八面体通过角和边的不同连接组成。最稳定的形式是金红石，而锐钛矿和溴化石是亚稳态的，在加热时很容易转化为金红石[26]。由于它们的能量结构不同，这三种类型具有不同的光活性。特别是 VB 的位置很深，光生成的正电荷孔洞在锐钛矿和金红石中都显示出足够的氧化能力。然而，锐钛矿型多晶体中的 CB 为负值，低于金红石，因此锐钛矿型的还原力较高。此外，对于金红石，光生电子空穴对的复合率通常较高。

值得注意的是，光催化剂的本征电子因素以及表面物理化学和形貌/结构性质都会影响其光活性。由于量子尺寸效应和高比表面积，纳米 $TiO_2$ 具有独特的特性和高的光活性。

由于 $TiO_2$ 具有很高的光催化活性，它被广泛应用于工业领域：用作化妆品和护肤品的增稠剂；防止白色瓷砖、铝板、玻璃、帐篷、油漆和涂料；保护隧道照明、镜子、窗帘；用作纺织纤维、医疗器械和用品中的抗菌材料。

### 5.4.3 新一代光催化剂

经典光催化剂的效率通常由于一些缺点而降低，例如：
①光生电子空穴对的快速复合（10～100 ns），它释放热能或非生产性光子。
②反应活性高导致更快的逆反应或副反应，产生不良副产物。
③可见光区的低吸收，决定了它们不能使用太阳能（$TiO_2$ 锐钛矿的情况下使用了小于5%）。

因此，近年来，开发能够克服这些问题的新型高效光催化剂是光催化研究的主要课题之一。

光催化剂具有更稳定的电荷分离能力，能够吸收可见光，在反应过程中具有更强的选择性，在文献中被报道为改进的普通催化剂和新合成的半导体材料。

正如 Ni 等所报道的，半导体材料的光催化效率可以通过不同的技术被分为两大类：光催化剂改性（包括贵金属负载、离子掺杂和催化剂敏化）和化学添加剂（如电子受体或给体）。表5.2 报告了一些最新的光催化剂及其应用。

表5.2 一些近期的光催化剂及其应用

| 光催化剂 | 反应 | 文献 | 年份 |
| --- | --- | --- | --- |
| Arg – $TiO_2$ | 选择性还原 | [28] | 2007 |
| 吖啶黄 G（AYG） | 总氧化 | [29] | 2007 |
| Cu – 掺杂 $TiO_2$ | 总氧化 | [30] | 2008 |
| 膜 – W10 | 氧化 | [31] | 2006 |
| $V_2O_5/MgF_2$ 复合体系 | 总氧化 | 32 | 2008 |
| 掺杂 – $TiO_2$ | 选择性氧化 | 33 | 2006 |
| Pt – 载 $BiVO_4$ | 总氧化 | 34 | 2008 |
| $ZnWO_4$ | 光降解 | 35 | 2007 |

续表 5.2

| 光催化剂 | 反应 | 文献 | 年份 |
| --- | --- | --- | --- |
| $TiO_2$ 纳米线 | 析氢 | 36 | 2008 |
| Fe-ZSM-5 | 还原 | 37 | 2007 |
| $Bi_2S_3$/CdS | 部分还原 | 38 | 2002 |
| Ni-掺杂 ZnS | 制氢 | 39 | 2000 |
| Dye 敏化剂/光催化剂系统 | 太阳光催化 | 40 | 2008 |
| $Ag_2ZnGeO_4$ | 光降解 | 41 | 2008 |
| $Bi_3SbO_7$ | 总氧化 | 42 | 2008 |
| Fe(Ⅲ)-OH 复体物 | 氧化还原 | 43 | 2007 |
| PDM | 功能化 | 44 | 2003 |
| Zn 酞菁螯合物 | 光降解 | 45 | 2007 |
| Pt-,Au-,Pd-掺杂 $TiO_2$ | 制氢 | 46 | 2007 |
| 水和氧化铝掺杂 $TiO_2$ | 还原 | 16 | 2003 |
| $Bi^{3+}$-掺杂 $TiO_2$ | 还原 | 47 | 2007 |
| 活性炭-ZnO | 光降解 | 48 | 2008 |
| La-,Cu-,Pt-掺杂 $WO_3$ | 选择性氧化 | 50 | 2005 |
| POM | 还原 | 51 | 2004 |
| F-掺杂 $TiO_2$ 膜 | 光降解 | 52 | 2008 |
| Au/$Fe_2O_3$ | 降解(氧化) | 53 | 2007 |

为了提高各种光催化剂的光催化活性,过渡金属离子掺杂和贵金属负载已经得到了广泛的研究。各种金属物种充当电子陷阱,而光生成的 VB 空穴留在催化剂上,从而降低了电子空穴的复合,提高了催化剂的效率。此外,金属还能降低光催化剂的能隙能,从而将光响应转移到可见光区。当催化剂掺杂 N、F、C 和 S 等阴离子时,也得到了最后的效应。

为了提高太阳能光催化过程的效率,文献报道了另一种方法,由一个大的带隙半导体与一个更负的 CB 水平的小禁带半导体耦合而成的复合系统。在这些体系中,在可见光照射后,在大禁带半导体中注入形成在小禁带隙光催化剂 CB 水平上的电子,实现了宽的电子空穴分离。

另一种改性技术-染料敏化技术也能得到类似的结果。当体系催化剂/染料被可见光照射时,染料起到光敏剂的作用,将电子转移到催化剂的 CB 上。

为了解决光催化的缺陷,对溶解的电子施主(如 $BiO_3^-$、$CN^-$、$NO_3^-$、$SO_4^{2-}$)或电子受体(如 $Fe^{3+}$、$K^+$、$Mg^{2+}$、$Ca^{2+}$、$Zn^{2+}$、$CO^{2+}$)的加入进行了研究。

最近有人提出了合成中孔载体上固定的更有效的光催化剂、惰性载体、活性炭(AC)、陶瓷膜、建筑材料和陶瓷单体通道的几种制备技术。此外,新合成的光催化剂可以更好地控制整个光催化过程,这是由于在可见光照射下电荷重组延迟和活性提高,在最近的光催化工作中有报道。

## 5.5 光催化技术的应用

光催化过程可以在各种介质中进行,它们包括大量的反应,例如部分或全部氧化、有机化合物的降解、还原反应、燃料合成(例如通过水分离的 $H_2$ 生产)、金属防腐蚀、消毒等。

该技术的应用领域可分为两大类(图 5.2),即纯化过程和合成途径,经常采用联合反应来提高系统的效率。

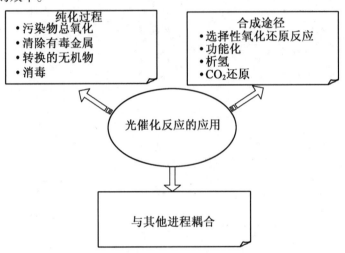

图 5.2 文献中报道的主要光催化应用

### 5.5.1 纯化工艺

**1. 环境污染物的全氧化**

光催化技术的主要应用是去除水和空气中的有机污染物。在过去的几年里,这一应用在商业材料中得到了重要的应用,并在文献中得到了广泛的研究。各类有机化合物对普通化学和生物降解处理的抗药性日益增强,这使国际科学界的注意力集中在替代方法的开发上。在这方面,光催化是一种有用的替代"绿色"净化技术,因为一系列氧化反应的结果,结构中含有杂原子的各种有机分子可以被矿化成无机物种:碳到二氧化碳,氢变成水,氮变成硝酸盐,硫变成硫酸盐,磷变成磷酸盐,氯变成氯化物。

废水污染是一个非常重要的环境问题,许多研究的目的是通过光催化反应去除最常见的污染物:染料、农药和除草剂、药物化合物、激素和各种有毒有机分子。

为了解决工业和其他人类活动产生的气体排放对环境的影响问题,光催化空气处理也被认为是这些工艺的一个很有前途的应用领域。采用光催化法成功降解了甲基叔丁基醚(MTBE)、甲苯、溴甲烷、苯和甲醛等挥发性有机组分(VOCs)。

在过去几年中，$TiO_2$ 的净化性能在建筑材料中被利用，不仅在实验室水平，也在用于维持其审美特征的具体结构中，例如罗马(意大利)的米里科迪亚的帝威斯教堂、尚贝里(法国)的 IEcole de Musique 和东京(日本)的马鲁奇大厦。

**2. 去除有毒金属离子**

金属离子通常是不可降解的，在特定价态下是有毒的。半导体光催化还原是一项相对较新的技术，可用于改变废水中溶解金属离子的有害离子状态。

光催化还原对 Cr(Ⅵ)、Hg(Ⅱ)和 Pd(Ⅱ)等多种有毒金属离子的去除效果显著。光催化还原不仅可防止污染，而且可回收和再利用具有环境和经济价值的金属产品。

进一步的研究将金属离子的还原与有机污染物的同时降解结合起来，取得了协同作用。文献中采用氧化还原反应净化含 Cr(Ⅵ)和双酚 A、Fe(Ⅵ)和氨、Cr(Ⅵ)和偶氮染料、Ag(Ⅰ)和染料等污染物的水系统。

**3. 无机污染物的转化**

光催化过程也被用来转化其他潜在有毒的无机离子和分子，以相应的无害形式存在。

在此背景下，文献报道了光催化反应将溴酸根离子还原为 $Br^-$、亚硝酸根和硝酸盐，生成氨和氮，或将亚硫酸盐、硫代硫酸盐和硫化物离子氧化成无害的 $SO_4^{2-}$，$PO_3^{3-}$ 氧化成 $PO_4^{3-}$，或 $CN^-$ 生成 $NO_3$。

**4. 抗菌抗肿瘤活性**

研究探讨了利用光生活性氧自由基攻击微生物细胞膜并导致其失活的可能性。紫外线辐照光催化剂对几种细菌、酵母菌、藻类和病毒的抗菌活性已经做过测试。

此外，前些年还对光催化的细胞毒性进行了检测，用于癌症的治疗。Cai 等在体外培养的 HeLa 细胞中，研究了光激发 $TiO_2$ 颗粒对 HeLa 细胞的影响，在 $TiO_2$($50\ \mu g \cdot mL^{-1}$)、10 min UV 照射下，细胞完全死亡。Fujishima 等通过体外试验广泛研究了抗肿瘤光催化作用，证实了其抑制肿瘤生长的作用。他们开发了一种装置，通过修改内窥镜来构建，以便进入人体的各个部位。因此，这些研究扩展了光催化过程在医学领域的应用。

### 5.5.2 合成路径

**1. 选择性氧化和还原**

由于在光催化过程中涉及的高度不选择性的反应，该技术的应用被解决了主要用于液体和气相中的危险化合物的处理。然而，广泛论证了选择或修改一些光参数，例如半导体表面或波长，可以控制反应获得了对一些产物更好的选择性。在此基础上，光催化可以代表一种替代的合成方法，能够满足一些绿色化学原理的路线。若干研究报告了烃的选择性氧化、水相和有机相。

在对不同苯衍生物部分光催化氧化反应的研究中，Palmisano 等证明了取代基对羟基化合物选择性的影响。特别是，他们观察到有机分子中含有一个电子抽吸基团(氰苯、硝基苯、苯甲酸等)。在单羟基衍生物的混合物中非选择性地转化，而在电子施主基团(苯酚、苯胺、N-苯乙酰胺)存在下，OH 自由基在邻位和对位选择性攻击。

Park 和 Choi 对苯光催化转化苯酚的研究表明,通过沉积 Pt 纳米粒子($Pt/TiO_2$),可以提高苯酚的产率和选择性,在 $TiO_2$ 悬浮液中添加 $Fe^{3+}$ 或/和 $H_2O_2$ 或修饰催化剂表面。

Gondal 等在水溶液中研究了不同半导体催化剂在室温下将甲烷转化为甲醇的光催化活性。他们观察到 $WO_3$、$TiO_2$ 和 NiO 的转化率分别为 29%、21% 和 20%。Taylor 还研究了镧掺杂氧化钨的选择性氧化反应。他们观察到,当在溶液中加入电子转移试剂(过氧化氢)时,甲醇的产量有所增加。此外,还报道了选择性光氧化反应,可将醇转化为羰基。

Palmisano 等在无有机 $TiO_2$ 悬浮液中研究了 4-甲氧基苄醇选择性氧化制对茴香醛的反应,收率达 41.5%(摩尔分数)。在温和的条件下得到了国产光催化剂,比两种常用的工业样品 $TiO_2$ Degussa P25 和 Merck 具有更强的选择性。尽管如此,鉴于在绿色条件下可能合成精细化学品的可能性,报告的研究结果非常有趣,但应当强调指出,与典型的有机合成相比,本工作中使用的初始乙醇浓度(约 1.1 mmol/L)相当低。

Colmenares 等报告了使用不同的金属掺杂的 $TiO_2$ 体系用于 2-丙醇的气相选择性光氧化为丙酮。他们观察到,用 Pd、Pt 或 Ag 掺杂催化剂导致摩尔转化率增加,与裸 $TiO_2$ 相比,Fe 和 Zr 的存在具有不利影响。

虽然 CB 的还原能力低于 VB 孔的氧化能力,但文献报道了光催化还原化学物质将硝基苯化合物转化为相应的氨基衍生物碳酸酯为甲烷和甲烷的研究。

**2. 功能化**

近年来,光催化合成在不同溶剂中对有机化合物的功能化进行了大量的研究,文献报道了一些有趣的结果。用光催化反应将丙二醇与乙二胺环化得到二氢吡嗪,对硝基甲苯与乙二胺羰基化得到了氨基甲酸酯,环烯烃的单氧和(或)氯化反应,苯酚和茴香醚的单溴衍生物,叔胺与烯烃的加成反应,不饱和胺加环戊烯和环己烯的不饱和胺,杂环碱与醚反应的杂环醛和丙烷-1-硫醇通过在丙烯上添加 $H_2S$。

此外,光催化的广阔潜力还被应用于水溶液中氨基酸的选择性环化、香豆素化合物、9-氟烯酮和 6H-苯并[c]铬-6-1 在乙腈和二甲基碳酸酯溶液中的转化。

**3. 氢形成**

氢被认为是一种有吸引力的替代能源,因为它是一种清洁、可储存和可再生的燃料,燃烧时不产生污染物或温室气体。约 95% 的商业氢来自化石燃料,如天然气、石油和煤炭,尽管它也可以通过生物生产或使用电或热从水中提取。因此,开发价格较低的批量制氢方法是一个有趣的科学研究领域。

光催化系可以提供一种最清洁的制氢方法,从 1972 年藤岛和本田 1 号报道以 $TiO_2$ 为催化剂进行光电化学制氢以来,为了改善这一反应,人们进行了大量的研究。光催化水裂解是一种利用半导体材料,水分子被电子还原形成 $H_2$,由空穴氧化形成 $O_2$ 的反应。在文献中,$TiO_2$ 是主要的析氢光催化剂,Kudo 虽然证明了其他半导体材料如 Pt/Sr-$TiO_3$ 与 Cr、Sb 或 Ta、$Pt/NaInS_2$、$Pt/AgInZn_7S_9$ 以及 Cu 或 Ni 掺杂的 ZnS 光催化剂在可见光照射下具有较高的 $H_2$ 生成活性。

此外,还报道了利用乙醇水溶液或甲醇溶液还原制氢的其他光催化方法。

Tan 等报告了一项关于二氧化碳与水转化为氢和甲烷的有趣工作。这一系统可有助于控制工业过程中的二氧化碳排放,同时使人们能够获得令人感兴趣的工业产品。

## 5.6　光催化与其他技术耦合

光催化技术尤其是在废水处理领域中的一个有趣的应用,是由于它与其他技术的结合,利用其协同效应来缩短反应时间,提高整个过程的效率。

在文献中,结合光催化和化学或物理操作得到了几种杂化体系。光催化与臭氧氧化、光-芬顿反应、超声辐照或电化学处理等化学操作对光催化机理有着积极的影响。

当与生物处理物理吸附或膜系统等方法耦合时,这种结合并不影响机理,而是提高了整个过程的效率。

这些混合过程提供了一个很好的策略来实现更好的废水处理,特别是当光催化被用来转化顽固性污染物在没有顽固性分子,可以很容易降解的传统方法。

## 5.7　光催化技术的潜力与局限性

基于前几节所报道的考虑因素,多相光催化可以被认为是一种有吸引力的绿色过程,因为它能有效地减少气体和水的废水中的有害物种。最近,这一过程也被证明对合成各种与工业有关的化学品很有用,尽管在这种情况下,应该选择合适的选择性光催化剂,而且只使用水作为溶剂的工作很少。

与用于降解目的的光催化过程的使用有关的几个优点如下:

(1)在含水、气态和固相中应用于宽范围的化合物的可能性。

(2)反应时间短,试验条件温和,通常环境温度和压力。

(3)一般只需要来自空气的氧气而不需要任何附加的添加剂。

(4)低浓度污染物的有效性。

(5)可能破坏具有无害产物形成的各种危险分子,解决处置与传统废水处理方法相关的污染物问题。

(6)将有毒金属离子以无毒的形式转化为可回收再利用的可能性。

(7)与其他技术耦合时的协同效应。

(8)使用阳光的可能性。

然而,由于所涉及的反应和反应器结构的不同,光催化工艺在工业上的应用受到了限制。

光催化系统的发展需要动力学模型的知识,该动力学模型包括影响该过程的所有参数,并允许人们计划对工业应用有用的反应器。

如前所述,在光催化过程中发生的自由基反应是高度不选择性和非常快速的。当目的是采用光催化作为合成途径,以避免反应动力学的发生导致不希望的产物并降低该方法的产率的副反应。在这方面,在过去的几年中,已经做出许多努力以获得对经典半导体材料进行更多选择的反应,或者合成新的光催化剂。

相反,关于反应器配置,如 Choi 所观察到的,只有少量报道对设计进行研究以进行设计,用于商业开发的高效光反应器。特别是,其中一个主要缺点考虑到恢复了催化剂和(或)产物与反应性环境的分离。

对于与催化剂有关的问题,可以确定两种操作结构:催化剂悬浮或催化剂固定在载体上。

在固定系统中,催化剂可以被涂覆在反应器的壁上,并被支撑在固体基质上或被沉积,在光源的情况下,使用支撑材料如氧化铝、沸石、AC、二氧化硅载体、玻璃珠子和聚合物膜。

文献报道了固定化系统的几个优点。例如,Sobana 等在对 4-乙酰基苯酚的光降解研究中观察到,AC-氧化锌催化剂的吸附和光降解率比裸 ZnO 高得多,这是由于衬底在 AC 上的吸附量较高。此外,Xu 等对几种掺氟 $TiO_2$ 薄膜的光催化性能进行了研究,结果表明,所制备的光催化剂薄膜经三次重复使用后,其光催化活性基本保持不变,六次循环后略有下降。

Tsuru 等提出了另一种以甲醇为目标分子的气相光催化降解挥发性有机污染物的固定化体系。本研究将 $TiO_2$ 催化剂固定在多孔膜上,一次通过 $TiO_2$ 膜后,用 OH 自由基对渗透流进行氧化。在不同的反应条件(停留时间和进料浓度)下,比较了 PMR 与无膜渗透反应的反应速率,考查了第一反应体系的光催化反应性能。

因此,利用在特定载体下获得的协同效应,在不增加分离步骤的情况下回收催化剂,设计连续流动光反应器的可能性,使固定化系统成为工业应用的热点。

然而,正如文献所广泛证明的,悬浮体系似乎比基于固定化催化剂的悬浮体系更有效。

考虑到多相催化是一种表面现象,这一证据是可以解释的,因此,总动力学参数取决于实际暴露的催化剂表面积。在支撑系统中,光催化剂的一部分可以被光和衬底所访问。此外,由于载体能促进光生电子/空穴对的复合,且存在氧在较深层扩散的限制,因此催化剂表面失活。

另一个减少光催化过程实际应用的重要方面是选择性地将产物或/和中间体从反应环境中分离出来。分离系统(如蒸馏或沉淀)可用于分离最终混合物;然而,这些技术涉及进一步的处理步骤,不允许在连续模式下工作。

在此基础上,要实现高效的光催化反应器,需要在光催化工程和反应器开发方面做出更多的努力。

## 5.8 悬浮固定催化剂 PMRs

### 5.8.1 概述

在光催化浆液反应器中,从处理液中回收无载体催化剂是大规模应用的关键挑战之一。克服这一缺点和其他光催化缺点的一个非常有希望的办法(前面提到)是采用光催化与膜组件耦合的混合系统。

在 PMR 中,结合经典光反应(悬浮催化剂)和膜技术(一步分离)的优点,可以获得协同效应。

膜分离技术是一种物理分离技术,它不涉及相变,允许在连续模式下操作。当合适的膜耦合到光催化过程中时,不仅可以回收和再利用催化剂,而且可以分离处理后的溶液和(或)反应产物。

因此,膜组件结构的选择主要取决于光催化反应的类型,膜在体系中起着催化剂回收、产物分离、底物排斥等作用。

此外,膜光反应器允许在连续系统中运行,在这种系统中,感兴趣的反应和产品的选择性分离同时发生,在某些情况下避免副产物的形成,从而在涉及材料回收、能源成本、减少环境影响以及选择性或完全去除部件的问题上与其他分离技术竞争。

一些学者提出了利用膜来提高光催化性能的有趣的解决方案,尽管文献中的少数工作表明对 PMRs 的研究还不够成熟。

### 5.8.2 影响 PMRs 性能的变量

从实际出发,选择合适的操作条件对于取得良好的 PMRs 性能至关重要。

在开发 PMR 时,必须考虑到影响系统性能及其在工业水平上的适用性的一些参数。膜技术与光催化反应相结合的主要目的是对催化剂进行回收和再利用。此外,当该过程被用于降解有机污染物时,膜必须能够拒绝这些化合物及其中间产物,而如果将光催化应用于合成,通常膜的作用是将产物从反应环境中分离出来。

在前一种情况下,反映膜在反应环境中维持底物及其中间体能力的一个有用参数是截留系数($R$)或保留系数,定义为

$$R = \frac{C_f - C_p}{C_f} = 1 - \frac{C_p}{C_f}$$

式中,$C_f$ 和 $C_p$ 分别为原料和渗透液中的溶质浓度。

当使用孔径小于待保留分子尺寸的膜时,可获得较高的排斥值。此外,还可以通过控制其他影响膜分离性能的因素,如 pH、底物的停留时间和浓度极化现象,来增加底物的保留率。

特别是,一些膜会变成带电的,改变 pH,这种特性可以被利用,以保留在反应环境中的分子,否则可以自由地通过渗透。由于 Donnan 效应,事实上,如果电荷是相同的或不同的符号,那么基底分子和膜表面之间可能会发生排斥或吸引的相互作用。在这种情况下,排斥作用会增加排斥值,而吸引作用会降低排斥值。

基质在光催化系统中的停留时间是影响光降解效率的另一个重要因素。较长的停留时间,减少了渗透通量,使有机去除效果更好。考虑到较长的停留时间可使降解的分子与催化剂有更大的接触,这一点可以解释。

然而,由于 PMR 必须能够提供较高的透水通量,因此在渗透通量和停留时间之间找到一个很好的折中方案是非常重要的,以实现一个实用的系统。

在压力驱动的膜过程中,截留现象使人们能够获得一种渗透,其中底物的浓度低于

保留液中的浓度。然而,当过剩粒子聚集在膜表面时,随着边界层的形成,会发生浓度极化,从而导致不同的膜性能。低相对分子质量的溶质沉积在膜上,通过渗透导致负的截留值。此外,沉积在膜表面的层增加了对溶剂流动的阻力,从而降低了渗透通量。这个问题可以减少,在膜表面产生湍流,避免或尽量减少催化剂和衬底的沉积。

当膜被用于分离一个或多个产品时,用选择性因子($\alpha$)表示系统的性能更为方便。对于由 A 和 B 两组分组成的混合物,其浓度分别为保留剂 $\chi_A$ 和 $\chi_B$,渗透剂为 $\gamma_A$ 和 $\gamma_B$,得 $\alpha_{A/B}$

$$\alpha_{A/B} = \frac{\frac{\gamma_A}{\gamma_B}}{\frac{\chi_A}{\chi_B}}$$

在这种情况下,膜对产物的选择性成为分离过程的一个重要方面。该膜不仅能够选择性和快速地分离感兴趣的产物,避免产生不良副产物的二次反应,而且还能在反应环境中保持催化剂和其他光催化产物。

### 5.8.3　PMRs 类型

实现了各种类型的膜光反应器,目的是使催化剂与反应环境易于分离,有效地去除水和空气中的污染物。

在这一部分,介绍了最近在文献中报道的一些关于 PMRs 的研究,根据用于分离的膜组件的结构来划分。

**1. 压缩 PMRs**

在文献中,研究最多的是加压系统,其中压力膜技术,如纳滤(NF)、超滤(UF)和微滤(MF),与光催化技术相结合。在这些系统中,用于悬浮结构并固定在膜上的催化剂被限制在渗透池的加压侧。

首批文献报道的工作是选择一种有用的膜材料,在反应环境中稳定,并确定影响膜光反应器性能的变量。

Molinari 等以 $TiO_2$ 为催化剂,研究了不同光催化膜(PM)体系对 4-硝基苯酚的降解性能。特别地,研究了辐照源置于再循环槽上或置于含有薄膜的细胞上的两种构型。此外,在最后的配置中,研究了催化剂悬浮、包覆或包含在膜中的效率。虽然仅以膜为载体的体系在光催化和分离过程中表现出良好的协同作用,但悬浮催化剂的结构和再循环池的辐照在辐射效率和膜透性方面更有意义,还允许根据所研究的光催化过程选择膜类型。

进一步的研究表明,紫外光照射方式对污染物的光降解速率有很大的影响。通过比较两种类型的电抗器,即外光源和浸入灯的光降解率,发现浸没灯的光降解率是悬空灯的 3 倍,而后者的光降解率是悬浮灯的 4 倍。

针对膜技术在水处理中的局限性,Shon 等提出了一种综合光催化-MF 混合系统,用于部分或全部光氧化导致膜污染的有机物。

然而,在压力平板膜系统中观察到的主要问题之一是由催化剂沉积和膜污染导致的膜通量下降。

使用中空纤维膜(HFM)代表了一个有趣的方法来克服这个问题。Choo 等采用光催化/中空纤维 MF 系统降解水中三氯乙烯,观察到膜透性受到水力条件的强烈影响。特别是,他们报告说,由于 $TiO_2$ 颗粒沉积在膜表面,渗透率降低,因此横流速度下降,导致膜污染。

Sopajaree 等提出了一种以浆料为基础的多相光反应器与加压中空纤维 UF(HFM – UF)单元集成的系统。以德固赛 $TiO_2$ P25 为光催化剂,亚甲基蓝(MB)为探针分子。从处理后的废水中完全回收了催化剂,表明 HFM – UF 装置允许光催化剂进入反应环境。由于光催化剂在膜上沉积,采用膜反冲洗控制操作过程减少通量下降。染料去除率为 98%,但部分中间体穿过膜,渗透液中总有机碳(TOC)占总有机碳(TOC)的 26%。此外,在运行后的循环中,光催化性能出现了系统的下降(第 10 次运行后,MB 和 TOC 的去除率分别为 86% 和 42%)。通过动态光散射观察,发现悬浮 $TiO_2$ 在 UF 过程中及随后的再分散阶段结块,导致光催化活性下降。

因此,与膜污染有关的缺点使得加压系统不太适合工业应用,因此研究了膜光反应器的其他配置。

**2. 浸没式(减压)光催化膜反应器**

在过去的几年里,人们使用与光催化系统耦合的浸没膜组件来去除有机污染物,例如浸没式膜光催化反应器(SMPR)中的富里酸和双酚 A,催化剂悬浮在露天反应环境中,膜(通常是 HFM)浸没在间歇中,并以减压方式工作。也就是说,渗透液是通过泵吸出来的。

在此基础上,Fu 等研究了纳米结构 $TiO_2$/硅胶催化剂颗粒在淹没膜光反应器中对黄腐酸的光降解作用。考查了催化剂浓度、pH、气流等操作条件对整个过程性能的影响。甲醛(FA)的最佳去除条件为:$0.5\ g \cdot L^{-1}$ 光催化剂浓度,$0.06\ m^3 \cdot h^{-1}$ 气流,酸性条件。用纳米结构的 $TiO_2$ 代替 $TiO_2$ P25 粉末,可以提高渗透通量,从而减少膜污染。该催化剂的平均粒径为 $50\ \mu m$,对悬浮液来说足够小,也足够大,从而避免膜污染,便于分离。

值得注意的是,通过控制膜表面附近的水动力条件,可以防止催化剂的沉积,减少膜污染,从而导致膜通量下降。在这种情况下,一种有用的策略是在膜底部喷射气体。

Femandez 等在水介质中光催化降解和去除 33 种有机污染物(包括药物、镇痛剂、抗生素、表面活性剂和除草剂)时,在使用带气泡的浸没式光催化膜反应器(SPMR)的基础上,试验了类似的方法。其中完全降解 18 种(去除率大于 95%),部分降解 14 种,去除率在 50% ~ 88% 之间,只有 1 种阻燃剂三(2 – 氯乙基)磷酸酯未被降解。由于水基质的特性对光催化过程的性能有很大的影响,在含有腐殖酸、牛血清白蛋白和低黏度海藻酸钠(TOC 值 $= 5.6\ mg \cdot L^{-1}$)的模型水基质中对 33 种有机污染物进行了光催化降解试验。有机物在进料基质中的存在导致去除效率的净降低。

在一定的渗透流量下运行是连续运行某些膜厂的实际要求,从而处理恒定的进料流量。以这种方式工作,跨膜压力(TMP)逐渐增加,并补偿了膜污染引起的较高的膜阻力,直到达到 TMP 的极限。Sarasidis 等评价了一种连续模式运行的实验室 SMPR 降解双氯芬酸(DCF)的性能,证明适当的膜反冲洗方案可以避免这种趋势。浸没式超滤膜组件(136 根中空纤维,总表面积 $0.097\ m^2$)在恒定渗透通量($15\ L \cdot m^{-2} \cdot h^{-1}$)下工作,空气鼓泡和周期性膜反冲洗,进行了长期的连续试验,在 1~2 h 的稳态条件下,pH = 6,$TiO_2$ 为 0.5 g·$L^{-1}$,DCF 降解率为 99.5%,矿化率为 66%。难以进一步分解的降解产物的形成可能是药物矿化不完全的原因。未发现 $TiO_2$ 颗粒在渗透过程中丢失,证实了膜在反应环境中保持光催化剂的有效性。每隔 9 min 就进行一次自动周期膜反冲洗(持续时间为 1 min),控制污染,使连续运行稳定(TMP 在 72 h 内基本保持恒定渗透通量)。

以超纯水(UW)、自来水(TW)和地下水(GW)为水基质,研究了水基质对 PMR 光催化降解和去除性能的影响。结果表明,进料水特性(即有机和无机清除剂的存在)对加工效果有重要影响。特别是使用 TW 和 GW 降低了去除效率。尽管存在不同的水基质,在 PMR 系统的长期连续运行(72 h)中,TMP 几乎保持不变,这证实了所开发的自动反冲洗协议有效地对比了膜污染。

Fernadez 等和 Sarasidis 等观察到的效率损失是由各种现象造成的。首先,天然水基质中的有机物种可能与药物或其他被降解的分子竞争,并可能在光反应器中吸附光,使光衰减。此外,特定无机离子如 $Cl^-$、$HCO_3^-$、$NO_3^-$ 和 $SO_4^{2-}$ 的存在,可能导致 $TiO_2$ 纳米粒子部分失活,充当空穴清除剂,从而与二氧化钛纳米粒子产生·OH 自由基发生竞争。这些发现突出表明,需要对给水特性有很好的了解,才能成功地设计一种 PMR 处理工艺,以便有效地从水介质中去除有机污染物。

Kertèsz 等试验了一种以死角模式运行的浸没式 PMR,在 $TiO_2$ 水分散体系中光催化降解酸性红 1,得到了满意的脱色效果。光催化剂完全保留在反应环境中。利用气泡控制通量快速下降,也有利于终端过滤模式,从而达到双重目的:促进光降解反应的氧饱和度,以及从纤维表面去除 $TiO_2$ 颗粒。研究发现该体系的持续渗透通量为 40 L·$m^{-2}$·$h^{-1}$。在此值以下为可逆膜污染,可通过渗透膜反冲洗去除;在此值以上为不可逆膜污染。

Chin 等研究了一种混合系统的效率,将低压浸没模块与光催化环境直接结合起来,用于去除水中双酚 A。结果表明,曝气降低了膜污染,使 $TiO_2$ 悬浮在溶液中,影响了催化剂团聚体的大小。但当曝气通量大于 0.5 L·$min^{-1}$ 时,光降解速率无明显提高,这可能是由于存在气泡,因此减弱了紫外光在反应器中的传输。

此外,本研究还考查了另一种策略的效果,采用间歇渗透法来减少膜污染,从而在低曝气率下保持高通量。当抽吸停止,不收集渗透液时,曝气可以剪切膜表面,促进催化剂颗粒的脱落,从而避免催化剂颗粒在膜上的积聚。

黄等在对 SMPR 操作条件的研究中还对该方法的优点进行了研究,结果表明,采用微泡曝气和间歇膜过滤可以控制悬浮催化剂的沉降。

Choi 还采用间歇操作程序,研究了 4-氯苯酚(4-CP)降解的浸没式膜光反应器的性能。构建了一种中试型光催化-膜混合反应器,并对其降解效率和膜污染程度进行了表征。污染物在 2 h 内完全降解,连续运行时,间歇运行时膜无污染现象。

以噬菌体 f2(与人肠道病毒大小相似)作为模型病毒,用郑等提出的类似方法从水介质中去除病毒。以 MF/UF 组件为分离介质,纳米 $TiO_2$ P25 为光催化剂,在恒定流量模式下工作。研究了过滤流量和渗透方式(连续或间歇)对过滤效果的影响。最佳操作条件为间歇抽吸方式,过滤流量为 40 L·$m^{-2}$·$h^{-1}$。在此值以上,观察到不可逆污垢。在连续操作 24 h 后,病毒的平均去除率为 99.999%,证明 SPMR 允许病毒灭活是由于活性·OH 和膜,它对光催化剂和病毒都起着屏障的作用。

在使用所述 SMPR 中的 UF 或 MF 膜时,一个常见的缺点是小分子量化合物的截留率较低,而有机分子的通量和去除率较高。

为解决这一问题,Choi 等提出在生物反应器中使用纳滤膜处理生活污水。在本工作中使用的 NF - 醋酸纤维素膜使人们能够在长期操作中获得质量很好的渗透液,在渗透液中的溶解有机碳(DOC)浓度在前 130 天内保持在 $0.5 \sim 2.0 \text{ mg} \cdot \text{L}^{-1}$。

然而,80 天后,NF 膜的相对通量逐渐增大,TMP 逐渐下降,这可能是由于醋酸纤维素在废水中的水解,增加了孔径和孔隙率,因此渗透质量恶化。

**3. 固定化光催化剂膜光反应器(PMs)**

以往的工作表明,从应用的角度来看,悬浮光催化剂 PMR 系统的应用是很有意义的,主要是在减压模式下使用淹没模块。在这些系统中,允许连续运行的膜在反应环境中保持光催化剂的运行,并充分控制污染物及其光降解中间体在光反应器中的停留时间。一般来说,悬浮催化剂的系统比固定化系统有更高的效率,是因为它具有更高的可访问活性表面。

尽管取得了这些成就,污染导致膜表面光催化剂纳米粒子的渗透通量下降、堆积和积累,以及光催化剂粒子的光散射问题,对不同结构的膜光反应器的发展进行了研究。

将光催化剂固定化到膜基质中,与传统的浆液型体系进行交换得到的 PM 应用于实际应用中,可以提高光催化与膜过滤耦合净化技术的性能。在这样的系统中,膜的同时任务是作为一种选择性的屏障来降解物种,并作为光催化剂的载体。

尽管有这些潜力,但 PMs 的一些固有缺点是:①必须辐照膜表面,造成膜光降解的可能性和技术困难;②由于辐照光催化剂的可用性较低,光能损失不大;③由于传质限制,加工能力受到限制;④由于可能的催化剂失活和清洗,系统寿命不理想。在此基础上,制备具有适当孔隙率和有效分散催化剂颗粒的体系是至关重要的。

大约 30 年前,Anderson 和同事发表了利用 $TiO_2$ 基膜同时进行光催化氧化和膜分离的可行性研究。

最近,Molinari 等在聚合物膜中测试了 $TiO_2$ 光催化剂的包封率,发现相对于悬浮结构,效率较低。这一趋势归因于催化剂颗粒周围存在聚合物,从而降低了催化剂的有效比表面积。另一个明显的缺点是,光催化剂包埋在聚合物膜上的另一个缺点是有可能被·OH 激进分子攻击,发生膜氧化的危险。

无机膜具有优异的热稳定性、化学稳定性和机械稳定性,优于传统的高分子材料。在此基础上,Zhang 等利用溶胶 - 凝胶技术成功制备了具有光催化性能的 $TiO_2/Al_2O_3$ 复合膜。紫外辐照 300 min 后,直接黑 168 的去除率为 82%。$TiO_2/Al_2O_3$ 复合 PMs 允许同时进行光催化反应和分离。在低压力(0.5 bar)下获得了高渗透通量($82 \text{ L} \cdot \text{m}^{-2} \cdot \text{h}^{-1}$),这是由于粉末冶金的孔隙率和孔径较高,但渗透质量不佳。可见光下活性光催化系统的开发是 PMR 系统大规模应用的另一个关键点,它允许使用更绿色的光源(太阳)。由于光催化过程的量子效率通常随着辐射强度的增加而降低,只有在量子效率较高的情况下,才能方便制备种可见光催化剂,这意味着从可见光中广泛使用光子。

Athanasekou 等制备了高活性的光催化陶瓷超滤膜。采用浸涂技术在 UF 单通道单

晶氮掺杂 $TiO_2$（$N-TiO_2$）、石墨烯氧化物掺杂 $TiO_2$（$GO-TiO_2$）和有机壳层 $TiO_2$ 的内外表面沉积。在近紫外/可见光照射下，在连续的静态条件下进行了甲基橙（MO）和甲基橙（MO）的光催化降解试验。在紫外光照射下，$N-TiO_2$ 膜（对 MB 和 MO 的降解率分别为 57% 和 27%）效果最好。这些结果表明，尽管存在光催化剂沉积，但所用的 UF 膜并不适合于染料的截留。在可见光照射下，$N-TiO_2$ 膜的 MB 和 MO 降解率较低（分别为 29% 和 15%），尽管光照密度较高（7.2 vs 2.1 $mW \cdot cm^{-2}$），可见光对光子的利用效率较低。考虑到工艺的能量成本，制备出的 $Go-TiO_2$ 膜是最佳工艺。事实上，对于 MB 来说，它消耗了各自能量的 28%，尽管它提供了 63% 的 $N-TiO_2$ 膜的截留率。通过循环利用 $GO-TiO_2$ 膜的两倍或两倍以上，可以获得较高的染料截留率和较低的能耗。

Wang 等在紫外光下制备和测试了 $N-TiO_2$ 陶瓷复合 PMs，其降解/去除污染物的效率更高。根据 Athanasekou 等的报道，用浸渍涂敷法合成，但涂敷过程重复了 7 次，合成了平均孔径约为 2 nm 的复合膜，适合于染料的捕获。通过扫描电子显微镜（SEM）和 X 射线衍射（XRD）分析表明，N 的掺杂抑制了 $TiO_2$ 晶粒的生长，使 $TiO_2$ 纳米晶具有较大的表面和界面面积。这一特性提高了催化活性。光催化试验中，25 $L \cdot m^{-2} \cdot h^{-1}$ 渗透通量（占纯水通量的 96% 以上），染料截留率高（接近 99%），多次重复使用后膜稳定性好。尽管取得了这些令人鼓舞的结果，但由于死区过滤方式和浓度极化，滤饼层迅速形成，因此染料拒染率下降。另外，$N-TiO_2$ 复合膜在可见光下的光活性较差。

真正的工业废水（例如来自纺织或印刷工业的废水）通常含有盐和溶解的有机物，同时含有污染物。然后，还必须考虑这些物质对 PM 性能的影响。盐的潜在效应和溶解有机物的存在可能是光催化性能的下降和（或）膜污染的增加。

在此基础上，Pastrana-Martinez 等研究了溶解 NaCl 的影响。摘要将工业 $TiO_2$ P25、实验室制备的 $TiO_2$ 和 $GO-TiO_2$ 三种光催化剂固定在平板纤维素膜上，得到了三种 PMs，分别为 M-P25、M-$TiO_2$ 和 M-GOT。在近紫外-可见和可见光照射下对 PMs 进行光降解 MO 的测试，试验系统在终端连续模式下运行。以蒸馏水（DW）、模拟盐水（SBW，0.5 $g \cdot L^{-1}$ NaCl）和海水（35 $g \cdot L^{-1}$ NaCl）为水基质。结果见表 5.3，在 DW 情况下，M-GOT 系统的性能最好。M-P25 和 M-$TiO_2$ 膜在可见光下几乎不活动，而氧化石墨烯的加入降低了带隙，导致可见光活性适中。可见光下 MO 的低降解可以归因于进入反应器的较低光子流（2.8 vs. 33 $mW \cdot cm^2$）。无论采用何种膜，SBW（0.5 $g \cdot L^{-1}$）中 NaCl 的存在都会导致 MO 降解程度的轻微下降，因为 Cl 离子起空穴和清除羟基自由基的作用。而 M-GOT 体系表现较好，近紫外可见和可见光照射下 MO 的降解率分别为 52% 和 13%。

表 5.3　在近紫外-可见光和可见光照射下以连续模式在蒸馏水（DW）中光催化降解 MO

| 光照 | MO 降解率/% | | |
| --- | --- | --- | --- |
| | M-GOT | M-P25 | M-$TiO_2$ |
| 近紫外-可见光 | 65 | 51 | 39 |
| 可见光 | 19 | 5 | 4 |

来源：Data from Pastrana-Martinez. L. M.；Morales-Torres，S.；Figueiredo. J. L；Faria. J. L；Silva. A. M. T.，

Graphene Oxide Based Ultrafiltration Membranes for Photocatalyic Degradation of Pollutants in Salty Water. Water Res. 2015,77,179-190.

尽管取得了这些令人鼓舞的结果,但作者发现,与其他工作中的报道相比,所测试的 PMs 具有较低的催化效率。因此,需要其他方法来提高 PMs 的光催化活性。

纤维基膜,由于其增强的孔隙率和有效的分散和稳定的催化剂纳米颗粒,可以代表解决以前报道的内在局限性的 PM。在此基础上,利用 Papageorgiou 等提出并测试了海藻酸钠钙聚合物纤维在基体中有效分散和稳定 $TiO_2$ P25 的性能。由于海藻酸钠基体具有较高的透明性,可以同时产生较长的孔隙率,因此海藻酸钙聚合物纤维在光催化应用中具有良好的应用前景。采用干法/湿法纺丝法制备了海藻酸钠/$TiO_2$ 纤维。在装有 MO 溶液的玻璃管中使用 10 块 10 cm 的纤维进行了初步的无膜分批试验,以评价其光催化性能。结果表明,海藻酸钠/$TiO_2$ 纤维对污水中 MO 的去除效率高于块状 $TiO_2$ 粉末。这是由于纤维的高比表面积和良好的 MO 吸附能力,再加上 $TiO_2$ 纳米粒子在生物聚合物基体中具有良好的分散性和稳定性。研究还发现,由于生成的 OH 自由基对聚合物材料的攻击,海藻酸钙/二氧化钛聚合物纤维逐渐降解。

采用化学气相沉积法制得的二氧化钛纳米颗粒沉积在 $\gamma$-氧化铝 UF 载体的表面,将复合海藻酸钙/$TiO_2$ 多孔纤维与光催化 UF 膜耦合,进行连续流动试验。这些试验中使用的混合光催化/UF 试验装置示意图如图 5.3 所示。它由垂直放置的三个同心管组成。内胎是光催化 UF 膜。中间管和外部管由有机玻璃制成,并定义了一个外部流道(管与管之间的环形空间),在透明的海藻酸钙/二氧化钛聚合物纤维的管腔中注入污水。

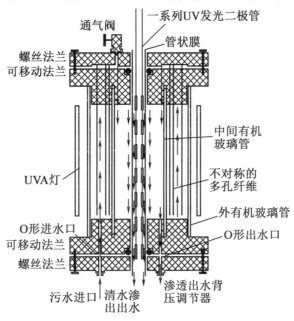

图 5.3 用于混合光催化-超滤试验的光催化膜系统

结果表明,$TiO_2$/Ca(不能渗透)纤维作为光催化 UF 膜的前处理阶段,提高了单独使用 PM 对 MO 的去除率。此外,在此过程中,这些纤维的加入增加了膜的渗透通量,从而提高了稳态的回收率。此外,该膜允许将降解的生物聚合物保留到保留物中,从而避免其进入渗透。尽管有上述优点,但染料去除率较低(40%)。综上所述,$TiO_2$-纳米纤维($TiO_2$-NF)的发展消除了$TiO_2$粉末光催化过程中粒子团聚的问题,但$TiO_2$/Ca海藻酸钠纤维的降解和染料去除能力差是工业应用中亟待解决的问题。

Ramasundaram 等在药物西咪替丁(CMD)的光降解过程中测试了类似的方法。如图 5.4 所示,制备了 $TiO_2$-NFs 集成不锈钢过滤器(SSF)。首先采用电纺丝技术制备了一层游离的 $TiO_2$-NFs 薄膜。然后,以聚偏氟乙烯纳米纤维(PVDF-NFs)中间层为黏结剂,通过热压工艺将该 $TiO_2$-NFs 层结合到 SSF 表面。考虑了 PVDF-NFS 层的 5 种不同厚度(12 mm、22 mm、32 mm、42 mm 和 64 mm),发现结合层的厚度对制备的光催化 SSFS 的稳定性和光催化活性都有影响。特别是 42 mm 厚度是将 $TiO_2$-NFs 与 SSF 表面结合的最佳方法。在试验系统中进行了光催化试验。

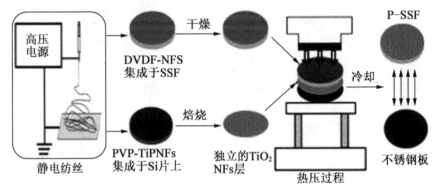

图 5.4 使用 PVDF 黏合剂层将 $TiO_2$ NFs 整合到 SSF 上的整个制备过程

当 $TiO_2$-NFs 的厚度从 10 mm 增加到 29 mm 时,CMD 的光降解率从 42% 提高到 90%。$TiO_2$-NFS 层厚度的进一步增加对药物的降解影响不大,可能是由于光的穿透能力有限。考察了水通量对光催化效率的影响。在 10 L·h$^{-1}$·m$^{-2}$、20 L·h$^{-1}$·m$^{-2}$、50 L·h$^{-1}$·m$^{-2}$ 时光解率分别为 89%、64% 和 47%,表明 SSFS 对 CMD 氧化的光催化效果与渗透通量成反比。这种趋势是由于药物分子与 $TiO_2$ 层的接触时间随着通量的增加而缩短。

为了提高 $TiO_2$-NF 的光催化性能及其在可见光下的响应,可以考虑 $TiO_2$ 光催化剂的金属掺杂。这种光催化剂的改性也能有效地提高电子空穴分离效率。关于这一课题,Liu 等合成了 $Ag/TiO_2$-NF PM。研究了其在太阳光照射下降解染料 MB 的光催化性能。结果表明,制备的 PM 既避免了膜污染,又避免了催化剂效率的损失。后者是由于 Ag 纳米粒子均匀分散在 $TiO_2$-NFs 上,同时保持了足够的活性中心,表现为 $Ag/TiO_2$-NFs(102.3 m$^2$·g$^{-1}$)比表面积的增加(85.6 m$^2$·g$^{-1}$)。$Ag/TiO_2$-NF 膜在太阳光照射下的光催化活性明显提高(表 5.4),与纯 $TiO_2$-NF 膜和商用 P25 沉积膜相比有显著性差异。太阳照射 30 min 可去除近 80% 的 MB,80 min 后完全矿化。这一结果表明,采用纳米纤维膜可以避免传统上与光催化剂固定相结合的传质限制导致的光催化活性下降,这是因为纳米纤维膜具有很高的比表面积。

为了提高 $TiO_2$-NF 的光催化性能及其在可见光下的响应,可以考虑 $TiO_2$ 光催化剂的金属掺杂。由于具有有效的电子-空穴分离,这种光催化剂改性提高了光效率。Liu 等根据这一原理合成了 $Ag/TiO_2$-NF PM。研究了其在太阳辐射下降解染料 MB 的光催化性能。结果证明制备的 PM 可避免膜污染和催化剂效率的损失。后者归功于 Ag 纳米粒子在 $TiO_2$-NF 上的均匀分散,同时保持了足够的活性位点,相对于纯 $TiO_2$-NF 膜和商业 P25 沉积膜,$Ag/TiO_2$-NF 膜在太阳辐射下显示出显著增强的光催化活性(表 5.4)。30 min 的太阳辐射可以去除近 80% 的 MB,并在 80 min 后完成矿化。这表明由于光催化剂的规定带来的质量转移效应会降低光催化剂的活性,使用高比表面积的纳米纤维膜可以避免这种现象。

表 5.4 使用不同的 $TiO_2$ 光催化膜在太阳辐射下的 MB 降解速率常数

| 光催化膜 | MB 降解速率常数/$min^{-1}$ |
| --- | --- |
| P25 膜 | 0.007 6 |
| $TiO_2$ 纳米纤维膜 | 0.013 7 |
| $Ag/TiO_2$ 纳米纤维膜 | 0.021 1 |

在连续五次光降解试验后,没有观察到光催化降解活性的降低,证明了 $Ag/TiO_2$-NF 的优异的可重复使用性。此外,$Ag/TiO_2$-NF 膜优异的内在抗菌能力可有利于膜生物污损控制,这是实际应用的重要特征。

Fisher 等提出了另一种获得催化剂颗粒有效分散到 PM 中的方法,可避免光催化剂聚集。通过水解四异丙醇钛,在两个亲水膜(聚醚砜(PES)、PVDF)和一个疏水膜(PVDF)的表面上合成 $TiO_2$ 纳米颗粒。以此方式操作,在膜上直接构建一层非聚集的 $TiO_2$ 纳米颗粒,其紧密地结合在膜表面上。制备的 PM 在 MB,布洛芬(IBU)和 DCF 的光降解中进行测试。结果表明,吸附性能比 $TiO_2$ 含量更重要。特别是亲水性 $TiO_2$/PVDF 在 MB 降解(70%)方面获得更好的性能,尽管 $TiO_2$ 含量相对于 $TiO_2$/PES 较低(0.092% 对 0.809%)。疏水性 PVDF 改性膜与水溶性 MB 的接触程度较低,是最差的。降解 DCF 和 IBU 获得更低的降解率(分别为 68% 和 44%)。因此,需要两次或更多次渗透物再循环以获得可接受的渗透物质量。值得注意的是,PM 是可重复使用的,并且在完全降解 MB 的五个连续循环期间完全保持光催化活性而且聚合物载体无损伤。该结果归因于 $TiO_2$ 完全覆盖载体保护了聚合物免受 UV 光的损害。

由于其高表面积与体积比,电荷载体扩散的短距离和高光子收集效率,$TiO_2$ 纳米管($TiO_2$NTs)代表了克服 PMs 固有局限性的另一种可能方法。在此基础上,Fisher 等人还提出了制备纳米管状 $TiO_2$-PES 膜,并在紫外光下测试了制备的膜对 DCF 的降解作用。光催化测试在静态(没有穿透膜)和死端流动模式下进行。结果表明,与静态试验相比,后者的降解速率常数较低(0.085 $10^{-3}$ vs. 9.96 $10^{-3}$ $min^{-1}$)。考虑到在交叉流动测试期间仅有 20% 的溶液被照射,在烧瓶和管中留下 80% 未使用,这种显著差异是合理的。然后,为了产生令人满意的降解速率,照射和未使用体积之间的比率代表另一个要考虑的重要参数。Qu 等在低温下通过简单的水热法制备了具有高量子产率的石墨烯量子点(GQDs)(激发时约为 23.6%,波长为 320 nm)和 GQDs/$TiO_2$NTs)。测试了制备的 GQDs/$TiO_2$NTs 复合材料在 MO 降解过程中的光催化活性。在 320 nm 激发的 GQDs 的光致发光(PL)量子产率估计为约 23.6%,高于文献中报道的 GQDs。GQDs 溶液是透明的,即避免光衰减的重要特性,并且即使在室温下在空气中 90 天后也表现出强烈的 PL 而没有任何可察觉的荧光强度变化,表明良好的荧光稳定性。显著提高了 GQDs/$TiO_2$NTs 复合材料对纯 $TiO_2$NTs 的光催化活性。特别地,对于具有 1.5%、2.5% 和 3.5% GQD 的复合材料,在 UV - 可见光照射($\lambda$ = 380 ~ 780 nm)20 min 后,获得 80%、80.52%、94.64% 和 51.91% 的 MO 降解。无论如何,这些降解高于纯 $TiO_2$NTs(35.41%)。在复合材料表征的基础上,这种增强的性能归因于三个方面之间的协同作用:①GQD/$TiO_2$ 复合材料的增强的可见光吸收;②分离 GQDs/$TiO_2$ 复合材料的光生电子空穴;③GQD 的上转换特性。

**4. 光催化膜接触器**

当一些类型的膜分离过程中被加上光催化体系,该系统成为膜接触器(MC)。在 MC 中,分离性能由两相中组分的分配系数决定,并且膜仅作为界面起作用。它们可分为气液(G - L)和液 - 液(L - L)MC。在第一种配置中,一相是气体或蒸汽,另一相是液体,而第二种,两相都是液体。根据膜的类型,膜相可能有助于整体传质阻力。在文献中报道了几种光催化混合系统,其中渗透模块由 MC 组成,称为光催化膜接触器(PMC),用于光降解过程,并且它们的潜力大于先前描述的系统的潜力。

实际上,它们可以是在光合作用过程中分离感兴趣的产物的有用解决方案,特别是,若选择合适的膜和适当的条带相,则可以在发生二次反应之前获得产物的选择性分离。尽管这些集成系统具有优势,但就我们所知,在文献中,很少有研究报道光催化合成途径偶联的 MC 模块的应用。

(1)光催化和直接接触膜蒸馏。

为了解决用压力驱动膜反应器观察到的问题,Mozia 等提出了一种有用的替代 PMR。研究了水溶液中偶氮染料的光降解,采用膜蒸馏(DW)模块分离和 $TiO_2$ Aeroxides® P25 作为光催化剂。

膜蒸馏过程中的分离基于气液平衡原理;因此,离子、大分子、细胞和其他非挥发性组分保留在进料侧,而挥发性组分通过多孔疏水膜分离,然后在冷馏分中冷凝。

在这些研究中报告的结果显示完全阻隔染料和其他非挥发性化合物(有机分子和无机离子);因此,渗透物实际上是纯净水。一些挥发性化合物通过膜,如馏出物中的 TOC 测量所示,它们的浓度保持在 0.4 ~ 1.0 mg·$L^{-1}$ 的范围内。此外,发现向进料溶液中添加 $TiO_2$(浓度为 0.1 mg·$L^{-1}$,0.3 mg·$L^{-1}$ 和 0.5 mg·$L^{-1}$)至少在所研究的范围内不影响渗透通量,其为约 0.34 $m^3·m^{-2}·d^{-1}$。最后一个方面是非常有趣的,因为它避免了压力驱动的膜过程中观察到的显著污垢,尽管较高的能量消耗在工艺成本方面构成了缺点。

(2)光催化和渗透蒸发系统。

为了降低用膜蒸馏模块进行分离所需的溶液的加热成本,一种方法可以是将光催化与渗透蒸发(PV)结合。在 PV 中,分离不仅基于混合物中组分的相对挥发性,而且还取决于组分对膜的相对亲和力。在膜的渗透侧保持真空并将进料侧保持在大气压下,产生压力差,这产生该过程的驱动力。因此,在这种情况下,膜材料的选择对于获得分子的选择性分离是重要的。

Camera-Roda 和 Santarelli 提出了一种集成系统,其中光催化与 PV 结合作为过程强化,用于光催化降解水溶液中的 4-CP。这项工作的目的是去除 4-CP 光降解的第一步中形成的中间有机物,这对反应速率产生负面影响,阻碍污染物的矿化。为了达到这个目的,使用亲有机 PV 膜,使得大多数有机氧化副产物相对于水优先渗透。

(3)透析-光催化。

Azrague 等描述了另一种有趣的分离方法,该方法提出了一种特殊类型的 MC 光反应器,其中透析膜(用作接触器)与光催化系统结合用于浑浊水的去污。研究旨在解决当固体颗粒存在于溶液中时观察到的光散射问题,这降低了光催化降解水中污染物的速率。在此基础上,膜透析模块用于将固体颗粒保持在其初始隔室中,将污染物浓缩在膜的另一侧,其中发生光催化反应直至完全矿化。由于污染物通过膜扩散而发生分离,因此不需要 TMP,避免了膜的结垢,解决了压力驱动的膜过程中的价格昂贵问题。

## 5.9 未来展望:太阳能

如前所述,为了开发能够利用太阳作为光源的光催化剂和光催化系统,各国已经进行了许多研究。太阳能对于实现可持续的过程非常重要,因为它是可再生、廉价和清洁的能源。虽然使用太阳光使 PMRs 在工业和环境领域很有前景,但很少有研究在这方面的文献中被记录。

Augugliaro 等在一项关于林可霉素光降解的研究中报道了一种由太阳光反应器和催化剂悬浮耦合的膜反应器组成的混合系统。通过使用安装在 Plataforma Solar de Almeria (PSA,Spain)的复合抛物面收集器进行光氧化试验。

通过在没有膜的情况下进行的一些初步测试,确定林可霉素的光氧化速率遵循在所使用的试验条件下相对于底物浓度的假一级动力学。对林可霉素及其降解产物测量的高膜抑制值证明,该混合体系可以对这些物质以及光催化剂颗粒进行分离,尽管在以连续模式进行的试验中,在系统中观察到有机分子的积累。该情况取决于太阳辐照度和初始林可霉素浓度,可以通过考虑进入系统的光子量不足以矿化在光反应器中进料的有机碳来解释。此外,以连续模式获得的试验结果表明,膜的存在允许将底物和中间体降低至非常低的浓度水平,证明从经济观点来看混合系统可能具有工业价值。

Malato 等研究了太阳能光催化系统中农药的光降解以及分离过程。这项工作也在 Plataforma Solar de Almeria 进行,通过加速沉降工艺实现 $TiO_2$ 再循环,同时清洁水通过 MF 膜排出,以除去任何少量残留的催化剂残余物。

## 5.10 膜光反应器的非均相光催化反应动力学模型及模型概述

### 5.10.1 简介

基本动力学模型的发展是光催化过程领域的一个重要课题,Ollis 指出,已发现的可靠速率方程可以允许光催化剂系统的放大或重新组合。实际上,阻碍在工业水平上使用该技术的问题之一是缺乏经过验证的动力学模型,这些模型可指导设计合适的反应器,从而减少传统经验扩大法所需的昂贵且耗时的步骤。

在这些基础上,Imoberdorf 等报道了一项动力学研究,该研究可以准确地预测中试规模光反应器的性能。

Satuf 等在一项关于在小型浆液光反应器中光降解 4-CP 的研究中也提出了采用实验室动力学信息的完全放大程序的开发。获得的动力学模型描述了 4-CP 的演变以及主要中间产物的形成和降解。估算的内在动力学参数用于模拟实验室规模的反应器,其中获得的试验数据与模拟结果非常一致。

因此,了解反应机理和不同变量对反应速率的影响可使人们获得动力学模型,该动力学模型可独立于反应器的形状和构型描述该过程,从而允许开发用于工业应用的光催化技术。如前所述,光催化过程可以通过在催化剂表面(Cat)上吸附基质(S)来进行,尽管这种现象不是反应的必要条件,因为氧化物质可以扩散到本体中并与分子反应。

当反应在催化剂表面上发生时,可以得出两个连续的反应,即

$$S + Cat \underset{k_{-1}}{\overset{k_1}{\rightleftharpoons}} S - Cat \tag{5.1}$$

$$S - Cat \xrightarrow{k_1} P \tag{5.2}$$

在这种条件下,光催化过程的速率($r_S$)取决于吸附在催化剂表面上的底物 S 的量。

### 5.10.2 吸附动力学

由 S 覆盖的催化剂分数位点由参数 $\theta_S$ 表示,即

$$\theta_S = \frac{Q_{ads}}{Q_{max}} \tag{5.3}$$

式中,$Q_{ads}$ 为吸附在催化剂上的底物量($mol \cdot g^{-1}$);$Q_{max}$ 为可以吸附在一克催化剂(例如 $TiO_2$)上的最大分子数($mol \cdot g^{-1}$),可表示为

$$Q_{ads} = \frac{C_{in} - C_{eq}}{C_{cat}}, \quad Q_{max} = \frac{C_{in}}{C_{cat}} \tag{5.4}$$

式中,$C_{in}$ 和 $C_{eq}$ 为底物的初始和平衡浓度($mol \cdot L^{-1}$);$C_{cat}$ 为每单位溶液量的催化剂量($g \cdot L^{-1}$)。

$\theta_S$ 取决于反应环境中的底物浓度,并且当考虑以下假设时,可以通过 Langmuir 吸附

等温线定义(在恒定温度下):①催化剂表面上的吸附位点的数量是有限且均匀的;②仅一个分子可以吸附在一个位点上;③催化剂的覆盖率是单层;④吸附的分子之间不发生相互作用。考虑到这一点,可以推导出 Langmuir 吸附方程。

(1)吸附步骤($r_1$)的速率与底物浓度和游离催化剂位点成正比。

$$r_1 = k_1 C_{eq}(1 - \theta_S) \tag{5.5}$$

(2)解吸速率($r_{-1}$)取决于催化剂表面覆盖率。

$$r_{-1} = k_{-1}\theta_S \tag{5.6}$$

当式(5.1)达到平衡条件($k_S \ll k_1$)$r_1$ 和 $r_{-1}$ 相等,因此

$$k_1 C_{eq}(1 - \theta_S) = k_{-1}\theta_S \tag{5.7}$$

$$\theta_S = \frac{k_1 C_{eq}}{k_{-1} + k_1 C_{eq}} = \frac{K_{ads} C_{eq}}{1 + K_{ads} C_{eq}} \tag{5.8}$$

式中,$K_{ads} = k_1/k_{-1}$ 是 Langmuir 吸附常数。

通过将式(5.3)代入式(5.8)得到以下表达式:

$$Q_{ads} = \frac{Q_{max} K_{ads} C_{eq}}{1 + K_{ads} C_{eq}} \tag{5.9}$$

通过方程的线性变换,式(5.9)可以表示成函数 $C_{eq}/Q_{ads} = f(C_{eq})$,即

$$\frac{C_{eq}}{Q_{ads}} = \frac{1}{Q_{max} K_{ads}} + \frac{C_{eq}}{Q_{max}} \tag{5.10}$$

获得的直线原点处的纵坐标等于 $1/(Q_{max} K_{ads})$,而 $Q_{max}$ 可以从斜率的倒数计算。

### 5.10.3 光催化动力学

用于描述光催化动力学的广泛接受的方程是 Langmuir – Hinshelwood(L – H)动力学模型,其中氧化速率是催化剂最大覆盖率下的极限反应速率。它与参数 $\theta_S$ 的底物浓度有关:

$$r_S = -\frac{dC}{dt} = k_S \theta_S = k_S \frac{K_{LH} C}{1 + K_{LH} C} \tag{5.11}$$

正如许多研究所证明的,对于稀溶液,其中底物浓度小于 $10^{-3}$ mol·L$^{-1}$,$K_{LH}C \ll 1$,可将 L – H 方程简化为关于 $C$(式(5.12))的伪一阶动力学定律。在较高的初始底物浓度($C > 5 \times 10^{-3}$ mol·L$^{-1}$)下,$K_{LH}C \gg 1$ 和反应速率明显为零级(式(5.3)):

$$r_S = k_S K_{LH} C = k_{app} C \tag{5.12}$$

$$r_S = k_S \tag{5.13}$$

初始光催化速率对底物各自初始浓度($C_0$)的依赖性可通过 L – H 模型的线性形式获得:

$$\frac{1}{r_S} = \frac{1}{k_S} + \frac{1}{k_S K_{LH}} \cdot \frac{1}{C_0} \tag{5.14}$$

通过绘制初始速率的倒数与初始浓度的倒数,绘制直线,其中截距给出 $k_S$ 值,斜率给出 $K_{LH}$ 值。

如在研究中所报道的,可以观察到在吸附等温线中获得的 $K_{ads}$ 与从光催化反应获得的 $K_{LH}$ 之间的差异。

通过光催化过程受各种参数的影响,例如氧、副产物的形成,光强度、吸附位点的数

量,反应机理和照射下催化剂表面的电子性质的变化,解释这个现象。

由于这些原因,当光催化过程的动力学由 L-H 动力学模型表示时,必须引入一些假设。

由于 $TiO_2$ 催化剂的表面被羟基和水分子覆盖(它们可以与底物竞争相同的活性位点)。式(5.11)应表示为

$$r_S = k_S \frac{K_{LH}C}{1 + K_{LH}C + K_w C_w} \tag{5.15}$$

式中,$K_w$ 为溶剂吸附常数;$C_w$ 为其浓度。

但是,由于 $C_w$ 恒定并且 $C_w \gg C$,在整个浓度范围内,被水覆盖的催化剂部分没有变化。因此,若其他试验条件(例如 pH、催化剂剂量、光强度等)保持恒定,则 $C$ 仅在反应的初始步骤中是可变的,并且速率可以通过式(5.11)计算。

光催化氧化的速率决定步骤是 OH 自由基和底物之间的反应。Augugliaro 等假设在催化剂表面上存在两种不同类型的活性位点。第一种能够吸附底物,而其他能够吸附氧分子,这些氧分子充当产生 OH 自由基的电子陷阱。

反应速率可以用改进的 L-H 动力学来表示,即

$$r_S = k'' \theta_S \theta_{O_2} \tag{5.16}$$

式中,$k''$ 为表面二阶速率常数;$\theta_{O_2}$ 为氧气覆盖分数,可表示为

$$\theta_{O_2} = \frac{K_{O_2} C_{O_2}}{1 + K_{O_2} C_{O_2}} \tag{5.17}$$

如果定期供应氧气,可以假设羟基自由基覆盖的分数位点是恒定的,并且它可以整合在表观速率常数中,即

$$r_S = k'' \theta_S \theta_{O_2} = k_{app} \theta_S \tag{5.18}$$

研究光催化过程的动力学机制必须考虑的另一个重要方面是在反应环境中存在其他物质,混合物或中间体副产物,这是可能干扰吸附和氧化机理的主要物质。

当在光催化反应期间形成 $n$ 个中间产物时,L-H 模型呈现形式为

$$r_S = k_S \frac{K_S C_S}{1 + K_S C_S + \sum_{i=1}^{n} K_i C_i} \tag{5.19}$$

式中,$K_i$ 为吸附在催化剂表面上的中间产物的结合常数;$C_i$ 为它们的浓度。假设相对于 $C_S$ 可以忽略 $C_i$ 吸附,并且中间体的结合常数与 S 的结合常数相同,$K_{i=1} = K_{i=2} = \cdots = K_S$。式(5.19)可以近似为 L-H 模型。

多组分体系的动力学模型可以通过类似的方式获得。

Biard 等在关于丙酸和丁酸的二元混合物的光降解速率的研究中证明,当两种酸混合与纯酸降解时相比,降解被抑制。

当分子或其副产物一起反应(化学相互作用)时,所提出的 L-H 动力学方程为

$$r_{S1} = k_{S1} \theta_{S1} \theta_{S2} = k_{S1} \frac{K_{S1} C_{S1} K_{S2} C_{S2}}{(1 + K_{S1} C_{S1} + K_{S2} C_{S2})^2} \tag{5.20}$$

若在两个(或更多个)底物之间没有发生分子相互作用,则式(5.20)可简化为

$$r_{S1} = k_{S1}\theta_{S1} = k_{S1}\frac{K_{S1}C_{S1}}{1 + K_{S1}C_{S1} + K_{S2}C_{S2}} \tag{5.21}$$

在许多应用中,光催化剂以浆料体系中的粉末形式使用。Minero 和 Vione 研究了两种不同粒径和吸收/散射光学性质的 $TiO_2$ 光催化剂的光催化性能。他们发现具有更大的颗粒和更低的表面积光催化剂在苯酚的光降解中具有更好的性能。他在没有逆反应的条件下,通过考虑量子产率对底物浓度、分配常数、催化剂浓度和体积光吸收速率的明确依赖性,得出浆料体系的速率表达式。所提出的模型适合于对粉末形式不同的光催化剂的动力学性能进行比较,并且允许评估界面电荷转移过程的不同重要性和光催化剂的光学性质对总体性能的影响。

Camera-Roda 等也研究了浆料光催化反应速率定律的计算。这是一项艰巨的任务,因为平均反应速率可能与无法直接测量的"真实"(固有)反应速率不同。提出的不同动力学定律之间的区别仍然很困难,因为它们通常预测非常相似的行为,相反,利用"光学差分"反应不仅简化了动力学分析,而且还允许在不依赖辐射传输方程的复杂解决方案或复杂的测量的情况下评估光子吸收率的平均值。光学差示反应的优点大大超过了缺点,因此建议在光催化浆料系统的动力学研究中使用该方法。

### 5.10.4 量子产率和相对光子效率

如 Xu 和 Langford 所观察到的,当用 UV 光子照射表面时,可以发生催化剂位点和吸附容量等特性的改变,在黑暗和光照条件下产生不同的吸附常数值。

如文献报道,反应速率与光子通量 $\rho$ 有关,如下式所示:

$$\frac{dC}{dt} = r \propto \rho^n \tag{5.22}$$

在低光强度下,观察到光子通量($n=1$)的线性反应速率;然而,通过增加光强度,达到平台并且速率与 $\rho$ 的平方根成正比($n=1/2$);在非常高的光子通量值下,反应速率遵循相对于光强度($n=0$)的零级动力学。

反应速率与光子通量之间的关系可表示为量子产率 $\phi$,等于反应速率与理论最大光子吸收速率之比,即

$$\phi_S = \frac{\dfrac{dN_S}{dt}}{\dfrac{d[h\nu]_{inc}}{dt}} \tag{5.23}$$

式中,$N_S$ 为转换的分子数;$[h\nu]_{inc}$ 为入射光子通量。其理论最大值等于1,它可以随催化剂的性质,试验条件和所处的反应而变化。

如 Serpone 所观察到的那样,对 $\phi$ 的测量需要知道所研究的反应的光谱区域中的作用光谱。当作用光谱未知时,优选使用量子效率 $\eta$,其定义为经历给定事件的分子数与在所使用的光谱区域中吸收的光子总数之比。该差异考虑到仅实际吸收的光子诱导光催化过程,尽管在文献中这两个参数通常以相同的含义给出。

由于光子吸收率非常难以评估,特别是由于分散体中分子散射的光,因此提出了另一个参数,即光子效率 $\zeta_r$,定义为反应物分子的数量变换或产生的光子除以入射到单元

的前窗上的给定波长的光子数：

$$\zeta = \frac{N_{\text{分子}}(\text{mol}\cdot\text{s}^{-1})\text{转化/产生}}{N_{\text{光子}}(\text{Einstein}\cdot\text{s}^{-1})\text{发生在反应器电池内}} \tag{5.24}$$

为了避免不必要的错误并提出一种可用于独立于所用反应器的交叉参考试验的方法，一些学者使用了相对光子效率 $\zeta_r$。

此外，一旦标准量子产率 $\phi_{\text{标准}}$（对于给定的光催化剂和基质）已通过以下关系确定，则 $\zeta_r$ 值可转换为量子产率 $\phi$：

$$\phi = \zeta_r \phi_{\text{标准}} \tag{5.25}$$

Zhang 等在一项关于光催化去甲基化和在暴露于太阳光下的 $TiO_2$ 分散体中降解 MB 的研究中，使用相对光子效率来证明在太阳光照射下对苯酚的 MB 光分解与测量的效率相同，在紫外线辐射下，不依赖于光反应器的几何形状、光源和使用的操作模式。

对这些关系的理解对于比较不同催化剂对相同反应的活性以及估计光催化过程的能量产率和成本是至关重要的。

### 5.10.5　PMR 建模

虽然膜光反应器具有很大的潜力，但是为了理解影响这些系统中分离过程性能的动力学模型却很少有相关研究。

模型预测可用于优化反应器的性能、设计反应器以及评估不同膜的性能。取决于所涉及的光催化反应和所使用的膜组件的类型，动力学模型改变其形式，因此对膜光反应器进行建模需要知道催化剂、膜和反应器配置的动力学方程。

Azrague 等提出了一种系统的数学模型，其中光催化反应器与透析膜结合，用于从光催化反应器中的进料罐中浓缩有机污染物并且进行降解。通过初步研究，他们证明，从 L–H 动力学模型开始，光催化降解的速率遵循伪零级动力学（方程（a））。此外，进行透析试验（没有照射），他们认为溶质的质量传递仅仅是由于扩散，并且两个隔室之间没有发生交换。作者还通过微分方程描述了进料罐和反应器中浓度的变化（方程（b））。在这些基础上，提出了基于膜的扩散和反应器中的零级反应的模型（方程（c））用于所述 PMR。证明了在广泛的操作条件下与试验数据的良好一致性。

Chin 等使用拟一级反应动力学结合理想的连续搅拌釜反应器（CSTR）模型来评估污染物初始浓度对 SMPR 降解水中双酚 A 性能的影响。该 CSTR 模型考虑了有机基质在体系中的停留时间的重要性（假设膜没有基质保留），但是仅取得了有限的成功。在试验数据中观察到的差异归因于有机物在膜上的吸附/解吸效应以及它们的速率常数的变化。

Azrague 等提出的透析膜光反应器的模型如下。

光催化动力学

$$C_s = C_s^* - k_{\text{app}} t \tag{a}$$

分离动力学

$$\frac{dC_s}{dt} = -\psi(C_s - C_a) \quad \frac{dC_s}{dt} = \omega(C_s - C_a) \tag{b}$$

PMR 建模

$$\frac{dC_s}{dt} = -\psi(C_s - C_a) \quad \frac{dC_s}{dt} = \omega(C_s - C_a) - k_{app} \quad (c)$$

式中，$C_s$ 和 $C_a$ 分别为进料槽和光反应器中的污染物浓度；$C_s^0$ 为进料槽中的初始底物浓度；$k_{app}$ 为在零阶数常数；$t$ 为辐照时间；$\psi = kA/V_s, \omega = kA/V_a$ 为没有名称的缩写，用于简化数学表达式；$V_s$、$V_a$ 为进料槽和光反应器中溶液的体积；$A$ 为膜面积；$k$ 为平均总传质系数。

Chin 等提出的浸没式膜光反应器的模型如下。

在一个等温搅拌槽反应器中的方程

$$C_A - C_{Af} = -kC_A\theta$$

微分

$$\frac{dC_A}{dt} = \frac{1}{\theta}(C_{Af} - C_A) - kC_A$$

解

$$C_A(t) = C_A^0 e^{-(\frac{1}{\theta}+k)t} + \frac{C_{Af}}{1+k\theta}[1 - e^{(\frac{1}{\theta}-k)t}]$$

式中，$C_A$ 为时间 $t$ 时底物浓度；$C_{Af}$ 为进样浓度；$\theta$ 为底物停留时间。

Camera-Roda 等已经研究了在膜光反应器中整合反应和分离的不同方法。当使用单独的单元时，两个单元操作的整合在很大程度上取决于介入耦合过程的参数。这些参数可以是循环比率 $R$、次数 $N$、单元、达姆科勒数和沛克莱数。

已经说明了通过 PV 工艺回收的光催化绿色合成芳香醛的案例研究。结果发现，系统性能在达姆科勒数的最佳值处以及在沛克莱数的倒数足够高的值处得到改善。此外，过程强化是适当选择反应系统和操作条件的结果。

## 5.11 案例研究：PMR 中的部分和全部氧化和还原反应

用于合成有机物质的传统工业过程在资源和环境影响方面变得不可持续发展。因此，光催化反应在有机合成中的应用引起了人们的高度关注，从而开发出环境友好的合成工艺。

在本节中，报道并讨论了文献中关于 PMR 用于部分或全部光催化氧化/还原的一些结果。特别是 PMR 在苯酚一步合成，水中药物降解，阿魏酸部分氧化成香草醛（VA），苯乙酮加氢生成苯乙醇，二氧化碳还原成甲醇，亚硝酸盐还原成氨等方面的应用描述。

虽然光催化过程的巨大潜力和通过其与膜分离系统的协同作用具有重要的优势，但 PMR 中光催化合成领域的研究仍然存在不足。文献中发现的一些实例描述如下。

### 5.11.1 PMC 中苯酚的一步合成和分离

该研究的目的是证明使用膜光反应器进行有机合成的可能性，开发了一种混合系统，其中光催化反应和目标产物的分离在一个步骤中发生。

特别地，报道了在 PMC 中用于一步合成苯酚及其同时分离的初步结果。$TiO_2$ 已被用作催化剂，苯作为反应物和萃取溶剂，以及聚丙烯膜用以将有机相与水性反应环境分离。

苯酚是工业上重要的化学中间体，用作生产酚醛树脂、药物、塑料和农用化学品的基质。其市场需求量每年超过 700 万 t，实际上，超过 90% 的全球生产是通过三步骤的 Cumene 工艺实现的，也称为 Kellogg、Brown 和 Root(KBR) 苯酚工艺。

然而，通过绿色方法苯的一步羟基化代表了直接合成苯酚的有吸引力的替代途径，并且已经进行了许多研究旨在开发更有效和环境友好的方法。从苯中直接合成苯酚已经通过几种合成途径进行了尝试，同时使用了光催化反应。尽管如此，苯酚与反应环境的分离和催化剂的回收仍然是主要的未解决的问题。此外，该方法的低选择性和苯的氧化的较高反应性导致形成氧化副产物。为了避免这些二次产物并获得有效的苯酚生产，使用具有高酚渗透性和完全排斥催化剂的膜系统，加上光催化过程似乎是有效的解决方案。

在该研究中实现的膜光反应器由放置在间歇式反应器上的外部灯组成，该反应器含有水溶液，催化剂处于悬浮状态；借助于蠕动泵，将溶液从光催化反应器中输送到 MC 模块中，其中苯溶液作为条带相存在(图 5.5)。

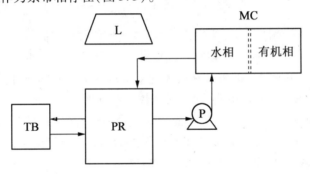

图 5.5　光催化膜接触器(PMC)方案
PR—光反应器系统；MC—膜接触器；L—紫外线(UV)灯；TB—恒温浴；P—蠕动泵

进行一组初步试验以选择在膜系统中使用的操作条件。由于苯在水中的低溶解度和高挥发性，观察到有必要在溶液中使用过量的底物。值得注意的是，分别在不存在催化剂和 UV 光的情况下进行的光解和暗反应的测试表明，氧化反应在光催化体系中发生。

在不存在膜的情况下进行批量试验以确定一些参数(pH、催化剂浓度、光强度等)对光催化反应效率的影响。

结果表明，氧化动力学不依赖于未溶解的底物，而是取决于其在溶液中的浓度。在碱性 pH 下反应速率增加，这是由于较低的苯酚吸附到催化剂表面上，这减少了进一步的氧化反应。另外的测试表明，接触空气的表面的氧气不代表系统中的限制性试剂。通过将催化剂量从 $0.1\ g\cdot L^{-1}$ 改变为 $1\ g\cdot L^{-1}$，苯酚产生速率的变化可忽略(在前 100 min 内值在 $0.13\sim 0.18\ mg\cdot L^{-1}\cdot min^{-1}$ 之间)。

在 PMC 中进行第一组试验，改变水相的 pH 并研究该参数对该方法效率的影响。通过比较在 pH 为 5.5 和 3.1 时获得的数据，观察到最酸性的 pH 条件允许人们在水相中获得略微增加的苯酚产生并且在 2 h 后在有机相中获得恒定的通量(图 5.6)。

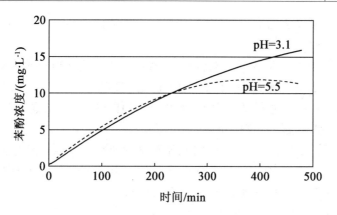

图 5.6　在 pH 为 3.1 和 5.5 的 PMC 中进行的光催化氧化水相中的苯酚试验的浓度与时间的关系

此外,在保留时间为 3.0 min、3.6 min 和 3.9 min 时检测到的三个主要高压液相色谱(HPLC)峰的面积表明,酸性 pH 能够获得较低的中间体形成和提取。正在进行进一步的研究以提高系统生产率和分离效率。

### 5.11.2　PPMR 和 SPMR 中药物的光降解

药物活性化合物(PhACs)是一类重要的有毒有机污染物,由于它们存在于水生环境中,因此最近引起了国际科学界的广泛关注。这些到达水生环境的化合物作为药物结构,被制药工业和城市污水处理厂拒绝,在传统的废水处理过程中没有完全去除,也没有生物降解;因此,它们在环境中检测到的浓度高达 $\mu g \cdot L^{-1}$。尽管这些值低于其他工业污染物中的最大浓度,但 PhACs 被认为是污染物,对人类和陆地和水生生态系统成员造成很大的健康风险。

由于常见纯化方法的缺点,基于偶联膜和光催化的混合系统可能是些问题的有用解决方案。

在 PMR 中,光催化过程允许有害分子在无害产品中完全降解(矿化),并且当前使用合适的膜允许将污染物及其降解产物保留在反应环境中,以回收和再利用光催化剂并分离澄清的溶液(图 5.7)。

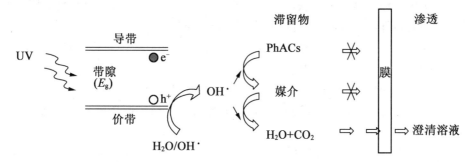

图 5.7　光催化膜反应器中的降解过程

这项工作的目的是研究 PMRs 用于降解水中的药物 Gemfibrozil(GEM)和他莫昔芬

(TAM),使用 $TiO_2$ 作为悬浮催化剂,研究膜光反应器的两种系统配置(加压和减压)的性能。

使用的试验设备是环形光反应器(APR),其具有与渗透池连接的浸没 UV 灯,其中设置有加压平板膜或浸没(减压)膜组件。为了确定 pH 和 $TiO_2$ 水悬浮液浓度对颗粒聚集和有机物吸附的影响而进行的初步试验表明,操作 pH 范围为 7±3,催化剂浓度为 $0.1\ g \cdot L^{-1}$(从经济和反应效率的角度)进行试验。

通过在没有膜的间歇式反应器中的光降解试验研究了光催化降解药物的效率。观察到 Gemfibrozil 氧化的动力学趋势没有通过改变 $1 \sim 0.1\ g \cdot L^{-1}$ 催化剂浓度范围内的 pH 而改变,并且在约 20 min 后观察到药物的完全降解。

进行另一组试验以表征加压渗透池中的膜在拒绝和通量方面与 Gemfibrozil 和催化剂溶液的特征。

由于催化剂沉积在膜表面上,当相同的膜用于多次运行时,分别观察到排斥和渗透通量值的增加和减少。通过增加渗透池中的切向流并通过在每次运行结束时将膜浸入含有酶洗涤剂(Ultrasil 50)的水溶液中来减少该问题,所述酶溶剂允许重新建立初始特征。

使用两种不同的操作程序来研究加压膜光反应器的行为:封闭和连续膜系统。在第一种方法中,渗透物被连续循环以确定膜在反应环境中保留药物和氧化产物的能力;在第二种方法中,用等体积的初始进料药物溶液代替除去的渗透物,以模拟可在工业水平上应用的连续光降解过程。

在封闭膜系统中进行的测试中获得的结果表明,两种选定药物的快速和完全光降解导致 20 min 后药物减少 99% 并且在约 120 min 后矿化高于 90%。然而,观察到两种药物的降解产物很少。

在加压连续系统中使用 GEM 溶液进行的光降解测试中获得的数据具有良好的系统操作稳定性,在 120 min 后达到稳态条件,完全减少了药物和矿化值(60%)和渗透通量 $(38.61\ h^{-1} \cdot m^{-2})$ 保持不变直到运行结束。在稳态条件下 TOC 排斥约 62% 表明鉴定出对中间产物具有更高排斥性的膜,为了在反应环境中保持足够的时间来实现它们的完全降解。

为了解决由于催化剂沉积和膜污染导致的膜通量下降的问题,已经研究了使用与光反应器分离的膜组件的不同构造,即减压(浸没)膜系统。

所得结果显示在保留物中约 20 min 后药物减少 100% 并且在 150 min 后矿化 44.5%,但观察到 Gemfibrozil 和中间产物在渗透物中完全通过。

在连续膜光反应器(平板和浸没式膜系统)的两种配置中获得的数据的比较证实,悬浮催化剂的存在允许 GEM 在约 15 min 内完全降解并且有机中间体的部分矿化。保留物中稳态条件下的 TOC 值为 $(4.2 \pm 0.7)\ mg \cdot L^{-1}$。

与加压系统的 NF 膜相比,浸没系统中使用的 UF 膜不能排除药物及其降解产物,使得 TOC 排斥率达到 62%±5%(图 5.8)。

然而,浸没式膜光反应器在渗透通量方面证明是更有利的,其值几乎是用加压膜测量的值的两倍$(65.11\ h^{-1} \cdot m^{-2})$。这种膜光反应器的新配置,其中浸没式膜组件与光反应器分开放置并且氧气在膜表面上鼓泡可能有利于将光催化区域与分离区域分离,同时减少工厂优化问题。

然而,需要进一步研究以寻找其他类型的膜,例如更高的排斥 NF 型或低排斥反渗透型膜,对底物和中间产物更具选择性。

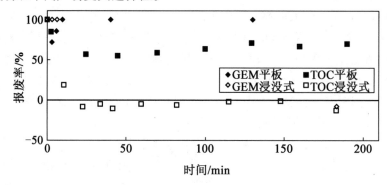

图 5.8　平板和浸没式连续光催化膜反应器(PMRs)降解吉非贝齐(GEM)的比较

### 5.11.3　将芳香醇转化为相应的醛和阿魏酸转换为 VA

许多有机醇,例如苯甲醇和 4-甲氧基苯甲醇,已经通过使用家用制备的和商业的 $TiO_2$ 样品作为光催化剂光氧化成相应的醛,并且非均相光催化已经与 PV 膜分离过程结合以增强过程的速度和产量。

在表 5.5 中,将没有膜的苯甲醇的批量光催化氧化中获得的结果与集成系统中的结果进行比较。通过将光催化部分氧化苄醇与苯甲醛与 PV 单元偶联,由于所需产物的连续回收,该方法的产率和转化率得到提高,选择性几乎没有降低。

由于非均相光催化和 PV 膜之间的耦合,所获得的主要优点是:①回收的醛的纯度更高;②完全去除多相光催化剂;③半连续生产;④在温和的操作条件下操作的可能性。

表 5.5　在光催化转化苯甲醇至苯甲醛期间渗透蒸发的转化率、选择性和产率

| 模式 | 转换率/% | 选择性/% | 产率/% |
| --- | --- | --- | --- |
| PC 无 PV | ≈22 | ≈18 | ≈3.9 |
| PC 有 PV | ≈35 | ≈17 | ≈6 |

操作条件:光催化剂二氧化钛,循环浆液体积为 600 mL,催化剂浓度为 0.27 g·$L^{-1}$,温度为 60 ℃,照射时间为 8 h。

通过非均相光催化制备并通过 PV 分离的另一种重要化合物是 VA。VA 是最重要的香气之一,广泛用作食品、化妆品、药品和营养品中的调味剂或功能性成分。目前,世界 VA 年产量约为 12 000 t,主要通过石油化学衍生的愈创木酚或纸和纸浆工业的木质素磺酸盐的化学途径获得。由于 VA 最终消费者对天然产品越来越感兴趣,在过去的几年中,一些研究人员致力于开发生态友好的 VA 替代合成。在此基础上,一些学者证明 VA 可

以通过光催化转化一些前体获得,也可以通过使用光催化方法获得天然来源。然而,由于生产的 VA 很容易降解成其他化学品,导致选择性损失,所以必须迅速从反应环境中回收,从而防止其降解得到所需的产品。Böddeker 等表明聚醚嵌段 – 酰胺(PEBA)膜适用于低挥发性芳烃如 VA 的 PV。Brazinha 等用聚辛基甲基硅氧烷膜研究了 VA 和阿魏酸的 PV,证明了 VA 相对于阿魏酸的高分离因子。

Augugliaro 等研究了使用不同的 $TiO_2$ 样品作为光催化剂,光催化氧化反式阿魏酸、异丁子香酚、丁子香酚或香草醇以在水介质中产生 VA。圆柱形和 APR 用于批量进行光催化测试。通过在室温下操作获得 VA 的选择性范围为 1.4% ~21%(摩尔分数)。通过使用无孔 PEBAX 2533 膜的 PV 从水性悬浮液中回收通过 APR 中的转铁酸的光催化氧化产生的 VA。结果表明:①PEBAX 2533 膜对 VA 具有很强的选择性,跨膜通量约为 3.31 $g \cdot h^{-1} \cdot m^{-2}$;②在所提出的光催化 PV 系统中,从反应环境中连续除去产生的 VA 避免了其随后的氧化,从而提高了工艺选择性;③将非均相光催化剂完全保持在反应环境中。此外,在所提出的系统中,通过在液氮阱中向下游冷冻,将渗透的 VA 蒸气作为具有高纯度(大于或等于 99.8%)的晶体回收,而无须使用复杂的萃取和重结晶程序。

Camera – Roda 等在图 5.9 所示的装置中进行了光催化试验,其中在从 PV 模块进入光反应器并回到 PV 的保留物的闭环中的再循环允许光催化步骤的偶联。来自 PV 模块的渗透蒸汽的部分冷凝成液氮阱(7)代表产物流(8)。

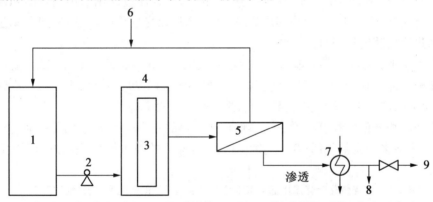

图 5.9 光催化渗透蒸发装置的方案

1—恒温槽;2—循环泵;3—紫外灯;4—环形光催化反应器;5—渗透蒸发装置;6—可选的补料;7—液氮阱;8—产品流;9—不凝

(Modified from Camera – Roda, G.; Santarelli, F.; Augugliaro, V.; Loddo, V.; Palmisano, G.; Palmisano, L.; Yurdakal, S., Photocatalytic Process Intensification by Coupling with Pervaporation, Catal. Today 2011, 161, 209 – 213.)

在最近的一项工作中,Camera – Roda 等研究了改善光伏装置性能(富集因子和渗透通量)以提高 VA 产量的可能性。通过用 PEBAX 膜研究 VA PV,发现增强 VA 富集因子的可行方法在于增加膜厚度,因为 VA 渗透的抗性保持低,而水渗透性增加。通过提高温度也可以获得富集因子的改善,同时增加 VA 通量的额外积极效果。

酸碱度是影响 PV 性能的重要参数。尽管酸碱度对底物的降解影响很小,但 VA 的渗透性受到酸碱度的显著影响。特别是,若 VA 未被解离,则 VA 的渗透性相对较高(pH<6.5),但当 VA 部分解离时,其 pH 为 7.9 下降低,当 VA 在 pH 为 10.3 下完全解离时,其渗透性变得特别低。然而,对底物(阿魏酸)和大多数副产品的高排斥的真正原因是这些化合物的低挥发性。

总结所有这些学者获得的结果表明,在 PV 反应器中 VA 产生可以提高,其中 PV 直接从反应溶液中回收 VA,从而限制了进一步的降解。

### 5.11.4 苯乙酮光催化还原为苯乙醇

Molinari 等最近研究了在还原反应中使用 PMR 的可能性。对苯乙酮在紫外光和可见光下光催化加氢制苯乙醇进行了研究。在许多研究中,苯乙酮已被用作芳香酮加氢的模型底物。苯乙醇是其所需的还原产物,被用作合成生物活性化合物(如农用化学品、药物和天然产物)的重要组成。它是一种具有玫瑰气味的高价值芳香化合物,广泛用于香精香料组合物中。

为了使该方法更便宜和绿色,使用水作为溶剂并使用甲酸(HCOOH)作为氢和电子供体。在光催化过程中,HCOOH 转化为二氧化碳($CO_2$)和氢气($H_2$),使反应不可逆。进行的反应如下:

$$\text{PhCOCH}_3 + \text{HCOOH} \xrightarrow{TiO_2, UV光} \text{PhCH(OH)CH}_3 + CO_2 \quad (5.26)$$

使用商业 $TiO_2$ 和 UV 光和可见光进行反应。通过考虑 $TiO_2$ 在可见光下实际上是无活性的,使用 $Pd/TiO_2$ 样品。在批量光反应器(不含膜)中进行初步的光催化测试,以研究一些操作条件对系统性能的影响。苯乙醇收率(4.7%)的最佳结果是通过在以下条件下工作获得的:①1.5 g·$L^{-1}$ 的 $TiO_2$;②pH=7.5;③[HCOOH]=1.97 mol·$L^{-1}$。

还在 PMR 中进行苯乙酮还原(图 5.10),其中光催化过程和分离过程同时发生。通过将由圆柱形 Pyrex 玻璃反应器和浸没的灯组成的 APR 与双相 MC 耦合来获得试验装置。蠕动泵使水性反应溶液从光催化区循环到分离区。MC 浸泡在恒温槽中,保持在光反应器的相同温度,由两个隔室单元(每个隔室单元的体积为 130 mL)组成,由一个平板聚丙烯膜(暴露的膜表面积为 28.3 $cm^2$)隔开。第一隔室包含来自光反应器的水反应相,而第二隔室包含机械搅拌的有机萃取相。将反应水相中产生的苯乙醇萃取到有机萃取相,在有机萃取相连续过氢化保护苯乙醇。在 PMR 中进行光催化试验的结果表明,与在相同试验条件下运行的间歇式反应器相比,使用膜反应器可提高光催化反应的效率,尤其是产量更高,苯乙醇的产量(276.20 vs. 184.23 μmol)和总酚产量(4.44 vs. 2.96 $mg_{prod}·g_{cat}^{-1}·h^{-1}$)。这一行为归因于有机相中苯乙醇的萃取,同时也归因于该反应,该反应将反应转移到产物,并允许避免萃取产物随后的还原反应,从而提高选择性值。

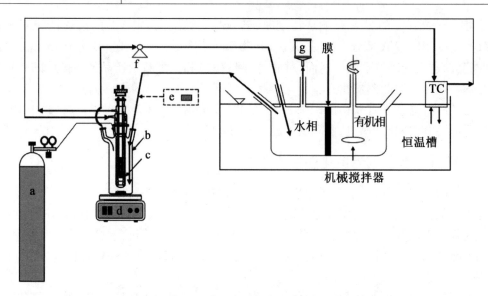

图 5.10　与环形光反应器集成的膜接触器的方案

a—氩气瓶；b—环形光反应器；c—带冷却夹套的中压汞灯；d—磁力搅拌器；e—用于基质进料的可选注射泵；f—蠕动泵；g—脱气系统；TC—温度控制器

在紫外光下在 PMR 中进行的试验测试中，测试了不同的底物供给模式，以提高苯乙醇的生产率及其进入有机萃取阶段的萃取率：①通过注射泵逐滴进行；②溶解在正庚烷中；③苯乙酮用作反应物和有机萃取相。以苯乙酮为底物，以苯乙酮为有机相，采用第三种进料方式，得到了最佳结果（生成苯乙醇 276.20 μmol，苯乙醇收率 4.44 $mg_{prod} \cdot g_{cat}^{-1} \cdot h^{-1}$，提取率 21.91%）。该系统既能在反应相中获得最佳的底物增容，又能在有机相中获得最佳的产物萃取（图 5.11）。

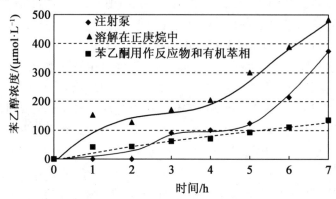

图 5.11　不同底物进料模式的 UV 照射下膜光反应器有机相中的苯乙醇浓度

一些测试是在可见光下进行的。结果表明，裸二氧化钛在可见光照射下不具有活性，而在光催化试验过程中，掺杂的 $Pd/TiO_2$ 使萃取到有机相的苯乙醇浓度呈线性增加（图 5.12）。

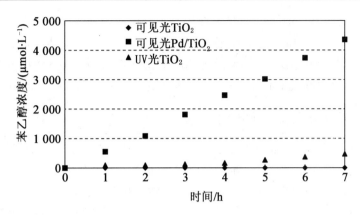

图 5.12 可见光下 $TiO_2$ 和 $Pd/TiO_2$ 以及在 UV 光下使用 $TiO_2$ 在有机相中提取苯乙醇与时间的关系

$Pd/TiO_2$ 在可见光下具有活性,产生更大量的苯基乙醇(1 371 mmol),并且产率(22.02 $mg_{prod} \cdot g_{cat}^{-1} \cdot h^{-1}$)比在 UV 光下使用裸 $TiO_2$ 获得的产率高 5 倍。

总之,结果证明使用 PMR,将光催化还原与膜分离系统结合,可以改善底物转化率、产率、苯乙醇的产生量和总酚产率。此外,掺杂钯的 $TiO_2$ 允许在可见光下有效地进行光催化过程。这种绿色方法可用于还原水中的酮。

### 5.11.5 光催化 $CO_2$ 还原成甲醇

二氧化碳是温室气体的主要成分,因此工业流中二氧化碳排放量的减少及其转化为有机分子($CO$、$CH_4$、$CH_3OH$、$HCOOH$)可能对许多应用有用,这是科学界的主要目标。在这种情况下,非均相光催化可被认为是传统方法的有效替代方案。在过去的几年中,通过使用 $TiO_2$ 作为液相和气相的光催化剂,已经发表了许多关于减少 $CO_2$ 的论文。通常,在气固体系中获得的化合物是 $CO$ 和 $CH_4$,而甲酸、甲醛和甲醇主要在液 – 固体系中观察到。

Pathak 等使用嵌入有 $TiO_2$ 纳米颗粒的多孔光学透明离聚物 Nafion 膜来进行光催化还原超临界 $CO_2$。得到的产物是 MeOH、HCOOH 和 $CH_3COOH$,取决于使用的流速和 $TiO_2$ 质量。

最近,Sellaro 等报道了在温和的试验条件下,在连续反应器中光催化 $CO_2$ 还原,其中 $TiO_2$ 固定在不同条件下制备的 Nafion 膜中并用于不同的配置。通过将膜置于配备有石英窗的平板膜组件中,允许照射,使用 $H_2O$ 作为还原剂,在液相 UV 光下进行试验。在室温下将物质的量比等于5:1 的 $H_2O:CO_2$ 流加入反应室中,并将 TMP 差设定为 2 bar。该膜显示出良好的 $CO_2$ 渗透性,并且这与亲水性结构域的存在相结合,允许内部试剂进入。主要的光还原产物是甲醇,流速 $TiO_2$ 质量之比为 45 $\mu mol \cdot g_{催化剂}^{-1} \cdot h^{-1}$。在这种情况下,使用内置光催化剂的膜和连续流动模式可以从反应器中除去甲醇。体积避免过度氧化。尽管二氧化碳转化率和甲醇产量较低,但它们是最新文献报道的最佳报告。

二氧化碳还原与双反应器中的水分解相结合,两个隔室被改进的离子交换全氟磺酸分开,该膜不仅允许 $H^+$ 的传输,而且还允许电子介体的交换。$H_2O$ 分裂产生的 HOH 通过全氟磺酸成 $H_2$,$H_2$ 与 $CO_2$ 反应生成有机化合物。CO 与 $CO_2$ 共同进行,并且取决于 $CO_2/CO$ 比,反应温度和压力,获得不同量的 $CH_3OH$、$HCOOCH_3$ 和 $CH_3CHO$。观察到的最大生产率在 8 h 内分别为 0.98 $\mu mol \cdot g^{-1} \cdot h^{-1}$、0.187 5 $\mu mol \cdot g^{-1} \cdot h^{-1}$ 和 0.05 $\mu mol \cdot g^{-1} \cdot h^{-1}$。

### 5.11.6 光催化还原亚硝酸盐成氨

亚硝酸根离子是水污染的主要原因之一,它们的减少对于废水的修复和将氮固定成有价值的化合物具有重要意义。Pandikumar 等使用嵌入聚合物甲基官能化硅酸盐溶胶 - 凝胶(MTMOS)和 Nafion(Nf)基质中的 $TiO_2$ - Au 纳米颗粒(($TiO_2$ - Au)nps)材料,将亚硝酸盐光催化还原成氨,以草酸作为空穴清除剂,使用 Nf/($TiO_2$ - Au)nps 光催化剂获得最高的氨产量,这是由于同时存在 Au 纳米颗粒,其积聚电子以增强电荷分离,以及 Nafion 聚合物基质的多孔结构。实际上,通过使用胶体形式的相同光催化剂,获得了较低量的 $NH_3$。使用 MTMOS/($TiO_2$ - Au)nps 膜发现的较低效率归因于相对于 Nf/($TiO_2$ - Au)nps 膜在硅酸盐溶胶 - 凝胶膜中形成的较大颗粒。

## 5.12 结 论

PMR 是一种非常有前途的技术,具有很强的研究和工业价值。

由于它们的协同作用,非均相光催化与膜工艺的结合使得人们在产量和成本方面获得许多优势。

众所周知,非均相光催化可以成功地用于光降解或转化液固和气固系统中的各种分子。然而,光催化基本原理的知识对于理解机械方面和找到影响研究过程的参数至关重要。此外,新型光催化剂的开发及其在各种研究领域的应用是一项必不可少的任务。

通过耦合它们可以最小化由于使用单一技术而导致的一些缺点。实际上,由于它们的选择性,膜过程不仅可以回收和再利用光催化剂,而且还可以增加待降解的基质的停留时间或获得产物的选择性分离。

可以选择所描述的各种膜光反应器结构来影响光催化系统的性能,并且可以找到可能的解决方案来解决一些问题,例如控制催化剂活性和污染、选择性和膜的抑制。当 PMR 被用来利用太阳作为廉价清洁的光源时,可以获得一个可持续的过程。

本章介绍的一些使用 PMR 的论文显示了将它们应用于全部或部分氧化和还原水中有机(和无机)物质的过程中的可能性。PMR 可以被认为是用于水净化和有机合成的有用的绿色系统,尽管在利用它们在工业水平上的潜力之前仍然需要进行额外的研究。

# 参 考 文 献

[1] Fujishima, A.; Honda, K. Electrochemical Photolysis of Water at a Semiconductor Electrode. Nature 1972, 238, 37 – 38.

[2] Poliakoff, M.; Licence, P. Sustainable Technology: Green Chemistry. Nature 2007, 450, 810 – 812.

[3] Anastas, P.; Warner, J. Green Chemistry: Theory and Practice; Oxford University Press: New York, NY, 1998.

[4] Ollis, D. F. Photocatalytic purification and remediation of contaminated air and water. C. R. Acad. Sci., Ser. IIc: Chem. 2000, 3, 405 – 411.

[5] Anpo, M. Utilization of $TiO_2$ Photocatalysts in Green Chemistry. Pure Appl. Chem. 2000, 72, 1265 – 1270.

[6] Palmisano, G.; Augugliaro, V.; Pagliaro, M.; Palmisano, L. Photocatalysis: A Promising Route for 21st Century Organic Chemistry. Chem. Commun. 3425 – 3437.

[7] Herrmann, J. – M.; Duchamp, C.; Karkmaz, M.; Thu Hoai, B.; Lachheb, H.; Puzenat, E.; Guillard, C. Environmental Green Chemistry as Defined by Photocatalysis. J. Hazard. Mater. 2007, 146, 624 – 629.

[8] Molinari, R.; Caruso, A.; Palmisano, L. Photocatalytic Processes in Membrane Reactors. In Comprehensive Membrane Science and Engineering; Drioli, E.; Giorno, L., Eds.; Elsevier Science B. V: Oxford, 2010; vol. 3 pp 165 – 193.

[9] Kabra, K.; Chaudhary, R.; Sawhney, R. L. Treatment of Hazardous Organic and Inorganic Compounds Through Aqueous – Phase Photocatalysis: A Review. Ind. Eng. Chem. Res. 2004, 43, 7683 – 7696.

[10] Hoffmann, M. R.; Martin, S. T.; Choi, W.; Bahnemannt, D. W. Environmental Applications of Semiconductor Photocatalysis. Chem. Rev. 1995, 95, 69 – 96.

[11] Molinari, R.; Caruso, A.; Argurio, P.; Poerio, T. Degradation of the Drugs Gemfibrozil and Tamoxifen in Pressurized and de – Pressurized Membrane Photoreactors Using Suspended Polycrystalline $TiO_2$ as Catalyst. J. Membr. Sci. 2008, 319, 54 – 63.

[12] Herrmann, J. – M. Heterogeneous Photocatalysis: State of the Art and Present Applications. Top. Catal. 2005, 34, 49 – 65.

[13] Konstantinou, I. K.; Albanis, T. A. $TiO_2$ – Assisted Photocatalytic Degradation of Azo Dyes in Aqueous Solution: Kinetic and Mechanistic Investigations: A Review. Appl. Catal. B Environ. 2004, 49, 1 – 14.

[14] Bekkouche, S.; Bouhelassa, M.; Hadj Salah, N.; Meghlaoui, F. Z. Study of Adsorption of Phenol on Titanium Oxide ($TiO_2$). Desalination 2004, 166, 355 – 362.

[15] Robert, D.; Malato, S. Solar Photocatalysis: A Clean Process for Water Detoxifica-

tion. Sci. Total Environ. 2002, 291, 85 – 97.

[16] Noguchi, H.; Nakajima, A.; Watanabe, T.; Hashimoto, K. Design of a Photocatalyst for Bromate Decomposition: Surface Modification of $TiO_2$ by Pseudo – boehmite. Environ. Sci. Technol. 2003, 37, 153 – 157.

[17] Augugliaro, V.; Litter, M.; Palmisano, L.; Soria, J. The Combination of Heterogeneous Photocatalysis with Chemical and Physical Operations: A Tool for Improving the Photoprocess Performance. J Photochem Photobiol C: Photochem Rev 2006, 7, 127 – 144.

[18] Sykora, J.; Pado, M.; Tatarko, M.; Izakovič, M. Homogeneous Photo – oxidation of Phenols: Influence of Metals. J. Photochem. Photobiol. A Chem. 1997, 110, 167 – 175.

[19] Brezová, V.; Blažková, A.; Borošová, E.; Åeppan, M.; Fiala, R. The Influence of Dissolved Metal Ions on the Photocatalytic Degradation of Phenol in Aqueous $TiO_2$ Suspensions. J. Mol. Catal. A Chem. 1995, 98, 109 – 116.

[20] Emeline, A. V.; Ryabchuk, V.; Serpone, N. Factors Affecting the Efficiency of a Photocatalyzed Process in Aqueous Metal – Oxide Dispersions: Prospect of Distinguishing Between Two Kinetic Models. J. Photochem. Photobiol. A Chem. 2000, 133, 89 – 97.

[21] Brosillon, S.; Lhomme, L.; Vallet, C.; Bouzaza, A.; Wolbert, D. Gas Phase Photocatalysis and Liquid Phase Photocatalysis: Interdependence and Influence of Substrate Concentration and Photon Flow on Degradation Reaction Kinetics. Appl. Catal. B Environ. 2008, 78, 232 – 241.

[22] Choi, W. Pure and Modified $TiO_2$ Photocatalysts and Their Environmental Applications. Catal. Surv. Asia. 2006, 10, 16 – 28.

[23] Robertson, P. K. J. Semiconductor Photocatalysis: An Environmentally Acceptable Alternative Production Technique and Effluent Treatment Process. J. Cleaner Prod. 1996, 4, 203 – 212.

[24] Robert, D. Photosensitization of TiO2 by MxOy and MxSy Nanoparticles for Heterogeneous Photocatalysis Applications. Catal. Today 2007, 122, 20 – 26.

[25] Liu, X.; Li, Y.; Wang, X. Photoluminescence Enhancement of $ZrO_2$/Morin Nanocomposites. Mater. Lett. 2006, 60, 1943 – 1946.

[26] Di Paola, A.; Cufalo, G.; Addamo, M.; Bellardita, M.; Campostrini, R.; Ischia, M.; Ceccato, R.; Palmisano, L. Photocatalytic Activity of Nanocrystalline $TiO_2$ (Brookite, Rutile and Brookite – Based) Powders Prepared by Thermohydrolysis of $TiCl_4$ in Aqueous Chloride Solutions. Colloids Surf. A Physicochem. Eng. Asp. 2008, 317, 366 – 376.

[27] Ni, M.; Leung, M. K. H.; Leung, D. Y. C.; Sumathy, K. A Review and Recent Developments in Photocatalytic Water – Splitting Using $TiO_2$ for Hydrogen Production.

Renew. Sust. Energ. Rev. 2007, 11, 401 – 425.

[28] Ahn, W. - Y.; Sheeley, S. A.; Rajh, T.; Cropek, D. M. Photocatalytic Reduction of 4 – Nitrophenol with Arginine – Modified Titanium Dioxide Nanoparticles. Appl. Catal. B Environ. 2007, 74, 103 – 110.

[29] Amat, A. M.; Arques, A.; Galindo, F.; Miranda, M. A.; Santos – Juanes, L.; Vercher, R. F.; Vicente, R. Acridine Yellow as Solar Photocatalyst for Enhancing Biodegradability and Eliminating Ferulic Acid as Model Pollutant. Appl. Catal. B Environ. 2007, 73, 220 – 226.

[30] Araña, J.; Peña Alonso, A.; Doña Rodríguez, J. M.; Herrera Melián, J. A.; Gonzáles Díaz, O.; Pérez Peña, J. Comparative Study of MTBE Photocatalytic Degradation with $TiO_2$ and $Cu – TiO_2$. Appl. Catal. B Environ. 2008, 78, 355 – 363.

[31] Bonchio, M.; Carraro, M.; Gardan, M.; Scorrano, G.; Drioli, E.; Fontananova, E. Hybrid Photocatalytic Membranes Embedding Decatungstate for Heterogeneous Photooxygenation. Top. Catal. 2006, 40, 133 – 140.

[32] Chen, F.; Hua Wua, T.; Ping Zhou, X. The Photodegradation of Acetone Over $VOx/MgF_2$ Catalysts. Catal. Commun. 2008, 9, 1698 – 1703.

[33] Colmenares, J. C.; Aramendía, M. A.; Marinas, A.; Marinas, J. M.; Urbano, F. J. Synthesis, Characterization and Photocatalytic Activity of Different Metal – Doped Titania Systems. Appl. Catal. A Gen. 2006, 306, 120 – 127.

[34] Ge, L. Novel Visible – Light – Driven $Pt/BiVO_4$ Photocatalyst for Efficient Degradation of Methyl Orange. J. Mol. Catal. A Chem. 2008, 282, 62 – 66.

[35] Huang, G.; Zhu, Y. Synthesis and Photocatalytic Performance of $ZnWO_4$ Catalyst. Mater. Sci. Eng. B 2007, 139, 201 – 208.

[36] Jitputti, J.; Suzuki, Y.; Yoshikawa, S. Synthesis of $TiO_2$ Nanowires and Their Photocatalytic Activity for Hydrogen Evolution. Catal. Commun. 2008, 9, 1265 – 1271.

[37] Kanthasamy, R.; Larsen, S. C. Visible Light Photoreduction of Cr(VI) in Aqueous Solution Using Iron – Containing Zeolite Tubes. Microporous Mesoporous Mater. 2007, 100, 340 – 349.

[38] Kobasa, I. M.; Tarasenko, G. P. Photocatalysis of Reduction of the Dye Methylene Blue by $Bi_2S_3/CdS$ Nanocomposites. Theor. Exp. Chem. 2002, 38, 255 – 258.

[39] Kudo, A.; Sekizawa, M. Photocatalytic $H_2$ Evolution Under Visible Light Irradiation on Ni – Doped ZnS Photocatalyst. Chem. Commun. 1371 – 1372.

[40] Kuo, W. S.; Chiang, Y. H.; Lai, L. S. Solar Photocatalysis of Carbaryl Rinsate Promoted by Dye Photosensitization. Dyes Pigments 2008, 76, 82 – 87.

[41] Li, X.; Ouyang, S.; Kikugawa, N.; Ye, J. Novel $Ag_2ZnGeO_4$ Photocatalyst for Dye Degradation Under Visible Light Irradiation. Appl. Catal. A Gen. 2008, 334, 51 – 58.

[42] Lin, X.; Huang, F.; Wang, W.; Shan, Z.; Shi, J. Methyl Orange Degradation O-

ver a Novel Bi – Based Photocatalyst $Bi_3SbO_7$: Correlation of Crystal Structure toPhotocatalytic Activity. Dyes Pigments 2008, 78, 39 – 47.

[43] Liu, Y.; Deng, L.; Chen, Y.; Wu, F.; Deng, N. Simultaneous Photocatalytic Reduction of Cr(VI) and Oxidation of Bisphenol A Induced by Fe(III) – OH Complexes in Water. J. Hazard. Mater. 2007, 139, 399 – 402.

[44] Maldotti, A.; Amadelli, R.; Vitali, I.; Borgatti, L.; Molinari, A. $CH_2Cl_2$ – Assisted Functionalization of Cycloalkenes by Photoexcited $(nBu_4N)_4W_{10}O_{32}$ Heterogenized on $SiO_2$. J. Mol. Catal. A Chem. 2003, 204, 703 – 711.

[45] Marais, E.; Klein, R.; Antunes, E.; Nyokong, T. Photocatalysis of 4 – Nitrophenol Using Zinc Phthalocyanine Complexes. J. Mol. Catal. A Chem. 2007, 261, 36 – 42.

[46] Mizukoshi, Y.; Makise, Y.; Shuto, T.; Hu, J.; Tominaga, A.; Shironita, S.; Tanabe, S. Immobilization of Noble Metal Nanoparticles on the Surface of $TiO_2$ by the Sonochemical Method: Photocatalytic Production of Hydrogen from an Aqueous Solution of Ethanol. Ultrason. Sonochem. 2007, 14, 387 – 392.

[47] Rengaraj, S.; Li, X. Z. Enhanced Photocatalytic Reduction Reaction Over $Bi^{3+}$ – $TiO_2$ Nanoparticles in Presence of Formic Acid as a Hole Scavenger. Chemosphere 2007, 66, 930 – 938.

[48] Sobana, N.; Muruganandam, M.; Swaminathan, M. Characterization of AC – ZnO Catalyst and Its Photocatalytic Activity on 4 – Acetylphenol Degradation. Catal. Commun. 2008, 9, 262 – 268.

[49] Sun, H.; Bai, Y.; Jin, W.; Xu, N. Visible – Light – Driven $TiO_2$ Catalysts Doped with Low – Concentration Nitrogen Species. Sol. Energy Mater. Sol. Cells 2008, 92, 76 – 83.

[50] Taylor, C. E. Photocatalytic Conversion of Methane Contained in Methane Hydrates. Top. Catal. 2005, 32, 179 – 184.

[51] Troupis, A.; Hiskia, A.; Papaconstantinou, E. Selective Photocatalytic Reduction – Recovery of Palladium Using Polyoxometallates. Appl. Catal. B Environ. 2004, 52, 41 – 48.

[52] Xu, J.; Ao, Y.; Fu, D.; Yuan, C. Low – Temperature Preparation of F – Doped $TiO_2$ Film and Its Photocatalytic Activity Under Solar Light. Appl. Surf. Sci. 2008, 254, 3033 – 3038.

[53] Wang, C. – T. J. Photocatalytic Activity of Nanoparticle Gold/Iron Oxide Aerogels for Azo Dye Degradation. J. Non – Cryst. Solids 2007, 353, 1126 – 1133.

[54] Chen, C.; Wang, Z.; Ruan, S.; Zou, B.; Zhao, M.; Wu, F. Photocatalytic Degradation of C. I. Acid Orange 52 in the Presence of Zn – Doped $TiO_2$ Prepared by a Stearic Acid Gel Method. Dyes Pigments 2008, 77, 204 – 209.

[55] Wu, G.; Chen, T.; Su, W.; Zhou, G.; Zong, X.; Lei, Z.; Li, C. $H_2$ Production with Ultra – Low CO Selectivity via Photocatalytic Reforming of Methanol on $Au/TiO_2$

Catalyst. Int. J. Hydrog. Energy 2008, 33, 1243 – 1251.

[56] Egerton, T. A.; Mattinson, J. A. The Influence of Platinum on UV and 'Visible' Photocatalysis by Rutile and Degussa P25. J. Photochem. Photobiol. A Chem. 2008, 194, 283 – 289.

[57] Ling, Q.; Sun, J.; Zhou, Q. Preparation and Characterization of Visible – Light – Driven Titania Photocatalyst Co – Doped with Boron and Nitrogen. Appl. Surf. Sci. 2008, 254, 3236 – 3241.

[58] Peng, F.; Cai, L.; Yu, H.; Wang, H.; Yang, J. Synthesis and Characterization of Substitutional and Interstitial Nitrogen – Doped Titanium Dioxides with Visible Light Photocatalytic Activity. J. Solid State Chem. 2008, 181, 130 – 136.

[59] Wong, M. – S.; Hsu, S. – W.; Rao, K. K.; Kumar, C. P. Influence of Crystallinity and Carbon Content on Visible Light Photocatalysis of Carbon Doped Titania Thin Films. J. Mol. Catal. A Chem. 2008, 279, 20 – 26.

[60] Li, S.; Ma, Z.; Zhang, J.; Liu, J. Photocatalytic Activity of $TiO_2$ and ZnO in the Presence of Manganese Dioxides. Catal. Commun. 2008, 9, 1482 – 1486.

[61] Su, W.; Chen, J.; Wu, L.; Wang, X.; Wang, X.; Fu, X. Visible Light Photocatalysis on Praseodymium (Ⅲ) – Nitrate – Modified $TiO_2$ Prepared by an Ultrasound Method. Appl. Catal. B Environ. 2008, 77, 264 – 271.

[62] Xia, H.; Zhuang, H.; Zhang, T.; Xiao, D. Visible – Light – Activated Nanocomposite Photocatalyst of $Fe_2O_3/SnO_2$. Mater. Lett. 2008, 62, 1126 – 1128.

[63] Xiao, G.; Wang, X.; Li, D.; Fu, X. $InVO_4$ – Sensitized $TiO_2$ Photocatalysts for Efficient air Purification with Visible Light. J. Photochem. Photobiol. A Chem. 2008, 193, 213 – 221.

[64] Zang, Y.; Farnood, R. Photocatalytic Activity of $AgBr/TiO_2$ in Water Under Simulated Sunlight Irradiation. Appl. Catal. B Environ. 2008, 79, 334 – 340.

[65] Jana, A. K. Solar Cells Based on Dyes. J. Photochem. Photobiol. A Chem. 2000, 132, 1 – 17.

[66] Gurunathan, K. Photobiocatalytic Production of Hydrogen Using Sensitized $TiO_2$ – $MV^{2+}$ System Coupled Rhodopseudomonas capsulata. J. Mol. Catal. A Chem. 2000, 156, 59 – 67.

[67] Sohrabi, M. R.; Ghavami, M. Photocatalytic Degradation of Direct Red 23 Dye Using $UV/TiO_2$: Effect of Operational Parameters. J. Hazard. Mater. 2008, 153, 1235 – 1239.

[68] Ortiz – Gómez, A.; Serrano – Rosales, B.; De Lasa, H. Enhanced Mineralization of Phenol and Other Hydroxylated Compounds in a Photocatalytic Process Assisted with Ferric Ions. Chem. Eng. Sci. 2008, 63, 520 – 557.

[69] Qourzal, S.; Barka, N.; Tamimi, M.; Assabbane, A.; Ait – Ichou, Y. Photodegradation of 2 – Naphthol in Water by Artificial Light Illumination Using $TiO_2$ Photocata-

[70] Chen, Y.; Stathatos, E.; Dionysiou, D. D. Microstructure Characterization and Photocatalytic Activity of Mesoporous $TiO_2$ Films with Ultrafine Anatase Nanocrystallites. Surf. Coat. Technol. 2008, 202, 1944–1950.

[71] Huang, J.; Wang, X.; Hou, Y.; Chen, X.; Wu, L.; Wang, X.; Fu, X. Synthesis of Functionalized Mesoporous $TiO_2$ Molecular Sieves and Their Application in Photocatalysis. Microporous Mesoporous Mater. 2008, 110, 543–552.

[72] Kansal, S. K.; Singh, M.; Sud, D. Studies on $TiO_2$/ZnO Photocatalysed Degradation of Lignin. J. Hazard. Mater. 2008, 153, 412–417.

[73] Zhang, X.; Lei, L. Effect of Preparation Methods on the Structure and Catalytic Performance of $TiO_2$/AC Photocatalysts. J. Hazard. Mater. 2008, 153, 827–833.

[74] Wang, Y. H.; Liu, X. Q.; Meng, G. Y. Preparation and Properties of Supported 100% Titania Ceramic Membranes. Mater. Res. Bull. 2008, 43, 1480–1491.

[75] Demeestere, K.; Dewulf, J.; De Witte, B.; Beeldens, A.; Van Langenhove, H. Heterogeneous Photocatalytic Removal of Toluene from Air on Building Materials Enriched with $TiO_2$. Build. Environ. 2008, 43, 406–414.

[76] Du, P.; Carneiro, J. T.; Moulijn, J. A.; Mul, G. A Novel Photocatalytic Monolith Reactor for Multiphase Heterogeneous Photocatalysis. Appl. Catal. A Gen. 2008, 334, 119–128.

[77] Bi, J.; Wu, L.; Li, Z.; Wang, X.; Fu, X. A Citrate Complex Process to Prepare Nanocrystalline $PbBi_2Nb_2O_9$ at a Low Temperature. Mater. Lett. 2008, 62, 155–158.

[78] Wu, L.; Bi, J.; Li, Z.; Wang, X.; Fu, X. Rapid Preparation of $Bi_2WO_6$ Photocatalyst with Nanosheet Morphology via Microwave–Assisted Solvothermal Synthesis. Catal. Today 2008, 131, 15–20.

[79] Baran, W.; Makowski, A.; Wardas, W. The Effect of UV Radiation Absorption of Cationic and Anionic Dye Solutions on Their Photocatalytic Degradation in the Presence $TiO_2$. Dyes Pigments 2008, 76, 226–230.

[80] Yang, X.; Xu, L.; Yu, X.; Guo, Y. One–Step Preparation of Silver and Indium Oxide Co–doped $TiO_2$ Photocatalyst for the Degradation of Rhodamine B. Catal. Commun. 2008, 9, 1224–1229.

[81] Lhomme, L.; Brosillon, S.; Wolbert, D. Photocatalytic Degradation of a Triazole Pesticide, Cyproconazole, in Water. J. Photochem. Photobiol. A Chem. 2007, 188, 34–42.

[82] Sakkas, V. A.; Arabatzis, I. M.; Konstantinou, I. K.; Dimou, A. D.; Albanis, T. A.; Falaras, P. Metolachlor Photocatalytic Degradation Using $TiO_2$ Photocatalysts. Appl. Catal. B Environ. 2004, 49, 195–205.

[83] Augugliaro, V.; García-López, E.; Loddo, V.; Malato-Rodríguez, S.; Maldonado, I.; Marcì, G.; Molinari, R.; Palmisano, L. Degradation of Lincomycin in Aqueous Medium: Coupling of Solar Photocatalysis and Membrane Separation. Sol. Energy 2005, 79, 402-408.

[84] Molinari, R.; Pirillo, F.; Loddo, V.; Palmisano, L. Heterogeneous Photocatalytic Degradation of Pharmaceuticals in Water by Using Polycrystalline $TiO_2$ and a Nanofiltration Membrane Reactor. Catal. Today 2006, 118, 205-213.

[85] Yurdakal, S.; Loddo, V.; Augugliaro, V.; Berber, H.; Palmisano, G.; Palmisano, L. Photodegradation of Pharmaceutical Drugs in Aqueous $TiO_2$ Suspensions: Mechanism and Kinetics. Catal. Today 2007, 129, 9-15.

[86] Zhang, Y.; Zhou, J. L.; Ning, B. Photodegradation of Estrone and 17b-Estradiol in Water. Water Res. 2007, 41, 19-26.

[87] Huang, X.; Leal, M.; Li, Q. Degradation of Natural Organic Matter by $TiO_2$ Photocatalytic Oxidation and Its Effect on Fouling of Low-Pressure Membranes. Water Res. 2008, 42, 1142-1150.

[88] Lair, A.; Ferronato, C.; Chovelon, J.-M.; Herrmann, J.-M. Naphthalene Degradation in Water by Heterogeneous Photocatalysis: An Investigation of the Influence of Inorganic Anions. J. Photochem. Photobiol. A Chem. 2008, 193, 193-203.

[89] Karunakaran, C.; Dhanalakshmi, R. Photocatalytic Performance of Particulate Semiconductors Under Natural Sunshine—Oxidation of Carboxylic Acids. Sol. Energy Mater. Sol. Cells 2008, 92, 588-593.

[90] Shon, H. K.; Phuntsho, S.; Vigneswaran, S. Effect of Photocatalysis on the Membrane Hybrid System for Wastewater Treatment. Desalination 2008, 225, 235-248.

[91] Augugliaro, V.; Coluccia, S.; Loddo, V.; Marchese, L.; Martra, G.; Palmisano, L.; Pantaleone, M.; Schiavello, M. Studies in Surface Science and Catalysis. In 3rd Worl Congress on Oxidation Catalysis; Grasselli, R. K.; Oyama, S. T.; Gaffney, A. M.; Lyons, J. E., Eds.; Elsevier Science Publishers B. V, Amsterdam, 1997; pp 663-672.

[92] Augugliaro, V.; Coluccia, S.; Loddo, V.; Marchese, L.; Martra, G.; Palmisano, L.; Schiavello, M. Photocatalytic Oxidation of Gaseous Toluene on Anatase $TiO_2$ Catalyst: Mechanistic Aspects and FT-IR Investigation. Appl. Catal. B Environ. 1999, 20, 15-27.

[93] Marcì, G.; Addamo, M.; Augugliaro, V.; Coluccia, S.; García-López, E.; Loddo, V.; Martra, G.; Palmisano, L.; Schiavello, M. Photocatalytic Oxidation of Toluene on Irradiated $TiO_2$: Comparison of Degradation Performance in Humidified Air, in Water and in Water Containing a Zwitterionic Surfactant. J. Photochem. Photobiol. A Chem. 2003, 160, 105-114.

[94] Yan, T.; Long, J.; Chen, Y.; Wang, X.; Li, D.; Fu, X. Indium Hydroxide: A

Highly Active and Low Deactivated Catalyst for Photoinduced Oxidation of Benzene. C. R. Chim. 2008, 11, 101 – 106.

[95] Chen, D.; Ray, A. K. Removal of Toxic Metal Ions from Wastewater by Semiconductor Photocatalysis. Chem. Eng. Sci. 2001, 56, 1561 – 1570.

[96] Aarthi, T.; Madras, G. Photocatalytic Reduction of Metals in Presence of Combustion Synthesized Nano – $TiO_2$. Catal. Commun. 2008, 9, 630 – 634.

[97] Cappelletti, G.; Bianchi, C. L.; Ardizzone, S. Nano – Titania Assisted Photoreduction of Cr(VI): The Role of the Different $TiO_2$ Polymorphs. Appl. Catal. B Environ. 2008, 78, 193 – 201.

[98] Wang, L.; Wang, N.; Zhu, L.; Yu, H.; Tang, H. Photocatalytic Reduction of Cr(VI) Over Different $TiO_2$ Photocatalysts and the Effects of Dissolved Organic Species. J. Hazard. Mater. 2008, 152, 93 – 99.

[99] Wang, X.; Pehkonen, S. O.; Ray, A. K. Photocatalytic Reduction of Hg(II) on Two Commercial $TiO_2$ Catalysts. Electrochim. Acta 2004, 49, 1435 – 1444.

[100] Sharma, V. K.; Chenay, B. V. N. Heterogeneous Photocatalytic Reduction of Fe(VI) in UV – Irradiated Titania Suspensions: Effect of Ammonia. J. Appl. Electrochem. 2005, 35, 775 – 781.

[101] Papadam, T.; Xekoukoulotakis, N. P.; Poulios, I.; Mantzavinos, D. Photocatalytic Transformation of Acid Orange 20 and Cr(VI) in Aqueous $TiO_2$ Suspensions. J. Photochem. Photobiol. A Chem. 2007, 186, 308 – 315.

[102] Ranjit, K. T.; Krishnamoorthy, R.; Varadarajan, T. K.; Viswanathan, B. Photocatalytic Reduction of Nitrite on CdS. J. Photochem. Photobiol. A Chem. 1995, 166, 185 – 189.

[103] Augugliaro, V.; Loddo, V.; Marcì, G.; Palmisano, L.; López – Muñoz, M. J. Photocatalytic Oxidation of Cyanides in Aqueous Titanium Dioxide Suspensions. J. Catal. 1997, 166, 272 – 283.

[104] Coronado, J. M.; Soria, J.; Conesa, J. C.; Bellod, R.; Adán, C.; Yamaoka, H.; Loddo, V.; Augugliaro, V. Photocatalytic Inactivation of Legionella Pneumophila and an Aerobic Bacteria Consortium in Water Over $TiO_2$/$SiO_2$ Fibres in a Continuous Reactor. Top. Catal. 2005, 35, 279 – 286.

[105] Rincón, A. G.; Pulgarin, C. Photocatalytical Inactivation of E. coli: Effect of (Continuous – Intermittent) Light Intensity and of (Suspended – Fixed) $TiO_2$ Concentration. Appl. Catal. B Environ. 2003, 44, 263 – 284.

[106] Guillard, C.; Bui, T. – H.; Felix, C.; Moules, V.; Lina, B.; Lejeune, P. Microbiological Disinfection of Water and Air by Photocatalysis. C. R. Chim. 2008, 11, 107 – 113.

[107] Kim, B.; Kim, D.; Cho, D.; Cho, S. Bactericidal Effect of $TiO_2$ Photocatalyst on Selected Food – Borne Pathogenic Bacteria. Chemosphere 2003, 52, 277 – 281.

[108] Cai, R.; Kubota, Y.; Shuin, T.; Sakai, H.; Hashimoto, K.; Fujishima, A. Induction of Cytotoxicity by Photoexcited $TiO_2$ Particles. Cancer Res. 1992, 52, 2346 – 2348.

[109] Fujishima, A.; Rao, T. N.; Tryk, D. A. Titanium Dioxide Photocatalysis. J. Photochem. Photobiol. C: Photochem. Rev. 2000, 1, 1 – 21.

[110] Gonzales, M. A.; Howell, S. G.; Sikdar, S. K. Photocatalytic Selective Oxidation of Hydrocarbons in the Aqueous Phase. J. Catal. 1999, 183, 159 – 162.

[111] Almquist, C. B.; Biswas, P. The Photo – oxidation of Cyclohexane on Titanium Dioxide: An Investigation of Competitive Adsorption and Its Effects on Product Formation and Selectivity. Appl. Catal. A Gen. 2001, 214, 259 – 271.

[112] Du, P.; Moulijn, J. A.; Mul, G. Selective Photo(Catalytic) – Oxidation of Cyclohexane: Effect of Wavelength and $TiO_2$ Structure on Product Yields. J. Catal. 2006, 238, 342 – 352.

[113] Palmisano, G.; Addamo, M.; Augugliaro, V.; Caronna, T.; Di Paola, A.; García López, E.; Loddo, V.; Marcì, G.; Palmisano, L.; Schiavello, M. Selectivity of Hydroxyl Radical in the Partial Oxidation of Aromatic Compounds in Heterogeneous Photocatalysis. Catal. Today 2007, 122, 118 – 127.

[114] Shimizu, K.; Akahane, H.; Kodama, T.; Kitayama, Y. Selective Photo – oxidation of Benzene Over Transition Metal – Exchanged BEA Zeolite. Appl. Catal. A Gen. 2004, 269, 75 – 80.

[115] Park, H.; Choi, W. Photocatalytic Conversion of Benzene to Phenol Using Modified $TiO_2$ and Polyoxometalates. Catal. Today 2005, 101, 291 – 297.

[116] Gondal, M. A.; Hameed, A.; Yamani, Z. H.; Arfaj, A. Photocatalytic Transformation of Methane Into Methanol Under UV Laser Irradiation Over $WO_3$, $TiO_2$ and NiO Catalysts. Chem. Phys. Lett. 2004, 392, 372 – 377.

[117] Pillai, U. R.; Sahle – Demessie, E. Selective Oxidation of Alcohols in Gas Phase Using Light – Activated Titanium Dioxide. J. Catal. 2002, 211, 434 – 444.

[118] Mohamed, O. S.; Gaber, A. E. – A. M.; Abdel – Wahab, A. A. Photocatalytic Oxidation of Selected Aryl Alcohols in Acetonitrile. J. Photochem. Photobiol. A Chem. 2002, 148, 205 – 210.

[119] Palmisano, G.; Yurdakal, S.; Augugliaro, V.; Loddo, V.; Palmisano, L. Photocatalytic Selective Oxidation of 4 – Methoxybenzyl Alcohol to Aldehyde in Aqueous Suspension of Home – Prepared Titanium Dioxide Catalyst. Adv. Synth. Catal. 2007, 349, 964 – 970.

[120] Zhang, T.; You, L.; Zhang, Y. Photocatalytic Reduction of p – Chloronitrobenzene on Illuminated Nano – Titanium Dioxide Particles. Dyes Pigments 2006, 68, 95 – 100.

[121] Maldotti, A.; Andreotti, L.; Molinari, A.; Tollari, S.; Penoni, A.; Cenini, S.

Photochemical and Photocatalytic Reduction of Nitrobenzene in the Presence of Cyclohexene. J. Photochem. Photobiol. A Chem. 2000, 133, 129 – 133.

[122] Brezová, V.; Blažková, A.; Åurina, I.; Havlinová, B. Solvent Effect on the Photocatalytic Reduction of 4 – Nitrophenol in Titanium Dioxide Suspensions. J. Photochem. Photobiol. A Chem. 1997, 107, 233 – 237.

[123] Ku, Y.; Lee, W. H.; Wang, W. Y. Photocatalytic Reduction of Carbonate in Aqueous Solution by UV/$TiO_2$ Process. J. Mol. Catal. A Chem. 2004, 212, 191 – 196.

[124] Dey, G. R.; Belapurkar, A. D.; Kishore, K. Photo – Catalytic Reduction of Carbon Dioxide to Methane Using $TiO_2$ as Suspension in Water. J. Photochem. Photobiol. A Chem. 2004, 163, 503 – 508.

[125] Yahaya, A. H.; Gondal, M. A.; Hameed, A. Selective Laser Enhanced Photocatalytic Conversion of $CO_2$ Into Methanol. Chem. Phys. Lett. 2004, 400, 206 – 212.

[126] Sasirekha, N.; Sardhar Basha, S. J.; Shanthi, K. Photocatalytic Performance of Ru Doped Anatase Mounted on Silica for Reduction of Carbon Dioxide. Appl. Catal. B Environ. 2006, 62, 169 – 180.

[127] Subba Rao, K. V.; Srinivas, B.; Prasad, A. R.; Subrahmanyam, M. A Novel One Step Photocatalytic Synthesis of Dihydropyrazine from Ethylenediamine and Propylene Glycol. Chem. Commun. 1533 – 1534.

[128] Maldotti, A.; Amadelli, R.; Samiolo, L.; Molinari, A.; Penoni, A.; Tollari, S.; Cenini, S. Photocatalytic Formation of a Carbamate Through Ethanol – Assisted Carbonylation of p – Nitrotoluene. Chem. Commun. 1749 – 1751.

[129] Molinari, A.; Varani, G.; Polo, E.; Vaccari, S.; Maldotti, A. Photocatalytic and Catalytic Activity of Heterogenized $W_{10}O_{32}^{4-}$ in the Bromide – Assisted Bromination of Arenes and Alkenes in the Presence of Oxygen. J. Mol. Catal. A Chem. 2007, 262, 156 – 163.

[130] Marinković, S.; Hoffmann, N. Efficient Radical Addition of Tertiary Amines to Electron – Deficient Alkenes Using Semiconductors as Photochemical Sensitisers. Chem. Commun. 1576 – 1578.

[131] Schindler, W.; Kisch, H. Heterogeneous Photocatalysis XV. Mechanistic Aspects of Cadmium Sulfide – Catalyzed Photoaddition of Olefins to Schiff Bases. J. Photochem. Photobiol. A Chem. 1997, 103, 257 – 264.

[132] Caronna, T.; Gambarotti, C.; Palmisano, L.; Punta, C.; Recupero, F. Sunlight – Induced Reactions of Some Heterocyclic Bases with Ethers in the Presence of $TiO_2$: A Green Route for the Synthesis of Heterocyclic Aldehydes. J. Photochem. Photobiol. A Chem. 2005, 171, 237 – 242.

[133] Ohtani, B.; Pal, B.; Ikeda, S. Photocatalytic Organic Syntheses: Selective Cyclization of Amino Acids in Aqueous Suspensions. Catal. Surv. Asia. 2003, 7, 165 –

176.

[134] Takei, G.; Kitamori, T.; Kim, H.-B. Photocatalytic Redox-Combined Synthesis of l-Pipecolinic Acid with a Titania-Modified Microchannel Chip. Catal. Commun. 2005, 6, 357-360.

[135] Higashida, S.; Harada, A.; Kawakatsu, R.; Fujiwara, N.; Matsumura, M. Synthesis of a Coumarin Compound from Phenanthrene by a $TiO_2$-Photocatalyzed Reaction. Chem. Commun. 2804-2806.

[136] Bellardita, M.; Loddo, V.; Mele, A.; Panzeri, W.; Parrino, F.; Pibiri, I.; Palmisano, L. Photocatalysis in Dimethyl Carbonate Green Solvent: Degradation and Partial Oxidation of Phenanthrene on Supported $TiO_2$. RSC Adv. 2014, 4, 40859-40864.

[137] Kudo, A. Photocatalyst Materials for Water Splitting. Catal. Surv. Asia. 2003, 7, 31-38.

[138] Tan, S. S.; Zou, L.; Hu, E. Kinetic Modelling for Photosynthesis of Hydrogen and Methane Through Catalytic Reduction of Carbon Dioxide with Water Vapour. Catal. Today 2008, 131, 125-129.

[139] Tan, S. S.; Zou, L.; Hu, E. Photosynthesis of Hydrogen and Methane as Key Components for Clean Energy System. Sci. Technol. Adv. Mater. 2007, 8, 89-92.

[140] Addamo, M.; Augugliaro, V.; García-López, E.; Loddo, V.; Marcì, G.; Palmisano, L. Oxidation of Oxalate Ion in Aqueous Suspensions of $TiO_2$ by Photocatalysis and Ozonation. Catal. Today 2005, 107-108, 612-618.

[141] Hernández-Alonso, M. D.; Coronado, J. M.; Maira, A. J.; Soria, J.; Loddo, V.; Augugliaro, V. Ozone Enhanced Activity of Aqueous Titanium Dioxide Suspensions for Photocatalytic Oxidation of Free Cyanide Ions. Appl. Catal. B Environ. 2002, 39, 257-267.

[142] Sun, L.; Lu, H.; Zhou, J. Degradation of H-Acid by Combined Photocatalysis and Ozonation Processes. Dyes Pigments 2008, 76, 604-609.

[143] Torres, R. A.; Nieto, J. I.; Combet, E.; Pétrier, C.; Pulgarin, C. Influence of $TiO_2$ Concentration on the Synergistic Effect Between Photocatalysis and High-Frequency Ultrasound for Organic Pollutant Mineralization in Water. Appl. Catal. B Environ. 2008, 80, 168-175.

[144] Parra, S.; Sarria, V.; Malato, S.; Péringer, P.; Pulgarin, C. Photochemical Versus Coupled Photochemical-Biological Flow System for the Treatment of Two Biorecalcitrant Herbicides: Metobromuron and Isoproturon. Appl. Catal. B Environ. 2000, 27, 153-168.

[145] Brosillon, S.; Djelal, H.; Merienne, N.; Amrane, A. Innovative Integrated Process for the Treatment of Azo Dyes: Coupling of Photocatalysis and Biological

Treatment. Desalination 2008, 222, 331 −339.

[146] Azrague, K.; Aimar, P.; Benoit-Marquié, F.; Maurette, M. T. A New Combination of a Membrane and a Photocatalytic Reactor for the Depollution of Turbid Water. Appl. Catal. B Environ. 2007, 72, 197 −204.

[147] Camera-Roda, G.; Santarelli, F. Intensification of Water Detoxification by Integrating Photocatalysis and Pervaporation. J. Sol. Energy Eng. 2007, 129, 68 −73.

[148] Zama, K.; Fukuoka, A.; Sasaki, Y.; Inagaki, S.; Fukushimac, Y.; Ichikawa, M. Selective Hydroxylation of Benzene to Phenol by Photocatalysis of Molybdenum Complexes Grafted on Mesoporous FSM −16. Catal. Lett. 2000, 66, 251 −253.

[149] Biard, P. -F.; Bouzaza, A.; Wolbert, D. Photocatalytic Degradation of Two Volatile Fatty Acids in Monocomponent and Multicomponent Systems: Comparison Between Batch and Annular Photoreactors. Appl. Catal. B Environ. 2007, 74, 187 −196.

[150] Rivas, L.; Bellobono, I. R.; Ascari, F. Photomineralization of n −Alkanoic Acids in Aqueous Solution by Photocatalytic Membranes. Influence of Radiation Power. Chemosphere 1998, 37, 1033 −1044.

[151] Tsuru, T.; Kan-no, T.; Yoshioka, T.; Asaeda, M. A Photocatalytic Membrane Reactor for Gas-Phase Reactions Using Porous Titanium Oxide Membranes. Catal. Today 2003, 82, 41 −48.

[152] Molinari, R.; Palmisano, L.; Drioli, E.; Schiavello, M. Studies on Various Reactor Configurations for Coupling Photocatalysis and Membrane Processes in Water Purification. J. Membr. Sci. 2002, 206, 399 −415.

[153] Dijkstra, M. F. J.; Buwalda, H.; De Jong, A. F.; Michorius, A.; Wilkelman, J. G. M.; Beenackers, A. A. C. M. Experimental Comparison of Three Reactor Designs for Photocatalytic Water Purification. Chem. Eng. Sci. 2001, 56, 547 −555.

[154] Mascolo, G.; Comparelli, R.; Curri, M. L.; Lovecchio, G.; Lopez, A.; Agostiano, A. Photocatalytic Degradation of Methyl Red by $TiO_2$: Comparison of the Efficiency of Immobilized Nanoparticles Versus Conventional Suspended Catalyst. J. Hazard. Mater. 2007, 142, 130 −137.

[155] Molinari, R.; Mungari, M.; Drioli, E.; Di Paola, A.; Loddo, V.; Palmisano, L.; Schiavello, M. Study on a Photocatalytic Membrane Reactor for Water Purification. Catal. Today 2000, 55, 71 −78.

[156] Tang, C.; Chen, V. The Photocatalytic Degradation of Reactive Black 5 Using $TiO_2$/UV in an Annular Photoreactor. Water Res. 2004, 38, 2775 −2781.

[157] Chin, S. S.; Lim, T. M.; Chiang, K.; Fane, A. G. Factors Affecting the Performance of a Low-Pressure Submerged Membrane Photocatalytic Reactor. Chem. Eng. J. 2007, 130, 53 −63.

[158] Molinari, R.; Grande, C.; Drioli, E.; Palmisano, L.; Schiavello, M. Photocatalytic Membrane Reactors for Degradation of Organic Pollutants in Water. Catal. Today 2001, 67, 273 – 279.

[159] Sopajaree, K.; Qasim, S. A.; Basak, S.; Rajeshwar, K. An Integrated Flow Reactor – Membrane Filtration System for Heterogeneous Photocatalysis. Part II: Experiments on the Ultrafiltration Unit and Combined Operation. J. Appl. Electrochem. 1999, 29, 1111 – 1118.

[160] Molinari, R.; Pirillo, F.; Falco, M.; Loddo, V.; Palmisano, L. Photocatalytic Degradation of Dyes by Using a Membrane Reactor. Chem. Eng. Process. 2004, 43, 1103 – 1114.

[161] Lee, S. – A.; Choo, K. – H.; Lee, C. – H.; Lee, H. – I.; Hyeon, T.; Choi, W.; Kwon, H. – H. Use of Ultrafiltration Membranes for the Separation of $TiO_2$ Photocatalysts in Drinking Water Treatment. Ind. Eng. Chem. Res. 2001, 40, 1712 – 1719.

[162] Le – Clech, P.; Lee, E. – K.; Chen, V. Hybrid Photocatalysis/Membrane Treatment for Surface Waters Containing Low Concentrations of Natural Organic Matters. Water Res. 2006, 40, 323 – 330.

[163] Choo, K. – H.; Chang, D. – I.; Park, K. – W.; Kim, M. – H. Use of an Integrated Photocatalysis/Hollow Fiber Microfiltration System for the Removal of Trichloroethylene in Water. J. Hazard. Mater. 2008, 152, 183 – 190.

[164] Fu, J.; Ji, M.; Wang, Z.; Jin, L.; An, D. A New Submerged Membrane Photocatalysis Reactor (SMPR) for Fulvic Acid Removal Using a Nano – Structured Photocatalyst. J. Hazard. Mater. 2006, 131, 238 – 242.

[165] Ghosh, R. Enhancement of Membrane Permeability by Gas – Sparging in Submerged Hollow Fibre Ultrafiltration of Macromolecular Solutions: Role of Module Design. J. Membr. Sci. 2006, 274, 73 – 82.

[166] Chan, C. C. V.; Bérubé, P. R.; Hall, E. R. Shear Profiles Inside Gas Sparged Submerged Hollow Fiber Membrane Modules. J. Membr. Sci. 2007, 297, 104 – 120.

[167] Fernandez, R. L.; McDonald, J. A.; Khan, S. J.; Le – Clech, P. Removal of Pharmaceuticals and Endocrine Disrupting Chemicals by a Submerged Membrane Photocatalysis Reactor (MPR). Sep. Purif. Technol. 2014, 127, 131 – 139.

[168] Chong, M. N.; Jin, B.; Chow, C. W. K.; Saint, C. Recent Developments in Photocatalytic Water Treatment Technology: A Review. Water Res. 2010, 44, 2997 – 3027.

[169] Sarasidis, V. C.; Plakas, K. V.; Patsios, S. I.; Karabelas, A. J. Investigation of Diclofenac Degradation in a Continuous Photo – Catalytic Membrane Reactor. Influence of Operating Parameters. Chem. Eng. J. 2014, 239, 299 – 311.

[170] Kertèsz, S.; Cakl, J.; Jiránková, H. Submerged Hollow Fiber Microfiltration as a Part of Hybrid Photocatalytic Process for Dye Wastewater Treatment. Desalination 2014, 343, 106–112.

[171] Chin, S. S.; Lim, T. M.; Chiang, K.; Fane, A. G. Hybrid Low–Pressure Submerged Membrane Photoreactor for the Removal of Bisphenol A. Desalination 2007, 202, 253–261.

[172] Huang, X.; Meng, Y.; Liang, P.; Qian, Y. Operational Conditions of a Membrane Filtration Reactor Coupled with Photocatalytic Oxidation. Sep. Purif. Technol. 2007, 55, 165–172.

[173] Zheng, X.; Wang, Q.; Chen, L.; Wang, J.; Cheng, R. Photocatalytic Membrane Reactor (PMR) for Virus Removal in Water: Performance and Mechanisms. Chem. Eng. J. 2015, 277, 124–129.

[174] Choi, J.-H.; Fukushi, K.; Yamamoto, K. A Submerged Nanofiltration Membrane Bioreactor for Domestic Wastewater Treatment: The Performance of Cellulose Acetate Nanofiltration Membranes for Long–Term Operation. Sep. Purif. Technol. 2007, 52, 470–477.

[175] Anderson, M. A.; Gieselmann, M. J.; Xu, Q. J. Titania and Alumina Ceramic Membranes. J. Membr. Sci. 1988, 39, 243–258.

[176] Moosemiller, M. D.; Hill, C. G., Jr.; Anderson, M. A. Physicochemical Properties of Supported g–$Al_2O_3$ and $TiO_2$ Ceramic Membranes. Sep. Sci. Technol. 1989, 24, 641–657.

[177] Zhang, H.; Quan, X.; Chen, S.; Zhao, H.; Zhao, Y. Fabrication of Photocatalytic Membrane and Evaluation Its Efficiency in Removal of Organic Pollutants from Water. Sep. Purif. Technol. 2006, 50, 147–155.

[178] Meister, S.; Reithmeier, R. O.; Tschurl, M.; Heiz, U.; Rieger, B. Unraveling Side Reactions in the Photocatalytic Reduction of $CO_2$: Evidence for Light–Induced Deactivation Processes in Homogeneous Photocatalysis. ChemCatChem 2015, 7, 690–697.

[179] Liu, B. Monte–Carlo Modelling of Nano–Material Photocatalysis: Bridging Photocatalytic Activity and Microscopic Charge Kinetics. Phys. Chem. Chem. Phys. 2016, 18, 11520–11527.

[180] Athanasekou, C. P.; Moustakas, N. G.; Morales–Torres, S.; Pastrana–Martínez, L. M.; Figueiredo, J. L.; Faria, J. L.; Silva, A. M. T.; Dona–Rodriguez, J. M.; Romanos, G. E.; Falaras, P. Ceramic Photocatalytic Membranes for Water Filtration Under UV and Visible Light. Appl. Catal. B Environ. 2015, 178, 12–19.

[181] Wang, Z.-B.; Guan, Y.-J.; Chen, B.; Bai, S.-L. Retention and Separation of 4BS Dye from Wastewater by the N–$TiO_2$ Ceramic Membrane. Desalin. Water

[182] Pastrana-Martìnez, L. M.; Morales-Torres, S.; Figueiredo, J. L.; Faria, J. L.; Silva, A. M. T. Graphene Oxide Based Ultrafiltration Membranes for Photocatalytic Degradation of Organic Pollutants in Salty Water. Water Res. 2015, 77, 179–190.

[183] Ramasundaram, S.; Yoo, H. N.; Song, K. G.; Lee, J.; Choi, K. J.; Hong, S. W. Titanium Dioxide Nanofibers Integrated Stainless Steel Filter for Photocatalytic Degradation of Pharmaceutical Compounds. J. Hazard. Mater. 2013, 258–259, 124–132.

[184] Georgi, A.; Kopinke, F.-D. Interaction of Adsorption and Catalytic Reactions in Water Decontamination Processes: Part I. Oxidation of Organic Contaminants with Hydrogen Peroxide Catalyzed by Activated Carbon. Appl. Catal. B Environ. 2005, 58, 9–18.

[185] Papageorgiou, S. K.; Katsaros, F. K.; Favvas, E. P.; Romanos, G. E.; Athanasekou, C. P.; Beltsios, K. G.; Tzialla, O. I.; Falaras, P. Alginate Fibers as Photocatalyst Immobilizing Agents Applied in Hybrid Photocatalytic/Ultrafiltration Water Treatment Processes. Water Res. 2012, 46, 1858–1872.

[186] Shan, A. Y.; Ghazi, T. I. M.; Rashid, S. A. Immobilisation of Titanium Dioxide Onto Supporting Materials in Heterogeneous Photocatalysis: A Review. Appl. Catal. A Gen. 2010, 389, 1–8.

[187] Ma, N.; Zhang, Y.; Quan, X.; Fan, X.; Zhao, H. Performing a Microfiltration Integrated with Photocatalysis Using an Ag–$TiO_2$/HAP/$Al_2O_3$ Composite Membrane for Water Treatment: Evaluating Effectiveness for Humic Acid Removal and Anti-Fouling Properties. Water Res. 2010, 44, 6104–6114.

[188] Liu, L.; Liu, Z.; Bai, H.; Sun, D. D. Concurrent Filtration and Solar Photocatalytic Disinfection/Degradation Using High-Performance Ag/$TiO_2$ Nanofiber Membrane. Water Res. 2012, 46, 1101–1112.

[189] Fischer, K.; Grimm, M.; Meyers, J.; Dietrich, C.; Gläser, R.; Schulze, A. Photoactive Microfiltration Membranes via Directed Synthesis of $TiO_2$ Nanoparticles on the Polymer Surface for Removal of Drugs from Water. J. Membr. Sci. 2015, 478, 49–57.

[190] Krengvirat, W.; Sreekantan, S.; Mohd Noor, A.-F.; Negishi, N.; Kawamura, G.; Muto, H.; Matsuda, A. Low-Temperature Crystallization of $TiO_2$ Nanotube Arrays via Hot Water Treatment and Their Photocatalytic Properties Under Visible-Light Irradiation. Mater. Chem. Phys. 2013, 137, 991–998.

[191] Nakata, K.; Fujishima, A. $TiO_2$ Photocatalysis: Design and Applications. J. Photochem. Photobiol. C: Photochem. Rev. 2012, 13, 169–189.

[192] Fischer, K.; Kuhnert, M.; Glaser, R.; Schulze, A. Photocatalytic Degradation

and Toxicity Evaluation of Diclofenac by Nanotubular Titanium Dioxide – PES Membrane in a Static and Continuous Setup. RSC Adv. 2015, 5, 16340 – 16348.

[193] Qu, A.; Xie, H.; Xu, X.; Zhang, Y.; Wen, S.; Cui, Y. High Quantum Yield Graphene Quantum Dots Decorated $TiO_2$ Nanotubes for Enhancing Photocatalytic Activity. Appl. Surf. Sci. 2016, 375, 230 – 241.

[194] Li, H.; He, X.; Kang, Z.; Huang, H.; Liu, Y.; Liu, J.; Lian, S.; Tsang, C. H. A.; Yang, X.; Lee, S. T. Water – Soluble Fluorescent Carbon Quantum Dots and Photocatalyst Design. Angew. Chem. Int. Ed. 2010, 49, 4430 – 4434.

[195] Peng, J.; Gao, W.; Gupta, B. K.; Liu, Z.; Romero – Aburto, R.; Ge, L.; Song, L.; Alemany, L. B.; Zhan, X.; Gao, G. Graphene Quantum Dots Derived from Carbon Fibers. Nano Lett. 2012, 12, 844 – 849.

[196] Pan, D.; Zhang, J.; Li, Z.; Wu, M. Hydrothermal Route for Cutting Graphene Sheets Into Blue – Luminescent Graphene Quantum Dots. Adv. Mater. 2010, 22, 734 – 738.

[197] Mozia, S.; Tomaszewska, M.; Morawski, A. W. Photocatalytic Membrane Reactor (PMR) Coupling Photocatalysis and Membrane Distillation—Effectiveness of Removal of Three Azo Dyes from Water. Catal. Today 2007, 129, 3 – 8.

[198] Fernández, P.; Blanco, J.; Sichel, C.; Malato, S. Water Disinfection by Solar Photocatalysis Using Compound Parabolic Collectors. Catal. Today 2005, 101, 345 – 352.

[199] Sarria, V.; Péringer, P.; Cáceres, J.; Blanco, J.; Malato, S.; Pulgarin, C. Solar Degradation of 5 – Amino – 6 – Methyl – 2 – Benzimidazolone by $TiO_2$ and Iron (Ⅲ) Catalyst with $H_2O_2$ and $O_2$ as Electron Acceptors. Energy 2004, 29, 853 – 860.

[200] Malato, S.; Blanco, J.; Vidal, A.; Alarcon, D.; Maldonado, M. I.; Cáceres, J.; Gernjak, W. Applied Studies in Solar Photocatalytic Detoxification: An Overview. Sol. Energy 2003, 75, 329 – 336.

[201] Ollis, D. F. Kinetic Disguises in Heterogeneous Photocatalysis. Top. Catal. 2005, 35, 217 – 223.

[202] Imoberdorf, G. E.; Irazoqui, H. A.; Alfano, O. M.; Cassano, A. E. Scaling – Up from First Principles of a Photocatalytic Reactor for Air Pollution Remediation. Chem. Eng. Sci. 2007, 62, 793 – 804.

[203] Satuf, M. L.; Brandi, R. J.; Cassano, A. E.; Alfano, O. M. Scaling – Up of Slurry Reactors for the Photocatalytic Degradation of 4 – Chlorophenol. Catal. Today 2007, 129, 110 – 117.

[204] Guettaï, N.; Amar, H. A. Photocatalytic Oxidation of Methyl Orange in Presence of Titanium Dioxide in Aqueous Suspension. Part Ⅱ: Kinetics Study. Desalination 2005, 185, 439 – 448.

[205] Gora, A.; Toepfer, B.; Puddu, V.; Li Puma, G. Photocatalytic Oxidation of Herbicides in Single - Component and Multicomponent Systems: Reaction Kinetics Analysis. Appl. Catal. B Environ. 2006, 65, 1 - 10.

[206] Bhatkhande, D. S.; Kamble, S. P.; Sawant, S. B.; Pangarkar, V. G. Photocatalytic and Photochemical Degradation of Nitrobenzene Using Artificial Ultraviolet Light. Chem. Eng. J. 2004, 102, 283 - 290.

[207] Doll, T. E.; Frimmel, F. H. Kinetic Study of Photocatalytic Degradation of Carbamazepine, Clofibric Acid, Iomeprol and Iopromide Assisted by Different $TiO_2$ Materials—Determination of Intermediates and Reaction Pathways. Water Res. 2004, 38, 955 - 964.

[208] De Heredia, J. B.; Torregrosa, J.; Dominguez, J. R.; Peres, J. A. Oxidation of p - Hydroxybenzoic Acid by UV Radiation and by $TiO_2$/UV Radiation: Comparison and Modelling of Reaction Kinetic. J. Hazard. Mater. 2001, 83, 255 - 264.

[209] Wang, K. - H.; Tsai, H. - H.; Hsieh, Y. - H. The Kinetics of Photocatalytic Degradation of Trichloroethylene in Gas Phase Over $TiO_2$ Supported on Glass Bead. Appl. Catal. B Environ. 1998, 17, 313 - 320.

[210] Rideh, L.; Wehrer, A.; Ronze, D.; Zoulalian, A. Modelling of the Kinetic of 2 - Chlorophenol Catalytic Photooxidation. Catal. Today 1999, 48, 357 - 362.

[211] Li Puma, G.; Toepfer, B.; Gora, A. Photocatalytic Oxidation of Multicomponent Systems of Herbicides: Scale - Up of Laboratory Kinetics Rate Data to Plant Scale. Catal. Today 2007, 124, 124 - 132.

[212] Zmudzin'ski, W.; Sobczyn'ska, A.; Sobczyn'ski, A. Oxidation of Phenol and Hexanol in Their Binary Mixtures on Illuminated Titania: Kinetic Studies. React. Kinet. Catal. Lett. 2007, 90, 293 - 300.

[213] Minero, C.; Vione, D. A Quantitative Evaluation of the Photocatalytic Performance of $TiO_2$ Slurries. Appl. Catal. B Environ. 2006, 67, 257 - 269.

[214] Camera - Roda, G.; Loddo, V.; Palmisano, L.; Parrino, F. Guidelines for the Assessment of the Rate Law of Slurry Photocatalytic Reactions. Catal. Today 2017, 281, 221 - 230.

[215] Xu, Y.; Langford, C. H. Variation of Langmuir Adsorption Constant Determined for $TiO_2$ - Photocatalyzed Degradation of Acetophenone Under Different Light Intensity. J. Photochem. Photobiol. A Chem. 2000, 133, 67 - 71.

[216] Serpone, N. Relative Photonic Efficiencies and Quantum Yields in Heterogeneous Photocatalysis. J. Photochem. Photobiol. A Chem. 1997, 104, 1 - 12.

[217] Åkte, A. N.; Resat, M. S.; Inel, Y. Quantum Yields and Relative Photonic Efficiencies of Substituted 1, 3 - Dihydroxybenzenes. J. Photochem. Photobiol. A Chem. 2000, 134, 59 - 70.

[218] Zhang, T.; Oyama, T.; Horikoshi, S.; Hidaka, H.; Zhao, J.; Serpone, N. Pho-

tocatalyzed N-Demethylation and Degradation of Methylene Blue in Titania Dispersions Exposed to Concentrated Sunlight. Sol. Energy Mater. Sol. Cells 2002, 73, 287-303.

[219] Camera-Roda, G.; Loddo, V.; Palmisano, L.; Parrino, F.; Santarelli, F. Process Intensification in a Photocatalytic Membrane Reactor: Analysis of the Techniques to Integrate Reaction and Separation. Chem. Eng. J. 2017, 310, 352-359.

[220] Molinari, R.; Argurio, P.; Lavorato, C. Review on Reduction and Partial Oxidation of Organics in Photocatalytic (Membrane) Reactors. Curr. Org. Chem. 2013, 17, 2516-2537.

[221] Li, J.; Yang, J.; Wen, F.; Li, C. A Visible-Light-Driven Transfer Hydrogenation on CdS Nanoparticles Combined with Iridium Complexes. Chem. Commun. 2011, 47, 7080-7082.

[222] Molinari, R.; Argurio, P.; Palmisano, L. Photocatalytic Membrane Reactors for Water Treatment. In Advances in Membrane Technologies for Water Treatment—Materials, Processes and Applications; Basile, A.; Cassano, A.; Rastogi, N. K., Eds.; Woodhead Publishing Limited: Cambridge, 2015; pp 205-238.

[223] Liptáková, B.; Báhidsky, M.; Hronec, M. Preparation of Phenol from Benzene by One-Step Reaction. Appl. Catal. A Gen. 2004, 263, 33-38.

[224] Yamaguchi, S.; Sumimoto, S.; Ichihashi, Y.; Nishiyama, S.; Tsuruya, S. Liquid-Phase Oxidation of Benzene to Phenol Over V-Substituted Heteropolyacid Catalysts. Ind. Eng. Chem. Res. 2005, 44, 1-7.

[225] Dong, T.; Li, J.; Huang, F.; Wang, L.; Tu, J.; Torimoto, Y.; Li, M. S. Q. One-Step Synthesis of Phenol by O and OH Emission Material. Chem. Commun. 2724-2726.

[226] Molinari, R.; Poerio, T.; Argurio, P. One-Step Production of Phenol by Selective Oxidation of Benzene in a Biphasic System. Catal. Today 2006, 118, 52-56.

[227] Molinari, R.; Caruso, A.; Poerio, T. Direct Benzene Conversion to Phenol in a Hybrid Photocatalytic Membrane Reactor. Catal. Today 2009, 144, 81-86.

[228] Comoretto, L.; Chiron, S. Comparing Pharmaceutical and Pesticide Loads Into a Small Mediterranean River. Sci. Total Environ. 2005, 349, 201-210.

[229] Gómez, M. J.; Martínez Bueno, M. J.; Lacorte, S.; Fernández-Alba, A. R.; Agüera, A. Pilot Survey Monitoring Pharmaceuticals and Related Compounds in a Sewage Treatment Plant Located on the Mediterranean Coast. Chemosphere 2007, 66, 993-1002.

[230] Bendz, D.; Paxéus, N. A.; Ginn, T. R.; Loge, F. J. Occurrence and Fate of Pharmaceutically Active Compounds in the Environment, a Case Study: Höje River in Sweden. J. Hazard. Mater. 2005, 122, 195-204.

[231] Camera-Roda, G.; Santarelli, F.; Augugliaro, V.; Loddo, V.; Palmisano, G.;

[231]  Palmisano, L. ; Yurdakal, S. Photocatalytic Process Intensification by Coupling with Pervaporation. Catal. Today 2011, 161, 209-213.

[232]  Sinha, A. K. ; Sharma, U. K. ; Sharma, N. A Comprehensive Review on Vanilla Flavor: Extraction, Isolation and Quantification of Vanillin and Others Constituents. Int. J. Food Sci. Nutr. 2008, 59, 299-326.

[233]  Walton, N. J. ; Mayer, M. J. ; Narbad, A. Vanillin. Phytochemistry 2003, 63, 505-515.

[234]  Korthou, H. ; Verpoorte, R. Vanilla. In Flavours and Fragrances; Berger, R. G. , Ed. ; Springer-Verlag: Berlin, Heidelberg, 2007; pp 203-217.

[235]  Rao, S. R. ; Ravishankar, G. A. Vanilla Flavour: Production by Conventional and Biotechnological Routes. J. Sci. Food Agric. 2000, 80, 289-304.

[236]  Laroche, M. ; Bergeron, J. ; Barbaro-Forleo, G. Targeting Consumers Who Are Willing to Pay More for Environmentally Friendly Products. J. Consum. Mark. 2001, 18, 503-520.

[237]  Pickett-Baker, J. ; Ozaki, R. Pro-Environmental Products: Marketing Influence on Consumer Purchase Decision. J. Consum. Mark. 2008, 25, 281-293.

[238]  Camera-Roda, G. ; Augugliaro, V. ; Cardillo, A. ; Loddo, V. ; Palmisano, G. ; Palmisano, L. A Pervaporation Photocatalytic Reactor for the Green Synthesis of Vanillin. Chem. Eng. J. 2013, 224, 136-143.

[239]  Augugliaro, V. ; Camera-Roda, G. ; Loddo, V. ; Palmisano, G. ; Palmisano, L. ; Parrino, F. ; Puma, M. A. Synthesis of Vanillin in Water by $TiO_2$ Photocatalysis. Appl. Catal. B Environ. 2012, 111, 555-561.

[240]  Böddeker, K. W. ; Bengston, G. ; Bode, E. Pervaporation of Low Volatility Aromatics from Water. J. Membr. Sci. 1990, 53, 143-158.

[241]  Böddeker, K. W. ; Bengston, G. ; Pingel, H. ; Dozel, S. Pervaporation of High Boilers Using Heated Membranes. Desalination 1993, 90, 249-257.

[242]  Böddeker, K. W. ; Gatfield, I. L. ; Jähnig, J. ; Schorm, C. Pervaporation at the Vapor Pressure Limit: Vanillin. J. Membr. Sci. 1997, 137, 155-158.

[243]  Brazinha, C. ; Barbosa, B. ; Crespo, G. J. Sustainable Recovery of Pure Natural Vanillin from Fermentation Media in a Single Pervaporation Step. Green Chem. 2011, 13, 2197-2203.

[244]  Camera-Roda, G. ; Cardillo, A. ; Loddo, V. ; Palmisano, L. ; Parrino, F. Improvement of Membrane Performances to Enhance the Yield of Vanillin in a Pervaporation Reactor. Membranes 2014, 4, 96-112.

[245]  Molinari, R. ; Lavorato, C. ; Argurio, P. Photocatalytic Reduction of Acetophenone in Membrane Reactors Under UV and Visible Light Using $TiO_2$ and $Pd/TiO_2$ Catalysts. Chem. Eng. J. 2015, 274, 307-316.

[246]  Kohtani, S. ; Yoshioka, E. ; Saito, K. ; Kudo, A. ; Miya, H. Photocatalytic Hydro-

genation of Acetophenone Derivatives and Diaryl Ketones on Polycrystalline Titanium Dioxide. Catal. Commun. 2010, 11, 1049 – 1053.

[247] Molinari, R.; Lavorato, C.; Mastropietro, T. F.; Argurio, P.; Drioli, E.; Poerio, T. Preparation of Pd – Loaded Hierarchical FAU Membranes and Testing in Acetophenone Hydrogenation. Molecules 2016, 21, 394.

[248] Imamura, K.; Iwasaki, S.; Maeda, T.; Hashimoto, K.; Ohtani, B.; Kominami, H. Photocatalytic Reduction of Nitrobenzenes to Aminobenzenes in Aqueous Suspensions of Titanium(IV) Oxide in the Presence of Hole Scavengers Under Deaerated and Aerated Conditions. Phys. Chem. Chem. Phys. 2011, 13, 5114 – 5119.

[249] Wehbe, N.; Jaafar, M.; Guillard, C.; Herrmann, J. – M.; Miachon, S.; Puzenat, E.; Guilhaume, N. Comparative Study of Photocatalytic and Non – Photocatalytic Reduction of Nitrates in Water. Appl. Catal. A Gen. 2009, 368, 1 – 8.

[250] Molinari, R.; Lavorato, C.; Argurio, P. Recent Progress of Photocatalytic Membrane Reactors in Water Treatment and in Synthesis of Organic Compounds. A Review. Catal. Today 2017, 281, 144 – 164.

[251] Usubharatana, P.; McMartin, D.; Veawab, A.; Tontiwachwuthikul, P. Photocatalytic Process for $CO_2$ Emission Reduction from Industrial Flue Gas Streams. Ind. Eng. Chem. Res. 2006, 45, 2558 – 2568.

[252] Bellardita, M.; Di Paola, A.; García – López, E.; Loddo, V.; Marcì, G.; Palmisano, L. Photocatalytic $CO_2$ Reduction in Gas – Solid Regime in the Presence of Bare, $SiO_2$ Supported or Cu – Loaded $TiO_2$ Samples. Curr. Org. Chem. 2013, 17, 2440 – 2448.

[253] Lin, W.; Han, H.; Frei, H. $CO_2$ Splitting by $H_2O$ to CO and $O_2$ Under UV Light in TiMCM – 41 Silicate Sieve. J. Phys. Chem. B 2004, 108, 18269 – 18273.

[254] Qin, G.; Zhang, Y.; Ke, X.; Tong, X.; Sun, Z.; Liang, M.; Xue, S. Photocatalytic Reduction of Carbon Dioxide to Formic Acid, Formaldehyde, and Methanol Using Dye – Sensitized $TiO_2$ Film. Appl. Catal. B Environ. 2013, 129, 599 – 605.

[255] Slamet; Nasution, H. W.; Purnama, E.; Kosela, S.; Gunlazuardi, J. Photocatalytic Reduction of $CO_2$ on Copper – Doped Titania Catalysts Prepared by Improved – Impregnation Method. Catal. Commun. 2005, 6, 313 – 319.

[256] Mele, G.; Annese, C.; De Riccardis, A.; Fusco, C.; Palmisano, L.; Vasapollo, G.; D'Accolti, L. Turning Lipophilic Phthalocyanines/$TiO_2$ Composites Into Efficient Photocatalysts for the Conversion of $CO_2$ Into Formic Acid Under UV – Vis Light Irradiation. Appl. Catal. A Gen. 2014, 481, 169 – 172.

[257] Mele, G.; Annese, C.; D'Accolti, L.; De Riccardis, A.; Fusco, C.; Palmisano, L.; Scarlino, A.; Vasapollo, G. Photoreduction of Carbon Dioxide to Formic Acid in Aqueous Suspension: A Comparison Between Phthalocyanine/$TiO_2$ and Porphyrin/$TiO_2$ Catalysed Processes. Molecules 2015, 20, 396 – 415.

[258] Pathak, P.; Meziani, M. J.; Li, Y.; Cureton, L. T.; Sun, Y. P. Improving Photoreduction of $CO_2$ with Homogeneously Dispersed Nanoscale $TiO_2$ Catalysts. Chem. Commun. 1234 – 1235.

[259] Sellaro, M.; Bellardita, M.; Brunetti, A.; Fontananova, E.; Palmisano, L.; Drioli, E.; Barbieri, G. $CO_2$ Conversion in a Photocatalytic Continuous Membrane Reactor. RSC Adv. 2016, 6, 67418 – 67427.

[260] Li, S.; Yang, L.; Ola, O.; Maroto – Valer, M.; Du, X.; Yang, Y. Photocatalytic Reduction of $CO_2$ by CO Co – feed Combined with Photocatalytic Water Splitting in a Novel Twin Reactor. Energy Convers. Manag. 2016, 116, 184 – 193.

[261] Pandikumar, A.; Manonmani, S.; Ramaraj, R. $TiO_2$ – Au Nanocomposite Materials Embedded in Polymer Matrices and Their Application in the Photocatalytic Reduction of Nitrite to Ammonia. Catal. Sci. Technol. 2012, 2, 345 – 353.

# 第6章 渗透蒸发膜反应器

## 6.1 概　述

渗透蒸发是众所周知的液体膜分离技术。"渗透蒸发"这个名称本身就反映了工艺原理：它是渗透和蒸发的合称。图6.1示意性地显示了渗透蒸发装置，其中（加热的）液体进料在膜表面上循环。对渗透物侧施加真空以产生驱动力。一种（或几种）进料组分吸附到膜中，通过膜扩散，并在渗透侧解吸到气相中，在那里通常发生冷凝。以这种方式，在进料混合物中易于吸附并且具有快速扩散通过膜的组分之间实现分离，以及与膜具有较小亲和力的组分。汽化可以发生在膜的下游面附近，使得膜可以被认为与两个区域，液相区域和气相区域一起操作。液体变成蒸汽的膜中的确切点未确定，实际上无法确定。在通过膜的运输过程中，所有物质作为固体膜结构内的单个分子存在，因此不能定义"相"。然而，膜的两侧的条件非常不同，这可能导致由于膜的进料侧与膜的渗透侧相比不同的溶胀行为而产生的问题。

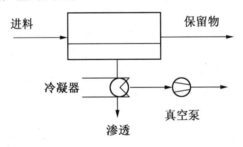

图6.1　渗透蒸发过程示意图

因此，膜特性很大程度上决定了进料混合物中组分之间的分离潜力。应当理解，渗透蒸发最适用于渗透物中具有相对低浓度的进料溶液，因为进料混合物的显热提供了渗透物的蒸发焓。另外，浓度不应太低，因为渗透蒸发的驱动力是进料和渗透物之间浓度的差异。膜的亲水性或疏水性是分离的主要决定因素，尽管溶质尺寸也可能起作用。在这个意义上，区分了三种类型的膜：亲水膜、疏水膜和亲有机膜（后者有时对应于"疏水"）。亲水膜优先从（非水）混合物中输送水。疏水膜则相反：它们与水的亲和力最小，优先输送非极性有机化合物。亲有机膜可以对有机溶剂具有更特异的亲和力，不一定在极性标度的末端。

聚合(有机)膜最常用于工业应用,例如,用于有机溶剂(亲水膜)的脱水,用于从水(疏水膜)中回收有机组分,以及用于分离有机混合物(亲有机膜)。研究最初集中在渗透蒸发在废水处理中的应用,使用疏水(通常是 PDMS)膜。

由于两个根本原因,这并未导致工业规模的突破。第一个与工艺成本有关,与传统的废水处理技术相比,这个成本很高。在那个时候,在意识到从"摇篮"到"摇篮"原理之前,废物和废水被认为是管道末端馏分,对生产没有任何附加价值;目标通常是以尽可能低的成本排放。这当然不会催化渗透蒸发的使用。

第二个原因更为基础:在该过程中使用的驱动力是分压的差异,即浓度。在可以施加渗透蒸发的废水处理中的典型应用是在低浓度范围内,产生非常低的驱动力。尽管这可能在技术上是可行的,但它不是应用渗透蒸发的目标浓度范围。

在工业应用中,渗透蒸发必须与常规分离方法竞争,例如蒸馏、液-液萃取、吸附和汽提。渗透蒸发是传统能源密集型技术的一种有前途的替代方案,可以更经济、更安全、更环保,并且具有有趣的能量方面。在化学工业中,探索渗透蒸发用于通过蒸馏难以实现的分离,例如,分离产生共沸混合物和分离挥发性差异很小的组分。用于溶剂脱水的亲水性渗透蒸发作为独立方法更成功。早在 20 世纪 80 年代,这种应用被认为是一种有吸引力的乙醇-水分离解决方案。在 20 世纪 90 年代,渗透蒸发在这种应用中得到了很好的应用,例如,使用聚乙烯醇(PVA)膜,但也广泛的新开发的聚合物膜,甚至陶瓷膜。中试规模的工厂,和溶剂脱水慢慢成为渗透蒸发的公认应用。如今,关于使用渗透蒸发的溶剂脱水的先进应用,可以找到许多出版物,将挑战从成熟的乙醇应用转移到其他溶剂,如苯、四氢呋喃(THF)、己内酰胺和 TFEA 脱水乙酸-水混合物是一个特殊的挑战,自 20 世纪 90 年代以来一直在研究,但仍然是一个未解决的问题,主要是由于膜稳定性不足。然而,寻找理想的膜正在进行中。

然而,通常作为独立技术的渗透蒸发很少提供最佳解决方案,但作为混合工艺的一部分,与例如蒸馏相结合,对于难以分离并且可以产生相当大的能量节省是非常有希望的。目前为止,包括渗透蒸发在内的(石油)化学工业中的混合工艺的渗透并没有走得太远,原因有两个:①基于渗透蒸发的混合工艺的设计和优化方法仍未得到充分发展;②可商购的由于化学和温度稳定性不足,通常不适用于有机溶液的聚合物膜。然而,广泛理解将渗透蒸发作为混合过程应用的原理,利用每个单独过程的最佳工作范围。Lipnizki 等讨论了基于渗透蒸发的混合分离方法,并给出了几个可能的方法实例,如苯-环己烷分离、碳酸二甲酯-甲醇、水-乙醇、杂醇油-水、水-异丙醇和水-甲基异丁基酮。混合分离过程的应用甚至可以在废水处理中找到。

除了在特定应用中可能遇到的膜稳定性不足之外,开发混合工艺的挑战与工艺模拟和混合工艺的优化设计有关。正如 Stephan 等指出的那样,蒸馏塔和渗透蒸发膜组件可以以不同的方式组合:

(1)膜组件放置在塔进料流中;
(2)膜进料流作为来自色谱柱的侧流、渗透流和滞留流被反馈到进料流中;
(3)膜位于进行最终产品净化的塔头或塔底。

不同配置的蒸馏-渗透蒸发混合过程的示意图如图 6.2 所示。

由于在混合系统中引入了许多额外的自由度,因此确定最佳配置仍然是一个非常重要的事情。例如,最佳配置取决于产品纯度要求,规定的操作条件和安装的膜组件的分离特性。此外,工业环境中所需或所需的经济优化还应考虑(热和机械)能耗的运行成本,以及混合配置的投资成本信息(传统分离过程的分离阶段总数)、化学反应器的尺寸、所需的膜面积等。

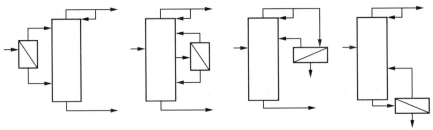

图 6.2　不同配置的蒸馏－渗透蒸发混合过程的示意图

当不仅考虑分离过程,而且当渗透蒸发与化学反应器结合时,可以实现渗透蒸发的进一步整合。同样,这可能涉及亲水性、疏水性或亲有机物膜,尽管亲水性膜用于去除水中的水分。反应介质是目前使用最多的膜。后面解释的部分描述了渗透蒸发与反应器组合的可能应用,这已在文献中描述。

## 6.2　渗透蒸发膜反应器的定义

Lipnizki 等区分了涉及渗透蒸发的各种可能的混合过程,包括分离型和反应型混合过程。后者是两种不同过程(分离和反应)的后续,并表示为 R 型混合过程。区分了两种配置(图 6.3)。在第一个中,表示为 R1 型,渗透蒸发单元从反应器内(或从反应器周围的循环回路)中除去产物。在这种情况下,产物去除提高了反应器的生产率,因此可以认为整个过程被整合和优化。因此,两者的组合是混合过程。类型 R2 类似,但在这种情况下,不是从反应器中除去最终产物,而是副产物,其通常是水。通过使用亲水性渗透蒸发膜,在这种情况下,反应中的平衡可以转变为更高的产物收率。同样,副产物的去除影响反应(以积极的方式),使得反应和分离的组合可以被认为是混合过程。

Lipnizki 等指出,基于渗透蒸发的混合工艺的应用通常涵盖所有浓度范围内的各种液体混合物的分离。Lipnizki 等给出的已经运行或正在开发的应用程序的概述仅涉及 R2 类型的混合过程。这些包括乙酸丁酯生产、油酸正丁酯生产、酒石酸二乙酯生产、二甲基脲(DMU)生产、乙酸乙酯生产、羧酸乙酯生产、油酸乙酯生产、戊酸乙酯生产、丙酸异丙酯生产、甲基异丁基酮(MIBK)生产、十六烷基芥酸酯生产和丙酸丙酯生产。所有这些过程已经在 20 世纪 90 年代的文献中描述,这证明可以定义许多应用,并且还具有工业相关性。R1 型混合工艺可在废水和生物技术应用中找到。发现 R2 型的混合方法使用亲水膜,因为这些应用中的绝大多数是基于去除水的事实。当除去水时,反应平衡在这些反应中发生变化,从而使反应器以更有效的方式,以提高产率。在这些应用中使用的膜可以由 PVA、聚乙烯醇/聚丙烯腈（PVA/PAN）、聚醚酰亚胺（PEI）或 4,4′-氧二亚苯基均苯四甲酰亚胺（POPMI）制成。

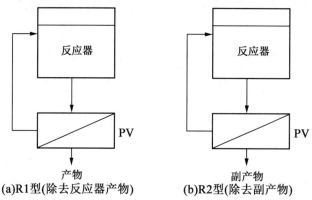

(a)R1型(除去反应器产物)　　(b)R2型(除去副产物)

图 6.3　R 型（反应）杂化方法

为了实现该方法，可以应用两种工艺设计。渗透蒸发单元可以是外部工艺，具有从反应器到膜单元并返回反应器的回路；或者，渗透蒸发单元可以直接集成在反应器中，这种布局在文献中通常被称为"膜反应器"，尽管在两种情况下渗透蒸发单元和反应器相互影响，并且设计的优化必须考虑到这种相互依赖性。两种布局在图 6.4 中示意性地表示，其中外部渗透蒸发单元位于左侧，内部渗透蒸发单元位于右侧。这种优化的重要参数由膜的选择性、工艺温度和渗透蒸发进料流组成。

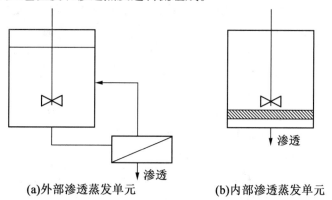

(a)外部渗透蒸发单元　　(b)内部渗透蒸发单元

图 6.4　反应器渗透蒸发装置的两种可能布局的示意图

基于 R2 渗透蒸发的混合方法可用于酯化反应，或可用于其他反应，例如 DMU、MIBK 和甲基叔丁基醚（MTBE）的生产等。Lipnizki 等提出的分类将在本章中进一步使用。

## 6.3 使用反应精馏的常规方法

Kulprathipanja 描述了可能的反应-分离可能性,包括反应蒸馏、组合萃取反应单元、吸收与反应组合、吸附与反应组合、反应膜分离(包括渗透蒸发膜分离、膜生物反应等其他应用)及反应结晶。提高反应器中化学或生化转化率的最常用方法是使用反应蒸馏。与渗透蒸发膜反应器类似,反应蒸馏也可以将反应和分离结合起来。然而,分离是以传统的方式使用蒸馏塔进行的。

反应蒸馏中的化学反应通常在液相中进行,通常在与液相接触的固体催化剂存在下或表面上进行。Terrill 等描述了该方法的基本原理。通常,涉及两种组分 A 和 B。在经典方法中,假设它们是紧密沸腾或共沸混合物,因为蒸馏作为参考。然而,显而易见的是,当对渗透蒸发膜反应器进行比较时,该假设是无关紧要的,因为分离单元(在这种情况下为蒸馏)仅用于在转化中除去一种反应产物。将反应性夹带的 E 引入蒸馏塔中,如果 A 是较低沸点的组分,则优选 E 沸点高于 B,并且它与 B 选择性地和可逆地反应生成反应产物 C,其也具有比组分 A 更高的沸点并且不与 E 形成共沸物。A、B 或 C 将组分 A 作为馏出物从蒸馏塔中除去,并将组分 B 和 C 与任何过量的 E 一起作为塔底物除去。在单独的蒸馏步骤中从 C 回收组分 B 和 E,其中反应使 C 完全反应回 B 和 E;将 B 作为馏出物取出,并将 E 作为塔底物取出并再循环至第一塔。

然而,A 和 B 也可以是反应中的两种试剂,产生 C 和 D,其中 C 是所需产物,D 是副产物。这个概念可以追溯到 1921 年,当时 Backhaus 获得了蒸馏塔中酯化反应的专利。Leyes 和 Othmer 报道了在硫酸存在下乙酸与过量正丁醇的酯化反应的早期试验观察结果,生产乙酸丁酯和水的催化剂。当反应在液相中发生时,这被认为是可行的,反应和分离的温度和压力相似。反应应该受到平衡的限制,使得若可以除去一种或多种产物,则可以驱动反应完成,避免大量过量的反应物以实现高转化率。对于不可逆的反应,认为在不同单元中进行反应和分离更经济。一般而言,反应蒸馏对于超临界条件、气相反应,以及在高温和高压下发生的反应或涉及固体反应物或产物的反应都不具吸引力。

乙酸和乙醇的酯化反应生成乙酸乙酯和水是反应蒸馏研究最多的应用并不奇怪。考虑到蒸馏时,应考虑试剂和反应产物的沸点:大气压下在该压力下,乙酸乙酯、乙醇、水和乙酸的沸点分别为 77.11 ℃、78.41 ℃、100 ℃ 和 118.1 ℃。这意味着水在一侧具有乙酸乙酯和乙醇之间的中间沸点,而在另一侧具有乙酸。此外,最低沸点的二元共沸物由乙醇和水在 78.21 ℃ 下与摩尔分数为 10.57% 的乙醇形成,乙醇和乙酸乙酯在 71.8 ℃ 下与摩尔分数为 46% 的乙醇形成。最低沸点二元非均相共沸物由乙酸乙酯和水在 70.4 ℃ 下与摩尔分数为 24% 的水形成,并且在 70.31 ℃ 下用乙醇-乙酸乙酯-水与摩尔分数为 12.4% 的乙醇和摩尔分数为 60.1% 的水形成三元最低沸点共沸物。因此,这个系统非常复杂和非理想。因此,反应蒸馏不是最直接的解决方案。此外,即使可以解决与所涉及的混合物相关的内在挑战,反应性蒸馏仍然具有以下基本缺点:①不能在塔的顶部或底部选择性地除去纯水;②与蒸馏分离有关的能量要求很高。

尽管存在这些缺点，但已发表了几项反应蒸馏研究，用于酯化反应和其他反应。一些酯化反应包括乙酸和丁醇与乙酸正丁酯的反应、琥珀酸与乙醇的酯化、1-丙醇和丙酸与丙酸丙酯的酯化反应、从柠檬酸和乙醇合成柠檬酸三乙酯、丙烯酸与1,4-丁二醇的酯化反应生成丙烯酸4-羟基丁酯、乙酸与甲醇反应生成乙酸甲酯和水、乳酸与正丁醇酯化和柠檬酸酯化反应，在这些和其他酯化反应中可以找到更多的研究。Buchaly 等给出了一个有趣的建议，他描述了反应蒸馏与膜分离的组合，用于从1-丙醇和丙酸合成非均相催化的丙酸正丙酯。膜组件位于反应蒸馏塔的馏出物流中，以便在不使用夹带剂的情况下选择性地除去产出水。虽然这不是渗透蒸发膜反应器的一个例子，但它认识到在酯化反应中需要更多创新的分离方法。

已提出反应性蒸馏的酯化反应以外的反应，报道较少，包括甲醛和甲醇反应生成甲缩醛和水，使用固体催化剂，生产乙基叔丁基醚（ETBE）和生产 MTBE。

## 6.4　R1 型渗透蒸发膜反应器

膜反应器的潜力已经在20世纪90年代被理解，尽管一些膜过程仍然需要成熟。Drioli 等指出，传统的膜分离操作已经在很多不同的领域得到了应用，如今完成了新的膜系统，包括（催化）膜反应器。通过结合分离和转换单元中可用的各种膜操作来重新设计重要的工业生产循环的可能性，因此实现高度集成的膜过程，是一个有吸引力的机会，因为可以达到协同效应。此外，集成膜生产循环的设计满足了先进过程强化策略的要求。

R1 型渗透蒸发膜反应器主要存在于生物技术中，其中渗透蒸发单元除去从发酵液中获得的产物。很明显，在过去的15年中，生物技术过程已经发生了显著变化，因此这种类型的膜反应器仍处于生长阶段。尽管如此，其前景非常好，预计会持续增长。关于在生物技术中使用膜的一般前景可以在 Lutz 等的综述文章中找到。

生物乙醇的生产是合乎逻辑的应用。Van 提出了用于乙醇发酵和脱水的渗透蒸发-生物反应器混合方法，利用疏水膜进行乙醇提取，以及亲水膜用于通过脱水进一步纯化（图6.5）。

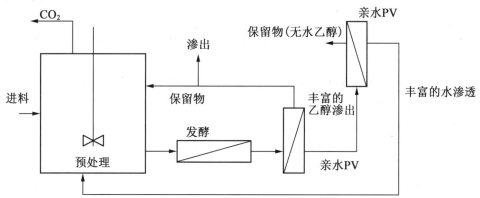

图6.5　发酵反应器与疏水渗透蒸发相结合用于乙醇提取、微滤预处理和亲水渗透蒸发脱水

在发酵液中,乙醇的产率受其浓度的限制,因此生产基本上以非常低的效率操作。通过使用渗透蒸发膜连续除去乙醇,可以显著提高产率。O'Brien 等提出了包括发酵、渗透蒸发、蒸馏和脱水的工厂设计。结果发现,与渗透蒸发相结合的发酵是成本有效的,因为在渗透蒸发装置中可以获得令人满意的通量,同时分离系数大于 10。后来,Wasewar 和 Pangarkar 对混合发酵 – 渗透蒸发 – 蒸馏连续工艺进行了更先进的经济评估,生产 30 000 L/d 的乙醇,浓度为 95%。可以使用复合中空纤维聚二甲基硅氧烷膜用于渗透蒸发。发现乙醇的最低直接生产成本约为 0.2 美元/L,发酵罐中乙醇的浓度为 55 kg/m$^3$。Arifeen 等人进一步完善了这些结果,他们提出了一种用于生物乙醇生产的小麦生物精炼设备的新设计,该设计与用于乙醇浓缩的渗透蒸发膜结合,并通过变压蒸馏进行燃料级乙醇纯化。生产成本在 0.13 ~ 0.25 美元/L 的范围内,工厂的生产能力为 (37.85 ~ 126.8) ×10$^6$L/年,这是对早期发现的确认。Kaewkannetra 等使用醋酸纤维素膜从发酵的甜高粱中除去乙醇,但未发现经济上可行。Ikegami 等使用硅橡胶涂覆的硅酸盐膜,使用渗透蒸发从发酵过程中提取乙醇。该膜被认为是高度乙醇选择性的,以这种方式,渗透物中回收的乙醇质量分数为 67%,这是显著的改进。还注意到,在发酵过程中产生的副产物琥珀酸和甘油可能会干扰膜的性能。在进一步的研究中,他们观察到从运动发酵单胞菌中稳定生产生物乙醇受到用于制备发酵液的营养素的影响。在用酵母提取物制备的肉汤的分离中,通过在约 260 nm 处具有 UV 吸收最大值的物质的积累极大地损害了渗透蒸发性能。当用玉米浆制备混合液而没有这些物质的积累时,渗透物乙醇浓度没有降低。用活性炭处理制备的肉汤有效地抑制总通量的降低。还发现存在于玉米浆中的乳酸被吸附在硅质岩晶体上,因此可以得出结论,由运动发酵单胞菌制备乙醇发酵液是重要的,其中乳酸浓度尽可能低。

Nakayama 等也试图发现琥珀酸的作用,他们试图找到不分泌有机酸的发酵酵母,以避免琥珀酸对乙醇渗透的抑制。测试了毕赤酵母和念珠菌酵母,并且念珠菌(*Candida krusei*)IA – 1 显示出最高的乙醇产率,与酿酒酵母(*Saccharomyces cerevisiae*)的菌株相当,但产生的酸少得多。在半厌氧条件下减少约 1/3,但在有氧条件下,菌株 IA – 1 完全没有产生酸。得出结论,克鲁斯氏菌 IA – 1 有效地吸收琥珀酸并在克雷布斯循环中代谢它,在培养基中产生极低水平的副产物。

在 Huang 等的综述中讨论了可用于除去乙醇的疏水膜。这些包括由聚(1 – 三甲基甲硅烷基 – 1 – 丙炔)(PTMSP)、聚(二甲基硅氧烷)(PDMS)制成的膜,沸石膜和分散在 PDMS 中的硅酸盐 – 1 颗粒的复合膜。文献报道的乙醇 – 水分离的分离因子顺序为:PDMS(4.4 ~ 10.8) < PTMSP(9 ~ 26)复合膜(7 ~ 59) < 沸石膜(12 ~ 106)。

除了乙醇之外,还可以考虑通过渗透蒸发膜除去(生物)丁醇。生物丁醇的生产通常通过所谓的丙酮 – 丁醇 – 乙醇(ABE)发酵方法实现。Qureshi 和 Blaschek 提出了一项经济评估,使用产生高丁醇的梭菌(*Clostridium beijerinckii* BA101)从玉米中生产丁醇。通过蒸馏回收丁醇,但可以通过渗透蒸发更经济地生产丁醇。在进一步的研究中,成功应用了渗透蒸发(获得了高生产率)。值得注意的是,预计在工业规模上应用渗透蒸发会显著降低总生产成本。Li 等使用丙酮丁醇梭菌 DP217 菌株和硅酸盐 – 1 填充的聚二甲基硅氧烷/聚丙烯腈膜。他们获得了含有 201.8 g/L ABE 和 122.4 g/L 丁醇的高浓度 ABE 溶液。相分离后,得到含有 574.3 g/L ABE 和 501.1 g/L 丁醇的最终产物。Wu 等使用了丙酮丁醇梭菌 XY16 菌株和 PDMS/陶瓷复合膜,之前在同一应用中进行了研究。渗透液中的溶剂浓度为 118 g/L,溶剂流量为 0.303 g/(L·h),比没有原位回收的分批发酵高三分之一。然而,值得注意的是,Rohani 等与真空发酵和气体汽提相比较,分析了这些数据,其中渗透蒸发在丁醇生产率方面较差,这可能与选择未优化的膜有关。Sedlhaku 等使用 PDMS 膜在 371 ℃ 的温度和 10 mbar 的压力下在非原位渗透蒸发试验中获得了质量浓度为 167 g/L 的丁醇和 269 g/L 的 ABE。

来自发酵反应器的另一种可能的提取物是芳香成分,尚未对其进行详细研究,可能是因为所涉及的芳香化合物的复杂性质。在食品工业中使用渗透蒸发的芳香回收是众所周知的,它也可能是产生特定香味时 R1 型渗透蒸发膜反应器的另一个有趣的新应用。

R1 型渗透蒸发膜反应器在废水处理中的应用较少。应该提醒的是,在这种类型的反应器中,产品将通过渗透蒸发除去。废水处理涉及纯净水的生产,这不被认为是有价值的产品。此外,基质由水组成,因此不可能除去所有"产物"。然而,在某些情况下,可以通过使用混合方法回收特定组分。例如,Lipnizki 和 Field 描述了吸附和渗透蒸发的组合,以从废水中回收苯酚。该研究是成功的,但不能归类为 R1 型反应器,因为吸附单元基本上是分离单元,而不是反应器。在另一种应用中,渗透蒸发与臭氧化相结合。目的是通过臭氧化处理邻苯二甲酸酯污染的水,通过测量总有机碳(TOC)值来评估。膜接触器用于增加 TOC 降低;渗透蒸发用于同时除去水,使 TOC 降低 40%。同样,该操作的"产物"是纯净水,而存在于水中的组分必须被破坏。

## 6.5 R2 型渗透蒸发膜反应器:酯化反应

### 6.5.1 渗透蒸发辅助酯化

Lipnizki 等概述了 20 世纪 90 年代末使用 R2 型渗透蒸发膜反应器的最新技术。渗透蒸发与常规酯化过程的整合提供了通过去除水来改变化学平衡的机会。在酯化反应中,水是副产物,其通过渗透蒸发膜连续地从化学反应器中除去。在化学反应中作为副产物去除水的想法很快被理解,这是早期的专利。

酯类是最有用的有机化合物之一,可以转化为多种其他化合物。它们可用于合成聚合物,挥发性酯为许多水果和香水带来愉悦的香气,这使它们广泛用于香料和香料工业中。天然水果香料是许多酯与其他有机化合物的复杂混合物。合成水果香料通常是仅含少量酯和少量其他物质的简单混合物。

酯的一般结构为 RCOOR,含有羧基和两个链,可以是短链或长链。当两个基团都是甲基时,得到乙酸甲酯,一种具有令人愉快的气味的挥发性酯。乙酸乙酯具有与羧基中的氧原子连接的乙基,并且还具有令人愉快的气味。可以衍生出各种各样的酯,并且可以进一步用于芳香剂或其他应用中。

酯化是最简单且最常进行的有机转化。酯的制备通常从羧酸和醇开始进行:

$$RCOOH + R'OH \rightleftharpoons RCOOR' + H_2O$$

存在制备酯的替代途径,但不太适用。可能性是由酰卤和醇,酸酐和醇或酚,以及羧酸盐和反应性烷基卤化物制备。所有这些反应都没有水作为副产物,但可能不太适用,这里不再进一步考虑。

内酯是环酯,在天然来源中相当常见,例如,维生素 C 和荆芥内酯(猫薄荷中的猫引诱剂)都是内酯。这些酯也是重要的化合物,由含有羧基和羟基的分子形成。这些分子经历分子内酯化,再次以水作为副产物。

然而,酯化是可逆反应。水解,包括加入水和催化剂(例如 NaOH),得到原始羧酸和醇的钠盐。由于这种可逆性,酯化反应通常是平衡反应,因此需要根据 LeChatelier-Braun 的原则,可描述为"现状的任何变化都会在响应系统中引发相反的反应"驱动完成。酯化反应,意味着当除去水时,平衡向右移动;因此,更高地转化为酯。

使用渗透蒸发模块从酯化反应中除去水的想法在 1988 年由 Kita 等提出,用于羧酸与乙醇的酯化。值得注意的是,他们使用的是不对称的 PEI 膜,而不像许多其他研究人员那样使用 PVA 膜。后来,David 等描述了 1-丙醇和 2-丙醇通过丙酸的酯化反应,并建立了描述该体系动力学的模型,试验确定了反应速率。

Jyoti 等综述了用于酯化的渗透蒸发膜反应器。Diban 等提出了用于与水作为副产物的反应渗透蒸发膜反应器的更一般和深入的概述,其中包括酯化反应。此外,还有 Knoevenagel 反应,在碱性催化剂存在下,碳化合物(醛或酮)与具有活性亚甲基的化合物之间的平衡限制缩合反应,传统的碱金属氢氧化物如 NaOH 和 KOH,或吡啶和哌啶。这些反应在膜反应器的背景下尚未经常研究,而它是生产一些关键产品的基础,如阴离子聚合中使用的腈和在治疗药物合成中用作中间体的 $\alpha,\beta$-不饱和酯和药理产品。Parulekar 提供了渗透蒸发辅助有机酸酯化的分析。特别地,渗透蒸发在驱动乳酸和琥珀酸与乙醇的酯化(两种可逆反应)中的效力非常高,导致通过从反应介质中汽提水接近完成。Parulekar 将这种方法概括为可逆的缩合反应,其中一种产物(总是水)通过膜在几种反应器-分离器配置中除去。乳酸和醇的酯化已在早期的工作中描述,其中对有和没有渗透蒸发的反应进行了比较。使用催化剂(Amberlyst XN-1010),观察到两种反应物的分数转化率和乳酸乙酯的产率在通过汽提副产物水的仅反应操作中超过相应的最大值。此外,他们认为,为了获得高酯产率,通常使用大量过量的醇,或通过蒸馏反应以除去原位产物以驱动平衡至酯侧。使用大量过量的一种反应物导致后续分离的更高成本以回收未使用的反应物,并且涉及反应后蒸馏的操作具有若干缺陷。然而,通过渗透蒸发将反应与除水相结合,可以在合理的时间内获得化学计量限制反应物的接近总利用率。挑战主要在于琥珀酸的溶解度有限,并且存在膜表面上琥珀酸沉淀的风险。悬浮的琥珀酸晶体可以是磨蚀性的并且在紧凑的膜组件中堵塞窄通道。该问题通过应用乳酸和琥珀酸的同时酯化来解决,乳酸和琥珀酸可以是商业上可行的溶液,因为两种酸均来自发酵,并且农杆菌处理器可能对生产乳酸乙酯和琥珀酸二乙酯都感兴趣。结论是,在分离辅助反应过程中增加酯的产量的益处将超过与所需的额外设备(渗透蒸发模块和真空泵)相关的成本。常规的多级蒸馏可用于从渗透蒸发渗余物中分离和回收乳酸乙酯和琥珀酸二乙酯,因为醇-酯混合物不易于形成共沸物。

然而,最近的研究表明,反应器中使用的渗透蒸发膜的渗透性是一个关键方面。与聚酰亚胺 Matrimid 5218 膜相比,金属有机骨架 MIL-101(Cr)和基于 HKUST-1 的混合基质膜由于其增强的渗透性更好表现出色。HKUST-1 是一种金属有机骨架,含有由四个羧酸基团配位的 $Cu_2$ 单元,形成高度多孔的立方结构,通道为 9 Å×9 Å 的三维网络。使用未填充的聚酰亚胺膜的膜反应器实现与固定床反应器大致相同的转化率,而填充的膜允许获得更高的转化率。MIL-101(Cr)被认为是最好的填料,因为 HKUST-1 具有水选择性且不太稳定。更高的转化率可能是由于反应动力学与反应产物的去除速率之间更好地匹配。在另一项研究中得出了类似的结论,其中 HKUST-1 填料允许适度增加转化率(70%)高于均衡值(66%)。

当使用膜去除反应产物时,增强的转化具有逻辑时间依赖性。Zhu 等观察到,使用渗透蒸发膜增加转化率是一种长期效应,膜反应器和非提取反应器的转化率相似。这可以在图 6.6(b)中看到。应该得出结论,在评估反应器环境中膜萃取的益处时,应注意使用适当的时间表。当反应时间不够长时,可以得出不正确的结论(图 6.6)。

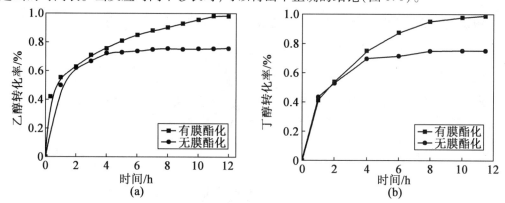

图 6.6 具有和不具有渗透蒸发膜的酯化反应器中乙醇、正丁醇转化率随时间的变化

Zhang 等对时间尺度进行了进一步研究。他们使用 T 形沸石膜来增强丙酸和乙醇的酯化反应。他们不仅研究了渗透蒸发,还研究了蒸汽渗透。由于蒸汽渗透的通量较低,在研究中使用的时间尺度中,与蒸汽渗透相结合的反应器的转化率低于与渗透蒸发相结合的反应器的转化率,如图 6.7 所示。进一步的结论是动力学在混合过程的评估中起重要作用;由于通量取决于膜的表面积,因此结果取决于包括适当的膜表面积的混合反应器的适当设计。根据试验观察,Hasanoğlu 和 Dinçer 详细阐述了一种综合模型,其中乙醇和乙酸的酯化反应动力学与渗透蒸发去除相结合。反应器中乙酸的浓度为

$$\frac{dc_A}{dt} = -(k_1 c_A c_B - k_2 c_E c_W) - \frac{S}{V} J_A$$

式中,$c_A$ 为乙酸的浓度;$J_A$ 为乙酸的通量;$c_B$、$c_E$ 和 $c_W$ 分别为乙醇、乙酸乙酯和水的浓度;$S$ 为膜的面积,$m^2$;$V$ 为反应器中的体积,L。对于其他化合物,该等式可以写成:

$$\frac{dc_1}{dt} = \pm(k_1 c_A c_B - k_2 c_E c_W) - \frac{S}{V} J_i$$

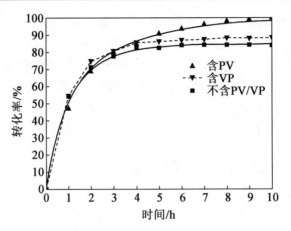

图 6.7 反应时间对丙酸和乙醇的酯化反应的影响

(反应温度 363 K,膜温度 363 K,初始物质的量比 2:1,S/m 0.317 8 $m^2 \cdot kg^{-1}$)

假设乙酸是限制性化合物,则乙醇、乙酸乙酯和水的浓度方程式为

$$c_B = \frac{c_{A0}(M-x)}{1+\int \frac{SK_{p,B}}{V}dt}$$

$$c_E = \frac{c_{A0}x}{1+\int \frac{SK_{p,B}}{V}dt}$$

$$c_W = \frac{c_{A0}x}{1+\int \frac{SK_{p,W}}{V}dt}$$

式中,$x$ 为转化率;$M$ 为乙醇与乙酸的初始浓度的比率;$K_{p,i}$ 为渗透蒸发膜的渗透率随进料混合物中浓度变化的斜率。

### 6.5.2 乙酸和乙醇的酯化反应

迄今为止报道最多的酯化反应是乙醇与乙酸反应生成乙酸乙酯(和水)。尽管试验工作在 2000 年之后蓬勃发展,但早期已知(并获得专利)乙醇和乙酸的渗透蒸发辅助酯化。芝加哥大学的这项专利包括乳酸、丙酸、丁酸、乙酸的酯化,琥珀酸(及其组合)与醇,包括乙酸和乙醇的反应,通过使用渗透蒸发膜辅助。文献中首次报道的观察结果是从装有 PVA 渗透蒸发膜的连续管式膜反应器中获得的。这些是经典的膜,可用于任何需要在非过渡条件下除去水的应用中。膜是惰性的,这意味着本催化剂与膜分离。将该过程与蒸馏进行比较,发现可以减小 75% 以上的能量输入,并且投资和运营成本降低 50%。类似地,Krupiczka 和 Koszorz 使用 GFT Pervap 1005 膜(由 PVA 制成)衍生出三参数模型来描述该过程中的浓度分布。他们使用动力学方法进行转化反应和水的渗透蒸发去除,这导致了相当简单的方程式,可以很好地描述浓度分布。该模型仅限于三个微分方程,可以通过 Runge-Kutta 程序轻松解决。然而,有必要考虑活性而不是浓度,这在该系统中并不令人惊讶。Tanna 和 Mayadevi 使用了一种不同的方法来分析膜反应器。渗透蒸发膜反应器的性能由两步系列模型表示。在反应器的动力学方案之间进行了区分,其中渗透蒸发膜反应器的性能类似于间歇式反应器的性能;在中间和平衡状态下,渗透蒸发膜反应器的性能优异。膜通量是中间区域中最重要的因素,而选择性在平衡区域更重要。建议为反应器选择低通量膜,具有足够的表面积。

Lim 等提出了基于醋酸与乙醇酯化的现有试验数据的渗透蒸发膜反应器的详细模型。他们指出,通过产物去除有力地改变平衡的反应蒸馏在植物中变得越来越普遍。然而,该操作是能量密集型的,渗透蒸发膜反应器可能是反应性蒸馏的竞争性替代物。开发了一个模拟模型,用于描述许多替代反应堆配置,并分析影响和优化性能的因素。该模型是根据反应器和通过渗透蒸发膜运输的活动而开发的,以便考虑非理想效应。作者详细分析了塞流渗透蒸发膜反应器(PFPMR)、连续搅拌渗透蒸发膜反应器(CSPMR)、分批渗透蒸发膜反应器(BPMR)、循环塞流渗透蒸发膜反应器(RPFPMR)、循环连续搅拌渗透蒸发膜反应器(RCSPMR)和循环分批渗透蒸发膜反应器(RBPMR)。这些配置如图6.8所示。

Zhu 等采用亲水复合聚合物陶瓷膜进行相同的应用,取得了良好的效果。然而,该膜也是惰性的(非催化的)。类似地,还发现使用富勒烯作为填料可增强渗透性,而选择性保持恒定。Penkova 等研究了聚(2,6-二甲基-1,4-苯醚)(PPO)和富勒烯 C60(最多3%)的纳米复合材料。

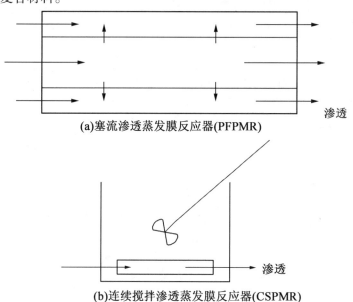

图 6.8　由 Lim 提出的膜反应器构型示意图

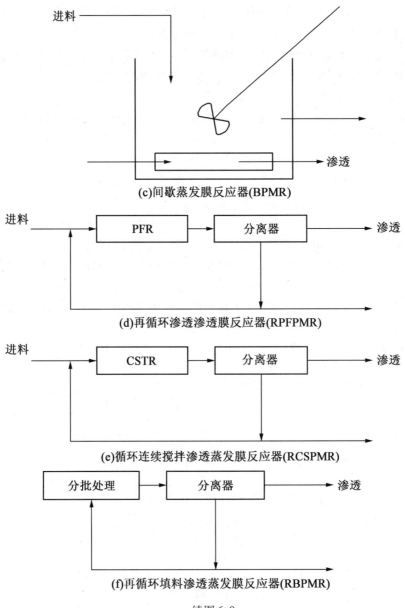

续图 6.8

在反应器设计方面，Dams 和 Krug 分析了渗透蒸发装置（使用惰性非催化膜）与反应器连接的三种不同布局。如图 6.9 所示。

第一种布局是渗透蒸发与蒸馏塔的组合。后者用于回收未反应的来自反应器的乙醇，来自含有质量分数为 87% 乙醇和 13% 水的蒸馏塔的顶部产物。然后通过渗透蒸发进一步处理。在这种布局中，渗透蒸发相当用于混合分离过程，而不是用于混合分离过程渗透蒸发膜反应器。渗透蒸发后乙醇的质量分数为 98%。第二种布局是渗透蒸发膜反应器的经典方法，其中将液体混合物进料到具有亲水性的渗透蒸发单元膜。这在技术上比第一次布局更困难，因为对膜稳定性和完整性有额外要求，但历史证明这是可行的。

在图 6.9 的第三种布局中,渗透蒸发单元用于使脱水循环流从反应混合物中蒸发。这是有利的,因为蒸气中不含任何酸或酯类,由乙醇和水组成。这将保护膜免于与这些化合物的相互作用。从耗能方面比较了三种布局的成本:采用传统蒸馏方法降低能耗参考率分别为 58%、93% 和 78%。通过比较投资成本观察到相同的结果。

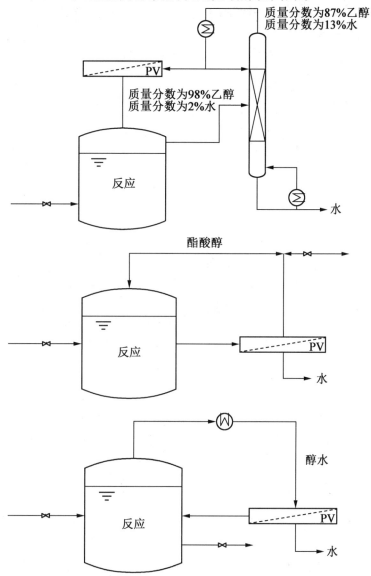

图 6.9　基于惰性(非催化)膜的渗透蒸发辅助酯化的替代工艺布局
(改编自 Lipnizki,F; Field,R. W; Ten,P. K。基于渗透蒸发的混合工艺:工艺设计、应用和经济学综述)

Brüschke 等提出了一种替代工艺布局,如图 6.8 所示。这种配置的出发点是观察到批量工艺和连续级联操作都会导致高投资成本。图 6.10 中的化学反应器以分批模式操作;反应产物通过第一渗透蒸发装置再循环以减少水含量而没有显著的浓度变化。从循环物流中取出排出物流,并在第二渗透蒸发装置中完全脱水。随后,来自第二渗透蒸发单元的滞留物流在具有类似于第一反应器的布局的第二反应器中进一步处理(包括两步渗透蒸发处理,如图6.10所示)。当最终水质量分数小于0.5%时,获得97%的转化率。

Guo 等在流通式膜反应器中进行了乙酸和乙醇的酯化反应,其中磺化聚醚砜/聚醚砜/非织造织物复合催化剂与聚(乙烯醇)渗透蒸发膜结合。它们的方法布局如图6.11所示。发现在闭环流通模式下,95.4%的试验转化率接近理论值95.6%。

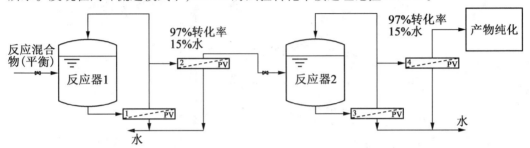

图6.10 Brüschke 等提出的替代工艺布局

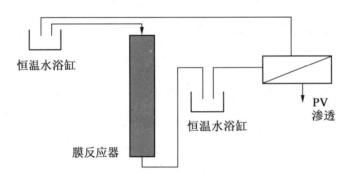

图6.11 Guo 等的流通模式中的酯化反应

最近关于渗透蒸发辅助乙酸和乙醇的酯化工作集中于开发与膜结合的新膜结构和催化剂。Shah 和 Ritchie 提出了将催化剂固定到膜上。然而,在这项工作中,提出了微滤而不是渗透蒸发膜。该膜不具有任何分子分离性质,因此仅应考虑催化剂固定。微滤膜可以在渗透蒸发之前起到预处理的作用(图6.5),并结合催化活性,以聚醚砜(PES)微滤为起点。

催化位点位于接枝在膜的流动路径中的磺化聚苯乙烯链的每个重复单元上。事实证明,催化膜具有良好的现场可接近性,没有分离和腐蚀问题。在试验中观察到反应渗透物中的中等损失(约25%)的接枝聚苯乙烯。磺化聚苯乙烯接枝物的摩尔质量的增加使损失减少了60%,并且当通过自由基聚合制备膜催化剂时,接枝损失可忽略不计。然而,若设想渗透蒸发膜反应器,则(催化)微滤步骤需要额外蒸发去除水。

Zhang 等提出了一种由三层结构组成的复合催化活性渗透蒸发膜。SEM 图像显示三层结构中,顶层是多孔催化层,中间层是致密的 PVA 选择层,底层是 PES 支撑层。这适用于乙酸和正丁醇的酯化,乙酸转化率在85 ℃下20 h 达到91.4%(与71.9%的平衡转化率相比)。

Bernal 等使用了一种具有催化活性的无机渗透蒸发膜,它既可以作为催化剂,也可以作为分离器。酸性沸石 H-ZSM-5 用于活性沸石膜反应器(AZMR)。沸石膜具有分子尺寸范围的孔,这意味着它们能够进行非常特定的相互作用(例如,目标分子的选择性吸附、分子筛分),它们的特性使它们成为整合反应和分离的理想选择。尽管如此,关于在酯化反应中使用沸石膜反应器的报道相当有限;大多数研究使用类似于聚合物膜所述的不连续构型。Gao 等和 Tanaka 等分别使用沸石 A-PVA 复合膜和沸石 T 膜研究了由交换树脂催化的乙酸和醇的酯化。根据 Tuan 等描述的方法制备膜,膜在 423 K 下测试 14 h,或在 348 K 下测试 70.5 h,在 pH=3.5 的反应后测试,发现沸石在这些(反应)条件下稳定。与使用聚合物非催化膜的传统方法相比,反应器性能的差异主要在升高的反应条件(这是有利的)中发现,并且是在膜表面上形成水和乙酸乙酯。膜本身显著影响通过膜的运输。AZMR 配置比其他反应器配置产生更高的转化率,其中 H-ZSM-5 催化剂或者作为粉末包装在不透水管内,或者在管状 Na-ZSM-5 膜内。

De La Iglesia 等采用类似的方法,描述了用于相同反应的双层丝光沸石-ZSM-5 膜的制备,以灵巧的方式结合了催化活性和所需的亲水性。该原理如图 6.12 所示。由于其在铝中的含量较低并因此在酸性条件下具有较高的稳定性,因此丝光沸石在亲水层中优于沸石 A。由于其酸稳定性和亲水性,Zhu 等进一步研究了丝光沸石膜。使用 851 ℃ 的反应温度,乙酸/醇的物质的量比为 1.5,乙醇转化率为 98.13%,正丁醇转化率(当使用正丁醇代替乙醇时)为 98.73%,催化剂负载量为 0.05%(0.005 mol/L),有效膜表面积与酯化混合物体积之比为 0.31。丝光沸石膜的使用也有相关报道,其中丝光沸石和沸石 A 已在乙酸与乙醇的酯化反应中在装有催化剂 Amberlyst TM15 的连续膜反应器中进行测试。然而,丝光沸石膜对酸性反应介质表现出很大的抗性,在试验 5 天内保持约 90% 的转化率,具有非常高的分离因子 $H_2O$/EtOH 和 $H_2O$/Hac。在沸石 A 的情况下,由于该沸石对反应酸性条件的不稳定性,膜转化率急剧下降。这种不稳定性问题可以通过两层概念来解决。该概念中的特定挑战是在合成第二层期间,保持膜的稳定性。Khajaavi 等提出了一种管状羟基方钠石膜,通过渗透蒸发选择性地除去水,用乙醇和 1-丁醇将 Amberlyst 15 作为酸催化剂进行乙酸酯化。羟基方钠石是一种沸石状材料,仅由方钠石笼组成。该材料不含有明显的孔隙或通道,由一系列 4 环和 6 环相互连接的笼子组成。4 环太小而不允许任何分子渗透,但 6 环的直径足够大(0.27 nm),只允许非常小的分子如水(动力学直径:0.265 nm)通过,膜在反应条件下显示良好的稳定性,选择性也几乎是无限的。

用乙酸与乙醇的酯化作为典型应用测试膜,发现催化活性和亲水性的组合是成功的;当在用水蒸气饱和的空气气氛下进行煅烧时,通过积极地对丝光沸石骨架中的 OH 基团的分布起作用,保留了亲水性。所提出的进一步优化是调整沸石组成和膜厚度。

图 6.12　De La Iglesia 等提出的双层膜概念

基于经典的聚合物膜开发了催化膜。De Souza Figueiredo 等使用 Amberlyst 15 和 35 作为催化剂和渗透蒸发装置中的亲水性苏尔寿膜 Pervap 1000(PVA)进行渗透蒸发辅助酯化。他们将这种传统配置与催化膜的性能进行了比较,该催化膜是通过在聚乙烯醇溶液中涂覆 Pervap 1000 薄膜的薄表层微小催化剂颗粒而开发的。在水性浇铸溶液中,PVA 和 Amberlyst 35 的质量分数为 3%;用作交联剂的马来酸以马来酸/PVA 1:10 的物质的量比加入。对于在 60 ℃的温度下操作的催化膜,观察到乙酸乙酯转化率高达 60%,而且催化膜中使用的催化剂浓度远低于常规催化反应器中常用的催化剂浓度。

Unlu 和 Hilmioglu 使用壳聚糖作为催化膜的基础聚合物,通过在壳聚糖膜上涂覆一层薄的 $Zr(SO_4) \cdot 2.4H_2O$ 制备复合膜。通过从反应混合物中除去水,使用反应物的物质的量比为 1:1,催化剂质量浓度为 0.25 g/L,温度为 70 ℃,在渗透蒸发膜反应器中将乙酸转化率从 22% 增加至 85%。

Lu 等提出了一种开发催化膜的有效方法。他们通过将全氟磺酸/$SiO_2$ 纳米纤维与 PVA 制成的分离层结合制备多层膜,并以此方式获得超过 90% 的乙酸乙酯产率。

Park 和 Tsotsis 考虑了进一步的综合过程,将渗透蒸发步骤整合到混合渗透蒸发膜反应器中,在渗透物侧吸附,将渗透蒸发与吸附偶联可以在克服可逆反应中的平衡限制方面提供协同作用,例如通过硫酸催化乙醇酯化乙酸。这种假设特别适用于稀释反应系统、慢反应、非挥发性产物或不完美的膜。使用额外吸附反应的主要原因是为了增强膜渗透侧的产物排出,这在前面提到的情况下尤其重要。吸附是解决这个问题的一个非常有效的方法。使用聚醚酰亚胺-陶瓷复合渗透蒸发膜和 $CaSO_4$ 作为水吸附剂,发现 PVMR-吸附剂体系在不存在吸附剂的情况下显示出比 PVMR 显著改善的性能。例如,在 343 K,PVMR-吸附剂体系的转化率比常规管式反应器高约 10%,比平衡转化率高 8%,吸附/水转化率比 PVMR 高 5%。然而,据了解,购买吸附剂和附加设备是混合工艺的额外成本,使其对于与渗透蒸发单元结合的缩合反应的一般应用不太有吸引力。混合吸附膜反应器(HAMR)进一步用于混合填充床催化膜反应器(CMR),其通过多孔陶瓷膜与 $CO_2$ 吸附系统偶联甲烷蒸气重整反应。

### 6.5.3 乙酸与其他醇的酯化反应

乙酸与其他醇的酯化反应遵循大致相同的方法。使用市售 PVA 膜（GFT Pervap 1005）进行苯甲醇乙酰化（苯甲醇与乙酸反应）的不连续酯化反应器由 Domingues 等研究，在这项研究中，酯化反应的动力学参数与渗透蒸发相结合。来自反应器中与时间相关的质量平衡，采用与 Krupiczka 和 Koszorz 用于乙酸与乙醇反应相似但有些不同的方法。Rönnback 等研究了乙酸与甲醇的酯化反应动力学以碘化氢作为均相酸催化剂，催化剂出现在副反应中：碘化氢被甲醇酯化成甲基碘。在镕这种情况下，动力学模型需要揭示精确的反应机理，这应该是甲醇对通过质子供给乙酸形成的碳鎓离子的亲核攻击。导出速率方程（基于浓度和基于活动），并且通过回归分析从试验数据估计速率方程中包括的动力学和平衡参数。以这种方式，可以合理地模拟酯化反应。

Assabumrungrat 等也研究了从甲醇和乙酸合成乙酸甲酯。他们区分了三种操作模式，即半分批（SBPVMR）、活塞流（PFPVMR）和连续搅拌罐（CSPVMR）。采用 Amberlyst-15 催化剂和 PVA 膜的经典方法。据观察，膜对水的选择性受到甲醇显著渗透的影响。值得注意的是，具有高选择性的膜对于 PVMR 实现高反应器性能是必不可少的。考虑到操作模式，得出的结论是 PF-PVMR 是有利的，尽管存在一些操作条件范围，其中 CS-PVMR 优于 PF-PVMR。由不同操作模式产生的反应器中的流动特性通过对反应的影响和沿反应器的渗透速率影响反应器性能。

Penkova 等研究了在没有催化剂的情况下接近平衡的四元混合物中的相同酯化反应（甲醇/乙酸），这将仅反映渗透蒸发膜（在这种情况下，在氟塑料复合疏水膜的表面上的聚（2,6-二甲基-1,4-环氧戊烷）（PPO）膜提供的分离）而不能以这种方式研究反应的增强。

使用渗透蒸发进行乙酸和正丙醇的酯化还没有专门用渗透蒸发进行研究。然而，值得注意的是，它是使用 NaA 分子筛膜进行蒸汽渗透膜反应器研究的少数反应之一。结果完全符合渗透蒸发的观察结果，转化率从 78.2% 增加到 98.6%。在 420 min 内，正丙醇/乙酸的物质的量比为 2:1。

Bitterlich 等研究了丁醇和乙酸的酯化反应生成乙酸丁酯。这种反应的常规方法也使用均相催化剂，即硫酸，必须在反应后加入氢氧化钠中和。之后必须通过蒸馏除去副产物水。在离子交换树脂中使用固定化的固定床来代替硫酸，并用渗透蒸发装置代替蒸馏塔，使用常规的 PVA 膜。Wasewar 等对乙酸与正丁醇的酯化进行了类似的研究。他们研究了各种参数的影响，例如工艺温度、乙酸与正丁醇的初始物质的量比，以及有效膜面积与反应混合物体积和催化剂含量的比率，由此得出最佳值。Li 和 Wang 提出了一种基于乙酸与正丁醇反应的酯化反应动力学模型，以对甲苯磺酸和超固体酸（$SO_4/ZrO_2\ SiO_2$ 型）为催化剂。在该模型中，他们通过对渗透蒸发中的通量实施 Arrhenius 方程来考虑反应温度，还考虑了进料中的水浓度。Uragami 等提出了一种稍微不同的技术用于乙酸和正丁醇的酯化。它们在离子液体 1-烯丙基-3-丁基咪唑双（三氟甲磺酰）亚胺（[ABIM] TFSI）中进行反应，不溶于水副产物、PVA 或 PVA-TEOS（四乙氧基硅烷）杂化膜。在这种情况下，渗透蒸发膜不会接触溶液，而是传输通过微波加热产生的水蒸气（称为蒸发的方法)。该方法如图 6.13 所示。

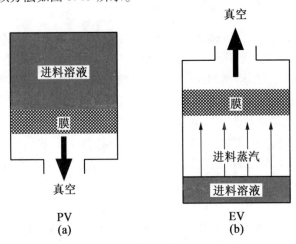

图 6.13 与渗透蒸发相比,蒸发过程的示意图

代替正丁醇,很少有研究关注异丁醇,Korkmaz 等这样做是为了生产醋酸异丁酯,这是化妆品、香料和涂料工业中的一种有价值的溶剂。有趣的是,该研究还比较了均相(硫酸)和非均相(Dowex 50W - X8)催化剂用于该酯化反应。观察到非均相催化剂的增强是最大的,尽管与均相催化剂的所有反应的性能在约 6 h 的反应时间内更好。对于均相催化剂,渗透蒸发膜的增强作用小;对于更高的反应时间(46 h),在具有非均相催化剂的反应器中转化率变得更高。如图 6.14 所示,在后续研究中得出的另一个结论是,亲水膜可以用于选择性地去除水,或疏水膜用于选择性地去除乙酸异丁酯。然而,显而易见的是,后一种方法要困难得多。

Peters 等将乙酸和丁醇之间的酯化反应作为模型反应,以检验复合催化中空纤维渗透蒸发膜对缩合反应的可行性。通过参数研究确定了关键工艺参数和催化膜优化设计的辅助手段,研究了催化剂位置、催化层厚度、反应动力学和膜渗透性对 CMR 性能的影响。考虑陶瓷中空纤维膜在膜的壳侧具有反应液体,复合催化膜由涂有水选择层的载体和多孔催化层的顶部组成。假设膜反应器表现为理想的等温活塞流反应器(PFR)(催化层和液体中的轴向扩散不被考虑),尽管考虑了壳侧的浓度极化效应,但在渗透侧的压力条件下,渗透侧的外部输送限制可以忽略不计。膜是完全水选择性的(除了水之外没有其他物质透过膜),催化剂颗粒被认为是无孔的,催化活性沿催化剂涂层均匀分布。使用一维催化剂模型,在催化层中进行质量传递,在催化层中发生扩散和反应,在 Matlab 中使用 Runge - Kutta 程序在轴向上求解,并使用差分元素方法进行传质和径向反应。通过进料流速与膜表面积的比率和反应器中存在的催化剂的量来研究除水与产水的比率,其被发现是渗透蒸发 - 偶联酯化过程的关键因素。当催化剂层厚度增加时,发现转化率不再受反应器中存在的催化剂量的限制,而是受催化剂层中的扩散限制。在所假设的情况下研究的案例的最佳催化剂层厚度约为 100 μm。然而,该最佳值的确切值是反应动力学和膜渗透性的函数。

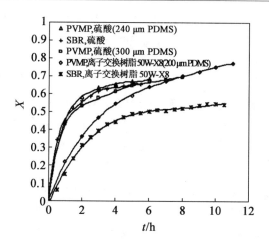

图 6.14　比较反应器中的均相(硫酸,3.33 g/L)和非均相(Dowex 50WX8,16.67 g/L)催化剂的转化率($X$)

（反应物的初始物质的量比为 1,$T=60$ ℃,膜面积与初始反应体积的比率为 0.132 5 $cm^{-1}$）

　　Zhu 和 Chen 也报告了尝试使用催化活性膜用于该应用。交联的 PVA 将致密的活性层涂覆在多孔陶瓷板支撑体上。在这项研究中要克服几个实际问题,但是最终可以达到 95% 的转化率。温度和酸与醇的初始物质的量比或催化剂浓度建议为最优化参数。

　　Liu 等改进了交联 PVA 膜在酯化反应器中的性能,该反应器用于在 60 ℃ 的温度范围内用 $Zr(SO_4)·4H_2O$ 催化的乙酸与正丁醇的酯化反应。为此目的,将水与乙酸的分离与四元系水/乙酸/正丁醇/乙酸丁酯中的膜的性能进行比较,其具有酯化的动力学模型。该模型基于通过渗透蒸发膜的简单 Fickian 扩散,这对应于 Lee 提出的模型。观察到水渗透与其他化合物渗透的耦合效应。在 Liu 和 Chen 使用严格的动力学方法更详细地模拟了乙酸和正丁醇的酯化反应,包括酯化反应速率常数的表达式。通过与试验数据的比较证明了模型方程的适用性。

　　迄今为止,用于渗透蒸发辅助乙酸和正丁醇酯化的沸石膜研究较少。Zhou 等用微波辅助热法制备了高性能 a&b 取向沸石 T 膜,并将其应用于渗透蒸发膜反应器中,在 383 K 下进行转化。结果的乙酸转化率为 100%,与不存在沸石 T 膜的转化率仅为 68% 相比,反应物或产物的损失。

　　与乙酸的另一种酯化反应是乙酸和异戊醇的转化。异戊醇是杂醇油的主要成分(460%),杂醇油是高级醇和水的复杂混合物,作为从甘蔗发酵生产生物乙醇的废产物获得。乙酸与异戊醇的液相酯化可以是乙酸异戊酯的可能来源,乙酸异戊酯是一种更高附加值的产品,广泛用于制药工业、食品工业中,作为一般的绿色溶剂和特别是香料。用磺基琥珀酸交联的 PVA 膜研究反应,并与 PVA 膜比较,其中通过在 PVA 链上锚定 5 - 磺基硅酸(SA)引入磺酸基。观察到当交联度从 5% 增加到 20% 时交联具有积极效果;然而,进一步增加高达 40% 对转化率没有太大影响。对于用 5 - 磺基硅酸(SA)处理的膜,观察到类似的趋势。通过在连续批次试验中使用它们来评估膜的稳定性,大约 80% 的初始活动可以维持。Gómez - García 等使用 ASPEN Plus 和 Excel - MatLab 接口模拟了这个过程，这样就可以进行工艺优化和经济评估，这表明总直接成本（工艺单元数量）对年化资本和年度总成本有很大影响，这可能比规模和节能更重要。

### 6.5.4 与其他酸的酯化反应

与乙酸反应类似，其他酸也可以酯化，产生各种各样的酯，可用于各种应用。例如，David 等研究了 1-丙醇和 2-丙醇与丙酸的酯化反应，生成丙酸丙酯和丙酸异丙酯，并使用基于渗透蒸发的混合方法来辅助酯化反应。在该（早期）应用中，PVA 膜用于反应器外部。

如上所述，一些研究考虑了乳酸与乙醇的酯化反应，用于生产乳酸乙酯。乳酸乙酯是一种绿色、无毒、无臭氧消耗和可生物降解的溶剂。渗透蒸发膜反应器可能是其生产的最佳选择。Nigiz 和 Hilmioglu 研究了反应器与催化活性渗透蒸发膜的整合，在这种情况下是硼酸涂覆的羧甲基纤维素复合催化膜，该反应也可以酶催化。Collazos 等使用这种反应（以及从乙酸和甲醇生产乙酸甲酯）作为例子来描述渗透蒸发膜反应器的模型，有以下三种方式：

(1) 基于热力学分析。
(2) 使用残留曲线图，类似于蒸馏曲线的分析方法，其中保留物的组成作为反应器长度或时间的函数以图形方式显示。
(3) 基于 Peclet 数和 Damköhler 数的设计图方法。

这允许在连续渗透蒸发膜反应器中确定最大转化率，轴向组分浓度分布以及选择性和渗透率对转化率的影响。

Okamoto 等研究了在对甲苯磺酸存在下用乙醇酯化油酸生成油酸乙酯。因为废油和油脂中不需要的游离脂肪酸，油酸与乙醇等游离脂肪酸的酯化反应是生物柴油合成的关键步骤。反应如下：

$$CH_3(CH_2)_7CH = CH(CH_2)_7COOH + C_2H_5OH \longleftrightarrow CH_3(CH_2)_7CH = CH(CH_2)_7COOC_2H_5 + H_2O$$

Okamoto 等使用不对称亲水性 PEI 膜和 4,4′-氧二亚苯基 POPMI 膜，其中渗透蒸发膜整合在反应器内，类似于图 6.4(b)。通过将反应动力学与渗透蒸发的渗透通量方程相结合，模拟在 383 K 的温度和高压下操作的反应。以这种方式，可以预测各种参数对转化率的影响，从而可以根据设想的 98% 转化率选择反应条件。通过 Maxwell-Stefan 方法结合溶液扩散模型模拟的类似结果由 Rewagad 和 Kiss 获得。Han 等研究了相同的反应，但油酸的转化率为 87%，尽管使用过量的乙醇达到 15∶1 的比例。Zhang 等报道，在 60 h 的反应时间和使用由 Compact Membrane Systems, Inc. (CMS) 制造的 CMS-7-ePTFEs 膜作为由全氟化合物制成的复合膜后，该反应的转化率为 95%。2,2-二甲基-1,3-二氧杂环戊烯与四氟乙烯共聚，在 e-PTFE 载体上与不同的共聚物共聚。Figueiredo 等也使用苏尔寿化学技术公司的 Pervap 1000 膜研究了油酸和乙醇的酯化反应，但转化率明显降低（约 50%，取决于温度、催化剂负载量和乙醇/有机酸浓度比）。这可能是由于使用非均相催化剂（Amberlyst 15 Wet, Rohm&Haas）。在 Shi 等人的研究中考虑了现实条件，即酸化油的实际样品与甲醇的酯化。考虑到催化剂的进一步分离，这需要使用催化膜。使用磺化聚(醚)砜膜,磺化度为 9.7%、20.3% 和 39.1%。模拟结果表明,反应速率常数与甲醇/酸化油物质的量比、催化膜负载量和反应温度有关。这可以得出结论,酯化不是扩散性的,而是动力学控制的。

相关反应是月桂酸与甲醇的酯化反应,得到月桂酸甲酯。月桂酸是(生物)油中存在的另一种常见脂肪酸,它无毒且价格低廉。十二烷基硬脂酸酯是用作润滑剂和增塑剂的重要酯。因此,转换是有意义的。Ma 等将酯化反应器与多层中空纤维陶瓷膜结合在一起,该膜由海绵状支撑层、致密分离层和多孔催化层组成。催化功能由全氟磺酸提供,通过将其以颗粒形式溶解在质量分数为 50% 的正丙醇和质量分数为 50% 的去离子水中,向其中加入质量分数为 10.0% 的作为黏合剂的 PVA 溶液和作为载体的纳米 $TiO_2$;用质量分数为 5.0% 的 HCl 处理这些膜,将 PFSA - Na 转化为 PFSA - H,并在室温下干燥。Zhang 等为这种催化功能提供了一个替代方案:与酶促催化相同的反应(固定化脂肪酶),这是在 PVA/PES 双层膜上完成的。由于反应条件的差异(例如,全氟磺酸催化的最佳温度为 70 ℃,而酶催化为 40 ℃),尚未对这两种方法进行比较并且难以进行比较。

Keurentjes 等也考虑了酒石酸与乙醇的酯化反应动力学。酒石酸与乙醇的反应由甲磺酸催化,并且是两步酯化,如图 6.15 所示。

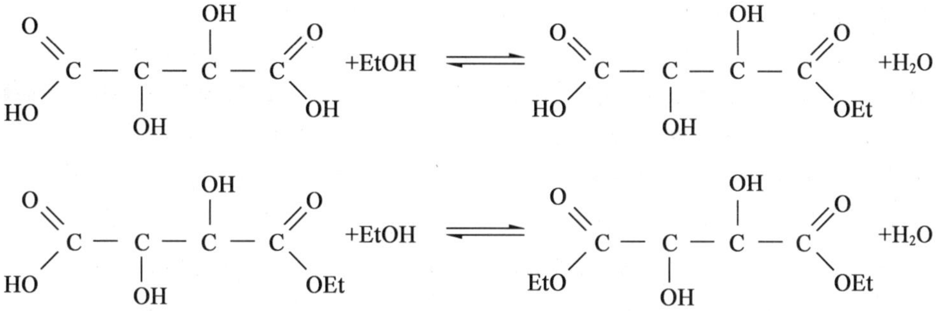

图 6.15 酒石酸与乙醇的两步酯化

$$A + B \longleftrightarrow C + H_2O$$
$$C + B \longleftrightarrow D + H_2O$$

其中,A 为酒石酸;B 为乙醇;C 为酒石酸乙酯;D 为酒石酸二乙酯。因此,在该反应中,最终产物不是酒石酸乙酯,而是酒石酸二乙酯,其影响动力学模型。此外,必须考虑活性系数,这可以通过使用例如 UNIFAC 小组方法来完成。然而,作者指出,尽管活性系数与传统的显著不同,但基于浓度的描述导致相同的结果,因为个体活动系数的影响是相互补偿的,以这种方式可以很好地预测向酒石酸二乙酯的转化。作者进一步指出,膜表面积与反应器体积的比例($A/V$)应该优化,因为太高的值会导致乙醇的损失,而太低的值会影响通过渗透蒸发膜去除水。Holtmann 和 Gorak 进行了进一步的建模,Wasewar 使用动态模型来模拟膜反应器中酯的合成。鉴于对反应器中使用的各种参数的灵敏度分析,作者使用浓硫酸作为催化剂,并改进了渗透蒸发辅助苯甲醇乙酰化酯化的模型。修改的模型允许预测作为各种参数的函数实现给定转化所需的反应时间,并确定该转化所需的膜表面积。

Nijhuis 等研究了另一种应用,芥酸和十六烷醇(十六烷基)酯化形成十六烷基芥酸酯。在这种情况下,反应器不是化学反应器而是生化反应器,反应是生物催化的反应。该混合方法包括具有亲水中空纤维膜的外部渗透蒸发单元;反应器是酶促填充床反应器。传统工艺中的转化率极限在 53%,在渗透蒸发辅助过程中提高到了 90% 以上,表明降低了能源消耗和投资成本。

类似地,Kwon 等描述了油酸与正丁醇在室温下在异辛烷中的脂肪酶催化反应中酯化,形成油酸正丁酯,在渗透蒸发单元中使用无孔醋酸纤维素膜。有人提出,渗透蒸发可能也适用于除去各种其他酶促过程中产生的水,例如在溶剂体系中以及在无溶剂体系中合成几种其他酯、肽和糖苷。

Ni 等描述了戊酸和乙醇的酯化反应,使用对甲苯磺酸作为催化剂,用于形成戊酸乙酯。在这种情况下,使用亲水改性的芳族聚酰亚胺膜。以这种方式得到的戊酸的转化率为 95.2%。Zhang 等研究了丙酸和乙醇的酯化反应,当乙醇与酸的物质的量比为 2:1,膜面积与初始液体(S/m)为 $0.105\ 9\ m^2 \cdot kg^{-1}$ 反应量的比值时,在 363 K,10 h 内转化率为 99.8%。Rathod 等研究了在硫酸作为催化剂存在下渗透蒸发辅助丙酸与异丙醇的酯化反应,观察到丙酸的转化率有 66%~87% 的增加。Zhang 等研究了苯甲酸甲酯与正丁醇的酯化反应,观察到转化率从 52% 增加到 77%。

迄今为止,对于均相催化的酯化反应器,陶瓷渗透蒸发膜的研究较少。少数例子之一是使用硫酸作为催化剂,使用 CHA 型沸石膜将己二酸与异丙醇酯化,由 Hasegawa 等成功应用。除乙酸和乙醇之外的酯化反应不经常报道多相催化。Nemec 和 Van Gemert 基于酒石酸和乙醇之间的反应作为模型系统,考虑使用多相催化和渗透蒸发单元进行水分去除并将反应转化为产物形成的间歇方法中的酯化,这种反应相对较慢。该研究基于目前市售催化剂和陶瓷渗透蒸发膜的现有试验数据,使用三种不同的偶联和反应程度的工艺配置,类似于图 6.7。有人提出,完全整合的多功能反应堆对于本案例研究来说不是一个可行的概念,因为两种工艺的最佳要求不同。用于催化反应的配置并且分离在分开的单元中进行,最终设计被认为取决于实际问题(例如,膜稳定性和易操作性)。

对于正丁醇与丙烯酸的酯化反应生成丙烯酸正丁酯,Sert 和 Atalay195 使用 Amberlyst 131 作为催化剂,由磺酸基官能化的苯乙烯二乙烯基苯共聚物制成的大孔树脂,以及苏尔寿的 Pervap 2201 膜 Chemtech 用于除水。在 338 K、348 K 和 358 K 的温度下,丙烯酸的转化率分别从 36% 增加到 69%、53% 增加到 84% 和 70% 增加到 92%(正丁醇与丙烯酸的物质的量比为 4,催化剂装载量为 10 g/L)。应注意,对于该反应,在渗透蒸发中获得高选择性的挑战低于与乙醇反应的挑战。

## 6.6　R2 型渗透蒸发膜反应器:酯化反应以外的反应

虽然酯化反应是迄今为止研究最多的反应,可以通过将渗透蒸发装置整合到反应器中来加强,但很明显许多其他化学或生化反应也可能受益于渗透蒸发膜的选择性产品排空,以便转移平衡到更高的产品产量。在以下条件下,可以对所有反应采用两种方法:

（1）涉及平衡反应。
（2）反应中形成的副产物可以通过渗透蒸发膜选择性地除去。

在大多数情况下，副产物是水，其可以通过使用亲水性渗透蒸发膜容易地与反应产物分离。唯一的例外是甲醇，由于甲醇是一种相对较小的极性分子，甲醇－水的分离往往不足。大多数其他分离因子足以应用于渗透蒸发膜反应器中。

这种类型的应用通常需要催化膜，其可以确保与设想的反应中所需的催化活性一起良好分离。Ozdemir 等给出了这些膜的综述。他们指出，大多数将膜和催化剂结合起来的研究涉及在较高温度下的气相反应，其中应用了由陶瓷或金属制成的无机膜。当反应温度较低时，使用致密或多孔的聚合物膜。然而，许多重要的反应涉及气相，因此气相膜反应器比渗透蒸发膜反应器更发达。这也可以从对石油化学工业中膜分离过程应用的综述中看出。给出的膜反应器的典型实例是脱氢、甲烷的氧化偶联、甲烷的蒸汽重整和水煤气变换反应。然而，通过使用膜反应器，改变化学平衡，并使用膜去除（副产物），可以提高生产率。提到的规格是：分离系数高于 5，高通量（未定量），膜寿命至少为几个月。渗透蒸发仅用于混合分离，并用于从水中分离 VOC（挥发性有机化合物）。

Ozdemir 等还关注用于酯化和其他反应器的渗透蒸发膜反应器，并指出了这一概念的一些重要优点：分离效率不受蒸馏中相对挥发性的限制，只有一小部分通过膜渗透的进料经历了与蒸馏相比，液－气相变化导致较低的能量消耗，并且渗透蒸发可以在与最佳反应温度匹配的温度下操作。催化活性渗透蒸发膜（也称为"双功能"膜，即催化和分离）可以通过共混（通常是亲水性聚合物如 PVA 的混合物与具有特定催化性能的聚合物如聚（苯乙烯磺酸）来制备）或通过催化剂包埋在聚合物基质中。在后一种方法中，固体催化剂固定在聚合物结构中。沸石通常被报道为渗透蒸发膜反应器中高性能膜的材料，因为它们允许分离和催化活性的组合作为"双功能"膜。

（非酯化）渗透蒸发膜反应器的可能应用是脱水反应。第一个例子是由生物质衍生的木糖生产糠醛，这是一种布朗斯台德酸催化的脱水反应，其经历副反应，形成一组可溶和不溶的降解产物，统称为腐殖质，其降低糠醛的产率。糠醛的去除通常通过蒸汽汽提或液－液萃取进行，但 Wang 等证明，通过使用 PDMS 膜或 SDS 嵌段共聚物膜，可以获得足够的糠醛选择性，即使如此，膜选择性和渗透性仍有很大的提升空间。

第二个例子是由 $H_3PW_{12}O_{40}$ 催化的丁二醇脱水反应形成 THF。Liu 和 Li 通过将催化剂固定在膜结构中并在渗透蒸发中使用该膜来研究该反应。通过浸渍将 $H_3PW_{12}O_{40}$ 负载在陶瓷板上以形成催化板。这些陶瓷载体是 γ－氧化铝基质的双层复合 UF 膜。通过旋涂在催化板上形成交联的 PVA 层，得到的亲水性顶层的厚度为 10～20 μm。这是一种有点特别的方法，因为催化剂被包埋在支撑层中而不是在顶层中。作者报告了两个原因：第一是支撑物的渗透性很大，因此主要的流动阻力位于 PVA 层而不是支撑层；第二是较厚的基质可以比薄的 PVA 层支持更多的催化剂，因此可以产生更高的催化活性。这也是先前报道的。

这意味着在正常操作中在催化活性之前发生水渗透。在这种情况下，膜方向必须反转，即膜的表层面向渗透物，催化基质面向液体混合物。当液体流过载体的毛细管时，反应物被输送到活性层；在反应过程中，在催化活性位点上形成 THF 和水。然后水选择性地穿过活性层渗透到渗透物中，在试验范围内观察到膜的性能及催化稳定性良好。

在生产生物柴油的背景下,可应用于将副产物甘油转化为丙酮缩甘油(4-羟甲基-2,2-二甲基-1,3-二氧戊环)。与目前生产所需的甘油相比,甘油市场非常小,因此认为转化是有益的。丙酮缩甘油可以通过在酸性介质中用丙酮酮化甘油来合成。它是一种透明,几乎无味的液体,是十分通用的溶剂可与水混溶。由于其低毒性,它可用于制药工业、化妆品行业或水性涂料中。转化反应使用均相催化剂(硫酸或对甲苯磺酸)进行,其提供高达98%的收率,或使用非均相催化剂,例如大孔树脂或蒙脱石K10,产率稍低,为88%。

与该反应存在的问题在于该反应的平衡常数非常低,因此加入大于化学计量的丙酮,以改善甘油转化率。更有效的方法是去除反应中产生的水,因此利用 LeChatelier-Braun 的原理而增加甘油转化率。用这种方式使用如具有沸石 NaA 膜的蒙脱石 K10 催化剂,过量的丙酮可以从 20∶1 减少到 2∶1。转化可以在甘油和脂肪酯的混合物中进行,展现出该方法生产生物柴油和丙酮缩甘油生产的综合系统的潜力。

甘油的另一种用途是在苯乙醛和甘油之间进行乙酰化平衡反应,得到 2-苄基-4-羟基甲基-1,3-二噁烷和 2-苄基-5-羟基-1,3-二噁烷(风信子味道)(图 6.16)。这使得水成为副产品,可以使用渗透蒸发膜轻松去除。为了这个目的,Ceia 等使用了由戊二醛交联的聚(乙烯醇)和分散在聚合物基质中的 H-USY 沸石组成的复合催化膜。

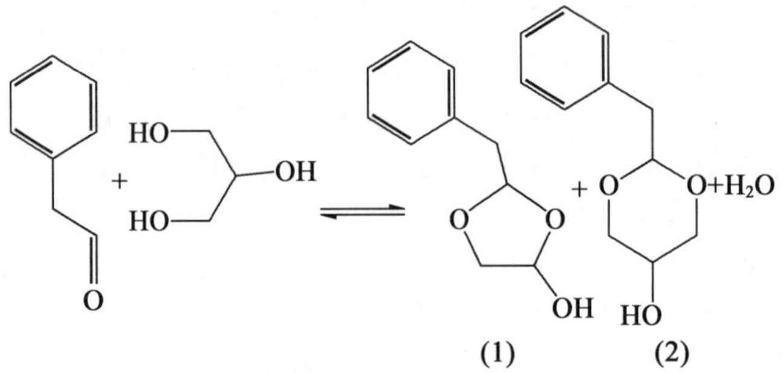

图 6.16 苯乙醛与甘油之间的乙酰化平衡反应

另一个应用是由叔丁醇和乙醇合成 ETBE。叔醚的合成是平衡限制反应的另一典型实例,其中催化活性被水的存在强烈抑制,并且由于热力学的限制通常具有较低的转化率。对于 ETBE 的合成,常见途径是乙醇和异丁烯之间的反应。然而,异丁烯是从炼油厂裂解操作中获得的,并且供应是有限的。异丁烯的可能替代物是叔丁醇,而叔丁醇是 ARCO 方法中由异丁烯和丙烯生产环氧丙烷的主要副产物。ETBE 可以通过直接或间接方法由叔丁醇生产。在直接方法中,ETBE 由叔丁醇和乙醇在一个反应器中生产。在间接方法中,叔丁醇在第一反应器中脱水成异丁烯,异丁烯进一步与乙醇反应,在第二反应器中生成 ETBE。直接方法如前所述,并且考虑到在渗透蒸发膜反应器中的应用可作为反应蒸馏的替代方案。Assabumrungrat 等比较了三种反应器操作模式:半间歇反应器、连续搅拌釜反应器(CSTR)和 PFR。发现 CSTR 模式仅在有限的操作条件范围内(在低产率)具有优异的性能。此外,为了提高 ETBE 产率,建议在低温下操作渗透蒸发膜反应器,膜面积与催化剂质量比高,乙醇和叔丁醇的进料比为化学计量比或更低。

MTBE 的生产可以基于与叔丁醇的类似反应,用甲醇代替乙醇来进行。Matouq 等提出了将渗透蒸发膜反应器与反应蒸馏相结合的混合工艺中的 MTBE 生产。该原理示意图如图 6.17 所示。检测了两种类型的催化剂:离子交换树脂和杂多酸(HPA),其中 HPA 显示出最大的选择性。在蒸馏塔的顶部,获得 MTBE 和甲醇的共沸混合物作为最终产物(未考虑进一步分离)。在这种情况下,可以假设渗透蒸发单元中甲醇的损失,因此有必要选择非常具有选择性的膜,可能具有相对低的通量。用 PVA 膜进行试验,但可以假设这可以在膜性能方面进行优化。

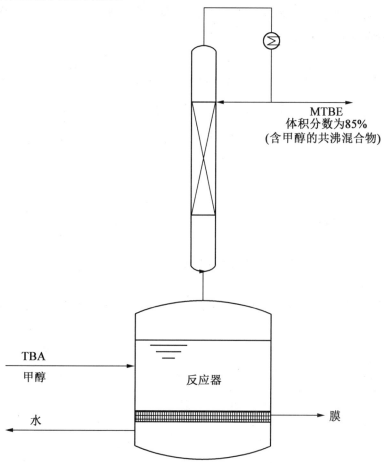

图 6.17　渗透蒸发膜反应器与反应蒸馏相结合用于在混合过程中生产 MTBE
(引用自 Matouq, M.; Tagawa, T.; Goto, S. Combined Process for Production of Methyl Tert‑Butyl Ether from Tert‑Butyl Alcohol and Methanol. J. Chem. Eng. Japan 1994, 27, 302–306.)

DMU 和 MIBK 的生产遵循大致相同的模式。Heroin 等考虑了 DMU 的生产中,获得水、$CO_2$ 和甲胺的混合物。在常规方法中,通过蒸馏分离该溶液,其需要加入 NaOH 以与 $CO_2$ 形成 $Na_2CO_3$,以避免在蒸馏塔顶部和冷凝器中沉积氨基甲酸酯。

使用渗透蒸发膜反应器,可以选择性地除去水,使得 $CO_2$ 和甲胺可以再循环到反应器中。本书中使用的膜有些特殊,基于 PVA 但具有多孔聚砜亚结构和聚苯硫醚羊绒性结构。待分离的胺减少 86%,包括 $CO_2$ 产量减少 91% 和 NaOH 消耗减少。MIBK 的纯化可以使用基于渗透蒸发的混合方法进行,但渗透蒸发也可以在反应器本身中起作用。这是由 Staudt‑Bickel 和 Lichtenthaler 研究出的结果。MIBK 是涂料和保护涂料的溶剂,可以通过两种方式生产。常规方法是三步法(图 6.18),其中第一步是丙酮的碱催化醛醇缩合,然后酸催化脱水,最后用金属催化剂氢化得到的不饱和酮。第一步受缩合反应平衡的限制,后两步的收率相当低。但是,该反应也可以使用钯/酸有机离子交换剂类型的双功能催化剂在一步中进行。由于磺化有机离子交换剂催化剂的高极性,反应中形成的水积聚在离子交换剂的孔中,并阻碍钯表面上的活性位点对极性较小的有机反应物均三甲苯基氧化物的可及性,这大大降低了反应器的产量。去除水既可以解决催化剂的问题,又可以提高丙酮的转化率。

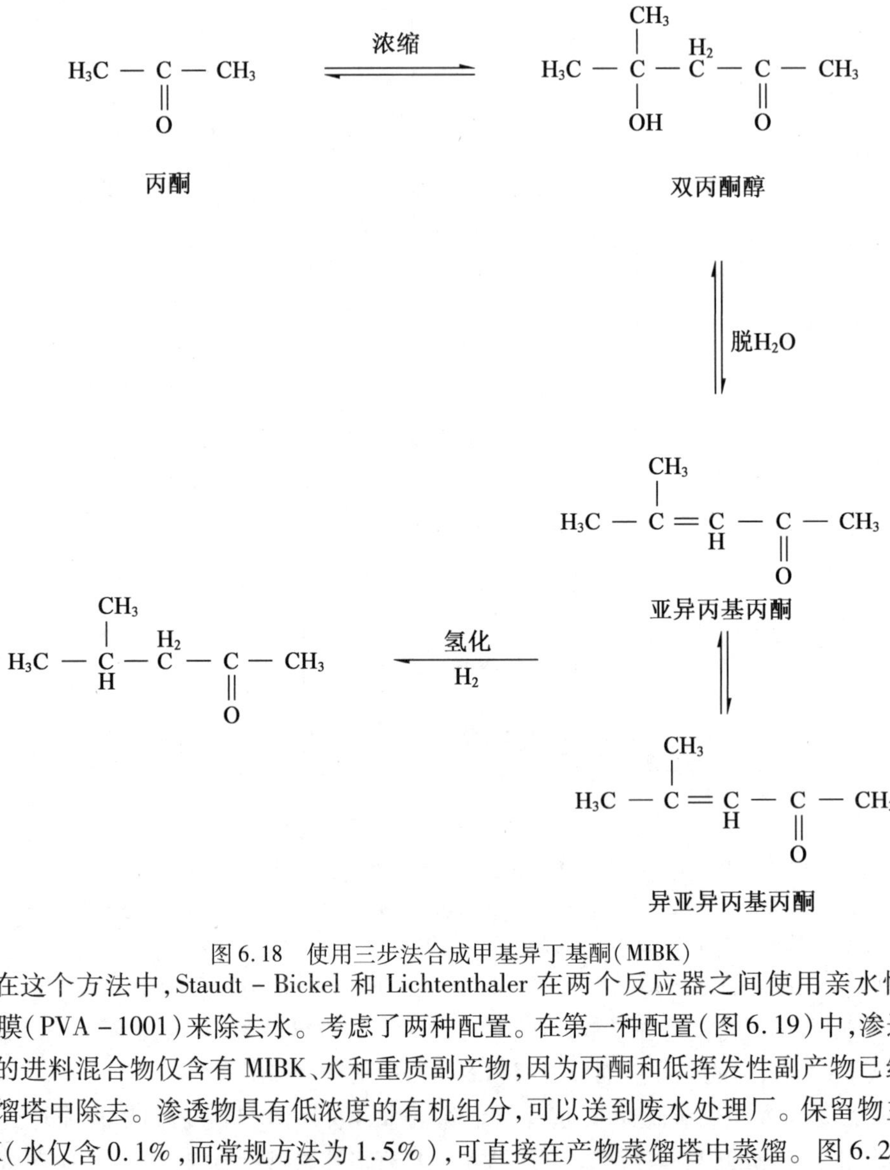

图 6.18 使用三步法合成甲基异丁基酮(MIBK)

在这个方法中,Staudt – Bickel 和 Lichtenthaler 在两个反应器之间使用亲水性交联 PVA 膜(PVA – 1001)来除去水。考虑了两种配置。在第一种配置(图 6.19)中,渗透蒸发单元的进料混合物仅含有 MIBK、水和重质副产物,因为丙酮和低挥发性副产物已经在第一蒸馏塔中除去。渗透物具有低浓度的有机组分,可以送到废水处理厂。保留物主要是 MIBK(水仅含 0.1%,而常规方法为 1.5%),可直接在产物蒸馏塔中蒸馏。图 6.20 是第二种替代方案。在氢分离后,放置渗透蒸发单元。在这种情况下,渗透物还含有一些丙酮。保留物具有高浓度的未反应的丙酮,并被送入第二反应器以进一步转化丙酮。

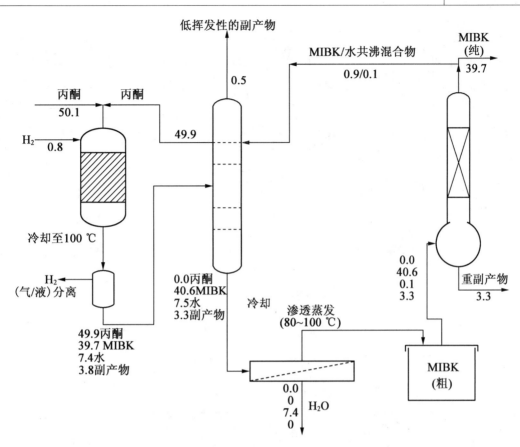

图6.19 在MIBK生产的纯化步骤中整合渗透蒸发的混合方法(在渗透蒸发之前进行蒸馏,数字表示体积分数)

来自第二反应器的产物混合物含有更多的MIBK,但必须如前所述,在常规纯化过程中或通过使用另一种渗透蒸发单元进行处理。通过引入渗透蒸发单元和第二反应器,图6.20中所示的工艺布局将使丙酮转化率加倍。

另一种平衡反应是羟胺氯化物($NH_2OH \cdot HCl$)生产的肟水解反应。基于氨肟化和肟水解的合成路线如图6.21所示。通过原位除去丁酮可以增强肟水解反应,需要亲有机物膜。由于反应物丁肟和副产物丁酮都是亲有机物,因此分离是具有挑战性的。研究发现PDMS膜在丁肟和丁酮之间的亲和力方面具有一些差异。该系统由Su等使用改进的Flory–Huggins方法和Maxwell–Stefan公式建模。

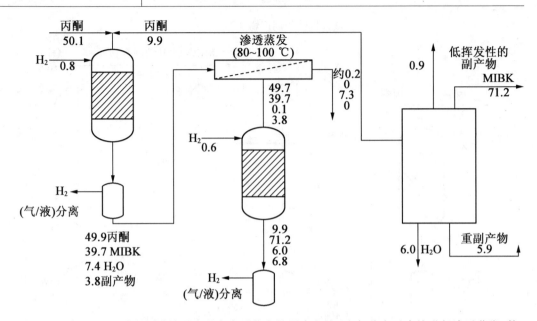

图 6.20 在 MIBK 生产的纯化步骤中整合渗透蒸发的混合方法（在氢分离后直接进行渗透蒸发，数字表示体积分数）

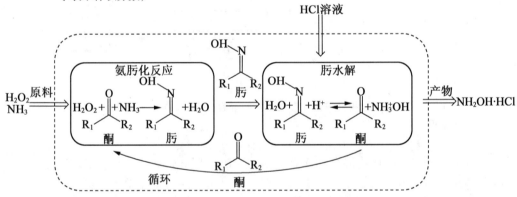

图 6.21 通过氨肟化和肟水解合成羟胺氯化物（$NH_2OH \cdot HCl$）

（引用自 Zhang, W. D.; Su, X.; Hao, Z.; Qin, S. L.; Qing, W. H.; Xia, C. J. Pervaporation Membrane Reactor for Producing Hydroxylamine Chloride via an Oxime Hydrolysis Reaction. Ind. Eng. Chem. Res. 2014, 54, 100–107. Copyright 2009 by ACS.）

Silva 和 Rodrigues 研究了使用模拟移动床反应器（SMBR）由酸性树脂 Amberlist ®15 催化的乙醇和乙醛之间的反应生产乙醛二乙缩醛。乙醛二乙缩醛是香料和药物的重要原料，用于酒精饮料的调味。它还用于设计合成香料以增加抗氧化性，并用作柴油燃料的含氧添加剂，因为它们大大减少了颗粒和 $NO_x$ 的排放。二乙基乙缩醛生产涉及乙醛和乙醇在酸性介质中的可逆反应，以产生缩醛和水。该反应由无机或羧酸催化，必须在反应后中合并除去。也可以使用非均相催化剂如酸性离子交换树脂或沸石，这些可以更容易地从反应产物中分离出来。可以使用的常用催化剂（通常用于酯化和醚化反应）包括 Dowex 50（Dow Chemical, Midland, MI）、Amberlite® IR120、Amberlite® A15 和 36（Rohm,

Haas, Philadelphia, PA)和 Lewatit®(Bayer AG, Leverkusen, Germany)。目前采用共沸和反应蒸馏方法,但是蒸气-液体和液-液平衡的复杂性(乙缩醛-乙醇-水体系表现出三种二元共沸物和一种三元共沸物)使得这非常困难。因此,提出了 SMBR 来增强反应。这是基于一组填充有固体的互连柱,其作为吸附剂和催化剂。然而,渗透蒸发膜反应器也可用于此目的。该反应是其典型应用,其中水作为副产物获得,通过使用惰性或催化活性膜可以提高转化率。其他缩醛可能遵循相同的结论。其中,1,1-二乙氧基丁烷是有意义的,因为它是具有经济价值的柴油添加剂。1,1-二乙氧基丁烷可由生物基乙醇和丁醛生产,水为副产物,原位去除水可以大大改变转化率。

渗透蒸发膜反应器概念的扩展是开发连续反应器,不仅除去副产物,而且除去产物。Schroer 和 Lütz220 对醇脱氢酶催化的前手性酮还原为手性醇进行了详细阐述。醇脱氢酶由大肠杆菌细胞表达,用于将 2,5-己二酮连续还原为(2R,5R)-己二醇。该反应如图 6.22 所示。(2R,5R)-己二醇是用于合成各种手性膦配体的通用结构单元,其用于手性 Wilkinson 催化剂。连续生产需要首先除去副产物丙酮(这比除水更难分离),然后是反应产物本身。用 PA-HP-02 的聚甲氧基硅氧烷膜(PolyAn, Berlin, Germany)进行丙酮分离,用超滤膜除去全细胞生物催化剂以获得产物。

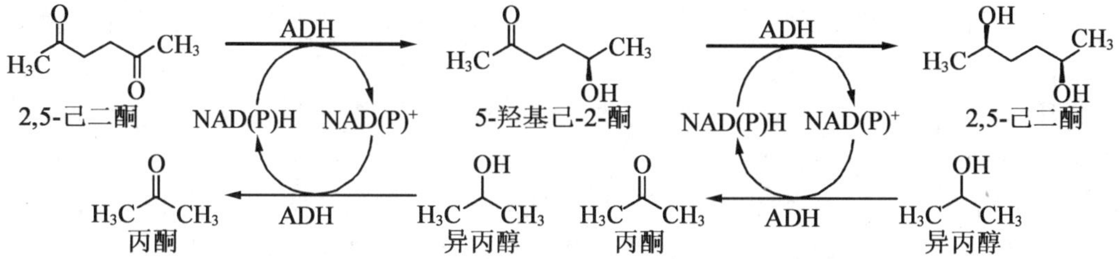

图 6.22　用底物偶联的辅因子再生生物催化还原 2,5-己二酮

对于渗透蒸发膜反应器对不同类型的缩合反应的一般应用,逆流反应分离过程的概念可能是有趣的。Qi 和 Sundmacher 解释了原理和传质。逆流分离反应器可以通过例如改变化学平衡来改善反应器性能,如渗透蒸发膜反应器中的情况。此概念中添加的附加功能是可以回收其中一种产品,无论是在设备的"顶部"还是在设备的"底部"。如图 6.23 所示。

当做出一些假设时(化学反应仅发生在液相中,整个柱是反应性的,柱中的催化剂百分比是恒定的,使用非反应性的总再沸器和总冷凝器,分离反应器被描述为填充床塔),蒸汽的摩尔溢出是恒定的,并且可以使用与气相相关的总传质系数。对于任何适用的反应,可以推导出任何逆流分离反应器的一般模型。这适用于在渗透蒸发膜反应器中由甲醇和异丁烯合成 MTBE。从结果中可以得出膜的要求作为所需转化率的函数。值得注意的是,在研究的案例中材料价格低的、选择性较差的膜就足够了。

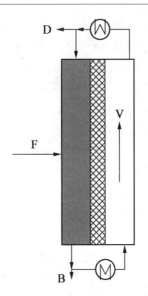

图 6.23 带循环的逆流过程设计中的反应渗透蒸发

可用于渗透蒸发膜反应器的另一个概念是膜微反应器。这些实际上是填充床膜反应器(PBMR)和 CMR 的小型化。通过按需和按时分发的化学品生产来实现清洁高效的现场环境。小型化可通过两种组合效应改善热量和质量传递：反应器内的扩散距离低得多，每单位反应器体积的界面面积更大。即使在层流状态下，这也导致快速的质量和热传递。特别是对于通过组装小膜片获得小而紧凑的单元中的非常大的膜面积的膜反应器。这对于无机膜是特别有利的，因为它们是脆性的，因此难以大规模生产。Leung 和 Yeung 报道了强化传质和改善膜分离的方法。此外，报告了超平衡转化率，改进的选择性和产物纯度，以及在 MTBE 生产中防止催化剂中毒和失活的情况。由 Yeung 等在 CMR 中进行苯甲醛和氰基乙酸乙酯形成 2 - 氰基 - 3 - 苯基丙烯酸乙酯的 Knoevenagel 缩合反应。使用沸石膜，催化剂沉积在反应器的微通道上。微型反应器还通过简单的三维反应器模型建模，以应用于 Knoevenagel 缩合反应，假设是等温的稳态操作。评估反应器几何形状(通道宽度和膜位置)，膜分离和催化剂性质的影响，并将结果与试验数据进行比较。作者得出结论，CMR 通常比 PBMR 表现更好，但它们更难以制备，因为膜必须具有良好的催化和分离性能。发现复合 NaA - 八面沸石微膜成功地结合了 Cs - 八面沸石对于 Knoevenagel 缩合反应的良好催化性能和 NaA 膜用于水分离的优异分离性能。通过使用计算模型，最佳膜微反应器被描述为具有涂覆有薄的均匀催化剂层的窄通道，膜层紧邻催化剂。具有与反应器中的水生成速率相当的水渗透率的选择性分离膜足以在膜微反应器中实现超平衡转化。膜微反应器设计和操作的实际限制主要由反应混合物的热力学和流体性质强加。

Loddo 等提出了一个相对较新的研究领域是光催化渗透蒸发膜反应器的发展。Camera - Roda 等的研究使用 $TiO_2$ Degussa P25 光催化剂和亲有机物膜氧化 4 - 氯苯酚，从而优先除去有机化合物。通过研究有价值的中间体化合物，特别是芳香醛的回收，进一步发展了该概念。这涉及醇的部分氧化。使用原位渗透蒸发去除的优点在于醛的快速回收避免了它们的降解。这证明了苄醇和 4 - 甲氧基苄醇转化成苯甲醛和 4 - 甲氧基苯甲醛。Camera - Roda 和 Santarelli 提出了这种方法的设计,得出的结论是光催化反应与渗透蒸发的整合是直接发生的,因为两者都是模块化的过程,可以在相同的操作条件下进行(稀释的液体溶液,相对低的温度、大气压力)。到目前为止报道的另一个应用是从阿魏酸合成香草醛。这是一种非常复杂的光催化反应,涉及大量副产物,但渗透蒸发膜(由 PEBAX 制成)对香草醛有明显的选择性渗透,富集因子为 4.2。

渗透蒸发膜反应器的应用可以在石油化学工业中找到,即生产具有足够高的辛烷值(RON)的环保汽油。大于 C6 的链烷烃,例如庚烷,通常转化为芳族化合物。由于旨在减少汽油中的芳族化合物,因此使用高级烷烃的替代方案是加氢异构化。除异构化反应外,高辛烷值异构体与低级异构体的分离在加氢异构化过程中也是非常重要的。Maloncy 等在工业规模上对基于分子筛膜的庚烷加氢异构化方法进行了技术和经济评估,旨在生产高辛烷值庚烷异构体。他们提出了包括两个反应器(每个具有不同催化剂)和与沸石膜分离的概念。在第一反应器中,正庚烷转化为单 - 支化异构体和二 - 支化异构体。第二反应器用于优选将 2,4 - 二甲基戊烷转化为 2,2,3 - 三甲基丁烷,即具有最高 RON(109.0)的异构体。分离单元用于分离由较小组分,特别是 2,4 - DMP 组成的由双支链 2,2 - DMP,3,3 - DMP 和三支化 2,2,3 - TMB 组成的工艺的最终产物。使用在正交相中具有 0.52 nm × 0.58 nm 的通道孔径的沸石膜。Heijnen 等提出使用相对非极性渗透蒸发膜,用于基于胶束催化将丙烯环氧化成丙烯氧化物,如图 6.24 所示。在这种情况下,均相催化剂已经掺入胶束中,仅膜是分离的。在渗透蒸发膜反应器中可以实现两个目标:更疏水的氧化丙烯优选溶解在膜中并通过膜基质扩散,同时水和氧化剂保留更大的程度;掺入胶束的催化剂可以重复使用。该薄膜可应用优于先运输非极性组分,是薄膜疏水而不是水的少数情况之一。

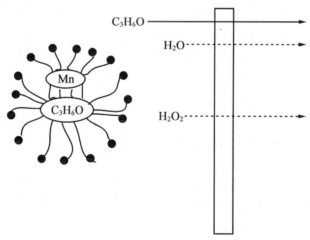

图 6.24 与胶束催化相结合的渗透蒸发的示意图

(Ozdemir, S. S.; Buonomenna, M. G.; Drioli, E. Catalytic Polymeric Membranes: Preparation and Application. Appl. Catal. A. Gen. 2006, 307, 167 - 183 and Heijnen, J. H. M.; de Bruijn, V. G.; van den Broeke, L. J. P.; Keurentjes, J. T. F. Micellar Catalysis for Selective Epoxidations of Linear Alkenes. Chem. Eng. Process. 2003, 42(3), 223 - 230.)

Tijsen 等在间歇式反应器中从马铃薯淀粉中生产高度取代的颗粒羧甲基淀粉。异丙醇似乎是防止取代淀粉膨胀并使其保持颗粒状的最佳介质。通过使用较低水浓度的连续分批反应来增加取代度。使用混合构造，其中渗透蒸发单元用于选择性地除去水，以保持反应器的正确的水/IPA。在 IPA 回收方面获得了良好的结果：近 100% 的 IPA 仍留在系统中。必须强调的是，渗透蒸发单元在此提出作为混合分离工具（与蒸馏单元结合）而不是作为渗透蒸发膜反应器的一部分。该方法是 IPA 和水之间的常规共沸分离，作为共沸蒸馏的替代方案。使用蒸馏 – 渗透蒸发串联避免使用典型的夹带剂环己烷。有人认为，沸石 4A 膜陶瓷膜产生 IPA/水分离的最佳结果。然而，通过考虑进一步整合反应和分离，可以显著改善这一概念。

## 6.7　结　论

　　渗透蒸发膜反应器在生化反应器和化学反应器都有远大的发展前景。在生化反应器中，从微生物转化获得产物，受所需产物浓度的限制，通常是 R1 型渗透蒸发膜反应器，其中通过膜除去所需产物。在这种情况下，需要疏水性渗透蒸发膜，因为反应产物通常是有机化合物（在生物乙醇生产的情况下为乙醇，但也经常生产丁醇；废水中的芳香化合物甚至特定有机物也是可行的）。用于乙醇发酵和脱水的渗透蒸发 – 生物反应器混合方法将利用疏水膜进行乙醇提取，然后使用亲水膜进一步纯化生物乙醇。用于 R1 型渗透蒸发膜反应器的膜通常是聚合物，例如 PDMS（填充和未填充）。

　　渗透蒸发膜反应器在化学转化中的应用主要应用于酯化反应。原则上，通过使用渗透蒸发膜从反应介质中除去水可以增强所有酯化。亲水性渗透蒸发膜，甚至是经典的 PVA 膜，通常对水具有良好的选择性。因此，渗透蒸发膜与酯化反应器的组合是合乎逻辑的。渗透蒸发膜反应器在这里是反应蒸馏的替代物，其使用相同的杂交原理但使用蒸馏作为分离技术。很明显，蒸馏比渗透蒸发更复杂并且消耗更多能量。

　　已经研究的反应通常是那些含有乙酸的反应。对于未优化的 PVA 膜，已经广泛采用乙醇酯化。后来，报道了在膜处或膜处结合反应和分离的催化膜结构，也延伸到与乙酸以及其他酸的其他酯化反应。

　　令人惊讶的是，迄今为止很少报道渗透蒸发膜反应器用于其他缩合反应。这是由于生产规模，但未来仍可能进行优化并应用。而醚化反应器是最合乎逻辑的应用之一，因为它们也产生水作为副产物，这与酯化反应器相同。已经报道了一些实例，最著名的是 MTBE 和 ETBE 的生产。渗透蒸发膜反应器可用的其他反应包括丁二醇与 THF 的脱水反应，DMU 和 MIBK 的生产，以及由乙醇和乙醛生产乙醛二乙缩醛。

　　渗透蒸发膜反应器的建模对于模拟和选择最佳反应条件都是非常重要的。例如，膜选择可能是关键的，因为渗透蒸发膜的分离和通量具有典型的权衡：良好的选择性通常对应于低通量，反之亦然。可以通过使用动力学方法进行建模，描述反应器中作为时间和浓度的函数的转化，以及通过膜的通量（与动力学反应方程式结合）作为浓度和膜性质的函数。这种方法可以作为更详细的膜级联反应膜分离概念的基础及内部循环或膜微反应器的概念,通过大大增加每单位反应器体积的界面面积,并通过减少反应器内的扩散距离来优化质量传递。通常,特别是当水是产物之一时,渗透蒸发膜反应器可以预期成为所有平衡限制反应的标准溶液。在提高渗透蒸发膜的效率方面,特别是在催化活性方面,可以预期有更长远的发展。从经典的大型反应堆到高效,注重反应堆概念的设计也被认为是一种趋势。对于通常需要疏水膜的生化转化,可以预期在膜结构上进行更多的开发工作,包括新的选择性聚合物,混合膜结构和多层膜。由于生化反应器在过程控制和波动方面更复杂,包括反应混合物与膜之间的相互作用,特别是当这些涉及可能由于结垢和膜劣化的影响而损害膜性能的组分时需要更加强调提高反应器效率。

# 参 考 文 献

[1] Mulder, M., Basic Principles of Membrane Technology, 2nd ed.; Kluwer Academic: Dordrecht, 1996.

[2] Baig, F. U. Pervaporation. In Advanced Membrane Technology and Applications; Li, N. N.; Fane, A. G.; Ho, W. S.; Matsuura, T., Eds.; John Wiley & Sons: Hoboken, NJ, 2008; pp 469–488.

[3] Lipnizki, F.; Haussmans, S.; Ten, P. K.; Field, R. W.; Laufenberg, G. Organophilic Pervaporation: Prospects and Performance. Chem. Eng. J. 1999, 73 (2), 113–129.

[4] Dotremont, C.; Goethaert, S.; Vandecasteele, C. Pervaporation Behaviour of Chlorinated Hydrocarbons Through Organophilic Membranes. Desalination 1993, 91, 177–186.

[5] Dotremont, C.; Vandenende, S.; Vandommele, H.; Vandecasteele, C. Concentration Polarization and Other Boundary Layer Effects in the Pervaporation of Chlorinated Hydrocarbons. Desalination 1994, 95, 91–113.

[6] Dotremont, C.; Brabants, B.; Geeroms, K.; Mewis, J.; Vandecasteele, C. Sorption and Diffusion of Chlorinated Hydrocarbons in Silicalite–Filled PDMS Membranes. J. Membr. Sci. 1995, 104, 109–117.

[7] Srinivas, B. K.; Elhalwagi, M. M. Optimal–Design of Pervaporation Systems for Waste Reduction. Comput. Chem. Eng. 1993, 17 (10), 957–970.

[8] Athayde, A. L.; Baker, R. W.; Daniels, R.; Le, M. H.; Ly, J. H. Pervaporation for Wastewater Treatment. Chemtech 1997, 27 (1), 34–39.

[9] Kondo, M.; Sato, H. Treatment of Waste–Water from Phenolic Resin Process by Pervaporation. Desalination 1994, 98 (1–3), 147–154.

[10] Ji, W. C.; Hilaly, A.; Sikdar, S. K.; Hwang, S. T. Optimization of Multicomponent Pervaporation for Removal of Volatile, Organic–Compounds from Water. J. Membr. Sci. 1994, 97, 109–125.

[11] Yang, D. L.; Majumdar, S.; Kovenklioglu, S.; Sirkar, K. K. Hollow – Fiber Contained Liquid Membrane Pervaporation System for the Removal of Toxic Volatile Organics from Waste – Water. J. Membr. Sci. 1995, 103 (3), 195 – 210.

[12] Liu, M. G.; Dickson, J. M.; Cote, P. Simulation of a Pervaporation System on the Industrial Scale for Water Treatment. 1. Extended Resistance – in – Series Model. J. Membr. Sci. 1996, 111 (2), 22 – 241.

[13] Visvanathan, C.; Basu, B.; Mora, J. C. Separation of Volatile Organic – Compounds by Pervaporation for a Binary Compound Combination—Trichloroethylene and 1,1.1 – Trichloroethane. Ind. Eng. Chem. Res. 1994, 34 (11), 3956 – 3962.

[14] Jonquières, A.; Clément, R.; Lochon, P.; Néel, J.; Dresch, M.; Chrétien, B. Industrial State – of – the – Art of Pervaporation and Vapour Permeation in the Western Countries. J. Membr. Sci. 2002, 206 (1 – 2), 87 – 117.

[15] Smitha, B.; Suhanya, D.; Sridhar, S.; Ramakrishna, M. Separation of Organic – Organic Mixtures by Pervaporation—A Review. J. Membr. Sci. 2004, 241 (1), 1 – 21.

[16] Van Hoof, V.; Van den Abeele, L.; Buekenhoudt, A.; Dotremont, C.; Leysen, R. Economic Comparison Between Azeotropic Distillation and Different Hybrid SystemsCombining Distillation with Pervaporation for the Dehydration of Isopropanol. Sep. Purif. Technol. 2004, 37 (1), 33 – 49.

[17] Taketani, Y.; Minematsu, H. Dehydration of Alcohols Water Mixtures Through Composite Membranes by Pervaporation; Abstracts of Papers of the American Chemical Society, 1984, 188, 133 – INDE.

[18] Reineke, C. E.; Jagodzinski, J. A.; Denslow, K. R. Highly Water Selective Cellulosic Polyelectrolyte Membranes for the Pervaporation of Alcohol Water Mixtures. J. Membr. Sci. 1987, 32 (2 – 3), 207 – 221.

# 第7章 用于燃料电池的质子传导膜的基础

**缩略语**

| | | | |
|---|---|---|---|
| CNT | 碳纳米管 | PEEK | 聚醚醚酮 |
| DMA | 二甲基乙酰胺 | PEM | 聚合物电解质膜 |
| DMF | 二甲基甲酰胺 | PFSA | 全氟磺酸 |
| DMFC | 直接甲醇燃料电池 | PIPoly | 酰亚胺 |
| DMSO | 二甲基亚砜 | PSU | 聚(砜) |
| DS | 磺化度 | PVDF | 聚(偏二氟乙烯) |
| DSC | 差示扫描量热法 | RH | 相对湿度 |
| EOT | 测试结束 | RS | 残留溶剂 |
| FC | 燃料电池 | SAP | 磺化芳族聚合物 |
| GO | 氧化石墨烯 | SAXS | 小角度 X 射线散射 |
| HPA | 杂多酸 | S–PEEK | 磺化聚醚醚酮 |
| IEC | 离子交换容量 | S–PES | 磺化聚(醚砜) |
| MEA | 膜电极组件 | S–PI | 磺化聚(酰亚胺) |
| MNP | 磁性纳米粒子 | S–PPSU | 磺化聚(苯砜) |
| MWCNT | 多壁碳纳米管 | SSC | 短侧链 |
| NMP | N–甲基吡咯烷酮 | SWCNT | 单壁碳纳米管 |
| OCV | 开路电压 | TEM | 透射电子显微镜 |
| PBI | 聚(苯并咪唑) | TG | 热重分析(分析) |
| PDCP | 聚(二氯膦腈) | ZrP | 磷酸锆 |

**符号**

$nc$ 反弹力指数    $r$ 导电性
$k$ 每个离子基团的水分子数

**术语**

铸造规程:一种制备聚合物电解质膜的方法,将离聚物的溶液(或分散体)浇铸在合适的平坦固体表面(例如玻璃板)上。在除去溶剂(通常通过加热)后,将形成的膜与载体分离。在工业制剂中,离聚物分散体的渗透膜在其渗滤过程中快速风干。

共聚:化学反应,其中大分子由不同种类的单体形成。

反渗透压力：防止渗透细胞进入水流所需的外部压力。当提到离聚物膜时，反渗透压力由膜基质的反弹力给出，以平衡内渗透压。

交联：在相邻的大分子链（聚合物）之间形成共价键。在离聚物膜中引入交联可以显著减少由于吸水引起的膨胀。

弹性模量：是材料在纵向拉伸或压缩下承受应力的能力的度量。弹性模量是零应变下应力-应变曲线的斜率。

静电纺丝：是一种通过施加的静电力克服聚合物溶液或聚合物熔体的表面张力时形成的带电聚合物射流被收集在接地的集电器上，来制备形成直径约为 10 nm 的纤维的一种方法。

四探针阻抗测量：直接（dc）或交流（ac）电流（$I$）通过位于条带末端的两个电极驱动通过膜条。沿着条带（$V$）的电位降是由一对电极测量的，相隔距离 $d$。对于直流测量，膜电导率为：$s Å(I·d)/(V·A)$，其中 $A$ 是膜横截面的面积。若相位角接近零，则相同的关系也适用于交流测量。

阻抗测量：阻抗是通常由 $Z$ 表示的量，其将通过电路的交流电流（$I$）与施加于其上的交流电势（$V$）相关联。$Z$ 由两部分组成：电阻（$R$）和电抗（$X$）。若 $V$ 表示为与 $I$ 同相的分量（$V0$）与导通或滞后 $I$ 的分量（$V00$）之和为 $p/2$，则 $R^1/_4 V00/I0$ 和 $X^1/_4 V000/I0$，其中 $V00$、$V000$ 和 $I0$ 分别是 $V0$、$V00$ 和 $I$ 的幅度。通常采用在合适的频率范围（例如，从 mHz 到 MHz）内的阻抗测量来将电解质的欧姆电阻与电极-电解质界面的阻抗分开（参见奈奎斯特图）。

面内电导率：是通过施加平行于膜表面的电场确定的电导率。

Keggin 结构：是一种笼状结构，由四个由氧原子组成的八面体组成（氧化物离子、羟基离子和水分子），与中心金属离子配位。每组由三个凝聚的八面体共享边形成，并通过八面体角连接到另外三组。在每组中，有三个八面体共用一个氧化物离子，这些氧化物离子也与位于笼中心的"p 区"元素四面体配位。

奈奎斯特划分：是从阻抗测量获得的数据的表示，其通过将 $Z''$ 绘制为 $Z'$ 的函数来绘制。奈奎斯特图的分析通常允许将电解质的欧姆电阻与电极-电解质界面的阻抗分开。

离聚物膜内的渗透水：水的分数（通常表示为每当量质量的固定离子基团的水摩尔数），其进入离聚物中以平衡离聚物内部和外部的水活度差异。

缩聚：化学反应，其中高分子量化合物由单体形成，同时消除了小分子，例如水。

结构扩散机制：质子通过氢键断裂和沿着过量质子（$H_3O_6$）周围的溶剂（水）形成的氢键（结构）。

胀大：由于吸收水或其他极性溶剂而膨胀干膜的体积。

通过平面导电性：它是通过垂直于膜表面施加电场确定的电导率。

运输扩散机制：质子通过质子化和未质子化分子的协同扩散运输。

聚合物电解质膜的水吸附等温线：在恒定温度下，膜的吸水量作为外部 RH 的函数得到的曲线。

## 7.1 概 述

燃料电池(FC)是将燃烧反应($\Delta G$)的自由能转换成电能的电化学装置。转化过程的最大固有效率由 $\Delta G/\Delta H$ 给出,其中 $\Delta H$ 是反应的焓变化。对于涉及 $H_2$、甲醇或轻质烃的燃烧反应,$\Delta G/\Delta H$ 约为0.9,这显著高于热机的最大固有效率(即0.2~0.4)。当氢气用作燃料时,燃烧反应的产物仅为水,并且在没有 $CO_2$ 产生的情况下发生能量转换过程。由于氢气每单位质量比任何其他燃料含有更多的能量,氢气 FC 结合了高功率密度和高内在效率与清洁能量转换。由于其高能量密度,低温下的高反应性和易于储存,以及由天然气和生物质生产的可能性,甲醇也是一种感兴趣的燃料。然而,甲醇氧化导致 $CO_2$ 的形成。

在各种 FC 类型中,聚合物电解质膜燃料电池(PEMFC)特别适用于汽车应用和小规模固定发电,对开发特定聚合物电解质已经进行了深入的研究工作。

在氢 PEMFC 中,燃料($H_2$)被送入能够催化阳极半反应的催化电极(通常为 Pt):

$$H_2 \longrightarrow 2H^+ + 2e^- \qquad (I)$$

同时将氧气送入催化电极(通常为 Pt),将其还原成水,即

$$2H^+ + \frac{1}{2}O_2 + 2e^- \longrightarrow H_2O \qquad (II)$$

氢和氧(或空气)通过由质子传导聚合物电解质制成的膜分离。在阳极处产生的质子穿过膜并在阴极处与水形成反应。因此,膜必须具有高质子传导性以及低电子传导性和对氢和氧的低渗透性,以避免在没有电子流过外部电路的情况下可能发生氧化还原反应。

其他重要的膜特征包括 FC 工作条件下的热稳定性和化学稳定性,足够的水输送和良好的机械性能,这是确保尺寸稳定性的必要条件。

过去,FC 膜的机械性能并不是最重要的,主要是因为最初的工作主要使用了50~200 mm 厚的膜。然而,最近的发展已经集中在使用更薄的膜(小于50 mm),因为它们赋予了诸如较低的电阻和改善水传输的优点。对于这样的膜,膜机械性能的改进成为增加膜对由膜在水合-脱水或堆叠压缩变化方面必须承受的机械应力引起的过早失效的抵抗力的重要目标。

尽管各类研究开发出不同类型的质子传导膜,主要基于带有酸性基团的芳族或全氟化脂族聚合物基质,以及酸掺杂(例如,磷酸)基础聚合物,第一批氢动力汽车动力汽车也在2015年开始由丰田现代商业化,但仍有一些未解决的问题阻碍了汽车 PEMFC 的广泛商业化。

简而言之,使用氢作为燃料的 PEMFC 的主要问题有:①质子传导聚合物膜和催化剂的高成本;②在低相对湿度(RH)下目前可用的膜的低质子传导率;③在高于约80 ℃的温度下它们的不稳定性和短寿命。

对于使用甲醇作为燃料的 PEMFC,出现了由于过高的甲醇穿过聚合物膜,或是用于阳极电极的催化剂的高成本和低效率的问题。

本章在总结 PEM 的主要性质（例如离子交换、电解质的吸附和无溶剂溶质，溶胀和收缩）之后，努力更新用于 FC 应用的质子传导 PEM 领域中使用的各种方法。

特别注意全氟磺酸（PFSA）膜的主要性质，例如形态，从液态水/蒸汽中吸收的水，以及水合和机械性质之间的关系。

还将描述具有多芳烃或无机有机骨架的非全氟化离聚物，其被认为是 PFSA 膜的可能替代物，并与科慕公司的 Nafion 进行比较。由于这些材料种类繁多，这里仅介绍代表性的例子，重点是主要的合成路线和物理化学性质。

## 7.2 聚合物电解质膜的一般性质

与溶液或离子液体一样，离子传导也可以在固态下发生。表现出离子传导的固体称为固态离子导体。基于负责传导的离子物质的电荷，它们分为阳离子和阴离子导体。已经着重研究了这类无机固态质子导体（SSPC）的潜在应用。

如果固体导体是聚合物，更具体地指聚合物电解质（或离聚物）。许多离子基团如 $-SO_3^-$、$-PO_3H^-$、$-COO^-$、$-NH_3^+$ 和 $=N^+=$，其电荷由相反符号的移动抗衡离子平衡，可以很容易地附着在各种聚合物上。在第二次世界大战后，对这些材料的兴趣大大增加，因为它们作为阳离子和阴离子交换剂应用，并开发了多种聚合物离子交换剂。

最重要的聚合物阳离子交换剂是交联聚苯乙烯的磺化产物。最重要的聚合物阴离子交换剂是交联的聚苯乙烯，其中通过氯甲基化和随后的胺化引入了强碱或弱碱基团。与叔烷基胺反应得到强碱季铵基。聚合物离子交换剂的大部分也表现出一些离子传导，这是重要的，因为通过浇铸步骤或通过在高温下挤出聚合物电解质可以容易地获得薄片或膜。这些膜通常是柔性的并且非常紧凑，并且可以用作许多电化学过程和电化学装置中的分离器。钠形式的聚合物电解质膜（PEM）在电解制备 $Cl_2$ 和 NaOH 中以及在电渗析过程中用作分离器，其中可以通过交替排列的阳离子和阴离子 PEM 获得微咸水的脱盐。最后，人们越来越关注使用 $H^+$ 形式的 PEM 作为 FC 中的分离器以及用于局部氢气生产的电解过程。

可以制备几乎无限种类的具有不同固定离子基团和不同组成和基质交联度的树脂。然而，尽管存在大量可能的聚合物电解质，但只有少数能够表现出它们在所关注的电化学过程中用作膜所需的电化学性质。

### 7.2.1 离子交换

通常，聚合物电解质不溶于水溶液。当含有 $A^+$ 作为抗衡离子的聚合物电解质放入含有阳离子 $B^+$ 的电解质溶液中时，发生两种离子之间的交换：

$$\overline{A^+} + B^+ \rightleftharpoons \overline{B^+} + A^+$$

并且离聚物中的原始反离子 $A^+$ 被 $B^+$ 部分或完全取代。离子交换平衡具有重要的实际和理论意义，因此已被广泛研究。在没有深入研究这些研究的细节的情况下，已经观察到聚合物电解质通常优先于其他离子交换选择性地保留或吸收某些抗衡离子（离子交换选择性）。独立于与固定离子基团的特定相互作用,更高价的抗衡离子是需要选择的,这种选择性被称为电选择性。因此,在用于电化学过程的 PEM 中必须准确地避免高价抗衡离子的存在或与固定离子基团发生特定相互作用,因为通常抗衡离子的选择性越高,其在膜中的迁移率越低。这就是 FC 使用时质子传导膜使用前在硫酸溶液中煮沸的原因。

离子交换容量(IEC)通常以毫克当量/克 $H^+$ 形式的干离聚物表示。$H^+$ 形式和 $OH^-$ 形式的聚合物电解质也可分别被认为是不溶性多元酸和多元醇。因此,它们可以用标准碱和酸滴定。

### 7.2.2 从溶液或蒸气中吸附非电解质物质

考虑到物质与聚合物电解质之间的特定相互作用有利于非电解质的吸附,这些相互作用可以与聚合物基质(伦敦相互作用)或与抗衡离子一起发生。后者的相互作用在强酸性离聚物的情况下特别重要,其可以吸收许多可质子分子,例如水和碱性有机溶剂。水的吸附对于 FC 的 PEM 中的质子传输至关重要,该内容将在后面的 7.2.6 节、7.3 节中讨论。对于使用甲醇作为燃料的聚合物电解质膜 FC,甲醇的吸附也是非常重要的。最后,一些碱性溶剂如二甲基甲酰胺(DMF)、二甲基乙酰胺(DMA)、N-甲基吡咯烷酮(NMP)和链烷醇用于通过浇铸步骤制备用于 FC 的膜。即使在干燥后,这些溶剂也可保留在膜内。强酸膜如 Nafion 公司的 Nafion 等强酸性膜必须储存在密闭系统中,因为即使浓度很低,也可以吸收空气中存在的许多有机蒸气。在用于 FC 之前,必须消除膜中存在的碱性溶剂,这种消除可以通过用 3% $H_2O_2$ 的沸腾溶液氧化或通过用酸性溶液洗涤来获得。

### 7.2.3 电解质溶质的吸附(Donnan 排除)

电解质的吸附受静电力的影响。当将具有固定负电荷的电解质聚合物置于强电解质的稀溶液中时,这些力的来源在此简要讨论。如果聚合物电解质内部带正电荷的抗衡离子的浓度高于外部溶液中的浓度,则这些抗衡离子将自然倾向于扩散到溶液中以平衡浓度差异。相反,在溶液中负性物质的浓度较高,并且必须预期这些物质从溶液扩散到聚合物电解质中。然而,由于移动物质带电,扩散过程扰乱了电中性。只是极少量的阳离子迁移到溶液中,阴离子进入聚合物电解质,在溶液中产生过量的正电荷,在聚合物相中产生负电荷。界面处的电势差称为 Donnan 势。该电势吸引阳离子回到带负电的聚合物相中并将阴离子排斥回带正电的溶液中。当正离子和负离子迁移的自然趋势由电场产生的吸引力和排斥力平衡时,建立平衡。结果是聚合物相中抗衡离子的浓度保持高于溶液中的浓度,而阴离子(共离子)则相反。低的共离子吸收相当于聚合物相中的低电解质吸附,其在某种程度上被排除在阳离子聚合物电解质(Donnan 排除)之外。携带固定正电荷的聚合物电解质内的情况可以以类似的方式描述,并且在这种情况下也发生 Donnan 排除电解质。显然,Donnan 的潜力将与前面描述的相反。随着固定电荷浓度的增加,Donnan 排斥增加,随着溶液中电解质浓度的增加而减少。若反离子和共离子分别具有高价和低价,则 Donnan 排斥也会降低。

### 7.2.4 膨胀

如前所述，干燥的聚合物电解质能够吸附多种溶剂。溶剂吸收引起聚合物基质的膨胀。特别重要的是吸水，将主要参考这种溶剂，但也采用许多其他溶剂如链烷醇和一些碱性溶剂，如 NMP 和 DMF。溶剂吸收的驱动力是反离子和固定离子基团的溶剂化及高浓度聚电解质溶液稀释自身的趋势。拉伸弹性基质为进入的溶剂腾出空间。当膨胀压力平衡溶剂吸收的驱动力时，实现膨胀平衡。早在 1951 年，Gregor 开发了一个非常简单的溶剂吸收模型，如图 7.1 所示。

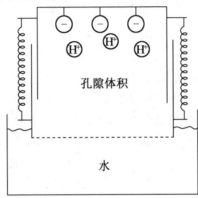

图 7.1 Gregor 的机械模型：聚合物电解质的基质表示为弹性弹簧，当水进入液体孔隙时伸展 (from Alberti, G.; Casciola, M. Basic Aspects in Proton Conducting Membranes for Fuel Cells. In Comprehensive Membrane Science and Engineering, Drioli. E., Giorno, L., Eds.; Elsevier, Academic Press: Oxford, 2010; Vol. 2, p. 436, Fig. 1.)

根据该模型，聚合物电解质的基质是弹性网络，其用作弹性弹簧。当聚合物溶胀时，网络被拉伸并对内部充满水的孔施加压力：压力越高，溶剂吸收越低。在 Gregor 模型中，溶剂化壳被认为是固定带电基团和反离子的一部分。从热力学的角度来看，这种选择没有明确定义，但它清楚地显示了膨胀压力的物理作用。

### 7.2.5 膨胀和收缩的动力学

可以根据溶剂分子的扩散来描述溶胀和收缩。这一过程中不涉及电耦合，因为溶剂分子不带电，应考虑从膜的外表面向其中心的膨胀过程。随着基质的外部部分逐渐膨胀，溶剂分子在已经溶胀的部分中变得越来越活动。因此，在膜的外部部分迅速达到溶胀平衡，而在膜的仍然收缩的内部部分中溶剂扩散保持缓慢。结果是形成了从外部部分向膜中心移动的相界。当溶胀的膜脱水时，外层是第一个失去溶剂的层。外部部分的收缩增加了对溶剂扩散的抵抗力，而在内部部分中，较高的溶剂迁移率使溶剂浓度保持相当均匀。收缩比膨胀慢得多，特别是在脱水的最后阶段，因为溶剂必须在收缩的聚合物基质中长距离移动。

### 7.2.6 交联聚合物电解质中的水蒸气吸附等温线

特别是对于 FC 膜，当聚合物电解质在恒定温度和各种 RH 值下平衡时，知道吸水量是很重要的。由聚合物电解质吸收的水方便地报告为每个离子基团的水分子数，通常用

$\lambda$ 表示。

在室温下,与二乙烯基苯(DVB)在不同交联度下的 $H^+$ 形式的磺化苯乙烯的典型水蒸气吸附等温线如图 7.2 所示。注意,对于 RH<0.3,吸水率低并且几乎与交联度无关。在这些条件下,吸水的最重要因素是离子发生基团的水合倾向。换句话说,在低 RH ($\lambda_{hyd}$)下进入无水孔的第一个水很可能作为类似水合作用的强键。

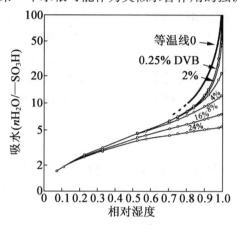

图 7.2 H′形式的磺酸盐苯乙烯离子交换树脂在不同交联度下的典型水蒸气吸附等温线 (from Alberti, G.; Casciola, M. Basic Aspects in Proton Conducting Membranes for Fuel Cells. In Comprehensive Membrane Science and Engineering, Drioli. E., Giorno, L., Eds.; Elsevier, Academic Press: Oxford, 2010; Vol. 2, p. 437, Fig. 2.)

随着 RH 的增加,松散结合的水的量增加并且水吸收逐渐更依赖于交联程度,使得交联度越低,水吸收越大。考虑到交联预期会增加聚合物基质的反弹力,水吸收对交联度的强烈依赖性可以通过前面讨论的 Gregor 模型简单地解释。

在这方面,Alberti 表示,对于理想可溶的聚合物电解质,没有交联度并且相邻聚合物链之间没有相互作用,水吸收等温线(定义为等温线 0)由下式描述:

$$\lambda = \lambda_{hyd} + \frac{RH}{1-RH} \tag{7.1}$$

式中,$\lambda_{hyd}$ 为反离子($\lambda_+$)和固定电荷($\lambda_-$)的溶剂化数和 $RH = p/p_0$ 的总和;$p$ 和 $p_0$ 分别为实际蒸汽压和饱和蒸汽压。理想的等温线 0 提供了对于给定的 RH 值可以实现的最大吸水量。根据式(7.1),$\lambda$ 随着 RH 的增加而大大增加,并且对于 RH=1 变为 $\infty$。

在 RH=1 时通过试验发现有限的水吸收值的事实是由于聚合物基质的反弹力避免其溶解。可以显示,由于增加的反弹力,等温线 0 越来越向右移动,如试验所发现的那样。在图 7.2 中,对于 $\lambda_{hyd}=7$(即假设 $\lambda_+=6$ 和 $\lambda_-=1$)计算的等温线 0 非常接近试验曲线,交联度为 0.25。

### 7.2.7 膜降解

PEMFC 的性能随时间降低主要是由于与低电池电压和高电池电压之间的负载循环,低湿度和高温操作以及温度和湿度波动相关的副反应。

膜的降解是可以降低 FC 耐久性的主要问题之一,由包括机械和化学降解在内的不同因素诱导。

机械降解受不均匀的接触压力或与湿度循环期间膜的收缩和膨胀相关的应力引起疲劳的影响。膜机械强度的降低导致针孔和裂缝的形成,这进一步可能导致膜电极组件(MEA)的失效。化学降解主要来自工作 PEMFC 中自由基的产生。氧气穿过膜到阳极侧形成超氧化物自由基,在铂催化剂上形成 $HO_2$·而在阴极侧形成足够量的过氧化氢可用来检测。在催化铂的存在下,$H_2O_2$ 尤其在高温下会腐蚀成 HO·自由基。这些物种都具有很强的反应性,因此是造成膜降解的原因。

影响膜稳定性的另一个因素是污染物离子的存在,其源自不同单元组分的腐蚀,催化过氧化氢分解成自由基物质。所有这些破坏性的影响经常同时发生,从而形成整体 FC 退化的非常复杂的机制。

## 7.3 含有超强酸—$SO_3H$ 基团的全氟化膜

PFSA 膜的特征在于良好的机械稳定性,优异的化学惰性、热稳定性和高质子传导性。由于这些独特的特性,它们多年来一直是汽车 PEMFC 的首选材料。PFSFC 膜在 PEMFC 中的应用始于大约 50 年前,美国太空计划 Gemini 首次成功实现了低温 PEMFC。尽管它们具有高成本和一些重要限制(稍后将讨论),但因为具有固定原生质基团的更好的质子传导膜而不可商购,它们现在也被使用。

在这里的注意力基本上仅限于 Nafion,即作为 FC 行业基准的 PEM。Nafion 与最近的 Aquivion 膜之间也将进行一些比较。

### 7.3.1 Nafion 膜

Nafion 由 Du Pont 开发,具有相同结构的聚合物如 Flemion、Aciplex 和 Fumion F 分别由 Asahi Glass Company、Asahi Kasei 和 FuMA – Tech 生产。Nafion 膜(结构如下所示)与常规离子交换膜的不同之处在于它们不是由交联的聚电解质形成,而是由具有由—$SO_3H$ 基团封端的侧链的热塑性全氟化聚合物形成。

$$[-CF-(CF_2CF_2)_m-]_n$$
$$|$$
$$OCF_2CFOCF_2CF_2SO_3H$$
$$|$$
$$CF_3$$

(from Alberti, G.; Casciola, M. Basic Aspects in Proton Conducting Membranes for Fuel Cells. In Comprehensive MembraneScience and Engineering, Drioli. E., Giorno, L., Eds.; Elsevier, Academic Press: Oxford, 2010; Vol. 2, p. 440, Structure 1.)

在商业材料中,$m$ 在 5~11 之间变化。这产生的当量质量(EW)为每摩尔磺酸基团 1 000~1 500 g 干燥 Nafion,对应于 1.0~0.67 meq/g 的 IEC。分子量在 $10^5$~$10^6$ u 的范围内。

最近,3M 公司开发了一种不同于 Nafion 的 PFSA 离聚物,用于略短的侧链(结构

7.2),它包括线性全氟化丁基链,在一侧带有—$SO_3H$ 基团,并在另一侧通过醚键连接到主链上,即

$$[-CF-(CF_2CF_2)_m-]_n$$
$$\quad\;\;|$$
$$OCF_2OF_2CF_2CF_2CF_2SO_3H$$

由于存在电负性氟原子,—$CF_2$—$SO_3H$ 基团的酸度非常高(Hammet 酸官能团的值为 -12)。因此,这种特定的聚合物电解质在一个大分子中结合了主链的高疏水性和磺酸超强酸基团的高亲水性。Nafion 是通过磺酰氟乙烯基醚与四氟乙烯的共聚合成的,得到磺酰氟前体,它是热塑性的,因此可以挤成所需厚度的膜。这些前体膜具有类似 Teflon 的结晶度,并且当前体转化成例如 $Na^+$ 形式时,这种形态也持续存在。在—$SO_3H$ 形式中,对于质子渗透必不可少的成簇形态仅在水合解离形式中实现。磺酰氟前体的挤出可引起纵向的微观结构取向,导致 Nafion 膜的溶胀和质子传导性质的一些各向异性。

**1. Nafion 形态学**

人们普遍认为,在水的存在下,磺酸基团聚集形成相互连接的离子簇(由离子化的磺酸基团,水合质子和水分子组成),导致疏水 - 亲水域的纳米分离(图 7.3)。

尽管连接的亲水结构域负责质子和水的运输,但疏水结构域有助于材料的形态稳定性,避免水中的过度溶胀,因为交联在离子交换树脂中发生。

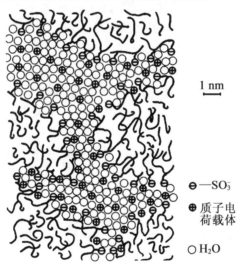

图 7.3 Nafion 的疏水/亲水结构域中纳米相分离的示意图

(from Alberti, G.; Casciola, M. Basic Aspects in Proton Conducting Membranes for Fuel Cells. In Comprehensive Membrane Science and Engineering, Drioli. E., Giorno, L., Eds.; Elsevier, Academic Press: Oxford, 2010; Vol. 2, p. 441, Fig. 4.)

Nierion 中的离子聚集首先由 Gierke 提出,根据他的模型,离子簇的形状近似呈球形,具有倒置的胶束结构。簇直径、每簇的交换位点数和每个交换位点的水分子数随水含量线性增加。为了解释质子的渗透,提出球形离子簇通过约 1 nm 直径的窄通道在碳氟化

合物骨架网络中相互连接。随着水合作用的增加,簇大小的增长被认为是通过簇大小的扩展和磺酸盐位点的重新分布的组合发生的,以在高度水合的 Nafion 中产生更少的簇。尽管这种模型获得了相当广泛的认可,但很明显,簇的球形形状过于简单化了。

在许多其他形态模型中,回顾格勒诺布尔小组在小角度 X 射线散射(SAXS)和中子散射技术的基础上提出的模型,并将该技术用于探测在 1~1 000 nm 范围内溶胀的 Nafion 膜的结构。根据该模型,水合 Nafion 的结构通过离聚物链聚集成细长的聚合物束而形成,其直径为 4 nm,长度大于 100 nm,被电解质溶液包围。后来,Schmidt – Rohr 表明,相同的 SAXS 数据可以通过所谓的"平行圆柱模型"来模拟,其中随机填充的水通道被离聚物侧链包围,从而形成反胶束圆柱体。对于体积分数为 20% 的水,水通道的直径平均为 2.4 nm。此外,细长的 Nafion 微晶与水通道平行。

尽管该模型比基于球形簇和细长聚合物束的模型更好地匹配 SAXS 数据,但是反胶束柱的形成似乎在能量上是不利的,因为它意味着质子与带负电的磺酸盐基团的分离以及它们在气缸内的积聚。基于这些考虑,Kreuer 等人提出了一种分层结构,其中具有均匀厚度的局部平坦的含水区域允许质子比在圆柱形水通道中更有效地与磺化基团相互作用。发现该结构布置与 SAXS 图案的演变一致,直至水体积分数为约 0.5%。

Fujimura 和 Haubold 之前已经基于 SAXS 数据和 Termonia 基于纳米级别的随机模拟过程提出了分层结构。最近,Alberti 还建议采用分层形态来证明 Nafion 1100 膜的各向异性膨胀,该膜在 120 ℃ 的水中进行热处理,同时在两个金属盘之间进行压制。

当 Nafion 在不同温度/RH 条件下单轴拉伸时,局部平坦水域的模型与 SAXS 和取向依赖性 HNMR 观察到的结构性质的变化一致。NMR 数据显示,Nafion 在 70 nm 尺度上实际上是各向同性的,并且通过单轴拉伸诱导长程各向异性。在高 RH 和低温(小于 80 ℃)下,外部应力应该通过机械强度较大的疏水区域传递,因此拉伸过程会改变软水域的厚度均匀性,从而导致 SAXS 光谱中容易引起所谓的离聚物峰的严重衰减。另外,在低 RH 和更高温度下,疏水结构域软化,而水性结构域由于低含水量而变得更强。在这些条件下,应力主要通过平坦的含水区域传递,其保持其厚度基本上不变,因此离聚物峰不会衰减。

**2. 不同温度下液态水的吸水量**

Hinatsu 和 Zawodzinski 研究了 Nafion 117 在不同温度下在液态水中平衡时的吸水量。由于没有报告达到平衡值所需的时间,最近,Alberti 等通过确定每个温度下的水吸收量作为平衡时间的函数来再次调查水的吸收。此外,由于水吸收受到所检查样品的热退火的影响,所有测量均通过使用明确定义的热处理(120 ℃ 在空气中 15 h)进行。发现 Nafion 117 膜(厚度 180 μm)需要很长时间(150~225 h)才能达到平衡。此外,1 h 后的平衡百分比在低温下足够高,但随着液态水温度的升高而明显降低。

若总吸水量是两个不同过程的结果,则可以解释长的平衡时间和动态速率随温度的降低,第一个非常快,第二个非常慢。快速过程可以合理地归因于薄膜内的水扩散,而缓慢过程可以与 Nafion 构象随温度的改变相关联。在不同温度下获得的平衡 $\lambda$ 值如图 7.4 所示。当温度再次降低时,水合过程不可逆,这与其他学者报道的一致。如图 7.4 箭头所示,在给定温度下达到的水合倾向于保持在较低温度(较高水合的记忆),这种行为与全氟化离聚物的黏弹性有关。

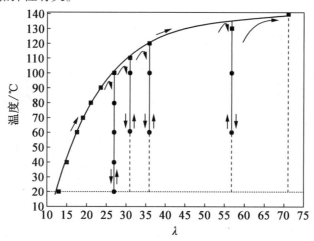

图 7.4　20~140℃下液态水中平衡时 Nafion 117 样品的吸水量

(from Alberti, G.; Casciola, M. Basic Aspects in Proton Conducting Membranes for Fuel Cells. In Comprehensive Membrane Science and Engineering, Drioli. E., Giorno, L., Eds.; Elsevier, Academic Press: Oxford, 2010; Vol. 2, p. 443, Fig. 5.)

### 3. Nafion 的水蒸气吸附等温线

在膨胀压力平衡溶剂吸收驱动力的基本假设下(即水的渗透压及其溶剂化离子和溶剂的趋势,提出了几种解释水蒸气吸收 Nafion 的模型。

在这些模型中,Alberti 的模型做出如下总结。根据 Alberti 的说法,Nafion 的水蒸气吸附等温线可以在图 7.1 所示的模型的基础上进行分析。弹簧施加的压力可以通过理想的试验来量化,其中弹簧被移除并且水通过降低外部水活度(RH)来平衡水进入渗透室的趋势。孔保持不变:施加的弹簧对渗透池施加的压力越强,维持水合恒定所需的 RH 越低。因此,Alberti 建议将差异(1-RH)定义为反弹力的指数($n_c$)。

考虑到方程(7.1),可以写成:

$$n_c = 100(1-\text{RH}) \tag{7.2}$$

这允许从液态水中的水合数据确定 $n_c$,其中假设 $\lambda_{hyd} = 7$。

$$n_c = \frac{100}{\lambda - \lambda_{hyd} + 1} \tag{7.3}$$

式(7.2)表明,对于等温线 0,具有给定 $n_c$ 值的 Nafion 膜的吸水等温线根据以下等式转换为高 RH 值 $n_c/100$ RH 单位,即

$$\lambda = \lambda_{hyd} + \frac{\text{RH} - n_c/100}{1 - (\text{RH} - n_c/100)} \tag{7.4}$$

归因于 $n_c$ 的物理意义通过确定在液体水中平衡的 Nafion 样品的拉伸模量($E$)来试验支持,其中 $\lambda$ 值在 5~90 范围内(图 7.5)。在 20℃,$E$ 值(以 MPa 表示)可以拟合为

$$E = \frac{500}{\lambda - 6} \tag{7.5}$$

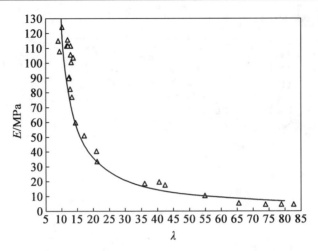

图 7.5 Nafion 117 在 20 ℃ 液态水中平衡时试验拉伸模量作为吸水率 λ 的函数
(from Alberti, G.; Casciola, M. Basic Aspects in Proton Conducting Membranes for Fuel Cells. In Comprehensive Membrane Science and Engineering, Drioli. E., Giorno, L., Eds.; Elsevier, Academic Press: Oxford, 2010; Vol. 2, p. 448, Fig. 9.)

由于当 $\lambda_{hyd}=7$ 时式(7.5)与式(7.3)形式上相同,因此可以得出结论,$n_c$ 与 $E$ 成比例,$n_c$ 是用于量化离聚物的拉伸模量的合适参数。

考虑到 Nafion 的黏弹性,当系统快速冷却时和(或)当系统快速冷却时,弹性弹簧将保持永久变形。在 Gregor 模型中平衡内渗透压的弹性弹簧必须更正确地由聚合物黏弹性弹簧代替。通过降低 RH 除去或减少渗透压,从而导致 λ 和 $n_c$ 值的滞后。因此,正如 Alberti 所指出的,$n_c$ 指数也可以作为离聚物实际构象的指标,其重新确定了离聚物膜的先前历史的所有影响。例如,对于 Nafion 117 膜,获得 13.6 或 1.5 的 $n_c$ 值,其在用 $H_2O_2$ 初始标准处理后,在空气中在 120 ℃ 下热退火 15 h 或在 130 ℃ 下水热处理。随后,将两个膜组在不同温度下平衡 360 h,保持 RH 值恒定为 94%。当温度升高时,初始 $n_c$ 值为 13.6 的样品降低其反弹性指数,而初始 $n_c$ 值为 1.5 的样品则相反。因此获得两个 $n_c$ 值系列,分别对应于欠饱和和过饱和的水合样品。可以观察到,$n_c$ 值中的滞后随着温度的升高而显著降低,并且实际上降低至约 140 ℃。

通过对未饱和 Nafion 1100 样品的 $n_c$ 演变的许多其他平衡数据的详细检查,还发现可以用不同的 RH 温度获得相同的 $n_c$ 值。给出相同的 RH - T 对和异 - (RH; T) - 对 $n_c$ 值。

在二甲基亚砜(DMSO)或三丁基磷酸酯存在下退火的膜的 $n_c/T$ 曲线相对于接收膜的曲线图的变化被用于获得退火程度和退火期间生长的微晶的熔化温度的定量信息。

**4. 质子传导率**

在 Nafion 膜中,质子传递主要通过限制在离子簇中的水相发生。因此,就质子传导性而言,水合是关键的方面。在存在水的情况下,即使对于低至 3 的 λ 值,磺酸基团也完全解离并且质子传导性来自质子化和未质子化水分子的协同扩散(载体机制)和分子间质子转移(结构扩散机制)。

各种机制的普遍性取决于膜的水合作用。结果表明,在高含水量下,通过能斯特-爱因斯坦方程从电导率数据得到的质子电荷载流子($D_\sigma$)的扩散系数略高于水自扩散系数 $D_{H_2O}$。这是因为分子间质子转移涉及质子电荷载体的迁移率,如在稀酸水溶液的情况下。然而,随着水合作用的减少,$D_\sigma$ 接近 $D_{H_2O}$,因此表明了运输机制的普遍性。由于质子传递是水辅助的,Nafion 的质子传导性(以及通常更多的质子传导离聚物)强烈依赖于影响离聚物水合的因素,除温度、RH 和黏弹性外,还包括预处理条件:文献中电导率数据的大量分散证明是正确的。在室温下,Nafion 1100 的电导率显示出对 $\lambda$ 的近似线性依赖性并且对于 $\lambda \approx 22$ 时达到 $0.1\ S \cdot cm^{-1}$。不同温度在 30~110 ℃ 范围内以水蒸气平衡的样品的电导率可以用 RH>3 精确建模,在大多数情况下用 RH>2,用经验方程模拟。

$$\sigma = e + f\mathrm{RH} + g\mathrm{RH}^2 + h\mathrm{RH}^3 \tag{7.6}$$

式中,$e$、$f$、$g$ 和 $h$ 取决于温度和膜预处理。

在低温(30 ℃)下,在 60 ℃ 测量之前干燥的 Nafion 115 和 Nafion NRE-212 膜比在 100 ℃ 下干燥的膜稍微更具导电性;然而,这种差异在 60 ℃ 时不太明显,在 80 ℃ 时消失。总体来说,从 30 ℃ 到 100 ℃,Nafion 膜的电导率在 30%~95% 的范围内变化一个数量级,在 80 ℃ 从 $0.01\ S \cdot cm^{-1}$ 变化到 $0.13 \sim 0.14\ S \cdot cm^{-1}$。

除了热处理对 Nafion 膜的质子传导性的影响之外,还应考虑到当测量电导率作为温度的函数时,膜可能经历不可逆的水合和形态变化。结果表明,当 Nafion 117 膜(允许溶胀)在 90% RH 从 70 ℃ 加热到 130 ℃ 时,水合作用从 $\lambda=9.5$ 增加到 $\lambda=12.0$,但正如预期的那样在随后从 130 ℃ 冷却到 70 ℃ 期间,$\lambda$ 保持不变。因此,在加热运行期间测量的面内电导率低于在冷却运行期间测量的电导率(图 7.6)。另外,当膜夹在电极之间进行测量时(使得膜被迫在与它们平行的方向上各向异性地膨胀),在加热运行中确定的贯通面电导率高于冷却运行确定的值。尽管在冷却过程中(图 7.6),水合作用在 130 ℃ 达到最大值并在冷却过程中保持恒定。在这种情况下,温度循环引起异常的贯通面电导率滞后,其中较低的电导率与较高的水合水平相关。

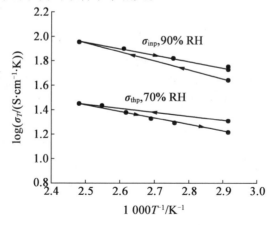

图 7.6　70 ℃/130 ℃/70 ℃ 期间指定 RH 值下 Nafion 117 的面内($\sigma_{inp}$)和贯通面($\sigma_{thp}$)电导率
(箭头表示温度变化的方向)

由于在恒定 RH 下加热导致水合作用增加,因此相应的电导率值反映了温度和水合的变化,并且不能用于计算质子传导的活化能($E_a$)。因此,仅冷却期间收集的电导率数据(水合保持恒定)允许正确计算 $E_a$。

在 130 ~ 70 ℃ 范围内对于 $\lambda = 12$ 获得的 $E_a$ 值非常接近,具有相同 $\lambda$ 值的硫酸水溶液(0.106 eV)。

贯通面电导率的异常滞后归因于在电极之间的压力下加热膜时发生的不可逆结构改变,并且在一定程度上抵消了由温度和水合作用的增加预期的电导率的增加。

在压缩和未压缩 Nafion 膜的边缘开启和面朝上方向上进行的 SAXS 表征支持该假设。虽然未压缩膜的纳米结构基本上是各向同性的,但是通过厚度的膜压缩导致沿压缩方向的亲水域间距的减小和沿膜平面的增加,从而引起纳米结构和导电性的各向异性。这与最近报道用于 MEA 制备的热压处理也可导致 Nafion 212 膜中的显著结构重排,导致各向异性导电性的发现一致。

**5. 提高膜的耐久性**

减轻 PFSA 离聚物降解的主要策略包括新增强膜的开发、新电极材料的开发,以及将过氧化氢分解催化剂或自由基淬灭剂并入膜/电极中。

增强材料的制备可以通过两种主要途径实现:聚合物结构的化学改性和物理增强。化学改性包括膜退火和聚合物的化学交联,用于减少膜的溶胀并改善其机械耐久性。在可交联官能团的聚合物结构中加入磺酰氟和磺酰胺基团似乎是最合适的方法之一。

第二种方法包括通过开发新的氧还原反应电催化剂消除过氧化氢和自由基生成的潜在催化活性位点。Rodgers 等与 Pt/C 催化剂相比,研究了 PtCo/C 催化剂对膜耐久性的影响。他们的研究表明,使用 PtCo/C 电极可降低氟化物排放率、氢交叉和 Pt 带形成方面的膜降解。Ramaswamy 等还报道了用富含钴的催化剂测试的膜的更高耐久性,并提出了在自由基清除剂的聚合物基质中掺入作为高活性氧物质的化学捕集剂。加入金属颗粒如 Ce、Mn、Pd、Ag、Au 或 Pt,金属氧化物 $CeO_2$、$MnO_2$,以及对苯二甲酸后表现出抗化学降解能力的提升。

通过部分离子交换引入铈和锰离子的想法最初是由 Endoh 等开发的。表明聚合物与阳离子自由基清除剂发生离子交联可以显示出改善的机械性能和更高的化学稳定性。Coms 表示,阳极或阴极电极与自由基清除剂的掺杂对 MEA 耐久性产生类似的影响。然而,除了明显的优点之外,在 MEA 中掺入 Ce 或 Mn 离子会导致膜电导率降低,从而进一步导致 FCs 性能损失。

另一个重要问题是离子的位置稳定性。如 Coms 等所报道的,在热压过程之后,掺入催化剂层中的铈离子迁移到聚合物膜中。可以预测清除剂可以在 FCs 工作条件下从最初的离子交换膜迁移到电极,并进一步用废水洗掉。清除剂浓度的降低可以反映在降低效率的同时降低,这使得该方法不适合长期使用。

Trogadas 及其同事基于在聚合物基质中掺入氧化铈,证明了阳离子自由基清除剂的替代方法。$CeO_2$ – Nafion 复合膜在加速降解试验后显示氟化物排放速率降低一个数量级以上。这些发现归因于通过非化学计量的 $CeO_2$ 的多种氧化态淬灭高度氧化的物质。为了调整 $Ce^{3+}/Ce^{4+}$ 的比率,Trogadas 等提出了两种策略。第一种方法是基于粒度控制,

因为氧空位和 $Ce^{3+}$ 形成的浓度可能取决于粒径;第二种方法则使用 $Zr^{4+}$ 阳离子掺杂二氧化铈粒子以改善 $CeO_2$ 微观结构的稳定性和储氧能力。在使用 $CeO_2$ 作为自由基清除剂的 Trogadas 的开创性研究之后,一些作者研究了 MEA 组分中 $CeO_2$ 添加剂的膜耐久性。与各种类型的自由基清除剂类似,$CeO_2$ 也可以结合在膜和电极结构中。Wang 等研究了通过"自组装"途径制备的 Nafion – $CeO_2$ 纳米复合膜(图 7.7)并通过原位溶胶 – 凝胶法将二氧化铈纳米颗粒掺入聚合物结构中。

复合材料在 100% RH 下显示出略低的质子传导率,而在 RH 低于 75% 时,其显示出比原始 Nafion 更高的值。原位和非原位加速降解测试显示与未改性的膜及通过重塑 $CeO_2$ – Nafion 胶体悬浮液制备的 Nafion – $CeO_2$ 膜相比,自组装的 Nafion – $CeO_2$ 膜具有优异的耐久性。最后,Pearman 等对复合材料进行了原位和非原位膜降解试验,所述复合材料由多孔 PTFE 负载的氧化铈组成,所述氧化铈浸渍有醇中的 5% 1100 EW PFSA 分散体。新膜的机械增强与二氧化铈的自由基清除能力相结合,导致开路电压(OCV)保持试验在 500 h 内具有高耐久性。最近,Ketpang 等通过将氧化铈纳米管(CeNT)引入 Nafion 制备复合膜,用于在低 RH 下操作的 FC。他们的研究证明,与纯 Nafion NRE – 212 和 Nafion – 氧化铈复合膜相比,金属氧化物纳米管的结合能够显著改善 FC 性能。此外,当在 18% RH、80 ℃ 下操作 96 h 时,Nafion – CeNT 复合膜的氟化物排放速率比商业 Nafion NRE – 212 膜的氟化物排放速率低 20 倍。在干燥条件下出色的 FC 性能和耐久性主要归因于易于水的扩散能力,以及 CeNT 填料的有效羟基自由基清除性能。

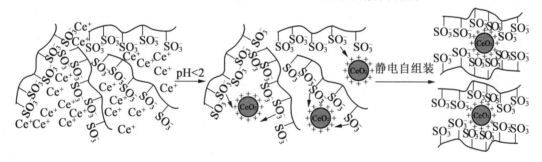

图 7.7 自组装 Nafion/$CeO_2$ 复合材料的形成示意图

虽然快速筛选技术(例如 Fenton 试验)通常用于预测抗氧化剂起自由基清除剂作用的能力,但目前还没有筛选方法来评估这些添加剂在 FC 环境中的稳定性。

Banham 等证明,通过使用紫外 – 可见光谱法监测抗氧化剂在 1 mol/L $H_2SO_4$ 中的溶解,可以对 MEA 中这些材料的稳定性进行可靠的预测,从而允许准确预测测试结束(EOT)性能。Banham 对含有 $CeO_x$ 添加剂(以及基线 MEA)的 MEA 进行原位 MEA 加速应力测试,结果表明含有 $CeO_x$ 的 MEAs 的 EOT 性能与新开发的 UV – vis 方法预测的化学稳定性的顺序相同,也提供了抗氧化剂溶解对性能有显著不利影响的证据。

### 7.3.2 复合 Nafion 膜

在旨在开发具有合适的电化学和机械性能以及高于 80 ℃ 的工作温度的聚合物质子传导膜的方法中,优选在纳米尺度上将无机固体(填料)掺入聚合物基质中。在这些复合体系中,填料-聚合物相互作用的范围可以从强(共价、离子)键到弱物理相互作用。无机填料,例如金属氧化物、磷酸锆/磷酸盐或杂多酸(HPA)已广泛用于 PEM 系统,使得 PEMFC 在高于 80 ℃ 的温度下的性能得到持续的改进。这些填料主要具有亲水性,并且主要与离聚物基质的亲水性组分相互作用。最近,其他亲水性填料如氧化石墨烯(GO)和改性碳纳米管(CNT)也已用于 PEM 中。膜性能的改善通常包括降低对反应气体和自由基物质的渗透性,若填料与纯聚合物相比具有更高的质子传导率,则可以促进氧化降解,减少溶胀,增强水管理和机械性能,以及改善导电性。尽管文献数据主要涉及 Nafion/亲水填料体系,但一些学者还研究了疏水填料对 Nafion 膜性能的影响。在大多数情况下,发现了机械性能的改善。令人惊讶的是,还观察到质子传导性的显著增加,这通常根据聚合物-填料相互作用在聚合物基质中的结构改变来解释。下面专门描述 Nafion 基复合膜的主要类型和性质,包括 Nafion/亲水填料复合膜、Nafion/疏水填料复合膜和含有电纺纳米纤维的 Nafion 复合膜。

**1. Nafion/亲水填料复合膜**

就 Nafion/亲水填料复合膜材料而言,文献报道了许多基于金属氧化物 $MO_2$ 与 M = Si、Ti、Zr 的复合膜的实例。它们基本上通过原位生长方法制备,包括在预成形和溶胀的 Nafion 膜中或在水-醇 Nafion 分散体中水解金属醇盐。掺入 Nafion 中的 $MO_2$ 的负载量(质量分数)大多在 1~7 的范围内。金属氧化物颗粒的存在有利于保持膜的水合,改善机械性能并且还降低液体醇交叉。

这种复合材料的进一步发展在于 $MO_2$ 颗粒表面的官能化,其中亲水酸基团例如磺酸基团共价键合到氧化物表面。就磺化二氧化硅而言,主要的合成方法是通过与浓 $H_2SO_4$ 或 $ClSO_3H$ 反应通过硅烷醇键直接磺化 $SiO_2$ 或通过用适当的试剂(氧化剂试剂、水)处理复合膜,可以将有机硅烷前体与有机侧链(硫醇、氯磺酰基)一起使用,该有机侧链可以转化为磺酸基。

通过 $TiO_2$ 与(3-巯基丙基)三甲氧基硅烷(MPTS)反应,然后将硫醇氧化成磺酸基团,制备磺化二氧化钛颗粒。

通过在室温下用 $H_2SO_4$ 处理 $ZrO_2$,然后在 600 ℃ 下煅烧湿粉末,得到硫酸化氧化锆,硫酸盐基团牢固地键合到氧化锆的表面上。

在所有情况中对于填充有未改性氧化物的纯净 Nafion 和 Nafion,观察到 Nafion 基复合膜的质子传导性的改善。就提供的较高功率密度而言,Nafion/磺化二氧化钛复合材料显示出直接甲醇 FC 性能的明显增强,最大改进约 40%,并且相对于未填充的 Nafion 膜,甲醇交叉较低。此外,Nafion/硫酸化氧化锆复合膜在 20% RH 和 70 ℃ 下的电导率比无添加剂膜的电导率高约两倍。

最近,已提出通过使用四种类型的硅烷偶联剂来改性丝光沸石填料:γ-环氧丙氧基丙基三甲氧基硅烷(GMPTS)、MPTS、(3-巯基丙基)三乙氧基硅烷(MPTES)和(3-巯基丙基)甲基-二甲氧基硅烷(MPDMS)等硅烷处理的丝光沸石作为 Nafion 膜的填料。MPTS、MPTES 和 MPDMS 的巯基通过氧化转化为磺酸基。与重铸 Nafion 膜相比,复合材料表现出较低的乙醇渗透性和较高的选择性,并且在复合材料中,Nafion/MOR-MPTES 膜在所有条件下相对于其他膜显示出优异的质子传导性,且在几乎所有条件下具有最低的乙醇渗透性。

Nafion/磷酸锆膜是另一类众所周知且广泛研究的复合体系。Zirco-磷酸铟（ZrP）由具有分层结构的亲水性颗粒组成，采用两种主要方法分散在 Nafion 基质中：

①通过离子交换质子与锆阳离子物质的离子交换和随后用磷酸水溶液处理膜，在预制离聚物基质内原位生长填料。

②从含有离聚物和 ZrP 前体的溶液中共沉淀填料和离聚物。

用这两种方法制备的复合材料表现出相似的行为。基本上，它们显示出更大的含水量和更高的机械强度，相对于纯净的 Nafion，甲醇扩散减少，而质子传导性没有显著受益于填料的存在，因为除其他外，填料的导电性低于 Nafion。

通过将广角 X 射线衍射和高分辨率固态 P MAS NMR 结合在填充有原位生长的 ZrP 纳米颗粒的 Nafion 膜上进行的结构研究显示出半晶体结构（$\alpha$-ZrP 和无定形 ZrP），其中磷酸盐基团主要通过三个氧原子与 Zr 连接，即使在无定形部分中也存在少量双连接和四连接的磷酸基团。

正如 Nafion/金属氧化物复合材料所报道的，ZrP 的层表面与磺酸基等酸性基团的官能化导致相对于 Nafion 117 和母体 Nafion/ZrP 复合膜的膜电导率和刚度的改善。

HPA 是另一类适用于 Nafion 膜的无机高亲水性填料。HPAs 除电催化活性外具有强酸性和水合形式的高质子传导性。通过用 HPA 溶液浸渍预成形的膜或通过将 Nafion 溶液与适量的 HPA 混然后浇注来获得含有 HPA 复合 Nafion 膜。

与纯聚合物相比，Nafion/HPA 膜表现出更高的吸水率，更高的质子传导率，特别是在低 RH 和高于 100 ℃的温度下，并且随着温度的升高 FC 性能提高；然而，它们具有降低的拉伸强度，并且在水性介质中填料浸出所遭受的 MEA 处理。此外，HPA 具有低表面积，这不利于聚合物基质中的填料分散。解决这些问题的可能策略是将 HPA 的质子与大阳离子进行离子交换，从而将添加剂从低表面积水溶性酸转化为高表面积水不溶性酸盐。减少 HPA 浸出和增加表面积的问题的另一种方法是将 HPA 固定在金属二氧化物载体上。

Jiang 等于 2013 年提出了一种新型的基于 meso-Nafion 的多层膜，其浸渍有磷钨酸（PWA），由于多层结构膜 PWA 浸渍，显示纯 Nafion 电化学性能的改善和但浸出减少问题，而 meso-Nafion 层夹在两个 Nafion 层之间。

GO 最近也被用作纳米复合材料中的填料。实际上，GO 可以被认为是两亲性材料，因为它含有亲水氧化基团，例如羧基、羟基和环氧基团，以及由 $sp^2$ 石墨层组成的疏水区域。关于 Nafion/GO 复合膜，据报道 GO 的掺入可以通过赋予膜增强的亲水性并控制聚合物基质中离子通道中限制的水的状态来调节质子传导性。研究证明 GO 不影响相分离形态或质子传导机制，相对于 Nafion 212 和重塑 Nafion，Nafion/4%[①] GO 复合膜的较高质子传导率归因于 GO 和 Nafion 之间的化学相互作用，以及 GO 上存在的不同氧官能团增强质子传递。与 Nafion 212 相比，GO 存在时机械强度以及 FC 性能也得到改善。例如，在 100 ℃和 25% RH 条件下，Nafion/4% GO 的峰值功率密度比 Nafion 212 高约 4 倍。与

---

① 质量分数。

GO 分散的 Nafion 膜相比，由 GO 层压 Nafion 制成的双层膜显示出更多优势，特别是在高甲醇进料浓度下操作的直接甲醇 FC（DMFC）中，这些膜通过将 Nafion 115 膜与高度取向的 GO 纸（约 1 μm 厚）层压，转移印刷然后热压来制造的。这些复合材料的甲醇渗透率比 Nafion 115 低约 70%，而质子传导率仅下降 22%。然而，选择性（即质子传导率与甲醇渗透率的比率）比 Nafion 115 高 40%。此外，由于低甲酸、甲醇和乙醇渗透性及更高的 FC 性能，通过滴涂和旋涂方法制备的 Nafion 212/GO 复合材料与原始 Nafion 112 和其他复合膜相比，表现出在表面上平行排列的 GO 层。

可以预测 GO 表面与含有亲水基团的有机分子（如—$SO_3H$）的共价官能化不仅能提高所得纳米复合膜的质子传导性，而且改善了它们的机械、化学和热强度，同时增加了与聚合物膜的相容性。文献证明 GO – $SO_3H$/Nafion 膜相对于纯聚合物表现出改善的电化学性能可以获得关于未改性和改性 GO Nafion 膜的性能比较的数据。其中，Enotiadis 等人的工作表明，GO – $SO_3H$/Nafion 膜比 GO/Nafion 和 Nafion 膜具有更高的吸水率和更高的自扩散系数。Shanmugam 等比较了几种基于 Nafion 的膜的 FC 性能，观察到磷钨酸偶联 GO 作为填料达到了最高功率密度峰值（在 20% RH 和 80 ℃ 下为 841 mW·$cm^{-2}$）。

除了 GO 之外，CNT 在过去十年中作为聚合物复合材料中的纳米增强材料也引起了极大的研究兴趣，因为它们具有非凡的性能，如高机械强度和低密度。在 PEM 中使用 CNT 作为填料的常见问题是由 CNT 的电子传导性引起的短路风险。2006 年，Liu 等发现，通过将 CNT 含量保持在逾渗阈值（质量分数小于 1%）以下，可以获得机械性能的显著改善，而不影响质子传导性和 FC 性能。处理使用 CNT 作为 Nafion 填料的另一个问题是它们在几乎所有溶剂中的溶解性差，因为强的范德瓦耳斯力相互作用将它们紧密地保持在一起，形成缠结包裹。这种聚集行为限制了它们的可加工性并阻碍了聚合物基质内的分散。为了解决这些问题，已经开发了几种旨在使 CNT 官能化的方法，包括表面活性剂改性、聚合物吸收、共价接枝大分子或聚合物的端基反应。具有亲水基团的 CNT 的官能化也可有助于改善或至少不降低质子传导性。后面会描述一些示例。通过羧酸基团对多壁碳纳米管（MWCNT）进行表面改性，也实现了纳米管对 Nafion 的阻隔性和离子传导性的良好平衡效果。通过透射电子显微镜（TEM）分析证实填料在聚合物基质中的有效分散，并且没有测量纳米填料质量分数低于 2% 的电子传导性。获得了甲醇渗透性的显著降低，而仅观察到离子电导率的轻微降低。

分散在 Nafion 基质中的质量分数为 0.05% 的磺酸官能化单壁碳纳米管（S – SWCNTs）相对于 Nafion 的质子传导率增加了近一个数量级而活化能降低，表明在复合膜的情况下质子传递更容易。

MWCNTs 也通过 Diels – Alder 反应用 $Fe_3O_4$ 磁性纳米颗粒（MNP）官能化，然后通过 MWCNT 的 C≡C 键和通过臭氧介导的过程产生的 Nafion 基团之间的自由基反应来使 Nafion 与 MWCNT – MNP 发生化学键合。而且由于 MWCNT – MNP – Nafion 在 Nafion 基质中的磁驱动排列，在磁场下制造的膜显示出质子传导性的进一步增加；而且对于重铸膜，在直接甲醇 FC 的测试中，在 0.4 V 的操作电压下其表现出 15 倍的膜选择性、8.7 倍的最大功率密度和 6.6 倍的电流密度。

**2. Nafion/疏水填料复合膜**

虽然文献提供了几种基于 Nafion 和亲水性无机填料的替代 PEM 系统，但是最近很少有论文报道了在 PFSA 膜中使用基于有机改性无机材料的疏水性填料。尽管预期这些填料具有与全氟化主链的化学亲和力,但文献中可获得的所有结果显示出相对于纯离聚物,质子传导性的惊人改善以及机械稳定性的提高将在后面进行介绍。

聚合的八硅氧烷立方分子被包裹在 Nafion 基质中并且含有质量分数为 5%~15% 填料的复合材料显示出甲醇渗透性的降低和单一直接甲醇 FC 相对于重铸 Nafion 的功率密度输出的改善。可以推断,疏水性填料限制了质子传导通道的随机延伸并促进了 Nafion 分子的有序组装。用氟化疏水基团(分别为全氟十二烷基和硅油)官能化的二氧化硅和二氧化钛颗粒也用作 Nafion 型和 Nafion 膜的填料。除了改善的机械性能之外,填充有疏水性填料的复合膜表现出比原始离聚物更好的电化学性质。具体而言,Safronova 等发现,在 20~100 ℃ 的范围内,含有质量分数为 5% 疏水性二氧化硅的 Nafion 型膜的质子传导率比 100%RH 的原始离聚物的质子传导率高近一个数量级,而 Di Noto 等发现,在 85 ℃ 和 100%RH 下,尽管吸水量较少,但填充质量分数为 15% 疏水性二氧化钛的 Nafion 膜的最大 FC 功率密度比原始 Nafion 高约 1.5 倍。

He 等人还报道了填充有氟烷基改性二氧化硅的 Nafion 膜的制备和表征。与前面的实例不同,与在 80 ℃ 下与参考 Nafion 膜相比发现复合物相对于纯聚合物的吸水率较高,这与 FC 功率密度增加 34.4% 有关。观察到填料实际上具有两亲性表面,这是由于疏水性氟化基团和残留—OH 基团共存(图 7.8)。

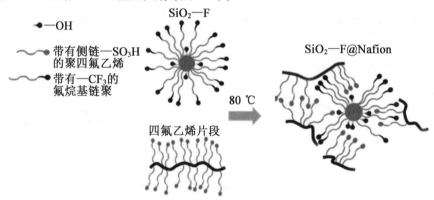

图 7.8　$SiO_2$—F 纳米颗粒的两亲性表面性质的示意图和在高温下通过 $SiO_2$—F 表面上的碳氟链更大程度地自由重排水通道的示意图

二氧化硅表面的两亲性质可有助于形成 $H_2O$ 通道,其负责 Nafion 中的质子传导。同时,对 Nafion 氟化骨架具有高亲和力的二氧化硅疏水部分可有助于实现纳米颗粒在聚合物基质内的良好分散。

除了前面提到的实例外,如第 7.3.3 节所述基于短链侧全氟磺酸离聚物的其他类似体系中也使用基于有机磷酸锆的疏水性填料。

**3. 含有电纺纳米纤维的 Nafion 复合膜**

静电纺丝技术用于通过聚合物溶液/熔体的带电射流产生直径在微米至纳米范围内的超细纤维。静电纺丝已成功用于生产 FC 膜的纳米纤维垫,以改变形态和改善机械性能。已知的不同方法通过静电纺丝生产质子传导膜:①静电纺丝非导电或导电性较低的聚合物,形成多孔基质并起机械增强作用,同时孔中填充高质子传导组分;②高质子传导聚合物的静电纺丝,形成用第二聚合物增强的多孔纤维垫,以提供机械稳定性;③基于作为质子传导聚合物基质的增强剂的无机化合物的电纺纤维的合成。

下面举一些例子。

Nafion 官能化 PVDF 电纺纳米纤维用于通过浸渍法制备 Nafion 复合膜。Nafion 在纤维表面的存在改善了纤维与 Nafion 基质之间的界面相容性,提供了沿纳米纤维表面的质子传导途径,改善了 Nafion 复合膜的机械性能,改变了 Nafion 基质的晶体结构,并降低了膜的甲醇渗透性。Shabani 等制备了基于部分磺化聚(醚砜)(S-PES)的无珠纳米纤维制成的静电纺丝垫。用 Nafion 溶液浸渍 S-PES 纳米纤维垫。由于相对于 Nafion 112 将 S-PES 纳米纤维掺入 Nafion 基质中,实现了质子与甲醇选择性的双改进。

Nafion 和其他 PFSA 聚合物的静电纺丝是十分困难的,并且需要在静电纺丝溶液(通常为 PEO 或 PVA)中存在高分子量载体聚合物。Pintauro 等发现 Nafion 电纺垫的质量主要受空气湿度、聚合物溶剂、载体聚合物分子量、静电纺丝电压和静电纺丝流速的影响。

也可以制造无机纤维垫的静电纺丝。硫酸化 $ZrO_2$ 电纺纤维垫用于增强 Nafion 基质,发现对于体积分数为 20% 的纤维,在 80 ℃ 和 100%RH 下达到 $3.1 \times 10^{-1}$ S·$cm^{-1}$ 的质子传导率。

此外,还使用反应性同轴静电纺丝方法制造磷酸锆/氧化锆纳米纤维,其中锆前体和磷源从单独的溶液一起旋转。纳米纤维被掺入短侧链 PFSA 离聚物中,因此与铸造和商业短侧链 PFSA 膜相比,产生具有增加的机械性能和质子传导性的膜。

### 7.3.3 短侧链离子聚合物

除了具有—$SO_3H$ 离子基团的短侧链(SSC)之外,具有与 Nafion 类似结构的全氟化离聚物是由 Dow Chemical 在 20 世纪 80 年代初开发的,这种全氟化离聚物称为陶氏离子聚合物,被研究用于 FC。然而,遗憾的是,可能是由于生产成本高,陶氏离子聚合物的工业开发没有继续进行。

不同于 EW 的 Dow 膜在水吸附、质子传输、微观结构和黏弹性方面的物理化学表征所得出的结论,与 EW 的 Nafion 相比,Dow 离聚物在水和质子转移以及疏水/亲水分离方面没有表现出明显的差异。因此可能是更好的 FC 性能导致 Dow 膜的弹性模量更高。

最近,Arcella 等发现了一种更简单的合成基础单体的途径,并且在这些结果的基础上,Solvay Solexis(今天的 Solvay Specialty Polymers)已经重新开始基于短侧链全氟化离聚物的膜的开发。这些膜,早先已知的商品名为 Hyflon Ion,更名为 Aquivion(结构 7.3)。

动态机械测量表明,干燥的 Aquivion 膜的玻璃化转变温度高于 Nafion。此外,环境控制的蠕变试验表明,干燥的 Aquivion 和 Nafion 分别在 95 ℃ 和 60 ℃ 进行热转变,导致弹性模量随温度升高而迅速降低。如所预期的,在转变温度以下,弹性模量随着水吸收的增加而降低。然而,在转变温度以上,少量水的吸收使两种聚合物变硬。有人提出,转变起源于涉及离子基团的可逆聚类-去聚集过程。

从结构的角度来看,Aquivion 具有比具有相同 EW 的 Nafion 更高的结晶度,通过—$SO_2F$ 形式的前体的较大熔化热证明对于 Aquivion,EW 为 700,对于 Nafion,EW 约为

900~1 000，出现"零结晶度"。总体而言，Aquivion 膜表现出类似于 Dow 膜的热、黏弹性和机械性能，除了在低 EW 下水合行为的微小差异。关于化学耐久性，从叔碳（—CF）和醚键合碳（—O—$CF_2$—）原子之一的侧链结构的消除降低了 Aquivion 膜对自由基攻击的敏感性，这一发现在几项研究中得到证实。

所有这些物理化学特征，结合低 EW 膜可实现的高质子传导性，使得 Aquivion moe 比 Nafion 适用于高温（大于 100 ℃）PEMFC。通过在不同 RH 条件下进行至 140 ℃ 的 FC 测试证实了这种预期。此外，由于较低的欧姆电阻和基于 Aquivion 的 MEA 的更好的电催化活性，基于 Aquivion 的 MEA 在 PEM 水电解槽中的表现明显优于在 40~90 ℃ 的 PEM 水电解槽中的 Nafion 基准。

为了提高膜的耐久性，通过不同的方法开发了具有增强机械性能的 Aquivion 膜，例如与二磺化聚（芳醚酮）共混机械增强材料如 ePTFE；由 $H_3PO_4$ 官能化碳化硅；磷酸锆/氧化锆制成的电纺纳米纤维。

另一种方法是基于用磷酸锆和（或）烷基磷酸锆纳米颗粒填充离聚物基质。有趣的是，载有质量分数为 10% 烷基酞酸锆的复合膜比纯离聚物更具导电性，而这种疏水性填料与亲水性磷酸锆的组合使用导致比具有优化填料加载量的单一填料膜更有效的机械增强作用，没有显著的质子传导性损失。具体来说，装载有质量分数为 10% 疏水性填料和质量分数为 5% 亲水性磷酸锆的混合填料复合膜相对于最佳单一填料膜（$\Delta E/E$ 为 50%）和未改性 PFSA（$\Delta E/E$ 为 300%）在 70 ℃ 和 80% RH 下具有明显增强的弹性模量（$E$）（图 7.9）。这似乎是由两种填料与离聚物的亲水和疏水组分的选择性相互作用产生的。作为一般趋势，具有更高机械强度的 Aquivion 膜显示出比纯离聚物更好的 FC 性能。通过向离聚物加载自由基清除剂如过渡金属（Cr、Co、Mn）或负载在含有磺酸官能团的二氧化硅上的氧化铈，也可获得具有改善耐久性的 Aquivion 膜。这些膜显示出比原始 Aquivion 膜更长的寿命（高达 7 倍）和减少的氟化物排放，而没有电化学性能的损失。

$$[-CF-(CF_2CF_2)_m-]_n$$
$$\ \ \ |$$
$$OCF_2CF_2SO_3H$$

（from Alberti, G.; Casciola, M. Basic Aspects in Proton Conducting Membranes for Fuel Cells. In Comprehensive MembraneScience and Engineering, Drioli. E., Giorno, L., Eds.; Elsevier, Academic Press: Oxford, 2010; Vol. 2, p. 453, Structure 2.）

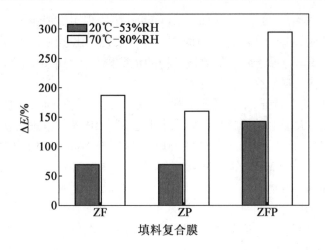

图 7.9 装载质量分数为 15% 亲水性(ZP)或质量分数为 15% 疏水性(ZF)磷酸锆的单一填料复合膜和混合物与填充有质量分数为 5% ZP 和质量分数为 10% ZF 的填料复合膜(ZFP)相对于纯离聚物(Aquivion EW 700)的弹性模量

(Redrawn from Donnadio, A.; Pica, M.; Carbone, A.; Gatto, I.; Posati, T.; Mariangeloni, G.; Casciola, M. Double Filler Reinforced Ionomers: A New Approach to the Design of Composite Membranes for Fuel Cell Applications. J. Mater. Chem. A, 2015, 3, 23530 – 23538.)

## 7.4 非氟化膜

克服 PFSA 膜极限的另一种方法是基于具有多芳烃或无机 - 无机骨架的非氟化离聚物基质的设计。

聚芳族离聚物被认为是全氟磺酸离聚物的替代物,主要是因为芳族碳原子具有良好的抗氧化性。在大多数情况下,这些聚合物的结构由(—Ar—X—)单元构成,其中 Ar 是芳基(例如苯基);X 是氧原子或硫原子(它赋予聚合物链一定程度的柔韧性和加工性)或聚酮中的—CO—基团,聚砜中的—SO$_2$—,聚酯中的—COO—或聚酰胺中的—NHCO—。聚合物重复单元可以由单个(—Ar—X—)单元或不同单元的组合组成。

由于磺化芳族聚合物(SAP)种类繁多,本节仅详述代表性实例,包括聚(醚酮)、聚(砜)(PSU)、聚(酰亚胺)(PI)、嵌段共聚物和聚(苯并咪唑)(PBI)。在具有无机 - 无机骨架的聚合物中,将主要介绍聚磷腈。

### 7.4.1 聚(醚酮)类

聚(醚酮)是一类通过不同的醚(E)和酮(K)单元连接的聚亚芳基,取决于两个单元之一的普遍性,这些聚亚芳基可以富含醚(例如 PEEK)、酮(例如 PEKK)或平衡(例如 PEK)。

PEEK—聚(醚醚酮);PEKK—聚(醚酮酮);PEK—聚(醚酮)

(from Alberti, G.; Casciola, M. Basic Aspects in Proton Conducting Membranes for Fuel Cells. In Comprehensive Membrane Science and Engineering, Drioli. E., Giorno, L., Eds.; Elsevier, Academic Press: Oxford, 2010; Vol. 2, p. 454, Structure 3.)

磺化聚(醚醚酮)(S-PEEK)具有许多用于 FC 的有益属性,包括良好的热稳定性、机械强度和足够的导电性,其通过聚合物主链的磺化引入。

PEEK 的磺化是二阶亲电反应,用于将带电基团添加到聚合物链中以使它们可离子交换。优选在两个醚(—O—)连接之间的芳环上进行取代。S-PEEK 聚合物通常通过将聚合物或直接磺化单体后磺化来制备。结合 SAXS 和 S-PEEK 膜作为水和离子含量的函数,不同的离子交换形式表明,由于 PEEK 基质的不溶性,后磺化过程导致磺酸基团沿聚合物链的非均匀分布和离子域中的非均匀反离子分布。通过在 PEEK 重复单元中引入 phtalide 单元可以克服 PEEK 不溶性的问题。这种 PEEK 衍生物(称为 PEEK-WC)可以很容易地磺化,并且所得的磺化聚合物显示出令人感兴趣的电化学性能,低燃料交叉,以及相对于 Nafion 非常好的热化学性质。

磺化剂的选择和磺化过程是影响 S-PEEK 行为的最重要因素。最常见的磺化剂包括硫酸、氯磺酸、纯的或复合的三氧化硫和乙酰硫化物。其中,浓硫酸用于避免聚合物降解和交联反应。在这种情况下,PEEK 磺化仅在对苯二酚链段的四个化学等价位置上发生,并且由于—$SO_3H$ 基团的吸电子去活化作用,磺化度(DS)不能克服 100% 的值。磺化影响 PEEK 聚合物的化学特性,降低结晶度,并因此改变聚合物的溶解度,这严格依赖于 DS。低 DS S-PEEK 聚合物可溶于 DMF、DMSO 或 NMP 中。对于 DS>50%,S-PEEK 在室温下也可溶于 DMA,而对于高 DS,S-PEEK 在 80 ℃下在甲醇/水混合物中变得高度溶胀,并且在 DS=100% 时,它们可溶于热水中。

对于具有不同 IEC 的样品,在各种温度和 RH 条件下测定 S-PEEK 的质子传导率。在恒定温度下,电导率对 RH 的依赖性在很大程度上受到 DS 的影响,使得 DS 越低,电导率对 RH 变化越敏感。此外,相对于 Nafion 电导率,RH 变化对 S-PEEK 电导率的影响更大:当 RH 从 100% 降低至 66% 时,Nafion 和 S-PEEK 的电导率(IEC 为 1.6)指数分别降低 4 和 10。

这可能是由于 Nafion 中磺酸官能团的酸性更强,以及 Nafion 全氟化主链与 S-PEEK

的多芳烃主链相比具有更高的柔韧性和疏水性，导致 Nafion 和 Nafion 中的纳米相分离更大。因此，在更连续的传导途径中，即使在低水合水平下也是如此。

聚合物-溶剂相互作用在 PEM 微结构组织中起决定作用，因此对质子传递途径起决定作用。使用溶解在 DMA 中的 S-PEEK 制备的膜比用 DMF 制备的膜结构更具导电性，DMF 与磺酸基团形成非常强的氢键。因此，残留的 DMF 痕迹可以存在于膜中，阻挡部分磺酸基团并将它们排除在质子传递之外。然而，由 DMF 溶液制备的 S-PEEK 膜比由 DMSO 溶液制备的膜更具导电性。

残余浇铸溶剂(RS)的量是影响 S-PEEK 膜性能的重要因素之一。Liu 等研究了一系列已经制备出具有受控 RS 含量的 S-PEEK 膜。即使在用 1 mol/L $H_2SO_4$ 处理并随后用水洗涤后从膜上除去所有 RS，这些处理过的膜的形态和性质也根据 RS 量而不同。对于具有更大量 RS 的处理过的膜，观察到更大和更好连接的亲水域和更高的自由体积分数。水平衡膜的质子传导率随着 RS 含量的增加而增加，直至达到最大值，该最大值几乎是具有最小 RS 的膜的两倍。随着 RS 含量的进一步增加，观察到质子传导性的降低，而膜的吸水率随 RS 含量的增加而持续增加。如前所述，高 DS 值导致水中大量溶胀甚至膜溶解。另外，高 DS 和水的存在对于有效的质子传输是必不可少的。机械稳定性和质子传导性之间的最佳平衡可以通过引入用于实现复合聚合物的第二相或通过溶剂热处理在大分子链之间形成共价交联键来实现。具体而言，在少量残留的浇铸溶剂 DMSO 存在下，通过在 150 ℃ 以上热处理使 S-PEEK 链与砜桥交联，产生 $SO^{2+}$ 亲电子试剂并通过亲电芳族取代形成共价交联。该方法证明可成功改善聚合物的刚度和机械强度。

交联的 S-PEEK 膜(更通常是交联的 SAP)的质子传导性可以受到许多因素的显著影响，例如交联密度和其均匀性，交联剂的种类和交联诱导的微结构变化。与未交联的聚合物相比，经常观察到质子传导性的损失，这不仅是因为通过交联消耗—$SO_3H$ 基团，而且还可能是由于质子传输的较窄水合通道。在近期的深入研究中，探索了一些防止交联 SAP 质子传导性降低的方法。这些方法包括①高初始 DS；②引入额外的羧酸或磺酸基团；③交联剂的优化交联度或链长，可调节吸水量和自由体积；④通过形成精细纳米级相分离可以有助于高质子传导性的优化微结构；⑤在交联的 SAP 基质中引入另外的无机固体酸。采用这些方法，交联的 S-PEEK 表现出比 Nafion 或未交联的 S-PEEK 略低或相当，在某些情况下甚至更高的质子传导性。因此，与 Nafion 相比，交联的 SAP 提供了接近甚至更高的性能。然而还需要进一步仔细的设计和优化以改善整体性能。

各种交联的 S-PEEK 膜的质子传导率通过互补的两点测量来确定：在 25~65 ℃ 之间的完全湿润条件下和在 80~140 ℃ 之间的 RH 的函数。热交联的 S-PEEK 膜在 100 ℃ 下显示出高达 $0.16\ S\cdot cm^{-1}$ 的电导率，FC 施加所需的 $0.1\ S\cdot cm^{-1}$ 的值可以在高于 20 的水合数下达到，其与非溶胀膜相容。基于这些结果，若在操作期间保持足够的水合水平，则可以明确地提出交联的 S-PEEK 尤其用于在 100 ℃ 以上工作的中温 FC。

还制备了一系列使用磺化二胺作为交联剂的 S-PEEK/Nafion 交联膜。使用该交联剂将 Nafion 引入 S-PEEK 聚合物中解决了共混膜的不同组分之间不相容的问题，并且交联剂上的磺酸基团弥补了交联过程中消耗的那些。与原始的 S-PEEK 膜相比，交联膜显示出改善的机械性能、热稳定性和尺寸稳定性以及适当的质子传导性。随着 Nafion

的引入，甲醇渗透率降低，交联膜的选择性远高于原始 S‑PEEK 膜的选择性，这是在 DM‑FC 中应用的必要条件。

S‑PEEK 膜也已成功制备并优化用于钒氧化还原电池应用。与 Nafion 117 相比具有更低的比面积电阻（由于更低的厚度）和更慢的自放电率，这导致稍高的电压效率、库仑效率和能量效率。S‑PEEK 膜在高度氧化的 V(V)电解质中表现出优异的稳定性。

尽管已经对微生物 FC(MFC) 中的各种类型的 PEM 进行了多项研究，但对于 S‑PEEK 在这种电化学装置中的应用还没有进行太多研究。Ghasemi 等合成了 S‑PEEK 膜，其 DS 在 20.8%~76% 范围内，其特征在于并应用于 MFC 中，以比较它们的功率密度产生、成本效率和库仑效率。结果发现，通过增加 DS，发电量和库仑效率均达到 DS =63.6% 的最大值。

### 7.4.2 聚(砜)

PSU 和聚醚砜(PES)是已知为无定形热塑性材料的全芳族高性能聚合物。PSU 由于其优异的热机械稳定性、适中的成本和商业可用性而引起了人们相当大的兴趣。此外，PSU 表现出对水解和氧化剂的抗性。因此，通过各种磺化技术的化学改性，PSU 已被用作离子交换膜的基础。通常，已经使用两种方法在这些聚合物中引入磺酸基团，包括商业聚合物的磺化和磺化单体的缩聚。第一种方法导致随机磺化聚合物使用相当便宜且具有高性能的聚合物；第二种方法提供多嵌段离聚物，其由交替的疏水嵌段组成，其提供良好的机械强度，为亲水的嵌段提供质子传导性。因为磺化通过亲电取代进行，所以它发生在芳环的富电子位置。

在缺电子位置（即二苯砜环）上的磺化必须允许离聚物的脱磺酸化和磺酸离解的轻微增加。

磺化聚醚砜

(from Alberti, G.; Casciola, M. Basic Aspects in Proton Conducting Membranes for Fuel Cells. In Comprehensive Membrane Science and Engineering, Drioli. E., Giorno, L., Eds.; Elsevier, Academic Press: Oxford, 2010; Vol. 2, p. 455, Structure 4.)

磺化聚砜

(from Alberti, G.; Casciola, M. Basic Aspects in Proton Conducting Membranes for Fuel Cells. In Comprehensive Membrane Science and Engineering, Drioli. E., Giorno, L., Eds.; Elsevier, Academic Press: Oxford, 2010; Vol. 2, p. 455, Structure 5.)

有学者研究了不同的反应物作为亲电取代中的磺化剂,例如硫酸、三甲基甲硅烷基氯磺酸盐和氯磺酸。但是,硫酸失败是因为聚合物既没有溶胀也没有溶解在强酸溶剂中。Martos 研究了磺化过程中试剂的不同效率,并证明氯磺酸诱导了骨架的降解,这对膜的热机械稳定性和寿命是有害的。

通过 4,4′-联苯酚和 3,3′-二磺酸-4,4′-二氯二苯砜的共聚合获得磺化聚(亚芳基醚砜),其在间位砜位具有磺酸官能团。这些无规共聚物显示亲水/疏水纳米相分离,其中亲水结构域的尺寸随二磺化单体的百分比(DSM,以 mol 计)增加,并且一旦 DSM 摩尔分数超过 50% 就形成半连续形态。同时,观察到水吸收的增加并且 DSM >50% 发生显著的膨胀。当 IEC 为 1.72 meq·$g^{-1}$ 和 2.42 meq·$g^{-1}$ 时这些膜的质子传导率分别在 0.08~0.17 S·$cm^{-1}$ 范围内。

通过使用 DMA 作为浇铸溶剂制备的一系列具有不同 DS 的 S-PES 膜获得了类似的结果。从原子力显微镜(AFM)和水吸收试验中,发现 S-PES 膜达到 DS 的渗透阈值约为 0.39。高于此值,水中的尺寸稳定性、机械性能和氧化稳定性显著降低,而质子传导率和甲醇渗透率突然增加。当 DS=0.39,获得了最高的选择性值(即质子传导率与甲醇的渗透率之比,$1.8×10^5$ S·$cm^{-3}$),比 Nafion 112 的选择性高 2 倍。

将 S-PES 与质量分数为 10% 和 30% 的聚(偏二氟乙烯)(PVDF)混合导致甲醇渗透率降低两个数量级,并且质子电导率仅略微降低,比 Nafion 115 低约 20%。

还报道了填充有机改性的蒙脱石-黑云母(OMMT)和磷酸锆(ZrP)的 S-PES 纳米复合膜的制备和表征。具有 40% DS 和质量分数为 3% OMMT 的纳米复合材料膜显示出比具有 4 mol/L 甲醇的 Nafion 117(131 vs. 114 mW·$cm^{-2}$ 功率密度)更大的选择性和更好的 DMFC 性能,而 ZrP 基纳米复合材料的结果要比纯离聚物更多或略低,这取决于原位形成填料所遵循的合成路线。有趣的是,质量分数为 10% 的 ZrP 的存在使得复合膜的水合在 70 ℃ 更容易,因此防止了在 70~120 ℃ 范围内的温度循环期间纯离聚物观察到的水合滞后和伴随的导电滞后。

通过使用三甲基甲硅烷基氯磺酸盐作为磺化剂制备 DS 为 40%~69% 的磺化聚砜(S-PSU)离聚物膜,其特征在于在不同温度下的水吸收,TG-DSC(热重-差示扫描量热法)分析,电导率和甲醇渗透率测量。对于 DS=61% 的完全水合膜,25 ℃ 下的质子传导率为 0.03 S·$cm^{-1}$,而所有膜的甲醇渗透率至少 5 倍低于 Nafion 115。选择具有 48% DS 的膜作为物理化学和电化学特性之间的最佳折中。

在 120 ℃ 下在潮湿的 $H_2$/空气中测试,在 0.6 V 的恒定电池电位下达到约 360 mW·$cm^{-2}$ 的最大 FC 功率密度。将 S-PSU 膜与质量分数为 18% 的低聚物形式的脂族聚氨酯二醇混合,导致所有 DS 值的质子传导率增强。Kreuer 等已经制备了聚(亚苯基砜),其中主链的每个亚苯基环是单磺化的并且仅通过吸电子砜键连接。这相当于 4.5 meq·$g^{-1}$ 的 IEC 和优异的热氧化和水热稳定性以及在 RH=50%,120 ℃ 下质子传导率超过 0.1 S·$cm^{-1}$ 的组合。

Takamuku 等制备了一类新的超磺化全芳族聚合物,其中八个磺酸单元通过采用新的磺化策略连接到聚合物主链中的每个亚联苯基单元上。将半氟化聚(亚芳基硫醚)的硫醚桥氧化成砜桥,然后用 NaSH 取代所有氟并定量氧化所得的硫醇基。由此获得的聚(亚芳基砜)具有高达 8 meq·g$^{-1}$ 的 IEC,在空气中稳定至高达 300 ℃,并且在 120 ℃ 和 50% RH 下达到高达 90 mS·cm$^{-1}$ 的质子传导率。

如已经针对 S-PEEK 离聚物所讨论的,在减少溶胀和增强的机械性能方面交联反应是控制和改善 PSU 材料的性质的最有效方式之一。

最近,Di Vona 等通过形成—SO$_2$—桥在热固化交联聚苯砜(S-PPSU)方面取得了进展。他们报道了在不加任何交联剂分子的情况下在 RS DMSO 存在下的热交联。根据浇铸溶剂,温度和热处理时间确认了两种效果。第一个效应与退火引起的形态变化相关,并且在改进的机械性能方面是明显的。第二个效果是通过砜桥在大分子链之间形成共价键,改善了水解稳定性。尽管通过形成交联降低了 IEC,但电导率没有改变。在相同的交联程序的基础上,Kim 等制备了 S-PES 和 S-PPSU 共混膜。在 180 ℃ 退火处理后,这些膜在水和其他有机溶剂中是稳定的,并且由于 S-PES 和 S-PPSU 之间的交联形成,与原始 S-PES 和 S-PPSU 聚合物相比,热稳定性也得到改善。在 140 ℃ 和 RH 90% 的温度下获得 0.12 S·cm$^{-1}$ 的最大电导率。

Feng 等通过原位聚合方法制备了一系列由磺化聚(亚芳基醚砜)(S-PAES)和 PBI 组成的离子交联复合膜。相对于原始 S-PAES,所有复合膜表现出较低的水吸收和溶胀。随着 PBI 含量的增加,复合膜的甲醇渗透系数显著降低。尽管质子传导率也在一定程度上降低,但具有质量分数为 5% PBI 的复合膜在 80 ℃ 下仍显示出 0.201 S·cm$^{-1}$ 的质子传导率,这实际上满足 FC 应用的要求。

PSU 可以用季铵基团官能化,用于制备适用于固体碱性 FC 的阴离子交换膜。官能化通常分三步进行:氯甲基化、胺化和碱化。Arges 和同事获得具有不同氯甲基化度 (67%~119%) 的氯甲基化 PSU,并在 30 ℃ 下与三甲胺在 DMF 中进行胺化反应 48 h。Zeng 等用不同反应时间(8~30 h)的氯甲基甲醚合成了交联的氯甲基化 PSU,合成的离聚物显示出高离子电导率,在 80 ℃ 下为 60.5 mS·cm$^{-1}$,并且其在 H$_2$/O$_2$ FC 中的使用能够在 70 ℃ 下达到 342 mW·cm$^{-2}$ 的峰值功率密度,这代表了这种具有基于 PSU 的离聚物的 FC 的最高性能。

### 7.4.3 聚(酰亚胺)类

聚酰亚胺类是高性能聚合物,其特征在于聚合物主链中存在酰亚胺基团。它们具有很高的耐热性,大多数 PI 也具有良好的机械强度。芳香族 PI 还具有良好的成膜能力和优异的耐溶剂性,因为聚合物链之间具有强烈的电荷转移相互作用。已经研究了酸官能化或磺化聚酰亚胺(S-PI)作为 FC 应用的 PEM。

关于 S-PI 离聚物的合成方法,经典途径包括磺化二胺和二酐单体的两阶段缩聚。但是,这种合成方法存在诸如苛刻的反应条件(超过 200 ℃);使用间甲酚(一种极难去除的溶剂)的缺点。在另一种方法中,通过在温和条件下直接酰亚胺化成功合成过亚苯基双酰亚胺单体。然后,二酰亚胺单体与侧链型磺化芳族单体的容易发生聚酰化反应获得具有不同 IEC 的一系列 S-PI。稍后详述 S-PI 膜的物理化学和电化学性质的一些实例。

经典的 S-PI 在主链上含有磺酸基团。Mercier 和合作者首先使用磺化单体将离子基团引入聚酰亚胺主链上。第一种萘 S-PI(结构 7)是用市售的化合物合成的,该化合物是 4,4′-二氨基-联苯-2,2′-二磺酸、4,4′-二氨基二苯醚和氧-二邻苯二甲酸二酐。

然而,由于酰亚胺键的低水解抗性,这些 S-PI 在 PEM FC 的寿命相对较短。对于掺入庞大的芴基的 S-PI 共聚物,观察到类似的问题:尽管它们显示 PEM 的最高质子传导率(在 120 ℃ 和 100% RH 下为 $1.67\ S\cdot cm^{-1}$),但它们容易水解且不稳定。芳族酰亚胺键易受水分子的亲核攻击,导致聚合物主链通过反向聚合降解,特别是对于主链上具有磺酸基团的 S-PI。事实上,已经证明在侧链侧具有磺酸基的 S-PI 比主链型 S-PI 具有更高的水解稳定性。此外,据报道,在主链和侧链中引入脂族基团也改善了 S-PI 的水解稳定性。

在这方面,创新的 S-PI 嵌段共聚物由基于萘二酰亚胺和磺化单元的重复单元组成,由长脂族间隔基团交替分段,导致低溶胀,尽管吸水量大,导电性高,并且具有优异的水解和氧化稳定性。

长嵌段共聚物或聚合物共混物也是生产更稳定的聚酰亚胺的良好途径。

由侧链上带有四个磺基苯氧基的局部和致密磺化二酐、非磺化二酐和普通二胺表现出良好的水解稳定性,因为将给电子苯氧基引入二酐单元降低了酰亚胺环的正电荷密度,有助于抑制它们的水解。事实上,共聚物膜在完全水合状态下在 100 ℃ 下表现出良好的质子传导率,高达 $0.29\ S\cdot cm^{-1}$,并且在 140 ℃ 加速水稳定性测试 100 h 后它们的机械性能几乎没有变化。

含有三唑基团的 S-PI 共聚物膜在湿(100% RH)/干燥(标称 0% RH)循环期间显示出高耐久性,在 80 ℃ 下高达 10 000 次循环而没有机械故障并且氢渗透性略微增加。

还研究了基于磺化聚酰亚胺-聚苯并咪唑(S-PI-co-PBIs)的共聚物与含有苯并咪唑基的二胺的 S-PI 膜相比具有更高的自由基氧化和水解稳定性:质子化咪唑环的强吸电子效应促进水分子对羰基碳原子的攻击,导致相对差的稳定性。

不同的是,由含有苯并咪唑侧基的二胺单体合成的 S-PI 显示出高水解稳定性,因为苯并咪唑基团通过给电子苯氧基间隔基(阻断剂)与聚合物主链分离,其减轻了质子化苯并咪唑基团对酰亚胺环的吸电子效应。

基于两种具有低电子亲和力的双(萘二甲酸酐)、4,4′-硫化物双(萘二甲酸酐)和二苯甲酮-4,4′-双(4-硫代-1,8-萘二甲酸酐)的 S-PI 离聚物也在 140 ℃ 下在水中老化 24 h 后保持高机械强度。

就共混膜而言,两种共混物是可能的:基于 S-PI 和非磺化聚合物的共混物和由两种磺化聚合物组成的共混物。第一种通常导致牺牲质子传导性。然而,Yuan 等最近报道,由于渗透通道的存在,S-PI/PVDF 共混物与商业 Nafion 相比具有降低的溶胀和更高的质子传导性,因为高 S-PI 含量(质量分数约 50%)。带有咪唑基团的聚(酰胺-酰亚胺)和掺有 10% 磷酸的 S-PI 共混物膜表现出机械和热性能、吸水性、IEC 和质子传导性之间的适当组合。

萘磺化聚酰亚胺

(from Alberti, G.; Casciola, M. Basic Aspects in Proton Conducting Membranes for Fuel Cells. In Comprehensive Membrane Science and Engineering, Drioli. E., Giorno, L., Eds.; Elsevier, Academic Press: Oxford, 2010; Vol. 2, p. 456, Structure 6.)

作为两种磺化非氟聚合物的共混物的实例,交联的磺化聚合物(亚芳基醚砜)(cS-PAES)和S-PI表现出良好的质子传导性,以及优异的热稳定性、良好的水稳定性和对甲醇的耐受性,这导致高于纯cS-PAES的耐受性。

另一种改善PEM材料机械性能的有希望的方法是共价交联。在这方面,通过一锅高温缩聚反应合成的侧基可交联的高度磺化的共聚酰亚胺在260 ℃下通过热处理交联,而没有显著的磺酸基损失。固化的S-PI膜表现出良好的氧化和水解稳定性,在相同条件下优于Nafion 117。

基于多面体低聚倍半硅氧烷(POSS)的有机-无机交联S-PI膜也表现出令人感兴趣的氧化和水解稳定性。例如,使用含有苯并咪唑和多面体低聚硅倍半氧烷(G-POSS)的缩水甘油醚的S-PI制备的PEM表现出优异的水解稳定性(大于1 440 h)。与线性S-PI膜相比,通过一步法合成的Octa(氨基苯基)倍半硅氧烷共价交联的S-PI显示出优异的热稳定性和化学稳定性以及较低的甲醇渗透性。另一个系统包括在主链骨架中加入双官能POSS单元的线性S-PI:它结合了优异的氧化和水解稳定性,适用的机械强度、低甲醇渗透性、良好的热稳定性和高质子传导性。

### 7.4.4 嵌段共聚物

嵌段共聚物由两个或多个共价键合在一起的化学上不同的聚合物嵌段组成。这些嵌段可以在热力学上彼此不相容,以产生具有各种形态的复杂纳米结构,这取决于一个嵌段相对于另一个嵌段的相对体积分数。

由具有高密度酸基团的低聚物(例如,磺酸基团)组成的嵌段共聚物非常适合用于FC应用的质子传导聚合物电解质的设计。

与无规共聚物的情况一样,磺化嵌段共聚物的制备可以通过在特定位置(例如,苯乙烯嵌段共聚物的苯环)磺化非磺化嵌段共聚物或由带有磺酸基团的单体进行后磺化来进行。

与典型的随机磺化离聚物相比,嵌段共聚物倾向于在烃离聚物膜中构建更好的相分离形态,因为测序的嵌段诱导离子和非离子组分的自聚集。由于通过增加嵌段长度来增强亲水链段的连接性,可以预测具有长亲水/疏水嵌段的多嵌段共聚物膜的质子传导性和吸水性以及机械性能随着嵌段长度的增加而增加。然而,在嵌段长度,质子传导和PEMFC性能之间存在平衡。考虑到PEMFC性能,最佳嵌段长度约为7 kg·mol$^{-1}$。但是，亲水域之间的良好连接性也为自由基提供了有效的传输通道，这会降低这些多嵌段共聚物膜的耐久性。为了缓解这种趋势，共价交联是一种可用的方法。

磺化聚（亚芳基醚）是有吸引力的候选物之一，因为它们具有良好的成膜能力，以及热稳定性和机械稳定性。亲水和疏水部分的化学结构对于解决显著的疏水/亲水相分离是重要的，其具有良好连接的质子传输通道，以及 PEM 的良好氧化、机械和热稳定性。

Watanable 等报道，具有高度磺化亲水嵌段的磺化多嵌段聚（亚芳基醚砜酮）（S-PESK）在宽范围的 RH 条件下显示出高质子传导性。FC 测试，电流密度为 $0.2\ A\cdot cm^{-2}$ 和 80 ℃，证明了 S-PESK 多嵌段共聚物膜的稳定性为 2 000 h，在亲水性嵌段中具有轻微的氧化降解，并且 IEC，水亲和力和质子传导性没有显著变化。

使用磺化聚（亚芳基醚氧化膦酮）嵌段共聚物和磺化聚二苯甲酮/聚（亚芳基醚）嵌段共聚物也实现了氧化稳定性和高质子传导性。在第一种情况下，具有最高 IEC 的膜的质子传导率与在高 RH 值下的 Nafion 212 的质子传导率相当，如 Fenton 试验所证明的，而掺入亲水性组分中的氧化膦部分有助于氧化稳定性。

基于第二类嵌段共聚物的膜表现出比 Nafion 更高的质子传导率和更低的 $O_2$ 和 $H_2$ 渗透性，而质子传导率对湿度的依赖性小于常规芳族磺化聚合物，并且观察到在低湿度下的 OCV 测试中 1 100 h 的耐久性以及电池电压的微小损失。

由基于磺化聚（2,6-二苯基-1,4-苯醚）和 PAES 的全芳族 ABA 三嵌段共聚物制成的 PEM 在宽范围的 RH（例如在 RH30% 时为 $0.9\times10^{-2}\ S\cdot cm^{-1}$）中表现出高质子传导性，与强烈各向异性的溶胀行为相关，具有低的面内溶胀。

最近已经证明，基于低聚（亚芳基醚砜酮）改善膜性能的有效关键因素是在加湿条件下降低的水吸收和优异的机械稳定性，是存在简单的亚磺基苯基部分（即亲水性组分中没有极性基团如醚、酮或砜基团）。值得注意的是，在 80 ℃ 和 RH20% 下，质子传导率约为 $7.3\ mS\cdot cm^{-1}$，这是迄今为止报告的最高值。

为了获得良好的氧化、热和机械稳定性以及相对高的 IEC，疏水性嵌段结构的性质也是重要的。例如，在磺化嵌段聚（亚芳基醚）的疏水嵌段中用间三联苯基取代对联苯基部分导致膜具有更高的 IEC 值和更高的质子传导率，亲水嵌段是相同的。

此外，通过使用由双酚 A（双 A）、二甲基双酚 A（DMBPA）和四甲基双酚 A（TMBPA）部分组成的一系列含腈的疏水性低聚物来调节多嵌段共聚物的疏水性，所述低聚物与二磺化的 PAES 亲水链段反应。当从 Bis A 到 DMBPA 到达 TMBPA 系统时，聚合物的疏水性增加。观察到膜的吸水量同时降低，以及甲醇渗透性比 Nafion 或其他类似的多嵌段共聚物膜降低，并且在较高甲醇浓度下改善了 FC 性能。

此外，还通过偶联部分氟化的疏水性聚（亚芳基醚酮）低聚物和二磺化的亲水性 PAES 遥爪低聚物，获得了基于聚（亚芳基醚）多嵌段共聚物的膜，具有明显的纳米相分离的形态和良好连接的亲水质子传输通道。证明薄膜退火条件也在这些系统的性质中起重要作用。具有 IEC $1.5\ meq\cdot g^{-1}$ 的嵌段共聚物，在 195 ℃ 退火，80 ℃ 和 RH39% 下达到 $10^{-2}\ S\cdot cm^{-1}$ 质子传导率，这是在类似条件下 Nafion 112 的相关研究结果的 10 倍。

在 PEM 材料中获得高导热率和良好机械强度的策略中，由于嵌段共聚物的机械性质和 IL 的固有性质的结合，与离子液体（ILs）共轭的嵌段共轭的嵌段共聚物非常有前景。例如，在高温稳定性和导电性,以及极低的蒸气压的条件下使用。由聚(苯乙烯磺酸盐-b甲基丁烯)和 IL 组成的复合 PEM 可以被认为是形态学研究的良好选择。这些 ILs 集成共聚物表现出各种相行为,作为 IL 的类型、IL 的浓度和磺化程度的函数。

### 7.4.5 聚(磷腈)

在无机-无机聚合物中,聚(磷腈)由于其良好的热稳定性和化学稳定性而被认为是用于开发质子传导膜的合适材料。聚(磷腈)通式[—P(R′R″)QN—]$_n$,它们的主链由交替的磷和氮原子组成,其中每个磷原子带有两个侧基(R′、R″)。

聚(磷腈)相对于烃类聚合物的主要优点是最终聚合物的性质可以通过从母体聚(二氯膦腈)(PDCP)开始的取代反应进行微调,因为氯原子可以被各种不同的有机基团取代。芳氧基取代的聚(磷腈)(如下所示)被认为是用于 PEM 应用的最合适的聚(磷腈),因为它们结合了阻隔性能和高的热、机械和化学稳定性。此外,通过 g-辐射交联聚合物的可能性允许改善机械和阻隔性能。

几种聚(二烷基磷腈),R′和 R″为甲基、乙基、丙基;丁基和己基被认为是由于它们在 N 原子处质子化的能力而制造固体质子传导电解质。

质子化的聚(二丙基磷腈)(PDPrP)被证明是最适合此目的的材料。通过热分析,核磁共振光谱和阻抗测量研究了与聚(苯基硫醚)复合材料中 $H_3PO_4$ 质子化的 PDPrP 的质子传导率和结构稳定性,作为温度高达 79 ℃,RH 在 0~33% 范围内的函数。在 52 ℃ 和 RH33% 下,最高电导率为 $10^{-3}$ S·cm$^{-1}$。

聚[双(3-甲基苯氧基)磷腈]

(from Alberti, G.; Casciola, M. Basic Aspects in Proton Conducting Membranes for Fuel Cells. In Comprehensive Membrane Science and Engineering, Drioli. E., Giorno, L., Eds.; Elsevier, Academic Press: Oxford, 2010; Vol. 2, p. 459, Structure 8.)

用磺化聚[(羟基)丙基,苯基]醚(S-PHPE)代替 PPS 使得该复合物即使在干燥环境中也具有高导电性(在 127 ℃ 为 $7.1 \times 10^{-3}$ S·cm$^{-1}$),因为存在 S-PHPE 的强酸性磺酸基团。

还将包括—$SO_3H$、—$PO_3H_2$ 和磺酰亚胺的酸性基团引入聚合物基质中。两种主要方法可用于制备磺化聚(磷腈)。在第一种方法中,已经磺化的芳基氧化物、醇盐或芳基胺取代 PDCP 中的氯原子。例如,PCDP 可以与亲核试剂 – 羟基苯磺酸一步反应,利用疏水性氨基离子的"非共价"保护磺酸官能团,在反应完成后可以容易地除去。此外,磺化烷基链可以锚定在聚(氨基磷腈)上或固定在苯环中具有合适反应性官能团的聚(芳氧基磷腈)上。

根据第二种方法,磺化可以在预形成的聚(磷腈)的未取代的芳氧基侧基上进行。使用氯磺酸、浓硫酸和发烟硫酸和 $SO_3$ 作为磺化剂。用氯磺酸和发烟硫酸磺化引起一些链断裂,这取决于温度和反应时间,而在 $SO_3$ 和骨架氮原子之间初始形成络合物之后,发生具有 $SO_3$ 的侧基磺化。

非交联磺化聚合物(双(3 – 甲基苯氧基)磷腈)在 25 ℃下的电导率在 IEC 范围为 $0.8 \sim 1.6$ meq·$g^{-1}$ 时随着水的吸收从 $10^{-8} \sim 10^{-7}$ 增加到约 0.1 S·$cm^{-1}$,膜膨胀体积分数在 0~50% 范围内。

此外,IEC 为 1.4 meq·$g^{-1}$ 的交联磺化聚合物(双(3 – 甲基苯氧基)磷腈)具有高电导率(在 65 ℃下 0.08 S·$cm^{-1}$)和低甲醇扩散系数(在 45 ℃下 $8.5 \times 10^8$ $cm^2$·$s^{-1}$)。磺化聚[双(苯氧基)磷腈](S – BPP)用于与交联的六(乙烯氧基乙氧基乙氧基)环三磷腈(CVEEP)形成互穿网络。由此获得的膜表现出良好的机械性能和热稳定性,具有 $1.62 \sim 1.79$ meq·$g^{-1}$ 的高 IEC。含有质量分数为 50% CVEEP 的膜的电导率在液态水中 25 ℃时为 0.013 S·$cm^{-1}$,在 75 ℃和 RH12% 下为 $5.7 \times 10^{-3}$ S·$cm^{-1}$。

最近,开发了基于聚磷腈的共聚物以获得用于直接甲醇 FC 的有效质子交换膜:通过原子转移自由基聚合然后磺化将嵌段聚苯乙烯接枝到聚磷腈上,其优先在聚苯乙烯位点处发生。通过 TEM 对膜的形态学研究显示由疏水性聚磷腈主链和亲水性聚苯乙烯磺酸链段之间的极性差异导致的纳米相分离结构。与 Nafion 117 相比,最好的膜表现出更高的电导率(在 80 ℃,完全水合条件下高达 0.28 S·$cm^{-1}$)以及显著降低的甲醇渗透性。

还合成了非氟化磺化聚磷腈并表征其用作电极黏合剂。当使用 DMA 作为阴极催化剂油墨的溶剂时,在 80 ℃和 RH95% 下,$H_2$/空气气氛 FC 中使用这种黏合剂的 FC 功率输出与 Nafion 相同。

磷酸盐基团最初通过磷—氧—碳键连接到聚磷腈上。然而,这些聚合物易于水解和热分解,因此不适用于 FC 应用。然后通过碳酸—磷键连接膦酸酯基团,开发出更稳定的聚合物。膦酸官能化的聚(芳氧基磷腈)显示出比 Nafion 显著更低的甲醇渗透性。

例如,用 4 – 甲基苯氧基或 3 – 甲基苯氧基侧基共取代的苯基膦酸官能化的聚(磷腈),IEC 在 $1.17 \sim 1.43$ meq·$g^{-1}$、室温、完全水合状态下具有 $0.01 \sim 0.1$ S·$cm^{-1}$ 的离子电导率。在 80 ℃下,与 3 mol/L 水溶液接触的 3 – 甲基苯氧基取代的聚(磷腈)的甲醇穿透率比 Nafion 低约 12 倍,比磺化聚磷腈类似物低 8 倍。

通常,当考虑电导率与磁导率之比时,发现磺化聚(磷腈)在低于 85 ℃的温度下优于 Nafion 117,而磷酸化的聚(磷腈)在范围从 22~120 ℃ 的宽温度下优于 Nafion 117。

含有 17% 芳基磺酰亚胺侧基和 83% 对甲基苯氧基侧基的交联聚(磷腈)在室温、完全水合状态下使用基于这种聚(磷腈)的 $H_2/O_2$ FC,80 ℃下在 1.29 A·$cm^{-2}$ 下实现最大功率密度 0.47 W·$cm^{-1}$。这是在 FC 工作条件下的少数聚(磷腈)膜的例子之一,尽管聚

(磷腈)离聚物似乎适合于基于由非原位物理化学表征产生的性质的 FC 应用。

最新论文研究也集中在开发填充有层状双氢氧化物(LDH)、二氧化硅和磷钨酸的复合聚磷腈膜上。特别地,使用 $Br^-$ 形式的季铵化[双(4-甲基-苯酚)磷腈]和 MgAl LDH 来制造复合膜,目的是改善离聚物的阴离子电导率。在某些情况下,在溶剂蒸发过程中,将外部 AC 电场施加到 LDH-聚磷腈浇铸溶液中,以使 LDH 血小板在膜跨平面方向上取向。

LDH 的存在对 OH 形式的膜的离子电导率具有有益的影响,在 30 ℃时,对于具有随机取向的 LDH 的复合膜,在纯离聚物上从 2.74 $mS \cdot cm^{-1}$ 升至 11.2 $mS \cdot cm^{-1}$。对于具有取向填料的膜,升至 16.0 $mS \cdot cm^{-1}$。复合膜在断裂拉伸强度方面也表现出机械性能的明显改善。

### 7.4.6 聚(苯并咪唑)

聚(苯并咪唑)是一类基本聚合物,其重复单元含有一个或两个苯并咪唑单元。最常见的 PBI 是聚[2,2′-(间-亚苯基)-5,5′-二苯并咪唑]和聚(2,5-苯并咪唑),如下所示。

聚-[2,2′-(间-亚苯基)-5,5′-联苯并咪唑]

(from Alberti, G.; Casciola, M. Basic Aspects in Proton Conducting Membranes for Fuel Cells. In Comprehensive Membrane Science and Engineering, Drioli. E., Giorno, L., Eds.; Elsevier, Academic Press: Oxford, 2010; Vol. 2, p. 458, Structure 7.)

聚(2,5-苯并咪唑)

PBI 具有高的热稳定性和良好的机械性能,但是用于 FC 的导电性差为 $10^{-4} S \cdot cm^{-1}$(在 40 ℃和 RH100%)的质子导体较差。尝试通过取代咪唑氢的芳基或烷基取代基来改善 PBI 电导率。该方法允许通过适当选择取代基来调节聚合物的性质。苄基磺酸盐 PBI 在 3% $H_2O_2/F(Ⅱ)$ 的溶液中非常稳定,并且在约 360 ℃开始分解,因此显示出比其中磺酸基团直接键合到聚合物链上的聚亚芳基聚合物更好的热稳定性。随着 DS 增加至约 75%,水吸收增加至 33%,对应于 $\lambda$ 值 ≈ 7,并且此时电导率在 25 ℃水中达到最大值 0.02 $S \cdot cm^{-1}$。用于将苄基磺酸盐基团接枝到 PBI 骨架上的相同合成路线允许制备磷酸化 PBI,但所得聚合物证明不溶于有机溶剂并且不能作为膜重铸。

在咪唑环上存在碱性位点使得 PBI 能够与具有酸性基团的聚合物形成共混物,例如磺化 PEEK 和 PSU、磺化聚(磷腈)、磺化聚(亚芳基硫醚)磺化聚(芳基－乙炔醚砜)和 Nafion。

与原始 PBI 相比,与强酸(例如硫酸和磷酸)的 PBI 络合物表现出强烈增强的质子传导性。然而,这不是 PBI 与 HPA 的络合物的情况,除非 HPA 被高表面积的无机填料如二氧化硅负载,这应该是质子传导的主要途径。相反,对于掺入质量分数为 50% 三羧基丁基磷酸锆的 PBI,获得相对高的电导率(在 200 ℃ 和 RH100% 下 $\approx 4 \times 10^{-3}$ S·cm$^{-1}$)。

由于其在高达 200 ℃ 的干燥环境中的高质子传导性、低甲醇渗透性和低电渗阻力方面的突出性能,PBI/$H_3PO_4$ 系统自 1994 年以来被广泛研究。

PBI/$H_3PO_4$ 配合物可以通过用磷酸处理预制的 PBI 膜,通过从 PBI 和磷酸在三氟乙酸中的溶液中浇铸,或通过从多磷酸(PPA)中的高分子量 PBI 溶液中浇铸来获得。

根据后一种方法,通过使用 PPA 作为聚合剂,由 3,3',4,4'－四氨基联苯和异－邻苯二甲酸合成 PBI。通过直接浇铸聚合溶液制备膜,并将由此获得的膜暴露于受控 RH,以便将 PPA 水解成磷酸。该处理诱导溶胶－凝胶转变,允许一步获得磷酸掺杂的膜。

与原始 PBI 相比,酸掺杂的聚合物具有高得多的氧和氢渗透性,分别约为 1 000 和 100。

研究分子量对 PBI 的理化性质的影响表明,特别是对于低分子量的聚合物在高酸掺杂水平下,膜机械强度降低。

然而,分子量的变化不会显著影响质子传导性。随着酸掺杂水平($x$)的增加,PBI/$x$H$_3$PO$_4$ 配合物在 200 ℃ 和 RH5% 下的电导率从 $x=2$ 时的 0.04 S·cm$^{-1}$ 到 $x=6.6$ 时的 0.1 S·cm$^{-1}$,这在 FC 应用上足够高。

已经提出质子转运通过磷酸和苯并咪唑基团之间的质子交换发生在 $x=2$,并且主要在磷酸分子之间发生更高的 $x$ 值。由于磷酸是自电离质子导体,磷酸掺杂的 PBI 的电导率受 RH 变化的影响远小于 Nafion。

影响 PBI/$H_3PO_4$ 膜的一个问题是在高酸掺杂水平下磷酸的浸出,尽管表明对于在 150 ℃ 下操作的 PBI/$H_3PO_4$ 膜,磷酸损失足够低以允许高达 16 000 h 的电池寿命(定义为电池电压在 0.2 A·cm$^{-1}$ 下损失 10%)。然而,在 190 ℃,膜寿命衰减至 1 220 h。为了提高酸保留能力,建议通过调节氮原子的数量及其沿聚合物主链的间隔来增加聚合物的基本特性。改善 PBI/$H_3PO_4$ 膜的酸保留以及机械性能和尺寸稳定性的不同方法在于离子或共价交联。通过将 PBI 与磺化或磷酸化的离聚物在 H$^+$ 型中共混或通过 PBI 的磺化来实现离子交联。

通过使用低分子量交联剂(例如,双酚 A 二环氧化物、二溴甲基二甲苯、二乙烯砜)或卤代甲基化的亚芳基聚合物,其中卤代甲基(—CH$_2$—X、X ═ 卤素)与咪唑的 ═ N—H 基团反应,导致形成 ═ N—CH$_2$—交联。

通过用聚乙烯磷酸(PVA)代替 H$_3$PO$_4$ 可以避免电解质浸出,所述聚乙烯膦酸通过接枝固定在 PBI 基质中。PBI 充当主体材料,而连续 PVA 网络充当质子电解质。此外,PBI/PVA 共混物允许在 1.0~1.5 V 之间循环期间显示出比常规 PBI/$H_3PO_4$ 基电池更耐久的 FC 的开发。

还研究了纯净或改性的无机填料对酸掺杂的 PBI 的电导率的影响。在 150 ℃ 下操作的 FC 中测试含有硫酸氧钛($TiOSO_4$)的复合膜。与基于标准 PBI 膜的电池相比,该电池显示出较低的性能,但由于钛基复合电解质具有更好的酸保留能力,因此具有改善的长期稳定性。

使用 HPAs,如磷钨酸(PWA)、磷钼酸(PMoA)和硅钨酸(SiWA),作为 $PBI/H_3PO_4$ 膜的填料,由于其强酸性特征,通常会导致质子传导性增强。对于负载 PWA、SiWA、PMoA 和 SiMoA 的铯酸盐的复合膜,还观察到电导率随着填料百分比的增加和 FC 性能的提高而增加。

据报道,载有磷酸盐填料如 $Zr(HPO_4)_2$ 和 $BPO_4$ 的复合膜的质子传导率增加。

基于磺化或氨基改性的二氧化硅的复合材料比纯酸掺杂的 PBI 膜显示出增强的热稳定性、质子传导性和机械性能,而装载有咪唑官能化二氧化硅的复合材料具有更好的磷酸保留性能,如用水洗涤后显示出更高的电导率。

还报道了含有具有改性两性离子表面的二氧化硅纳米粒子的 PBI 膜的制备。这些复合膜与原始 PBI 相比,具有更高的酸掺杂水平,因此具有更高的弹性模量和断裂应力,以及更高的导电性。

由 PBI 和锂皂石制成的膜,用一系列铵和吡啶鎓盐有机改性,通过从 NMP 分散体浇铸然后掺杂磷酸制备。这些膜结合了高酸掺杂水平,具有足够的机械强度和低氢渗透性。对于每单体单元 12 mol $H_3PO_4$ 的掺杂水平,在 150 ℃ 下测量的质子传导率为 0.12 $S·cm^{-1}$。

## 7.5 结 论

过去二十年中,在 PEMFC 领域进行的研究工作使大量质子传导膜不断发展,其中包括在 Nafion 方面表现出的改善物理化学性质、增强电导率、减少燃料交叉及提高机械强度、工作温度等。然而,在大多数情况下,在 FC 工作条件下缺乏关于膜耐久性的信息,而在其他情况下,尽管性能得到改善,但新膜的合成似乎太昂贵或不适合工业规模化。因此,仍然难以确定膜类型,这表示 PEM 应该具有用于 FC 中的期望要求和实际之间的令人满意的折中。

仍在等待解决的主要问题是:①表现最佳的膜的高成本;②在中等温度(即,高于 90 ℃)下离子膜的长期操作,其允许 FC 进料含氢的 CO 痕量;③结合高酸掺杂水平(和高导电性)和良好尺寸稳定性的 $PBI/H_3PO_4$ 膜的开发。

除了开发全新的 PEM 外,还应努力改善现有膜的特性。关于适合于中温的 PEM,应该考虑到,作为一般趋势,随着温度升高,离聚物基质趋于机械弱化。因此,膜在中温下的长期操作需要增强的机械强度。这将允许制造更薄的膜,从而在一定程度上降低膜的成本。另外增强的机械强度也是开发具有高酸掺杂水平的尺寸稳定的 PBI 膜的必要条件。亲水/疏水纳米填料证明能够为 PEM 提供有效的机械增强,并且取决于它们的形态,以减少 FC 反应物的交叉。然而,除了它们的化学/热稳定性之外,纳米复合膜的长期结构不稳定性(即填料颗粒的生长和(或)聚集)是一个关键方面(到目前为止几乎没有研究过），这可能妨碍这种膜的实际应用。

最近在实现 PEM 的有效机械稳定化的方法中，由于静电纺丝技术的高度通用性，电纺纤维的使用似乎是使增强剂的化学组成和形态适应给定聚合物基质的特性的有效途径。特别是对于 SAP 而言，获得机械上更强的膜的吸引人的方法可以依赖于通过砜桥在链之间实现网状化的可能性，直接通过使用已经存在于 SAP 中的磺酸基团对流延膜进行热处理。

最后，开发具有相对于现有技术的改进特性的新型 PEM 似乎是一项艰巨的任务，因为在该领域中进行的深入研究工作已经使研究人员探索了各种不同领域。因此，根据 Kreuer 的说法，重要进展还必须依赖于控制电荷载体形成及其迁移率的特定相互作用的基础知识的扩大，以及离子迁移和聚合物纳米形态之间的相互作用。

# 参 考 文 献

[1] Bockris, J. O.; Reddy, A. K. N. Modern Electrochemistry; Plenum Press: New York, 1977; pp. 1361 – 1365.

[2] Subianto, S.; Pica, M.; Casciola, M.; Cojocaru, P.; Merlo, L.; Hards, G.; Jones, D. J. Physical and Chemical Modification Routes Leading to Improved Mechanical Properties of Perfluorosulfonic Acid Membranes for PEM Fuel Cells. J. Power Sources 2013, 233, 216 – 230.

[3] Colomban, P. H., Ed.; In Proton Conductors: Solids, Membranes and Gels—Materials and Devices Cambridge University Press: Cambridge, 1992.

[4] Gregor, H. P. Gibbs – Donnan Equilibria in Ion Exchange Resin Systems. J. Am. Chem. Soc. 1951, 73, 642 – 650.

[5] Boyd, G. E.; Soldano, B. A. Osmotic Free Energies of Ion Exchangers. Z. Elektrochem. 1953, 57, 162 – 172.

[6] Alberti, G.; Narducci, R.; Sganappa, M. Effects of Hydrothermal/Thermal Treatments on the Water – Uptake of Nafion Membranes and Relations with Changes of Conformation, Counter – Elastic Force and Tensile Modulus of the Matrix. J. Power Sources 2008, 178, 575 – 583.

[7] Hinds, G. Performance and Durability of PEM Fuel Cells: A Review; NPL Report DEPC – MPE 002; Materials Performance 2004, September.

[8] Wu, J.; Yuan, X. Z.; Martin, J. J.; Wang, H.; Zhang, J.; Shen, J.; Wu, S.; Merida, W. A Review of PEM Fuel Cell Durability: Degradation Mechanisms and Mitigation Strategies. J. Power Sources 2008, 184, 104 – 119.

[9] Anghel, V. Prediction Failure for PEM Fuel Cells. Int. J. Adv. Eng. Technol. 2015, 4, 1 – 14.

[10] Schmittinger, W.; Vahidi, A. A Review of the Main Parameters Influencing Long –

Term Performance and Durability of PEM Fuel Cells. J. Power Sources 2008, 180, 1 – 14.

[11] Liu, W.; Zuckerbrod, D. In Situ Detection of Hydrogen Peroxide in PEM Fuel Cells. J. Electrochem. Soc. 2005, 152, A1165 – A1170.

[12] Zamel, N.; Li, X. Effect of Contaminants on Polymer Electrolyte Membrane Fuel Cells. Prog. Energy Combust. Sci. 2011, 37, 292 – 329.

[13] Collier, A.; Wang, H.; Zi Yuan, X.; Zhang, J.; Wilkinson, D. P. Degradation of Polymer Electrolyte Membranes. Int. J. Hydrogen Energy 2006, 31, 1838 – 1854.

[14] Emery, M.; Frey, M.; Guerra, M.; Haugen, G.; Hintzer, K.; Lochhaas, K. H.; Pham, P.; Pierpont, D.; Schaberg, M.; Thaler, A.; Yandrasits, M. A.; Hamrock, S. J. The Development of New Membranes for Proton Exchange Membrane Fuel Cells. ECS Trans. 2007, 11, 3 – 14.

[15] Grot, W., Fluorinated Ionomers, 2nd ed; William Andrew: Oxford, 2001.

[16] Kreuer, K. D. On the Development of Proton Conducting Polymer Membranes for Hydrogen and Methanol Fuel Cells. J. Membr. Sci. 2001, 185, 29 – 39.

[17] Gierke, T. D.; Munn, G. E.; Wilson, F. C. The Morphology in Nafion Perfluorinated Membrane Products, as Determined by Wide – and Small – Angle X – ray Studies. J. Polym. Sci. B Polym. Phys. 1981, 19, 1687 – 1704.

[18] Rubatat, L.; Rollet, A. L.; Gebel, G.; Diat, O. Evidence of Elongated Polymeric Aggregates in Nafion. Macromolecules 2002, 35, 4050 – 4055.

[19] Schmidt – Rohr, K.; Chen, Q. Parallel Cylindrical Water Nanochannels in Nafion fuel – cell Membranes. Nat. Mater. 2008, 7, 75 – 83.

[20] Kreuer, K. – D.; Portale, G. A Critical Revision of the Nano – Morphology of Proton Conducting Ionomers and Polyelectrolytes for Fuel Cell Applications. Adv. Funct. Mater. 2013, 23, 5390 – 5397.

[21] Fujimura, M.; Hashimoto, T.; Kawai, H. Small – Angle X – ray Scattering Study of Perfluorinated Ionomer Membranes. 1: Origin of Two Scattering Maxima. Macromolecules 1981, 14, 1309 – 1315.

[22] Haubold, H. G.; Vad, T.; Jungbluth, H.; Hiller, P. Nanostructure of Nafion: A SAXS Study. Electrochim. Acta 2001, 46, 1559 – 1563.

[23] Termonia, Y. Nanoscale Modeling of the Structure of Perfluorosulfonated Ionomer Membranes at Varying Degrees of Swelling. Polymer 2007, 48, 1435 – 1440.

[24] Alberti, G.; Narducci, R.; Di Vona, M. L.; Giancola, S. More on Nafion Conductivity Decay at Temperatures Higher than 80 degrees C: Preparation and First Characterization of In – Plane Oriented Layered Morphologies. Ind. Eng. Chem. Res. 2013, 52, 10418 – 10424.

[25] Melchior, J. – P.; Braeuniger, T.; Wohlfarth, A.; Portale, G.; Kreuer, K. D. About the Interactions Controlling Nafion's Viscoelastic Properties and Morphology.

Macromolecules 2015, 48, 8534 – 8545.

[26] Hinatsu, J. T.; Mizuhata, M.; Takenaka, H. Water – Uptake of Perfluorosulfonic Acid Membranes from Liquid Water and Water – Vapor. J. Electrochem. Soc. 1994, 141, 1493 – 1498.

[27] Zawodzinski, T. A.; Derouin, C.; Radzinski, S.; Sherman, R. J.; Smith, V. T.; Springer, T. E.; Gottesfeld, S. Water – Uptake by and Transport Through Nafion 117 Membranes. J. Electrochem. Soc. 1993, 140, 1041 – 1047.

[28] Choi, P.; Jalani, N. H.; Datta, R. Thermodynamics and Proton Transport in Nafion—I. Membrane Swelling, Sorption, and Ion – Exchange Equilibrium. J. Electrochem. Soc. 2005, 152, E84 – E89.

[29] Kusoglu, A.; Kienitz, B. L.; Weber, A. Z. Understanding the Effects of Compression and Constraints on Water Uptake of Fuel – Cell Membranes. J. Electrochem. Soc. 2011, 158, B1504 – B1514.

[30] Kreuer, K. D. The Role of Internal Pressure for the Hydration and Transport Properties of Ionomers and Polyelectrolytes. Solid State Ion. 2013, 252, 93 – 101.

[31] Knauth, P.; Sgreccia, E.; Di Vona, M. L. Chemomechanics of Acidic Ionomers: Hydration Isotherms and Physical Model. J. Power Sources 2014, 267, 692 – 699.

[32] Alberti, G.; Narducci, R. Evolution of Permanent Deformations (or Memory) in Nafion 117 Membranes with Changes in Temperature, Relative Humidity and Time, and Its Importance in the Development of Medium Temperature PEMFCs. Fuel Cells 2009, 9, 410 – 420.

[33] Alberti, G.; Narducci, R.; Di Vona, M. L.; Giancola, S. Annealing of Nafion 1100 in the Presence of an Annealing Agent: A Powerful Method for Increasing Ionomer Working Temperature in PEMFCs. Fuel Cells 2013, 13, 42 – 47.

[34] Kreuer, K. D. Ion Conducting Membranes for Fuel Cells and Other Electrochemical Devices. Chem. Mater. 2014, 26, 361 – 380.

[35] Kreuer, K. D. On the Development of Proton Conducting Materials for Technological Applications. Solid State Ion. 1997, 97, 1 – 15.

[36] Maldonado, L.; Perrin, J.; Dillet, J.; Lottin, O. Characterization of Polymer Electrolyte Nafion Membranes: Influence of Temperature, Heat Treatment and Drying Protocol on Sorption and Transport Properties. J. Membr. Sci. 2012, 389, 43 – 56.

[37] Sone, Y.; Ekdunge, P.; Simonsson, D. Proton Conductivity of Nafion 117 as Measured by a Four – Electrode AC Impedance Method. J. Electrochem. Soc. 1996, 143, 1254 – 1259.

[38] Casciola, M.; Donnadio, A.; Sassi, P. A Critical Investigation of the Effect of Hygrothermal Cycling on Hydration and In – Plane/Through – Plane Proton Conductivity of Nafion 117 at Medium Temperature (70 – 130℃). J. Power Sources 2013, 235, 129 – 134.

[39] Alberti, G.; Casciola, M.; Massinelli, L.; Bauer, B. Polymeric Proton Conducting Membranes for Medium Temperature Fuel Cells (110 – 160℃). J. Membr. Sci. 2001, 185, 73 – 81.

[40] Casciola, M.; Alberti, G.; Sganappa, M.; Narducci, R. On the Decay of Nafion Proton Conductivity at High Temperature and Relative Humidity. J. Power Sources 2006, 162, 141 – 145.

[41] Kusoglu, A.; Hexemer, A.; Jiang, R.; Gittleman, C. S.; Weber, A. Z. Effect of Compression on PFSA – Ionomer Morphology and Predicted Conductivity Changes. J. Membr. Sci. 2012, 421, 283 – 291.

[42] DeBonis, D.; Mayer, M.; Omosebi, A.; Besser, R. S. Analysis of Mechanism of Nafion Conductivity Change due to Hot Pressing Treatment. Renew. Energy 2016, 89, 200 – 206.

[43] Hassan, M. K.; Abu*km*ail, A.; Mauritz, K. A. Broadband Dielectric Spectroscopic Studies of Molecular Motions in a Nafion Membrane vs. Annealing Time and Temperature. Eur. Polym. J. 2012, 48, 789 – 802.

[44] Park, H. B.; Shin, H. S.; Lee, Y. M.; Rhim, J. W. Annealing Effect of Sulfonated Polysulfone Ionomer Membranes on Proton Conductivity and Methanol Transport. J. Membr. Sci. 2005, 247, 103 – 110.

[45] Zhang, Y.; Li, L.; Tang, J.; Bauer, B.; Zhang, W.; Gao, H. R.; Taillades – Jacquin, M.; Jones, D. J.; Rozière, J.; Lebedeva, N.; Mallant, R. Development of Covalently Cross – Linked and Composite Perfluorosulfonic Acid Membranes. ECS Trans. 2009, 25, 1469 – 1472.

[46] Uematsu, N.; Hoshi, N.; Koga, T.; Ikeda, M. Synthesis of Novel Perfluorosulfonamide Monomers and Their Application. J. Fluorine Chem. 2006, 127, 1087 – 1095.

[47] Rodgers, M. P.; Mohajeri, N.; Bonville, L. J.; Slattery, D. K. Accelerated Testing of Polymer Electrolyte Membranes in Fuel Cells Containing Pt/C and PtCo/C Catalysts. J. Electrochem. Soc. 2012, 159, B564 – B569.

[48] Ramaswamy, N.; Hakim, N.; Mukerjee, S. Degradation Mechanism Study of Perfluorinated Proton Exchange Membrane Under Fuel Cell Operating Conditions. Electrochim. Acta 2008, 53, 3279 – 3295.

[49] Baker, A. M.; Mukundan, R.; Spernjak, D.; Advani, S. G.; Prasad, A. K.; Borup, R. L. Cerium Migration in Polymer Electrolyte Membranes. ECS Trans. 2016, 75, 707 – 714.

[50] Endoh, E.; Onoda, N.; Kaneko, Y.; Hasegawa, Y.; Uchiike, S.; Takagi, Y.; Tetsuo, T. Membrane Degradation Mitigation of PEFC During Cold – Start Application of the Radical Quencher Ce 3t. ECS Trans. 2013, 2, F73 – F75.

[51] Coms, F. D.; Liu, H.; Owejan, J. E. Mitigation of Perfluorosulfonic Acid Membrane Chemical Degradation Using Cerium and Manganese Ions. ECS Trans. 2008,

16, 1735 – 1747.

[52] Trogadas, P.; Parrondo, J.; Mijangos, F.; Ramani, V. Degradation Mitigation in PEM Fuel Cells Using Metal Nanoparticle Additives. J. Mater. Chem. 2011, 21, 19381 – 19389.

[53] Trogadas, P.; Parrondo, J.; Ramani, V. Degradation Mitigation in Polymer Electrolyte Membranes Using Cerium Oxide as a Regenerative Free – Radical Scavenger. Electrochem. Solid St. 2008, 11, B113 – B120.

[54] Wang, Z.; Tang, H.; Zhang, H.; Lei, M.; Chen, R.; Xiao, P.; Pan, M. Synthesis of Nafion/$CeO_2$ Hybrid for Chemically Durable Proton Exchange Membrane of Fuel Cell. J. Membr. Sci. 2012, 421 – 422, 201 – 210.

[55] Pearman, B. P.; Mohajeri, N.; Brooker, R. P.; Rodgers, M. P.; Slattery, D. K.; Hampton, M. D.; Cullen, D. A.; Seal, S. The Degradation Mitigation Effect of Cerium Oxide in Polymer Electrolyte Membranes in Extended Fuel Cell Durability Tests. J. Power Sources 2013, 225, 75 – 83.

[56] Lei, M.; Yang, T. Z.; Wang, W. J.; Huang, K.; Zhang, Y. C.; Zhang, R.; Jiao, R. Z.; Fu, X. L.; Yang, H. J.; Wang, Y. G.; Tang, W. H. One – Dimensional Manganese Oxide Nanostructures as Radical Scavenger to Improve Membrane Electrolyte Assembly Durability of Proton Exchange Membrane Fuel Cells. J. Power Sources 2013, 230, 96 – 100.

[57] Zhu, Y.; Pei, S.; Tang, J.; Li, H.; Wang, L.; Yuan, W. Z.; Zhang, Y. Enhanced Chemical Durability of Perfluorosulfonic Acid Membranes through Incorporation of Terephthalic Acid as Radical Scavenger. J. Membr. Sci. 2013, 432, 66 – 72.

[58] Endoh, E. Highly Durable PFSA Membranes. In Handbook of Fuel Cells John Wiley & Sons, 2010.

[59] Pearman, B. P.; Mohajeri, N.; Slattery, D. K.; Hampton, M. D.; Seal, S.; Cullen, D. A. The Chemical Behavior and Degradation Mitigation Effect of Cerium Oxide Nanoparticles in Perfluorosulfonic Acid Polymer Electrolyte Membranes. Polym. Degrad. Stab. 2013, 98, 1766 – 1772.

[60] Ketpang, K.; Oh, K.; Lim, S. – C.; Shanmugam, S. Nafion – Porous Cerium Oxide Nanotubes Composite Membrane for Polymer Electrolyte Fuel Cells Operated Under Dry Conditions. J. Power Sources 2016, 329, 441 – 449.

[61] Banham, D.; Ye, S. Y.; Cheng, T.; Knights, S.; Stewart, S. M.; Wilson, M.; Garzon, F. Effect of CeO x Crystallite Size on the Chemical Stability of CeO x Nanoparticles. J. Electrochem. Soc. 2014, 161, F1075 – F1080.

[62] Banham, D.; Ye, S.; Knights, S.; Stewart, S. M.; Wilson, M.; Garzon, F. UV – Visible Spectroscopy Method for Screening the Chemical Stability of Potential Antioxidants for Proton Exchange Membrane Fuel Cells. J. Power Sources 2015, 281, 238 – 242.

[63] Zakil, F. A.; Kamarudin, S. K.; Basri, S. Modified Nafion Membranes for Direct

[64] Yarrow, K. M.; De Almeida, N. E.; Easton, E. B. The Impact of Pre-swelling on the Conductivity and Stability of Nafion/Sulfonated Silica Composite Membranes. J. Therm. Anal. Calorim. 2015, 119, 807-814.

Alcohol Fuel Cells: An Overview. Renew. Sustain. Energy Rev. 2016, 65, 841-852.

[65] Cozzi, D.; De Bonis, C.; D'Epifanio, A.; Mecheri, B.; Tavares, A. C.; Licoccia, S. Organically Functionalized Titanium Oxide/Nafion Composite Proton Exchange Membranes for Fuel Cells Applications. J. Power Sources 2014, 248, 1127-1132.

[66] Navarra, M. A.; Abbati, C.; Scrosati, B. Properties and Fuel Cell Performance of a Nafion-Based, Sulfated Zirconia-Added, Composite Membrane. J. Power Sources 2008, 183, 109-113.

[67] Prapainainar, C.; Kanjanapaisit, S.; Kongkachuichay, P.; Holmes, S. M.; Prapainainar, P. Surface Modification of Mordenite in Nafion Composite Membrane for Direct Ethanol Fuel Cell and Its Characterizations: Effect of Types of Silane Coupling Agent. J. Environ. Chem. Eng. 2016, 4, 2637-2646.

[68] Casciola, M.; Capitani, D.; Comite, A.; Donnadio, A.; Frittella, V.; Pica, M.; Sganappa, M.; Varzi, A. Nafion-Zirconium Phosphate Nanocomposite Membranes with High Filler Loadings: Conductivity and Mechanical Properties. Fuel Cells 2008, 8, 217-224.

[69] Grot, W.; Rajendran, G. Membranes Containing Inorganic Fillers and Membrane and Electrode Assemblies and Electrochemical Cells Employing Same. World Patent WO9629752, September 29, 1996.

[70] Yang, C.; Srinivasan, S.; Bocarsly, A. B.; Tulyani, S.; Benziger, J. B. A Comparison of Physical Properties and Fuel Cell Performance of Nafion and Zirconium Phosphate/Nafion Composite Membrane. J. Membr. Sci. 2004, 237, 145-161.

[71] Bauer, F.; Willert-Porada, M. Microstructural Characterization of Zr-Phosphate-Nafion Membranes for Direct Methanol Fuel Cell (DMFC) Applications. J. Membr. Sci. 2004, 233, 141-149.

[72] Bauer, F.; Willert-Porada, M. Zirconium Phosphate Nafion Composites—A Microstructure-Based Explanation of Mechanical and Conductivity Properties. Solid State Ion. 2006, 177, 2391-2396.

[73] Bauer, F.; Muller, A.; Wojtkowiak, A.; Willert-Porada, M. In Situ and Ex Situ Characterization of PFSA-Inorganic Inclusion Composites for Medium Temperature PEM Fuel Cells. Adv. Sci. Technol. 2006, 45, 787-792.

[74] Alberti, G.; Casciola, M.; Capitani, D.; Donnadio, A.; Narducci, R.; Pica, M.; Sganappa, M. Novel Nafion-Zirconium Phosphate Nanocomposite Membranes with Enhanced Stability of Proton Conductivity at Medium Temperature and High Relative Humidity. Electrochim. Acta 2007, 52, 8125-8132.

[75] Alberti, G.; Casciola, M.; Donnadio, A.; Narducci, R.; Pica, M.; Sganappa, M. Preparation and Properties of Nafion Membranes Containing Nanoparticles of Zirconium Phosphate. Desalination 2006, 199, 280 – 282.

[76] Chabé, J.; Bardet, M.; Gébel, G. NMR and X – ray Diffraction Study of the Phases of Zirconium Phosphate Incorporated in a Composite Membrane Nafion – ZrP. Solid State Ion. 2012, 229, 20 – 25.

[77] Casciola, M.; Capitani, D.; Donnadio, A.; Frittella, V.; Pica, M.; Sganappa, M. Preparation, Proton Conductivity and Mechanical Properties of Nafion 117 – Zirconium Phosphate Sulphophenylphosphonate Composite Membranes. Fuel Cells 2009, 9, 381 – 386.

[78] Savadogo, O. Surface Chemistry and Electrocatalytic Activity of the HER on Nickel Modified with Heteropolyacids. J. Electrochem. Soc. 1992, 139, 1082 – 1087.

[79] Savadogo, O. The Hydrogen Evolution Reaction in Alkaline Medium on Nickel Modified with $WO_4^{2-}$ or $MoO_4^{2-}$. Electrochim. Acta 1992, 37, 1457 – 1459.

[80] Nakamura, O.; Ogino, I.; Kodama, T. Temperature and Humidity Ranges of Some Hydrates of High – Proton – Conductive Dodecamolybdophosphoric Acid and Dodecatungstophosphoric Acid Crystals Under an Atmosphere of Hydrogen or Either Oxygen or Air. Solid State Ion. 1981, 3 (4), 347 – 351.

[81] Malhotra, S.; Datta, R. Membrane – Supported Nonvolatile Acidic Electrolytes Allow Higher Temperature Operation of Proton – Exchange Membrane Fuel Cells. J. Electrochem. Soc. 1997, 144, L23 – L26.

[82] Tazi, B.; Savadogo, O. Parameters of PEM Fuel – Cells Based on New Membranes Fabricated from Nafion®, Silicotungstic Acid and Thiophene. Electrochim. Acta 2000, 45, 4329 – 4339.

[83] Tazi, B.; Savadogo, O. Effect of Various Heteropolyacids (HPAs) on the Characteristics of Nafion®—HPAS Membranes and Their $H_2/O_2$ Polymer Electrolyte Fuel Cell Parameters. J. New Mater. Electrochem. Syst. 2001, 4, 187 – 196.

[84] Ramani, V.; Kunz, H. R.; Fenton, J. M. Stabilized Heteropolyacid/Nafion Composite Membranes for Elevated Temperature/Low Relative Humidity PEFC Operation. Electrochim. Acta 2005, 50, 1181 – 1187.

[85] Saccà, A.; Carbone, A.; Pedicini, R.; Marrony, M.; Barrera, R.; Elomaa, M.; Passalacqua, E. Phosphotungstic Acid Supported on a Nanopowdered $ZrO_2$ as a Filler in Nafion – Based Membranes for Polymer Electrolyte Fuel Cells. Fuel Cells 2008, 8, 225 – 235.

[86] Lu, J. L.; Fang, Q. H.; Li, S. L.; Jiang, S. P. A Novel Phosphotungstic Acid Impregnated Meso – Nafion Multilayer Membrane for Proton Exchange Membrane Fuel Cells. J. Membr. Sci. 2013, 427, 101 – 107.

[87] Chen, D.; Feng, H.; Li, J. Graphene Oxide: Preparation, Functionalization, and

Electrochemical Applications. Chem. Rev. 2012, 112, 6027-6053.

[88] Choi, B. G.; Huh, Y. S.; Park, Y. C.; Jung, D. H.; Hong, W. H.; Park, H. S. Enhanced Transport Properties in Polymer Electrolyte Composite Membranes with Graphene Oxide Sheets. Carbon 2012, 50, 5395-5402.

[89] Lee, D. C.; Yang, H. N.; Park, S. H.; Kim, W. J. Nafion/Graphene Oxide Composite Membranes for Low Humidifying Polymer Electrolyte Membrane Fuel Cell. J. Membr. Sci. 2014, 452, 20-28.

[90] Kumar, R.; Xu, C.; Scott, K. Graphite Oxide/Nafion Composite Membranes for Polymer Electrolyte Fuel Cells. RSC Adv. 2012, 2, 8777-8782.

[91] Lin, C. W.; Lu, Y. S. Highly Ordered Graphene Oxide Paper Laminated with a Nafion Membrane for Direct Methanol Fuel Cells. J. Power Sources 2013, 237, 187-194.

[92] Lue, S. J.; Pai, Y. L.; Shih, C. M.; Wu, M. C.; Lai, S. M. Novel Bilayer Well-Aligned Nafion/Graphene Oxide Composite Membranes Prepared Using Spin Coating Method for Direct Liquid Fuel Cells. J. Membr. Sci. 2015, 493, 212-223.

[93] Chien, H. C.; Tsai, L. D.; Huang, C. P.; Kang, C. Y.; Lin, J. N.; Chang, F. C. Sulfonated Graphene Oxide/Nafion Composite Membranes for High-Performance Direct Methanol Fuel Cells. Int. J. Hydrogen Energy 2013, 38, 13792-13801.

[94] Zarrin, H.; Higgins, D.; Jun, Y.; Chen, Z.; Fowler, M. Functionalized Graphene Oxide Nanocomposite Membrane for Low Humidity and High Temperature Proton Exchange Membrane Fuel Cells. J. Phys. Chem. C 2011, 115, 20774-20781.

[95] Enotiadis, A.; Angjeli, K.; Baldino, N.; Nicotera, I.; Gournis, D. Graphene-Based Nafion Nanocomposite Membranes: Enhanced Proton Transport and Water Retention by Novel Organo-Functionalized Graphene Oxide Nanosheets. Small 2012, 8, 3338-3349.

[96] Kim, Y.; Ketpang, K.; Jaritphun, S.; Park, J. S.; Shanmugam, S. A Polyoxometalate Coupled Graphene Oxide-Nafion Composite Membrane for Fuel Cells Operating at Low Relative Humidity. J. Mater. Chem. A 2015, 3, 8148-8155.

[97] Cele, N. P.; Sinha Ray, S.; Pillai, S. K.; Ndwandwe, M.; Nonjola, S.; Sikhwivhilu, L.; Mathe, M. K. Carbon Nanotubes Based Nafion Composite Membranes for Fuel Cell Applications. Fuel Cells 2010, 10, 64-71.

[98] Liu, Y. H.; Yi, B.; Shao, Z. G.; Xing, D.; Zhang, H. Carbon Nanotubes Reinforced Nafion Composite Membrane for Fuel Cell Applications. Electrochem. Solid State Lett. 2006, 9, A356-A360.

[99] Thomassin, J. M.; Kollar, J.; Caldarella, G.; Germain, A.; Jérôme, R.; Detrembleur, C. Beneficial Effect of Carbon Nanotubes on the Performances of Nafion Membranes in Fuel Cell Applications. J. Membr. Sci. 2007, 303, 252-257.

[100] Kannan, R.; Kakade, B. A.; Pil, V. K. Polymer Electrolyte Fuel Cells Using Na-

fion – Based Composite Membranes with Functionalized Carbon Nanotubes. Angew. Chem. Int. Ed. 2008, 47, 2653 – 2656.

[101] Chang, C. M.; Li, H. Y.; Lai, J. Y.; Liu, Y. L. Nanocomposite Membranes of Nafion and $Fe_3O_4$ – Anchored and Nafion – Functionalized Multiwalledcarbon Nanotubes Exhibiting High Proton Conductivity and Low Methanol Permeability for Direct Methanol Fuel Cells. RSC Adv. 2013, 3, 12895 – 12904.

[102] Zhang, X.; Tay, S. W.; Hong, L.; Liu, Z. In Situ Implantation of PolyPOSS Blocks in Nafion Matrix to Promote Its Performance in Direct Methanol Fuel Cell. J. Membr. Sci. 2008, 320, 310 – 318.

[103] Safronova, E. Y.; Yaroslavtsev, A. B. Nafion – Type Membranes Doped with Silica Nanoparticles with Modified Surface. Solid State Ion. 2012, 221, 6 – 10.

[104] Di Noto, V.; Bettiol, M.; Bassetto, F.; Boaretto, N.; Negro, E.; Lavina, S.; Bertasi, F. Hybrid Inorganic – Organic Nanocomposite Polymer Electrolytes Based on Nafion and Fluorinated $TiO_2$ for PEMFCs. Int. J. Hydrogen Energy 2012, 37, 6169 – 6181.

[105] Yuan, D.; Liu, Z.; Tay, S. W.; Fan, X.; Zhang, X.; He, C. An Amphiphilic – Like Fluoroalkyl Modified $SiO_2$ Nanoparticle@ Nafion Proton Exchange Membrane with Excellent Fuel Cell Performance. Chem. Commun. 2013, 49, 9639 – 9641.

[106] Donnadio, A.; Pica, M.; Subianto, S.; Jones, D. J.; Cojocaru, P.; Casciola, M. Promising Aquivion Composite Membranes based on Fluoroalkyl Zirconium Phosphate for Fuel Cell Applications. ChemSusChem 2014, 7, 2176 – 2184.

[107] Donnadio, A.; Pica, M.; Capitani, D.; Bianchi, V.; Casciola, M. Layered Zirconium Alkylphosphates: Suitable Materials for Novel PFSA Composite Membranes with Improved Proton Conductivity and Mechanical Stability. J. Membr. Sci. 2014, 462, 42 – 49.

[108] Cavaliere, S.; Subianto, S.; Savych, I.; Jones, D. J.; Roziere, J. Electrospinning: Designed Architectures for Energy Conversion and Storage Devices. Energy Environ. Sci. 2011, 4, 4761 – 4770.

[109] Li, H. – Y.; Liu, Y. – L. Nafion – Functionalized Electrospun Poly(vinylidene fluoride) (PVDF) Nanofibers for High Performance Proton Exchange Membranes in Fuel Cells. J. Mater. Chem. A 2014, 2, 3783 – 3793.

[110] Shabani, I.; Hasani – Sadrabadi, M. M.; Haddadi – Asl, V.; Soleimani, M. Nanofiber – Based Polyelectrolytes as Novel Membranes for Fuel Cell Applications. J. Membr. Sci. 2011, 368, 233 – 240.

[111] Ballengee, J. B.; Pintauro, P. N. Morphological Control of Electrospun Nafion Nanofiber Mats. J. Electrochem. Soc. 2011, 158, B568 – B572.

[112] Yao, Y.; Lin, Z.; Li, Y.; Alcoutlabi, M.; Hamouda, H.; Zhang, X. Superacidic Electrospun Fiber – Nafion Hybrid Proton Exchange Membranes. Adv. Energy Ma-

ter. 2011, 1, 1133 – 1140.

[113] Subianto, S.; Donnadio, A.; Cavaliere, S.; Pica, M.; Casciola, M.; Jones, D. J.; Roziere, J. Reactive Coaxial Electrospinning of ZrP/ZrO$_2$ Nanofibres. J. Mater. Chem. A 2014, 2, 13359 – 13365.

[114] Ezzell, B. R.; Carl, W. P.; Mod, W. A. The Dow Chemical Company. US Patent 4,358,412, 1980.

[115] Kreuer, K. D.; Schuster, M.; Obliers, B.; Diat, O.; Traub, U.; Fuchs, A.; Klock, U.; Paddison, S. J.; Maier, J. Short – Side – Chain Proton Conducting Perfluorosulfonic Acid Ionomers: Why They Perform Better in PEM Fuel Cells. J. Power Sources 2008, 178, 499 – 509.

[116] Arcella, V.; Ghielmi, A.; Tommasi, G. High Performance Perfluoropolymer Films and Membranes. Ann. NY Acad. Sci. 2003, 984, 226 – 244.

[117] Ghielmi, A.; Vaccarono, P.; Arcella, V. Proton Exchange Membranes Based on the Short – Side – Chain Perfluorinated Ionomer. J. Power Sources 2005, 145, 108 – 115.

[118] Zhao, Q.; Benziger, J. Mechanical Properties of Perfluoro Sulfonated Acids: The Role of Temperature and Solute Activity. J. Polym. Sci. B Polym. Phys. 2013, 51, 915 – 925.

[119] Ghassemzadeh, L.; Kreuer, K. D.; Maier, J.; Müller, K. Evaluating Chemical Degradation of Proton Conducting Perfluorosulfonic Acid Ionomers in a Fenton Test by Solid – State[19]F NMR Spectroscopy. J. Power Sources 2011, 196, 2490 – 2497.

[120] Merlo, L.; Ghielmi, A.; Cirillo, L.; Gebert, M.; Arcella, V. Resistance to Peroxide Degradation of Hyflon Ion Membranes. J. Power Sources 2007, 171, 140 – 147.

[121] Jeon, Y.; Hwang, H. K.; Park, J.; Hwang, H.; Shul, Y. – G. Temperature – Dependent Performance of the Polymer Electrolyte Membrane Fuel Cell Using Short – Side – Chain Perfluorosulfonic Acid Ionomer. Int. J. Hydrogen Energy 2014, 39, 11690 – 11699.

[122] Stassi, A.; Gatto, I.; Passalacqua, E.; Antonucci, V.; Arico, A. S.; Merlo, L.; Oldani, C.; Pagano, E. Performance Comparison of Long and Short – Side Chain Perfluorosulfonic Membranes for High Temperature Polymer Electrolyte Membrane Fuel Cell Operation. J. Power Sources 2011, 196, 8925 – 8930.

[123] Siracusano, S.; Baglio, V.; Stassi, A.; Merlo, L.; Moukheiber, E.; Arico, A. S. Performance Analysis of Short – Side – Chain Aquivion (R) Perfluorosulfonic Acid Polymer for Proton Exchange Membrane Water Electrolysis. J. Membr. Sci. 2014, 466, 1 – 7.

[124] Guimet, A.; Chikh, L.; Morin, A.; Fichet, O. Strengthening of Perfluorosulfonic Acid Ionomer with Sulfonated Hydrocarbon Polyelectrolyte for Application in Medium –

Temperature Fuel Cell. J. Membr. Sci. 2016, 514, 358 – 365.

[125] Xiao, P.; Li, J.; Tang, H.; Wang, Z.; Pan, M. Physically Stable and High Performance Aquivion/ePTFE Composite Membrane for High Temperature Fuel Cell Application. J. Membr. Sci. 2013, 442, 65 – 71.

[126] Kim, T. E.; Juon, S. M.; Park, J. H.; Shul, Y. – G.; Cho, K. Y. Silicon Carbide Fiber – Reinforced Composite Membrane for high – Temperature and Low – Humidity Polymer Exchange Membrane Fuel Cells. Int. J. Hydrogen Energy 2014, 39, 16474 – 16485.

[127] Pica, M.; Donnadio, A.; Casciola, M.; Cojocaru, P.; Merlo, L. Short Side Chain Perfluorosulfonic Acid Membranes and Their Composites with Nanosized Zirconium Phosphate: Hydration, Mechanical Properties and Proton Conductivity. J. Mater. Chem. 2012, 22, 24902 – 24908.

[128] Casciola, M.; Cojocaru, P.; Donnadio, A.; Giancola, S.; Merlo, L.; Nedellec, Y.; Pica, M.; Subianto, S. Zirconium Phosphate Reinforced Short Side Chain Perfluorosulfonic Acid Membranes for Medium Temperature Proton Exchange Membrane Fuel Cell Application. J. Power Sources 2014, 262, 407 – 413.

[129] Donnadio, A.; Pica, M.; Carbone, A.; Gatto, I.; Posati, T.; Mariangeloni, G.; Casciola, M. Double Filler Reinforced Ionomers: A New Approach to the Design of Composite Membranes for Fuel Cell Applications. J. Mater. Chem. A 2015, 3, 23530 – 23538.

[130] D'Urso, C.; Oldani, C.; Baglio, V.; Merlo, L.; Arico, A. S. Immobilized Transition Metal – Based Radical Scavengers and Their Effect on Durability of Aquivion (R) Perfluorosulfonic Acid Membranes. J. Power Sources 2016, 301, 317 – 325.

[131] D'Urso, C.; Oldani, C.; Baglio, V.; Merlo, L.; Arico, A. S. Towards Fuel Cell Membranes with Improved Lifetime: Aquivion Perfluorosulfonic Acid Membranes Containing Immobilized Radical Scavengers. J. Power Sources 2014, 272, 753 – 758.

[132] Iulianelli, A.; Basile, A. Sulfonated PEEK – Based Polymers in PEMFC and DMFC Applications: A Review. Int. J. Hydrogen Energy 2012, 37, 15241 – 15255.

[133] Li, L.; Zhang, J.; Wang, Y. Sulfonated Poly(ether Ether Ketone) Membranes for Direct Methanol Fuel Cell. J. Membr. Sci. 2003, 226, 159 – 167.

[134] Jaafar, J.; Ismail, A. F.; Mustafa, A. Physicochemical Study of Poly(ether Ether Ketone) Electrolyte Membranes Sulfonated with Mixtures of Fuming Sulfuric Acid and Sulfuric Acid for Direct Methanol Fuel Cell Application. Mater. Sci. Eng. A 2007, 460 – 461, 475 – 484.

[135] Gil, M.; Ji, X.; Li, X.; Na, H.; Hampsey, J. E.; Lu, Y. Direct Synthesis of Sulfonated Aromatic Poly(ether Ether Ketone) Proton Exchange Membranes for Fuel Cell Applications. J. Membr. Sci. 2004, 234, 75 – 81.

[136] Gebel, G. Structure of Membranes for Fuel Cells: SANS and SAXS Analyses of Sul-

[137] Drioli, E.; Regina, A.; Casciola, M.; Oliveti, A.; Trotta, F.; Massari, T. Sulfonated PEEK – WC Membranes for Possible Fuel Cell Applications. J. Membr. Sci. 2004, 228, 139 – 148.

[138] Regina, A.; Fontananova, E.; Drioli, E.; Casciola, M.; Sganappa, M.; Trotta, F. Preparation and Characterization of Sulfonated PEEK – WC Membranes for Fuel Cell Applications: A Comparison between Polymeric and Composite Membranes. J. Power Sources 2006, 160, 139 – 147.

[139] Iulianelli, A.; Clarizia, G.; Gugliuzza, A.; Ebrasu, D.; Bevilacqua, A.; Trotta, F.; Basile, A. Sulfonation of PEEK – WC Polymer Via Chloro – Sulfonic Acid for Potential PEM Fuel Cell Applications. Int. J. Hydrogen Energy 2010, 35, 12688 – 12695.

[140] Kaliaguine, S.; Mikhailenko, S. D.; Wang, K. P.; Xing, P.; Robertson, G.; Guiver, M. Properties of SPEEK Based PEMs for Fuel Cell Application. Catal. Today 2003, 82, 213 – 222.

[141] Carbone, A.; Pedicini, R.; Portale, G.; Longo, A.; D'Ilario, L.; Passalacqua, E. Sulphonated Poly(ether Ether Ketone) Membranes for Fuel Cell Application: Thermal and Structural Characterisation. J. Power Sources 2006, 163, 18 – 26.

[142] Liu, X.; He, S.; Shi, Z.; Zhang, L.; Lin, J. Effect of Residual Casting Solvent Content on the Structure and Properties of Sulfonated Poly(ether Ether Ketone) Membranes. J. Membr. Sci. 2015, 492, 48 – 57.

[143] Di Vona, M. L.; Sgreccia, E.; Donnadio, A.; Casciola, M.; Chailan, J. F.; Auer, G.; Knauth, P. Composite Polymer Electrolytes of Sulfonated Poly – Ether – Ether – Ketone (SPEEK) with Organically Functionalized $TiO_2$. J. Membr. Sci. 2011, 369, 536 – 544.

[144] Di Vona, M. L.; Knauth, P. Sulfonated Aromatic Polymers as Proton – Conducting Solid Electrolytes for Fuel Cells: A Short Review. Z. Phys. Chem. 2013, 227, 595 – 614.

[145] Di Vona, M. L.; Alberti, G.; Sgreccia, E.; Casciola, M.; Knauth, P. High Performance Sulfonated Aromatic Ionomers by Solvothermal Macromolecular Synthesis. Int. J. Hydrogen Energy 2012, 37, 8672 – 8680.

[146] Knauth, P.; Pasquini, L.; Maranesi, B.; Pelzer, K.; Polini, R.; Di Vona, M. L. Proton Mobility in Sulfonated polyEtherEtherKetone (SPEEK): Influence of Thermal Crosslinking and Annealing. Fuel Cells 2013, 13(1), 79 – 85.

[147] Hou, H.; Di Vona, M. L.; Knauth, P. Building Bridges: Crosslinking of Sulfonated Aromatic Polymers – A Review. J. Membr. Sci. 2012, 423 – 424, 113 – 127.

[148] Di Vona, M. L.; Pasquini, L.; Narducci, R.; Pelzer, K.; Donnadio, A.; Casciola, M.; Knauth, P. Cross – Linked Sulfonated Aromatic Ionomers Via $SO_2$ Bridges:

Conductivity Properties. J. Power Sources 2013, 243, 488 – 493.

[149] Zhang, N.; Zhang, G.; Xu, D.; Zhao, C.; Ma, W.; Li, H.; Zhang, Y.; Xu, S.; Jiang, H.; Sun, H.; Na, H. Cross – Linked Membranes Based on Sulfonated Poly(Ether Ether Ketone) (SPEEK)/Nafion for Direct Methanol Fuel Cells (DMFCs). Int. J. Hydrogen Energy 2011, 36, 11025 – 11033.

[150] Winardi, S.; Raghu, S. C.; Oo, M. O.; Yan, Q.; Wai, N.; Lim, T. M.; Skyllas – Kazacos, M. Sulfonated Poly(Ether Ether Ketone) – Based Proton Exchange Membranes for Vanadium Redox Battery Applications. J. Membr. Sci. 2014, 450, 313 – 322.

[151] Ghasemi, M.; Wan Daud, W. R.; Alam, J.; Jafari, Y.; Sedighi, M.; Aljlil, S. A.; Ilbeygi, H. Sulfonated Poly Ether Ether Ketone with Different Degree of Sulphonation in Microbial Fuel Cell: Application Study and Economical Analysis. Int. J. Hydrogen Energy 2016, 41, 4862 – 4871.

[152] Blanco, J. F.; Nguyen, Q. T.; Schaetzel, P. Sulfonation of Polysulfones: Suitability of the Sulfonated Materials for Asymmetric Membrane Preparation. J. Appl. Polym. Sci. 2002, 84, 2461 – 2473.

[153] Iojoiu, C.; Maréchal, M.; Chabert, F.; Sanchez, J. Y. Mastering Sulfonation of Aromatic Polysulfones: Crucial for Membranes for Fuel Cell Application. Fuel Cells 2005, 5, 344 – 354.

[154] Martos, A. M.; Sanchez, J. Y.; Arez, A. V.; Levenfeld, B. Electrochemical and Structural Characterization of Sulfonated Polysulfone. Polym. Test. 2015, 45, 185 – 193.

[155] Wang, F.; Hickner, M.; Seung, Y.; Zawodzinski, T. A.; McGrath, J. E. Direct Polymerization of Sulfonated Poly(Arylene Ether Sulfone) Random (Statistical) Copolymers: Candidates for New Proton Exchange Membranes. J. Membr. Sci. 2002, 197, 231 – 242.

[156] Wang, F.; Hickner, M.; Ji, Q.; Harrison, W.; Mecham, J.; Zawodzinski, T. A.; McGrath, J. E. Synthesis of Highly Sulfonated Poly(arylene Ether Sulfone) Random (Statistical) Copolymers Via Direct Polymerization. Macromol. Symp. 2001, 175, 387 – 396.

[157] Dai, H.; Guan, R.; Li, C.; Liu, J. Development and Characterization of Sulfonated Poly(Ether Sulfone) for Proton Exchange Membrane Materials. Solid State Ion. 2007, 178, 339 – 345.

[158] Sankara, M.; Sasikumar, G. Sulfonated Polyether SulfonePoly(Vinylidene Fluoride) Blend Membrane for DMFC Applications. J. Appl. Polym. Sci. 2010, 117, 801 – 808.

[159] Hasani – Sadrabadi, M. M.; Dashtimoghadam, E.; Reza, S. Novel High – Performance Nanocomposite Proton Exchange Membranes Based on Poly(ether Sulfone). Re-

new. Energy 2010, 35, 226-231.

[160] Anilkumar, G. M.; Nakazawa, S.; Okubo, T.; Yamaguchi, T. Proton Conducting Phosphated Zirconia—Sulfonated Polyether Sulfone Nanohybrid Electrolyte for Low Humidity, Wide-Temperature PEMFC Operation. Electrochem. Commun. 2006, 8, 133-136.

[161] Donnadio, A.; Casciola, M.; Di Vona, M. L.; Tamilvanan, M. Conductivity and Hydration of Sulfonated Polyethersulfone in the Range 70-120 1 C: Effect of Temperature and Relative Humidity Cycling. J. Power Sources 2012, 205, 145-150.

[162] Lufrano, F.; Gatto, I.; Staiti, P.; Antonucci, V.; Passalacqua, E. Sulfonated Polysulfone Ionomer Membranes for Fuel Cells. Solid State Ion. 2001, 145, 47-51.

[163] Gatto, I.; Di Marco, G.; Passalacqua, E. Sulphonated Polysulphone Membranes for Medium Temperature in Polymer Electrolyte Fuel Cells (PEFC). Polym. Test. 2008, 27, 248-259.

[164] Pedicini, R.; Saccà, A.; Carbone, A.; Gatto, I.; Patti, A.; Passalacqua, E. Study on Sulphonated Polysulphone/Polyurethane Blend Membranes for Fuel Cell Applications. Chem. Phys. Lett. 2013, 579, 100-104.

[165] Schuster, M.; De Araujo, C. C.; Atanasov, V.; Andersen, H. T.; Kreuer, K. D.; Maier, J. Highly Sulfonated Poly(phenylene Sulfone): Preparation and Stability Issues. Macromolecules 2009, 42, 3129-3137.

[166] Takamuku, S.; Andreas Wohlfarth, A.; Angelika Manhart, A.; Petra, Räder P.; Jannasch, P. Hypersulfonated Polyelectrolytes: Preparation, Stability and Conductivity. Polym. Chem. 2015, 6, 1267-1274.

[167] Park, K. T.; Chun, J. H.; Kim, S. G.; Chun, B. H.; Kim, S. H. Synthesis and Characterization of Crosslinked Sulfonated Poly(arylene Ether Sulfone) Membranes for High Temperature PEMFC Applications. Int. J. Hydrogen Energy 2011, 36, 1813-1819.

[168] Han, M.; Zhang, G.; Li, M.; Wang, S.; Zhang, Y.; Li, H.; Lew, C. M.; Na, H. Considerations of the Morphology in the Design of Proton Exchange Membranes: Cross-Linked Sulfonated Poly(ether Ether Ketone)s Using a New Carboxyl-Terminated Benzimidazole as the Cross-Linker for PEMFCs. Int. J. Hydrogen Energy 2011, 36, 2197-2206.

[169] Di Vona, M. L.; Sgreccia, E.; Tamilvanan, M.; Khadhraoui, M.; Chassigneux, C.; Knauth, P. High Ionic Exchange Capacity Polyphenylsulfone (SPPSU) and Polyethersulfone (SPES) Cross-Linked by Annealing Treatment: Thermal Stability, Hydration Level and Mechanical Properties. J. Membr. Sci. 2010, 354, 134-141.

[170] Hou, H.; Di Vona, M. L.; Knauth, P. Durability of Sulfonated Aromatic Polymers for Proton-Exchange-Membrane Fuel Cells. ChemSusChem 2011, 4, 1526-1536.

[171] Kim, J. D.; Donnadio, A.; Jun, M. S.; Di Vona, M. L. Crosslinked SPES-SPPSU Membranes for High Temperature PEMFCs. Int. J. Hydrogen Energy 2013, 38, 1517-1523.

[172] Feng, S.; Shang, Y.; Wang, S.; Xie, X.; Wang, Y.; Wang, Y.; Xu, J. Novel Method for the Preparation of Ionically Crosslinked Sulfonated Poly(arylene Ether Sulfone)/polybenzimidazole Composite Membranes Via In Situ Polymerization. J. Membr. Sci. 2010, 346, 105-112.

[173] Arges, C. G.; Parrondo, J.; Johnson, G.; Nadhan, A.; Ramani, V. Assessing the Influence of Different Cation Chemistries on Ionic Conductivity and Alkaline Stability of Anion Exchange Membranes. J. Mater. Chem. 2012, 22, 3733-3744.

[174] Gu, S.; Cai, R.; Yan, Y. Self-Crosslinking for Dimensionally Stable and Solvent-Resistant Quaternary Phosphonium Based Hydroxide Exchange Membranes. Chem. Commun. 2011, 47, 2856-2858.

[175] Iravaninia, M.; Rowshanzamir, S. Experimental Evaluation of Effective Parameters for the Synthesis of Polysulfone-Based Anion Exchange Membrane. Fuel Cells 2016, 16, 135-149.

[176] Yin, Y.; Fang, J.; Watari, T.; Tanaka, K.; Kita, H.; Okamoto, K. Synthesis and Properties of Highly Sulfonated Proton Conducting Polyimides from Bis(3-sulfopropoxy) Benzidine Diamines. J. Mater. Chem. 2004, 14, 1062-1070.

[177] Zeng, L.; Zhao, T. S. High-Performance Alkaline Ionomer for Alkaline Exchange Membrane Fuel Cells. Electrochem. Commun. 2013, 34, 278-281.

[178] Vanherck, K.; Koeckelberghs, G.; Vankelecom, I. F. J. Crosslinking Polyimides for Membrane Applications: A Review. Prog. Polym. Sci. 2013, 38, 874-896.

[179] Yao, Z.; Zhang, Z.; Wu, L.; Xu, T. Novel Sulfonated Polyimides Proton-Exchange Membranes Via a Facile Polyacylation Approach of Imide Monomers. J. Membr. Sci. 2014, 455, 1-6.

[180] Genies, C.; Mercier, R.; Sillion, B.; Cornet, N.; Gebel, G.; Pineri, M. Soluble Sulfonated Naphthalenic Polyimides as Materials for Proton Exchange Membranes. Polymer 2001, 42, 359-373.

[181] Miyatake, K.; Zhou, H.; Uchida, H.; Watanabe, M. Highly Proton Conductive Polyimide Electrolytes Containing Fluorenyl Groups. Chem. Commun. 2003, 368-369, 2003.

[182] Miyatake, K.; Yasuda, T.; Watanabe, M. Substituents Effect on the Properties of Sulfonated Polyimide Copolymers. J. Polym. Sci. A Polym. Chem. 2008, 46, 4469-4478.

[183] Zhang, Z.; Xu, T. Proton-Conductive Polyimides Consisting of Naphthalenediimide and Sulfonated Units Alternately Segmented by Long Aliphatic Spacers. J. Mater. Chem. A 2014, 2, 11583-11585.

[184] Perrot, C.; Gonon, L.; Marestin, C.; Gebel, G. Hydrolytic Degradation of Sulfonated Polyimide Membranes for Fuel Cells. J. Membr. Sci. 2011, 379, 207-214.

[185] Zhanga, F.; Li, N.; Zhanga, S.; Li, S. Ionomers Based on Multisulfonated Perylene Dianhydride: Synthesis and Properties of Water Resistant Sulfonated Polyimides. J. Power Sources 2010, 195, 2159-2165.

[186] Miyatake, K.; Furuya, H.; Tanaka, M.; Watanabe, M. Durability of Sulfonated Polyimide Membrane in Humidity Cycling for Fuel Cell Applications. J. Power Sources 2012, 204, 74-78.

[187] Li, W.; Guo, X.; Fang, J. Synthesis and Properties of Sulfonated Polyimide-Polybenzimidazole Copolymers as Proton Exchange Membranes. J. Mater. Sci. 2014, 49, 2745-2753.

[188] Li, W.; Guo, X.; Aili, D.; Martin, S.; Li, Q.; Fang, J. Sulfonated Copolyimide Membranes Derived from a Novel Diamine Monomer with Pendant Benzimidazole Groups for Fuel Cells. J. Membr. Sci. 2015, 481, 44-53.

[189] Wei, H.; Chen, G.; Cao, L.; Zhang, Q.; Yan, Q.; Fang, X. Enhanced Hydrolytic Stability of Sulfonated Polyimide Ionomers Using Bis(naphthalic Anhydrides) with Low Electron Affinity. J. Mater. Chem. A 2013, 1, 10412.

[190] Bi, H.; Wang, J.; Chen, S.; Hu, Z.; Gao, Z.; Wang, L.; Okamoto, K. Preparation and Properties of Cross-linked Sulfonated Poly(arylene Ether Sulfone)/Sulfonated Polyimide Blend Membranes for Fuel Cell Application. J. Membr. Sci. 2010, 350, 109-116.

[191] Wang, L.; Yi, B.; Zhang, H.; Xing, D. Characteristics of Polyethersulfone/Sulfonated Polyimide Blend Membrane for Proton Exchange Membrane Fuel Cell. J. Phys. Chem. B 2008, 112, 4270-4275.

[192] Yuan, Q.; Liu, P.; Baker, G. L. Sulfonated Polyimide and PVDF Based Blend Proton Exchange Membranes for Fuel Cell Applications. J. Mater. Chem. A 2015, 3, 3847-3853.

[193] Kowsari, E.; Ansari, V.; Moradi, A.; Zare, A.; Mortezaei, M. Poly(amide-Imide) Bearing Imidazole Groups/Sulfonatedpolyimide Blends for Low Humidity and Medium Temperature Proton Exchange Membranes. J. Polym. Res. 2015, 22, 77-92.

[194] Yao, H.; Zhang, Y.; Liu, Y.; You, K.; Song, N.; Liu, B.; Guan, S. Pendant-Group Cross-linked Highly Sulfonated Co-polyimides for Proton Exchange Membrane. J. Membr. Sci. 2015, 480, 83-92.

[195] Pan, H.; Zhang, Y.; Pu, H.; Chang, Z. Organic-Inorganic Hybrid Proton Exchange Membrane Based on Polyhedral Oligomeric Silsesquioxanes and Sulfonated Polyimides Containing Benzimidazole. J. Power Sources 2014, 263, 195-202.

[196] Gong, C.; Liang, Y.; Qi, Z.; Li, H.; Wu, Z.; Zhang, Z.; Zhang, S.; Zhang, X.; Li, Y. Solution Processable Octa(aminophenyl)silsesquioxane Covalently Cross-

linked Sulfonated Polyimides for Proton Exchange Membranes. J. Membr. Sci. 2015, 476, 364-372.

[197] Wu, Z.; Zhang, S.; Li, H.; Liang, Y.; Qi, Z.; Xu, Y.; Tang, Y.; Gong, C. Linear Sulfonated Polyimides Containing Polyhedral Oligomeric Silsesquioxane (POSS) in Main Chain for Proton Exchange Membranes. J. Power Sources 2015, 290, 42-52.

[198] Orilall, C. M.; Wiesner, U. Block Copolymer Based Composition and Morphology Control in Nanostructured Hybrid Materials for Energy Conversion and Storage: Solar Cells, Batteries, and Fuel Cells. Chem. Soc. Rev. 2011, 40, 520-535.

[199] Miyatake, K.; Baeb, B.; Watanabe, M. Fluorene-Containing Cardo Polymers as Ion Conductive Membranes for Fuel Cells. Polym. Chem. 2011, 2, 1919-1929.

[200] (a) Zhang, H.; Shen, P. K. Advances in the High Performance Polymer Electrolyte Membranes for Fuel Cells. Chem. Soc. Rev. 2012, 41, 2382-2394; (b) Li, Q.; Chen, Y.; Rowlett, J. R.; McGrath, J. E.; Mack, N. H.; Kim, Y. S. Controlled Disulfonated Poly(arylene Ether Sulfone) Multiblock Copolymers for Direct Methanol Fuel Cells. ACS Appl. Mater. Interfaces 2014, 6, 5779-5788; (c) Fan, Y.; Cornelius, C. J.; Lee, H. S.; McGrath, J. E.; Zhang, M.; Moore, R.; Staiger, C. L. The Effect of Block Length Upon Structure, Physical Properties, and Transport within a Series of Sulfonated Poly(arylene Ether Sulfone)s. J. Membr. Sci. 2013, 430, 106-112.

[201] Miyatake, K.; Chikashige, Y.; Higuchi, E.; Watanabe, M. Tuned Polymer Electrolyte Membranes Based on Aromatic Polyethers for Fuel Cell Applications. J. Am. Chem. Soc. 2007, 129, 3879-3887.

[202] Miyake, J.; Sakai, M.; Sakamoto, M.; Watanabe, M.; Miyatake, K. Synthesis and Properties of Sulfonated Block Poly(arylene Ether)s Containing m-Terphenyl Groups as Proton Conductive Membranes. J. Membr. Sci. 2015, 476, 156-161.

[203] Bae, B.; Miyatake, K.; Uchida, M.; Uchida, H.; Sakiyama, Y.; Okanishi, T.; Watanabe, M. Sulfonated Poly(arylene Ether Sulfone Ketone) Multiblock Copolymers with Highly Sulfonated Blocks. Long-Term Fuel Cell Operation and Post-Test Analyses. ACS Appl. Mater. Interfaces 2011, 3, 2786-2793.

[204] Miyake, J.; Watanabe, M.; Miyatake, K. Sulfonated Poly(arylene Ether Phosphine Oxide Ketone) Block Copolymers as Oxidatively Stable Proton Conductive Membranes. ACS Appl. Mater. Interfaces 2013, 5, 5903-5907.

[205] Miyahara, T.; Hayano, T.; Matsuno, S.; Watanabe, M.; Miyatake, K. Sulfonated Polybenzophenone/Poly(arylene ether) Block Copolymer Membranes for Fuel Cell Applications. ACS Appl. Mater. Interfaces 2012, 4, 2881-2884.

[206] Li, N.; Lee, S. Y.; Liu, Y. L.; Lee, Y. M.; Guiver, M. D. A New Class of Highly-Conducting Polymer Electrolyte Membranes: Aromatic ABA Triblock Copoly-

mers. Energy Environ. Sci. 2012, 5, 5346 - 5355.

[207] Miyake, J.; Mochizuki, T.; Miyatake, K. Effect of the Hydrophilic Component in Aromatic Ionomers: Simple Structure Provides Improved Properties as Fuel Cell Membranes. ACS Macro Lett. 2015, 4, 750 - 754.

[208] Miyatake, K.; Hirayama, D.; Bae, B.; Watanabe, M. Block Poly(arylene Ether Sulfone Ketone)s Containing Densely Sulfonated Linear Hydrophilic Segments as Proton Conductive Membranes. Polym. Chem. 2012, 3, 2517 - 2522.

[209] Rowlett, J. R.; Chen, Y.; Shaver, A. T.; Fahs, G. B.; Sundell, B. J.; Li, Q.; Kim, Y. S.; Zelenay, P.; Moore, R. B.; Mecham, S.; McGrath, J. E. Multiblock Copolymers Based Upon Increased Hydrophobicity Bisphenol A Moieties for Proton Exchange Membranes. J. Electrochem. Soc. 2014, 161, F535 - F543.

[210] Chen, Y.; Guo, R.; Lee, C. H.; Lee, M.; McGrath, J. E. Partly Fluorinated Poly(arylene Ether Ketone Sulfone) Hydrophilic - Hydrophobic Multiblock Copolymers for Fuel Cell Membranes. Int. J. Hydrogen Energy 2012, 37, 6132 - 6139.

[211] Wang, X.; Goswami, M.; Kumar, R.; Sumpter, B. G.; Mays, J. Morphologies of Block Copolymers Composed of Charged and Neutral Blocks. Soft Matter 2012, 8, 3036 - 3052.

[212] Allcock, H. R. Recent Developments in Polyphosphazene Materials Science. Curr. Opin. Solid State Mater. 2006, 10, 231 - 240.

[213] Wycisk, R.; Pintauro, P. N. In Fuel Cells II; Scherer, G. G., Ed.; Vol. 216; 2008. Springer - Verlag: Berlin, 2008; pp. 157 - 183.

[214] Dotelli, G.; Gallazzi, M. C.; Mari, C. M.; Greppi, F.; Montoneri, E.; Manuelli, A. Polyalkylphosphazenes as Solid Proton Conducting Electrolytes. J. Mater. Sci. 2004, 39, 6937 - 6943.

[215] Dotelli, G.; Gallazzi, M. C.; Perfetti, G.; Montoneri, E. Proton Conductivity of Poly(dipropyl)phosphazene - Sulfonated Poly[(hydroxy)propyl, Phenyl]ether - $H_3PO_4$ Composite in Dry Environment. Solid State Ion. 2005, 176, 2819 - 2827.

[216] Andrianov, A. K.; Marin, A.; Chen, J.; Sargent, J.; Corbett, N. Novel Route to Sulfonated Polyphosphazenes: Single - Step Synthesis Using "Noncovalent Protection" of Sulfonic Acid Functionality. Macromolecules 2004, 37, 4075 - 4080.

[217] Allcock, H. R.; Klingenberg, E. H.; Welker, M. F. Alkanesulfonation of Cyclic and High Polymeric Phosphazenes. Macromolecules 1993, 26, 5512 - 5519.

[218] He, M. L.; Xu, H. L.; Dong, Y.; Xiao, J. H.; Liu, P.; Fu, F. Y.; Hussain, S.; Zhang, S. Z.; Jing, C. J.; Hao, X.; Zhu, C. J. Synthesis and Characterization of Perfluoroalkyl Sulfonic Acid Functionalized Polyphosphazene for Proton - Conducting Membranes. J. Macromol. Sci. Pure Appl. Chem. 2014, 51, 55 - 62.

[219] Fu, F. Y.; Xu, H. L.; Dong, Y.; He, M. L.; Luo, T. W.; Zhang, Y. X.; Hao, X.; Ma, T.; Zhu, C. J. Polyphosphazene - Based Copolymers Containing

Pendant Alkylsulfonic Acid Groups as Proton Exchange Membranes. Solid State Ion. 2015, 278, 58 – 64.

[220] Allcock, H. R.; Fitzpatrick, R. J.; Salvati, L. Sulfonation of (Aryloxy) Phosphazenes and (Arylamino) Phosphazenes: Small – Molecule Compounds, Polymers and Surfaces. Chem. Mater. 1991, 3, 1120 – 1132.

[221] Montoneri, E.; Ricca, G.; Gleria, M.; Gallazzi, M. C. Complexes of Hexaphenoxycyclotriphosphazene and Sulfur – Trioxide. Inorg. Chem. 1991, 30, 150 – 152.

[222] Wycisk, R.; Pintauro, P. N. Sulfonated Polyphosphazene Ion – Exchange Membranes. J. Membr. Sci. 1996, 119, 155 – 160.

[223] Tang, H.; Pintauro, P. N. Polyphosphazene Membranes. IV. Polymer Morphology and Proton Conductivity in Sulfonated Poly[bis(3 – Methylphenoxy) phosphazene] Films. J. Appl. Polym. Sci. 2001, 79, 49 – 59.

[224] Guo, Q.; Pintauro, P. N.; Tang, H.; O'Conner, S. J. Sulfonated and Crosslinked Polyphosphazene – Based Proton – Exchange Membranes. Membrane Sci. 1999, 154, 175 – 181.

[225] Burjanadze, M.; Paulsdorf, J.; Kaskhedikar, N.; Karatas, Y.; Wiemhofer, H. – D. Proton Conducting Membranes from Sulfonated Poly[bis(phenoxy) phosphazenes] with an Interpenetrating Hydrophilic Network. Solid State Ion. 2006, 177, 2425 – 2430.

[226] Dong, Y.; Xu, H. L.; He, M. L.; Fu, F. Y.; Zhu, C. J. Synthesis and Properties of Sulfonated Poly(phosphazene) – Graft – Poly(styrene – co – N – Benzylmaleimide) Copolymers Via Atom Transfer Radical Polymerization for Proton Exchange Membrane. J. Appl. Polym. Sci. 2015, 132. article number 42251.

[227] Fu, F.; Xu, H.; Dong, Y.; He, M.; Zhang, Z.; Luo, T.; Zhang, Y.; Hao, X.; Zhu, C. Design of Polyphosphazene – Based Graft Copolystyrenes with Alkylsulfonate Branch Chains for Proton Exchange Membranes. J. Membr. Sci. 2015, 489, 119 – 128.

[228] Muldoon, J.; Lin, J.; Wycisk, R.; Takeuchi, N.; Hamaguchi, H.; Saito, T.; Hase, K.; Stewart, F. F.; Pintauro, P. N. High Performance Fuel Cell Operation with a Non – fluorinated Polyphosphazene Electrode Binder. Fuel Cells 2009, 9, 518 – 521.

[229] Allcock, H. R.; Taylor, J. P. Phosphorylation of Phosphazenes and Its Effects on Thermal Properties and Fire Retardant Behavior. Polym. Eng. Sci. 2000, 40, 1177 – 1189.

[230] Allcock, H. R.; Wood, R. M. Design and Synthesis of Ion – Conductive Polyphosphazenes for Fuel Cell Applications: Review. J. Polym. Sci. B Polym. Phys. 2006, 44, 2358 – 2368.

[231] Allcock, H. R.; Hofmann, M. A.; Ambler, C. M.; Morford, R. V. Phosphona-

tion of Aryloxyphosphazenes. Macromolecules 2001, 34, 6915 – 6921.

[232] Allcock, H. R.; Hofmann, M. A.; Ambler, C. M.; Morford, R. V. Phenylphosphonic Acid Functionalized Poly[aryloxyphosphazenes]. Macromolecules 2002, 35, 3484 – 3489.

[233] Hacivelioglu, F.; Okutan, E.; Celik, S. U.; Yesilot, S.; Bozkurt, A.; Kilic, A. Controlling Phosphonic Acid Substitution Degree on Proton Conducting Polyphosphazenes. Polymer 2012, 53, 3659 – 3668.

[234] Allcock, H. R.; Hofmann, M. A.; Ambler, C. M.; Lvov, S. N.; Zhou, X. Y.; Chalkova, E.; Weston, J. Phenyl Phosphonic Acid Functionalized Poly[aryloxyphosphazenes] as Proton – Conducting Membranes for Direct Methanol Fuel Cells. J. Membr. Sci. 2002, 201, 47 – 54.

[235] Zhou, X.; Weston, J.; Chalkova, E.; Hofmann, M. A.; Ambler, C. M.; Allcock, H. R.; Lvov, N. L. High Temperature Transport Properties of Polyphosphazene Membranes for Direct Methanol Fuel Cells. Electrochim. Acta 2003, 48, 2173 – 2180.

[236] Hofmann, M. A.; Ambler, C. M.; Maher, A. E.; Chalkova, E.; Zhou, X. Y. Y.; Lvov, S. N.; Allcock, H. R. Synthesis of Polyphosphazenes with Sulfonimide Side Groups. Macromolecules 2002, 35, 6490 – 6493.

[237] Chalkova, E.; Zhou, X. Y.; Ambler, C.; Hofmann, M. A.; Weston, J. A.; Allcock, H. R.; Lvov, S. N. Sulfonimide Polyphosphazene – Based $H_2/O_2$ Fuel Cells. Electrochem. Solid St. 2002, 5, A221 – A222.

[238] Fan, J.; Zhu, H.; Li, R.; Chen, N.; Han, K. Layered Double Hydroxide – Polyphosphazene – Based Ionomer Hybrid Membranes with Electric Field – Aligned Domains for Hydroxide Transport. J. Mater. Chem. A 2014, 2, 8376 – 8385.

[239] Fu, F. Y.; Xu, H. L.; He, M. L.; Dong, Y.; Liu, P.; Hao, X.; Zhu, C. J. Composite Polyphosphazene Membranes Doped with Phosphotungstic Acid and Silica. Chinese J. Polym. Sci. 2014, 32, 996 – 1002.

[240] Pu, H.; Liu, Q. Methanol Permeability and Proton Conductivity of Polybenzimidazole and Sulfonated Polybenzimidazole. Polym. Int. 2004, 53, 1512 – 1516.

[241] Glipa, X.; Hadda, M. E.; Jones, D. J.; Rozière, J. Synthesis and Characterisation of Sulfonated Polybenzimidazole: A Highly Conducting Proton Exchange Polymer. Solid State Ion. 1997, 97, 323 – 331.

[242] Rikukawa, M.; Sanui, K. Proton – Conducting Polymer Electrolyte Membranes Based on Hydrocarbon Polymers. Prog. Polym. Sci. 2000, 25, 1463 – 1502.

[243] Walker, M.; Baumgartner, K. – M.; Kaiser, M.; Kerres, J.; Ulrich, A.; Rauchle, E. J. Proton – Conducting Polymers with Reduced Methanol Permeation. J. Appl. Polym. Sci. 1999, 74, 67 – 73.

[244] Wycisk, R.; Lee, J. K.; Pintauro, P. N. Sulfonated Polyphosphazene – Polybenz-

imidazole Membranes for DMFCs. J. Electrochem. Soc. 2005, 152, A892 - A898.

[245] Lee, J. K.; Kerres, J. Synthesis and Characterization of Sulfonated Poly(arylene thioether)s and Their Blends with Polybenzimidazole for Proton Exchange Membranes. J. Membr. Sci. 2007, 294, 75 - 83.

[246] Bai, Z.; Price, G. E.; Yoonessi, M.; Juhl, S. B.; Durstock, M. F.; Dang, T. D. Proton Exchange Membranes Based on Sulfonated Polyarylenethioethersulfone and Sulfonated Polybenzimidazole for Fuel Cell Applications. J. Membr. Sci. 2007, 305, 69 - 76.

[247] Ainla, A.; Brandell, D. Nafion (R) - Polybenzimidazole (PBI) Composite Membranes for DMFC Applications. Solid State Ion. 2007, 178, 581 - 585.

[248] Wycisk, R.; Chisholm, J.; Lee, J.; Lin, J.; Pintauro, P. N. Direct Methanol Fuel Cell Membranes from Nafion - Polybenzimidazole Blends. J. Power Sources 2006, 163, 9 - 17.

[249] Rozière, J.; Jones, D. J. Non - fluorinated Polymer Materials for Proton Exchange Membrane Fuel Cells. Annu. Rev. Mater. Res. 2003, 33, 503 - 555.

[250] Staiti, P.; Freni, S.; Hocevar, S. Synthesis and Characterization of Proton - Conducting Materials Containing Dodecatungstophosphoric and Dodecatungstosilic Acid Supported on Silica. J. Power Sources 1999, 79, 250 - 255.

[251] Staiti, P.; Minutoli, M. Influence of Composition and Acid Treatment on Proton Conduction of Composite Polybenzimidazole Membranes. J. Power Sources 2001, 94, 9 - 13.

[252] Staiti, P. Proton Conductive Membranes Constituted of Silicotungstic Acid Anchored to Silica - Polybenzimidazole Matrices. J. New Mater. Electrochem. Syst. 2001, 4, 181 - 186.

[253] Wang, S.; Dong, F.; Li, Z. Proton - Conducting Membrane Preparation Based on $SiO_2$ - Riveted Phosphotungstic Acid and Poly(2,5 - benzimidazole) Via Direct Casting Method and Its Durability. J. Mater. Sci. 2012, 156, 4743 - 4749.

[254] Jang, M. Y.; Yamazaki, Y. Preparation and Characterization of Composite Membranes Composed of Zirconium Tricarboxybutylphosphonate and Polybenzimidazole for Intermediate Temperature Operation. J. Power Sources 2005, 139, 2 - 8.

[255] Savinell, R.; Yeager, E.; Tryk, D.; Landau, U.; Wainright, J.; Weng, D.; Lux, K.; Litt, M.; Rogers, C. A Polymer Electrolyte for Operation at Temperatures up to 200 - degrees - C. J. Electrochem. Soc. 1994, 141, L46 - L48.

[256] Wainright, J. S.; Wang, J. T.; Weng, D.; Savinell, R. F.; Litt, M. Acid - Doped Polybenzimidazoles—A New Polymer Electrolyte. J. Electrochem. Soc. 1995, 142, L121 - L123.

[257] Glipa, X.; Bonnet, B.; Mula, B.; Jones, D. J.; Rozière, J. Investigation of the Conduction Properties of Phosphoric and Sulfuric Acid Doped Polybenzimidazole. J.

Mater. Chem. 1999, 9, 3045 - 3049.

[258] Kawahara, M.; Morita, J.; Rikukawa, M.; Sanui, K.; Ogata, N. Synthesis and Proton Conductivity of Thermally Stable Polymer Electrolyte: Poly(benzimidazole) Complexes with Strong Acid Molecule. Electrochim. Acta 2000, 45, 1395 - 1398.

[259] Pu, H.; Meyer, W. H.; Wegner, G. Proton Transport in Polybenzimidazole Blended with $H_3PO_4$ or $H_2SO_4$. J. Polym. Sci. B Polym. Phys. 2002, 40, 663 - 669.

[260] Li, Q. F.; Hjuler, H. A.; Bjerrum, N. J. Phosphoric Acid Doped Polybenzimidazole Membranes: Physiochemical Characterization and Fuel Cell Applications. J. Appl. Electrochem. 2001, 31, 773 - 779.

[261] Li, Q.; He, R.; Jensen, J. O.; Bjerrum, N. J. PBI - Based Polymer Membranes for High Temperature Fuel Cells—Preparation, Characterization and Fuel Cell Demonstration. Fuel Cells 2004, 4, 147 - 159.

[262] Xiao, L.; Zhang, H.; Scanlon, E.; Ramanathan, L. S.; Choe, E. W.; Rogers, D.; Apple, T.; Benicewicz, B. C. High - Temperature Polybenzimidazole Fuel Cell Membranes Via a Sol - Gel Process. Chem. Mater. 2005, 17, 5328 - 5333.

[263] Lobato, J.; Canizares, P.; Rodrigo, M. A.; Linares, J. J.; Aguilar, J. A. Improved Polybenzimidazole Films for $H_3PO_4$ - Doped PBI - Based High Temperature PEMFC. J. Membr. Sci. 2007, 306, 47 - 55.

[264] He, R.; Li, Q.; Jensen, J. O.; Bjerrum, N. J. Physicochemical Properties of Phosphoric Acid Doped Polybenzimidazole Membranes for Fuel Cells. J. Membr. Sci. 2006, 277, 38 - 45.

[265] He, R.; Li, Q.; Xiao, G.; Bjerrum, N. J. Proton Conductivity of Phosphoric Acid Doped Polybenzimidazole and Its Composites with Inorganic Proton Conductors. J. Membr. Sci. 2003, 226, 169 - 184.

[266] Schechter, A.; Savinell, R. F.; Wainright, J. S.; Ray, D. H - 1 and P - 31 NMR Study of Phosphoric Acid - Doped Polybenzimidazole Under Controlled Water Activity. J. Electrochem. Soc. 2009, 156, B283 - B290.

[267] Asensio, J. A.; Sanchez, E. M.; Gomez - Romero, P. Proton - Conducting Membranes Based on Benzimidazole Polymers for High - Temperature PEM Fuel Cells. A Chemical Quest. Chem. Soc. Rev. 2010, 39, 3210 - 3239.

[268] Oono, Y.; Fukuda, T.; Sounai, A.; Hori, M. Influence of Operating Temperature on Cell Performance and Endurance of High Temperature Proton Exchange Membrane Fuel Cells. J. Power Sources 2010, 195, 1007 - 1014.

[269] Carollo, A.; Quartarone, E.; Tomasi, C.; Mustarelli, P.; Belotti, F.; Magistris, A.; Maestroni, F.; Parachini, M.; Garlaschelli, L.; Righetti, P. P. Developments of New Proton Conducting Membranes Based on Different Polybenzimidazole Structures for Fuel Cells Applications. J. Power Sources 2006, 160, 175 - 180.

[270] Subianto, S. Recent Advances in Polybenzimidazole/Phosphoric Acid Membranes for

High-Temperature Fuel Cells. Polym. Int. 2014, 63, 1134-1144.

[271] Kerres, J.; Atanasov, V. Cross-Linked PBI-Based High-Temperature Membranes: Stability, Conductivity and Fuel Cell Performance. Int. J. Hydrogen Energy 2015, 40, 14723-14735.

[272] Hasiotis, C.; Li, Q.; Deimede, V.; Kallitsis, J. K.; Kontoyannis, C. G.; Bjerrum, N. J. Development and Characterization of Acid-Doped Polybenzimidazole/Sulfonated Polysulfone Blend Polymer Electrolytes for Fuel Cells. J. Electrochem. Soc. 2001, 148, A513-A519.

[273] Hasiotis, C.; Deimede, V.; Kontoyannis, C. New Polymer Electrolytes Based on Blends of Sulfonated Polysulfones with Polybenzimidazole. Electrochim. Acta 2001, 46, 2401-2406.

[274] Li, Q.; Jensen, J. O.; Pan, C.; Bandur, V.; Nilsson, M. S.; Schönberger, F.; Chromik, A.; Hein, M.; Häring, T.; Kerres, J.; Bjerrum, N. J. Partially Fluorinated Aarylene Polyethers and Their Ternary Blends with PBI and $H_3PO_4$. Part II. Characterisation and Fuel Cell Tests of the Ternary Membranes. Fuel Cells 2008, 8, 188-199.

[275] Li, Q. F.; Rudbeck, H. C.; Chromik, A.; Jensen, J. O.; Pan, C.; Steenberg, T.; Calverley, M.; Bjerrum, N. J.; Kerres, J. Properties, Degradation and High Temperature Fuel Cell Test of Different Types of PBI and PBI Blend Membranes. J. Membr. Sci. 2010, 347, 260-270.

[276] Chromik, A.; Kerres, J. A. Degradation Studies on Acid-Base Blends for Both LT and Intermediate T Fuel Cells. Solid State Ion. 2013, 252, 140-151.

[277] Kerres, J. A.; Katzfuss, A.; Chromik, A.; Atanasov, V. Sulfonated Poly(styrene)s-PBIOO(R) Blend Membranes: Thermo-Oxidative Stability and Conductivity. J. Appl. Polym. Sci. article number 39889.

[278] Hajdok, I.; Bona, A.; Werner, H. J.; Kerres, J. Synthesis and Characterization of Fluorinated and Sulfonated Poly(arylene Ether-1,3,4-Oxadiazole) Derivatives and Their Blend Membranes. Eur. Polym. J. 2014, 52, 76-87.

[279] Seyb, C.; Kerres, J. Novel Partially Fluorinated Sulfonated Poly(arylenethioether)s and Poly(aryleneether)s Prepared from Octafluorotoluene and Pentafluoropyridine, and Their Blends with PBI-Celazol. Eur. Polym. J. 2013, 49, 518-531.

[280] Atanasov, V.; Gudat, D.; Ruffmann, B.; Kerres, J. Highly Phosphonated Polypentafluorostyrene: Characterization and Blends with Polybenzimidazole. Eur. Polym. J. 2013, 49, 3977-3985.

[281] Kawahara, M.; Rikukawa, M.; Sanui, K. Relationship Between Absorbed Water and Proton Conductivity in Sulfopropylated Poly(benzimidazole). Polym. Adv. Technol. 2000, 11, 544-547.

[282] Thomas, O. D.; Peckham, T. J.; Thanganathan, U.; Yang, Y.; Holdcroft, S.

[282] Sulfonated Polybenzimidazoles: Proton Conduction and Acid – Base Crosslinking. J. Polym. Sci. A Polym. Chem. 2010, 48, 3640 – 3650.

[283] Ng, F.; Peron, J.; Jones, D. J.; Rozière, J. Synthesis of Novel Proton – Conducting Highly Sulfonated Polybenzimidazoles for PEMFC and the Effect of the Type of Bisphenyl Bridge on Polymer and Membrane Properties. J. Polym. Sci. A Polym. Chem. 2011, 49, 2107 – 2117.

[284] Angioni, S.; Villa, D. C.; Dal Barco, S.; Quartarone, E.; Righetti, P. P.; Tomasi, C.; Mustarelli, P. Polysulfonation of PBI – Based Membranes for HT – PEMFCs: A Possible Way to Maintain High Proton Transport at a Low $H_3PO_4$ Doping Level. J. Mater. Chem. A 2014, 2, 663 – 671.

[285] Wang, S.; Zhang, G.; Han, M.; Li, H.; Zhang, Y.; Ni, J.; Ma, W.; Li, M.; Wang, J.; Liu, Z.; Zhang, L.; Na, H. Novel Epoxy – Based Cross – linked Polybenzimidazole for High Temperature Proton Exchange Membrane Fuel Cells. Int. J. Hydrogen Energy 2011, 36, 8412 – 8421.

[286] Wang, K. Y.; Xiao, Y. C.; Chung, T. S. Chemically Modified Polybenzimidazole Nanofiltration Membrane for the Separation of Electrolytes and Cephalexin. Chem. Eng. Sci. 2006, 61, 5807 – 5817.

[287] Aili, D.; Li, Q.; Christensen, E.; Jensen, J. O.; Bjerrum, N. J. Crosslinking of Polybenzimidazole Membranes by Divinylsulfone Post – treatment for High – Temperature Proton Exchange Membrane Fuel Cell Applications. Polym. Int. 2011, 60, 1201 – 1207.

[288] Yang, J.; Li, Q.; Cleemann, L. N.; Jensen, J. O.; Pan, C.; Bjerrum, N. J.; He, R. Crosslinked Hexafluoropropylidene Polybenzimidazole Membranes with Chloromethyl Polysulfone for Fuel Cell Applications. Adv. Energy Mater. 2013, 3, 622 – 630.

[289] Wang, S.; Zhao, C.; Ma, W.; Zhang, N.; Liu, Z.; Zhang, G.; Na, H. Macromolecular Cross – linked Polybenzimidazole Based on Bromomethylated Poly(aryl Ether Ketone) with Enhanced Stability for High Temperature Fuel Cell Applications. J. Power Sources 2013, 243, 102 – 109.

[290] Gubler, L.; Kramer, D.; Belack, J.; ünsal, Å.; Schmidt, T. J.; Scherer, G. G. Celtec – V: A Polybenzimidazole – Based Membrane for the Direct Methanol Fuel Cell. J. Electrochem. Soc. 2007, 154, B981 – B987.

[291] Sukumar, P. R.; Wu, W.; Markova, D.; Unsal, O.; Klapper, M.; Mullen, K. Functionalized Poly(benzimidazole)s as Membrane Materials for Fuel Cells. Macromol. Chem. Phys. 2007, 208, 2258 – 2267.

[292] Sinigersky, V.; Budurova, D.; Penchev, H.; Ublekov, F.; Radev, I. Polybenzimidazole – Graft – Polyvinylphosphonic Acid—Proton Conducting Fuel Cell Membranes. J. Appl. Polym. Sci. 2013, 129, 1223 – 1231.

[293] Berber, M. R.; Fujigaya, T.; Sasaki, K.; Nakashima, N. Remarkably Durable

High Temperature Polymer Electrolyte Fuel Cell Based on Poly ( vinylphosphonic acid) – Doped Polybenzimidazole. Sci. Rep. 2013, 3. article number 1764.

[294] Lobato, J.; Canizares, P.; Rodrigo, M. A.; Ubeda, D.; Pinar, F. J. Promising $TiOSO_4$ Composite Polybenzimidazole – Based Membranes for High Temperature PEM-FCs. ChemSusChem 2011, 4, 1489 – 1497.

[295] Asensio, J. A.; Borros, S.; Gomez – Romero, P. Enhanced Conductivity in Polyanion – Containing Polybenzimidazoles. Improved Materials for Proton – Exchange Membranes and PEM Fuel Cells. Electrochem. Commun. 2003, 5, 967 – 972.

[296] Xu, C.; Wu, X.; Wang, X.; Mamlouk, M.; Scott, K. Composite Membranes of Polybenzimidazole and Caesium – Salts – of Heteropolyacids for Intermediate Temperature Fuel Cells. J. Mater. Chem. 2011, 21, 6014 – 6019.

[297] Di, S.; Yan, L.; Han, S.; Yue, B.; Feng, Q.; Xie, L.; et al. Enhancing the High – Temperature Proton Conductivity of Phosphoric Acid Doped Poly(2,5 – benzimidazole) by Preblending Boron Phosphate Nanoparticles to the Raw Materials. J. Power Sources 2012, 211, 161 – 168.

[298] Mamlouk, M.; Scott, K. A Boron Phosphate – Phosphoric Acid Composite Membrane for Medium Temperature Proton Exchange Membrane Fuel Cells. J. Power Sources 2015, 286, 290 – 298.

[299] Mao, L.; Mishra, A. K.; Kim, N. H.; Lee, J. H. Poly(2,5 – benzimidazole) – Silica Nanocomposite Membranes for High Temperature Proton Exchange Membrane Fuel Cell. J. Membr. Sci. 2012, 411, 91 – 98.

[300] Ghosh, S.; Maity, S.; Jana, T. Polybenzimidazole/Silica Nanocomposites: Organic – Inorganic Hybrid Membranes for PEM Fuel Cell. J. Mater. Chem. 2011, 21, 14897 – 14906.

[301] Mustarelli, P.; Quartarone, E.; Grandi, S.; Carollo, A.; Magistris, A. Polybenzimidazole – Based Membranes as a Real Alternative to Nafion for Fuel Cells Operating at Low Temperature. Adv. Mater. 2008, 20, 1339 – 1343.

[302] Mustarelli, P.; Quartarone, E.; Grandi, S.; Angioni, S.; Magistris, A. Increasing the Permanent Conductivity of PBI Membranes for HT – PEMs. Solid State Ion. 2012, 225, 228 – 231.

[303] Chu, F.; Lin, B.; Qiu, B.; Si, Z.; Qiu, L.; Gu, Z.; et al. Polybenzimidazole/Zwitterion – Coated Silica Nanoparticle Hybrid Proton Conducting Membranes for Anhydrous Proton Exchange Membrane Application. J. Mater. Chem. 2012, 22, 18411 – 18417.

[304] Plackett, D.; Siu, A.; Li, Q.; Pan, C.; Jensen, J. O.; Nielsen, S. F.; et al. High – Temperature Proton Exchange Membranes Based on Polybenzimidazole and Clay Composites for Fuel Cells. J. Membr. Sci. 2011, 383, 78 – 87.

# 第8章 基于薄膜的可持续用水发电工艺：压力阻滞渗透、反向电渗析和电容式混合

## 术语表

| | | | |
|---|---|---|---|
| $A$ | 透水性($m \cdot s^{-1} \cdot Pa^{-1}$) | $Q$ | 容积式进料流量($m^3 \cdot L^{-1}$) |
| $A_{cell}$ | 面积($m^2$) | $Q_{max}$ | 存储电荷(C) |
| $B$ | 盐渗透系数($m \cdot s^{-1}$) | $R$ | 气体常数(8.314 $J \cdot mol^{-1} \cdot K^{-1}$) |
| $c$ | 浓度($mol \cdot m^{-3}$) | $R_{AEM}$ | 阴离子交换膜的电阻($\Omega$) |
| $C$ | 电容(F) | $R_{GEM}$ | 阳离子交换膜的电阻($\Omega$) |
| $C_s$ | 尾轴比电容($F \cdot m^{-2}$) | $R_{et}$ | 电阻的电极($\Omega$) |
| $D$ | 溶质扩散率($m^2 \cdot s^{-1}$) | $R_{HCG}$ | 抵抗高浓度溶液($\Omega$) |
| $E$ | 电动势(V) | $R_i$ | 内部堆栈阻力($\Omega$) |
| $E_{mix}$ | 储存电化学能(J) | $R_j$ | 盐被拒绝(%) |
| $F$ | 法拉第常数(96 485 $C \cdot mol^{-1}$) | $R_L$ | 负载电阻($\Omega$) |
| $F$ | 无效的因素 | $R_{LCC}$ | LCC 阻力低浓度的解决方案($\Omega$) |
| $G$ | 吉布斯自由能(J) | $S$ | 结构因子(m) |
| $G_t$ | 混合溶液的吉布斯自由能(J) | $T$ | 绝对温度(K) |
| $I$ | 电流(A) | $V$ | 偏摩尔体积($m^3 \cdot mol^{-1}$) |
| $J_w$ | 渗透水通量($m^3 \cdot m^{-2} \cdot h^{-1}$) | $V$ | 体积($m^3$) |
| $k$ | 传质系数($m \cdot s^{-1}$) | $V_{cell}$ | 电池电压(V) |
| $n$ | 摩尔数 | $V_D$ | 唐南电位(V) |
| $N$ | 膜(细胞)对的数目 | $V_{DL}$ | DL 电极电位(V) |
| OCV | 开路电压(V) | $X$ | 摩尔分数($mol^{-1}$) |
| $P_d$ | 功率密度($W \cdot m^{-2}$) | $Z$ | 离子价 |
| $P_{d,max}$ | 最大功率密度($W \cdot m^{-2}$) | $\Delta P$ | 静水压差(bar) |
| $P_{d,net}$ | 净功率密度($W \cdot m^{-2}$) | $\Delta P$ | 压力梯度(bar) |
| $P_h$ | 泵浦耗散功率(W) | $\Delta G_{mix}$ | 混合吉布斯自由能(J) |

## 下标

| | | | |
|---|---|---|---|
| an | 阴离子 | ct | 阳离子 |

| | | | |
|---|---|---|---|
| $B$ | 透水性(m·s$^{-1}$·Pa$^{-1}$) | d | 稀释 |
| $C$ | 面积(平方米) | f | 进给 |

**希腊字母**

| | | | |
|---|---|---|---|
| $\alpha$ | 选择性(%) | $\Delta\pi$ | 渗透压差(bar) |
| $\gamma$ | 活度系数 | $\Delta\pi_{eff}$ | 有效渗透压(bar) |
| $\delta$ | 隔室厚度(m) | $\sigma$ | 电导率(S·m$^{-1}$) |
| $\varepsilon_o$ | 介电常数 | $\sigma_c$ | 表面电荷密度(C·m$^{-2}$) |
| $\varepsilon_r$ | 相对介电常数 | $\Delta\psi$ | 电位差(V) |
| $\mu$ | 化学势(J·mol$^{-1}$) | $\rho$ | 渗透 |

## 8.1 盐度梯度功率

### 8.1.1 介绍

由于全球经济的扩张、人口的增长、人们生活水平的提高,能源需求急剧上升,对有限化石燃料的密集使用导致温室气体排放和全球气候变化,标志着对替代清洁能源和可再生能源的迫切需求。盐度梯度功率(SGP),又称蓝色能源,是满足这一需求的新兴能源之一。

SGP 是通过将两种不同盐度溶液的渗透能转化为电能而产生的以可持续的方式使用的技术。它是一种完全可再生能源,环境安全,无任何热污染,不排放有害气体和放射性物质。SGP 的全球潜力释放的时候河流和海水混合在一起估计有 1.7~2 TW,其中 980 GW 在技术上是可用的。最终,技术上潜力取决于所使用的技术、提要位置和类型以及其他法规约束。

与风能和太阳能不同,SGP 在馈电过程中可以不间断、不周期性地连续利用资源。天然水可以描述 SGP 连续提取的可持续性和可能性循环(图 8.1),可用的水(海洋、湖泊和河流)通过太阳能蒸发,凝结成云,然后返回。

以微小水滴的形式流到地球上,然后以淡水(河水或咸水)的形式流入湖泊或海洋维持一个封闭的水循环。河水或半咸水也可与人为产生的盐水混合利用反渗透(RO)或膜蒸馏(MD)进行海水淡化、太阳能浓缩和采矿等活动等。像死海这样的盐水自然来源也可能具有巨大的 SGP 潜力。

从热力学的观点来看,若已知给定溶液的化学势,则理论量在一定条件下可以确定混合的自由能。对于给定溶液中的第 $i$ 个组分,化学物质电势($\mu$)为

$$\mu_i = \mu_i^o + v_i \Delta p + z_i F \Delta\psi + RT\ln\gamma\chi_i \tag{8.1}$$

式中,$\mu^o$ 为标准条件下的化学势,J·mol$^{-1}$;$\nu_i$ 为偏摩尔体积;$\Delta p$ 为压力梯度,Pa;$z_i$ 为一个离子的价,当量/mol;$F$ 为法拉第常数,96 485 C/当量;$\Delta\psi$ 为电位差,V;$R$ 为气体常数,8.314 J·mol$^{-1}$K$^{-1}$;$T$ 为绝对温度,K;$\gamma_i$ 为活度系数;$\chi_i$ 为摩尔分数。

在恒压力和电荷输运,式(8.1)简化为

$$\mu_i = \mu_i^o + RT\ln \gamma_i \chi_i \tag{8.2}$$

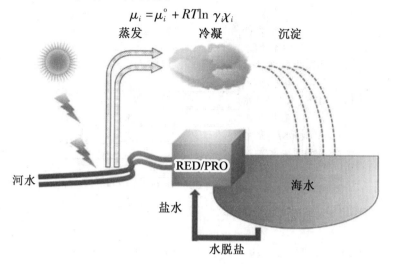

图 8.1　SGP 连续开采的自然水循环
RED—反向电渗析;PRO—用于 SGP 生产的压阻渗透技术

吉布斯自由能($G$)的定义如下:

$$G = \sum_i \mu_i n_i \tag{8.3}$$

式中,$n_i$ 为各组分的摩尔数,可以用浓度 $c_i$ 和总体积 $V$ 表示为

$$n_i = c_i \cdot V \tag{8.4}$$

两种盐溶液在不同浓度下的混合吉布斯自由表示为($\Delta G_{mix}$)由混合溶液的吉布斯自由能($G_t$)和初始溶液的吉布斯自由能表示为

$$\Delta G_{mix} = G_t - (G_c + G_d) \tag{8.5}$$

式中,下标"c"和"d"分别表示浓缩和稀释溶液。

结合式(8.1)~(8.5),$\Delta G_{mix}$ 混合物可以计算为

$$\Delta G_{mix} = \sum_i (c_{i,t} V_t RT\ln \gamma_{i,t} x_{i,t}) - (c_{i,c} RT\ln \gamma_{i,c} \chi_{i,c} + c_{i,d} V_d RT\ln \gamma_{i,d} \chi_{i,d}) \tag{8.6}$$

图 8.2 所示为从不同资源中提取的理论可用能量。理论上,能量高达 1 400 kJ 可从混合 1 m³ 海水(0.5 mol·L⁻¹ NaCl)和 1 m³ 河水(0.017 mol·L⁻¹ NaCl)中提取,相当于能量从 280 m 高处落下的水产生的。使用反渗透盐水(1 mol·L⁻¹ NaCl)代替河水在室温下提供的能量为 420 kJ。将 MD 盐水(5 mol·L⁻¹ NaCl)与海水混合可显著提高约 10 500 kJ,MD 盐水和河水的混合使能量进一步增加到 17 MJ。实际上,提取的能源取决于用于治理 SGP 的技术效率,以及生态和法律限制。

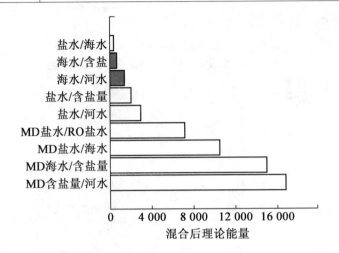

图 8.2 不同来源的混合进料溶液产生的理论能量

河水(0.01 mol·L$^{-1}$ NaCl)、盐水(0.1 mol·L$^{-1}$ NaCl)、海水(0.5 mol·L$^{-1}$ NaCl)、反渗透盐水(1 mol·L$^{-1}$ NaCl)、MD 盐水(5 mol·L$^{-1}$ NaCl)。海水或盐水被认为是 HCC 溶液

### 8.1.2 技术

盐度梯度能量可以通过不同的技术来利用:反向电渗析(RED)、微生物 RED、电容性混合(CAPMIX)、压阻渗透(PRO)、气压差利用(VPD)和水力发电机(HG)。目前,RED 和 PRO 是最先进的膜基技术,接近商业化。

## 8.2 Pressure-Retarded 渗透

### 8.2.1 原理与理论

在 PRO 中,水通过半渗透膜从低浓度溶液(LCS)中扩散,例如,河流、微咸水或废水,进入高浓度(抽出)溶液(HCS)或抽出溶液,例如海水或盐水。海水如果采用盐水作为 HCS 溶液,也可以作为 LCS。最后,LCS 和 HCS 在喂养前进行预处理 PRO 系统去除任何污染物、颗粒或杂质,从而减少膜污染。从 LCS 到 HCS 水流动的驱动力为盐度差,盐度差对 HCS 施加压力,使其流速增大。加压的高碳钢随着体积的扩大,带动水轮机发电。部分加压的碳氢化合物通过压力换热器将拉伸液的压力转移到进料液中,降低了工艺成本。图 8.3 所示为盐度梯度能量产生 PRO 系统原理图。从理论上讲,最大可提取能量 LCS 和 HCS 的可逆混合在 LCS 的 0.75~14.1 kW·h·m$^{-3}$ 范围内。

PRO 中通过膜的驱动力可以表示为渗透压差($\Delta\pi$)和流体静力学压差($\Delta P$)。从膜水中可以计算得到 PRO 中的压阻渗透水通量 $J_w$、渗透率 $A$ 与驱动力:

$$J_w = A(\Delta\pi - \Delta P) \tag{8.7}$$

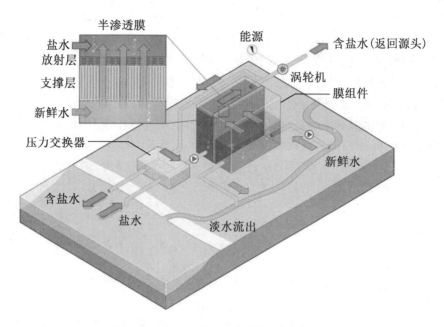

图 8.3 SGP 生产的 PRO 系统示意图。
(来自罗根,B. E.;伊利米勒,M. 以膜为基础的可持续用水发电工艺。Nature 2012,488(7411),313 – 319. Copyright (2012).)

与水力发电相似,在预处理过程中产生的功率密度 $P_d$ 是增大流量的产物,以及通过水轮机的压降:

$$P_d = J_w \Delta p = A(\Delta \pi - \Delta p)\Delta p \tag{8.8}$$

式(8.8)相对于 $\Delta p$ 的微分给出了最大功率 $P_{d,max}$,即

$$P_{d,max} = \frac{A}{4}\Delta \pi^2 \tag{8.9}$$

当施加压力等于渗透压的一半($\Delta p = \Delta \pi/2$)时得到。实际上,由于 PRO 的效率受到多个参数的限制,因此很难达到该最大功率密度。式(8.8)清楚地表明膜渗透性是一个有效的预处理过程的关键参数。然而,其他几个因素包括渗透压水源、施加压力、进出液流量、浓度极化(CP)、反盐扩散、膜机械强度、系统配置等也会影响输出功率,从而影响 PRO 流程。当有效浓度梯度被充分利用时,给定膜渗透性的最大功率密度出现,因此渗透压差($\Delta \pi$)被描述为

$$\Delta \pi = (\pi_{b,c} - \pi_{b,d}) = 2R(c_{b,c} - c_{b,d}) \tag{8.10}$$

式中,$c$ 为溶液的浓度;下标 b、c 和 d 分别为体积特性、浓缩和稀释。

### 8.2.2 PRO 中的传质

膜操作以及在以后 PRO 中的表现高度依赖于跨膜传质现象。图 8.4 所示为在 PRO 中操作的不对称复合膜的盐浓度和渗透压分布。膜表面和体积浓度变化导致的 CP 与传统的反渗透工艺相比,PRO 中的溶液发生在不同的机理中。阴极保护可分为两个方面:

稀释外浓极化(ECP)和内浓极化(ICP)。稀释 ECP 发生在从稀释流渗透到浓缩流过程中,导致其在膜表面的稀释。相似地,对反渗透来说,这种极化可以通过膜外传质的增强而减小。膜的多孔支撑层对传质的阻力导致了等离子体的产生。当被排出的盐聚集在膜表面并导致盐在膜中反向扩散时,即在浓度梯度的驱动下,少量盐通过膜从 HCS 渗透到进料溶液中。ICP 或逆盐扩散的最终结果是限制了 PRO 的能量生成效率,并且可以减少使用适当设计的高透水性和排盐膜。

由于 ICP、稀释 ECP 和反向盐通量的共同作用,实际(有效)渗透压驱动力($\Delta \pi_{\text{eff}}$)将小于实际(理论)渗透压驱动力($\Delta \pi_{\text{eff}}$)。因此,通过重写式(8.7)可得 $\Delta \pi_{\text{eff}}$ 为

$$J_{w,e} = A(\Delta \pi_{\text{eff}} - \Delta p) \tag{8.11}$$

$$\Delta \pi_{\text{eff}} = \frac{\pi_{b,c} - \pi_{b,d} \exp \frac{J_{x,t} S}{D}}{1 + \frac{B}{J_w}\left(\exp \frac{J_{x,t} S}{D} - 1\right)} \tag{8.12}$$

式中,$B$ 为盐渗透系数;$D$ 为溶质扩散系数;$S$ 为多孔支架的结构因子。

理想的膜的结构因子将是零,导致没有内部 CP。盐半透膜的渗透系数 $B$ 可以与脱盐($R_j$)、盐浓度在进料($c_f$)和盐浓度渗透($c_p$)的解决方案,由一个 RO 试验:

$$B = \frac{A(R-1)(\Delta \pi - \Delta p)}{R_j} = \frac{A(\Delta \pi - \Delta p)}{1 - \frac{c_f}{c_p}} \tag{8.13}$$

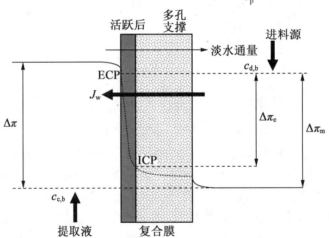

图 8.4 不对称复合膜在 PRO 上的盐浓度和渗透压分布示意图。$c_{s,b}$ 和 $c_{d,b}$ 是大部分的盐浓度,海水和淡水的解决方案,$\Delta \pi$ 是大部分之间的渗透压不同淡水和盐水,$\Delta \pi_m$ 跨膜的渗透压差,$\Delta \pi_{\text{eff}}$ 跨膜选择性的有效渗透压梯度层

将式(8.12)与式(8.13)结合:

$$\pi_{\text{eff}} = 2RT \frac{c_{b,c} \exp \frac{-J_{x,t}}{k} - c_{b,c} \exp \frac{J_{w,s} S}{D}}{1 + \frac{B}{J_{w,s}} \exp \frac{J_{w,s} S}{D} - 1} \tag{8.14}$$

式中,$k$ 为传质系数。

对 PRO 系统中水通量和功率密度随水压的变化进行了理论模拟,如图 8.5 所示。在理想情况下,由于驱动力的减小,水通量随 $\Delta p$ 线性减小。当施加的压力等于渗透压差时,水通量为零。由式(8.9)计算得到最大(峰值)功率密度在 12~13 bar。在没有这些因素的理想情况下,水通量约为 50 L·m$^{-2}$·h$^{-1}$,当功率密度约为 18 W·m$^{-2}$ 时,将淡水和海水分别视为 LCS 和 HCS。然而,前面讨论过,由于内部 CP 和外部 CP 的影响以及盐的反向扩散,这实际上是不可能的。因此,计算的水通量和功率密度分别下降到 20 L·m$^{-2}$·h$^{-1}$ 和 6 W·m$^{-2}$。显然,在忽略内部 CP 现象后,水通量和功率密度发生了显著变化,说明参数是决定 PRO 工艺性能的关键因素。总体来说,有几种文献证明了这一点,通过对 CP 现象对 PRO 系统性能的负面影响的理论和试验可以用于研究质量输运、CP 和盐渗透率。

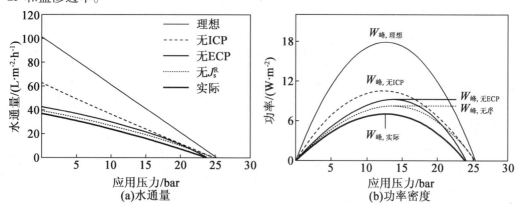

图 8.5 PRO 系统中水通量和功率密度随液压的变化情况

$\pi_{c,b} = 26.14$ bar,$\pi_{d,b} = 0.789$ bar,$A = 4.0$ L·m$^{-2}$·h$^{-1}$·bar,$B = 0.85$ L·m$^{-2}$·h$^{-1}$,$S = 350$ μm,和 $k = 38.5$ μm·s$^{-1}$(138.6 L·m$^{-2}$·h$^{-1}$)

(Reproduced from Yip, N. Y.; Elimelech, M. Performance Limiting Effects in Power Generation from Salinity Gradients by Pressure Retarded Osmosis. Environ. Sci. & Technol. 2011, 45(23), 10273-10282 with permission from the American Chemical Society. Copyright 2011.)

既往和当前的 PRO 研究成果强调,ICP 的降低是 PRO 系统商业化的最重要的限制因素,因此,开发克服这些挑战的合适的膜仍然是一个重要的研发领域。

其他限制 PRO 系统输出功率的因素包括所有泵的机械效率,包括水轮机。水力能量回收装置(ERDs)的效率也很重要,该装置用于减少膜组件内预期的泵送功率损失。实际上,每个部件的能量损失取决于操作压力和流速。PRO 的传质可以通过增加进料速度来增强,但是需要额外的能量输入,从而限制 PRO 的净输出功率。在自然操作条件下,进料流可能含有有机物、胶体颗粒、细菌和其他杂质。这些可能直接导致污垢的发生,生物污垢主要是由于多孔支架堵塞造成的。此外,驱动力的降低可能是由于膜两侧浓度和压力的轴向变化,导致膜两侧的摩擦压降和进料变化。总体来说,系统配置也可以决定 PRO 过程的效率,例如,在与 RO 和(或)MD 混合应用的案例。

### 8.2.3 PRO 膜的研制

如前所述，PRO 膜的主要要求是高透水性、良好的机械稳定性、水力压力大、盐渗透率极低、支撑层结构参数极低。这些需要在设计高效 PRO 膜时考虑到。

早期的 PRO 研发涉及商业上可用的 RO/NF 膜的使用，这种膜最初是为液压设计的驱动分离过程。表 8.1 给出了商业 RO/FO 膜的功率密度报告专业系统。这种膜基本上具有较厚的支撑，最终会伴随巨大的 CP 现象而非常适合专业操作。第一次开创性的工作涉及使用商业 Permasep RO 膜（来自杜邦）在 PRO 测试中的应用结果显示，在约 31 bar 的功率密度可达 1.74 W·m。几种其他类型像中空纤维复合膜和平板三醋酸纤维素（CTA）RO 膜也已经被研究过。近年来，薄膜复合材料（TFC）平板和 TFC 中空纤维膜在 PRO 中开发和测试得到了广泛的应用。表 8.2 总结了一些商用和定制 PRO 膜的传输特性。

表 8.1 PRO 中测试的 FO/NF 膜功率密度报告

| 作者 | 功率密度/(W·m$^{-2}$) | 压力/bar | 文献 |
| --- | --- | --- | --- |
| Loeb 等 | 0.87 | 103 | 37 |
| Jellinek 和 masuda | 1.62 | 28 | 41 |
| Mehta 和 Loeb | 2.62 | 80 | 39 |
| Loeb 和 Metha | 1.57 | 100 | 43 |
| Mehta | 1.22 | 43 | 43 |

表 8.2 商业和定制 PRO 膜的运输性能

| 膜 | $A/(10^{-9} m \cdot s^{-1} \cdot kPa^{-1})$ | $B/(10^{-7} m \cdot s^{-1})$ | $S/\mu m$ | 文献 |
| --- | --- | --- | --- | --- |
| HTI CTA-FO 商业膜 | 1.87 | 1.11 | 678 | 44 |
| | 1.02 | 0.77 | 590 | 34 |
| | 1.00 | 0.89 | 505 | 45 |
| | 1.83 | 1.20 | 790 | 46 |
| 特制 TFC-PRO 平板 | 2.78 | 0.50 | — | 47 |
| | 2.22 | 0.30 | — | 47 |
| | 14.72 | 5.55 | 600 | 48 |
| | 1.19 | — | — | 49 |
| | 11.39 | 4.83 | 150 | 50 |
| | 7.86 | 1.22 | 273 | 46 |

续表 8.2

| 膜 | $A/(10^{-9} \text{m} \cdot \text{s}^{-1} \cdot \text{kPa}^{-1})$ | $B/(10^{-7} \text{m} \cdot \text{s}^{-1})$ | $S/\mu\text{m}$ | 文献 |
|---|---|---|---|---|
| 特制 TFC – PRO 中空纤维 | 9.17 | 0.86 | 450 | 51 |
| | 3.89 | 0.33 | 510 | 51 |
| | 2.50 | 1.11 | 540 | 51 |
| | 9.22 | 0.39 | 460 | 52 |
| | 4.22 | 0.67 | 610 | 53 |
| | 2.52 | 0.24 | 685 | 54 |

$A$,透水性;$B$,盐渗透性;$S$,结构因素。

**1. 不对称/FO/NF 膜**

几项研究工作证明了 FO 膜用于 PRO 应用,因为这两种技术对膜的最佳性能要求相似,如高透水性和最小 CP。CTA 不对称水化技术创新(HTI, Albany, OR)生产的平板膜是研究最多的一种。这样膜具有亲水性质,有利于膜湿润,而薄膜厚度(50 mm)允许一个非常低的结构参数 $S$ 下降到 480 mm,而传统的反渗透膜高达 37 500 mm。一个报道显示,不同浓度(最高可达 2 mol·L$^{-1}$ NaCl)的进料溶液的密度可达 5.8 W·m$^{-2}$,然而报道的 CTA 膜的功率密度大多低于经济应用的阈值 PRO,也就是 5 W·m$^{-2}$。几种其他 FO 膜也被定制并测试了 PRO,然而,膜的力学性能较差,在一定条件下会发生变形和损伤。FO 的单薄性质膜也会导致 CP 现象的恶化。最终的解决方案是设计和开发最佳材料和优化制备工艺。

**2. TFC 平板膜**

TFC 膜的结构一般由非对称多孔支撑层和顶部选择性表皮组成层。这类薄膜大多是通过在其表面形成选择性层的反相过程制备的通过界面聚合的多孔膜衬底。PRO 使用的 TFC 平板和中空纤维膜较多基于间苯二胺(MPD)和三甲基氯(TMC)材料。基于体积的各种添加剂材料单体和表面活性剂也被用来增加排斥层的固有自由体积,从而改善水渗透率。

为了提高透水性,通过适当控制聚酰胺自由体积的选择层制备了几种 TFC – PRO 平板膜。大分子单体(例如 p – xylylenediamine)在界面聚合过程中掺入 MPD,以扩大和拓宽 TFC 平板膜制备过程中的聚酰胺层。自由体积的扩大促进了水的渗透性,轻微减少盐排斥,增强水通量和功率密度。然而,在一个非常大的自由体积、反向盐通量和 CP 的作用下,这将导致膜选择性和功率密度的降低。在膜的制备过程中,采用甲醇浸泡后处理的方法使 TFC 层膨胀从而增加渗透性,去除未反应单体和低分子量聚合物链。TFC 平板膜基于聚酰胺的选择层和定制的基质膜载体也在 PRO 中使用各种人造水流进行了制备和测试。在微孔支撑层上通过界面形成聚酰胺选择层 MPD 与 TMC 聚合。图 8.6 所示为界面形成聚酰胺的反应机理聚合。这种薄膜在 15 bar 下的功率密度为 7~12 W·m$^{-2}$。采用十二烷基硫酸钠(SDS)表面活性剂对大体积单体添加剂膜进行了进一步改性表现都有所提高。在界面聚合过程中加入 MPD 溶液,再用 N,N – 二甲基甲酰胺(DMF)后处理。如图 8.7(a)所示,原始 TFC 膜的表面呈现出聚酰胺膜的"脊谷"状结构,随着 SDS 浓度的增加,呈片状形态。水通量在 SDS MPD 中为 2% 时达到最大值,然后减小(图 8.7(b))。此外,反向盐通量略有下降,保持在较低水平。这些在 1 mol·L$^{-1}$ NaCl 汲取液和去离子水作为进料测试条件下,膜的功率密度在 22 bar 下达到 18.09 W·m$^{-2}$。其他类型的 TFC 膜也使用一个支持层的基础上优化的纳米纤维和聚砜嵌入编织网进行了制备。使用去离子水和盐水 1.06 mol·L$^{-1}$ NaCl 时,在 15.2 bar 下功率密度高达 21.3 W·m$^{-2}$。

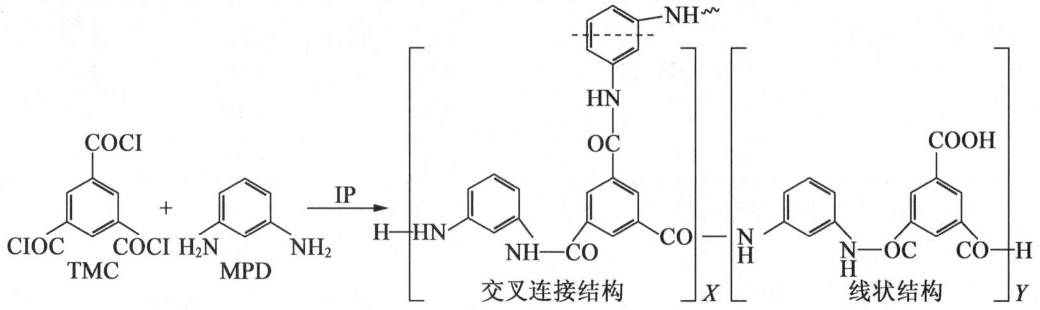

图 8.6 界面聚合形成聚酰胺的反应机理

(Reproduced from Han, G.; Zhang, S.; Li, X.; Chung, T. -S. High Performance Thin Film Composite Pressure Retarded Osmosis (PRO) Membranes for Renewable Salinity - Gradient Energy Generation. J. Membr. Sci. 2013, 440, 108 - 121, with permission from Elsevier Ltd. Copyright 2013.)

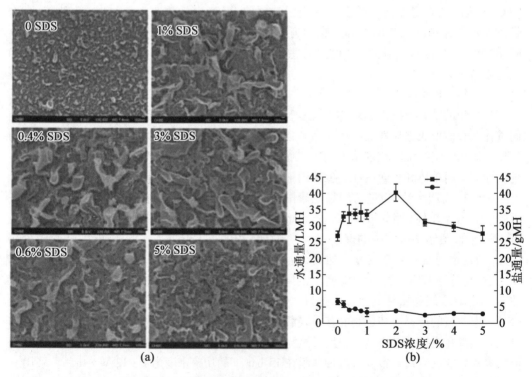

图 8.7 不同 MPD 溶液制备的 TFC 膜的表面形貌和水通量、反盐通量 SDS 浓度

(Reproduced from Cui, Y.; Liu, X. Y.; Chung, T. S. Enhanced Osmotic Energy Generation from Salinity Gradients by Modifying Thin Film Composite Membranes. Chem. Eng. J. 2014, 242, 195 - 203 with permission from Elsevier Ltd. Copyright 2014.)

TFC 平板 PRO 膜的一些局限性是需要一个间隔器来维持流动通道几何形状和改善传质。但是,进料间隔器会在进料通道内造成液压损失从而减少膜的渗透通量。在高压操作条件下,可能会产生垫片膜的变形导致膜的选择性降低。结构的增加参数 $S$ 也会出现,这将导致反向盐通量和 CP 效应的增加。最终,这种情况会通过合理设计具有良好力学性能的 TFC – PRO 膜,以及与 geo – 相容的垫片对称膜得到缓解。

**3. 中空纤维膜**

与平板膜相比,中空纤维膜有几个优点,即每个模块的表面积大,具有自支撑结构,模块制作方便,不需要垫片。有两类这样的膜用于 PRO 系统的应用研究:整体蒙皮反相和 TFC 中空纤维膜。

采用单步直接干流湿反相法制备整体蒙皮非对称中空纤维膜。聚合物溶液通过喷丝头挤出,纤维在混凝浴中通过反相形成。这种薄膜的特点是制作工艺简单方便。Fuji 等率先报道了一种采用双层 PRO 直接反相法制备中空纤维膜的方法。图 8.8 所示为制备的具有不同含量的 POSS(多面体低聚硅氧烷)纳米颗粒膜截面形貌。开发的膜分别将 PBI(聚苯并咪唑)/POSS 和海绵样 PAN(聚丙烯腈)/PVP(聚乙烯基吡咯烷酮)作为外源选择层和内部支持层。PBI 提高了膜的亲水性和化学稳定性,PAN 保持中空纤维膜良好的力学性能和热稳定性。加入少量改性纳米粒子(0.5%)在 PBI 外层,降低了膜的盐渗透性。为进一步提高水的浓度渗透性,过硫酸铵(APS)水溶液通过纤维去除 PVP 分子夹在基体中,同时保持界面的完整性。采用 APS 流动后处理的新方法,进一步优化了膜的透水性和高盐性溶液和水逆电流通过纤维,去除基体中的 PVP 分子,同时保持接口的完整性。在 15.0 bar 最大功率密度约 5.10 W·m$^{-2}$ 和最佳 APS 质量分数 5% 分别用 1 mol·L$^{-1}$ NaCl 的拉伸溶液和 10 mmol·L$^{-1}$ NaCl 的进料溶液对 PRO 系统进行测试。

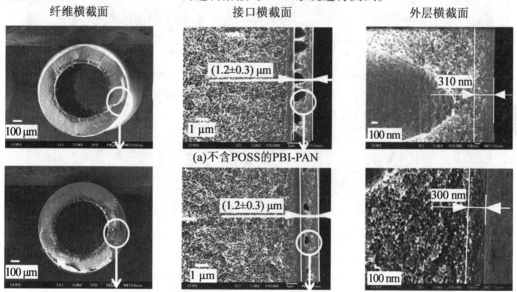

图 8.8 PBI/POSS – PAN/PVP 中空纤维膜的横截面 SEM 图像

(Reproduced from Fu, F. J. ; Zhang, S. ; Sun, S. P. ; Wang, K. Y. ; Chung, T. S. POSS – Containing Delamination – Free Dual – Layer Hollow Fiber Membranes for Forward Osmosis and Osmotic Power Generation. J. Membr. Sci. 2013, 443, 144 – 155 with permission from Elsevier Ltd. Copyright 2013.)

一些 TFC 中空纤维膜,大多具有内部选择性皮肤,也已制作和用于 PRO 应用测试。TFC – PRO 膜基于聚酰胺选择性皮肤的管腔侧良好构建通过界面聚合形成基体中空纤维基体。这些新型的 TFC 中空纤维膜具有在 15 bar 的 PRO 测试条件下 0.015 mol·L$^{-1}$的比反向盐通量,使功率密度为 16.5 W·m$^{-2}$,合成海水卤水(1.0 mol·L NaCl)溶液和去离子水进料。在另一项工作中,TFC – PRO 中空纤维膜使用聚醚砜(PES)衬底时,当使用 1 mmol·L$^{-1}$NaCl 拉伸时,在 10 bar 下功率密度达到 10.6 W·m$^{-2}$,在 15 bar 下功率密度为 20.9 W·m$^{-2}$纤维的横截面形貌为完全海绵状结构,纤维直径减小。P84 使用共聚酰亚胺作为中空纤维膜的载体,具有平衡的物理化学性能和良好的耐化学性。以小尺寸中空纤维为载体,以 P84 共聚酰亚胺/乙二醇为纺丝原料合成 TFC 膜(EG)/N – methyl – 2 – pyrrolidinone(NMP)掺杂水/EG/NMP 的孔径较小的涂料溶液具有高爆炸压力(高达 24 bar)。对于以水作为进料溶液和 1 mol·L$^{-1}$NaCl 作为汲取溶液操作的 PRO,也观察到该 TFC 中空纤维膜在功率密度(在 21 bar 下 12 m$^{-2}$)方面的优异性能。新颖的中空纤维膜由聚醚砜中空纤维载体和薄聚酰胺层作为选择性内层组成制造和用于 PRO 测试。如图 8.9 所示,膜横截面一半为指状微孔,一半为指状微孔,被海绵状的结构覆盖。这些膜表现出优良的机械性能和非常低的特异性反盐流量(小于 g·L$^{-1}$)达到 PRO 目前为止报道的最高功率密度,即 200 bar 下使用 1 mol·L$^{-1}$NaCl 汲取液和去离子水给料溶液功率密度达到 24 W·m$^{-2}$。

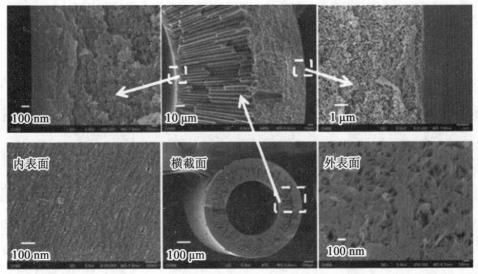

图 8.9 基于 PES 中空纤维载体的 TFC – PRO 中空纤维膜的截面及表面形貌
(Reproduced from Zhang, S.; Chung, T. S. Minimizing the Instant and Accumulative Effects of Salt Permeability to Sustain Ultrahigh Osmotic Power Density. Environ. Sci. Technol. 2013, 47(17), 10085 – 10092 with permission from the American Chemical Society. Copyright 2013.)

虽然外部选择中空纤维在汲取液室中显示较低的压力下降,并允许每个模块的表面积相对于内部选择的中空纤维较高的表面积的,但在制造工艺方面有很大的挑战因为需要保持外表面界面聚合均匀。Sun 等报道了一种外选择性 TFC 合成方法,利用真空辅助界面聚合法制备了一种无缺陷的中空纤维膜聚酰胺选择层的外表面,并采用聚多巴胺(PDA)涂层,以提高水/盐的选择性。图 8.10 所示为外选择性 TFC – PRO 中空纤维的截面和表面形貌、水通量和性能膜。在 20 bar 时,以 1 mol·L$^{-1}$ NaCl 为拉伸溶液,最大功率密度为 7.63 W·m$^{-2}$ 作为进料的去离子水。

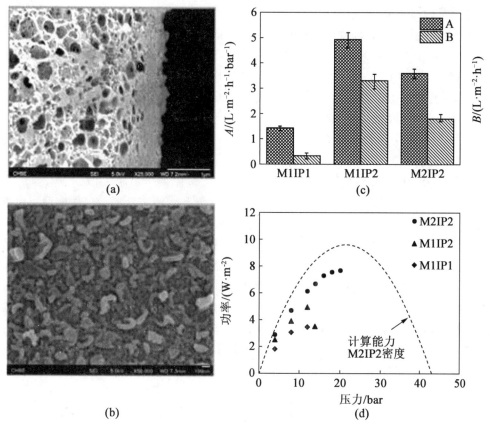

图 8.10 外选择性 TFC – PRO 中空纤维膜的截面和表面形貌、水通量和性能;(a)十字架 – 外边缘截面形态;(b)外层选择性中空纤维膜的外表面;(c)水的渗透性 A 和盐通过 RO 试验(在 1 bar 和 NaCl 的恒定压力下)测试了外选择性 TFC – PRO 中空纤维膜的渗透性(B 浓度为 3.4 mmol·L$^{-1}$);(d)功率密度作为水力压力的函数(1 mol·L$^{-1}$ NaCl 拉伸液和去离子水给料液);膜 M1 和 M2 在掺杂条件下的浓度分别为 15% 和 17% 的聚合物溶液,而 IP1 为无 PDA 涂层的真空辅助 IP,IP2 为有 PDA 涂层的真空辅助 IP

(Reproduced from Sun, S. P.; Chung, T. S. Outer – Selective Pressure – Retarded Osmosis Hollow Fiber Membranes from Vacuum – Assisted Interfacial Polymerization for Osmotic Power Generation. Environ. Sci. Technol. 2013, 47(22), 13167 – 13174 with permission from the American Chemical Society. Copyright 2013.)

### 8.2.4 PRO 中的污垢及其控制

尽管对 PRO 进行了大量的研究,但膜污染的研究较少。PRO 中膜的污染限制了系统性能,主要表现在水通量和功率密度方面。PRO 可与天然进料溶液或预处理废水、盐水结合可能导致结垢或有机污染。在传统的膜工艺中，污垢只会出现在与膜接触的选择层上，而在 PRO 中，无论是在选择层的表面还是在多孔支撑层内，污垢都是不可避免的。由于进料的渗透通量，选择层的外表面污垢倾向一般较低，在拉伸过程中，溶液把污物从膜表面带走。滞流边界层的污垢颗粒物质被广泛地携入多孔载体，导致孔隙堵塞，从而降低透水性及加重 CP 的恶化。

进料流中普遍存在的天然有机质（NOM）会造成有机污染，对 PRO 流程的性能有负面影响。She 等首先对 PRO 工艺中的有机污垢进行了系统的调查。他们研究了拉伸溶液类型（$CaCl_2$、NaCl、海水淡化盐水）和有机污染物类型（如藻酸盐和腐植酸）对水通量和输出功率的影响。如图 8.11(a)所示，当使用 $CaCl_2$ 作为拉伸溶液时，PRO 水通量和功率密度仅为 10 h 后相应的基线值（用无污料溶液测试，图 8.11(c)和(d)），而中度污垢（10%）在海水淡化盐水和 $MgCl_2$ 抽提液的情况下，进行了流量和功率密度下降的试验。此外，腐殖酸的水通量和功率密度下降比藻酸盐更严重（图 8.11(b)）。海藻酸盐污染发生在拉伸溶液中因为相反的溶质扩散含有大量的二价阳离子（$Ca^{2+}$ 和（或）$Mg^{2+}$），从而提高有机污染。叶等研究了 PRO 系统中 TFC 膜污染和膜清洗交通膜。用模型河水溶液对膜进行了 85 次系统污染试验，采用纳米技术研究了支撑层污垢对膜固有输运和结构性能的影响。观察到水通量的严重下降：污底运行结束时（11.0 $L^{-2} \cdot h^{-1}$）的水通量约为水通量的一半，没有污染通量。这一显著的水通量下降是由于膜的污垢所带来的金边多孔支撑层。研究了淡水进料中 NOM 的浓度和离子强度通过在等压条件下的污垢试验，研究了不同类型的 PRO 膜。而污染倾向相对通量随累积子载荷的函数衰减与子浓度无关，增大在离子强度方面，膜的内部 CP 和盐的反向扩散增强了膜的污垢。反向效应的研究在无水压 PRO 试验条件下，海藻酸盐对膜污染的盐通量随反 NaCl 通量的增加而增加。在超高压水压试验中，海藻酸盐的污染更为明显，由于膜表面的反盐通量和 CP 现象有较大的增加。

在自然 PRO 培养过程中，由于可溶性盐（如 $CaCO_3$ 或 $CaSO_4$）的结垢而造成的污垢也可能发生，从而限制了其工艺性能。在 Zhang 等以石膏（硫酸钙二水合物）为模型的研究中，主要影响因素有：料液饱和度指数、拉伸液类型和浓度、应用的水力等，观察了压力和膜的取向对 PRO 中膜的结垢倾向的影响。图 8.12 所示为支持层表面和一个商业 CTA FO 膜（HTI，Albany，OR）截面的 SEM 图像。在此条件下，膜支撑层和表面堵塞导致石膏结垢沿着主动层面向拉伸液（AL－DS）方向，进料液（约 0.2）溶液饱和指数高。一个更严重的问题是当抽取包含缩放前体 $Ca^{2+}$ 或 $SO_4^{2-}$ 的溶液由于这些前体反向扩散到进料溶液中而观察到的。结果表明，随时间的增加，鳞片化倾向增大由于反向溶质扩散增加和水通量减少而施加的水压。在没有液压的情况下在操作过程中，石膏晶体的存在和海藻酸盐的存在会导致协同污垢的产生，其严重程度要比海藻酸盐严重得多。因此，在高液压工况下，这种现象又消失了，增加了溶质的反向扩散，降低了水通量。功率密度从 27.0（20 bar）显著降低到采用海水反渗透盐水（1 $mol \cdot L^{-1}$ NaCl）/去离子水和反渗透盐水操作 PRO 系统，记录了 4.6 $W \cdot m^{-2}$（1 $mol \cdot L^{-1}$ NaCl）/废水，其中石膏结垢和有机结垢所占比例尤其大。由于污垢仍然是 PRO 工艺的一大挑战，需要有系统的策略来降低污垢的影响。

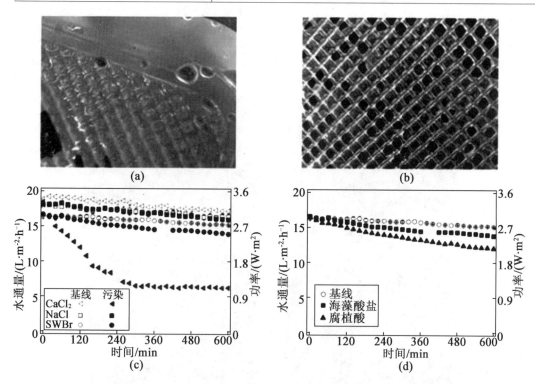

图 8.11　PRO 污垢试验后(a)污垢膜与(b)海藻酸盐凝胶层阻挡间隔片照片;(c)绘制的效果解决方案类型($CaCl_2$、NaCl、海水淡化盐水)和(d)有机污垢类型(藻酸盐和腐殖酸)的亲污垢及其性能(水通量和功率密度)采用式(8.1),初始给料条件下污垢试验计算功率密度溶液组成(100 mg·$L^{-1}$ 海藻酸盐,10 mmol/L NaCl,pH 6.2),有效施加的水压 6.5 bar,AL-DS 方向,横流速度 7.0 cm·$s^{-1}$,温度(25±1)℃。基线值表示使用无污进料解决方案的测试
(Reproduced from She, Q.; Wong, Y. K. W.; Zhao, S.; Tang, C. Y. Organic Fouling in Pressure Retarded Osmosis: Experiments, Mechanisms and Implications. J. Membr. Sci. 2013, 428, 181-189 with permission from Elsevier Ltd. Copyright 2013.)

设计了不同的方法,如进料预处理、优化膜设计和膜清洗等操作策略。在膜的形态调整方面,膜表面的污垢主要表现在膜的支撑层膜的形成是不可避免的,因为在膜的形成过程中,水的渗透会将杂质带入多孔载体中。然而,通过合理的膜设计,可以显著减少选择性膜上的污垢。嫁接的亲水线性聚合物,如聚(乙二醇)或膜表面设计良好的树枝状大分子已经被用作有前途的设计防污膜的策略。Li 等人设计了一种基于超支化的 TFC PRO 防污膜聚甘油(HPG)与一个硫醇位点(HPG-SH)从甘草酸开环聚合和嫁接到 PES 中空纤维膜。图 8.13 所示为制备 HPG 接枝膜的原理图。采用精心设计的树状大分子,如端硫基超支化聚甘油(HPG-SH),可在膜表面适当种植,具有可控的屏蔽尺寸和增强的防污效果。HPG 接枝后荧光微弱,在 HPG-g-PES 表面可见(图 8.14(a)),强度仅为原始 PES 表面的 16%。此外,从原始 PES 膜的 SEM 图像可以看出 HPG 接枝的抗菌黏附效果 HPG-g-PES 膜(图 8.14(b))。接枝后,膜表面亲水聚合物刷形成高度水合物超薄的涂层,使热动力屏障对非特异性细菌的吸附,从而增强防污膜表面性质。在亲污染试验中,使用 BSA 作为模型蛋白观察到它在污垢试验结束时,水通量的下降明显减缓,仅为初始流量的 11%(图 8.14(c))。水经清洗和液压冲击后,流量降至 6%,证明 HPG 接枝到中空纤维膜支架上具有优越的防污效果。总之,成功设计出了成本和性能方面都很好的高效防污膜,从而避免了广泛的预处理和(或)清洁步骤,缓解 PRO 操作过程中的污垢。

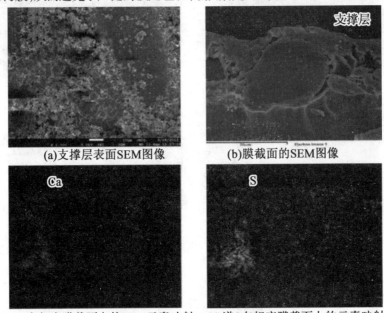

(a)支撑层表面SEM图像　　　　(b)膜截面的SEM图像

(c)Ca在相应膜截面上的EDX元素映射　　(d)谱S在相应膜截面上的元素映射

图 8.12　商业 CTA FO 膜(HTI, Albany, OR)的 SEM 和 EDX 显微图像
其他缩放试验条件:绘制含 2.0 M 的溶液 NaCl 在 pH(6.2±0.1),有效施加的水压 6.9 bar, AL-DS 方向,横流速度 7.0 cm·s$^{-1}$,温度(25±1)℃,体积进料饱和指数 0.2

(Reproduced from Zhang, M.; Hou, D.; She, Q.; Tang, C. Y. Gypsum Scaling in Pressure Retarded Osmosis:Experiments, Mechanisms and Implications. Water Res. 2014, 48, 387 - 395 with permission from Elsevier Ltd. Copyright 2014.)

### 8.2.5　环境影响评估

基于膜的发电系统,包括渗透发电,被认为没有环境影响。PRO 在发电过程中,没有排放任何有毒或对环境有害的化学物质。在 PRO 过程中不会使用消耗进料溶液,而是可以回收使用。低盐度废水(主要是咸水)可排回其来源(大海或海洋)或 PRO 植物附近的其他水体。虽然 PRO 工艺通常是无有毒气体排放的,但进料和废水排放活动在某种程度上与环境问题有关。

例如,从渗透性发电厂向海洋上层排放半咸水将导致营养物质的释放,从而导致局部富营养化。添加磷酸盐造成的富营养化效应将是 PRO 电厂大规模运行面临的主要挑战。另一个问题与盐水排放有关,是一个可能影响当地水生生态系统的季节性温度。通过改变物种组成和丰度不合格流的恒定流量温度也被认为是对海洋生物致命的。如果在 PRO 中使用盐水作为提取溶液,流出的水将是高盐度的,这可能会导致接收水体表面盐度的变化。由此产生的盐度波动可能会引起变化和局部生态系统失衡,一些无法承受盐度变化的物种随之遭到破坏和损失。此外,PRO 的废液可能含有预处理和清洗化学品及其反应副产物的残留物。这种化学物质释放到水体中会对当地的生态系统造成危险。

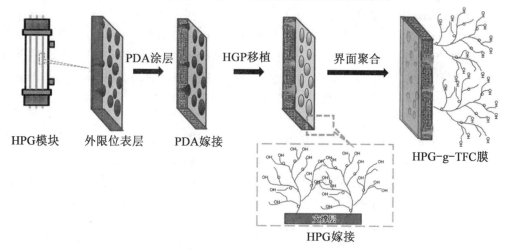

图 8.13　HPG–g–TFC 膜的制造步骤的示意图

(Reproduced from Li, X.; Cai, T.; Chung, T.–S. Anti–Fouling Behavior of Hyperbranched Polyglycerol–Grafted Poly(ether sulfone) Hollow Fiber Membranes for Osmotic Power Generation. Environ. Sci. Technol. 2014, 48(16), 9898–9907 with permission from the American Chemical Society. Copyright 2014.)

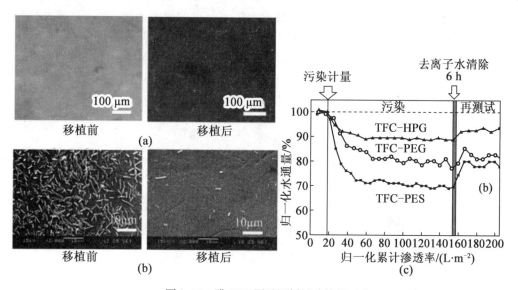

图 8.14　膜 SEM 图及污垢试验性能对比

(a)荧光显微镜图像蛋白质污垢的吸附模型和(b)黏附的细菌细胞在原始 PES 膜载体(接枝前)和 PEG–g–PES 载体(接枝后)上的 SEM 图像;(c)通过在 3.5% NaCl 汲取溶液和去离子水(DI)进料溶液的测试条件下使用 BSA 作为污垢的试验的膜污染性能,进料和汲取溶液之间的液压差保持在 $(12.5 \pm 1)$ bar,进料和汲取溶液的速率均为 $0.1\ L \cdot min^{-1}$

(Reproduced from Li, X.; Cai, T.; Chung, T.S. Anti–Fouling Behavior of Hyperbranched Polyglycerol–Grafted Poly(ether sulfone) Hollow Fiber Membranes for Osmotic PowerGeneration. Environ. Sci. Technol. 2014, 48(16), 9898–9907 with permission from the American Chemical Society. Copyright 2014.)

## 8.2.6 应用程序

### 1. PRO feed 选项和混合系统

PRO 从天然盐度梯度中产生能量最常用的进料解决方案涉及河流的混合水和海水或者自然的高盐水域,比如大盐湖和死海,例如 Statkraft 设施利用 Tofte 河与海水混合后的盐度梯度,实际结果为 $2\sim4$ kW。PRO 系统使用河水/海水的缺点是驱动力低,能量输出低。基于 O'Toole 等在河流水/海水 PRO 系统上进行的试验报告显示,净比能约为 $0.12$ kW·h·m$^{-3}$。

PRO 中潜在用途的替代进料解决方案包括使用从海水淡化系统(RO、MD 等)中获得的盐水,与河水或污水处理厂的污水混合。盐水/河流或盐水/废水用于发电可能导致更高的盐度梯度,相比河流/海洋的情况从而产生更大的输出功率。这意味着 PRO 与 RO 和(或)MD 系统混合应用的可能性。如图 8.15 所示,以混合式 RO-PRO 系统为例,从 RO 系统中提取的浓盐水作为提取液泵入 PRO 中混合河水或废水的给水解决方案。在渗透过程中,加压拉伸溶液从溶液中提取水分水源受损,导致加压、稀释后的溶液比原来从 RO 单位得到的盐水流速大。而流动到水轮机的拉伸液在 PRO 过程中产生能量,水力将流速增强拉伸液的能量转移到 RO 单元,恢复其势能并显著降低 RO-PRO 系统的能耗。RO-PRO 混合先导系统也已经安装和运行,例如,在日本的 RO-PRO 原型厂进行了反渗透盐水/废水溶液的试验严重受污染问题影响。此外,还对 RO-PRO 中试系统进行了试验和建模,美国表示,净比能产量随着 RO 采收率的增加而增加,达到最大稀释 70% 时 $0.6$ kW·h·m$^{-3}$。事实上,MD 和 PRO 的结合会比 RO-PRO 有更好的输出功率潜力。MD 盐水($4\sim5$ mol·L$^{-1}$ NaCl)的浓度比 RO 盐水($1$ mol·L$^{-1}$ NaCl)的浓度高得多,有很高的能量输出。因此,PRO 与海水淡化技术的混合应用在逻辑过程集约化阳离子标志着一个在能源和环境方面具有巨大优势的技术前景。

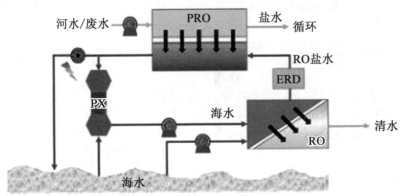

图 8.15 以反渗透盐水为牵引液、河水或废水为给水的 RO-PRO 混合动力装置(反渗透卤水的能量可由 PRO 和 ERD 回收)

### 2. PRO 闭环系统

PRO 的闭环操作可以通过进料循环来维持,从而有可能从进料循环中回收额外的能量。正如前面所讨论的,通过避免任何预处理要求,出水也在成本方面受益。闭环操作还允许接近零的液体排放系统,避免污水排放,从而对环境造成威胁。一个闭环 PRO 系统也可以通过利用热分离工艺来保持图纸的再生解决方案。这种闭环 PRO 操作的关键优点是有可能使用低品位的余热从各种工业操作中免费过度排放。如图 8.16 所示,在一个闭环 PRO 系统中,汲取液可以是由热分离过程(如蒸馏塔和 MD)使用低品位的热量。热过程再生一个浓缩的拉伸溶液和去离子水流动从而保持闭环操作。

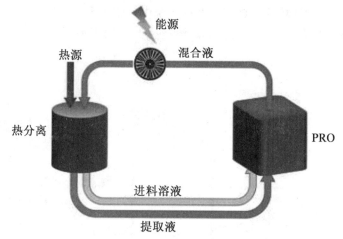

图 8.16 高浓度拉伸液通过 PRO 系统产生电的封闭系统示意图

**3. PRO 先导电源方案**

2006 年,挪威斯塔特克拉夫特公司在挪威南部开发了世界上第一台渗透驱动发电原型机(图 8.17)。配备 2 000 m² 平板膜的 PRO 工厂于 2009 年 11 月正式投产。在膜效率为 5 W·m$^{-2}$ 的前提下,该工厂的技术产量为 10 kW,但实际只有 5 kW。该原型机代表了渗透动力商业化的一个重要里程碑,从而创造了一种新型的渗透动力未来技术发展的独特试验场。然而,Statkraft 公司决定停止在渗透性方面的投资功率主要是由于相关的成本问题和膜性能低。

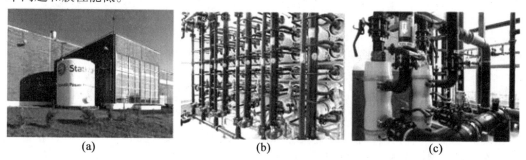

图 8.17 挪威 Tofte 的 Statkraft PRO 试点工厂照片和带有压力容器的 PRO 膜换热器;雇员再就业计划,以循环再造压力

另一个 PRO 实用系统的例子是在"海水工程与建筑"中进行的中试规模演示高效反渗透(SeaHERO)项目,也是全球最大的水行业研发项目之一。韩国釜山市吉江海洋 HE-

RO 项目是一个可再生能源混合海水反渗透系统,目前正处于从海水反渗透卤水和处理废水中回收能源的试点阶段。该项目由韩国国土资源部、运输及海事事务发起,总研究基金逾 1.3 亿美元,为期 5 年,由 2007 年开始。该项目的目标是在不超过 4 kW 时 3 $m^3$ 的能耗下,每天处理 4.5 万 $m^3$ 海水,并减少污染影响 50%。目前正在建造一个 200 $m^3$/d 试验系统。如图 8.18 所示,混合系统由海水反渗透系统配合 PRO,降低了海水的能源消耗和潜在的环境威胁放电。PRO 系统由三个单元组成,分别从混合海水/废水、RO 反渗透盐水/废水,以及密度更高的反渗透盐水/废水中回收能量。

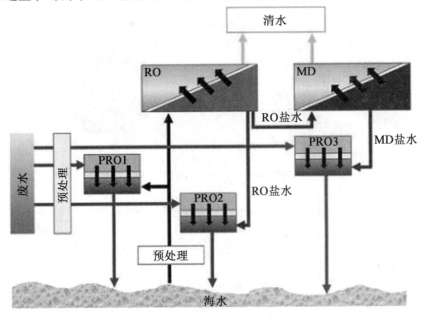

图 8.18 韩国海洋 HERO 项目示意图

(Adapted from Kim, J. H. Key Issue and Innovation in Desalination Focusing on Korean projects. European Union Sustainable Energy Week, 2015; Cipollina, A.; Micale, G., Sustainable Energy from Salinity Gradients. Woodhead Publishing: Cambridge, 2016.)

PRO 中试系统也已在日本的一个巨型水系项目中使用,该项目预计将是世界最大的混合海水反渗透系统。混合可再生能源海水 RO 系统(图 8.19)将具备处理能力超过 100 万 $m^3$ 的海水。兆吨级水系工程的最终目标是建立一个综合的、可持续的海水淡化和回收系统,能源消耗比传统的反渗透过程。系统研究降低生产高纯水的成本,开发高效能在百万吨级水系工程中,对 PRO 系统进行了有效的膜和模块设计基于聚酰胺复合材料的压力 SWRO 膜具有比传统反渗透膜更高的透水性,研究了反渗透海水淡化的节能问题。在进料压力低于 5.0 MPa 的情况下,新膜的性能较好,这意味着海水淡化过程的能量有可能显著降低。一个新的低压多级反渗透系统也已开发,允许高回收率的反渗透(高达 65%)和新的等压与传统系统相比,ERD 还降低了 20% 的能耗。中空纤维 CTA 膜可产生 13.5 $W \cdot m^{-2}$ 的功率密度,即总功率为 4~8 kW 电力。

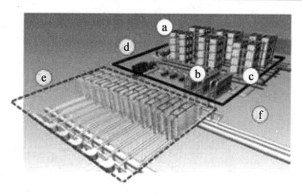

图 8.19　百万吨级水系技术示意图

a—低压海水反渗透元件；b—下一代 ERD；c—新高树脂压力管道；d—低压多级增压高回收率系统；e—不含化学物质的海水反渗透装置的入口和预处理系统；f—PRO 系统

(Adapted from Kurihara, M.; Sakai, H.; Tanioka, A.; Tomioka, H. Role of Pressure – Retarded Osmosis (PRO) in the Mega – ton Water Project. Desalin. Water Treat. 2016, 57(55), 26518 – 26528.)

### 8.2.7　经济方面和前景

在目前的技术水平下，商业渗透发电厂将会显示出极高的资金成本，因为它需要大量的膜面积克服低功率密度。例如，在用 1 W·m$^{-2}$ 和 5 W·m$^{-2}$ 膜设备建设 20 MW 渗透发电厂时，考虑到 30 美元的单个安装膜成本的差异，总价值可能会相差 50 亿美元。前处理设施、水轮机、泵、压力交换器和其他费用的分摊设备的资金成本较高。图 8.20 所示为单位资金成本随膜功率输出的变化情况，各种安装膜的成本来自与渗透发电厂设计相似的海水淡化工业。例如，一个 1 W·m$^2$ 膜的资金成本预计为 50 000 美元·kW$^{-1}$，一个安装膜的成本为 50 美元·m$^{-2}$。当安装薄膜的成本增加 10 倍(500 美元·m$^{-2}$)时，可增加近 8 倍(至 400 000 美元·kW$^{-1}$)。考虑到膜的安装成本在 20~40 美元·m$^{-2}$ 之间，该范围的最小值显示的资金成本为 4 000 美元·kW$^{-1}$ 膜功率密度为 5 5 W·m$^{-2}$。膜功率密度为 kW$^{-1}$，这些资金成本高于安装风电的资金成本，在 1 700~2 450 美元·kW$^{-1}$ 的范围内，然而，渗透动力资金成本是有竞争力的太阳能。据报道，可再生能源的安装成本在 6 800~7 700 美元·kW$^{-1}$。与潮汐能等其他海洋能源技术相比，其资金成本在 7 000~10 000 美元·kW$^{-1}$。

当考虑到进口、出口系统和相关的成本时，渗透动力经济学甚至变得更加复杂。土地征用、电厂建设、电力设施等其他因素和电网连接成本也将对渗透性电力系统的总资金成本做出贡献。这些因素在成本分析中将明显导致渗透动力系统的资金成本增加。此外，选择适当的渗透功率利用工具也有助于优化成本要求的工艺，改善水轮机在相对较低压力下的水力效率在工艺选择中起着重要的作用。在 PRO 中，由渗透压产生的液压可以通过以下两种方式转换成电能水轮机或直接采用等压式压力交换器。因此，通过技术发展进步新型高效液压机和等压交换器的研制将决定 PRO 工艺的可行性以及混合应用程序的成功。

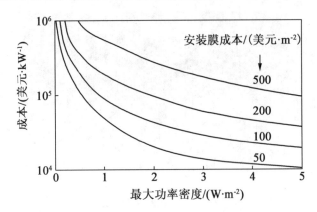

图 8.20　PRO 厂在膜功率输出情况下不同安装膜成本的资金成本变化
(改编自 Lee, K. L.; Baker, R. W.; Lonsdale, H. K. Membranes for Power Generation by Pressure-Retarded Osmosis. J. Membr. Sci. 1981, 8(2), 141–171; Helfer, F.; Lemckert, C.; Anissimov, Y. G. Osmotic Power with Pressure Retarded Osmosis: Theory, Performance and Trends—A Review. J. Membr. Sci. 2014, 453, 337–358.)

目前的 PRO 膜还不能满足商业需求，因此需要进一步地研发商业化需要，以较低的成本制造高度创新的膜材料。膜的性能显著影响输出功率，膜的资金成本仍然是渗透式发电厂主要贡献者。因此，设计和开发高功率密度的膜是至关重要的。理想的 PRO 膜具有低结构参数、高渗透性或水通量和高选择性。此外，膜应具有较高的防污性能，使用寿命更长，从而降低操作和维护成本。例如，中空纤维 PRO 膜在机械性能上比平板膜有明显的优势，在工艺操作过程中具有高的有效表面利用率。采用新型高分子材料和无机材料制成中空纤维，而平板膜的设计可以设想为提高 PRO 输出功率的关键策略。其他的考虑包括增加中空纤维的内径，形成更少的多孔支撑层。

材料和工艺相关的问题，如内部 CP，可以大大降低渗透力，因此水通量被认为是在工程渗透应用方面取得突破性研究成果的关键障碍。几个试验和模型研究，探讨了渗透过程中的内部 CP 和相关输运现象膜过程。流量、温度、压力、溶液性质等工况，以及浓度、黏度和扩散系数也会影响 PRO 的性能。溶质的物理化学性质，以及拉伸液的组成和浓度，会对 CP 和膜的性能产生强烈的影响，因此这需要进行批判性的探索。实际上，减少 CP 现象最有效的方法是裁剪属性和膜的结构。开发优化后的垫片材料，如密织经编垫片，允许增强的界面混合将尽量减少 CP 现象，从而提高 PRO 系统的性能。

虽然全球渗透性发电的潜力很大，但与材料相关的技术还有很多差距以及需要为商业实现处理的流程，克服这些挑战标志着完全清洁和可持续的能源技术的实用性。

## 8.3　反向电渗析

另一种很有前途的用于盐度梯度能量生成膜基技术是 RED，这项技术在过去的几十年中进行了广泛的研究，取得了显著的技术进步和有希望的研究成果。

### 8.3.1 原理与理论

在 RED 中,阳离子交换膜(CEMs)和阴离子交换膜(AEMs)交替排列形成一系列相邻隔间:高浓度隔间(HCCs)和低浓度隔间(LCCs)。当隔间里分别填满了相应的进料溶液,即含有 HCS 的 HCC 和含有 LCS 的 LCC(一种电化学物质)电势是由于盐度的差异而产生的,它引发了离子在离子交换过程中的选择性输运膜(IEMs)产生的离子通量,通过氧化还原反应转化为电流发生在电极。文献编号不同于 PRO,PRO 在发电过程中有两个步骤(加压进料流和导出外部),电力是由一个步骤产生 RED。

图 8.21 所示为典型的 RED 盐度梯度能量生成系统。所产生的总电动势用 RED 表示,称为开路电压(OCV),是每一个细胞能斯特(Nernst)电位的总和。理论上,OCV 可以通过 Nernst 方程计算:

$$\text{OCV} \equiv \frac{NRT}{P} \left[ \frac{\alpha_{\text{CEM}}}{z_{\text{ct}}} \ln \frac{\gamma_c c_c}{\gamma_d c_d} + \frac{\alpha_{\text{AEM}}}{z_{\text{d}\pi}} \ln \frac{\gamma_c c_c}{\gamma_d c_d} \right] \tag{8.15}$$

式中,$N$ 为膜(细胞)对数;$\alpha$ 为 IEM 的选择性;下标"an"和"ct"分别为阴离子和阳离子。

OCV 主要依赖于膜的选择性、浓度梯度和价运输离子。膜的渗透选择性代表了材料只输送反离子的能力(例如 CEMs 中的阳离子或 AEMs 中的阴离子)和排除共离子(CEMs 中的阴离子或 AEMs 中的阳离子)。膜的透过选择性表示膜有效通过反离子的能力(当使用 NaCl 时 $\text{Na}^+$ 对 CEMs 和 $\text{Cl}^-$ 对 AEMs)用于 AEMs 同时保留共离子(即当使用 NaCl 溶液时,$\text{Na}^+$ 对 AEMs 和 $\text{Cl}^-$ 对 CEMs)。考虑 100% 通过混合,一对 IEM 可以生成理论上约为 0.16 V、0.12 V 和 0.2 V 的选择性渗透膜海水($0.5 \text{ mol} \cdot \text{L}^{-1}$ NaCl)/河水($0.017 \text{ mol} \cdot \text{L}^{-1}$ NaCl)、盐水($5 \text{ mol} \cdot \text{L}^{-1}$ NaCl)/海水($0.5 \text{ mol} \cdot \text{L}^{-1}$ NaCl)、盐水($5 \text{ mol} \cdot \text{L}^{-1}$ NaCl)/微咸水($0.1 \text{ mol} \cdot \text{L}^{-1}$ NaCl)。

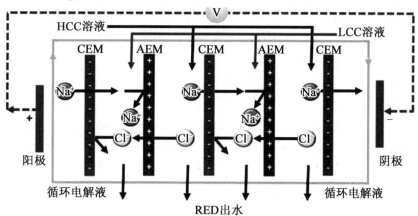

图 8.21 RED 盐度梯度能量生成系统

RED 的内部堆叠电阻 $R_i(\Omega)$ 涉及膜的电阻($R_{\text{AEM}}$ 和 $R_{\text{CEM}}$)、进料的电阻溶液($R_{\text{LCC}}$、$R_{\text{HCC}}$)和电极系统电阻($R_{\text{el}}$):

$$R_i = R_{\text{AEM}} + R_{\text{CEM}} + R_{\text{LCC}} + R_{\text{HCC}} + R_{\text{el}} \tag{8.16}$$

溶液隔间的电阻可以根据进料溶液的电导率 $\sigma(\text{S} \cdot \text{m}^{-1})$、面积 $A_{\text{cell}}(\text{m}^2)$ 和隔间厚度 $\delta(\text{m})$

来计算。校正因子(空隙因子$f_v$)用于间隔物材料占据的体积,有

$$R_{LCC} = \frac{\delta}{f_v \sigma_{LCC} A_{cell}} \tag{8.17}$$

$$R_{HCC} = \frac{\delta}{f_v \sigma_{HCC} A_{cell}} \tag{8.18}$$

表现得像普通电池没有明显快捷电流的理想 RED 堆栈,其电流 $I$ 取决于电动势($E$)、$R_i$ 和负载电阻 $R_L$:

$$I = \frac{E}{R_i + R_L} \tag{8.19}$$

RED 堆栈功率密度 $P_d$(W·m$^{-2}$)与外部负载电阻 $R_L$ 耗散功率有关:

$$P_d = I^2 R_L = \left(\frac{E}{R_i + R_L}\right)^2 R_L \tag{8.20}$$

最大的功率密度 $P_{d,max}$(W·m$^{-2}$)获得,当负载电阻等于内部堆栈阻力($R_L = R_i$)。基于所有电池 $E$ 之和等于 OCV 的假设,式(8.20)简化如下:

$$P_{d,max} = \frac{OCV^2}{4AR_i} \tag{8.21}$$

式中,$A$ 为活性膜面积,m$^2$。

以上功率计算为总功率密度。然而,将进料泵入 RED 堆栈也会消耗电能。因此,净输出功率 $P_{d,net}$,系统净输出功率可以通过总功率密度 $P_d$ 减去泵的耗散功率(水动力损失)$P_h$ 得到:

$$P_{d,net} = P_d - P_h \tag{8.22}$$

假设泵效率为 100%,则对式(8.22)进行修正,计算水动力损失如下:

$$P_{d,net} = P_d - \frac{\Delta P_{HCC} Q_{HCC} + \Delta P_{LCC} Q_{LCC}}{N \cdot A} \tag{8.23}$$

式中,$\Delta P$(bar)为沿进料室的压降,它与循环进料溶液理论泵功率要求成正比;$Q$(m$^3$·S$^{-1}$)由堆栈的总单元对面积标准化的容积进料流量(N·A)。

净功率密度一般取决于 IEM 材料的固有电化学性能和电池设计或 RED 系统内的流体动力学。

功率或功率密度是性能最重要的参数。前期 RED 调查结果为没有前景的。图 8.22 所示为文献报道的 RED 的渐进功率密度。Turek 和 Bandura 早期尝试使得 RED 的低功率密度为 0.4 W·m$^{-2}$。后来,Veerman 等率先报道了一个更高的数字功率密度,达到 1.2 W·m$^{-2}$。Post 等的研究表明,通过 RED 使用海水(0.5 mol·L$^{-1}$ NaCl)和河水(0.017 mol·L$^{-1}$ NaCl)可获得 80% 以上的高能量回收。Vermaas 等报道使用 RED 利用海水(0.5 mol·L$^{-1}$ NaCl)和河水(0.017 mol·L$^{-1}$ NaCl)得到的最高功率密度为 2.2 W·m,是目前能得到的最多结果。实际上,这个功率密度可以采用高浓度盐水或高温操作 RED 溶液通过。Daniilidis 等报道了在 60 ℃下,将河水(0.01 mol·L$^{-1}$ NaCl)和盐水(5 mol·L$^{-1}$ NaCl)混合,功率密度达到 6.7 W·m$^{-2}$。

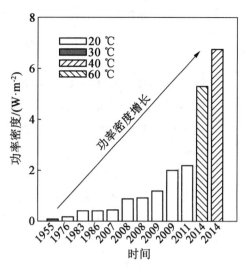

图 8.22　RED 渐进功率密度

### 8.3.2　RED 膜

IEM 是 RED 的关键部件,它决定了整个过程的性能和效率。理想 RED 膜应具有非常低的电阻和高的电容选择性。低阻膜可减少内部的欧姆损失 RED 堆栈,这提高了输出功率。选择渗透性主要控制 OVC,也是直接与输出功率成正比(式(8.21))。

与其他电化学系统相比,如燃料电池和电解液中膜暴露在高酸性或碱性、腐蚀性环境下,对膜的要求与化学对 RED 的要求略有不同。RED 膜暴露在中性环境(pH=7),运输过程中的主要离子为 $Na^+$ 和 $Cl^-$。在实际情况下,其他离子像 $Mg^{2+}$ 和 $SO_4^{2-}$ 使用天然盐水时可能会出现。原则上,膜专为 RED 料设计,要求具有薄、无强化、高导热选择性、机械强度适中属性。目前商用 IEMs 的成本限制可以通过使用低价碳氢化合物来解决聚合物作为膜制备的起始材料。文献中报道的 RED 大多数试验使用商业 IEMs 进行。表 8.3 总结了商用 IEMs 和定制 IEMs 的一些电化学特性,以供潜在的应用 RED 的。

表 8.3　适用于 RED 表格的商用及定制 IEMs 的性质

| 供应商 | 名称 | 型号 | $\sigma/\mu m$ | $\alpha/\%$ | $R_a/(\Omega \cdot cm^2)$ | IEC/(meq·$g^{-1}$) | SD/% |
|---|---|---|---|---|---|---|---|
| FuMA-Tech GmbH, Germany | FKD | CEM | 90~100 | 89.5 | 2.14 | 1.14 | 29 |
| | FAD | AEM | 80~100 | 86.0 | 0.89 | 0.13 | 34 |
| Tokuyama Co., Japan | Neocepta CM-1 | CEM | 120~170 | 97.2 | 1.67 | 2.30 | 20 |
| | Neocepta CMX | CEM | 140~200 | 99.0 | 2.91 | 1.62 | 18 |
| | Neocepta AM1 | AEM | 130~160 | 91.8 | 1.84 | 1.77 | 19 |
| | Neocepta AMX | AEM | 160~180 | 90.7 | 2.35 | 1.25 | 16 |

续表 8.3

| 供应商 | 名称 | 型号 | $\sigma/\mu m$ | $\alpha$ /% | $R_a$ /($\Omega \cdot cm^2$) | IEC /(meq·g$^{-1}$) | SD /% |
|---|---|---|---|---|---|---|---|
| MEGA a.x., Czech Republic | Ralex CMH-PES | CEM | 764 | 94.7 | 11.33 | 2.34 | 31 |
| | Ralex CM-PP | CEM | <450 | >90 | <8 | — | — |
| | Ralex AMH-PES | AEM | 714 | 89.3 | 7.66 | 1.97 | 56 |
| | Ralex AM-PP | AEM | <450 | >90 | <8 | — | — |
| Asahi Glass Co., Ltd., Japan | Selemion CMV | CEM | 130~150 | 98.8 | 2.29 | 2.01 | 20 |
| | Selemion AMV | AEM | 110~150 | 87.3 | 3.15 | 1.78 | 17.0 |
| Hangzhou QianQiu Industry Co., China | Qianqiu CEM | CEM | 205 | 98.8 | 1.97 | 1.21 | 33.0 |
| | Qiangqiu AEM | AEM | 294 | 86.3 | 2.85 | 1.33 | 35.0 |
| Tailor-made | $Fe_2O_3-SO_4^{2-}-sPPO$ | CEM | 10 | 87.7 | 0.97 | 1.40 | 26 |
| | SPEEK 65 | CEM | 72 | 89.1 | 1.22 | 1.76 | 35.6 |
| | KIER-CEM1 | CEM | 26 | 97.8 | 0.34 | 2.64 | 26.9 |
| | PECH A | AEM | 77 | 90.3 | 2.05 | 1.31 | 32.2 |
| | PECH B-1 | AEM | 33 | 86.5 | 0.82 | 1.68 | 49.0 |
| | PECH C | AEM | 77 | 79.2 | 1.14 | 1.88 | 53.5 |
| | KIER-AEM1 | AEM | 27 | 91.8 | 0.28 | 1.55 | 21.9 |
| Fujifilm, the Nethertands* | Fuji AEM | AEM | 129 | 89 | 1.55 | 1.4 | — |
| | Fuji CEM | CEM | 114 | — | 2.97 | 1.1 | — |

\*按公司要求定制;$\delta$,厚度;$a$,选择渗透性;$R_a$,阻力区域;IEC,离子交换容量;SD,吹扫程度。

电阻和选择性是决定 RED 性能的关键参数。Długołęcki 等的一项研究表明,理想的最佳 RED 性能膜应该具有非常低的阻力(小于 1 $\Omega \cdot cm^2$)和高选择渗透性(大于95%)。在这种情况下,模型计算描述了使用海水和河水以及 RED 系统达到上述功率密度 6 W·m$^{-2}$ 的可能性。

**1. 异形膜**

RED 的间隔阴影效应是由于间隔材料的电阻贡献相关的欧姆损失而产生的。据报道,在 RED 中,高达 30%~40% 的总提取能量由于间隔片(基于非导电)而损失材料)阴影效果。减少 RED 间隔阴影效应的策略之一是使用"异形膜",具有集成间隔功能的 IEMs 专用设计。

Vermaas 等通过热压在 IEM 一侧以脊状的形式引入型材。图 8.23 所示为这种异形膜的横截面扫描电镜。当使用 RED 异形膜时,在减少堆叠阻力方面有显著的优势,可以减少 30% 的水动力损失(高达 25%)。然而异形膜的使用也与膜选择性的轻微降低和边界层的有关阻力增加有关。

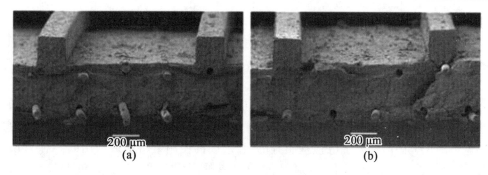

图 8.23　CEM 和 AEM 剖面的 SEM 图像

(转载自 Vermaas, D. A.; Saakes, M.; Nijmeijer, K. Power Generation Using Profiled Membranes in Reverse Electrodialysis. J. Membr. Sci. 2011, 385 – 386, 234 – 242. with permission from Elsevier Ltd. Copyright 2011.)

采用膜铸法制备了异形膜。有三种不同形状的膜(脊、波、柱)按 RED 表现进行比较。如图 8.24 所示,柱状结构的膜显示最高的净功率密度($0.62$ W·m$^{-2}$),允许内部有足够的水容量的均匀流动分布通过流道,从而降低了压力降。带有异形 IEMs 的 RED 堆栈与装有平板膜和非导电间隔片的堆栈相比,也导致了大约 38% 的 $P_d$ 增加(即$(2.50 \pm 0.04) \sim (3.44 \pm 0.02)$ W·m$^{-2}$)。对 RED 装异形膜进行了模拟计算,结果表明采用异形膜是可行的,与传统的非导电隔层材料相比,人字形波纹几何结构显著提高了 RED 的净功率密度 76% 以上。

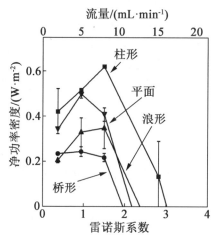

图 8.24　装有异形膜的 RED 堆栈的性能

(Reproduced from Güler, E.; Elizen, R.; Saakes, M.; Nijmeijer, K. Micro – structured Membranes for Electricity Generation by Reverse Electrodialysis. J. Membr. Sci. 2014, 458, 136 – 148 with permission from Elsevier Ltd. Copyright 2014.)

**2. 单价选择性膜**

自然水除了 $Na^+$ 和 $Cl^-$ 含有许多其他离子如 $Mg^{2+}$、$SO_4^{2-}$、$Ca^{2+}$,多价离子在进料中的存在负面影响 RED 性能。避免这类问题的一项战略是使用单价选择性膜,即选择性允许一价离子通过而保留多价离子的膜。

文献中报道了几种设计单价选择性 IEMs 的方法,其中一些涉及在 IEM 基体中加入交联基团或在膜表面涂上交联薄膜,沉积离子电镜上的一种相反电荷层,在电渗析的应用中调节离子官能团和离子电镜基质等的组成,膜的使用策略是最常用的。对于 RED,Guler 等制备了一种单价采用一种简单、快速的紫外固化方法进行选择性 IEM 分析。用形成一层的涂层修饰的膜以 2 - 丙烯酰胺 - 2 - 甲基丙磺酸(AMPS)为活性聚合物与 N,N - 甲基双(acry - )共聚(MBA)作为交联剂,表明 $Cl^-$ 的选择性比 $SO_4^{2-}$ 好。较低的相对选择性($P_{Cl^-}^{SO_4^{2-}}$:$SO_4^{2-}$,除了 $Cl^-$)对改性后的膜与 $P_{Cl^-}^{SO_4^{2-}}$ 的原始膜进行了比较,原始膜得到了 0.841 而改性膜只有 0.755。

**3. 特制的膜**

实验室规模的 IEMs 设计与开发正在迅速发展,以之为主要原料确定了全商业规模的实现。

Guler 等率先在实验室规模上为 RED 应用制作 IEMs。以铸造法制备的 IEMs 为基础聚环氧氯丙烷(PECH)为活性聚合物骨架,聚丙烯腈(PAN)为惰性聚合物,1,4 - 二氮杂环[2.2.2]辛烷值(DABCO)既是胺化聚合物又是交联聚合物。对膜的性能进行了调整,也就是 PECH 与 PAN 的物质的量混合比。同样地,作者也制备了磺化的 IEMs 用于 RED 应用的聚醚热酮(SPEEK)。共制备了薄至 33 mm 的层膜(PECH B1,共混比为 0.333),具有很低的面积电阻(0.8 $\Omega \cdot cm^2$)。SPEEK 膜与 PECH 膜相比显示出更高的面积阻力(大于 1.22 $\Omega \cdot cm^2$):用一对 SPEEK65 CEMs(磺化度 65%)和 PECH B2(共混)测试 RED 比为 0.333,厚度为 77 $\mu m$) AEMs 的最大功率密度为 1.3 $W \cdot m^{-2}$。

以无机 - 有机复合材料和孔隙填充材料为基体制备了膜在 RED 进行测试。例如,基于磺化聚(2,6 - 二甲基 - 1,4 - 苯基氧化物)(sPPO)聚合物的 IEMs $Fe_2O_3 - SO_4^{2-}$ 纳米颗粒的功率密度可达 1.4 $W \cdot m^{-2}$(在质量分数为 0.7% 的最佳负载下纳米)粒子)。Kim 等(2015)制备了化学结构如图 8.25 所示的填充孔膜。AEM 是以 N,N - 双(丙烯酰)哌嗪和(乙烯苄基)三甲基氯化铵为交联剂制备了微孔聚烯烃聚合物(丙烯酰胺)和乙烯基磺酸。膜的厚度极低(可达 26 $\mu m$),面积极低,电阻(可达 0.34 $\Omega \cdot cm^2$),选择性好,可达 97%。这些用 RED 测试的膜的功率密度为 2.4 $W \cdot m^{-2}$。

### 8.3.3 垫片材料

在 ED 和 RED 设计中,膜之间的距离由位于每个 AEM 和 CEM 之间的间隔片保持通过紊流增强传质。垫片一般由编织(非导电)材料制成。事实上,这种不导电材料的使用和 CP 现象导致效率大幅下降,高达 60%,根据理论计算,导致 RED 输出功率明显降低。如前所述,采用异形膜是降低间隔片功率浸灰效果的一种策略。然而,其他设计的间隔材料也可以用来避免这个问题。通过切割 IEM 本身制备的间隔材料在这方面具有广阔的应用前景。膜切割可以使用压力机和模具进行所需的几何形状,如图 8.26 所示。

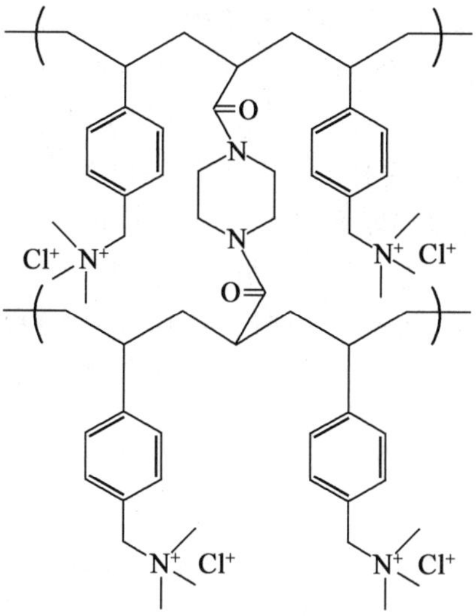

图 8.25 为 RED 应用量身定制的孔填充结构

(以(乙烯苄基)三甲氯化铵为单体的 AEM 和 N,N-双(丙烯酰)哌嗪作为交联剂。Reproduced from Kim, H. K.; Lee, M. S.; Lee, S. Y.; Choi, Y. W.; Jeong, N. J.; Kim, C. S. High Power Density of Reverse Electrodialysis with Pore – Filling ion Exchange Membranes and a High – Open – Area Spacer. J. Mater. Chem. A 2015, 3(31), 16302 – 16306, with permission from the Royal Society of Chemistry.)

另外,传统的垫片也被修改,以适应离子导电材料的树脂珠,导致减少 40% 的内部堆栈电阻和 83% 的最大功率密度增量。

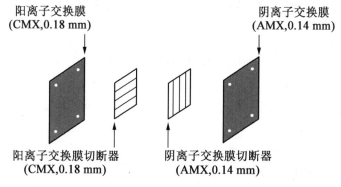

图 8.26 IEM 制备离子导电间隔片并将其放置在堆叠中进行性能测试

(Adapted from Długołecki, P.; Dabrowska, J.; Nijmeijer, K.; Wessling, M. Ion Conductive Spacers for Increased Power Generation in Reverse Electrodialysis. J. Membr. Sci. 2010, 347(1 – 2), 101 – 107.)

### 8.3.4 电极系统

在 RED 膜中,SGP 通过电极上的氧化还原反应转化为电能。因此,选择合适的电极材料对于提高 SGP-RED 系统的输出功率至关重要。不同类型的电极材料/电极对存在,典型的例子包括铜网电极在 $CuSO_4$ 溶液中,Zn 电极在 $ZnSO_4$ 电极漂洗液中,Ag/AgCl

电极在 NaCl 溶液中。在这样的氧化还原系统中,一个电极在生长,另一个电极在溶解,需要周期性的反馈。使用具有惰性和尺寸稳定电极(如铂化钛和涂覆钛网)的均相氧化还原偶联可以防止流动逆转。目前,使用最广泛的 RED 电极材料是用 $Fe(CN)_6^{3-}$/$Fe(CN)_6^{4-}$ 氧化还原电对。之所以选择 $Fe(CN)_6^{3-}$/$Fe(CN)_6^{4-}$,是因为它在 RED 的工作条件下(主要是在 pH 为 7 和环境温度下)具有足够的稳定性。

准红电极系统具有良好的电化学性能是设计基于 $Fe^{2+}$/$Fe^{3+}$ 加上石墨电极,金属具有良好的稳定性和高潜在天然气参与,电解质含有离子交换树脂颗粒和(或)碳粒子等。其他用于 RED 应用的替代电极,如基于活性炭电极的电容电极也有报道。分段电极,即具有分层堆叠单元的电极,也被用来提高 RED 效率。

### 8.3.5 备选 RED 设计

在传统的 RED 设计中,HCC 和 LCC 室厚度(膜间距离)保持恒定。然而,RED 也可以在不同的膜间距离下操作。Moreno 等引入了所谓的"呼吸细胞"操作方法是随时间改变流量和膜间距离,分为两步:①海水和河水流过等厚度的隔间(图 8.27(a));②关闭海水出口,然后随着海水舱内压力的增大,减小了河水舱的厚度,导致了显著的水位下降,欧姆损耗的减小(图 8.27(b))。随着海水舱室厚度的增加,离子阻力增大得不显著。当再次打开海水出口时,膜向其初始位置移动,导致所有舱室内的水压和膜间距离相等。最大 $1.3\ W \cdot m^{-2}$ 净功率密度为以每分钟 15 次的高呼吸频率获得。

### 8.3.6 工艺参数的影响

影响 RED 性能的操作参数包括流速、温度、进料浓度和进料成分。对这些参数进行测试和优化,对提高 RED 的功率输出非常有利。

**1. 流速效应**

流速影响水动力混合,进而影响 SGP 通道内电荷的传质。高的进料流速使水动力混合在隔间的平均盐度梯度增大,导致堆叠内膜的电位差增大,增加功率密度。RED 与 MD 盐水($5.4\ mol \cdot L^{-1}$ NaCl)和海水($0.5\ mol \cdot L^{-1}$ NaCl),Tufa 等报道增加 35%(从 1.7~2.3 V)和增加 47% $P_d$($0.75 \sim 1.1\ W \cdot m^{-2}$)时增加进料流速 $0.7 \sim 1.1\ cm \cdot s^{-1}$。流速的变化也影响界面电阻(双电层阻力和扩散边界层阻力)RED 的堆栈。Fontananoval 等的 EIS 研究表明,当线速度从 $1.5\ cm \cdot s^{-1}$ 增加到 $4\ cm \cdot s^{-1}$,如图 8.28 所示,在 MD 盐水($0.5\ mol \cdot L^{-1}$ NaCl)和海水($0.5\ mol \cdot L^{-1}$ NaCl)的作用下,可以观察到每 $0.1\ cm \cdot s^{-1}$ 流体速度的增加会导致内部面积阻力降低 $0.14\ cm^2$。

尽管在功率密度方面高流速通常会提高 RED 性能,但这是以泵送进料溶液的高输入能量为代价的。这导致液压损失增加,降低净功率密度。在 $0.7 \sim 1.1\ cm\ s^{-1}$ 的流速范围内,泵的能量损失占总功率密度的 23%~39%。

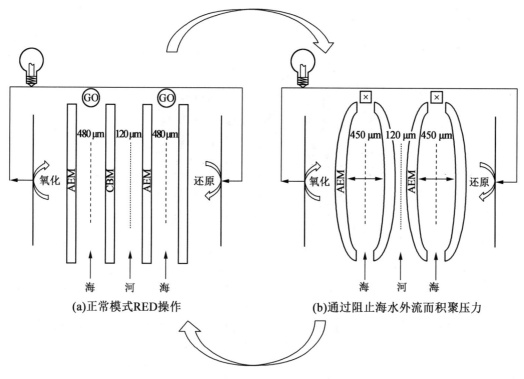

图 8.27 呼吸细胞示意图

(2016 年版权。经美国化学学会允许复制。Reproduced with permission from the American Chemical Society. Reproduced from Moreno, J.; Slouwerhof, E.; Vermaas, D. A.; Saakes, M.; Nijmeijer, K. The Breathing Cell: Cyclic Intermembrane Distance Variation in Reverse Electrodialysis. Environ. Sci. Technol. 2016, 50, 11386 – 11393. with permission from the American Chemical Society. Copyright 2016.)

**2. 温度效应**

高温一般会增加进料的导电性,促进离子的流动,减少欧姆损失,因此增加功率密度。用 MD 盐水(5.4 mol·L$^{-1}$ NaCl)和海水(0.5 mol·L$^{-1}$ NaCl)进行 RED 试验,内部面积减少 47% 加热进料溶液时,阻力(8.7 ~ 4.6 Ω·cm$^2$,图 8.28)和 $P_d$(0.72 ~ 1.04 W·m$^{-2}$)增加 44% 从 10 ~ 50 ℃(图 8.29)。同样地,对于一个有微咸操作的 RED,当进料温度从 20 ℃升高到 40 ℃时,功率密度增加了 40% ~ 50%(达到 6 W·m$^{-2}$),内部堆叠电阻降低了 30% ~ 50% 水(0.1 mol·L$^{-1}$ NaCl)和盐水(5 mol·L$^{-1}$ NaCl)。观察到功率密度几乎增加了两倍(从 3.8 W·m$^{-2}$ 增加到 6.7 W·m$^{-2}$),当进料温度从 25 ℃升高到 60 ℃时,RED 用河水和盐水处理。

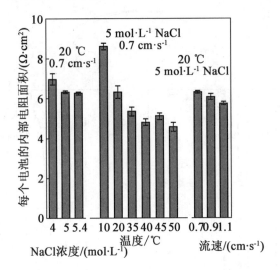

图 8.28 不同运行条件下 MD 盐水(5.4 mol·L⁻¹ NaCl)和海水(0.5 mol·L⁻¹ NaCl)对 RED 的内叠加阻力

(Reproduced from Tufa, R. A.; Curcio, E.; Brauns, E.; van Baak, W.; Fontananova, E.; Di Profio, G. Membrane Distillation and Reverse Electrodialysis for Near-Zero Liquid Discharge and Low Energy Seawater Desalination. J. Membr. Sci. 2015, 496, 325–333. with permission from the Elsevier Ltd. Copyright 2015.)

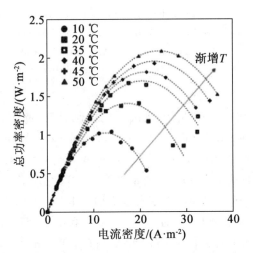

图 8.29 温度对 RED 性能的影响;盐水(0.5 mol·L⁻¹ NaCl)和海水(5 mol·L⁻¹ NaCl)的进料溶液;富士薄膜(富士欧洲公司)(美国、荷兰)采用了特别设计的盐水溶液

(Reproduced from Tufa, R. A; Curcio, E.; Brauns, E.; van Baak, W.; Fontananova, E.; Di Profio, G. Membrane Distillation and Reverse Electrodialysis for Near-Zero Liquid Discharge and Low Energy Seawater Desalination. J. Membr. Sci. 2015, 496, 325–333. with permission from the Elsevier Ltd. Copyright 2015.)

温度也会影响 RED 在界面阻力和膜阻力的表现。在 0.5 mol·L$^{-1}$ NaCl 电解液中用 EIS 对 IEMs 进行电化学表征时,可以观察到薄膜电阻和边界层电阻的平滑降低。

除了对 RED 性能的积极影响外,高温作业还与高输入能量、高运行成本相关。因此,需要对可接受的 RED 操作进行经济性优化。

**3. 进料浓度和组成的影响**

在 RED 中,进料浓度的影响与驱动力有关,即盐度梯度。在较高的盐度梯度下,例如高盐度盐水与海水混合时,驱动力(盐度差)增大,导致各膜上电动势增大,输出功率增大。

Tufa 等报道从 4 到 5.4 mol·L$^{-1}$ NaCl 盐水的浓度使 OCV 增加 71%(从 1.23 V 到 2.1 V),RED 的堆栈操作海水(0.5 mol·L$^{-1}$ NaCl)、盐水溶液(4~5.4 mol·L$^{-1}$ NaCl)和功率密度增加 67%(从 0.45 W·m$^{-2}$ 到 0.75 W·m$^{-2}$)。这对与内部区域阻力减少 11%(从 7 Ω·cm$^2$ 到 6.2 Ω·cm$^2$)(图 8.28)。Danilidis 等研究了在 0.01 mol·L$^{-1}$ NaCl 测试溶液范围内,浓度变化对宽光谱功率密度的影响。如图 8.30(a)所示,当 HCC 浓度从 2 mol·L$^{-1}$ NaCl 增加到 5 mol·L$^{-1}$ NaCl 时,HCC 浓度保持在 0.01 mol·L$^{-1}$ NaCl 时,功率密度显著增加(从 1.5 W·m$^{-2}$ 增加到 3.8 W·m$^{-2}$)。在高浓度溶液下工作的缺点之一是有污染的风险,特别是膜表面的稀溶液盐结垢,限制了 RED 效率。

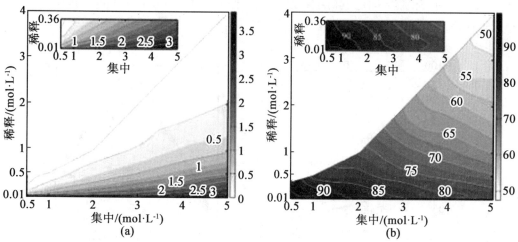

图 8.30 在不同浓度的 HCC 和 LCC 给药溶液作用下,红堆的功率密度和红堆中膜的选择性的变化(Reproduced from Tufa, R. A; Curcio, E.; Brauns, E.; van Baak, W.; Fontananova, E.; Di Profio, G. Membrane Distillation and Reverse Electrodialysis for Near – Zero Liquid Discharge and Low Energy Seawater Desalination. J. Membr. Sci. 2015, 496, 325 – 333. with permission from the Elsevier Ltd. Copyright 2015.)

高浓度盐溶液的使用也限制了 IEMs 的电化学性能,尤其是电导率。例如,在盐水溶液(45 mol·L$^{-1}$ NaCl)中,由于在高盐外源浓度下 Donnan 排斥物(膜排斥共离子的能力)的无效性,IEM 的 permselectivity 通常会降低。如图 8.30(b)所示,尽管对于 0.5 mol·L$^{-1}$/<2 mol·L$^{-1}$ NaCl 的测试溶液,RED 堆中 IEM 的表观渗透活性值达到 90%,但对于 0.5 mol·L$^{-1}$/>4 mol·L$^{-1}$ NaCl 的测试溶液,显著降低至 65% 以下。

当 RED 在自然条件下,溶液成分的影响变得至关重要,因为自然水除了 $Cl^-$ 和 $Na^+$ 外还含有其他离子($Mg^{2+}$ 和 $SO_4^{2-}$)。文献表明存在多价离子的负面影响,如 $Mg^{2+}$ 和 $SO_4^{2-}$ 关于 RED 的表现。Post 等在存在 $Mg^{2+}$ 和 $SO_4^{2-}$ 时观察到堆栈增加阻力,减少 OCV。Vermaas 等的进一步研究表明功率密度减少 29%～50% 的范围(图 8.31)相比,参考氯化钠溶液在使用 multiion 解决方案($Mg^{2+}$ 海水和河水都 10% 和 10% $SO_4^{2-}$)。

当使用高盐溶液时,多价离子的作用会加剧。Tufa 等报道当切换到密度减少 63% ($1.52\sim0.57\ W\cdot m^{-2}$)(图 8.31(b))时的人工海水($0.5\ mol\cdot L^{-1}\ NaCl$)/盐水 ($5\ mol\cdot L^{-1}\ NaCl$)的解决方案,真正的海水($0.014\ Mg^{2+}$)和盐水($1.6\ Mg^{2+}$)。类似地,Tedesco 等报告,当从人工半咸水/盐水切换到相应的真实溶液时,功率密度降低了 40% (从 $1.35\ W\cdot m^{-2}$ 降至 $0.8\ W\cdot m^{-2}$)。Ahmet 等观察到,当使用 $4\ mol\cdot L^{-1}\ NaCl/0.5\ mol\cdot L^{-1}\ NaCl$ 溶液而不是 $4\ mol\cdot L^{-1}\ NaCl/0.5\ mol\cdot L^{-1}\ NaCl$ 溶液时,约 94% 的功率密度降低(从 $0.53\ W\cdot m^{-2}$ 降至 $0.03\ W\cdot m^{-2}$)。

多价离子对 RED 离子性能的负面影响的原因还没有很好地理解。然而,对于这种现象,在文献中已经有了直观的描述。上坡输运,即离子对浓度梯度的输运会限制 RED 效率。此外,进料溶液中多价离子的存在可能会改变电化学性质,限制其性能。双价的 $Mg^{2+}$ 有很强的亲和膜的固定电荷组导致部分固定电荷中和组,弱化 Donnan 排斥效应,选择通透性差,因此电阻低。CEM 阻力一直随着进料浓度的 $Mg^{2+}$ 减少。

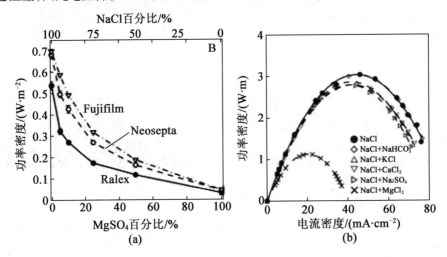

图 8.31 不同(Ralex、Neosepa、Fujifilm)膜配制的 RED 进料(NaCl)溶液中 $MgSO_4$ 的摩尔分数随功率密度的变化;模拟盐水和半咸水的不同组成的多离子溶液功率密度的变化

(Reproduced from Vermaas, D. A.; Veerman, J.; Saakes, M.; Nijmeijer, K., Influence of Multivalent Ions on Renewable Energy Generation in Reverse Electrodialysis. Energy Environ. Sci. 2014, 7, 1434 - 1445. with permission from the Royal Society of Chemistry. Reproduced from Tufa, R. A.; Curcio, E.; van Baak, W.; Veerman, J.; Grasman, S.; Fontananova, E.; Di Profio, G. Potential of Brackish Water and Brine for Energy Generation by Salinity Gradient Power - Reverse Electrodialysis (SGP - RE). RSC Adv. 2014, 4(80), 42617 - 42623 with permission from the Elsevier Ltd. Copyright 2013.)

### 8.3.7 RED 污染及其控制

虽然与 PRO 等其他系统相比，RED 一般不太容易受到污垢现象的影响，但在自然条件下运行时仍然存在一个问题。RED 的污垢主要是由于生物膜和有机成分的积累，间隔层和膜表面的颗粒堵塞，以及由于多价离子的存在导致可溶性盐的稀疏结垢。污垢主要通过 IEMs 的损伤和损失来增加压降和降低 RED 性能。

到目前为止，对 RED 污垢的研究还不是很广泛，但是已经进行了一些尝试来澄清其影响。Post 等测试了一种使用含有可降解化合物浓缩溶液的进料流来促进微生物生长的 RED。在这种情况下，他们观察到 8 天后河水舱的压降增加了。由于组成生物膜的微生物对膜的降解，OCV 降低，堆叠阻力增加。作者得出结论，通过改变极性周期性地逆转进料流可以减少污垢的影响。Vermaas 等在天然海水和河水的补给下建造了一个 RED 的烟囱。采用了不同的堆叠设计：带有扁平的离子交换和间隔片；带有不带间隔片的异形膜；带有异形片的不导电塑料片；没有间隔片。带间隔片的烟囱压降迅速增加(5 天)至最大值(约 1.5 bar)，而带异形膜的烟囱压降缓慢增加(20 天)至最大值。与机织垫片相比，薄膜表面的光滑和平行通道减少了胶体和颗粒的黏附。此外，异形膜堆叠在功率密度方面也优于间隔片堆叠。实际上，功率密度的下降比压力下降快得多。由于膜的有效表面电荷减少，从而限制了离子的输运，膜的选择性和欧姆电阻都受到了负面影响。建议采用不同的策略，如电流方向的周期性切换、反向短脉冲的应用以及使用高分子量表面活性剂改性的膜，以减少 RED 污垢的影响。

### 8.3.8 应用程序

RED 的高级应用可以通过与海水淡化系统、生物电化学系统、水电解系统等其他技术的集成来实现。表 8.4 总结了文献中关于 RED 与不同技术的混合应用的 RED 条件和功率密度。

RED 在海水淡化技术中的混合应用具有 RO 和 MD 等优势。图 8.32 所示为 RED 在综合膜基海水淡化技术中的可能配置。例如，考虑到 50% 的海水回收率和半咸水淡化实践，RO 每年大约排放 12 118 MCM 的盐水。在标准条件下，将盐水(假设 NaCl 中约 1 mol·L$^{-1}$)与海水(约 0.5 mol·L$^{-1}$ NaCl)混合，其盐度梯度能势约为 3.6 GJ。Tufa 等提出了一种结合 RED 和 MD 的创新方法，使能源和水能够同时生产。通过接近零的液体排放的概念，MD 的盐水排放为海水淡化提供了额外的能量，并避免了盐水排放对环境的威胁。盐水的使用还通过减少 LCC 溶液(例如河水)的欧姆损失，提高了 RED 性能。采用 DCMD (5.4 mol·L$^{-1}$ NaCl)和海水(约 0.5 mol·L$^{-1}$)的卤水作为进料溶液时，最大 $P_d$ 为 1.2 W·m$^{-2}$。FO - RED2.4~0.01 mol·L$^{-1}$ NaCl 混合也被测试试验得到的功率密度为 1.86 W·m$^{-2}$。一个有趣的发现是，盐水对能源的使用与降低能源成本直接相关，也就是说，7.8% RO 的能源消耗率 2.77 kW·h·m$^{-3}$ 和 13.5% FO 的能源消耗率 0.84 kW·h·m$^{-3}$。

表 8.4 RED 应用于杂化（综合）的文献总结

| 可能的集成系统 | 膜的型号 | cm² | μm | N | 间隔器 (δ)/μm | 氧化还原电解液 | 电极 | $P_{max,dmm}$/(W·m⁻²)(OCV/V) | 文献 |
|---|---|---|---|---|---|---|---|---|---|
| 海水淡化系统 (FO, RO, MD) | Neocepta AMX/CMX（日本德山） | 7×7 | 134~164 | 5 | 织物(280) | 0.05 mol·L⁻¹ $K_3Fe(CN)_6$，0.05 mol·L⁻¹ $K_4Fe(CN)_6$，0.3 mol·L⁻¹ NaCl | Ti－Ir/Ru | 1.86 | 186 |
| | 富士 AEM/CEM（富士胶片欧洲 B.V.，荷兰） | 10×10 | 109~170 | 25 | 织物(270) | 0.3 mol·L⁻¹ $K_3Fe(CN)_6$，0.3 mol·L⁻¹ $K_4Fe(CN)_6$ 和 2.5 mol·L⁻¹ NaCl | Ti－Ru/Ir 网 | 1.2 | 7 |
| | 离子交换膜 CMV/AMV（朝日玻璃，日本） | 4×2 | 110~150 | 5 | 聚乙烯网(1 300) | 阳极电解液：1 mol·L⁻¹ $NaHCO_3$ 阴极电解液：1.0 g·L⁻¹ $CH_3COONa$ 的 $NaHCO_3$ 缓冲液和维他命和矿物质 | 阳极：石墨纤维刷；阴极：不锈钢网 | (0.21~0.348) | 13 |
| 生物电化学系统 | PC-SK 和 PC-SA（PCCell，德国） | 195 | 500 | 5-1 | — | 阳极电解液：1 mol·L⁻¹ $NaHCO_3$ 阳极电解液：1.0 g·L⁻¹ of $CH_3COONa$ 的 $NaHCO_3$ 缓冲液和维他命和矿物质 | 阳极：不锈钢网；阴极：碳化纤维刷 | (0.6~0.75) | 151 |
| | 离子交换膜 CMV/AMV（朝日玻璃，日本） | 4×2 | 110~150 | 7 | 聚乙烯网(1 300) | 阴极电解液：0.35 g·L⁻¹ NaCl 阳极电解液：0.82 g·L⁻¹ $CH_3COONa$ 的 50 mmol·L⁻¹ 磷酸盐缓冲液和营养培养基 | 阴极：不锈钢网；阳极：石墨纤维刷 | 0.37±0.023 | 189 |
| | 离子交换膜 CMV/AMV（朝日玻璃，日本） | 4×2 | 110~150 | 10 | 聚乙烯网(1 300) | 阴极电解液：人工合成盐水；阳极电解液：1.0 g·L⁻¹ $CH_3COONa$ 磷酸盐缓冲液含维他命和矿物质 | 阴极：不锈钢网；阳极：石墨纤维刷 | 4.3 | 190 |
| 水电解 | 富士 AEM/CEM（富士胶片欧洲 B.V.，荷兰） | 10×10 | 109~170 | 27 | 织物(270) | 0.3 mol·L⁻¹ $K_3Fe(CN)_6$，0.3 mol·L⁻¹ $K_4Fe(CN)_6$ 和 2.5 mol·L⁻¹ NaCl | Ti－Ru/Ir 织物 | 1.6(3.7) | 128 |

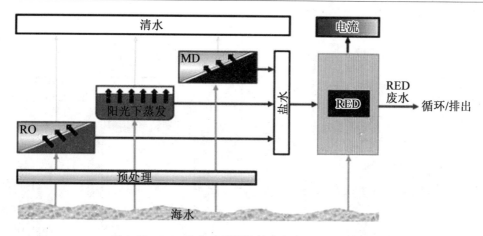

图 8.32　RED 在集成膜脱盐技术中应用可能配置

像微生物燃料电池(MFC)这样的生物电化学系统可以在同时处理废水的情况下产生电能。在空气阴极 MFC 中,外致电细菌氧化基体通过阳极传递电子,从而还原空气阴极上的氧。MFC 的局限性之一是它们不能简单地串联起来以提高整体电势,因为堆叠 MFC 中的电池将经历电压反转,导致 OCV 小于或等于单个电池。克服这一限制的一个办法是使用 MFC 和 RED 相结合的综合办法,创造一个称为微生物红细胞的新系统。总体而言,RED 与 MFC 的集成在功率和效率提升方面具有协同优势,优于单个流程限制。RED 在生物电化学系统中的应用也通过与微生物电解细胞集成应用的独特设计,延伸到制氢领域。

SGP 作为一种非间歇性的可再生能源,可以作为一种合适的能源来驱动可持续的氢气生产。很少有文献报道 RED 在水电解系统集成方法中间接制氢的应用。为了比较 RED 在发电和制氢方面的使用情况,Hatzell 等研究了不同的场景,包括氧气还原或析氢反应,以及使用 $NH_4HCO_3$ 进料溶液。通过 20 对细胞对和总活性膜面积为 $0.87 \text{ m}^2$ 的 RED 测试,与外部电解系统耦合间接制氢,其电势可达 $1.5 \text{ W} \cdot \text{h} \cdot \text{m}^{-3}$,对应的制氢速率仅为 $0.22 \times 10^{-5} \text{ mol} \cdot \text{cm}^{-2} \cdot \text{h}^{-1}$。Tufa 等利用盐和半咸水产生的 RED 能量驱动碱性聚合物电解质水电解(APEWE)来探索制氢的潜力。图 8.33(a)所示为 RED – APEWE 集成系统示意图。在最优条件下,催化剂加载(阳极和阴极)$10 \text{ mg} \cdot \text{cm}^{-2}$ 和聚合物粘合剂加载质量分数为 15% (阴极和阳极),操作温度为 65 ℃,最大制氢速率 $44 \text{ cm}^3 \cdot \text{h}^{-1} \cdot \text{cm}^{-1}$ 电极面积,对应 $1.8 \times 10^{-3} \text{ mol} \cdot H_2 \cdot \text{cm}^{-2} \cdot \text{h}^{-1}$ (图 8.33(b))。

RED 的其他新兴应用包括其作为大规模能量存储的功能,被称为浓度梯度流电池(CGFB)。196 – 198 CGFB 以两种电解质溶液的化学势的形式储存能量,能量提取效率达到 77%。然而,由于欧姆损失和渗透水通量,系统的效率损失是相关的。因此,为了提高 CGFB 的性能,需要对 IEM 进行优化,与 PRO 一样,RED 也可以应用于闭环系统中,将低品质余热转化为电能。在这个概念中,RED 可以与热驱动的闭环再生过程相结合,使用在 40~45 ℃温度下分解的碳酸氢铵等热解溶液,这样就可以利用工业和其他来源产生的余热发电。

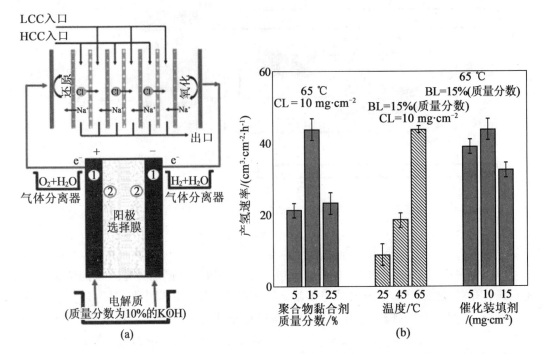

图 8.33　红-阿佩维一体化系统示意图和完整的红-梯形在变化下的性能试验条件
(Reproduced from Tufa, R. A.; Rugiero, E.; Chanda, D.; Hnàt, J.; van Baak, W.; Veerman, J.; Fontananova, E.; Di Profio, G.; Drioli, E.; Bouzek, K.; Curcio, E. Salinity Gradient Power – Reverse Electrodialysis and Alkaline Polymer Electrolyte Water Electrolysis for Hydrogen Production. J. Membr. Sci. 2016, 514, 155 – 164. with permission from the Elsevier Ltd. Copyright 2016.)

### 8.3.9　工业规模经营

RED 系统的原型设计和规模扩大目前正在通过位于荷兰的富士欧洲公司(B. V. Fujifilm Europe) RED stack 的项目和 Wetsus 进行。2014 年,荷兰 Afsluitdijk 的 Breezanddijk 建设了一座利用海水(NaCl 质量浓度约为 28 g·L$^{-1}$)和 Ijssel 湖淡水(NaCl 质量浓度为 0.2~0.5 g·L$^{-1}$)混合产生蓝色能量的 RED 发电厂。试验装置的目的是研究 RED 在自然条件下的性能,并推进 RED 技术真正的应用程序。另一个有趣的应用是 EU – FP7 REAPower 项目方案下开发和测试的中试规模 RED 系统。图 8.34 所示为测试时采用的外部电路等效电阻 RED 样机的图片。RED 的细胞对有 125 对,IEM 的活跃区域为 50 m$^2$ (44 cm×44 cm),并安装在西西里岛(意大利)。第一个测试的人造微咸水(0.03 mol·L$^{-1}$ NaCl)和饱和盐水(45 mol·L$^{-1}$ NaCl)导致的最大输出功率为 65 W,系统进一步扩大单位组成的 500 个细胞对,膜总面积超过 400 m$^2$,和测试下盐成分相似。记录功率容量为 1 kW,使用人工溶液观察到 700 W 的功率容量,而使用真实溶液观察到功率密度下降了 50%。

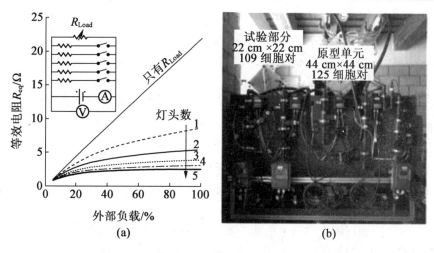

图 8.34 试验中使用的外电路等效电阻和 RED 试验厂图片

(Reproduced from Tedesco, M.; Scalici, C.; Vaccari, D.; Cipollina, A.; Tamburini, A.; Micale, G. Performance of the First Reverse Electrodialysis Pilot Plant for Power Production from Saline Waters and Concentrated Brines. J. Membr. Sci. 2016, 500, 33–45. with permission from the Elsevier Ltd. Copyright 2016.)

### 8.3.10 经济方面和未来展望

与其他可再生能源相比,对 RED 在不同情景下的经济和财务可行性进行了预测。据观察,目前固定的膜价格为 50 m$^2$,这使得它比其他能源,如太阳能和风能资源更昂贵。然而,如果薄膜价格在不久的将来降至 4.3 m$^{-2}$,那么电力成本可以显著降低到 0.18 kW·h$^{-1}$,这个成本比太阳能低得多,但比风能略高。评估 RED 经济数据的科学论文是有限的。图雷克等估计发电成本的 RED 混合集中解决方案(1.54 mol·L$^{-1}$ NaCl)和稀溶液(0.02~0.1 mol·L$^{-1}$ NaCl)是 5.35 kW·h$^{-1}$,假设膜面积电阻为 1 Ω·cm$^2$,膜寿命为 10 年,功率密度为 460 mW·m$^{-2}$。他们预测,要使 RED 在商业上可行,IEM 的价格必须降低数百倍以上。Post 等提出了一个 200 kW 容量的 RED 电厂的概念设计:他们估计,在不确定因素低于 20% 偏差的情况下,海水和河流供水解决方案的成本价格为 0.08 欧元·kW·h$^{-1}$,安装膜价格为 2 欧元·m$^{-2}$。如前所述,通过创新的堆叠设计和使用最佳的操作条件,例如使用来自脱盐技术的热盐水,也可以改善从 RED 产生的电力,从而有可能降低总体技术成本。Daniilidis 等的模型计算预测,在目前的技术水平和乐观的膜定价方案下,RED 的盐水应用似乎比海水/河水方案更经济。

在目前的技术水平下,RED 的主要限制是不能以合适的成本获得低阻膜,尽管可以实现足够的渗透选择性,设计具有合适的化学结构和形态的低阻膜以获得高输出功率需要大量的工作。堆叠设计的优化还有助于在 SGP 通道中有效混合进料溶液,减少水动力损失和堆叠内部阻力,从而提高效率。减少总内叠电阻是提高功率输出的主要策略,以便接近 RED 技术大规模实施和商业化的阈值数字。

污垢和多价离子的负面影响是 RED 作业在实际条件下面临的主要挑战。这种膜要求具有高的防污性能和良好的单价选择性。前期研究表明,异形膜的使用在避免污垢问题以及提高 RED 的功率输出方面具有巨大的潜力。一些导电聚合物的光诱导聚合表面改性已被用作一种策略,赋予商业膜的单价选择性。尽管预处理在 RED 技术上增加了额外的成本,但它也可以是一种将污垢效应和多价离子效应最小化的策略方法。在可能的预处理方法是化学软化,即去除离子的 $Ca^{2+}$ 和 $Mg^{2+}$。由于膜成本的逐步降低,膜前处理也可以作为一种可靠的替代化学处理方法。因此,以微滤和超滤为基础的膜操作可以作为一种 RED 膜的预处理策略。

全面的商业成功集成了 RED 技术,例如 MD-RED,需要对每个流程进行优化以获得高效率。海水淡化厂的主要成本要素是资金成本和年度运营成本。与其他海水淡化系统相比,MD 是一个能源密集型的过程,因此运行成本较高。例如,采用传统热回收系统的 MD 装置的水费为 1.17 美元·$m^{-3}$,如果 MD 装置采用较低的废热,水费可减至 0.64 美元·$m^{-3}$。MD 的水回收率取决于膜的性能和操作条件,因此,MD 中确定最优的进料和渗透流量可以降低水的生产成本,从而全面低成本地实现 MD-RED。此外,RED-MD 将低品位余热转化为电能的可行性还需要优化材料和工艺设计。

设想在其他几个情况下可以扩大 RED 的应用。除了来自脱盐系统的高盐度盐水,来自其他来源(例如,采矿地点、炼油厂和化学工业)的高盐度废水也可用于生产 SGP。在干旱地区,天然高矿化度地下水也可产生 SGP。

总而言之,针对具有新的化学性质和离子导电性能的新型 IEM 材料开发的高级研发对于 RED 的成功商业化具有重要意义。

## 8.4 电容式混合

CAPMIX 也是新兴的利用两种不同盐度溶液混合产生的盐度梯度能量的电化学技术之一。在混合能量的驱动下,该方法可以将大量电荷储存在浸入盐水中的超级电容器或电池电极中。

### 8.4.1 原理与理论

在 CAPMIX 中,两种溶液以可控的方式混合,通过在 HCSs 和 LCSs 之间周期性切换产生电流。该电池包含两个电极,浸入离子溶液中形成一个超级电容器。在某些情况下,电极可能被选择性渗透膜覆盖。不同于 RED,高浓度和低浓度的盐溶液同时在不同的细胞间流动,不同盐度的溶液依次在同一细胞间流动,导致不同的循环。图 8.35(a)所示为 CAPMIX 中的操作及其阶段。从细胞充满盐水的那一刻起,这个循环将包括四个阶段。第一阶段,电池通过施加电流来充电。第二阶段,在开路条件下,细胞内的溶液被淡水所取代。在相 3 中,电池通过与相 1 相反方向流动的电流放电。第四阶段,在开路条件下,用盐水代替电池中的溶液。在第一阶段中,电荷暂时储存在电极与溶液界面形成的电双层(EDLs)中。在一个恒定的电荷下,EDLs 的电位差可以通过降低溶液的盐度来增加,这是由于所谓的电容双层膨胀(CDLE)效应。EDL 扩散部分的反离子(表面带相反电荷的离子)远离电极,对电场产生作用,从而增加了由盐度梯度驱动的静电蓄能。第二阶段溶液的变化引起电池电压的增加,从而导致第三阶段电池放电时电能的提取。最后,细胞内的溶液被盐溶液所代替。通过这种方式,细胞的连续充放电诱导盐从 HC 中捕获并释放到 LCS 中,从而通过电化学细胞内盐的电容性储存介导混合。

图 8.35(b)所示为 CAPMIX 技术中各阶段的定量描述。电荷存储用相 1 和相 3 对应的线路表示,而盐溶液浓度变化引起的电压变化用相 2 和相 4 对应的线路表示。充电电压相对于放电曲线越高,说明在反循环中提取能量的可能性越大。

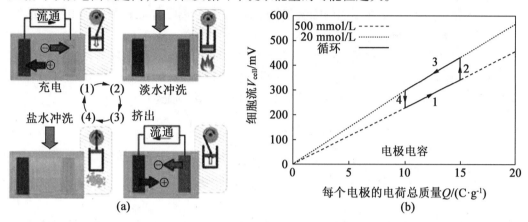

图 8.35 CAPMIX 技术循环示意图及不同相位的充电电压周期

(Reproduced from Brogioli, D.; Ziano, R.; Rica, R. A.; Salerno, D.; Kozynchenko, O.; Hamelers, H. V. M.; Mantegazza, F. Exploiting the Spontaneous Potential of the Electrodes Used in the Capacitive Mixing Technique for the Extraction of Energy from Salinity Difference. Energy Environ. Sci. 2012, 5 (12), 9870 – 9880, with permission from the Royal Society of Chemistry. )

不同盐度的溶液在混合过程中释放的能量很大程度上取决于由于溶液盐度不同而产生的梯度。利用 CAPMIX 技术捕获的能量可以从混合自由能热力计算出由单价离子(如 NaCl)组成的理想盐溶液:

$$\Delta G = 2RTV_c c_{c,f} \log c_{c,f} - 2RTV_c c_{c,i} \log c_{c,i} + 2RTV_d c_{d,f} \log c_{d,f} - 2RTV_d c_{d,i} \log c_{d,i} \quad (8.25)$$

式中,$V$ 为溶液体积;$c$ 为盐溶液的浓度;下标 i 和 f 分别为 CAPMIX 操作过程中的初始条件和最终条件;下标 c 和 d 分别为浓缩和稀释。

可转化为电能的理论用自由能计算为

$$\Delta G = RTn_t \log\left(\frac{c_{c,i}}{c_{d,i}}\right) \quad (8.26)$$

式中,$n_t$ 为转移的摩尔数。

在可逆电池条件下,很大一部分自由能实际上在消失电流的限制下转化为电能。

在 CAPMIX 循环中,关键的一点是批量溶液的顺序交换,在这种交换中,电极被浸入,导致其电容发生变化。电池电压 $V_{cell}$ 电池可与电容 $C$ 和储能 $Q_{mix}$ 混合关系为

$$V_{cell} = \frac{Q_{mix}}{C} \quad (8.27)$$

由式(8.27)可知,在开路条件下,恒载电容的减小将可逆地返回到电池电位的增加,从而

增加了存储的电化学能量 $E_{mix}$ 混合。假设 $C$ 独立于 $Q_{mix}$ 和 $V_{cell}$ 电池中储存的电化学能量 $E_{mix}$ 混合可计算为

$$E_{mix} = \frac{1}{2}Q_{mix}V_{cell} = \frac{Q_{mix}^2}{C} \tag{8.28}$$

### 8.4.2 CAPMIX 技术

CAPMIX 技术涉及三种不同的方法,基于选择性地将离子存储和释放到电极中的能力:CDLE、电容性 Donnan 电位(CDP)和混合熵电池(MEB)。

在 CDLE 中,离子选择性是通过使用外部输入功率给电极充电来实现的。考虑到平面电极是一种分解成单价离子的盐溶液,假设存在点状电荷,那么电极电位 $V_{DL}$ 对 $E_{DL}$ 表面电荷密度 $\sigma_c$ 和溶液浓度 $C_S$ 的依赖性可以用 GCS 模型来描述:

$$V_{DL} = 2\frac{RT}{F}\text{arcsinh}\left(\frac{\sigma_c}{\sqrt{8\varepsilon_o\varepsilon_r C_S RT}}\right) + \frac{\sigma_c}{C_S} \tag{8.29}$$

式中,$\varepsilon_o$ 为介电常数;$\varepsilon_r$ 为溶剂的相对介电常数;$C_S$ 为 Stern 电容,约为 $0.1\ F\cdot m^{-2}$。这说明带电电极的表面电荷密度主要取决于浓度,而浓度越大,正电荷电极的表面电荷密度越小。

CDP 的工作原理类似于 CDLE 技术,但它使用一种选择性渗透膜来选择性运输离子(Donnan 除外)。图 8.36 所示为多孔电极(活性炭膜)和 AEMs 的 CDP 方案及电池电压的试验数据。AEMs 和 CEMs 交替堆放在两个电极之间,进料溶液依次通过膜间的间隔(间隙)注入,如 RED。间隔材料用来保持膜之间的间隙。在两个不同的解之间建立的 Donnan 电势产生了一个净电流。

在 CDP 中,间隔通道中淡水和盐水的交替供应产生连续的电力生产。假设多孔电极和选择性膜之间的间隙中的浓度($c_o$),对于理想的 100% 选择性膜,在高浓度进料过程中,通过膜产生的电压由 Donnan 势 $V_D$:

$$V_D = \frac{RT}{F}\log\frac{c_s}{c_o} \tag{8.30}$$

式中,$c_s$ 为给料液浓度。

Sales 等实际演示了 CDP 技术,该技术使用一种小型设备,可以从淡水和盐水的连续流中发电,而不需要外部电源。17 个单元测试的试验结果在两个后续周期为一个外部电阻 $R(1\ \Omega)$ 表示一个电压增加到 40 mV 以上最大功率充电时密度约为 $60\ mW\cdot m^{-2}$,电压降至 35 mV 左右,在电池放电期间功率密度低于 $40\ mW\cdot m^{-2}$。

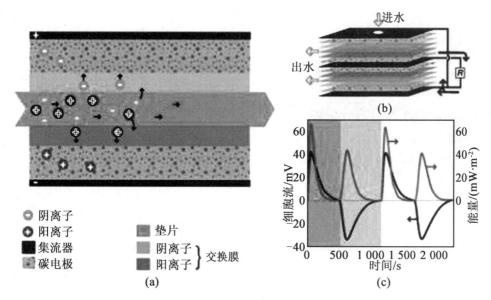

图 8.36　多孔电极(活性炭膜)和 AEMs 的 CDP 方案及电池电压的试验

(Reproduced from Sales, B. B.; Saakes, M.; Post, J. W.; Buisman, C. J. N.; Biesheuvel, P. M.; Hamelers, H. V. M. Direct Power Production from a Water Salinity Difference in a Membrane – Modified Supercapacitor Flow Cell. Environ. Sci. Technol. 2010, 44(14), 5661 – 5665. with permission from the American Chemical Society. Copyright 2010.)

可以用带电聚合物涂覆电极,在这种情况下,更为复杂的是,聚合物涂层的选择性明显低于普通膜,因此 EDLs(电极上和涂层外边界上的)双电层都被认为受到浓度变化的影响。

电流泄漏和结垢现象是与超级电容器电极中使用活性炭相关的问题。La Mantia 等开创性地提出了一种新型电化学系统,称为 MEB,它能够克服多孔电极的局限性。在 MEB 中,从盐度差中提取的化学能存储在电极块状晶体结构内。电解质中的盐充当反应物,电极充当储存材料。两个不同的电极,阴离子电极和阳离子电极,它们分别与 $Cl^-$ 和 $Na^+$ 相互作用。电极最初浸没在低离子强度溶液中,如河水中的放电状态。通过去除 $Na^+$ 和 $Cl^-$ 来对电池充电。来自各个电极的离子(图 8.37(b),相 1),用诸如海水的浓缩溶液代替稀释的电解质,这导致电极之间的电位差增加(图 8.37(b),相 2)。由于阴离子和阳离子重新结合到它们各自的电极中,电池被放电(图 8.37(a),相 3)。然后除去浓缩的溶液并用稀释的电解质(河水)代替,这导致电极之间的电位差减小(图 8.37(a),相 4)。实际上,在大规模操作的情况下,可以通过流程执行解决方案交换。MEB 的电池电压 $V_{cell}$ 与电荷 $Q$ 的典型曲线如图 8.37(b)所示。La Mantia 等的试验测试,在 MEB 上表明功率密度达到 $105\ mW \cdot m^{-2}$,与 CDLE 和 CDP 相当。

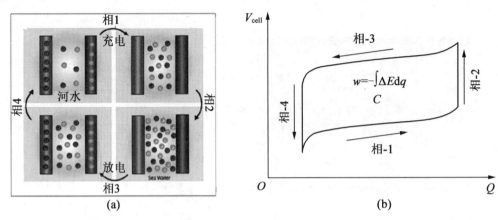

图 8.37　MEB 的示意图及电池单元电压($V_{cell}$)与电荷($Q$)的循环的典型形式

(Reproduced from La Mantia, F.; Pasta, M.; Deshazer, H. D.; Logan, B. E.; Cui, Y. Batteries for Efficient Energy Extraction from a Water Salinity Difference. Nano Lett. 2011, 11(4), 1810–1813, with permission from the American Chemical Society.)

确定 CAPMIX 系统性能的最相关参数是每单位表面的功率产生和(或)每个电极质量。对于 CAPMIX 中的电极,需要优化的最重要参数是由于盐度变化引起的电压上升以及由于内部电阻而与测量的电池电压部分相关的过电压。在 CDP 和 MEB 中使用的电池电极中,电池电压主要受到能斯特方程所描述的盐度梯度的限制,并且电池过电压受到膜电阻的强烈影响。在 CDLE 中,电池电压主要受 EDL 特性的限制,过电压主要与电极之间的间隙有关。

### 8.4.3　技术进步

最初提出的 CAPMIX 器件是基于具有非常多孔结构的导电材料(活性炭电极)。当将电极放入盐溶液中并从外部供电时,通过碳材料向其表面充电。对这种外部电荷进行了 CAPMIX 技术的各种试验测试。在这种情况下,功率密度高达 10 mW·m$^{-2}$。这种无膜外加电 CAPMIX 技术面临的主要挑战是自放电效应或电流泄漏,这是由氧化还原反应引起的,涉及化学表面基团、水分子、溶解氧或其他气体。

Brogioli 等研究了不同前驱体通过不同活化方法制备的碳材料,以解决 CAPMIX 中电流泄漏的问题。基于活性炭的测试材料表现出不同的自发电位,因此能够在没有外部充电的情况下产生电池电压升高。图 8.38 所示为选择最佳电极对的 GCS 曲线。这对 MCC – NS30 是最佳的,因为两种活性炭材料具有完全不同的自发电位,差异大约为于 100 mV。它们大致落在相同的 GSC 曲线上,暗示它们的电荷与电位曲线大致相同。然而,在 CAPMIX 中使用活性炭的挑战与成本问题有关,因为这种材料的大规模生产是昂贵的基于膜的 CAPMIX 的新发展,即 CDP 技术涉及使用线电极而不是传统的电池几何形状平行电极。线电极可以基于钛等惰性金属,其功能基于电池内的集电器。线电极可以通过将活性炭浆料和集电器插入管状膜内或通过将活性炭浆料浇铸在集电器上来制备。据报道,对于 1 mm 直径的电线,潜在的功率产量高达 347 $\mu W \cdot g^{-1}$(300 $\mu W \cdot m^{-1}$)。

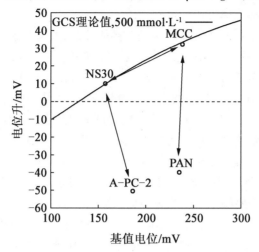

图 8.38　三对材料通过 CAPMIX 测试能量提取

耦合的基极电位的位移(箭头的水平分量)表示必须提供的外部电压 $V_{Ext}$。耦合的电位上升的位移(箭头的垂直分量)表示所得到的电池电压上升;NS30 和 A - PC - 2 是薄膜形式的电极,厚度分别为 45 $\mu m$ 和 40 $\mu m$。MCC 和 PAN 是电极布,厚度为 400 mm

(Reproduced from Brogioli, D.; Ziano, R.; Rica, R. A.; Salerno, D.; Kozynchenko, O.; Hamelers, H. V. M.; Mantegazza, F. Exploiting the Spontaneous Potential of the Electrodes Used in the Capacitive Mixing Technique for the Extraction of Energy from Salinity Difference. Energy Environ. Sci. 2012, 5 (12), 9870 - 9880, with permission from the Royal Society of Chemistry.)

设计、开发最佳材料和细胞几何形状是最大化 MEB 提取能量的一个非常关键的方面。在这方面,Ye 等研究了一种装有 Ag/AgCl 作为阴离子电极和 $Na_4Mn_9O_{18}$(NMO)作为阳离子电极的板状 MEB 电池。通过使用生活污水和海水进料溶液记录了 68% 的能源效率。然而,$Na_4Mn_9O_{18}$ 和 Ag 电极的使用实际上具有挑战性,因为它们的放电容量低约 30 $mAh \cdot g^{-1}$,每单位提取的能量需要大量的活性材料,并且这变得昂贵。已经尝试用例如普鲁士蓝色类似物(PBA)系列代替这种电极。PBA 电极具有开放式骨架晶体结构,其由面心立方体过渡金属阳离子构成,与六氰基金属化物基团八面体配位。218 - 220 基于 PBA 骨架结构的电极具有宽通道,允许快速插入和去除离子,通常可以在 MEB 中应用具有长循环寿命和在水性电解质中如铜和六氰基铁酸镍阴极,六氰基锰酸锰 PBA 等的低溶解度的材料。在 MEB 中测试的六氰基铁酸铜/Ag 对已经导致最大功率输出达到 2.8 $mW \cdot g^{-1}$。这种具有优异电化学性质的稳定材料的开发将实现具有优异循环寿命、能量效率和能量密度的 MEB 的巨大潜力。

### 8.4.4　CAPMIX 与 PRO 和 RED 的比较

虽然 CAPMIX 技术能够提取像 RED 和 PRO 这样的 SGP,但是利用盐水和淡水源的电化学潜力的技术方法存在差异。例如,CAPMIX 技术基于循环途径,其涉及在操作期间捕获和释放盐的阶段,而 RED 技术可以不间断地操作,只要连续供应进料。在 CAPMIX

中，通过保持浓缩溶液和稀释溶液之间的盐的去除和转移达到最大值而不在两种溶液之间直接接触，可以实现在效率方面的良好性能。因此，CAPMIX 设备的固定体积需要保持在最小值，同时保持质量负荷非常高。这是有挑战性的，因为对于具有 100 mm 厚度的典型多孔电极，其中 40% ~ 60% 用溶液填充。考虑到电极之间的间隙为 200 mm 和 50% 的孔隙率，固定体积将约为表面积的 200 mL·m$^{-2}$。因此，与 RED 或 PRO 不同，其中进料混合需要最大化到利用 CAPMIX 中的大部分电化学势，在循环操作期间应避免任何盐的混合，以最大化其性能。在 RED 中，通过电极处的氧化还原反应产生电，所述电极保持在隔室中，该隔室用溶液连续冲洗以维持发电。CAPMIX 不需要这样做，因为电能直接产生，无须任何额外的电极隔室或电极冲洗溶液。

结垢问题在 CAPMIX 中不是严重的问题，特别是对于不涉及使用像 CDLE 这样的膜的技术。RED 和 PRO 需要特别定制的膜，具有优异的防污性能，适用于自然条件下的实际操作。使用基于高反应性材料的精心设计的电极材料和具有优异几何形状的电化学电池可以减轻由于 CAPMIX 中的进料混合问题导致的内部损失。在目前的技术水平上，RED 和 PRO 显示出比 CAPMIX 更好的性能，但仍然需要具有良好性能的膜（低电阻和高选择性 IEMS 用于 RED，高渗透性和高选择性膜用于 PRO）和优异的防污性能，以低成本实现。在大规模运营方面，CAPMIX 在成本方面似乎比 RED 更具竞争力。

### 8.4.5 前景

CAPMIX 技术的实际应用的障碍是针对不同技术的良好优化电极材料的可用性，以及对电池充电的外部电源的需求。高效的 CAPMIX 技术允许电荷存储在电池中，随后完全恢复，由于电流泄漏（自放电）等内部损耗，实际上很难实现。因此，必须连续提供外部电源以补偿电流泄漏的影响，这导致 CAPMIX 技术的低净功率密度。

盐水溶液可以从死海等天然来源和煤炭开采、海水淡化等人为活动中获得。因此，与 RED 和 PRO 一样，将盐水与海水结合使用可以为 CAPMIX 提供更高的电势，特别是 MEB 与 CDLE 和 CDP 相比将是最有利的。

在 CAPMIX 中，所需的驱动力或盐度差异也可以通过其他类型的解决方案来维持，这些解决方案可以通过使用低等级废物或太阳能热能资源进行热再生。这是通过将低等级废热转换成电能以降低成本来生产可再生能源的可行前景。

CAPMIX 技术在从二氧化碳排放中获取能源方面的潜在应用最近已被认为是一种生成可再生能源的有前途的方式。将燃烧气体中的二氧化碳混合用于发电的能力具有每年 1 570 TW·h 的全球潜力。与海水和淡水的混合相比，这一数量远高于二氧化碳排放的能量密度，使得二氧化碳排放成为进一步研究开发新的、可靠的清洁能源的替代方案。种能量最终可以通过基于 CAPMIX 的精心设计的电化学系统使用离子选择性多孔电极捕获。但是，必须开发和探索更有效的传质装置。

通常，细胞几何优化和新材料的开发可以成为 CAPMIX 研究成功的战略方法。因此，CAPMIX 技术的商业实施以及 RED 和 PRO 等其他 SGP 来源代表了对可再生能源生产领域的巨大贡献。

# 参 考 文 献

[1] Logan, B. E.; Elimelech, M. Membrane – Based Processes for Sustainable Power Generation Using Water. Nature 2012, 488 (7411), 313 – 319.

[2] Ramon, G. Z.; Feinberg, B. J.; Hoek, E. M. V. Membrane – Based Production of Salinity – Gradient Power. Energ. Environ. Sci. 2011, 4 (11), 4423 – 4434.

[3] Brauns, E. Towards a Worldwide Sustainable and Simultaneous Large – Scale Production of Renewable Energy and Potable Water Through Salinity Gradient Power by Combining Reversed Electrodialysis and Solar Power? Desalination 2008, 219 (1), 312 – 323.

[4] Veerman, J.; Saakes, M.; Metz, S. J.; Harmsen, G. J. Reverse Electrodialysis: Performance of a Stack with 50 Cells on the Mixing of Sea and River Water. J. Membr. Sci. 2009, 327 (1 – 2), 136 – 144.

[5] Tedesco, M.; Brauns, E.; Cipollina, A.; Micale, G.; Modica, P.; Russo, G.; Helsen, J. Reverse Electrodialysis with Saline Waters and Concentrated Brines: A Laboratory Investigation Towards Technology Scale – up. J. Membr. Sci. 2015, 492, 9 – 20.

[6] Luo, X.; Cao, X.; Mo, Y.; Xiao, K.; Zhang, X.; Liang, P.; Huang, X. Power Generation by Coupling Reverse Electrodialysis and Ammonium Bicarbonate: Implication for Recovery of Waste Heat. Electrochem. Commun. 2012, 19 (1), 25 – 28.

[7] Tufa, R. A.; Curcio, E.; Brauns, E.; van Baak, W.; Fontananova, E.; Di Profio, G. Membrane Distillation and Reverse Electrodialysis for Near – Zero Liquid Discharge and Low Energy Seawater Desalination. J. Membr. Sci. 2015, 496, 325 – 333. Vermaas, D. A.; Veerman, J.; Saakes, M.; Nijmeijer, K. Influence of Multivalent Ions on Renewable Energy Generation in Reverse Electrodialysis. Energ. Environ. Sci. 2014, 7 (4), 1434 – 1445.

[8] Vermaas, D. A.; Veerman, J.; Saakes, M.; Nijmeijer, K. Influence of Multivalent Ions on Renewable Energy Generation in Reverse Electrodialysis. Energ. Environ. Sci. 2014, 7 (4), 1434 – 1445.

[9] Post, J. W.; Hamelers, H. V. M.; Buisman, C. J. N. Energy Recovery from Controlled Mixing Salt and Fresh Water with a Reverse Electrodialysis System. Environ. Sci. Tech. 2008, 42 (15), 5785 – 5790.

[10] Cusick, R. D.; Kim, Y.; Logan, B. E. Energy Capture from Thermolytic Solutions in Microbial Reverse – Electrodialysis Cells. Science 2012, 335 (6075), 1474 – 1477.

[11] Kim, Y.; Logan, B. E. Microbial Reverse Electrodialysis Cells for Synergistically En-

[12] Liu, J.; Geise, G. M.; Luo, X.; Hou, H.; Zhang, F.; Feng, Y.; Hickner, M. A.; Logan, B. E. Patterned ion Exchange Membranes for Improved Power Production in Microbial Reverse – Electrodialysis Cells. J. Power Sources 2014, 271, 437 – 443.

[13] Nam, J. Y.; Cusick, R. D.; Kim, Y.; Logan, B. E. Hydrogen Generation in Microbial Reverse – Electrodialysis Electrolysis Cells Using a Heat – Regenerated Salt Solution. Environ. Sci. Tech. 2012, 46 (9), 5240 – 5246.

[14] Rica, R.; Ziano, R.; Salerno, D.; Mantegazza, F.; van Roij, R.; Brogioli, D. Capacitive Mixing for Harvesting the Free Energy of Solutions at Different Concentrations. Entropy 2013, 15 (4), 1388.

[15] Bijmans, M. F. M.; Burheim, O. S.; Bryjak, M.; Delgado, A.; Hack, P.; Mantegazza, F.; Tenisson, S.; Hamelers, H. V. M. CAPMIX – Deploying Capacitors for Salt Gradient Power Extraction. Energy Procedia 2012, 20, 108 – 115.

[16] Brogioli, D. Extracting Renewable Energy from a Salinity Difference Using a Capacitor. Phys. Rev. Lett. 2009, 103 (5), 058501.

[17] Sales, B. B.; Saakes, M.; Post, J. W.; Buisman, C. J. N.; Biesheuvel, P. M.; Hamelers, H. V. M. Direct Power Production from a Water Salinity Difference in a Membrane – Modified Supercapacitor Flow Cell. Environ. Sci. Technol. 2010, 44 (14), 5661 – 5665.

[18] Brogioli, D.; Zhao, R.; Biesheuvel, P. M. A Prototype Cell for Extracting Energy from a Water Salinity Difference by Means of Double Layer Expansion in Nanoporous Carbon Electrodes. Energ. Environ. Sci. 2011, 4 (3), 772 – 777.

[19] Brogioli, D.; Ziano, R.; Rica, R. A.; Salerno, D.; Kozynchenko, O.; Hamelers, H. V. M.; Mantegazza, F. Exploiting the Spontaneous Potential of the Electrodes Used in the Capacitive Mixing Technique for the Extraction of Energy from Salinity Difference. Energ. Environ. Sci. 2012, 5 (12), 9870 – 9880.

[20] Liu, F.; Schaetzle, O.; Sales, B. B.; Saakes, M.; Buisman, C. J. N.; Hamelers, H. V. M. Effect of Additional Charging and Current Density on the Performance of Capacitive Energy Extraction Based on Donnan Potential. Energ. Environ. Sci. 2012, 5 (9), 8642 – 8650.

[21] La Mantia, F.; Pasta, M.; Deshazer, H. D.; Logan, B. E.; Cui, Y. Batteries for Efficient Energy Extraction from a Water Salinity Difference. Nano Lett. 2011, 11 (4), 1810 – 1813.

[22] Klaysom, C.; Cath, T. Y.; Depuydt, T.; Vankelecom, I. F. J. Forward and Pressure Retarded Osmosis: Potential Solutions for Global Challenges in Energy and Water Supply. Chem. Soc. Rev. 2013, 42 (16), 6959 – 6989.

[23] Achilli, A.; Childress, A. E. Pressure Retarded Osmosis: from the Vision of Sidney Loeb to the First Prototype Installation—Review. Desalination 2010, 261 (3), 205 –

211.

[24] Straub, A. P.; Deshmukh, A.; Elimelech, M. Pressure – Retarded Osmosis for Power Generation from Salinity Gradients: Is It Viable? Energ. Environ. Sci. 2016, 9 (1), 31 – 48.

[25] Lin, S.; Straub, A. P.; Elimelech, M. Thermodynamic Limits of Extractable Energy by Pressure Retarded Osmosis. Energ. Environ. Sci. 2014, 7 (8), 2706 – 2714.

[26] Maisonneuve, J.; Laflamme, C. B.; Pillay, P. Experimental Investigation of Pressure Retarded Osmosis for Renewable Energy Conversion: Towards Increased Net Power. Appl. Energy 2016, 164, 425 – 435.

[27] Prante, J. L.; Ruskowitz, J. A.; Childress, A. E.; Achilli, A. RO – PRO Desalination: An Integrated Low – Energy Approach to Seawater Desalination. Appl. Energy 2014, 120, 104 – 114.

[28] Wan, C. F.; Chung, T. – S. Energy Recovery by Pressure Retarded Osmosis (PRO) in SWRO – PRO Integrated Processes. Appl. Energy 2016, 162, 687 – 698.

[29] OLSSON, M.; WICK, G. L.; ISAACS, J. D. Salinity Gradient Power: Utilizing Vapor Pressure Differences. Science 1979, 206 (4417), 452 – 454.

[30] Finley, W.; Pscheidt, E. Hydrocratic Generator. Google Patents, 2001.

[31] Lee, K. L.; Baker, R. W.; Lonsdale, H. K. Membranes for Power Generation by Pressure – Retarded Osmosis. J. Membr. Sci. 1981, 8 (2), 141 – 171.

[32] Yip, N. Y.; Elimelech, M. Performance Limiting Effects in Power Generation from Salinity Gradients by Pressure Retarded Osmosis. Environ. Sci. Technol. 2011, 45 (23), 10273 – 10282.

[33] Zhang, S.; Chung, T. – S. Minimizing the Instant and Accumulative Effects of Salt Permeability to Sustain Ultrahigh Osmotic Power Density. Environ. Sci. Technol. 2013, 47 (17), 10085 – 10092.

[34] She, Q.; Jin, X.; Tang, C. Y. Osmotic Power Production from Salinity Gradient Resource by Pressure Retarded Osmosis: Effects of Operating Conditions and Reverse Solute Diffusion. J. Membr. Sci. 2012, 401 – 402, 262 – 273.

[35] Sivertsen, E.; Holt, T.; Thelin, W.; Brekke, G. Modelling Mass Transport in Hollow Fibre Membranes Used for Pressure Retarded Osmosis. J. Membr. Sci. 2012, 417 – 418, 69 – 79.

[36] Thorsen, T.; Holt, T. The Potential for Power Production from Salinity Gradients by Pressure Retarded Osmosis. J. Membr. Sci. 2009, 335 (1 – 2), 103 – 110.

[37] Loeb, S. Production of Energy from Concentrated Brines by Pressure – Retarded Osmosis. J. Membr. Sci. 1976, 1, 49 – 63.

[38] Loeb, S.; Van Hessen, F.; Shahaf, D. Production of Energy from Concentrated Brines by Pressure Retarded Osmosis. II. Experimental Results and Projected Energy Costs. J. Membr. Sci. 1976, 1 (3), 249 – 269.

[39] Mehta, G. D.; Loeb, S. Performance of Permasep B-9 and B-10 Membranes in Various Osmotic Regions and at High Osmotic Pressures. J. Membr. Sci. 1978, 4, 335-349.

[40] Mehta, G. D.; Loeb, S. Internal Polarization in the Porous Substructure of a Semipermeable Membrane Under Pressure-Retarded Osmosis. J. Membr. Sci. 1978, 4, 261-265.

[41] Jellinek, H. H. G.; Masuda, H. Osmo-Power. Theory and Performance of an Osmo-Power Pilot Plant. Ocean Eng. 1981, 8 (2), 103-128.

[42] Mehta, G. D. Further Results on the Performance of Present-day Osmotic Membranes in Various Osmotic Regions. J. Membr. Sci. 1982, 10 (1), 3-19.

[43] Loeb, S.; Mehta, G. D. A Two-Coefficient Water Transport Equation for Pressure-Retarded Osmosis. J. Membr. Sci. 1978, 4, 351-362.

[44] Achilli, A.; Cath, T. Y.; Childress, A. E. Power Generation with Pressure Retarded Osmosis: An Experimental and Theoretical Investigation. J. Membr. Sci. 2009, 343 (1-2), 42-52.

[45] Kim, Y. C.; Elimelech, M. Potential of Osmotic Power Generation by Pressure Retarded Osmosis Using Seawater as Feed Solution: Analysis and Experiments. J. Membr. Sci. 2013, 429, 330-337.

[46] Bui, N.-N.; McCutcheon, J. R. Nanofiber Supported Thin-Film Composite Membrane for Pressure-Retarded Osmosis. Environ. Sci. Technol. 2014, 48 (7), 4129-4136.

[47] Li, X.; Chung, T. S. Effects of Free Volume in Thin-Film Composite Membranes on Osmotic Power Generation. AIChE J. 2013, 59 (12), 4749-4761.

[48] Han, G.; Zhang, S.; Li, X.; Chung, T.-S. High Performance Thin Film Composite Pressure Retarded Osmosis (PRO) Membranes for Renewable Salinity-Gradient Energy Generation. J. Membr. Sci. 2013, 440, 108-121.

[49] Cui, Y.; Liu, X.-Y.; Chung, T.-S. Enhanced Osmotic Energy Generation from Salinity Gradients by Modifying Thin Film Composite Membranes. Chem. Eng. J. 2014, 242, 195-203.

[50] Song, X.; Liu, Z.; Sun, D. D. Energy Recovery from Concentrated Seawater Brine by Thin-Film Nanofiber Composite Pressure Retarded Osmosis Membranes with High Power Density. Energ. Environ. Sci. 2013, 6 (4), 1199-1210.

[51] Zhang, S.; Sukitpaneenit, P.; Chung, T.-S. Design of Robust Hollow Fiber Membranes with High Power Density for Osmotic Energy Production. Chem. Eng. J. 2014, 241, 457-465.

[52] Chou, S.; Wang, R.; Shi, L.; She, Q.; Tang, C.; Fane, A. G. Thin-Film Composite Hollow Fiber Membranes for Pressure Retarded Osmosis (PRO) Process with High Power Density. J. Membr. Sci. 2012, 389, 25-33.

[53] Chou, S.; Wang, R.; Fane, A. G. Robust and High Performance Hollow Fiber Membranes for Energy Harvesting from Salinity Gradients by Pressure Retarded Osmosis. J. Membr. Sci. 2013, 448, 44–54.

[54] Li, X.; Chung, T.-S. Thin-Film Composite P84 Co-polyimide Hollow Fiber Membranes for Osmotic Power Generation. Appl. Energy 2014, 114, 600–610.

[55] Zhao, S.; Zou, L.; Tang, C. Y.; Mulcahy, D. Recent Developments in Forward Osmosis: Opportunities and Challenges. J. Membr. Sci. 2012, 396, 1–21.

[56] Li, X.; Zhang, S.; Fu, F.; Chung, T.-S. Deformation and Reinforcement of Thin-Film Composite (TFC) Polyamide–Imide (PAI) Membranes for Osmotic Power Generation. J. Membr. Sci. 2013, 434, 204–217.

[57] Zhang, S.; Fu, F.; Chung, T.-S. Substrate Modifications and Alcohol Treatment on Thin Film Composite Membranes for Osmotic Power. Chem. Eng. Sci. 2013, 87, 40–50.

[58] McCutcheon, J. R.; Elimelech, M. Influence of Membrane Support Layer Hydrophobicity on Water Flux in Osmotically Driven Membrane Processes. J. Membr. Sci. 2008, 318 (1–2), 458–466.

[59] Xu, Y.; Peng, X.; Tang, C. Y.; Fu, Q. S.; Nie, S. Effect of Draw Solution Concentration and Operating Conditions on Forward Osmosis and Pressure Retarded Osmosis Performance in a Spiral Wound Module. J. Membr. Sci. 2010, 348 (1–2), 298–309.

[60] Chung, T.-S.; Li, X.; Ong, R. C.; Ge, Q.; Wang, H.; Han, G. Emerging Forward Osmosis (FO) Technologies and Challenges Ahead for Clean Water and Clean Energy Applications. Curr. Opin. Chem. Eng. 2012, 1 (3), 246–257.

[61] Gerstandt, K.; Peinemann, K. V.; Skilhagen, S. E.; Thorsen, T.; Holt, T. Membrane Processes in Energy Supply for an Osmotic Power Plant. Desalination 2008, 224 (1), 64–70.

[62] Skilhagen, S. E.; Dugstad, J. E.; Aaberg, R. J. Osmotic Power—Power Production Based on the Osmotic Pressure Difference Between Waters with Varying Salt Gradients. Desalination 2008, 220 (1), 476–482.

[63] Helfer, F.; Lemckert, C.; Anissimov, Y. G. Osmotic Power with Pressure Retarded Osmosis: Theory, Performance and Trends—A Review. J. Membr. Sci. 2014, 453, 337–358.

[64] Han, G.; Zhang, S.; Li, X.; Widjojo, N.; Chung, T.-S. Thin Film Composite Forward Osmosis Membranes Based on Polydopamine Modified Polysulfone Substrates with Enhancements in Both Water Flux and Salt Rejection. Chem. Eng. Sci. 2012, 80, 219–231.

[65] Han, G.; Chung, T.-S.; Toriida, M.; Tamai, S. Thin-Film Composite Forward Osmosis Membranes with Novel Hydrophilic Supports for Desalination. J. Membr. Sci.

2012, 423-424, 543-555.

[66] Shao, L.; Chung, T.-S.; Goh, S. H.; Pramoda, K. P. Transport Properties of Cross-Linked Polyimide Membranes Induced by Different Generations of Diaminobutane (DAB) Dendrimers. J. Membr. Sci. 2004, 238 (1-2), 153-163.

[67] Zuo, J.; Wang, Y.; Sun, S. P.; Chung, T.-S. Molecular Design of Thin Film Composite (TFC) Hollow Fiber Membranes for Isopropanol Dehydration via Pervaporation. J. Membr. Sci. 2012, 405-406, 123-133.

[68] Farr, I.; Bharwada, U.; Gullinkala, T. Design and Performance of HTI's Thin Film Composite Membrane for Forward Osmosis and Pressure Retarded Osmosis Applications. Procedia Eng. 2012, 44, 1271.

[69] Straub, A. P.; Yip, N. Y.; Elimelech, M. Raising the Bar: Increased Hydraulic Pressure Allows Unprecedented High Power Densities in Pressure-Retarded Osmosis. Environ. Sci. Technol. Lett. 2014, 1 (1), 55-59.

[70] Han, G.; Zhang, S.; Li, X.; Chung, T.-S. Progress in Pressure Retarded Osmosis (PRO) Membranes for Osmotic Power Generation. Prog. Polym. Sci. 2015, 51, 1-27.

[71] Fu, F.-J.; Zhang, S.; Sun, S.-P.; Wang, K.-Y.; Chung, T.-S. POSS-Containing Delamination-Free Dual-Layer Hollow Fiber Membranes for Forward Osmosis and Osmotic Power Generation. J. Membr. Sci. 2013, 443, 144-155.

[72] Fu, F.-J.; Sun, S.-P.; Zhang, S.; Chung, T.-S. Pressure Retarded Osmosis Dual-Layer Hollow Fiber Membranes Developed by co-Casting Method and Ammonium Persulfate (APS) Treatment. J. Membr. Sci. 2014, 469, 488-498.

[73] Han, G.; Wang, P.; Chung, T.-S. Highly Robust Thin-Film Composite Pressure Retarded Osmosis (PRO) Hollow Fiber Membranes with High Power Densities for Renewable Salinity-Gradient Energy Generation. Environ. Sci. Technol. 2013, 47 (14), 8070-8077.

[74] Han, G.; Chung, T.-S. Robust and High Performance Pressure Retarded Osmosis Hollow Fiber Membranes for Osmotic Power Generation. AIChE J. 2014, 60 (3), 1107-1119.

[75] Sun, S.-P.; Chung, T.-S. Outer-Selective Pressure-Retarded Osmosis Hollow Fiber Membranes from Vacuum-Assisted Interfacial Polymerization for Osmotic Power Generation. Environ. Sci. Technol. 2013, 47 (22), 13167-13174.

[76] Zhang, M.; Hou, D.; She, Q.; Tang, C. Y. Gypsum Scaling in Pressure Retarded Osmosis: Experiments, Mechanisms and Implications. Water Res. 2014, 48, 387-395.

[77] Chen, S. C.; Wan, C. F.; Chung, T.-S. Enhanced Fouling by Inorganic and Organic Foulants on Pressure Retarded Osmosis (PRO) Hollow Fiber Membranes Under High Pressures. J. Membr. Sci. 2015, 479, 190-203.

[78] Wan, C. F.; Chung, T.-S. Osmotic Power Generation by Pressure Retarded Osmosis Using Seawater Brine as the Draw Solution and Wastewater Retentate as the Feed. J. Membr. Sci. 2015, 479, 148-158.

[79] Chen, S. C.; Fu, X. Z.; Chung, T.-S. Fouling Behaviors of Polybenzimidazole (PBI)-Polyhedral Oligomeric Silsesquioxane (POSS)/Polyacrylonitrile (PAN) Hollow Fiber Membranes for Engineering Osmosis Processes. Desalination 2014, 335 (1), 17-26.

[80] Mi, B.; Elimelech, M. Chemical and Physical Aspects of Organic Fouling of Forward Osmosis Membranes. J. Membr. Sci. 2008, 320 (1-2), 292-302.

[81] Manka, J.; Rebhun, M.; Mandelbaum, A.; Bortinger, A. Characterization of Organics in Secondary Effluents. Environ. Sci. Technol. 1974, 8 (12), 1017-1020.

[82] Zhang, J.; Loong, W. L. C.; Chou, S.; Tang, C.; Wang, R.; Fane, A. G. Membrane Biofouling and Scaling in Forward Osmosis Membrane Bioreactor. J. Membr. Sci. 2012, 403-404, 8-14.

[83] She, Q.; Wong, Y. K. W.; Zhao, S.; Tang, C. Y. Organic Fouling in Pressure Retarded Osmosis: Experiments, Mechanisms and Implications. J. Membr. Sci. 2013, 428, 181-189.

[84] Thelin, W. R.; Sivertsen, E.; Holt, T.; Brekke, G. Natural Organic Matter Fouling in Pressure Retarded Osmosis. J. Membr. Sci. 2013, 438, 46-56.

[85] Yip, N. Y.; Elimelech, M. Influence of Natural Organic Matter Fouling and Osmotic Backwash on Pressure Retarded Osmosis Energy Production from Natural Salinity Gradients. Environ. Sci. Technol. 2013, 47 (21), 12607-12616.

[86] Dong, B.; Jiang, H.; Manolache, S.; Wong, A. C. L.; Denes, F. S. Plasma-Mediated Grafting of Poly(Ethylene Glycol) on Polyamide and Polyester Surfaces and Evaluation of Antifouling Ability of Modified Substrates. Langmuir 2007, 23 (13), 7306-7313.

[87] Nie, F.-Q.; Xu, Z.-K.; Yang, Q.; Wu, J.; Wan, L.-S. Surface Modification of Poly(Acrylonitrile-co-Maleic Acid) Membranes by the Immobilization of Poly(Ethylene Glycol). J. Membr. Sci. 2004, 235 (1-2), 147-155.

[88] Sofia, S. J.; Premnath, V.; Merrill, E. W. Poly(Ethylene Oxide) Grafted to Silicon Surfaces: Grafting Density and Protein Adsorption. Macromolecules 1998, 31 (15), 5059-5070.

[89] Asatekin, A.; Menniti, A.; Kang, S.; Elimelech, M.; Morgenroth, E.; Mayes, A. M. Antifouling Nanofiltration Membranes for Membrane Bioreactors from Self-Assembling Graft Copolymers. J. Membr. Sci. 2006, 285 (1-2), 81-89.

[90] Li, X.; Cai, T.; Chung, T.-S. Anti-Fouling Behavior of Hyperbranched Polyglycerol-Grafted Poly(Ether Sulfone) Hollow Fiber Membranes for Osmotic Power Generation. Environ. Sci. Technol. 2014, 48 (16), 9898-9907.

[91] André, S.; Gitmark, J. Environmental Impacts by Running an Osmotic Power Plant; Norwegian Institute for Water Research, Norway, 2012.

[92] Roberts, D. A.; Johnston, E. L.; Knott, N. A. Impacts of Desalination Plant Discharges on the Marine Environment: A Critical Review of Published Studies. Water Res. 2010, 44 (18), 5117−5128.

[93] Lattemann, S.; Höpner, T. Environmental Impact and Impact Assessment of Seawater Desalination. Desalination 2008, 220 (1), 1−15.

[94] Fernández-Torquemada, Y.; Sánchez-Lizaso, J. L.; González-Correa, J. M. Preliminary Results of the Monitoring of the Brine Discharge Produced by the SWRO Desalination Plant of Alicante (SE Spain). Desalination 2005, 182 (1), 395−402.

[95] Loeb, S. One Hundred and Thirty Benign and Renewable Megawatts from Great Salt Lake? The Possibilities of Hydroelectric Power by Pressure−Retarded Osmosis. Desalination 2001, 141 (1), 85−91.

[96] Loeb, S. Large−Scale Power Production by Pressure−Retarded Osmosis, Using River Water and Sea Water Passing Through Spiral Modules. Desalination 2002, 143 (2), 115−122.

[97] Skilhagen, S. E. Osmotic Power—A New, Renewable Energy Source. Desalin. Water Treat. 2010, 15 (1−3), 271−278.

[98] Altaee, A.; Sharif, A.; Zaragoza, G.; Ismail, A. F. Evaluation of FO−RO and PRO−RO Designs for Power Generation and Seawater Desalination Using Impaired Water Feeds. Desalination 2015, 368, 27−35.

[99] Kim, J.; Park, M.; Snyder, S. A.; Kim, J. H. Reverse Osmosis (RO) and Pressure Retarded Osmosis (PRO) Hybrid Processes: Model−Based Scenario Study. Desalination 2013, 322, 121−130.

[100] Saito, K.; Irie, M.; Zaitsu, S.; Sakai, H.; Hayashi, H.; Tanioka, A. Power Generation with Salinity Gradient by Pressure Retarded Osmosis Using Concentrated Brine from SWRO System and Treated Sewage as Pure Water. Desalin. Water Treat. 2012, 41 (1−3), 114−121.

[101] Achilli, A.; Prante, J. L.; Hancock, N. T.; Maxwell, E. B.; Childress, A. E. Experimental Results from RO−PRO: A Next Generation System for Low−Energy Desalination. Environ. Sci. Technol. 2014, 48 (11), 6437−6443.

[102] Ji, X.; Curcio, E.; Al Obaidani, S.; Di Profio, G.; Fontananova, E.; Drioli, E. Membrane Distillation−Crystallization of Seawater Reverse Osmosis Brines. Sep. Purif. Technol. 2010, 71 (1), 76−82.

[103] Loeb, S. Method and Apparatus for Generating Power Utilizing Pressure−Retarded Osmosis. Google Patents, 1980.

[104] McGinnis, R. L.; McCutcheon, J. R.; Elimelech, M. A Novel Ammonia−Carbon Dioxide Osmotic Heat Engine for Power Generation. J. Membr. Sci. 2007, 305 (1−2),

13-19.

[105] Lin, S.; Yip, N. Y.; Cath, T. Y.; Osuji, C. O.; Elimelech, M. Hybrid Pressure Retarded Osmosis – Membrane Distillation System for Power Generation from Low – Grade Heat: Thermodynamic Analysis and Energy Efficiency. Environ. Sci. Technol. 2014, 48 (9), 5306 – 5313.

[106] Kempener, R.; Neumann, F. Salinity Gradient Energy Technology Brief. IRENA, 2014.

[107] Park, M.; Lee, Y. S.; Lee, Y. G.; Kim, J. H. SeaHERO Core Technology and Its Research Scope for a Seawater Reverse Osmosis Desalination System. Desalin. Water Treat. 2010, 15 (1 – 3), 1 – 4.

[108] Kim, I. S. Desalination Process Advancement by Hybrid and New Material Beyond the SeaHERO R&D Project. International Conference on Desalination, Environment and Marine Outfall Systems, Muscat, Sultanate of Oman, April 2014.

[109] Kurihara, M.; Sakai, H.; Tanioka, A.; Tomioka, H. Role of Pressure – Retarded Osmosis (PRO) in the Mega – ton Water Project. Desalin. Water Treat. 2016, 57 (55), 26518 – 26528.

[110] Kurihara, M.; Hanakawa, M. Mega – ton Water System: Japanese National Research and Development Project on Seawater Desalination and Wastewater Reclamation. Desalination 2013, 308, 131 – 137.

[111] Kishizawa, N.; Tsuzuki, K.; Hayatsu, M. Low Pressure Multi – Stage RO System Developed in "Mega – ton Water System" for Large – Scaled SWRO Plant. Desalination 2015, 368, 81 – 88.

[112] Tanioka, A. Preface to the Special Issue on "Pressure Retarded Osmosis in Megaton Water System Project". Desalination 2016, 389, 15 – 17.

[113] Kurihara, M.; Sasaki, T.; Nakatsuji, K.; Kimura, M.; Henmi, M. Low Pressure SWRO Membrane for Desalination in the Mega – ton Water System. Desalination 2015, 368, 135 – 139.

[114] Zhu, A.; Christofides, P. D.; Cohen, Y. On RO Membrane and Energy Costs and Associated Incentives for Future Enhancements of Membrane Permeability. J. Membr. Sci. 2009, 344 (1 – 2), 1 – 5.

[115] International Renewable Energy Agency, Wind power. Renewable Energy Technologies: Cost Analysis Series, 2012, 5 (5/5). https://www.irena.org/DocumentDownloads/Publications/RE_Technologies_Cost_Analysis – WIND_POWER.pdf

[116] Hinkley, J.; Curtin, B.; Hayward, J.; Wonhas, A. Concentrating Solar Power – Drivers and Opportunities for Cost – Competitive Electricity. CSIRO, 2011.

[117] International Energy Agency, Scenarios & strategies to 2050. Energy Technology Perspectives, 2010. https://www.iea.org/publications/freepublications/publication/etp2010.pdf

[118] Sarp, S.; Li, Z.; Saththasivam, J. Pressure Retarded Osmosis (PRO): Past Experiences, Current Developments, and Future Prospects. Desalination 2016, 389, 2-14.

[119] McCutcheon, J. R.; Elimelech, M. Influence of Concentrative and Dilutive Internal Concentration Polarization on Flux Behavior in Forward Osmosis. J. Membr. Sci. 2006, 284 (1), 237-247.

[120] Tan, C. H.; Ng, H. Y. Modified Models to Predict Flux Behavior in Forward Osmosis in Consideration of External and Internal Concentration Polarizations. J. Membr. Sci. 2008, 324 (1), 209-219.

[121] Zhang, S.; Wang, K. Y.; Chung, T.-S.; Chen, H.; Jean, Y.; Amy, G. Well-Constructed Cellulose Acetate Membranes for Forward Osmosis: Minimized Internal Concentration Polarization with an Ultra-Thin Selective Layer. J. Membr. Sci. 2010, 360 (1), 522-535.

[122] Li, W.; Gao, Y.; Tang, C. Y. Network Modeling for Studying the Effect of Support Structure on Internal Concentration Polarization During Forward Osmosis: Model Development and Theoretical Analysis with FEM. J. Membr. Sci. 2011, 379 (1), 307-321.

[123] Gruber, M.; Johnson, C.; Tang, C.; Jensen, M. H.; Yde, L.; Hélix-Nielsen, C. Computational Fluid Dynamics Simulations of Flow and Concentration Polarization in Forward Osmosis Membrane Systems. J. Membr. Sci. 2011, 379 (1), 488-495.

[124] Suh, C.; Lee, S. Modeling Reverse Draw Solute Flux in Forward Osmosis with External Concentration Polarization in Both Sides of the Draw and Feed Solution. J. Membr. Sci. 2013, 427, 365-374.

[125] Nguyen, T. P. N.; Jun, B.-M.; Park, H. G.; Han, S.-W.; Kim, Y.-K.; Lee, H. K.; Kwon, Y.-N. Concentration Polarization Effect and Preferable Membrane Configuration at Pressure-Retarded Osmosis Operation. Desalination 2016, 389, 58-67.

[126] Han, G.; Cheng, Z. L.; Chung, T.-S. Thin-Film Composite (TFC) Hollow Fiber Membrane with Double-Polyamide Active Layers for Internal Concentration Polarization and Fouling Mitigation in Osmotic Processes. J. Membr. Sci. 2017, 523, 497-504.

[127] Touati, K.; Tadeo, F. Study of the Reverse Salt Diffusion in Pressure Retarded Osmosis: Influence on Concentration Polarization and Effect of the Operating Conditions. Desalination 2016, 389, 171-186.

[128] Tufa, R. A.; Rugiero, E.; Chanda, D.; Hnàt, J.; van Baak, W.; Veerman, J.; Fontananova, E.; Di Profio, G.; Drioli, E.; Bouzek, K. Salinity Gradient Power-Reverse Electrodialysis and Alkaline Polymer Electrolyte Water Electrolysis for Hydrogen

[129] Vermaas, D. A.; Saakes, M.; Nijmeijer, K. Doubled Power Density from Salinity Gradients at Reduced Intermembrane Distance. Environ. Sci. Technol. 2011, 45 (16), 7089 – 7095.

[130] Veerman, J.; Saakes, M.; Metz, S. J.; Harmsen, G. J. Electrical Power from Sea and River Water by Reverse Electrodialysis: A First Step from the Laboratory to a Real Power Plant. Environ. Sci. Technol. 2010, 44 (23), 9207 – 9212.

[131] Geise, G. M.; Hickner, M. A.; Logan, B. E. Ionic Resistance and Permselectivity Tradeoffs in Anion Exchange Membranes. ACS Appl. Mater. Interfaces 2013, 5 (20), 10294 – 10301.

[132] Strathmann, H. Ion – Exchange Membrane Separation Processes; Elsevier: Amsterdam, 2016, Vol. 9.

[133] Strathmann, H. Electromembrane Processes: Basic Aspects and Applications. In Comprehensive Membrane Science and Engineering Elsevier: Oxford, 2010; pp. 391 – 429.

[134] Turek, M.; Bandura, B. Renewable Energy by Reverse Electrodialysis. Desalination 2007, 205 (1 – 3), 67 – 74.

[135] Daniilidis, A.; Vermaas, D. A.; Herber, R.; Nijmeijer, K. Experimentally Obtainable Energy from Mixing River Water, Seawater or Brines with Reverse Electrodialysis. Renew. Energy 2014, 64, 123 – 131.

[136] Audinos, R. Electrodialyse Inverse. Etude de l'energie Electrique Obtenue a Partir de Deux Solutions de Salinites Differentes. J. Power Sources 1983, 10 (3), 203 – 217.

[137] Długołe̦cki, P.; Gambier, A.; Nijmeijer, K.; Wessling, M. Practical Potential of Reverse Electrodialysis as Process for Sustainable Energy Generation. Environ. Sci. Tech. 2009, 43 (17), 6888 – 6894.

[138] Jagur – Grodzinski, J.; Kramer, R. Novel Process for Direct Conversion of Free Energy of Mixing into Electric Power. Ind. Eng. Chem. Process Des. Dev. 1986, 25 (2), 443 – 449.

[139] Pattle, R. Production of Electric Power by Mixing Fresh and Salt Water in the Hydroelectric Pile. Nature 1954, 174, 660.

[140] Turek, M.; Bandura, B.; Dydo, P. Power Production from Coal – Mine Brine Utilizing Reversed Electrodialysis. Desalination 2008, 221 (1 – 3), 462 – 466.

[141] Veerman, J.; de Jong, R. M.; Saakes, M.; Metz, S. J.; Harmsen, G. J. Reverse Electrodialysis: Comparison of six Commercial Membrane Pairs on the Thermodynamic Efficiency and Power Density. J. Membr. Sci. 2009, 343 (1 – 2), 7 – 15.

[142] Weinstein, J. N.; Leitz, F. B. Electric Power from Differences in Salinity: The Dialytic Battery. Science 1976, 191 (4227), 557 – 559.

[143] Varcoe, J. R.; Atanassov, P.; Dekel, D. R.; Herring, A. M.; Hickner, M. A.; Kohl, P. A.; Kucernak, A. R.; Mustain, W. E.; Nijmeijer, K.; Scott, K.; Xu, T.; Zhuang, L. Anion-Exchange Membranes in Electrochemical Energy Systems. Energ. Environ. Sci. 2014, 7 (10), 3135-3191.

[144] Guler, E.; Zhang, Y.; Saakes, M.; Nijmeijer, K. Tailor-Made Anion-Exchange Membranes for Salinity Gradient Power Generation Using Reverse Electrodialysis. ChemSusChem 2012, 5 (11), 2262-2270.

[145] Post, J. W.; Goeting, C. H.; Valk, J.; Goinga, S.; Veerman, J.; Hamelers, H. V. M.; Hack, P. J. F. M. Towards Implementation of Reverse Electrodialysis for Power Generation from Salinity Gradients. Desalin. Water Treat. 2010, 16 (1-3), 182-193.

[146] Post, J. W.; Hamelers, H. V.; Buisman, C. J. Influence of Multivalent Ions on Power Production from Mixing Salt and Fresh Water with a Reverse Electrodialysis System. J. Membr. Sci. 2009, 330 (1), 65-72.

[147] Veerman, J.; Post, J. W.; Saakes, M.; Metz, S. J.; Harmsen, G. J. Reducing Power Losses Caused by Ionic Shortcut Currents in Reverse Electrodialysis Stacks by a Validated Model. J. Membr. Sci. 2008, 310 (1-2), 418-430.

[148] Vermaas, D. A.; Saakes, M.; Nijmeijer, K. Early Detection of Preferential Channeling in Reverse Electrodialysis. Electrochim. Acta 2014, 117, 9-17.

[149] Vermaas, D. A.; Saakes, M.; Nijmeijer, K. Enhanced Mixing in the Diffusive Boundary Layer for Energy Generation in Reverse Electrodialysis. J. Membr. Sci. 2014, 453, 312-319.

[150] Hatzell, M. C.; Ivanov, I.; Cusick, R. D.; Zhu, X.; Logan, B. E. Comparison of Hydrogen Production and Electrical Power Generation for Energy Capture in Closed-Loop Ammonium Bicarbonate Reverse Electrodialysis Systems. Phys. Chem. Chem. Phys. 2014, 16 (4), 1632-1638.

[151] Watson, V. J.; Hatzell, M.; Logan, B. E. Hydrogen Production from Continuous Flow, Microbial Reverse-Electrodialysis Electrolysis Cells Treating Fermentation Wastewater. Bioresour. Technol. 2015, 195, 51-56.

[152] Długołęcki, P.; Nymeijer, K.; Metz, S.; Wessling, M. Current Status of ion Exchange Membranes for Power Generation from Salinity Gradients. J. Membr. Sci. 2008, 319 (1-2), 214-222.

[153] Xu, T. Ion Exchange Membranes: State of Their Development and Perspective. J. Membr. Sci. 2005, 263 (1-2), 1-29.

[154] Hong, J. G.; Zhang, B.; Glabman, S.; Uzal, N.; Dou, X.; Zhang, H.; Wei, X.; Chen, Y. Potential Ion Exchange Membranes and System Performance in Reverse Electrodialysis for Power Generation: A Review. J. Membr. Sci. 2015, 486, 71-88.

[155] Kim, H. - K.; Lee, M. - S.; Lee, S. - Y.; Choi, Y. - W.; Jeong, N. - J.; Kim, C. - S. High Power Density of Reverse Electrodialysis with Pore - Filling ion Exchange Membranes and a High - Open - Area Spacer. J. Mater. Chem. A 2015, 3 (31), 16302 - 16306.

[156] Tufa, R. A.; Curcio, E.; van Baak, W.; Veerman, J.; Grasman, S.; Fontananova, E.; Di Profio, G. Potential of Brackish Water and Brine for Energy Generation by Salinity Gradient Power – Reverse Electrodialysis (SGP – RE). RSC Adv. 2014, 4 (80), 42617 - 42623.

[157] Güler, E.; van Baak, W.; Saakes, M.; Nijmeijer, K. Monovalent – Ion – Selective Membranes for Reverse Electrodialysis. J. Membr. Sci. 2014, .455, 254 - 270.

[158] Güler, E.; Elizen, R.; Saakes, M.; Nijmeijer, K. Micro – Structured Membranes for Electricity Generation by Reverse Electrodialysis. J. Membr. Sci. 2014, 458, 136 - 148.

[159] Vermaas, D. A.; Saakes, M.; Nijmeijer, K. Power Generation Using Profiled Membranes in Reverse Electrodialysis. J. Membr. Sci. 2011, 385 - 386, 234 - 242.

[160] Pawlowski, S.; Geraldes, V.; Crespo, J. G.; Velizarov, S. Computational Fluid Dynamics (CFD) Assisted Analysis of Profiled Membranes Performance in Reverse Electrodialysis. J. Membr. Sci. 2016, 502, 179 - 190.

[161] Hong, J. G.; Zhang, W.; Luo, J.; Chen, Y. Modeling of Power Generation from the Mixing of Simulated Saline and Freshwater with a Reverse Electrodialysis System: The Effect of Monovalent and Multivalent Ions. Appl. Energy 2013, 110, 244 - 251.

[162] Sata, T.; Yamaguchi, T.; Matsusaki, K. Interaction Between Anionic Polyelectrolytes and Anion Exchange Membranes and Change in Membrane Properties. J. Membr. Sci. 1995, 100 (3), 229 - 238.

[163] Wang, X. L.; Wang, M.; Jia, Y. X.; Wang, B. B. Surface Modification of Anion Exchange Membrane by Covalent Grafting for Imparting Permselectivity Between Specific Anions. Electrochim. Acta 2015, 174, 1113 - 1121.

[164] Hong, J. G.; Chen, Y. Nanocomposite Reverse Electrodialysis (RED) Ion – Exchange Membranes for Salinity Gradient Power Generation. J. Membr. Sci. 2014, 460, 139 - 147.

[165] Gi Hong, J.; Chen, Y. Evaluation of Electrochemical Properties and Reverse Electrodialysis Performance for Porous Cation Exchange Membranes with Sulfate – Functionalized Iron Oxide. J. Membr. Sci. 2015, 473, 210 - 217.

[166] Fujii, S.; Takeichi, K.; Higa, M. Optimization of RED Test Cell for PVA Based Ion – Exchange Membranes. Procedia Eng. 2012, 44, 1300 - 1302.

[167] Güler, E.; Elizen, R.; Vermaas, D. A.; Saakes, M.; Nijmeijer, K. Performance – Determining Membrane Properties in Reverse Electrodialysis. J. Membr. Sci. 2013,

446, 266-276.

[168] Długołecki, P.; Dabrowska, J.; Nijmeijer, K.; Wessling, M. Ion Conductive Spacers for Increased Power Generation in Reverse Electrodialysis. J. Membr. Sci. 2010, 347 (1-2), 101-107.

[169] Zhang, B.; Gao, H.; Chen, Y. Enhanced Ionic Conductivity and Power Generation Using Ion-Exchange Resin Beads in a Reverse-Electrodialysis Stack. Environ. Sci. Technol. 2015, 49 (24), 14717-14724.

[170] Veerman, J.; Saakes, M.; Metz, S.; Harmsen, G. Reverse Electrodialysis: Evaluation of Suitable Electrode Systems. J. Appl. Electrochem. 2010, 40 (8), 1461-1474.

[171] Scialdone, O.; Guarisco, C.; Grispo, S.; Angelo, A. D.; Galia, A. Investigation of Electrode Material—Redox Couple Systems for Reverse Electrodialysis Processes. Part I: Iron Redox Couples. J. Electroanal. Chem. 2012, 681, 66-75.

[172] Scialdone, O.; Albanese, A.; D'Angelo, A.; Galia, A.; Guarisco, C. Investigation of Electrode Material-Redox Couple Systems for Reverse Electrodialysis Processes. Part II: Experiments in a Stack with 10-50 Cell Pairs. J. Electroanal. Chem. 2013, 704, 1-9.

[173] Pattle, R. Electricity from Fresh and Salt Water—without Fuel. Chem. Proc. Eng. 1955, 35, 351-354.

[174] Vermaas, D. A.; Veerman, J.; Yip, N. Y.; Elimelech, M.; Saakes, M.; Nijmeijer, K. High Efficiency in Energy Generation from Salinity Gradients with Reverse Electrodialysis. ACS Sustainable Chem. Eng. 2013, 1 (10), 1295-1302.

[175] Moreno, J.; Slouwerhof, E.; Vermaas, D. A.; Saakes, M.; Nijmeijer, K. The Breathing Cell: Cyclic Intermembrane Distance Variation in Reverse Electrodialysis. Environ. Sci. Technol. 2016, 50, 11386-11393.

[176] Fontananova, E.; Zhang, W.; Nicotera, I.; Simari, C.; van Baak, W.; Di Profio, G.; Curcio, E.; Drioli, E. Probing Membrane and Interface Properties in Concentrated Electrolyte Solutions. J. Membr. Sci. 2014, 459, 177-189.

[177] Curcio, E.; Ji, X.; Di Profio, G.; Fontananova, E.; Drioli, E. Membrane Distillation Operated at High Seawater Concentration Factors: Role of the Membrane on $CaCO_3$ Scaling in Presence of Humic Acid. J. Membr. Sci. 2010, 346 (2), 263-269.

[178] Tedesco, M.; Cipollina, A.; Tamburini, A.; van Baak, W.; Micale, G. Modelling the Reverse ElectroDialysis Process with Seawater and Concentrated Brines. Desalin. Water Treat. 2012, 49 (1-3), 404-424.

[179] Avci, A. H.; Sarkar, P.; Tufa, R. A.; Messana, D.; Argurio, P.; Fontananova, E.; Di Profio, G.; Curcio, E. Effect of Mg2 Ions on Energy Generation by Reverse Electrodialysis. J. Membr. Sci. 2016, 520, 499-506.

[180] Tedesco, M.; Scalici, C.; Vaccari, D.; Cipollina, A.; Tamburini, A.; Micale, G. Performance of the First Reverse Electrodialysis Pilot Plant for Power Production from Saline Waters and Concentrated Brines. J. Membr. Sci. 2016, 500, 33-45.

[181] Fontananova, E.; Messana, D.; Tufa, R. A.; Nicotera, I.; Kosma, V.; Curcio, E.; van Baak, W.; Drioli, E.; Di Profio, G. Effect of Solution Concentration and Composition on the Electrochemical Properties of Ion Exchange Membranes for Energy Conversion. J. Power Sources 2017, 340, 282-293.

[182] Geise, G. M.; Cassady, H. J.; Paul, D. R.; Logan, B. E.; Hickner, M. A. Specific Ion Effects on Membrane Potential and the Permselectivity of Ion Exchange Membranes. Phys. Chem. Chem. Phys. 2014, 16 (39), 21673-21681.

[183] Post, J. W., Blue Energy: Electricity Production from Salinity Gradients by Reverse Electrodialysis. Publisher not identified, 2009.

[184] Vermaas, D. A.; Kunteng, D.; Saakes, M.; Nijmeijer, K. Fouling in Reverse Electrodialysis Under Natural Conditions. Water Res. 2013, 47 (3), 1289-1298.

[185] Li, W.; Krantz, W. B.; Cornelissen, E. R.; Post, J. W.; Verliefde, A. R. D.; Tang, C. Y. A Novel Hybrid Process of Reverse Electrodialysis and Reverse Osmosis for Low Energy Seawater Desalination and Brine Management. Appl. Energy 2013, 104, 592-602.

[186] Kwon, K.; Han, J.; Park, B. H.; Shin, Y.; Kim, D. Brine Recovery Using Reverse Electrodialysis in Membrane-Based Desalination Processes. Desalination 2015, 362, 1-10.

[187] Kim, Y.; Logan, B. E. Hydrogen Production from Inexhaustible Supplies of Fresh and Salt Water Using Microbial Reverse-Electrodialysis Electrolysis Cells. Proc. Natl. Acad. Sci. USA 2011, 108 (39), 16176-16181.

[188] Xie, X.; Criddle, C.; Cui, Y. Design and Fabrication of Bioelectrodes for Microbial Bioelectrochemical Systems. Energ. Environ. Sci. 2015, 8 (12), 3418-3441.

[189] Zhu, X.; Hatzell, M. C.; Logan, B. E. Microbial Reverse-Electrodialysis Electrolysis and Chemical-Production Cell for $H_2$ Production and $CO_2$ Sequestration. Environ. Sci. Technol. Lett. 2014, 1 (4), 231-235.

[190] Kim, Y.; Logan, B. E. Microbial Reverse Electrodialysis Cells for Synergistically Enhanced Power Production. Environ. Sci. Tech. 2011, 45 (13), 5834-5839.

[191] Brauns, E. Combination of desalination plant and salinity gradient power reverse electrodialysis plant and usethereof. United States Patent, Vlaamse Instelling Voor Technologisch Onderzoek (VITO), Mol (BE), United States, 2012.

[192] Brauns, E. An Alternative Hybrid Concept Combining Seawater Desalination, Solar Energy and Reverse Electrodialysis for a Sustainable Production of Sweet Water and Electrical Energy. Desalin. Water Treat. 2010, 13 (1-3), 53-62.

[193] Curcio, E.; Di Profio, G.; Fontananova, E.; Drioli, E. Membrane technologies for

seawater desalination and brackish water treatment. In Advances in Membrane Technologies for Water Treatment: Materials, Processes and Applications Woodhead Publishing: Cambridge, 2015; p. 411.

[194] Tedesco, M.; Cipollina, A.; Tamburini, A.; Micale, G.; Helsen, J.; Papapetrou, M. REAPower: Use of Desalination Brine for Power Production Through Reverse Electrodialysis. Desalin. Water Treat. 2015, 53 (12), 3161–3169.

[195] Oh, S. E.; Logan, B. E. Voltage Reversal During Microbial Fuel Cell Stack Operation. J. Power Sources 2007, 167 (1), 11–17.

[196] Darling, R. M.; Gallagher, K. G.; Kowalski, J. A.; Ha, S.; Brushett, F. R. Pathways to Low-Cost Electrochemical Energy Storage: A Comparison of Aqueous and Nonaqueous Flow Batteries. Energ. Environ. Sci. 2014, 7 (11), 3459–3477.

[197] Kingsbury, R. S.; Chu, K.; Coronell, O. Energy Storage by Reversible Electrodialysis: The Concentration Battery. J. Membr. Sci. 2015, 495, 502–516.

[198] van Egmond, W. J.; Saakes, M.; Porada, S.; Meuwissen, T.; Buisman, C. J. N.; Hamelers, H. V. M. The Concentration Gradient Flow Battery as Electricity Storage System: Technology Potential and Energy Dissipation. J. Power Sources 2016, 325, 129–139.

[199] Kingsbury, R. S.; Coronell, O. Osmotic Ballasts Enhance Faradaic Efficiency in Closed-Loop, Membrane-Based Energy Systems. Environ. Sci. Technol. 2017, 51 (3), 1910–1917.

[200] REDstack. http://www.redstack.nl/.

[201] Tedesco, M.; Cipollina, A.; Tamburini, A.; Micale, G. Towards 1 kW Power Production in a Reverse Electrodialysis Pilot Plant with Saline Waters and Concentrated Brines. J. Membr. Sci. 2017, 522, 226–236.

[202] Vermaas, D. A. Energy Generation from Mixing Salt Water and Fresh Water: Smart Flow Strategies for Reverse Electrodialysis. PhD Thesis, University of Twente, 2014.

[203] Daniilidis, A.; Herber, R.; Vermaas, D. A. Upscale Potential and Financial Feasibility of a Reverse Electrodialysis Power Plant. Appl. Energy 2014, 119, 257–265.

[204] Al-Obaidani, S.; Curcio, E.; Macedonio, F.; Di Profio, G.; Al-Hinai, H.; Drioli, E. Potential of Membrane Distillation in Seawater Desalination: Thermal Efficiency, Sensitivity Study and Cost Estimation. J. Membr. Sci. 2008, 323 (1), 85–98.

[205] Drioli, E.; Ali, A.; Macedonio, F. Membrane Distillation: Recent Developments and Perspectives. Desalination 2015, 356, 56–84.

[206] Alkhudhiri, A.; Darwish, N.; Hilal, N. Membrane Distillation: A Comprehensive Review. Desalination 2012, 287, 2–18.

[207] Farrell, E.; Hassan, M. I.; Tufa, R. A.; Tuomiranta, A.; Avci, A. H.; Polita-

no, A.; Curcio, E.; Arafat, H. A. Reverse Electrodialysis Powered Greenhouse Concept for Water – and Energy – Self – Sufficient Agriculture. Appl. Energy 2017, 187, 390 – 409.

[208] Brogioli, D.; Ziano, R.; Rica, R. A.; Salerno, D.; Mantegazza, F. Capacitive Mixing for the Extraction of Energy from Salinity Differences: Survey of Experimental Results and Electrochemical Models. J. Colloid Interface Sci. 2013, 407, 457 – 466.

[209] Rica, R. A.; Brogioli, D.; Ziano, R.; Salerno, D.; Mantegazza, F. Ions Transport and Adsorption Mechanisms in Porous Electrodes During Capacitive – Mixing Double Layer Expansion (CDLE). J. Phys. Chem. C 2012, 116 (32), 16934 – 16938.

[210] La – Mantia, F.; Brogioli, D.; Pasta, M. Capacitive Mixing and Mixing Entropy Battery A2—Cipollina, Andrea. In Sustainable Energy from Salinity Gradients; Micale, G., Ed.; Woodhead Publishing: Cambridge, 2016; pp. 181 – 218.

[211] Ahualli, S.; Jimenez, M. L.; Fernandez, M. M.; Iglesias, G.; Brogioli, D.; Delgado, A. V. Polyelectrolyte – Coated Carbons Used in the Generation of Blue Energy from Salinity Differences. Phys. Chem. Chem. Phys. 2014, 16 (46), 25241 – 25246.

[212] Jiménez, M. L.; Fernández, M. M.; Ahualli, S.; Iglesias, G.; Delgado, A. V. Predictions of the Maximum Energy Extracted from Salinity Exchange Inside Porous Electrodes. J. Colloid Interface Sci. 2013, 402, 340 – 349.

[213] Iglesias, G. R.; Fernández, M. M.; Ahualli, S.; Jiménez, M. L.; Kozynchenko, O. P.; Delgado, á. V. Materials Selection for Optimum Energy Production by Double Layer Expansion Methods. J. Power Sources 2014, 261, 371 – 377.

[214] Porada, S.; Zhao, R.; van der Wal, A.; Presser, V.; Biesheuvel, P. M. Review on the Science and Technology of Water Desalination by Capacitive Deionization. Prog. Mater. Sci. 2013, 58 (8), 1388 – 1442.

[215] Sales, B. B.; Burheim, O. S.; Liu, F.; Schaetzle, O.; Buisman, C. J. N.; Hamelers, H. V. M. Impact of Wire Geometry in Energy Extraction from Salinity Differences Using Capacitive Technology. Environ. Sci. Technol. 2012, 46 (21), 12203 – 12208.

[216] Burheim, O. S.; Liu, F.; Sales, B. B.; Schaetzle, O.; Buisman, C. J. N.; Hamelers, H. V. M. Faster Time Response by the Use of Wire Electrodes in Capacitive Salinity Gradient Energy Systems. J. Phys. Chem. C 2012, 116 (36), 19203 – 19210.

[217] Ye, M.; Pasta, M.; Xie, X.; Cui, Y.; Criddle, C. S. Performance of a Mixing Entropy Battery Alternately Flushed with Wastewater Effluent and Seawater for Recovery of Salinity – Gradient Energy. Energ. Environ. Sci. 2014, 7 (7), 2295 – 2300.

[218] Ludi, A.; Güdel, H. U. Structural chemistry of polynuclear transition metal cyanides. In Inorganic Chemistry Springer: Berlin/Heidelberg, 1973; pp. 1–21.

[219] Herren, F.; Fischer, P.; Ludi, A.; Haelg, W. Neutron Diffraction Study of Prussian Blue, $Fe_4[Fe(CN)_6]3 \cdot xH_2O$. Location of Water Molecules and Long–Range Magnetic Order. Inorg. Chem. 1980, 19 (4), 956–959.

[220] Buser, H. J.; Schwarzenbach, D.; Petter, W.; Ludi, A. The Crystal Structure of Prussian Blue: $Fe_4[Fe(CN)_6]3 \cdot xH_2O$. Inorg. Chem. 1977, 16 (11), 2704–2710.

[221] Wang, R. Y.; Wessells, C. D.; Huggins, R. A.; Cui, Y. Highly Reversible Open Framework Nanoscale Electrodes for Divalent Ion Batteries. Nano Lett. 2013, 13 (11), 5748–5752.

[222] Wessells, C. D.; Huggins, R. A.; Cui, Y. Copper Hexacyanoferrate Battery Electrodes with Long Cycle Life and High Power. Nat. Commun. 2011, 2, 550.

[223] Wessells, C. D.; Peddada, S. V.; Huggins, R. A.; Cui, Y. Nickel Hexacyanoferrate Nanoparticle Electrodes for Aqueous Sodium and Potassium Ion Batteries. Nano Lett. 2011, 11 (12), 5421–5425.

[224] Pasta, M.; Wessells, C. D.; Liu, N.; Nelson, J.; McDowell, M. T.; Huggins, R. A.; Toney, M. F.; Cui, Y. Full Open–Framework Batteries for Stationary Energy Storage. Nat. Commun. 2014, 5, 3007.

[225] Jia, Z.; Wang, B.; Song, S.; Fan, Y. A Membrane–Less Na Ion Battery–Based CAPMIX Cell for Energy Extraction Using Water Salinity Gradients. RSC Adv. 2013, 3 (48), 26205–26209.

[226] Paz–Garcia, J. M.; Dykstra, J. E.; Biesheuvel, P. M.; Hamelers, H. V. M. Energy from $CO_2$ Using Capacitive Electrodes—A Model for Energy Extraction Cycles. J. Colloid Interface Sci. 2015, 442, 103–109.

[227] Hamelers, H. V. M.; Schaetzle, O.; Paz–García, J. M.; Biesheuvel, P. M.; Buisman, C. J. N. Harvesting Energy from $CO_2$ Emissions. Environ. Sci. Technol. Lett. 2014, 1 (1), 31–35.

# 第 9 章 用于强化气液吸收过程的膜接触器

**缩写**

MEA 单乙醇胺  
PP 聚丙烯  
PTMSP 聚(1-三甲基硅烷基)-1-丙炔  
SPEEK 磺化聚(醚醚)酮  
PDMS 聚二甲基硅氧烷  
PTFE 聚四氟乙烯  
PVDF 聚(亚乙烯基)氟化物  

**术语**

$a$ 特定的膜面积($m^2 \cdot m^{-3}$)  
$C$ $i$ 或 $j$ 的浓度($mol \cdot m^{-3}$)  
$d$ 直径(m)  
$D$ 扩散系数($m^2 \cdot s^{-1}$)  
$D_{micro}$ 微孔支架中的扩散系数($m^2 \cdot s^{-1}$)  
$K_{max}$ 最大传质系数($m \cdot s^{-1}$)  
$K_{m,porous}$ 微孔膜传质系数($m \cdot s^{-1}$)  
$K_{m,wet}$ 湿孔膜传质系数($m \cdot s^{-1}$)  
$k_r$ 动力学常数(单位取决于反应的顺序,即二阶反应:$m^3 \cdot mol^{-1} \cdot s^{-1}$;三阶反应:$m^6 \cdot mol^{-2} \cdot s^{-2}$;等)  
$J$ 摩尔通量($mol \cdot m^{-2} \cdot s^{-1}$)  
LEP 液体进入压力,也称为突破压力(Pa)  
$M$ 分子量($g \cdot mol^{-1}$)  
$n_{fib}$ 纤维数量(-)  
$p$ 压强(Pa)  
$E$ 增强因子(-)  
$H$ 亨利定律常数($Pa \cdot m^3 \cdot mol^{-1}$)  
$H_i$ 反应焓($J \cdot mol^{-1}$)  
$K$ 全球的传质系数($m \cdot s^{-1}$)  
$\Delta p$ 压降(Pa)  
$R$ 理想气体常数(8.314 $J \cdot K^{-1} \cdot mol^{-1}$)  
$r$ 半径或空间坐标(m)  
$B$ 孔隙几何系数(-)  
$C_p$ 热容量($J \cdot K^{-1} \cdot kg^{-1}$)  
$d_{pmax}$ 最大孔径直径(m)  
$D_k$ 克努曾扩散系数($m^2 \cdot s^{-1}$)  
$k_B$ 玻耳兹曼常数(1.381×$10^{-23}$ $J \cdot K^{-1}$)  
$K_{m,dense}$ 致密膜传质系数($m \cdot s^{-1}$)  
$K_{m,dry}$ 干孔膜传质系数($m \cdot s^{-1}$)  
$L$ 有效纤维长度(m)  
$m$ 分配系数(-)  
$N$ 通量密度($mol \cdot s^{-1}$)  
$NUT_g$ 传质单元数(-)  
$e$ 致密的表皮层厚度(m)  
$E_\infty$ 无限增强因子(-)  
$H_a$ 八田数(-)  
$k$ 局部的传质系数($m \cdot s^{-1}$)  
$K_{ov}$ 总传质系数($m \cdot s^{-1}$)  
$Q$ 流量($m^3 \cdot s^{-1}$)  
$R_i$ 反应速率($mol \cdot m^{-3} \cdot s^{-1}$)  
$r_p$ 孔隙半径(m)

| | | | |
|---|---|---|---|
| $r_{mod}$ | 内部模块半径(m) | $S$ | 溶解系数($mol \cdot m^{-3} \cdot Pa^{-1}$) |
| $S_{lumen}$ | 膜腔测的表面积($m^2$) | $S_{shell}$ | 壳体侧面的表面积($m^2$) |
| $S_{ml}$ | 对数平均数的膜表面积($m^2$) | $S_{ext}$ | 空模块的横截面,即,无中空纤维($m^2$) |
| $Sh$ | 舍伍德数(-) | $T$ | 温度(K) |
| $u_g$ | 间隙气流速度($m \cdot s^{-1}$) | $\gamma$ | 体积分数(-) |
| $z$ | 轴向坐标(m) | | |

**希腊字母**

| | | | |
|---|---|---|---|
| $\alpha$ | 容积负荷(-) | $\beta$ | 润湿孔隙率(-) |
| $\delta$ | 膜厚度(m) | $\varepsilon$ | 膜孔隙度(-) |
| $\gamma$ | 表面张力($N \cdot m^{-1}$) | $\eta$ | 捕获率(-) |
| $\varphi$ | 填充比(-) | $\kappa$ | 卡兹尼系数(-) |
| $\lambda$ | 平均自由程(m) | $\mu$ | 黏度(Pa s) |
| $\theta$ | 润湿角(rad) | $\rho$ | 密度($kg \cdot m^{-3}$) |
| $\tau$ | 膜弯曲度(-) | $\upsilon$ | 表观气速($m \cdot s^{-1}$) |
| $\omega$ | 化学计量系数(-) | $\psi$ | 热导率($W \cdot m^{-1} \cdot K^{-1}$) |
| $\mathscr{P}$ | 渗透率($mol \cdot m^{-1} \cdot s^{-1} \cdot Pa^{-1}$) | | |

**下标**

| | | | |
|---|---|---|---|
| g | 气相,气体体积,或气体分子 | g-m | 气体薄膜的界面 |
| i | 内部的中空纤维或气体溶质或气态物质 | | |
| j | 溶剂部分或来自液相的反应物 | mem | 膜 |
| m-l | 液膜 | lum | 腔测 |
| l-m | 液膜界面 | l | 液相或液块 |
| o | 中空纤维的外部 | sh | 壳侧 |

**上标**

| | | | |
|---|---|---|---|
| in | 在膜组件的入口 | p | $i$ 的 $p$ 阶 |
| q | $i$ 的 $q$ 阶 | | |

## 9.1 概 述

气体分离操作对于大量工业来说是一个非常重要的过程,并且基本上可以通过五种主要技术进行操作:吸收(即液体辅助相)、吸附(即固体辅助相)、渗透(即膜分离)、化学转化、缩合。其中,气体吸收被认为是最重要的,通常被称为化学工程的关键单元操作之一。气液吸收过程的第一次工业应用可以追溯到 1830 年,化学品制造商 William Gossage 想要从碱的制造中吸收盐酸蒸气。然而,众所周知,气体到液体转移技术的使用在以前更有经验地实施(例如,氧化作用)废水处理或废物处理。一般而言,气体吸收可以定义为通过与目标组分溶解于其中的液相(溶剂)接触从气相中除去一种或多种可溶性组分(溶质)的过程。在许多情况下,进一步从溶剂中除去吸收的气体,随后将溶剂液体流返回系统。该策略导致两个单元之间的内部液体回路(即吸收和再生)并使溶剂再循环成为可能。溶剂再生过程称为剥离。当必须从液体混合物中除去挥发性组分时,也使用汽提。汽提剂是气体(例如空气)或过热蒸汽(例如过热蒸汽)。此外,取决于在液相(溶剂)中发生的分子机理,区分物理和化学(或反应性)吸收;化学吸收可以是可逆的或不可逆的。

自第一次应用以来,已经在工业中安装了大量的气液吸收装置,并且这些装置用于不同的目的。表9.1总结了一些典型的大规模应用程序,前面详细介绍了不同类型的流程。

**表9.1 气液吸收的工业应用**

| | | 溶质 | 溶剂 | 吸收 | 分离 | 应用领域 |
|---|---|---|---|---|---|---|
| 物理量 | 水溶性溶剂 | 环氧乙烷 | $H_2O$ | + | + | 化工生产 |
| | | VOC's | $H_2O$ | − | + | 废水处理 |
| | | $O_2$ | $H_2O$ | − | + | 超纯水(药用、电子) |
| | | $CO_2$ | $H_2O$ | + | + | 沼气净化(PWA) |
| | 有机溶剂 | $H_2O$ | TEG | + | + | 天然气工业(干燥) |
| | | $C_4H_{10}$ | Oil | + | + | 石油化学 |
| | | 脂肪酸 | 己烷 | + | + | 食品 |
| | | $CO_2$ | 乙二醇和 MeOH | + | + | 能源(IGCC 煤炭气化) |
| 化学量 | 可逆 | $Cl_2$ | $H_2O$ | + | + | 造纸业 |
| | | $CO_2$ 和 $H_2S$ | MEA 和 MDEA | + | + | 天然气 |
| | | CO | Cu $NH_4$ 盐 | + | + | 合成气 |
| | 不可逆 | HCl, HF, $SO_x$ 和 $NO_x$ | NaOH | + | − | 大气排气处理 |
| | | $O_2$ | $H_2O$ | + | + | 污水处理 |
| | | $CO_2$ | NaOH | + | + | 化学制品 |
| | | 三乙胺 | $H_2O$ | + | − | 钢制品 |

来源: Adapted from Kohl, A. L.; Nielsen, R. Gas Purification, 5th ed.; Gulf Professional Publishing: Houston, TX, 1997; Astarita, G.; Savage, D. W.; Bisio, A. Gas Treating with Chemical Solvents; John Wiley & Sons Inc.: New York, 1983; Danckwerts, P. V. The Absorption of Gases in Liquids. Pure Appl. Chem. 1965, 10, 625−642. http://dx.doi.org/10.1351/pac196510040625; Danckwerts, P. V. Gas-Liquid Reactions; McGraw-Hill Book Company: New York, 1970; Yildirim, Å.; Kiss, A. A.; Hüser, N.; Leβmann, K.; Kenig, E. Y. Reactive Absorption in Chemical Process Industry: A Review on Current Activities. Chem. Eng. J. 2012, 213, 371−391. http://dx.doi.org/10.1016/j.cej.2012.09.121.

除了表9.2中列出的各种设备选项(利用气相和液相之间的直接接触)之外,最近还探索了一种完全不同的策略。基本概念,通常称为膜接触器技术,如图9.1所示,由于透气性固体材料(膜),因此气相和液相流入独立的隔室。这个概念首先被提出用于废水处理、VOC 汽提和氧合器,但是用于气液应用的薄膜接触器的第一个实际应用通常是在20世纪70年代。在膜接触器中,防止直接的气液接触,并且没有流体动力学限制,如经典的直接接触系统的典型的吹扫、夹带、结霜、窜流或流动。因此可以应用非常大范围的气体到液体流量,这是使分离性能最大化的非常重要的变量。气体和液体流动的这种独特的灵活性以及气相和液相的独立压力控制是主要的兴趣。此外,膜-接触器工艺可以利用膜组件的非常大的特定界面区域。在质量传递特性方面,膜-接触器工艺的机制基本上与传统常规接触相同。然而,膜是两相直接接触的屏障,因此最重要的是从膜上传递很少的额外阻力来进行气态物质的输送。考虑到三种传质阻力,即气体、膜和液体,溶质传输速率仍然可以通过总质量传递系数($K$, m·s$^{-1}$)表示。膜接触器的 $a$ 和 $K$ 的典型值在表9.2的最后一行中示出,以便与其他吸收设备进行比较。强调实现更大 $K·a$ 值的可能性,导致更紧凑的单位(即过程强化)。

表9.2　不同类型的气液吸收设备和相应的传质性能

| 接触形式 | 设备类型 | 表面积/体积 (m$^2$·m$^{-3}$) | 质量转化 $K·a$/ ×10$^{-2}$ s$^{-1}$ | 气/液体积流 |
|---|---|---|---|---|
| 气相和液相连续 | 填充塔-薄膜接触器 | 10~500 | 0.04~7 | 2%~25% |
| 气相分散、液相连续 | 泡罩塔-板塔(托盘)搅拌槽 | 50~600 | 0.5~12 | 60%~98% |
| 气相连续、液相分散 | 文丘里洗涤塔 | 160~2500 | 8~25 | 5%~30% |
| 膜接触器 | — | 1 000-10 000 | 5~50 | 1%~99% |

注:与膜接触器性能的比较,不是基于直接的气液接触概念,显示在最后一行。

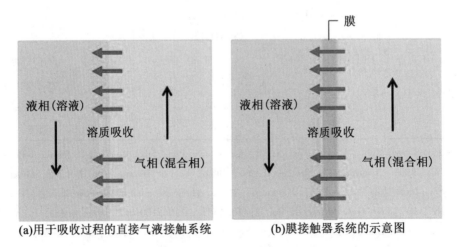

图9.1　用于吸收过程的直接气液接触系统和膜接触器系统的示意图

膜技术的其他优点包括高模块性、易于放大、尺寸更小和质量更轻。该系统对方向和运动不敏感,与托盘或填充柱相反;例如,这种特性对于海上应用是有意义的。一般地,膜接触器概念通常用于支持"绿色化学"和"过程强化"计划。

总之,膜接触器可以提供比当前单元操作(主要是吸收和气体剥离过程)更好的性能和价值。下一节将介绍和讨论这项技术发展的不同方面,特别关注气液吸收过程,特别强调强化可能性,这些可能性通常被认为是其最具吸引力的特征之一。

首先,将描述膜接触器与常规填充柱技术的说明性实例,用于通过化学气-液吸收捕获燃烧后的$CO_2$。该框架引起了人们的兴趣,不仅因为具有特殊的应用潜力,包括非常大规模的单元,还因为它显示了膜、模块和工艺开发的若干挑战。

传质、膜材料、模块设计和过程(建模和模拟)开发框架将在后续章节中更具体地说明,最后将提出工业应用和前景的概述。

## 9.2 膜吸收与常规吸收:总体框架和说明性实例($CO_2$ 吸收)

到目前为止,由于对温室气体问题的集体意识,二氧化碳捕获仍然是气液吸收过程的主要目标应用之一。事实上,大自然不断产生温室气体,如二氧化碳($CO_2$)、甲烷($CH_4$)、水蒸气($H_2O$)或氧化亚氮($NO_x$),这些是地球生命发展的平衡基础。然而,自 20 世纪初以来,人为二氧化碳排放量的增加通常被认为是一个问题,因为它是全球气候变化的原因。在这方面,1997 年的京都议定书,以及在 2015 年巴黎的 COP21 会议上均指出,减少包括二氧化碳在内的温室气体的排放,以限制温度的升高。值得注意的是,全球最大的二氧化碳排放源来自化石燃料的燃烧,例如发电厂。

有几种方法可以从流体中除去二氧化碳:
①燃烧后捕获(PCC),即化石燃料燃烧后;
②预燃烧捕获,即在化石燃料燃烧之前,通过用合成气替代化石燃料;
③氧燃烧捕获,即通过使用纯氧进行燃烧以产生高浓度的 $CO_2$ 流体气体。

PCC 是允许已经存在的发电厂的最佳复古的方法。但由于流体气体的特性,二氧化碳捕集非常具有挑战性:二氧化碳体积分数低至 3%~15%,气体压力低(约 1 Pa),并且存在一些不需要的气体物质($SO_x$、$O_2$、$H_2O$ 等)。这些性能降低了分离技术的当前性能并增加了成本。

典型的 PCC 装置如图 9.2 所示。流体在吸收装置中流动,其中 90% 的 $CO_2$ 通过液相中的化学吸收而被除去,这是通过填料逆流进行的。流体气体温度应在 45~50 ℃,以尽量减少蒸发引起的溶剂损失,并最大限度地提高 $CO_2$ 吸收率。然后,洗涤后的气体通常用水冲洗并排放到大气中,而富溶剂则是通过贫溶剂在换热器中预热,泵送到解吸器的顶部,在那里再生。二氧化碳在汽提装置中热释放并干燥。$CO_2$ 流量高纯度(体积分数约为 90%),可以压缩和储存。如第 9.1 节所述,贫溶剂可重新用于新的吸收-解吸循环。

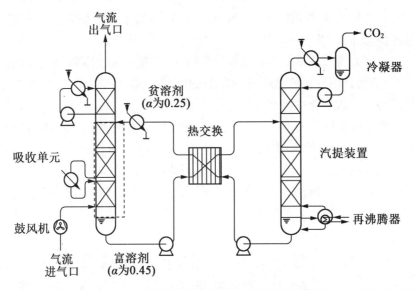

图 9.2 使用单乙醇胺(MEA)作为化学溶剂的基于气液吸收的典型燃烧后二氧化碳捕集装置

目前,胺基溶剂因其与酸性气体的高反应性而被认为用于 $CO_2$ 捕获。因此,参考溶剂是质量分数为 30% 的单乙醇胺(MEA)水溶液;MEA 具有最高的 $CO_2$ 反应性($\Delta H_r$ = 84.4 kJ·mol$^{-1}$)。为了最大限度地减少汽提装置的能量需求,液相中的 $CO_2$ 浓度也称为溶剂负载,注明 $\alpha$ 并以 mol $CO_2$/mol MEA 表示,在吸收单元的液相入口和出口处分别约为 0.25 和 0.45。然而,连续使用液相会引起溶剂,即 MEA,由氧气或二氧化硫与 MEA 之间发生的二次反应引起的降解。所获得的盐对汽提单元的操作条件具有耐受性,因此需要重要的新鲜 MEA 添加剂以限制工艺性能的降低。由于化学反应以及吸收和汽提装置中的蒸汽夹带造成的损失估计为每吨去除的二氧化碳约 6.5 kg MEA,约占捕获成本的 10%。此外,来自 MEA 降解的一些其他产品具有挥发性和潜在危险性。这些问题可以通过使用另一种液相来解决,但反应焓应该大于或等于 84.4 kJ·mol$^{-1}$ 才能引起兴趣。一些研究正在寻找新的溶剂。

通过使用界面面积为 500 m$^2$·m$^{-3}$ 的填充柱,通常考虑 1 mol·m$^{-3}$·s$^{-1}$ 的 $CO_2$ 吸收容量,即使一些更好的填料是可商购的(1 000 m$^2$·m$^{-3}$)。但是,无论选择何种包装,都会出现相同的问题;也就是说,填充柱经受调驱、卸载、发泡或乳化形成。这些问题可能是由于操作条件的变化,例如氢气中的 $CO_2$ 体积分数。然而,二氧化碳的体积分数将直接取决于电厂的生产,这取决于电力消耗。因此,吸收单元的控制几乎不容易。

膜接触器自 1985 年以来受到越来越多的关注,Qi 和 Cussler 使用膜接触器进行 $CO_2$ 气液吸收,膜接触器利用两相之间的物理和非选择性屏障。它们是非分散的接触系统,提供非常高的、已知的和恒定的界面区域,比传统的填充柱高 30 倍。界面面积的增加提供了几个优点:传质性能的提高,以及减少吸收器尺寸可达到 10 倍。因此,吸收单元被强化。通过避免分散,膜接触器可以避免卸载、调驱、起泡、引导和夹带,这是吸收柱的问题。此外,由于膜的物理分离而具有独立流动的事实还允许为流体气体组合物和(或)流体的每种改性提供高操作灵活性和方法的模块化。由于模块化程度高,预计膜接触器工艺易于扩大规模。

关于使用膜接触器的 $CO_2$ 气体 – 液体吸收的文献中有大量研究;其中,Falk – Pedersen 等的工作很明显。作者报告了来自海上设施的燃气轮机产生的二氧化碳捕集 $CO_2$ 的结果。液相是质量分数为 30% 的 MEA 水溶液。作者证实,膜接触器的使用消除或至少显著降低了发泡和腐蚀的风险(膜接触器到目前为止仅使用聚合物材料)。他们还量化了一些好处:

(1) 资金成本降低 35% ~ 40%;
(2) 运营成本降低 38% ~ 42%;
(3) 干燥设备减重 32% ~ 37%;
(4) 操作设备质量减轻 34% ~ 40%;
(5) 总干重减少 44% ~ 47%;
(6) 总操作质量减少 44% ~ 50%;
(7) 足迹要求减少 40% ~ 50%。

然而,这些是在工业规模上不开发使用膜接触器的 $CO_2$ 气液吸收过程的原因,通过物理分离两相的膜接触器增加了补充的质量传递阻力。此外,所选择的聚合物材料对润湿、结垢和降解敏感,这会显著降低工艺性能和工艺寿命(见第 9.5 节)。

在使用膜接触器的气液吸收过程中,气相和液相通过物理和非选择性屏障即膜隔开。膜可以是微孔的或致密的,但是为了使膜质量传递阻力最小化,通常使用微孔膜。

根据膜的性质和液相,微孔材料的膜孔可以通过液相填充,即膜处于润湿模式,或者通过气相填充,即膜是在非润湿模式(图 9.3)。然而,非润湿模式通常是优选的,因为物质 $i$ 在气相中的扩散比在液相中高约 10 000 倍。因此,对于使用水溶液的气液吸收装置,推荐使用疏水性聚合物材料(见第 9.3 节)。当非润湿条件适用时,气液界面位于膜 – 液界面;否则,它发生在气膜界面。

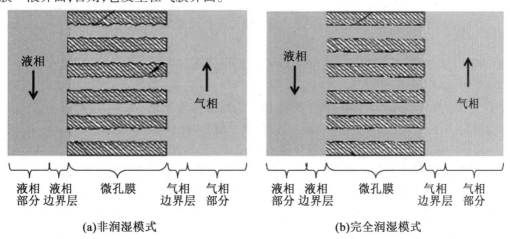

图 9.3 微孔中空膜接触器的两种操作模式

主导传质的现象通常被称为对流或扩散,但这两种机制通常是耦合的。

在质量流量严格为扩散类型的情况下,应用菲克定律(式(9.1))。它表示稳态下的扩散流量与浓度梯度(驱动力)成正比:

$$J = -D\frac{\partial C}{\partial r} = k\Delta C \tag{9.1}$$

式中,$J$ 为摩尔流量,mol·m$^{-2}$·s$^{-1}$;$D$ 为扩散系数,m$^2$·s$^{-1}$;$C$ 为扩散物质的浓度,mol·m$^{-3}$;$r$ 为空间坐标,m,对应于圆柱形(即空心纤维)几何形状的径向轴;$k$ 为质量传递系数,m·s$^{-1}$。

考虑到液相在膜接触器的壳侧是液体,$i$ 从气相到液相的质量传递包括三个连续的步骤(图9.4):

(1)$i$ 从气体扩散到气膜界面(气体侧)的扩散。

(2)$i$ 从气膜界面扩散到液膜界面,通过膜孔扩散。

(3)将 $i$ 溶解到液相中并扩散到液体中,这可能与化学反应有关,即化学吸收与否,即物理吸收(见第9.1节)。

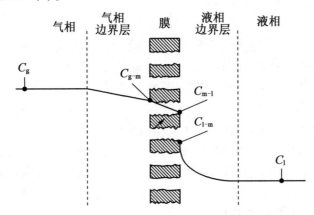

图9.4 通过多孔膜的质量传递机制

因此,通常使用串联电阻法,并且三个区域的溶质流量密度 $i$,$N$(mol·s$^{-1}$)可以表示为

$$N = S_{lum}k_g(C_g - C_{g-m}) = S_{ml}k_m(C_{g-m} - C_{l-m}) = S_{sh}Ek_l(C_{l-m} - C_l) = S_{sh}EK(C_g - C_l) \tag{9.2}$$

式中,$k_g$、$k_m$ 和 $k_l$ 分别为气相、膜中和液相中的局部传质系数,m·s$^{-1}$;$C_g$、$C_{g-m}$、$C_{m-l}$、$C_{l-m}$ 和 $C_l$ 分别为 $i$ 在气体、气体-嵌入界面、膜-液界面(膜侧)处的浓度。

液体-嵌入界面(液体侧)和液体体积(mol·m$^{-3}$):对于圆柱几何,$S_{lum}$、$S_{ml}$ 和 $S_{sh}$ 分别为管腔、对数平均值和壳膜表面,m$^2$;而对于浮渣系统,$S_{lum}$、$S_{sh}$ 和 $S_{ml}$ 是等效的并且对应于平面膜表面,m$^2$;$E$ 为局部增强因子(如果物种 $i$ 被物理吸收,那么 $E=1$,但如果在 $i$ 和液相的至少一个组分之间发生化学反应,即化学吸收,那么 $E>1$)。因此明确地获得了由化学反应提供的增加的溶质吸收速率。

膜孔理想地由气相填充,该参考配置允许最小化膜的质量传递阻力。因此,气膜界面与膜孔内的气体浓度之间没有浓度不连续。

由亨利定律表示的热力学平衡假定在膜-液界面达到:

$$C_{g-m} = \frac{1}{m}C_{l-m} \tag{9.3}$$

用 $m$ 分区系数(-)定义

$$m = \frac{RT}{H_i} \tag{9.4}$$

式中,$R$ 为理想气体常数,8.314 J·mol$^{-1}$·K$^{-1}$;$T$ 为温度,K;$H_i$ 为液相中 $i$ 的亨利定律常数,Pa·m$^3$·mol$^{-1}$。

基于式(9.2)和式(9.3)并且根据串联电阻方法,中空纤维膜接触器的整体传质阻力($1/K$)可以通过局部传质阻力表示:

$$\frac{1}{K} = \frac{d_o}{d_i}\frac{1}{k_g} + \frac{d_o}{d_{ml}}\frac{1}{k_m} + \frac{H_i}{RT}\frac{1}{Ek_i} \tag{9.5}$$

式中,$d_o$、$d_i$ 和 $d_{ml}$ 分别为空心纤维的外部、内部和对数平均直径,m。

对于几何形状,式(9.5)变成

$$\frac{1}{K} = \frac{1}{k_g} + \frac{1}{k_m} + \frac{H_i}{RT}\frac{1}{Ek_l} \tag{9.6}$$

理论上,可以基于相关性估计局部质量传递系数。对于 $k_g$ 和 $k_l$,基于舍伍德数的表达式已在文献中报道:

$$k_g = Sh_g \frac{D_g}{d_i} \tag{9.7}$$

$$k_l = Sh_l \frac{D_l}{d_h} \tag{9.8}$$

式中,$Sh_g$ 和 $Sh_l$ 分别为气相和液相中的舍伍德数(-);$D_g$ 和 $D_l$ 分别为气体和液相中的 $i$ 的扩散系数,m$^2$·s$^{-1}$;$d_h$ 为水力直径,m。

$$k_m = \frac{\varepsilon D_m}{\tau \delta} \tag{9.9}$$

通常,膜质量传递系数应该是恒定的,并且是可以计算的,对于微孔膜,$D_m$ 是在膜中的扩散系数(m$^2$·s$^{-1}$),$\varepsilon$ 是膜孔隙率(-),$\tau$ 是膜弯曲度(-),$\delta$ 是膜厚度(m)。

根据式(9.9),膜质量传递受材料结构和气体扩散机制控制,然而,必须指出的是,由于不可能准确地知道多孔网络的性质,因此通常很难实现膜质量传递系数的估计。事实上,膜孔隙率可以在20%~90%之间,而曲折度通常在2~3之间。因此,膜质量传递系数非常难以确定,并且报告了几个数量级的 $k_m$ 值。文献(图9.5)取决于膜类型(聚合物、孔径和分布、多孔材料生产过程等)。

考虑到其中气体物质溶解的 $j$ 的水溶液,由于在 $i$ 和 $j$ 之间的液相中发生的反应,局部增强因子($E$)可以通过 Hatta 数($Ha$)和有限增强来确定:

$$Ha = \frac{\sqrt{(2/(p+1))D_l k r C_i^p C_{j,l}^q}}{k_l} \tag{9.10}$$

因子($E_\infty$)为

$$E_\infty = \left(\frac{D_l}{D_j}\right)^{\frac{1}{3}} + \frac{C_{j,l}}{\omega C_{1-m}}\left(\frac{D_l}{D_j}\right)^{-\frac{2}{3}} \tag{9.11}$$

式中,$Ha$ 为 Hatta 数(-);$D_j$ 为液相中 $j$ 的扩散系数,m$^2$·s$^{-1}$;$p$ 和 $q$ 分别为 $i$ 和 $j$ 的反应

级数(-);$kr$ 为动力学常数(单位是反应级数的函数,例如,第一级 $m^3 \cdot mol^{-1} \cdot s^{-1}$);$C_{j,l}$ 为液相中的 $j$ 浓度,$mol \cdot m^{-3}$;$E_\infty$ 为有限增强因子(-);$\omega$ 为 $i$ 和 $j$ 之间发生化学反应的化学计量数,(-)。

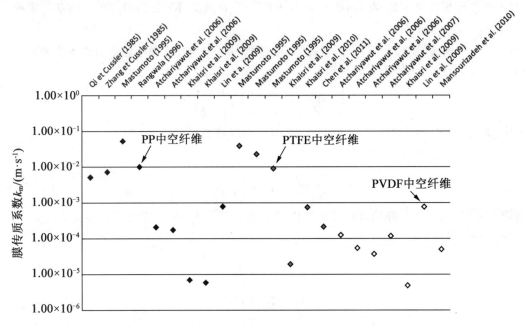

图 9.5　文献中报道的使用膜接触器捕集 $CO_2$ 的膜质量传递系数

关于由 MEA 水溶液捕获的 $CO_2$ 的情况,式(9.10)和式(9.11)成为

$$Ha = \frac{\sqrt{D_1 kr C_{MEA,l}}}{k_l} \quad (9.12)$$

$$E_\infty = \left(\frac{D_1}{D_{MEA}}\right)^{\frac{1}{3}} + \frac{C_{MEA,l}}{2C_{l-m}}\left(\frac{D_1}{D_{MEA}}\right)^{-\frac{2}{3}} \quad (9.13)$$

式中,$C_{MEA,l}$ 为液体中的 MEA 浓度,$mol \cdot m^{-3}$;$D_{MEA}$ 为液相中的 MEA 扩散系数,$m^2 \cdot s^{-1}$。

然而,根据反应方案,增强因子的表达可以简化如下:

$j$ 扩散不是限制步骤:

$$\frac{E_\infty}{Ha} > 50, \quad E = \sqrt{1 + Ha^2} \approx Ha \quad (9.14)$$

$j$ 扩散是限制步骤:

$$\frac{E_\infty}{Ha} < 0.02, \quad E = E_\infty \quad (9.15)$$

$j$ 扩散是部分限制步骤:

$$0.02 \leq \frac{E_\infty}{Ha} \leq 50, \quad E = \frac{Ha\sqrt{(E_\infty - E)/(E_\infty - 1)}}{\tanh(Ha\sqrt{(E_\infty - E)/(E_\infty - 1)})} \quad (9.16)$$

## 9.3 膜材料和膜结构

复合材料膜由至少两种不同的材料制成(图9.6),确保机械支撑的大孔部分由来自不同聚合物材料的致密层涂覆。一般而言,在使用膜接触器的气液吸收过程中,选择用于致密皮肤的聚合物是高度可渗透的,以便最小化膜的传质阻力,因为过程选择性是由于液相。

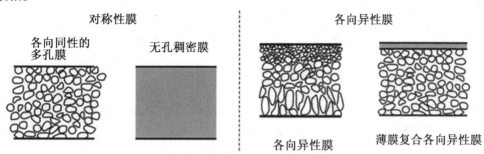

图9.6 主细胞膜形态学示意图

聚合物材料的选择是单元操作的关键问题,因为它直接负责工艺寿命。因此,聚合物材料的选择主要由实现高化学(液体和(或)气相与聚合物材料的任何反应)、热和机械稳定性驱动。

根据以下内容选择聚合物材料:

①渗透性,即被气态物质渗透的能力。该性质仅适用于致密膜或具有致密皮肤的复合膜。对一对聚合物材料交叉物种定义渗透率。

②耐湿性,即能够避免膜孔内液相进入,甚至部分进入(见第9.5.1节)。

### 9.3.1 疏水微孔材料

正如Baker所定义的那样,微孔膜具有刚性、高度空隙的结构、随机分布的相互连通的孔隙。因此,Baker强调微孔膜不仅在结构上接近,而且在功能上与传统滤波器相近,主要区别在于来自孔径的大小,与过滤器相比非常小,为0.01~10 μm。因此,根据孔径和粒径,有三种情况值得考虑:

(1)若颗粒大于最大的孔,则它们被膜完全排斥。

(2)若颗粒小于最小的孔,则它们穿过膜。

(3)若颗粒小于最大孔但大于最小孔,则根据膜的孔径分布部分地排斥它们。

$$\lambda = \frac{k_B T}{\pi d_g^2 P \sqrt{2}} \quad (9.17)$$

式中,$k_B$为玻耳兹曼常数,$1.381 \times 10^{-23}$ J·K$^{-1}$;$d_g$为孔内物种的气体分子直径,m;$p$为压力,Pa。

可以根据多孔网络中的扩散机制描述通过微孔膜的气体传输。实际上,低气压允许忽略 Poiseuille 型的对流机制。气体流动的性质,即扩散机制的性质,取决于孔径(图 9.7)。通过比较平均自由程($\lambda$, m)(对应于两次碰撞之间的平均距离)与孔半径 $r_p$(m) 和定义的流动来确定流动状态。

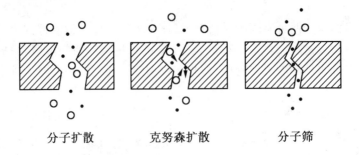

分子扩散　　　　　克努森扩散　　　　　分子筛

图 9.7　气体通过膜孔传输

如果 $r_p$ 远高于 $\lambda$,那么气体分子将优先彼此碰撞。气体传输根据分子扩散机制发生,并且分离不是选择性的。在相反的情况下,即 $r_p$ 低于或等于 $\lambda$,气体分子与膜孔壁之间的碰撞占主导地位;然后根据定义的克努森扩散机制进行分离

$$D_k = \frac{2r_p}{3}\sqrt{\frac{8RT}{M_i}} \tag{9.18}$$

式中,$D_k$ 为克努森扩散系数,$m^2 \cdot s^{-1}$;$M_i$ 为气体分子 $i$ 的分子量,$g \cdot mol^{-1}$。

因此,为了彻底了解分子扩散机制(接近气体体中的气体扩散)和克努森扩散机制,膜扩散系数必须考虑两种贡献,根据

$$\frac{1}{D_m} = \frac{1}{D_{micro}} + \frac{1}{D_k} \tag{9.19}$$

最后,当孔径与分子尺寸(即 3~5 Å)相当时,也可能发生分子筛分。最小的分子可以通过膜流动,而较大的分子可以保留。这种机制通常发生在致密的膜中,并且不会更详细。

几种疏水性微孔聚合物材料可作为膜接触器商购,但其中只有三种经常使用:聚丙烯(PP)、聚偏二氟乙烯(PVDF)和聚四氟乙烯(PTFE)。图 9.8 所示为用于膜接触器应用的微孔聚合物膜的典型结构。

Khaisri 等对这三种聚合物的性能进行了比较,他们强调疏水性更高的聚合物材料可以实现最高的吸收率。因此,在水中,作者比较了 PVDF 和 PP,表明 PVDF 获得了最佳性能,而在化学吸收中,使用 MEA 水溶液,PVDF 和 PTFE 与 PP 的比较表明其性能表现为 PTFE > PVDF > PP。必须指出的是,在所有可用的微孔聚合物材料中,PTFE 是与其他疏水性微孔聚合物材料相比显示出更高的长期稳定性的聚合物(见第 3.9.5 节)。性能差异不仅可以通过耐湿性来解释,即聚合物材料抵抗膜孔中液相进入的能力,还可以通过聚合物的化学稳定性来解释。实际上,Barbe 等和 Wang 等报道了由聚合物和液相之间的溶胀或化学反应导致的膜结构的一些变化。

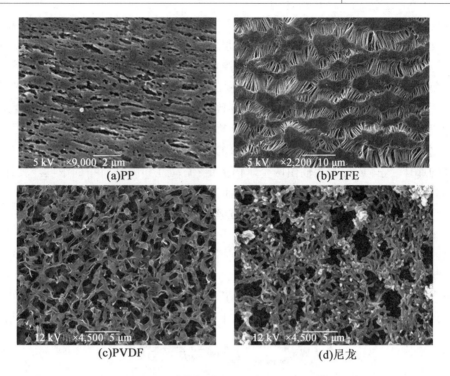

图 9.8 用于膜接触器应用的微孔膜材料的例子

## 9.3.2 具有致密皮肤层的复合膜

复合膜是不对称的膜,其表现出致密的薄层(通常小于 1 μm),在某些情况下,在高度多孔的子层顶部可以提供气体种类之间的选择性。多孔子结构提供必要的机械性能,并提供对通过膜的质量传递的低阻力的优点。表层和多孔子结构以及多孔载体均由两种不同的材料制成。相反的情况,即致密皮层和多孔亚结构的相同材料,表征均匀的不对称膜。

这些不同类型的膜已经进一步发展,以反复观察几种疏水性聚合物材料的膜孔的液相润湿。这一想法最初是由 Kreulen 等提出并验证的。他们在研究中报告了这一点,膜接触器由微孔膜制成,在膜的内部由薄(0.7 μm)的硅橡胶层覆盖,允许获得与未涂覆的膜相似的吸收率性能。

然而,复合膜的致密皮肤应该:

①尽可能薄,以尽量减少传质阻力;

②尽可能地渗透,不仅可以使质量传递最小化,而且因为在气-液吸收过程中,选择性与吸收的气体组分的液相的相关性有关;

③具有高的热稳定性和化学稳定性,作为微孔聚合物材料。

因此,用于表层的研究最多的膜材料是聚二甲基硅氧烷(PDMS)和聚(1-三甲基甲硅烷基)-1-丙炔(PTMSP)。第一种是一种橡胶状聚合物($T_g = -125$ ℃),而第二种是玻璃状聚合物($T_g \geq 250$ ℃)。然而,在膜接触器中的多孔聚合物材料上,很少有其他聚合物材料作为致密表层:乙烯丙烯三元共聚物、丁二烯橡胶、苯乙烯丁二烯和 Teflon AF 2400。使用具有薄致密皮层的复合膜,使得实现膜接触器能够提供高长期耐湿性的新可能。

关于使用致密膜(即无孔膜)代替微孔膜以避免润湿现象的文献中也可获得一些研究。然而,Scholes 等观察到,致密的 PDMS 膜的总质量传递阻力分别比 PP 和 PTFE 膜高 2~3 个数量级。他们的观察结果强调,具有致密层的复合膜是用于气液吸收的微孔膜的最佳替代物之一。

在复合膜的致密皮肤中,控制质量传递的现象与致密膜中的相同。正如 Strathmann 所定义的那样,气体成分的运输由两个术语决定:流动性和膜基质中的浓度。其迁移率,即在膜材料中扩散的能力,与尺寸成反比,而浓度与膜材料中的溶解度成正比。这两个术语的组合允许根据溶液扩散模型定义渗透率:

$$\mathfrak{H} = D \cdot S \tag{9.20}$$

式中,$\mathfrak{H}$ 为渗透率,$mol \cdot m^{-1} \cdot s^{-1} \cdot Pa^{-1}$,通常用 Barrer 表示;$D$ 为致密皮肤中气体组分的扩散系数,$m^2 \cdot s^{-1}$;$S$ 为溶解度,$mol \cdot m^{-3} \cdot Pa^{-1}$。

复合膜的使用由于致密的表层而增加了对质量传递的补充和不可忽略的阻力。因此,复合膜中的膜质量传递系数必须考虑以下两个因素:

$$\frac{1}{k_m} = \frac{1}{k_{m,porous}} + \frac{1}{k_{m,dens}} = \frac{\delta \tau}{\varepsilon D_m} + \frac{e}{\mathfrak{H} RT} \tag{9.21}$$

式中,$e$ 为致密的皮肤厚度,m。

有关致密膜中气体传输的更多信息,请读者参考《用于气体分离的聚合物膜》。

图 9.9 所示为作为皮肤层的函数的致密皮肤质量传递系数的演变。结果表明,当使用足够薄(通常为 0.1 μm)的皮肤层时,与未润湿的多孔载体相比,致密渗透层的质量传递阻力可以忽略不计。例如目前生产较薄的致密层膜用于气体分离应用。由致密聚合物层产生的极低质量传递阻力的目的是非系统性的,但对于膜接触器应用是现实的,并且将在后面详述。

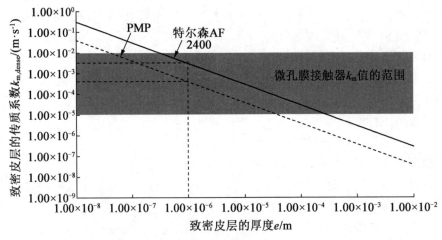

图 9.9 致密皮层的质量转移系数与厚度的函数关系($\mathfrak{H}_{PMP} = 500$ Barrer 和 $\mathfrak{H}_{Teflon\ AF\ 2400} = 500$ Barrer)

### 9.3.3 纳米颗粒的加入

根据前面所述,微孔膜比致密复合膜具有更低的膜质量传递阻力,但对润湿问题更敏感。为了提高膜的疏水性并尽可能保持最低的传质阻力,开发了新的聚合物材料。因此,Wang 和 Zhang 报道了在进行表面处理之前,将氟化的 $SiO_2$ 纳米颗粒掺入具有高孔隙率的聚醚酰亚胺聚合物中以改善聚合物的疏水性。他们的结果证实了疏水性的增加和更高的吸收流量。也就是说,膜质量传递阻力较低,在 30 天、59 天和 60 天内具有长期稳定性。还报道了混合基质膜(MMMs)。在 MMMs 中,黏土颗粒,例如,一般蒙脱石或者 Cloisite 15A 掺入多孔聚合物材料如 PVDF 中,以改善聚合物材料的耐湿性并提高 $CO_2$ 吸收速率。然而,这些膜尚未商业化,到目前为止它们的发展仍处于研究状态。

### 9.3.4 表面改性

为了改善聚合物材料的耐湿性、长期稳定性和质量传递系数,还可以改性膜表面。研究了几种技术,包括非溶剂辅助沉积、等离子体改性、紫外光接枝或溶胶-凝胶涂层。

这些技术通常应用于微孔 PP 材料。实际上,PP 是文献中商业上最广泛使用的聚合物,因为其具有低成本、可用性、良好控制的孔径和孔隙率以及相对高的热稳定性和化学稳定性。

因此,Lin 等使用 $CF_4$ 等离子体来改性 PP 空心纤维。他们的研究结果表明,吸收流量、膜寿命和传质系数都得到了显著改善。

Franco 等采用等离子体技术覆盖了具有超薄 PTFE 层的 PP 中空纤维,以获得复合膜。PTFE 是比 PP 疏水性更高和更昂贵的聚合物。作者实现了提高吸收率和增强膜对润湿和化学降解的抵抗力,但是表现并没有维持超过 45 h。相反,Lv 等使用环己酮和甲乙酮(MEK)作为非溶剂覆盖了具有致密 PP 的微孔膜。通过这种方法,作者获得了一种接触角高达 158°的超疏水聚合物,并且能够在 20 天内保持工艺性能。

最近,Yu 等报道了一种超疏水陶瓷膜的结果,该膜具有修饰表面并且水接触角高达 153°,具有高的耐湿性和抗污性。Lin 等采用溶胶-凝胶涂布法在 $Al_2O_3$ 膜载体上制备疏水性聚甲基倍半硅氧烷(PMSQ)气凝胶膜。获得的膜表现出良好的寿命并且是可重复使用的。

必须指出的是,在工业规模上,预期膜接触器优选用于气液吸收过程多年。因此,不仅在性能方面而且在耐热性和耐化学性方面,膜在长时间尺度上的稳定性是至关重要的。

## 9.4 模块设计

在传热交换器中的质量传递中,最重要的参数之一是界面面积($a \cdot m^2 \cdot m^{-3}$),也称为填充密度,其对应于体积模块的表面交换记录。在这两种情况下,膜应该提供足够和有效的气-液界面,而不允许对流流过膜材料。因此,膜组件设计在工艺性能中起关键作用。该膜可以制成片状、管状或毛细管状,以及中空纤维状。然而,在给定分离过程中膜最合适的几何形状取决于应用,并且由技术性能和制造成本确定(表9.3)。

表9.3 模块设计特征

| 项目 | 平板膜 | 螺旋缠绕膜 | 中空纤维膜 | 毛细管膜 | 管状膜 |
|---|---|---|---|---|---|
| 直径/mm | | | 0.05~0.5 | 0.25~2 | 5~25 |
| 组装密度/($m^2 \cdot m^{-3}$) | 100~400 | 300~1 000 | ≤30 000 | 600~1 200 | <300 |
| 浓差极化污垢控制 | 好 | 温和 | 不好 | 好 | 非常好 |
| 压降 | 低 | 适中 | 高 | 适中 | 低 |
| 膜替换 | 平板膜 | 缠绕组件 | 膜组件 | 膜组件 | 管状膜 |
| 制造成本/(美元·$m^{-2}$) | 50~200 | 5~100 | 5~20 | 10~50 | 50~200 |
| 材料利用率 | 广 | 广 | 有限 | 有限 | 有限 |

### 9.4.1 纵向流量模块

纵向流动或平行流动对应于膜组件,其中两个流体在膜的相对侧上彼此平行。流体流可以是并流的,即在相同的方向上,或逆流的,即在相反的方向上(图9.10)。该配置对应于包含空心膜、管状膜或毛细管膜的膜接触器。纵向流动模块在不同的膜类型中形成最高的界面面积,这允许显著减少单元操作的体积。

在过去的几十年中,对两种配置都进行了研究,但Demontigny等强调,逆流模式实现了质量传递速率的提高,平均比并流模式下的传质速率提高了20%。此外,作者还表明,膜接触器内腔侧的液相可以改善传质。但是,当中空纤维具有小的直径,在几百微米的范围内时,腔侧的液相的泵送成本变得昂贵。

然而,Mansourizadeh 和 Ismail 强调,在大多数中空纤维膜接触器中,纤维是随机填充的,这导致纤维分布不均匀。因此,可能存在严重的流体通道和(或)旁路通道,这将导致低得多的质量传递,并且可能增加压降。

必须注意的是,纵向流动模块制造起来非常简单,流体动力学在两侧都是众所周知的,传质很容易估算。

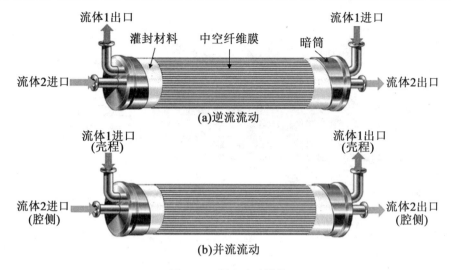

图 9.10 纵向流动模块

## 9.4.2 交叉流量模块

与纵向流动模块相反,交叉流动模块对应于接触模式,其中渗透物垂直于进料和滞留物流动。市场上有两种配置:片式膜组件(类似于板式冷却器)和螺旋缠绕式膜组件(图 9.11)。在这两种情况下,膜都由隔离物隔开,然后将整体缠绕在盒子中。

Wickramasinghe 等比较了几种膜接触器的几何形状,其中包括一个由空心纤维制成的纵向模块和一个横流模块。对于模型系统(水/空气),膜组件的性能在每个膜面积相等的流量和(或)每个膜体积的相等流量下进行比较。他们的结果以每个膜面积的流量等式,强调了在某些情况下,逆流交叉流动膜组件是最有效的。

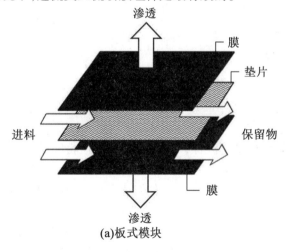

图 9.11 横流模块

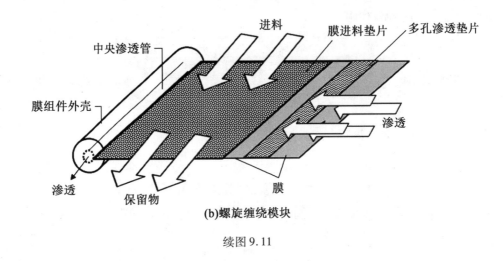

(b)螺旋缠绕模块

续图9.11

## 9.5 膜的主要挑战

膜接触器的聚合物材料的选择是至关重要的,因为它在工艺寿命中起直接作用。因此,无论应用领域如何,所选的聚合物材料应具有以下特性:

①在高温下具有良好的耐热降解性;
②对吸收剂具有优异的化学稳定性;
③低润湿倾向;
④高孔隙率,以最大限度地减少传质阻力。

所有这些性能都需要面对后面讨论的膜接触器的主要挑战,即膜润湿、膜污染和膜降解。

### 9.5.1 膜润湿

使用微孔膜接触器进行气液吸收的主要挑战之一是保持膜孔干燥,即避免液体进入孔内,该现象也称为膜润湿(图9.3)。实际上,膜润湿是质量传递显著增加的原因,这导致吸收性能的大幅下降。

Rangwala 报道,膜的低润湿性(小于2%)可导致膜质量转移阻力,其可占该过程的总质量传递阻力的60%。Wang 等报道,若膜处于非润湿模式,则 DEA 水溶液的 $CO_2$ 吸收速率比湿润模式的吸收速率高6倍。他们还量化了湿润的5%膜导致总质量传递阻力增加20%的原因。

因此,必须谨慎选择对吸收剂/膜和操作条件(气相和液相的压力)。拉普拉斯-杨方程允许通过估计液体进入压力(LEP,也称为穿透压力)来建立这些参数之间的联系,其对应于施加在液体上以进入膜孔的最小压力。该参数定义了液体吸收剂对膜的润湿性:

$$LEP = -\frac{4B\gamma\cos(\theta)}{d_{pmax}} \tag{9.22}$$

式(9.22)中突破压力 LEP(Pa)取决于：

①通过最大孔径的聚合物材料，$d_{pmax}(m)$；

②吸收剂通过其表面张力 $\gamma(N \cdot m^{-1})$；

③对吸收体/膜通过接触角，$\theta(rad)$；

④通过孔隙几何系数的孔隙几何形状，$B(-)$：$B=1$ 表示完美的圆柱形孔隙，否则，$0<B<1$。

通过在膜和吸收剂之间结合高极性差异，可以提供高的穿透压力，具有小的最大孔径和窄的孔径分布。

通常认为膜逐渐润湿。因此，报道了三种润湿模式：非润湿模式、部分润湿模式、完全润湿模式。

报告在 $CO_2$ 捕获过程中的大多数液体吸收剂是链烷醇胺、氨、氢氧化钠等的水溶液。这些水溶液是极性的，因此聚合物材料必须是疏水的以限制膜润湿。在市售的大量聚合物材料中，主要使用 PTFE 和 PVDF，因为它们的接触角高于 90°。然而，PP 比 PTFE 和 PVDF 疏水性更低，是用于 $CO_2$ 捕获的膜工艺中最常用的聚合物材料，因为它具有低成本和作为中空纤维膜接触器的商业可用性。文献报道的几项研究已经研究了膜的润湿性，见表 9.4。

表 9.4 关于用于 $CO_2$ 捕获过程的膜润湿的文献报道

| 参考文献 | 高分子材料 | 液相 | 持续时间/天 | 观察结果 |
| --- | --- | --- | --- | --- |
| 50 | PP | 水 | 3 | 膜孔隙度、孔隙直径、孔隙大小及内外表面增大 |
| 73 | PP | MEA、MDEA、水 | 90 | 60 天后，经 MEA 和 MDEA 处理后的接触角下降速度快于经水稳定处理后的接触角下降速度 |
| 72 | PP | DEA | 106 | 21% 的流量在第 4 天下降，然后稳定 |
| 74 | PP | 甘氨酸螯合酸钾 | 1.8 | 没有润湿 |
| 49 | PTFE PP | DEA | 275 和 42 | PTFE 中空纤维的不润湿性降低了 PP 中空纤维的加工性能 |
| 40 | PVDF 和 PP | 水和 DEA | 短时间 | 10% 的膜润湿 $\frac{1}{4}k_m$，相当于 $K_{ov}$ 的 10%~70% |
| 75 | PP | MEA 和降解的 MEA | 2.92 | 流量减少 70%；流量减少 22%~31% |
| 41 | PVDF 和 PTFE | MEA | 2.50 | PTFE 中空纤维不润湿 |

续表 9.4

| 参考文献 | 高分子材料 | 液相 | 持续时间/天 | 观察结果 |
|---|---|---|---|---|
| 76 | PP 和 PMP | PAMAM 和 MEA | 55 和 70 | PP 没有变化；使用 PMP 54 天后，性能下降 |
| 77 | PP | 水 | 短 | 润湿 |
| 52 | PP 和 PS | MDEA | 短 | 润湿 |
| 36 | PP、PTFE、PP - 特氟龙 AF2400 和 PP - PDMS | MEA | 50 | PP 和 PTFE 在 6.2 天和 16.7 天后工艺性能显著下降；PP - 特氟龙 AF2400 和 PP - PDMS |

膜润湿的真正原因至今仍难以解释，这主要是由于影响膜性质的许多参数（例如，孔径、孔隙率、弯曲度和表面粗糙度）、吸收性能（例如，表面张力）、膜-吸收剂相互作用（例如，接触角）和操作条件（例如，液体侧的压降和压力）。此外，一些研究报道，膜和液相之间发生的化学反应是通过改变膜形态（表面粗糙度、疏水性、孔隙扩大等）来控制膜润湿的原因。

Atchariyawut 等报道，毛细管冷凝可能通过允许水蒸气进入膜孔而引起膜润湿。Zhao 等认为毛细管冷凝是膜解吸中的一个真正问题，因为在纤维的较冷部分发生了明显的水蒸气流。

为了显示微孔聚合物材料逐渐润湿质量传递系数的影响，进行了简要分析。在该分析中，假设水中几种气体的物理吸收，即 $E=1$。通过串联电阻法估算润湿微孔聚合物的传质系数：膜质量传递系数由湿润孔隙的阻力（$k_{m,wet}$，m·s$^{-1}$）和干燥的毛孔（$k_{m,dry}$，m·s$^{-1}$）根据式（9.23）表示：

$$\frac{1}{k_m} = (1-\beta)\frac{1}{k_{m,dry}} + \beta\frac{1}{k_{m,wet}} = (1-\beta)\frac{\tau\delta}{\varepsilon D_g} + \beta\frac{\tau\delta}{\varepsilon m E D_l} \qquad (9.23)$$

式中，$D_l$ 为液相中的气体扩散系数，m$^2$·s$^{-1}$；$\beta$ 为润湿孔隙比（-）。

图 9.12 所示为通过这种方法获得的结果，并强调润湿分数的小幅增加导致膜质量传递系数的显著降低。然而，这种下降在很大程度上取决于液相中的气体溶解度：NH$_3$ 在水中的高溶解度使得 $k_m$ 的减少量最小化了 10 倍，而 SO$_2$ 和 CO$_2$ 在水中的溶解度则低得多，这一下降幅度要大得多，分别为 1 000 到 10 000 倍。

在溶解的气体和液相之间使用化学反应也使膜质量传递系数的降低最小化。例如，CO$_2$ 和 MEA 之间发生的化学反应的增强因子通常在 100 左右。在这种情况下，膜质量传递系数的减少将被限制在 100 而不是 10 000。

为了避免膜润湿，可以采用几种策略。第一种是将跨膜压保持在突破压力以下。然而，沿中空纤维控制压力梯度是一个主要的操作问题。实际上，假设气相和液相中的压降保持不均匀，这可能导致跨膜压力高于突破压力的局部区域。逆流配置就是这种情况。由于气体侧的压力下降，在膜组件中的吸收剂入口附近经常发生润湿。第二种是通过使用具有非常高的表面张力的吸收剂，增加接触角和（或）使用具有小孔径的膜来增加穿透压力。该策略主要不仅限于新的超疏水聚合物材料的开发以及与 PTFE 中空纤维相反的小纤维直径的商业可用性,而且还受到具有高表面张力并且能够在该方法中使用的溶剂的可用性的限制。

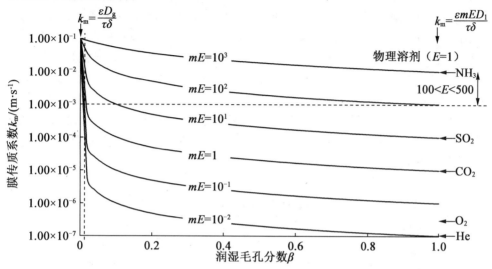

图9.12　润湿孔隙率对微孔聚合物材料中膜质量传递系数的影响（$D_g = 10^{-5}$ m²·s⁻¹；$D_l = 10^{-9}$ m² s⁻¹；$\varepsilon/\tau\delta = 10^{-4}$）

(Adapted from Favre, E., Svendsen, H. F. Membrane Contactors for Intensified Post – Combustion Carbon Dioxide Capture by Gas – Liquid Absorption Processes, J. Membr. Sci. 2012, 407 – 408, 1 – 7. http://dx.doi.org/10.1016/j.memsci.2012.03.019.)

第三种策略旨在用复合空心纤维代替微孔空心纤维。这些类型的中空纤维由大孔中空纤维制成,用作机械支撑,由来自不同聚合物的致密皮肤覆盖。致密的表层聚合物应具有高渗透性,因为工艺选择性通常由气液工艺中的吸收剂决定。关于这类材料的研究报告强调了它们抵抗膜润湿的能力。

### 9.5.2　膜污染

在多孔或致密表面上的固体形成或撞击容易产生不希望的现象,例如颗粒沉积物积聚,导致所谓的表面结垢。这种现象主要报道在使用反渗透（RO）的水处理过程中因为不仅矿物（$CaCO_3$、$CaSO_4$、$SiO_2$ 等）的沉淀,而且聚合物表面上的有机物质的沉淀,产生颗粒沉积物积累。因此,膜污染涉及每个膜过程,其具有至少一个与膜接触的相。然而,污垢发生的原因、方式、时间和地点的原因相对未开发。实际上,沉积物积聚不仅可以在膜表面上发生,而且可以由于润湿现象而在膜孔内部发生。关于膜接触器膜污染的研究很少。例如,对于碳捕获,在气体中存在细小颗粒也是质量传递阻力显著增加的原因。在这两种情况下,由于来自液体或气相的颗粒,膜污染现象仍然是该过程的关键问题,需要进一步调查。

### 9.5.3　膜降解

如前所述,膜接触器的关键问题是寿命和长期性能的稳定性。因此,聚合物材料不仅应该是热的而且应该是化学惰性的,以实现目的。然而,由于在常压和温度条件下大多数气体在水中的低溶解度,气液吸收通常利用化学吸收系统。在某些情况下,如 $CO_2$ 或 $SO_2$ 吸收,液相吸收后通常会腐蚀更多。因此,从 $CO_2$ 和链烷醇胺之间的化学反应中得到的产品能够改变膜的疏水性、膜形态和膜化学结构,导致膜润湿和膜降解。

除化学降解外,热降解也可能是另一个问题。通常承认吸收步骤的温度接近于单元入口处的气相温度,以使能量成本最小化。然而,文献中报道的大多数研究是在环境温度条件下实现的。对于 $CO_2$ 捕获,环境温度比实际低 20~40 ℃。由于聚合物材料(无论其结构如何,即致密或微孔)的热稳定性是其玻璃化转变温度($T_g$)和其熔化温度($T_m$)与单元操作的操作温度相比的函数,因此选择聚合物显然非常重要,所选聚合物的 $T_g$ 和 $T_m$ 应尽可能远离操作温度,以避免热降解(表 9.5)。必须注意的是,热降解也可以位于用于保持筒中空纤维的灌封材料上(图 9.10)。

表 9.5　文献中报道的主要聚合物材料的玻璃化转变温度($T_g$)和熔融温度($T_m$)

| 高分子材料 | 结构 | $T_g$/℃ | $T_m$/℃ |
| --- | --- | --- | --- |
| 聚丙烯(PP) | 半晶质 | -20 | 176 |
| 聚偏二氟乙烯(PVDF) | 半晶质 | ≈-30 | ≈170 |
| 聚四氟乙烯(PTFE) | 半晶质 | 127 | 327 |
| 聚二甲硅氧烷(PDMS) | 非晶质 | -125 | -40 |
| 聚三甲基硅-1-丙炔(PDMSP) | 非晶质 | >250 | |
| 特氟龙 AF2400 | 非晶质 | 239 | ≈340 |

## 9.6　传输和过程模拟

在本节中,定义了建模条件和(或)研究人员使用的不同符号,以避免混淆,并讨论用于使用膜接触器进行气液吸收建模的不同类型的方法。使用相同机制的剥离的情况将不再详述。膜接触器的建模和模拟已经被广泛研究了几十年。建模框架基本上类似于用于吸收柱模拟的建模框架,但膜质量转移描述需要专门的方法。膜接触器中不同化合物传质的一般示意图如图 9.13 所示。应该强调的是,为了简单起见,溶质吸收几乎被系统地视为建模方法中唯一的质量传递现象(不考虑水或非气态物质的吸收)。

从填充柱中物理和化学溶剂吸收的文献中可以获得大量的知识和经验,包括工业规模。许多学者已经针对特定情况解决了建模/模拟问题,已经报道了用于在化学溶剂中吸收的膜接触器,以及大量模型。这些研究的最终目标是通过大范围的操作条件和具有最小可调参数的系统来预测试验结果。建模的一个关键问题是在模型复杂性、数值分辨率和精确估计模拟集中变量的最大数量的可能性之间找到平衡,以完全预测过程性能。

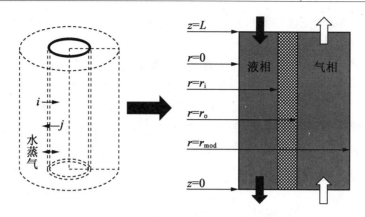

图9.13 数学模型中使用的膜接触器示意图

图9.14所示为在模拟膜接触器的吸收性能和建模/模拟研究的不同目标时必须定义的关键变量。一般而言,大量研究仅限于将一组试验数据与一种模型的预测进行比较。一些学者利用给定的模型进行参数灵敏度研究(例如,预测气体或液体速度的影响或膜质量传递系数对吸收性能的影响),很少有评估不同模型的比较研究。同样,优化和放大问题在很大程度上没有报告。

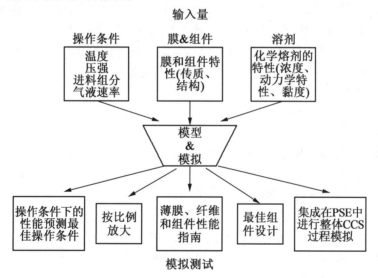

图9.14 薄膜接触器应用的过程建模和仿真

### 9.6.1 整体框架

无论开发何种类型的建模方法,第一步必须始终对应关于所选系统的物理化学性质的一组假设的定义。通常,几乎系统地假设稳态条件,如参考技术(吸收柱)中的情况。Zhao等报道,输入变量分为三类:①操作条件;②膜和模块性质;③溶剂性质(图9.14)。

关于流体流动条件,有两种选择:

①内部液体。液相在管腔侧流动,而气相在壳侧流动。当需要非常大的气体流量时

（对于气体流提供更大的横截面积的可能性），这种配置对于工业应用是优选的。然而，管腔侧最黏稠的流体的流动引起管腔侧压力的增加，这可能有利于膜润湿。

②外部液体。液相在壳侧是液体，而气相在管腔侧是液体。该选项也被广泛研究，因为它允许最小化标准空心纤维中液体的流动阻力。此外，它提供了更大的气液界面区域。然而，对于某些实际应用，它会引起气相压降的增加以及灰尘颗粒阻塞纤维的风险。

在确定操作条件之后，膜和模块的性质，质量以及最终的能量，平衡和传递方程是根据所选建模方法的一组假设而开发的。

### 9.6.2 现有技术状况

大多数关于使用膜接触器的气液吸收的出版物提出了一种特定的数学方法。然而，不同的研究可以更普遍地收集在具有逐渐复杂性的四个模型中。这四个模型将在下文中介绍和讨论。表9.6总结了每种建模策略的假设以及对最佳假设集合的相应情况的初步分析。

需要注意的是，无论选择的数学方法的复杂程度如何，模型都是基于单个代表性的空心光纤方法开发的，如图9.13所示。

**1. 基于恒定总质量传递系数的模型（$K_{ov}$）**

基于恒定总质量传递系数的模型在历史上首次报道在专门用于膜接触器的出版物中。这也是最简单的方法，突出了包括不同质量传递机制的优势参数：$K_{ov}(\text{m}\cdot\text{s}^{-1})$。因此，可以容易且快速地评估过程性能。更具体地说，了解气液界面面积（$a$）和整体质量传递系数 $K_{ov}$，$K_{ov}\cdot a$ 可以轻松获得性能并与其他技术进行比较（表9.2）。

常数 $K_{ov}$ 模型基于以下假设：
(1) 恒定气体速度；
(2) 等温条件；
(3) 恒定的总气压，即可忽略不计的压降；
(4) 膜接触器中的气相塞流；
(5) 液相中的溶质浓度可忽略不计；
(6) 膜接触器入口和出口之间的恒定总质量传递系数。

需要注意的是，若液相中的溶剂浓度在整个膜接触器中大大过量，则可以认为假设（5）是可接受的。该假设允许简化溶质的局部驱动力的表达，因为溶质 $i$ 在气相中浓缩（$C_g$，$\text{mol}\cdot\text{m}^{-3}$）。

因此，根据前面定义的一组假设，气相上的溶质质量平衡可表示为

$$u_g \frac{dC_g}{dz} = -K_{ov}aC_g \qquad (9.24)$$

式中，$u_g$ 为间隙气体速度，$\text{m}\cdot\text{s}^{-1}$；$z$ 为轴向接触器坐标，m。

表9.6 膜接触器中提出的四种建模方法及相应情况的总结

| 建模策略 | 假设条件 | 备注(优/缺点) | 参考文献 |
| --- | --- | --- | --- |
| 恒定总传质系数 ($K_{ov}$) | 1. $T$、$p$、$K$、$Q_g$ 不变;<br>2. $C_{CO_2l}$ 低;<br>3. 气相中平推流;<br>4. 调整参数 $K_{ov}$ | 入口有大量的新鲜溶剂($a_{in} \sim a_{out} \sim 0$)<br>优点:最简单的方法,所需要的信息最少,可以与文献中的数据比较<br>缺点:不适用于工业场合,$K$ 变量由溶剂和膜传质性能共同决定 | 24、25、70、103 |
| 分步阻力(一维) | 1. $T$、$k_g$ 和 $k_l$ 不变;<br>2. $C_{MEA}$、DC 和 $p$ 可变;<br>3. 气相中和液相中平推流;<br>4. 被认为是化学反应;<br>5. 调整参数:$k_m$ | 经典方法适用于各种进、出口溶剂条件<br>优点:当 $k_m$ 已知时,对传质有很好的预测<br>缺点:不适用于工业场合 | 33、78 |
| 对流扩散(二维) | 1. $T$ 和 $p$ 不变;<br>2. 液相和气轴向对流,径向扩散;<br>3. 被认为是化学反应;<br>4. 调整参数:$k_m$ | 经典方法对于各种进、出口溶剂条件,等效于一些研究人员报道的电阻串联方法<br>优点:适用于真实吸收情况(不假设新鲜胺过量);可以对膜、溶剂、流体动力学分别进行评估;在复杂性和预测效率方面可能是最好的方法 | 32、40、104-106 |
| 非恒温系统(二维) | 1. $p$ 不变;<br>2. 液相和气轴向对流,径向扩散;<br>3. 被认为是化学反应;<br>4. 调整参数:$k_m$ | 水和非等温情况是复杂的,很少被报道,需要很多变量,需要模拟考虑;可以用于更好的预测和(或)中试规模的研究,但是试验温度切面还是难以预测 | 107-109 |

因此,对于有效长度为 $L(m)$ 的膜接触器,可以容易地集成差分溶质质量平衡。有效溶质捕获率 $\eta(-)$,对应被溶剂有效吸收的入口溶质流量的比例,通常是该过程的关键性能指标之一,可以很容易地表达:

$$\eta = 1 - \exp\frac{-K_{ov}aL}{u_g} \tag{9.25}$$

必须注意的是,$K_{ov} \cdot a$ 的乘积对应过程中溶质转移时间的倒数,这是一个关键参数,允许比较气体吸收技术和放大可能性的评估。术语 $L/u_g(s)$ 气液接触时间确实是均匀的。因此,术语 $(K_{ov}aL)/u_g$ 允许确定质量传递性能的过程。

基于恒定总质量传递系数的模型提供了易于使用的优点。实际上,捕获率($Z$)随气体速度($u_g$)的演变很容易通过试验确定。因此,$K_{ov}$ 是唯一未知的参数,通常用于处理数据。而且,该组假设可以应用于物理或化学吸收过程。

然而,$K_{ov}$ 在逻辑上取决于操作条件(例如直接影响雷诺数的流体速度),并且绝不能被视为给定接触器类型和吸收系统的常数。这显然是该模型的主要限制,阻碍了对不同操作条件的外推。另外,$K_{ov}$ 也可以沿轴向位置变化。在这种情况下,式(9.24)和式

(9.25)不再适用,并且需要更严格的模型。

**2. 串联电阻(1-D)方法**

串联电阻模型在第9.2.1节中详述。这种建模方法基于电影理论。根据式(9.6),局部总质量传递系数($K$)表示为几何形状。该方法考虑气相、液相和膜。然而,膜质量传递系数($k_m$)通常被认为是恒定的并且被用作唯一可调节的参数来处理数据。

若在气相和液相中忽略径向色散效应,则可以开发一维方法。已经通过参数研究,通过质量分数为30%的MEA水溶液研究了该方法的$CO_2$吸收。该方法基于以下假设:

(1)适用于液相和气相的薄膜理论(即边界层中的扩散);
(2)在液相和气相中塞入流体;
(3)恒定膜质量传递系数($k_m$);
(4)气-液界面处的热力学平衡;
(5)等温条件。

与之前的方法相比,$K_{ov}$模型相反,这种建模方法考虑了局部质量传递系数通过轴向坐标和由此得到的$K$的演变。此外,溶液$i$被液体吸收相引起气体速度的变化,两相中溶剂和溶质浓度的变化,以及总气压(压降)的变化。所有这些变化都在以下方程组中考虑:

(1)气相中的溶质质量平衡:

$$d(Q_g C_g)(Q_g C_g) = -KaC_g S_{ext} dz \quad (9.26)$$

(2)总的质量平衡:

$$Q_g^{in} \frac{P_g^{in}}{RT}(1-\gamma_i^{in}) = Q_g \frac{P_g}{RT}(1-\gamma_i) \quad (9.27)$$

(3)由溶质$i$和溶剂$j$之间的化学反应引起的化学计量约束:

$$d(Q_l C_j) = -\frac{\omega_j}{\omega_i} d(Q_g C_g) \quad (9.28)$$

在内腔侧,通常通过Hagen-Poiseuille方程估计压降:

$$-\frac{\Delta p}{dz} = \frac{8\mu}{r_o^2(1-(\delta/r_o))^4 \varphi} v \quad (9.29)$$

在壳侧,压降通常根据Kozeny方程表示:

$$-\frac{\Delta p}{dz} = \frac{4\mu}{r_o^2} \frac{\varphi^2}{(1-\varphi)^2} v \quad (9.30)$$

$$\kappa = 150\varphi^4 - 314.44\varphi^3 + 241.67\varphi^2 - 83.039\varphi + 15.97 \quad (9.31)$$

式中,$p_g$为气相压力,Pa;$Q_g$和$Q_l$分别为气体和液体流动,$m^3 \cdot s^{-1}$;$\gamma_i$为气相中溶质$i$的体积分数(-);$C_j$为液相中的$j$(溶剂)浓度,$mol \cdot m^{-3}$;$\omega_i$和$\omega_j$分别为吸收的溶质$i$和溶剂$j$之间发生的化学反应的化学计量系数;$\Delta p$为压降,Pa;$\mu$是黏度,$Pa \cdot s$;$v$为超级速度,$m \cdot s^{-1}$;$r_o$为空心纤维的外半径,m;$S_{ext}$为交叉-截面模块区域没有纤维,$m^2$;$\kappa$为Kozeny系数(-);$\varphi$为膜接触器的填充率(-),由$\varphi = n_{fib}(r_o/r_{mod})2n_{fib}$定义;$n_{fib}$为膜接触器中的纤维数量(-);$r_{mod}$为内部模块半径,m。

然后通过使用以下5个变量将微分方程系统修改为无量纲:

$$C_g^+ = \frac{C_g}{C_g^{in}}; \quad C_j^* = \frac{C_j}{C_j^{in}}; \quad p_g^* = \frac{p_g}{p_g^{in}}; \quad \mathrm{NUT}_g = \frac{Lk_{maxa}}{u_g^0}; \quad z^* = \frac{z}{L}$$

式中，$\mathrm{NUT}_g$ 为转移单位数（-）；$k_{max}$ 为最大质量转移系数，$m \cdot s^{-1}$，$k_{max}$ 由下式定义：

$$k_{max} = mE_\infty k_1 = m\mathrm{Ha}k_1 \tag{9.32}$$

然后需要系统的特征边界条件以解决串联电阻模型。

$$z^* = 0; \quad C_g^{*0} = 1, p_g^{*0} = 1$$
$$z^* = \mathrm{NUT}_g; \quad C_j^{*L} = \text{入口溶剂浓度}$$

**3. 对流 – 扩散（2 – D）方法**

二维模型对应于几个学者提出的更一般的方法，其考虑了气体和液相中的对流和扩散贡献。该策略导致更复杂的方程组需要以下一组假设：

①恒定膜质量传递系数（$k_m$）；
②气 – 液界面处的热力学平衡；
③等温条件；
④恒定的总气压。

通常，二维建模方法考虑液相中的溶剂浓度梯度，液相和气相中的溶质浓度梯度，液相中溶质 $i$ 和溶剂 $j$ 之间的化学反应，以及气体速度的降低由于溶质吸收。

气相和液相中溶质以及圆柱坐标中液相溶剂的微分质量平衡方程组分别由下式定义：

$$u_{z,g}\frac{\partial C_g}{\partial z} = D_g\left[\frac{1}{r}\frac{\partial}{\partial r}\left(r\frac{\partial C_g}{\partial r}\right)\right] \tag{9.33}$$

$$u_{z,l}\frac{\partial C_l}{\partial z} = D_l\left[\frac{1}{r}\frac{\partial}{\partial r}\left(r\frac{\partial C_l}{\partial r}\right)\right] + \omega_i R_{i-j} \tag{9.34}$$

$$u_{z,l}\frac{\partial C_{MEA}}{\partial z} = D_{MEA}\left[\frac{1}{r}\frac{\partial}{\partial r}\left(r\frac{\partial C_{MEA}}{\partial r}\right)\right] + \omega_j R_{i-j} \tag{9.35}$$

由 $i$ 和 $j$ 之间的化学反应引起的化学计量约束表示为

$$u_{z,l}\frac{\partial C_j}{\partial z} = -\frac{\omega_j}{\omega_i}u_g\frac{\partial C_g}{\partial z} \tag{9.36}$$

假设气体溶质 $i$ 在膜中的转移仅由扩散的贡献产生。因此，膜中的质量平衡可以通过菲克定律表示为

$$D_m\frac{\varepsilon}{\tau} = \left[\frac{1}{r}\frac{\partial}{\partial r}\left(r\frac{\partial C_{i,m}}{\partial r}\right)\right] = 0 \tag{9.37}$$

式中，$r$ 为空间坐标，m；$C_{i,m}$ 为膜中的 $i$ 浓度，$mol \cdot m^{-3}$。

$D_m(\varepsilon/\tau)$ 可以通过式（9.9）获得的 $k_m$ 值确定。

假设膜的内腔侧的流动是完全发展的层流抛物线流动，由雷诺数的低值证实：

$$u_{lum} = 2\langle v\rangle\left[1 - \left(\frac{r_i}{r}\right)^2\right] \tag{9.38}$$

膜接触器壳侧的流动通常使用 Happel 的自由表面模型建模（图9.15）：

$$u_{sh} = 2\langle v\rangle\left[1 - \left(\frac{r_o}{r}\right)^2\right]\left[\frac{(r/r_c)2 - (r_o/r_c)^2 + 2\ln(r_o/r)}{3 + (r_o/r_c)^4 - 4(r_o/r_c)^2 + 4\ln(r_o/r_c)}\right] \tag{9.39}$$

$$r_c = r_o \sqrt{\frac{1}{1-\varphi}} \tag{9.40}$$

解决对流-扩散方法所需的边界条件如下：

(1) 轴向(假设逆流流动模式)。

$$z = 0, \quad c_{i,\text{lum}} = 0, \quad c_{j,\text{lum}} = c_{j,\text{lum}}^{\text{in}}$$

$$z = L, \quad c_{i,\text{sh}} = c_{i,\text{sh}}^{\text{in}}, \quad c_{j,\text{sh}} = 0$$

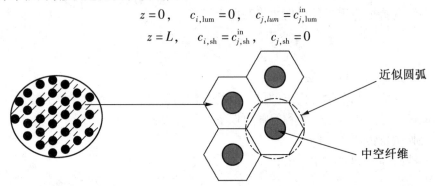

图 9.15　根据 Happel 的自由表面模型，膜组件的横截面和围绕纤维的流体的圆形近似

(2) 自由基反应。

$$r = 0, \quad \frac{\partial c_{k,\text{lum}}}{\partial r} = 0, \quad k = \text{所有物种}$$

$$r = r_i, \quad \frac{\partial c_{k,\text{lum}}}{\partial r} = 0 \text{ for } k = \text{胺类}, \quad c_{i,\text{lum}} = mc_{i,\text{mem}}$$

$$r = r_o, \quad c_i^{\text{mem}} = c_{i,\text{sh}}, \quad c_{j,\text{mem}} = 0$$

$$r = r_g, \quad \frac{\partial c_{j,\text{sh}}}{\partial r} = 0, \quad c_{j,\text{sh}} = 0$$

到目前为止，已经提出了考虑等温条件的建模方法。等温条件通常被认为适用于物理吸收过程。然而，众所周知，对于反应吸收系统，气体和液相之间的化学反应可以是放热的。因此，需要计算温度变化并且需要更复杂的建模框架。

**4. 非等温系统模型**

只有少数学者报告了类似的对流-扩散方法，但在非等温条件下，必须将一组差分能量平衡添加到质量平衡中：

$$\psi_{\text{sh}} \left[ \frac{\partial^2 T_{\text{sh}}}{\partial r^2} + \frac{1}{r} \frac{\partial T_{\text{sh}}}{\partial r} \right] = \rho C_p u_{z,\text{sh}} \frac{\partial T_{\text{sh}}}{\partial z} \tag{9.41}$$

$$\psi_{\text{mem}} \left[ \frac{\partial^2 T_{\text{mem}}}{\partial r^2} + \frac{1}{r} \frac{\partial T_{\text{mem}}}{\partial r} \right] = 0 \tag{9.42}$$

$$\psi_{\text{lum}} \left[ \frac{\partial^2 T_{\text{lum}}}{\partial r^2} + \frac{1}{r} \frac{\partial T_{\text{lum}}}{\partial r} \right] + \sum H_{i,\text{lum}} = \rho C_p u_{z,\text{lum}} \frac{\partial T_{\text{lum}}}{\partial z} \tag{9.43}$$

式中，$\rho$ 为密度，$kg \cdot m^{-3}$；$C_p$ 为热容量，$J \cdot K^{-1} \cdot kg^{-1}$；$\psi$ 为热导率，$W \cdot m^{-1} \cdot K^{-1}$；$H_i$ 为反应的焓。物种 $i$ 与 $j$ ($J\ mol^{-1}$)。

在非等温方法中，质量平衡方程与对流-扩散模型中报道得相同，因此，关于质量传递使用相同的边界条件。但是，通过添加能量平衡方程，还需要以下边界条件：

(1) 轴向。

$$z = 0, \quad T_{\text{lum}} = T_{\text{lum}}^{\text{in}}$$
$$z = L, \quad T_{\text{sh}} = T_{\text{sh}}^{\text{in}}$$

(2) 径向。

$$r = 0, \quad \frac{\partial T_{\text{lum}}}{\partial r} = 0$$
$$r = r_i, \quad T_{\text{lum}} = T_{\text{mem}}$$
$$r = r_o, \quad T_{\text{mem}} = T_{\text{sh}}$$
$$r = r_c, \quad \frac{\partial T_{\text{sh}}}{\partial r} = 0$$

## 9.7 工业应用

与传统的气液吸收设备（填充柱、滴流床、搅拌槽、文丘里喷射器、喷雾器等）（表9.2）相比，膜接触器是最近的技术，供应商的数量仍然非常有限。Liqui-Cel 膜，主要提出微孔 PP 中空膜接触器，是历史上第一个也是最大的设备供应商。

表 9.7 用于气液吸收或解吸的膜接触器的工业应用

| 加工类型 | 溶质（气体） | 溶剂 | 工艺流程 | 应用 |
| --- | --- | --- | --- | --- |
| 物理 | $O_2$ | 血液 | 吸收 | 血液氧合器（医学） |
| | $O_2$ | 水 | 解吸 | 半导体或制药用超纯水（小于 $1 \times 10^{-9} O_2$）；工艺水（锅炉防腐） |
| | $O_2$ | 有机液体 | 解吸 | 油墨、光刻胶、照相制品的生产 |
| | $O_2$ | 水 | 吸收 | 生物反应器（细胞培养与生物技术） |
| | $O_2$ | 废水 | 吸收 | 需氧废水处理（无气泡曝气） |
| | $CO_2$ | 水 | 吸收 | 碳酸饮料（食品） |
| | $CO_2$ | 水 | 吸收 | 用于藻类生产的光生物反应器；沼气净化（PWA） |
| | $CO_2$ | 水 | 解吸 | 水处理（离子交换床）；处理后的防护与反渗透装置 |
| | 酸、$O_2$、$CO_2$ | 乙醇 | 气体交换 | 酿酒 |
| | EtOH | 发酵液 | 解吸 | 乙醇生产（生物技术） |
| | 芳香 | 水溶液 | 解吸 | 食物或香水的香气恢复 |

续表 9.7

| 加工类型 | 溶质(气体) | 溶剂 | 工艺流程 | 应用 |
|---|---|---|---|---|
| | VOc's | 水 | 吸收或解吸 | 气态和液态废水除 $NH_3$ |
| | | 水 | 吸收 | 气态废水处理 |
| | $H_2O$ | 乙二醇(TEG) | 吸收 | 气体干燥 |
| | $H_2O$ | 水 | 解吸 | 气体(空气)加湿与润湿 |
| | $H_2O$ | 石油 | 解吸 | 原油脱水 |
| | $O_3$ | 水 | 吸收 | 臭氧化(水处理及消毒) |
| 化学 | $CO_2$ 和 $H_2S$ | 水胺(MEA) | 吸收 | 天然气处理;二次燃烧碳捕获 |

基于致密层(自立或各向异性)的膜接触器最近可用于不同的聚合物材料,例如含氟聚合物致密膜系统(CMS)、PDMS(PermSelect)或 SPEEK(PoroGen)。值得注意的是,几家不同公司的活动仅限于医学应用,如人工肺。有大量的工业应用是保密的,或者在公开文献中没有报道过。因此,很难报告对膜接触器在工业和相关市场中的现有应用的详尽回顾。

表 9.7 提出了膜接触器的主要应用概述,用于不同的气体吸收或解吸。与介绍部分(表 9.1)中列出的气液工艺的主要应用相比,可以进行若干观察:

(1)膜接触器的绝大多数应用仍局限于含有 $O_2$ 或 $CO_2$ 溶质的含水体系。水的高表面张力确实有利于最小化润湿问题,并且多孔聚合物膜在与 $O_2$ 和 $CO_2$ 接触时不显示相容性问题。

(2)物理吸收和解吸覆盖了应用范围,而化学吸收主要限于天然气处理,到目前为止报告的装置很少。

(3)一般而言,工业部门和应用框架与"清洁和软"系统相对应:食品、制药、微电子、生物技术和工艺用水。具有腐蚀性气体和介质或化学反应溶剂的恶劣环境很少。

(4)通常不会报告装置的尺寸,但与表 9.1 中列出的大型工业装置相比,许多应用的规模有限。膜接触器确实在尺寸、质量和(或)占地面积限制时显示出紧凑的特性至关重要。类似地,对于其他膜过程,它们不能实现规模特征的经济性。由于模块化分离过程的编号特性,特定成本随着规模的增加而基本保持不变。这种与其他单元操作的根本区别在于解释了为什么膜接触器迄今为止还没有找到非常大的进料流量的应用。在容量方面,最大的装置是用于脱氧水,但很少应用超过 $1\,000\,m^3 \cdot h^{-1}$。

(5)车载(太空和国防)和海上应用是膜接触器的另一个有利环境,膜接触器对重力和方向不敏感以确保传质。

(6)最后,膜接触器为一次性应用和血液充氧器等强大的应用提供了独特的可能性。

表 9.7 中列出的不同应用程序预计将对应目前在不同行业中运行的现有单元。然而,它们之间的市场份额基本上是不平等的。无论是安装的单位数量还是市场数量,血液氧合器和水脱气应用都可能代表非常大的比例。以下提出膜接触器的不同类型用途

的简要概述。

### 9.7.1 血液氧合器

血液氧合器(人工肺)早已被认为是膜接触器的一种有前途的应用。为了防止外科手术问题,提供气体交换而不形成气泡的可能性确实是绝对必要的。该应用通常被认为是目前最大的膜接触器市场,因为医疗用途需要大量的单元,并且还因为单个单元的使用规格。氧合器组件用作肺并且设计成使血液暴露于氧气并除去二氧化碳。它是一次性的,含有 $2 \sim 4 \ m^2$ 的可渗透气体但不透血的膜,呈中空纤维形式。血液在空心纤维的外面流动,而氧气在纤维内部以相反的方向流动。含有氧气和医用空气的气体被输送到血液和装置之间的界面,允许血细胞直接吸收氧分子。血液氧合器的设计是特定的,材料必须在医用相容性方面表现出严格的特性,并且提出了多孔疏水或致密膜。每个单元都很小,供应商专门针对此应用,与其他技术提供商不同。

### 9.7.2 水脱气(制药、微电子、工艺用水和腐蚀防护)

从水中去除溶解的气体(不仅是氧气,还有二氧化碳和氮气)是第二大市场。膜接触器被广泛使用并且已逐渐取代真空塔,强力通风除氧器和氧气清除剂超过 20 年。

可以列出许多感兴趣的情况:微电子和制药行业的超纯水(WFI,注射用水)是最常被引用的一种,残留氧浓度低至 $1 \times 10^{-9}$。脱气可以通过真空进行,但是在残留浓度不太低的某些情况下也可以使用惰性气体载体。在半导体和面板/TFT 工业中,高水平的氧气会导致较低的晶圆和面板产量。

去离子水和净化水是另一个非常大的市场。在许多情况下,原水中的 $CO_2$ 含量有效地降低,以获得电导率为 0.3 μS/cm(在 25 ℃ 下)的净化水。历史上,NaOH 剂量已被用于控制 $CO_2$ 含量。通过化学计量,$CO_2$ 被转化成碳酸盐,其还可以通过 RO 除去。用于此任务的最新技术是通过膜接触器进行除胶,不需要化学品。在中空纤维内部使用的带状气体或真空降低了气相的分压,这导致气体从液相通过膜壁扩散到气相中。通过空气吹扫将去除的 $CO_2$ 连续扫出接触器。

锅炉水处理是另一个大型应用领域。当产生蒸汽时,溶解的固体变得浓缩并沉积在锅炉内。这导致不良的传热和锅炉的效率降低。溶解的气体如氧气和二氧化碳会与锅炉内的金属表面发生反应,从而促进腐蚀。化学处理通常用于控制溶解氧。在不添加化学物质的情况下进行脱气,例如通过膜接触器实现,是保护锅炉的重要步骤。

从注射用水中除去溶解氧也是水驱油,是提高采收率和提高采收率的常用做法。传统上,使用大型真空塔和氧气清除剂,但这种情况正在发生变化。今天的水驱动活动需要较低的溶解氧指标,最小化学品使用量,并优化使用可用的空间和质量限制。

脱气设备的另一个重要用途是防止气泡形成。例如,若从氮气覆盖的储罐中吸收了过量的氮,则可以在水中形成气泡。一旦离开水箱的水被加压,氮气将以气泡的形式从溶液中排出。气泡和发泡问题可以通过简单地从水中取出氮气来解决,因为它用膜接触器脱气模块离开罐时。在分析和测量系统中,气泡也会对设备的读数产生负面影响。气泡可以作为粒子读取,例如,在粒子监视器中。另一个重要的应用领域是喷墨打印机,它受到流体流中气泡的不利影响。这些气泡会使打印头产生墨水不足。它们还会在填充物中引起起泡问题。仅使用单膜接触器的接触器足以将气体浓度降低到令人满意的水平。具有更致密的外膜壁的聚烯烃中空纤维膜用于此目的。这种更致密的外壁在真空相和油墨或涂层之间形成屏障。膜保持其透气性,允许气体通过膜壁从油墨或涂层中除去。气体将穿过膜进入中空管腔,而墨水和其他水性流体将停留在膜的外部并继续通过喷墨或涂层系统。将真空相引入中空纤维膜的内腔侧(内侧)。与现有技术相比,薄膜接触器具有几个明显的优势:首先是占地面积小,允许安装在系统的任何位置(例如,在打印机的打印头处)或在此过程的上游;此外,它们的操作非常简单,并且可以非常精确地保持液体工艺流中的气体含量。

膜接触器也可以实现从水中去除二氧化碳的具体情况。二氧化碳通常存在于全世界的水供应中。它是由 $MgCO_3$ 和 $CaCO_3$(镁和碳酸钙)的溶解产生的。当碳酸盐溶解在水中时,它们形成镁、钙、碳酸盐和碳酸氢根离子以及二氧化碳气体。每种浓度取决于水源的 pH。RO 装置通常用于水净化,会排斥离子物质,然而,二氧化碳气体将自由地通过膜。通过膜的溶解的 $CO_2$ 气体将再次电离。这将是水中离子的来源,其将增加水的电导率。调节 pH 时,可以将化学物质添加到水中。然而,这增加了需要处理的废水的污染。具有高碱度的水也可能污染 RO 膜。为了防止这种结垢,通常使用阻垢剂。这再次增加了添加到水中的化学物质。从水中去除 $CO_2$ 的第二种替代方案是使用带状气体从水中除去气体。传统上,这是通过使用强制通风脱碳塔来完成的。在脱碳塔中,水流过填料,空气吹入塔中。当水流过包装材料时,它会形成一个与空气接触的薄膜。二氧化碳优先从水中移动到空气流中,并将其从水中除去或"剥离"。在水净化装置中,通常将 RO 和电极电离相结合,强制通风脱碳塔由于其尺寸和将污染物添加回后水中的风险而不实用。膜接触器为传统的脱碳塔提供了紧凑、清洁、低成本的替代品。

通过将氮气引入水或流体中,也改善了其他方法。例如,若除去氧气并向水中加入一些氮气,则可以改善超声波和超声波清洗。

### 9.7.3 碳酸饮料

膜接触器提供了一种有效的碳酸饮料或液体的方法。向饮料中添加二氧化碳气体使其具有闪光和浓郁的味道。添加二氧化碳还可以防止腐败并减少液体中的细菌。膜接触器不是通过直接接触设备将 $CO_2$ 气泡喷射到液体中,而是在微观水平上将 $CO_2$ 扩散到液体中。这在最终产品中产生更加可控的碳酸化水平。将二氧化碳溶解到液体中的过程受到更多控制,并且需要更少的二氧化碳气体以达到与非常浪费的喷射系统相同的碳酸化水平。在大多数情况下,这可以降低最终用户的运营成本,同时生产出优质的最终产品。

### 9.7.4 香气回收(食品工业中的气体交换)

膜接触器用于食品和饮料行业中的水、啤酒和其他液体的脱氧。氧气确实会对保质期、产品质量、产品一致性和口味产生负面影响。

由于膜接触器执行的受控于剥离过程,可以从食品工业中的流体中回收不同的生物分子。香气是典型的例子,但是相同的操作可以应用于小分子,例如醇、酮或有机酸。化合物的挥发性是决定提取效率的关键性质。然而,相关的水损失可能是个问题。然而,与基于柱或滴流床的剥离设备相比,膜-接触器溶液通常是有利的。

食品和饮料行业还在各种过程中向液体中添加氮。若需要在啤酒顶部有更多的气泡或更厚的"头部"或泡沫层,则氮化通常是饮料加工中使用的步骤。

膜接触器也用于从冰中除去气体。去除溶解的气体产生更清洁、更清澈的冰,因为产生朦胧效果的气体被去除,所以人们喜欢在冰中看到的清晰外观。

### 9.7.5 有效治疗

膜进行气液转移。基本上,膜喷射或无气泡操作对于改进的氧转移过程可能是有意义的。含有 VOC 而没有气泡形成的废水氧化的具体情况受到特别关注,在这种情况下,膜接触器提供了实现生物需氧降解的独特可能性,而没有相关的剥离机制(由于气泡流动将污染物转移到空气中)。

相反,存在于气态溶剂中的化合物吸收到溶剂(例如水)中也可以通过膜接触器实现。从气流中回收氨是典型的例子,其中有几个单元在运行。

### 9.7.6 生物反应器和藻类生产

通过将空气(或氧气)喷射到搅拌的生物反应器中,例如将气体-液体吸收到生物反应器中用于细菌,酵母或动物细胞生产是典型的生物反应器。然而,气泡会产生诸如发泡(特别是当蛋白质存在于液体中时)或剪切力对细胞(例如动物细胞)具有不利影响的问题。在这种情况下,由于膜接触器,可以实现内部无气泡的氧气转移。具有受控液体和气体流动的外部回路也是可能的。同样的情况适用于藻类生产,二氧化碳代替 $O_2$。一些研究报告了使用膜在光生物反应器中溶解 $CO_2$。在不同的论点中,确保完整分解的可能性。通常提到在有限水高度的反应器中的溶解(通常为 1 m 的开放空间,由于液体中低于该水平的光传递的急剧减少)。当液体高度不超过 1 m 时,鼓泡气体转移操作有效地限制在约 30% 的溶解率。

### 9.7.7 天然气处理和碳捕获

膜接触器因其质量轻和占地面积小而成为海上气体处理的主要关注点。从天然气中吸收 $CO_2$ 和 $H_2S$ 对吸收装置来说是一个非常大的市场(表 9.1),已经报道了许多尝试以便用膜接触器代替吸收柱。Kvaerner 公司主要报告了这种开发方法,其中包括用于天然气净化的海上设备。化学侵蚀性环境(浓缩胺溶液,如 MEA)导致的膜润湿和聚合物降解会产生特定的问题。在这种情况下,已经提出了(PTFE)膜,因为标准 PP 中空纤维与 MEA 接触不稳定。

由于乙二醇液体(例如三甘醇,TEG)中的吸水性,也偶尔尝试进行气体干燥,但是这种应用似乎没有得到广泛应用。

膜接触器化学吸收的最后一个潜在主要市场是后燃烧碳捕获(PCC),详见本章的介绍部分。与填充柱相比,预期的强化效应是一个主要优点,并且受到了相当多的关注。

似乎可以实现大约四个强化因子。然而，PCC 的工业部署尚未实现。本章讨论了化学溶剂中吸收的材料和工艺挑战，以 MEA 中的 $CO_2$ 吸收作为说明性示例（液体中的高质量传递系数，这会产生非常高的膜传质、润湿和膜降解问题，生产大型模块所需的扩大规模等）。更一般地说，在工业（发电厂、水泥和钢铁厂，石油化学等）中应用燃烧后碳捕获需要专门的经济激励和国际法规才能成为现实。膜接触器在这个具有挑战性的问题上应用的可能性无疑是市场上的突破，并且为了证明膜接触器概念能够与传统的化学吸收技术较大的兼容性。

## 9.8　结论：未来趋势和前景

先前关于现有技术的不同部分和膜接触器的挑战已经表明，在 20 世纪 60 年代提出的使用渗透膜用于气液吸收过程的新概念，正在逐步发展并用于不同的工业应用。与传统设备相比，介绍中总结的膜接触器的关键优势有效地提供了有吸引力的潜力。实现显著的单位体积减小的可能性，即所谓的过程强化，是最吸引人的特征之一。令人惊讶的是，很少有研究报告定量评估特定膜接触器对特定应用所提供的体积减小因子。理论上的论据表明，强化因子的值高达 30，而对于燃烧后的碳捕获，非常有限的试验研究最终得出的值为 4。无论这项新技术提供的强化程度如何，都应该提供一项重要的努力，以便在广泛的情况下更好地评估该指标。为了达到一定程度的强化，膜接触器的能量需求的重要问题在很大程度上尚未开发。应对此进行系统研究，以确定强化与能源效率之间的最佳平衡。

回到全球质量传递性能指标 $K \cdot a$（表 9.2），膜-接触器概念解决了一系列挑战和重要的相关问题。

膜材料的选择和生产在逻辑上对应于必要的先决条件。对应于可忽略的膜质量传递阻力的大 $K$ 值是绝对必要的。有趣的是，最初提出的多孔疏水和致密渗透膜用于实际操作。尽管如此，目前大多数应用都是基于 PP 中空纤维，因为致密聚合物的渗透性太低。多孔 PTFE、Te-on-AF 致密皮肤和 SPEEK 最近开发出来，具有更好的润湿性、耐热性和耐化学性。然而，重要的是，工业应用的大比例对应于在水性流体中，在清洁环境（制药、医疗、食品、电子和工艺用水）中的气体吸收或剥离。这些系统确实确保了大的表面张力（从而限制了润湿问题）和柔软的化学和热环境。膜接触器概念扩展到低表面张力非水溶剂或化学反应系统或恶劣环境（如苛性酸、高温、高压和腐蚀性气体如 $Cl_2$ 或 $O_3$），这些都是最常见的工业环境（表 9.1），将需要进一步的膜开发。剥离操作也是如此，无论是通过蒸汽、抑制还是加热。复合致密皮膜或无机材料（如陶瓷）可提供强大的耐化学性和耐温性，但用于接触器应用的工业无机膜的生产远未实现。之前讨论的膜材料的暂时演变如图 9.16 所示。

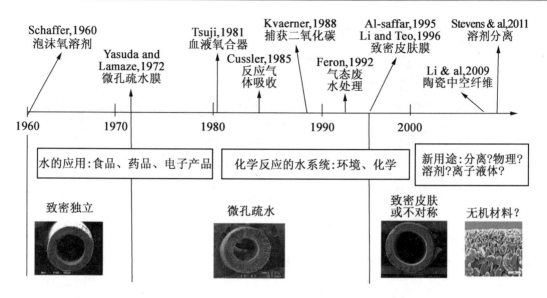

图 9.16　自 20 世纪 60 年代以来的膜接触器材料演变

　　模块设计和操作是另一个挑战,中空纤维模块是首选的几何形状。一旦膜质量传递性能最大化(前一段),质量传递阻力将主要位于液相中。因此,由于流体流动和接触器设计,有必要提供最大的液体传质系数。湍流促进剂、间隔物或流体流动限制可能会引起关注,但压力下降的影响应该是绝对要考虑到。对填料采用类似策略已经给出了令人印象深刻的传质改进,例如规整填料。可能是先进的 CFD 研究提供了新颖和改进的几何形状,以最大化液体传质系数,并由此增强强化潜力。黏性液体溶剂(例如物理溶剂,用于干燥操作的二醇或离子液体)的特定情况需要专门的研究。除质量传递最大化外,放大是膜接触器模块的主要挑战。鉴于薄膜操作的模块化特性,为了限制模块的数量,工业应用通常需要一个重要的模块尺寸。目前很少有工业规模的模块可供使用。将实验室规模模块上获得的结果外推到工业规模,这些模块对应于大多数公布的结果,解决了重要问题。大型空心纤维模块的流体分布确实很复杂,分散效应会显著降低工艺性能。已经针对气体或液体分离提出了该问题的解决方案,但气液操作的特性可能需要量身定制的设计。非常大范围的液体/气体体积流量,特别适用于膜接触器(表 9.2),可能在气体和流体分布特征方面产生不同的情况。这些方面在公开文献中基本上未被探索过。

　　最后,通过类比传统的气液吸收设备,严格而有效的模拟工具对于促进膜接触器在不同工业领域的使用具有重要意义。有趣的是,模拟在过程模拟工程软件中基于填充柱的气液吸收过程的方法通常使用预测质量传递系数方法。前面详述的建模部分概述表明,相反的情况是膜接触器的典型情况:通常预界面区域可以从模块几何结构中精确地知道,而质量传递系数,特别是在膜域中,通常被认为是可调参数。

　　预计在前面列出的膜材料、模块设计和工艺模拟挑战中的共同努力将有助于膜接触器的显著部署,用于强化能量效率和可持续的气液吸收过程。图 9.17 所示为这些不同挑战之间协同作用的示意图。在托盘无规填料和规整填料之后,膜气液接触器概念可能导致第四代气液接触设备的产生。

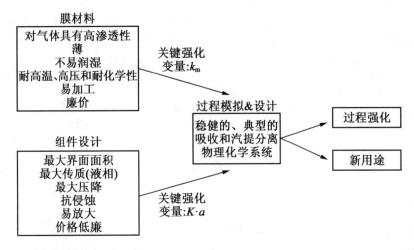

图 9.17 膜材料、模块设计和膜接触器强化的工艺系统工程之间的相互作用以及对新工业应用的扩展示意图

# 参 考 文 献

[1] Kohl, A. L.; Nielsen, R. Gas Purification, 5th ed.; Gulf Professional Publishing: Houston, TX, 1997.

[2] Astarita, G.; Savage, D. W.; Bisio, A. Gas Treating with Chemical Solvents; John Wiley & Sons Inc.: New York, 1983.

[3] Danckwerts, P. V. The Absorption of Gases in Liquids. Pure Appl. Chem. 1965, 10, 625 – 642. http://dx.doi.org/10.1351/pac196510040625.

[4] Danckwerts, P. V. Gas – Liquid Reactions; McGraw – Hill Book Company: New York, 1970.

[5] Astarita, G. Mass Transfer with Chemical Reaction. Elsevier: Amsterdam, London, 1967.

[6] Yildirim, Å.; Kiss, A. A.; Hüser, N.; Leßmann, K.; Kenig, E. Y. Reactive Absorption in Chemical Process Industry: A Review on Current Activities. Chem. Eng. J. 2012, 213, 371 – 391. http://dx.doi.org/10.1016/j.cej.2012.09.121.

[7] Schaffer, R. B.; Ludzack, F. J.; Ettinger, M. B. Sewage Treatment by Oxygenation Through Permeable Plastic Films. J. Water Pollut. Control Fed. 1960, 32, 939 – 941.

[8] Imai, M.; Furusaki, S.; Miyauchi, T. Separation of Volatile Materials by Gas Membranes. Ind. Eng. Chem. Process. Des. Dev. 1982, 21, 421 – 426. http://dx.doi.org/10.1021/i200018a013.

[9] Ayres, A. W. Gill – Type Underwater Breathing Equipment and Methods for Reoxygenating Exhaled Breath. United States Patent 3228394, n. d. http://www.google.com/

patents/US3228394 (accessed 08.11.16).

[10] Favre, E.; Svendsen, H. F. Membrane Contactors for Intensified Post – Combustion Carbon Dioxide Capture by Gas – Liquid Absorption Processes. J. Membr. Sci. 2012, 407 – 408, 1 – 7. http://dx.doi.org/10.1016/j.memsci.2012.03.019.

[11] Reed, B. W.; Semmens, M. J.; Cussler, E. L. Membrane Contactors. InMembrane Sep. Technol. Princ. Appl., 3rd ed.;, 2003; pp. 467 – 496.

[12] Van Gerven, T.; Stankiewicz, A. Structure, Energy, Synergy, Time—The Fundamentals of Process Intensification. Ind. Eng. Chem. Res. 2009, 48, 2465 – 2474. http://dx.doi.org/10.1021/ie801501y.

[13] Stankiewicz, A. I.; Moulijn, J. A. Process Intensification: Transforming Chemical Engineering. Chem. Eng. Prog. 2000, 96(1), 22 – 34.

[14] Rochelle, G. T. Amine Scrubbing for $CO_2$ Capture. Science 2009, 325, 1652 – 1654. http://dx.doi.org/10.1126/science.1176731.

[15] D'Alessandro, D. M.; Smit, B.; Long, J. R. Carbon Dioxide Capture: Prospects for New Materials. Angew. Chem. Int. Ed. 2010, 49, 6058 – 6082. http://dx.doi.org/10.1002/anie.201000431.

[16] Wang, M.; Lawal, A.; Stephenson, P.; Sidders, J.; Ramshaw, C. Post – Combustion $CO_2$ Capture with Chemical Absorption: A State – of – the – Art Review. Chem. Eng. Res. Des. 2011, 89, 1609 – 1624. http://dx.doi.org/10.1016/j.cherd.2010.11.005.

[17] Chabanon, E.; Bounaceur, R.; Castel, C.; Rode, S.; Roizard, D.; Favre, E. Pushing the Limits of Intensified $CO_2$ Post – Combustion Capture by Gas – Liquid Absorption Through a Membrane Contactor. Chem. Eng. Process. Process Intensif. 2015, 91, 7 – 22. http://dx.doi.org/10.1016/j.cep.2015.03.002.

[18] Tobiesen, F. A.; Svendsen, H. F.; Juliussen, O. Experimental Validation of a Rigorous Absorber Model for $CO_2$ Postcombustion Capture. AIChE J. 2007, 53, 846 – 865. http://dx.doi.org/10.1002/aic.11133.

[19] Khaisri, S.; deMontigny, D.; Tontiwachwuthikul, P.; Jiratananon, R. $CO_2$ Stripping from Monoethanolamine Using a Membrane Contactor. J. Membr. Sci. 2011, 376, 110 – 118. http://dx.doi.org/10.1016/j.memsci.2011.04.005.

[20] Yang, J.; Yu, X.; Yan, J.; Tu, S. – T.; Dahlquist, E. Effects of $SO_2$ on $CO_2$ Capture Using a Hollow Fiber Membrane Contactor. Appl. Energy 2013, 112, 755 – 764. http://dx.doi.org/10.1016/j.apenergy.2012.11.052.

[21] Rao, A. B.; Rubin, E. S. A Technical, Economic, and Environmental Assessment of Amine – Based $CO_2$ Capture Technology for Power Plant Greenhouse Gas Control. Environ. Sci. Technol. 2002, 36, 4467 – 4475. http://dx.doi.org/10.1021/es0158861.

[22] Sexton, A. J.; Rochelle, G. T. Reaction Products from the Oxidative Degradation of

Monoethanolamine. Ind. Eng. Chem. Res. 2011, 50, 667 – 673. http://dx.doi.org/10.1021/ie901053s.

[23] Gabelman, A.; Hwang, S. - T. Hollow Fiber Membrane Contactors. J. Membr. Sci. 1999, 159, 61 – 106. http://dx.doi.org/10.1016/S0376 – 7388(99)00040 – X.

[24] Qi, Z.; Cussler, E. L. Microporous Hollow Fibers for Gas Absorption: I. Mass Transfer in the Liquid. J. Membr. Sci. 1985, 23, 321 – 332. http://dx.doi.org/10.1016/S0376 – 7388(00)83149 – X.

[25] Qi, Z.; Cussler, E. L. Microporous Hollow Fibers for Gas Absorption: II. Mass Transfer Across the Membrane. J. Membr. Sci. 1985, 23, 333 – 345. http://dx.doi.org/10.1016/S0376 – 7388(00)83150 – 6.

[26] Klaassen, R.; Feron, P.; Jansen, A. Membrane Contactor Applications. Desalination 2008, 224, 81 – 87. http://dx.doi.org/10.1016/j.desal.2007.02.083.

[27] Feron, P. H. M.; Jansen, A. E. Capture of Carbon Dioxide Using Membrane Gas Absorption and Reuse in the Horticultural Industry. Energy Convers. Manage. 1995, 36, 411 – 414. http://dx.doi.org/10.1016/0196 – 8904(95)00032 – 9.

[28] Falk - Pedersen, O.; Grønvold, M. S.; Nøkleby, P.; Bjerve, F.; Svendsen, H. F. $CO_2$ Capture with Membrane Contactors. Int. J. Green Energy 2005, 2, 157 – 165. http://dx.doi.org/10.1081/GE – 200058965.

[29] Lin, S. - H.; Hsieh, C. - F.; Li, M. - H.; Tung, K. - L. Determination of Mass Transfer Resistance During Absorption of Carbon Dioxide by Mixed Absorbents in PVDF and PP Membrane Contactor. Desalination 2009, 249, 647 – 653. http://dx.doi.org/10.1016/j.desal.2008.08.019.

[30] Mulder, M. Basic Principles of Membrane Technology; Springer Netherlands: Dordrecht, 1996, http://link.springer.com/10.1007/978 – 94 – 009 – 1766 – 8 (accessed 25.07.16)

[31] Chabanon, E.; Roizard, D.; Favre, E. Modeling Strategies of Membrane Contactors for Post - Combustion Carbon Capture: A Critical Comparative Study. Chem. Eng. Sci. 2013, 87, 393 – 407. http://dx.doi.org/10.1016/j.ces.2012.09.011.

[32] Kumar, P. S.; Hogendoorn, J. A.; Feron, P. H. M.; Versteeg, G. F. New Absorption Liquids for the Removal of $CO_2$ from Dilute Gas Streams Using Membrane Contactors. Chem. Eng. Sci. 2002, 57, 1639 – 1651. http://dx.doi.org/10.1016/S0009 – 2509(02)00041 – 6.

[33] Rode, S.; Nguyen, P. T.; Roizard, D.; Bounaceur, R.; Castel, C.; Favre, E. Evaluating the Intensification Potential of Membrane Contactors for Gas Absorption in a Chemical Solvent: A Generic one - Dimensional Methodology and its Application to $CO_2$ Absorption in Monoethanolamine. J. Membr. Sci. 2012, 389, 1 – 16. http://dx.doi.org/10.1016/j.memsci.2011.09.042.

[34] Zhao, S.; Feron, P. H. M.; Deng, L.; Favre, E.; Chabanon, E.; Yan, S.;

Hou, J.; Chen, V.; Qi, H. Status and Progress of Membrane Contactors in Post - Combustion Carbon Capture: A State - of - the - Art Review of New Developments. J. Membr. Sci. 2016, 511, 180 - 206. http://dx.doi.org/10.1016/j.memsci.2016.03.051.

[35] Baker, R. W. Membrane Technology and Applications, 2nd ed.; Wiley - VCH Verlag GmbH & Co. KGaA: Weinheim, Germany, 2004.

[36] Chabanon, E.; Roizard, D.; Favre, E. Membrane Contactors for Postcombustion Carbon Dioxide Capture: A Comparative Study of Wetting Resistance on Long Time Scales. Ind. Eng. Chem. Res. 2011, 50, 8237 - 8244. http://dx.doi.org/10.1021/ie200704h.

[37] Mavroudi, M.; Kaldis, S. P.; Sakellaropoulos, G. P. A Study of Mass Transfer Resistance in Membrane Gas - Liquid Contacting Processes. J. Membr. Sci. 2006, 272, 103 - 115. http://dx.doi.org/10.1016/j.memsci.2005.07.025.

[38] Lin, S. -H.; Tung, K. -L.; Chen, W. -J.; Chang, H. -W. Absorption of Carbon Dioxide by Mixed Piperazine - Alkanolamine Absorbent in a Plasma - Modified Polypropylene Hollow Fiber Contactor. J. Membr. Sci. 2009, 333, 30 - 37. http://dx.doi.org/10.1016/j.memsci.2009.01.039.

[39] deMontigny, D.; Tontiwachwuthikul, P.; Chakma, A. Using Polypropylene and Polytetrafluoroethylene Membranes in a Membrane Contactor for $CO_2$ Absorption. J. Membr. Sci. 2006, 277, 99 - 107. http://dx.doi.org/10.1016/j.memsci.2005.10.024.

[40] Zhang, H. -Y.; Wang, R.; Liang, D. T.; Tay, J. H. Theoretical and Experimental Studies of Membrane Wetting in the Membrane Gas - Liquid Contacting Process for $CO_2$ Absorption. J. Membr. Sci. 2008, 308, 162 - 170. http://dx.doi.org/10.1016/j.memsci.2007.09.050.

[41] Khaisri, S.; deMontigny, D.; Tontiwachwuthikul, P.; Jiraratananon, R. Comparing Membrane Resistance and Absorption Performance of Three Different Membranes in a Gas Absorption Membrane Contactor. Sep. Purif. Technol. 2009, 65, 290 - 297. http://dx.doi.org/10.1016/j.seppur.2008.10.035.

[42] Mansourizadeh, A.; Ismail, A. F. Hollow Fiber Gas - Liquid Membrane Contactors for Acid Gas Capture: A Review. J. Hazard. Mater. 2009, 171, 38 - 53. http://dx.doi.org/10.1016/j.jhazmat.2009.06.026.

[43] Feng, C.; Wang, R.; Zhang, H.; Shi, L. Diverse Morphologies of PVDF Hollow Fiber Membranes and Their Performance Analysis as Gas/Liquid Contactors. J. Appl. Polym. Sci. 2011, 119, 1259 - 1267. http://dx.doi.org/10.1002/app.30250.

[44] Park, H. H.; Deshwal, B. R.; Kim, I. W.; Lee, H. K. Absorption of $SO_2$ from Flue Gas Using PVDF Hollow Fiber Membranes in a Gas - Liquid Contactor. J. Membr. Sci. 2008, 319, 29 - 37. http://dx.doi.org/10.1016/j.memsci.2008.03.023.

[45] Atchariyawut, S.; Feng, C.; Wang, R.; Jiraratananon, R.; Liang, D. T. Effect of Membrane Structure on Mass - Transfer in the Membrane Gas - Liquid Contacting Process Using Microporous PVDF Hollow Fibers. J. Membr. Sci. 2006, 285, 272 - 281. http://dx.doi.org/10.1016/j.memsci.2006.08.029.

[46] Mansourizadeh, A.; Ismail, A. F.; Matsuura, T. Effect of Operating Conditions on the Physical and Chemical $CO_2$ Absorption Through the PVDF Hollow Fiber Membrane Contactor. J. Membr. Sci. 2010, 353, 192 - 200. http://dx.doi.org/10.1016/j.memsci.2010.02.054.

[47] Chen, S.-C.; Lin, S.-H.; Chien, R.-D.; Hsu, P.-S. Effects of Shape, Porosity, and Operating Parameters on Carbon Dioxide Recovery in Polytetrafluoroethylene Membranes. J. Hazard. Mater. 2010, 179, 692 - 700. http://dx.doi.org/10.1016/j.jhazmat.2010.03.057.

[48] Hoff, K. A.; Juliussen, O.; Falk-Pedersen, O.; Svendsen, H. F. Modeling and Experimental Study of Carbon Dioxide Absorption in Aqueous Alkanolamine Solutions Using a Membrane Contactor. Ind. Eng. Chem. Res. 2004, 43, 4908 - 4921. http://dx.doi.org/10.1021/ie034325a.

[49] Nishikawa, N.; Ishibashi, M.; Ohta, H.; Akutsu, N.; Matsumoto, H.; Kamata, T.; Kitamura, H. $CO_2$ Removal by Hollow - Fiber Gas - Liquid Contactor. Energy Convers. Manage. 1995, 36, 415 - 418. http://dx.doi.org/10.1016/0196-8904(95)00033-A.

[50] Barbe, A. M.; Hogan, P. A.; Johnson, R. A. Surface Morphology Changes During Initial Usage of Hydrophobic, Microporous Polypropylene Membranes. J. Membr. Sci. 2000, 172, 149 - 156. http://dx.doi.org/10.1016/S0376-7388(00)00338-0.

[51] Wang, R.; Li, D. F.; Liang, D. T. Modeling of $CO_2$ Capture by Three Typical Amine Solutions in Hollow Fiber Membrane Contactors. Chem. Eng. Process. Process Intensif. 2004, 43, 849 - 856. http://dx.doi.org/10.1016/S0255-2701(03)00105-3.

[52] Kreulen, H.; Smolders, C. A.; Versteeg, G. F.; van Swaaij, W. P. M. Microporous Hollow Fibre Membrane Modules as Gas - Liquid Contactors Part 2. Mass Transfer with Chemical Reaction. J. Membr. Sci. 1993, 78, 217 - 238. http://dx.doi.org/10.1016/0376-7388(93)80002-F.

[53] Nguyen, P. T.; Lasseuguette, E.; Medina-Gonzalez, Y.; Remigy, J. C.; Roizard, D.; Favre, E. A Dense Membrane Contactor for Intensified $CO_2$ Gas/Liquid Absorption in Post - Combustion Capture. J. Membr. Sci. 2011, 377, 261 - 272. http://dx.doi.org/10.1016/j.memsci.2011.05.003.

[54] Ichiraku, Y.; Stern, S. A.; Nakagawa, T. An Investigation of the High Gas Permeability of Poly (1 - Trimethylsilyl - 1 - Propyne). J. Membr. Sci. 1987, 34, 5 - 18. http://dx.doi.org/10.1016/S0376-7388(00)80017-4.

[55] Stern, S. A.; Shah, V. M.; Hardy, B. J. Structure - Permeability Relationships in

Silicone Polymers. J. Polym. Sci., Part B: Polym. Phys. 1987, 25, 1263 – 1298. http://dx. doi. org/10. 1002/polb. 1987. 090250607.

[56] Nymeijer, D. C.; Folkers, B.; Breebaart, I.; Mulder, M. H. V.; Wessling, M. Selection of Top Layer Materials for Gas – Liquid Membrane Contactors. J. Appl. Polym. Sci. 2004, 92, 323 – 334. http://dx. doi. org/10. 1002/app. 20006.

[57] Scholes, C. A.; Qader, A.; Stevens, G. W.; Kentish, S. E. Membrane Gas – Solvent Contactor Pilot Plant Trials of $CO_2$ Absorption from Flue Gas. Sep. Sci. Technol. 2014, 49, 2449 – 2458. http://dx. doi. org/10. 1080/01496395. 2014. 937499.

[58] Strathmann, H. Introduction to Membrane Science and Technology, 1st ed.; Wiley – VCH Verlag GmbH & Co. KGaA: Weinheim, Germany, 2011.

[59] Zhang, Y.; Wang, R. Fabrication of Novel Polyetherimide – Fluorinated Silica Organic – Inorganic Composite Hollow Fiber Membranes Intended for Membrane Contactor Application. J. Membr. Sci. 2013, 443, 170 – 180. http://dx. doi. org/10. 1016/j. memsci. 2013. 04. 062.

[60] Zhang, Y.; Wang, R. Novel Method for Incorporating Hydrophobic Silica Nanoparticles on Polyetherimide Hollow Fiber Membranes for $CO_2$ Absorption in a Gas – Liquid Membrane Contactor. J. Membr. Sci. 2014, 452, 379 – 389. http://dx. doi. org/10. 1016/j. memsci. 2013. 10. 011.

[61] Rezaei, M.; Ismail, A. F.; Bakeri, G.; Hashemifard, S. A.; Matsuura, T. Effect of General Montmorillonite and Cloisite 15A on Structural Parameters and Performance of Mixed Matrix Membranes Contactor for $CO_2$ Absorption. Chem. Eng. J. 2015, 260, 875 – 885. http://dx. doi. org/10. 1016/j. cej. 2014. 09. 027.

[62] Rezaei, M.; Ismail, A. F.; Hashemifard, S. A.; Bakeri, G.; Matsuura, T. Experimental Study on the Performance and Long – Term Stability of PVDF/Montmorillonite Hollow Fiber Mixed Matrix Membranes for $CO_2$ Separation Process. Int. J. Greenh. Gas Control 2014, 26, 147 – 157. http://dx. doi. org/10. 1016/j. ijggc. 2014. 04. 021.

[63] Lv, Y.; Yu, X.; Jia, J.; Tu, S. – T.; Yan, J.; Dahlquist, E. Fabrication and Characterization of Superhydrophobic Polypropylene Hollow Fiber Membranes for Carbon Dioxide Absorption. Appl. Energy 2012, 90, 167 – 174. http://dx. doi. org/10. 1016/j. apenergy. 2010. 12. 038.

[64] Franco, J. A.; Kentish, S. E.; Perera, J. M.; Stevens, G. W. Fabrication of a Superhydrophobic Polypropylene Membrane by Deposition of a Porous Crystalline Polypropylene Coating. J. Membr. Sci. 2008, 318, 107 – 113. http://dx. doi. org/10. 1016/j. memsci. 2008. 02. 032.

[65] Franco, J. A.; deMontigny, D. D.; Kentish, S. E.; Perera, J. M.; Stevens, G. W. Polytetrafluoroethylene (PTFE) – Sputtered Polypropylene Membranes for Carbon Dioxide Separation in Membrane Gas Absorption: Hollow Fiber Configuration. Ind. Eng. Chem. Res. 2012, 51, 1376 – 1382. http://dx. doi. org/10. 1021/ie200335a.

[66] Franco, J. A.; Kentish, S. E.; Perera, J. M.; Stevens, G. W. Poly(Tetrafluoroethylene) Sputtered Polypropylene Membranes for Carbon Dioxide Separation in Membrane Gas Absorption. Ind. Eng. Chem. Res. 2011, 50, 4011 - 4020. http://dx.doi.org/10.1021/ie102019u.

[67] Lasseuguette, E.; Rouch, J. - C.; Remigy, J. - C. Formation of Continuous Dense Polymer Layer at the Surface of Hollow Fiber Using a Photografting Process. J. Appl. Polym. Sci. 2015, 132, 1 - 10. http://dx.doi.org/10.1002/app.41514.

[68] Lin, Y. - F.; Ko, C. - C.; Chen, C. - H.; Tung, K. - L.; Chang, K. - S.; Chung, T. - W. Sol - Gel Preparation of Polymethylsilsesquioxane Aerogel Membranes for $CO_2$ Absorption Fluxes in Membrane Contactors. Appl. Energy 2014, 129, 25 - 31. http://dx.doi.org/10.1016/j.apenergy.2014.05.001.

[69] Yu, X.; An, L.; Yang, J.; Tu, S. - T.; Yan, J. $CO_2$ Capture Using a Superhydrophobic Ceramic Membrane Contactor. J. Membr. Sci. 2015, 496, 1 - 12. http://dx.doi.org/10.1016/j.memsci.2015.08.062.

[70] Wickramasinghe, S. R.; Semmens, M. J.; Cussler, E. L. Mass Transfer in Various Hollow Fiber Geometries. J. Membr. Sci. 1992, 69, 235 - 250. http://dx.doi.org/10.1016/0376 - 7388(92)80042 - I.

[71] Rangwala, H. A. Absorption of Carbon Dioxide Into Aqueous Solutions Using Hollow Fiber Membrane Contactors. J. Membr. Sci. 1996, 112, 229 - 240. http://dx.doi.org/10.1016/0376 - 7388(95)00293 - 6.

[72] Wang, R.; Zhang, H. Y.; Feron, P. H. M.; Liang, D. T. Influence of Membrane Wetting on $CO_2$ Capture in Microporous Hollow Fiber Membrane Contactors. Sep. Purif. Technol. 2005, 46, 33 - 40. http://dx.doi.org/10.1016/j.seppur.2005.04.007.

[73] Lv, Y.; Yu, X.; Tu, S. - T.; Yan, J.; Dahlquist, E. Wetting of Polypropylene Hollow Fiber Membrane Contactors. J. Membr. Sci. 2010, 362, 444 - 452. http://dx.doi.org/10.1016/j.memsci.2010.06.067.

[74] Yan, S.; Fang, M. - X.; Zhang, W. - F.; Wang, S. - Y.; Xu, Z. - K.; Luo, Z. - Y.; Cen, K. - F. Experimental Study on the Separation of $CO_2$ from Flue Gas Using Hollow Fiber Membrane Contactors without Wetting. Fuel Process. Technol. 2007, 88, 501 - 511. http://dx.doi.org/10.1016/j.fuproc.2006.12.007.

[75] Franco, J. A.; deMontigny, D.; Kentish, S. E.; Perera, J. M.; Stevens, G. W. Effect of Amine Degradation Products on the Membrane Gas Absorption Process. Chem. Eng. Sci. 2009, 64, 4016 - 4023. http://dx.doi.org/10.1016/j.ces.2009.06.012.

[76] Kosaraju, P.; Kovvali, A. S.; Korikov, A.; Sirkar, K. K. Hollow Fiber Membrane Contactor Based $CO_2$ Absorption - Stripping Using Novel Solvents and Membranes. Ind. Eng. Chem. Res. 2005, 44, 1250 - 1258. http://dx.doi.org/10.1021/ie0495630.

[77] Karoor, S.; Sirkar, K. K. Gas Absorption Studies in Microporous Hollow Fiber Mem-

brane Modules. Ind. Eng. Chem. Res. 1993, 32, 674 – 684. http://dx. doi. org/10. 1021/ie00016a014.

[78] Albarracin Zaidiza, D. ; Billaud, J. ; Belaissaoui, B. ; Rode, S. ; Roizard, D. ; Favre, E. Modeling of $CO_2$ Post – Combustion Capture Using Membrane Contactors, Comparison Between One – and Two – Dimensional Approaches. J. Membr. Sci. 2014, 455, 64 – 74. http://dx. doi. org/10. 1016/j. memsci. 2013. 12. 012.

[79] Chabanon, E. ; Mangin, D. ; Charcosset, C. Membranes and Crystallization Processes: State of the Art and Prospects. J. Membr. Sci. 2016, 509, 57 – 67. http://dx. doi. org/10. 1016/j. memsci. 2016. 02. 051.

[80] Azoury, R. ; Garside, J. ; Robertson, W. G. Crystallization Processes Using Reverse Osmosis. J. Cryst. Growth 1986, 79, 654 – 657. http://dx. doi. org/10. 1016/0022 – 0248(86) 90533 – 6.

[81] Drioli, E. ; Stankiewicz, A. I. ; Macedonio, F. Membrane Engineering in Process Intensification—An Overview. J. Membr. Sci. 2011, 380, 1 – 8. http://dx. doi. org/10. 1016/j. memsci. 2011. 06. 043.

[82] Gwon, E. ; Yu, M. ; Oh, H. ; Ylee, Y. Fouling Characteristics of NF and RO Operated for Removal of Dissolved Matter from Groundwater. Water Res. 2003, 37, 2989 – 2997. http://dx. doi. org/10. 1016/S0043 – 1354(02)00563 – 8.

[83] Astrouki, I. ; Raudensky, M. ; Dohnal, M. Particulate Fouling of Polymer Hollow Fiber Heat Exchanger. InHeat Exch. Fouling Clean. , 2013, Budapest; Malayeri, M. R. ; Müller – Steinhagen, H. ; Watkinson, A. P. , Eds. ; 2013; pp. 233 – 239.

[84] Gryta, M. Fouling in Direct Contact Membrane Distillation Process. J. Membr. Sci. 2008, 325, 383 – 394. http://dx. doi. org/10. 1016/j. memsci. 2008. 08. 001.

[85] Al – Amoudi, A. S. Factors Affecting Natural Organic Matter (NOM) and Scaling Fouling in NF Membranes: A Review. Desalination 2010, 259, 1 – 10. http://dx. doi. org/10. 1016/j. desal. 2010. 04. 003.

[86] Zhang, L. ; Qu, R. ; Sha, Y. ; Wang, X. ; Yang, L. Membrane Gas Absorption for $CO_2$ Capture from Flue Gas Containing Fine Particles and Gaseous Contaminants. Int. J. Greenh. Gas Control 2015, 33, 10 – 17. http://dx. doi. org/10. 1016/j. ijggc. 2014. 11. 017.

[87] Wang, X. ; Chen, H. ; Zhang, L. ; Yu, R. ; Qu, R. ; Yang, L. Effects of Coexistent Gaseous Components and Fine Particles in the Flue Gas on $CO_2$ Separation by Flat – Sheet Polysulfone Membranes. J. Membr. Sci. 2014, 470, 237 – 245. http://dx. doi. org/10. 1016/j. memsci. 2014. 07. 040.

[88] Kladkaew, N. ; Idem, R. ; Tontiwachwuthikul, P. ; Saiwan, C. Studies on Corrosion and Corrosion Inhibitors for Amine Based Solvents for $CO_2$ Absorption from Power Plant Flue Gases Containing $CO_2$, $O_2$ and $SO_2$. Energy Proc. 2011, 4, 1761 – 1768. http://dx. doi. org/10. 1016/j. egypro. 2011. 02. 051.

[89] Saiwan, C.; Supap, T.; Idem, R. O.; Tontiwachwuthikul, P. Part 3: Corrosion and Prevention in Post - Combustion $CO_2$ Capture Systems. Carbon Manage. 2011, 2, 659 - 675. http://dx.doi.org/10.4155/cmt.11.63.

[90] Carrega, M. Matériaux Industriels: Matériaux Polymères. Dunod: Paris, 2000.

[91] Freeman, B. D.; Pinnau, I. Polymeric Materials for Gas Separations. InPolym. Membr. Gas Vap. Sep. vol. 733; American Chemical Society: Washington, DC, 1999; pp. 1 - 27, http://dx.doi.org/10.1021/bk - 1999 - 0733.ch001. (accessed 03.10.16)

[92] Schouten, A. E.; van der Vegt, A. K., Plastics, 5th ed.; Het Spectrum: Houten, 1974.

[93] Belz, M., Guan, G. High temperature coating techniques for amorphous Åuoropolymers, US 20080175989 A1, n.d. http://www.google.com/patents/US7914852 (accessed 03.10.16).

[94] Chanda, M.; Roy, S. K. Plastics Technology Handbook., 4th ed. CRC Press: Boca Raton, FL, 2006. https://www.crcpress.com/Plastics - Technology - Handbook - Fourth - Edition/Chanda - Roy/p/book/9780849370397 (accessed 04.10.16)

[95] Cui, Z.; deMontigny, D. Part 7: A Review of $CO_2$ Capture Using Hollow Fiber Membrane Contactors. Carbon Manage. 2013, 4, 69 - 89. http://dx.doi.org/10.4155/cmt.12.73.

[96] Li, J. - L.; Chen, B. - H. Review of $CO_2$ Absorption Using Chemical Solvents in Hollow Fiber Membrane Contactors. Sep. Purif. Technol. 2005, 41, 109 - 122. http://dx.doi.org/10.1016/j.seppur.2004.09.008.

[97] Qi, Z.; Cussler, E. L. Hollow Fiber Gas Membranes. AIChE J. 1985, 31, 1548 - 1553. http://dx.doi.org/10.1002/aic.690310918.

[98] Luis, P.; Van Gerven, T.; Van der Bruggen, B. Recent Developments in Membrane - Based Technologies for $CO_2$ Capture. Prog. Energy Combust. Sci. 2012, 38, 419 - 448. http://dx.doi.org/10.1016/j.pecs.2012.01.004.

[99] Abu - Zahra, M. R. M.; Schneiders, L. H. J.; Niederer, J. P. M.; Feron, P. H. M.; Versteeg, G. F. $CO_2$ Capture from Power Plants: Part I. A Parametric Study of the Technical Performance Based on Monoethanolamine. Int. J. Greenh. Gas Control 2007, 1, 37 - 46. http://dx.doi.org/10.1016/S1750 - 5836(06)00007 - 7.

[100] Neveux, T.; Le Moullec, Y.; Corriou, J. - P.; Favre, E. Modeling $CO_2$ Capture in Amine Solvents: Prediction of Performance and Insights on Limiting Phenomena. Ind. Eng. Chem. Res. 2013, 52, 4266 - 4279. http://dx.doi.org/10.1021/ie302768s.

[101] Moser, P.; Schmidt, S.; Wallus, S.; Ginsberg, T.; Sieder, G.; Clausen, I.; Palacios, J. G.; Stoffregen, T.; Mihailowitsch, D. Enhancement and Long - Term Testing of Optimised Post - Combustion Capture Technology—Results of the Second

Phase of the Testing Programme at the Niederaussem Pilot Plant. Energy Proc. 2013, 37, 2377 – 2388. http://dx.doi.org/10.1016/j.egypro.2013.06.119.

[102] Dugas, R.; Alix, P.; Lemaire, E.; Broutin, P.; Rochelle, G. Absorber Model for $CO_2$ Capture by Monoethanolamine—Application to CASTOR Pilot Results. Energy Proc. 2009, 1, 103 – 107. http://dx.doi.org/10.1016/j.egypro.2009.01.016.

[103] Bottino, A.; Capannelli, G.; Comite, A.; Di Felice, R.; Firpo, R. $CO_2$ Removal from a Gas Stream by Membrane Contactor. Sep. Purif. Technol. 2008, 59, 85 – 90. http://dx.doi.org/10.1016/j.seppur.2007.05.030.

[104] Al – Marzouqi, M. H.; El – Naas, M. H.; Marzouk, S. A. M.; Al – Zarooni, M. A.; Abdullatif, N.; Faiz, R. Modeling of $CO_2$ Absorption in Membrane Contactors. Sep. Purif. Technol. 2008, 59, 286 – 293. http://dx.doi.org/10.1016/j.seppur.2007.06.020.

[105] Al – Marzouqi, M.; El – Naas, M.; Marzouk, S.; Abdullatif, N. Modeling of Chemical Absorption of $CO_2$ in Membrane Contactors. Sep. Purif. Technol. 2008, 62, 499 – 506. http://dx.doi.org/10.1016/j.seppur.2008.02.009.

[106] Khaisri, S.; deMontigny, D.; Tontiwachwuthikul, P.; Jiraratananon, R. A Mathematical Model for Gas Absorption Membrane Contactors That Studies the Effect of Partially Wetted Membranes. J. Membr. Sci. 2010, 347, 228 – 239. http://dx.doi.org/10.1016/j.memsci.2009.10.028.

[107] Boucif, N.; Roizard, D.; Corriou, J. – P.; Favre, E. To What Extent Does Temperature Affect Absorption in Gas – Liquid Hollow Fiber Membrane Contactors? Sep. Sci. Technol. 2015, 50, 1331 – 1343. http://dx.doi.org/10.1080/01496395.2014.969807.

[108] Chabanon, E.; Kimball, E.; Favre, E.; Lorain, O.; Goetheer, E.; Ferre, D.; Gomez, A.; Broutin, P. Hollow Fiber Membrane Contactors for Post – Combustion $CO_2$ Capture: A Scale – Up Study from Laboratory to Pilot Plant. Oil Gas Sci. Technol. – Rev. IFP Energ. Nouv. 2014, 69, 1035 – 1045. http://dx.doi.org/10.2516/ogst/2012046.

[109] Albarracin Zaidiza, D.; Belaissaoui, B.; Rode, S.; Neveux, T.; Makhloufi, C.; Castel, C.; Roizard, D.; Favre, E. Adiabatic Modelling of $CO_2$ Capture by Amine Solvents Using Membrane Contactors. J. Membr. Sci. 2015, 493, 106 – 119. http://dx.doi.org/10.1016/j.memsci.2015.06.015.

[110] Faiz, R.; Al – Marzouqi, M. Mathematical Modeling for the Simultaneous Absorption of $CO_2$ and $H_2S$ Using MEA in Hollow Fiber Membrane Contactors. J. Membr. Sci. 2009, 342, 269 – 278. http://dx.doi.org/10.1016/j.memsci.2009.06.050.

[111] Happel, J. Viscous Flow Relative to Arrays of Cylinders. AIChE J. 1959, 5, 174 – 177. http://dx.doi.org/10.1002/aic.690050211.

[112] Tsuji, T.; Suma, K.; Tanishita, K.; Fukazawa, H.; Kanno, M.; Hasegawa, H.;

Takahashi, A. Development and Clinical Evaluation of Hollow Fiber Membrane Oxygenator. Trans. – Am. Soc. Artif. Intern. Organs 1981, 27, 280 – 284.

[113] Chabanon, E.; Belaissaoui, B.; Favre, E. Gas – Liquid Separation Processes Based on Physical Solvents: Opportunities for Membranes. J. Membr. Sci. 2014, 459, 52 – 61.

# 第10章 膜蒸馏和渗透蒸馏

## 10.1 膜蒸馏定义

膜蒸馏(MD)是一种热膜分离过程,涉及通过微孔疏水膜输送蒸汽,并以气液平衡原理作为分子分离的基础。该技术允许从溶液中分离挥发性组分。若溶液含有非挥发性组分,则可以通过浓缩溶液来除去溶剂。MD 在许多科学和工业领域具有潜在的应用,产生高度纯化的渗透物并从液体溶液中分离污染物。它已经在热敏工业产品的处理中进行了测试,例如浓缩果汁中的水溶液、制药工业、废水处理,以及海水淡化。

MD 过程在 50 年前就被掌握,第一项专利是 Bodell 于 1963 年 6 月 3 日提交的,第一份 MD 论文于 1963 年由 Findley 发表。对 MD 工艺的浓厚兴趣始于 20 世纪 80 年代初,随着新的膜制造技术的出现和膜的出现,孔隙率高的模块设计的改进以及对温度和浓度极化(CP)现象的更好理解也促使人们重新关注 MD,特别是在学术界,而 MD 因其广泛的工业实施仍然需要开发。过程多功能性推动了对 MD 的学术兴趣。此外,越来越多的资金可用于产生"环境友好"结果或提供环境问题解决方案的研究,而 MD 能够同时做到。

## 10.2 结构、优点和缺点

MD 属于膜接触器类,其中微孔疏水膜不是用作选择性屏障,而是基于相平衡原理促进相之间的质量传递。所有传统的汽提、洗涤、吸收和液-液萃取操作,以及乳化、结晶和相转移催化,都可以根据这种配置进行。事实上,MD 来自其与传统蒸馏的相似性。MD 和常规蒸馏技术都基于从水中分离盐的汽-液平衡,并且都需要将蒸发潜热供应到盐的水性进料溶液中。在 MD 中,疏水膜的一侧(进料侧)与加热的含水进料溶液接触。膜的疏水性防止水溶液渗透到孔中,导致蒸气-液每个孔入口处界面的形成。这里,挥发性化合物在孔隙中蒸发、扩散和对流,并在系统的相对侧(渗透物)上冷凝(图 10.1)。该过程的驱动力由膜两侧之间的分压差提供,这是由液-气界面之间施加的温度梯度引起的。与常规蒸馏工艺(如多级闪蒸(MSF)和多效蒸馏(MED))相比,MD 的优势与另一方的反渗透(即常规脱盐工艺中常用的膜技术)相比,如下:

(1)比 MSF 和 MED 要求的操作温度和蒸汽空间更低。这允许有效使用低等级或废热流以及替代能源(太阳能、风能或地热能)。

(2) 比 RO 更低的操作压力。MD 过程通常可以在接近大气压的操作压力下进行。这允许使用由塑料材料制成的设备,减少或避免腐蚀问题。

(3) 100%(理论上)非挥发性溶质的排斥。

(4) 性能不受高渗透压或 CP 的限制。这意味着只要提高渗透物回收率或高滞留物浓度,就可以优先使用 MD。

(5) 膜机械性能要求不高。由于 MD 膜仅用作气-液界面的载体,因此它们可由几乎任何具有疏水固有性质的耐化学性聚合物制成,例如聚四氟乙烯(PTFE)、聚丙烯(PP)和聚偏二氟乙烯(PVDF)。这种特性可延长膜寿命。

(6) MD 中的膜污染问题比其他膜分离问题少,因为孔与 RO/UF 孔相比相对较大;工艺液不能润湿膜,因此污垢层只能沉积在膜表面但不在膜孔中;由于该方法的低操作压力,聚集体在膜表面上的沉积将不那么紧凑并且仅略微影响运输阻力。

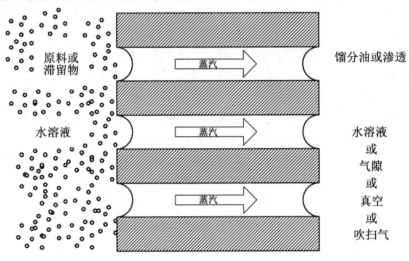

图 10.1　MD 工艺的一般方案

MD 的缺点包括:

① 缺少专门为 MD 设计的膜和模块。与包括 RO 在内的其他膜分离工艺相比,只有少数研究小组考虑过设计和制造用于 MD 应用的新型膜的可能性。少数可商购的膜组件仍然很昂贵。

② 当液体渗透到膜孔中时发生膜孔润湿的风险。一旦孔被渗透,就称其为"润湿的",并且在湿润的孔再次支撑气-液界面之前必须完全干燥和清洁。

③ 类似于 CP 的温度极化来自通过膜的热传递,并且它通常是质量传递的限速步骤。

可采用多种方法在膜上施加蒸汽压差以驱动流动,并且根据膜渗透侧的性质,MD 系统可分为四种基本配置(图 10.2):

① 直接接触式膜蒸馏(DCMD),其中膜仅与液相直接接触(例如,一侧为盐水,另一侧为淡水)。

② 真空膜蒸馏(VMD),其中气相通过膜从液体中抽真空,并且如果需要,在单独的装

置中冷凝。

③气隙膜蒸馏（AGMD），其中在膜和冷凝表面之间插入气隙。

④吹扫气膜蒸馏（SGMD），其中使用汽提气体作为产生的蒸汽的载体而不是 VMD 中的真空。

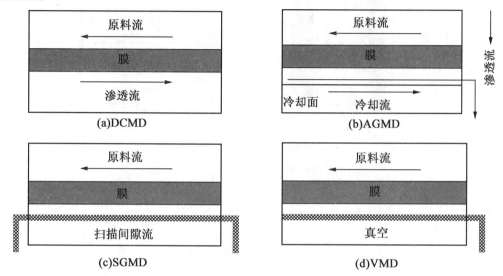

图 10.2　可以用来建立所需驱动力的膜蒸馏工艺的一般配置

（来自 from Wang，P；Tai-Shung，C. Recent Advances in Membrane Distillation Processes：Membrane Development，Configuration Design and Application Exploring. J. Membr. Sci. 2015，474，39-56，经 Elsevier 许可出版）

具体配置的选择取决于进料和渗透物组合物以及所要求的生产率。通常，DCMD（最便宜和最简单的操作）是在水是主要渗透组分的水性环境中的最佳选择；SGMD 和 VMD 通常用于从水溶液中除去挥发性有机物或溶解气体；AGMD 是最通用的 MD 配置，几乎可以应用于任何需要高通量的应用。

已经提出了一些具有改进的能量效率、更好的渗透通量或更小的足迹的新配置，例如材料间隙膜蒸馏（MGMD）、多效膜蒸馏（MEMD）、多效 VMD、渗透间隙膜蒸馏（PGMD）和中空纤维 MEMD。

PGMD 是 DCMD 的增强，其中第三个通道由另外的非渗透性箔引入（图 10.3）。

PGMD 的一个显著优点是馏出物与冷却剂的分离。因此，冷却剂可以是任何其他液体，例如冷给水。在模块开发中，这为集成高效热回收系统提供了机会。由于额外的传热阻力，馏出物通道的存在减少了显热损失。另外的效果是减少了跨膜的有效温差，这略微降低了渗透速率。

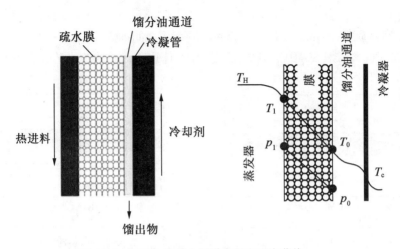

图 10.3 PGMD 的基本通道布置和温度曲线

(来自 Winter D., Koschikowski J., Wieghaus M., Desalination Using Membrane Distillation: Experimental Studies on Full Scale Spiral Wound Modules. J. Membr. Sci. 2011, 370, 104 – 112, 经 Elsevier 许可出版)

多级和 MEMD 来自具有内部热回收的 AGMD 模块的概念,如图 10.4 所示。

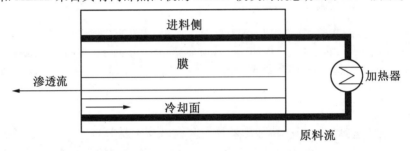

图 10.4 带有内部热量回收的 AGMD 配置的图示

(来自 Wang, P; Tai – Shung, C. Recent Advances in Membrane Distillation Processes: Membrane Development, Configuration Design and Application Exploring. J. Membr. Sci. 2015, 474, 39 – 56. 经 Elsevier 许可出版)

冷进料溶液作为冷却剂放置在冷凝表面下方,以冷凝渗透的蒸汽并获得热量。预热的进料溶液在进入进料通道之前进一步加热。具有热回收功能的 AGMD Memstil MD 模块于 20 世纪 90 年代末由荷兰应用科学研究组织(TNO)开发,后来获得许可用于商业化的 Aquastill 和 Keppel Seghers。该模块采用微孔 PTFE 膜,设计有螺旋缠绕配置,用于海水和咸水淡化。新加坡、荷兰和其他国家已经对试点海水淡化厂进行了测试,以解决技术问题。在试点试验后,Memstill 声称能耗非常低,为 56 ~ 100 kW·h·m$^{-3}$,除了 AGMD 模块基于相同技术开发了具有热回收功能的 DCMD 模块,Aquastill 还宣布开发具有逆流流量的 24 m$^2$ 模块。

真空多效膜蒸馏(V – MEMD)是 VMD 的一种改进形式,集成了多效蒸馏进入 VMD 的概念(图 10.5)。典型的 V – MEMD 由加热器、多个蒸发 – 冷凝阶段和外部冷凝器组成。在气隙区域采用真空条件以除去过量的空气/蒸汽。因此在两个冷凝阶段和冷凝器内部产生馏出物。每个阶段的进料恢复冷凝热和多效特性。Memsys 及其合作伙伴发明了一系列板框 V-MEMD,并为膜组件构建了自动化生产线。典型的 Memsys 模块使用平均孔径为 0.2 mm 的 PTFE 膜作为 MD 膜和 40 mm 致密的 PP 膜作为冷凝层。Memsys V-MEMD 模块已用于地下水净化、水分去除、盐水浓度、太阳能驱动的海水淡化等。Memsys 报道具体能耗值为 175~350 kW·h·m$^{-3}$。

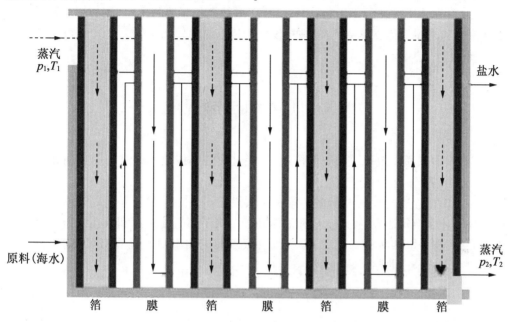

图 10.5 V-MEMD 配置的示意图

(来自 Zhao, K.; Heinzl, W.; Wenzel, M.; Buttner, S.; Bollen, F.; Lange, G.; Heinzl, S.; Sarda, N. Experimental Study of the Memsys Vacuum-Multi-Effect-Membrane-Distillation (V-MEMD) Module. Desalination 2013,323, 150-160, 经 Elsevier 许可出版)

MGMD 代表了 AGMD 的发展,后者通常显示出与其他 MD 构造相比较低的渗透通量,这是由于在膜和冷凝表面之间存在一层停滞的空气。为了减轻这个缺点,Francis 等开发了一种名为 MGMD 的新 MD 模块设计。模块中的气隙填充了不同的材料,如海绵(聚氨酯)和 PP 网。结果,在 MGMD 期间观察到水蒸气通量增加 200%~800%。

中空纤维 MEMD 由具有内部热回收的多效 AGMD 中空纤维模块组成。该工艺由来自 Chembrane Research&Engineering 的 Qin 等获得专利。与 PGMD 设计不同,进料溶液预热至 90 ℃ 之前进入 MD 模块。在 MD 模块的出口处,通过外部冷却器进一步冷却处于降低温度的浓缩进料溶液。该冷却的进料溶液被送回 MD 模块并用作冷却剂以冷凝渗透物侧的蒸汽。作为多级设计,流出物流可以作为下一个膜组件的进料溶液,以提高热回收率和效率。用于毛衣脱盐的模块的水通量为 3~10 LMH。在最佳操作条件下,该模块的比能耗可达到约 55 kW·h·m$^{-3}$。

渗透蒸馏(OD)代表 MD 概念的另一个扩展:微孔疏水膜分离两种在不同溶质浓度

下保持接触的水溶液,这种活性差异导致蒸汽压差,其激活通过膜的质量传递。OD 不是热传质操作:传输涉及进料侧的蒸发和汽提侧的冷凝。因此,即使两种液体的整体温度相等,也会在膜界面处产生温差。通常,含水体系中的温差低于 11 ℃,导致蒸汽通量的降低可忽略不计。选择作为渗透压剂的盐通常是 $NaCl$、$MgCl_2$、$CaCl_2$ 和 $MgSO_4$,因为它们的成本相对较低,在某些情况下,有机液体(甘油和聚乙二醇)是优选的。在渗透蒸发中,跨膜通量在较高的汽提溶液浓度和进料温度下升高。

由于 OD 基本上在室温下运行,因此适用于农业食品行业的应用(例如用于柑橘和胡萝卜汁澄清和浓缩的集成膜系统,已被提议作为传统的替代和有效方法),也可在药物生物技术和医学中使用。

## 10.3 质量和传热现象

MD 涉及蒸汽通过微孔膜的质量传递,与穿过膜的热传递和通过与膜表面相邻的边界层相结合。

在对 MD 过程进行建模时所做的第一个假设之一是在汽-液界面处的动力学效应可以忽略不计。换句话说,假设蒸汽和液体处于对应于膜表面温度和膜孔内压力的平衡状态。此外,与平坦表面状态相比,假设汽-液表面的曲率对平衡具有可忽略的影响。通过开尔文方程给出曲率影响的度量:

$$p^0 = p_\infty^0 \exp\left(\frac{2 \cdot \gamma_L}{r \cdot c \cdot R \cdot T}\right) \tag{10.1}$$

式中,$p^0$ 为具有曲率半径 $r$ 的凸形液体表面上方的纯液体饱和压力;$p_\infty^0$ 为平坦表面上方的纯液体饱和压力;$\gamma_L$ 为液体表面张力;$c$ 为液体摩尔密度;$R$ 为气体常数;$T$ 为温度。

通常,曲率的影响不会超过 2%,那么可以认为它可以忽略不计。因此,对气液平衡没有显著影响,并且可以通过气相中 $i$ 组分的逸度与液相中相同 $i$ 组分的逸度之间的相等性来进行数学描述,根据以下众所周知的热力学方程式:

$$\begin{aligned}\hat{f}_{i,L} &= \hat{f}_{i,V} \\ \hat{f}_{i,L} &= x_i \cdot \gamma_i \cdot p_i^0 \\ \hat{f}_{i,V} &= y_i \cdot \pi \end{aligned} \tag{10.2}$$

式中,$x_i$ 和 $y_i$ 分别为液体和气相中 $i$ 组分的摩尔分数;$\pi$ 为总压力;$\gamma_i$ 为溶液中 $i$ 的活度系数(它是温度和组成的函数,可以从可用的试验数据)估计或它可以从各种可用方程之一计算,例如 Van Laar 或 Wilson 或 UNIQUAC 或 NRTL 方程);$p_i^0$ 为纯 $i$ 的蒸气压。

式(10.2)忽略了压力对液体(Poynting 因子)和气相非理想性的影响。这些假设在膜蒸馏过程中通常使用的温度和压力范围内是可接受的。

在 MD 中,还观察到反向或负通量现象。负通量是由膜上的负压降引起的,$(p_{fi} - p_{pi}) < 0$ 是由进料和渗透物之间的差异引起。由于 DCMD 进料必须是水溶液并且渗透物通常是纯水,因此渗透物具有比进料更高的渗透压。结果,在 MD 过程中观察到正通量之前必须克服阈值温度差 $\Delta T^0$。幸运的是,对于典型的 MD 溶液浓度和操作温度,$\Delta T^0$ 通

常在 11 ℃ 或更低的数量级。$\Delta T^0$ 可以通过两个膜侧的分压相等（空隙通量条件）计算，使用 Clausius – Clapeyron 方程式简化蒸气压 – 温度关系：

$$\frac{\Delta p}{\Delta T} \approx p^0 \frac{\Delta H}{RT^2} \tag{10.3}$$

式（10.3）是 Clausius – Clapeyron 方程式（10.4）中引入理想稀释溶液的近似值时得到。

$$\Delta T^0 = \frac{RT^2}{\Delta H}\left(\frac{x}{(1-x)}\right) \tag{10.4}$$

$$p_i = p_i^0 (1-x) \tag{10.5}$$

式中，$x$ 为溶质摩尔浓度。

如先前所预期的，膜润湿是 MD 问题之一。拉普拉斯（Cantor）方程提供了膜的最大允许孔径（$r_{max}$）与相关操作条件之间的关系：

$$p_{\text{liquid}} - p_{\text{vapor}} = \Delta p_{\text{interface}} < \Delta p_{\text{entry}} = \frac{-2B\gamma_L \cos\theta}{r_{max}} \tag{10.6}$$

式中，$B$ 为由孔结构确定的几何因子；$\gamma_L$ 为液体表面张力；$\theta$ 为液体/固体接触角。当 MD 膜的进料侧的流体静压力超过 $\Delta p_{\text{entry}}$ 时，液体渗透孔并且能够穿过膜。

### 10.3.1 传质

研究 MD 中传质的常用方法是根据接触膜的两相体积之间的转移时的串联电阻来考虑（图 10.6）。

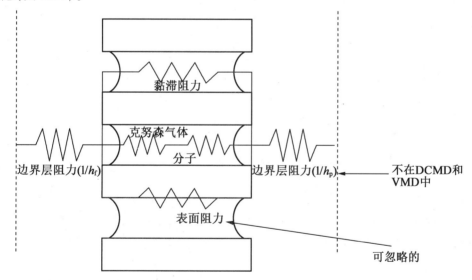

图 10.6　MD 中的传质阻力

进料侧边界层的质量平衡分别产生摩尔通量 $N$、传质系数 $k_{x'}$、溶液密度 $\rho$ 和界面处和体积中的溶质浓度 $c_m$ 和 $c_b$ 之间的关系：

$$\frac{N}{\rho} = k_x \ln \frac{c_m}{c_b} \tag{10.7}$$

在文献中用于确定传质系数的方法是采用传热和传质之间的类比。这些经验关系通常以以下形式表达：

$$Sh = \alpha Re^\beta Sc^\gamma \tag{10.8}$$

式中，Sh = Sherwood number = $(k_x d_h)/D$（$d_h$ 为水力直径，$D$ 为液体中的扩散系数）；Sc = Schmidt number = $\mu/(\rho D)$（$\mu$ 为本体液体黏度，$\rho$ 为溶液密度）。（更多细节见参考文献[26-27]）

由于跨膜的溶剂跨膜通量，当考虑含有非挥发性溶质的水溶液时，只要分离过程正在进行，随时间的变化膜表面的非挥发性溶质 $B$（$c_{Bm}$）的浓度变得高于批量进料的浓度（$c_{Bb}$），几乎100%分离得到。在这种情况下，必须小心，因为最终可能实现过饱和状态，从而影响膜过程的效率。术语浓度极化系数（CPC）定义为量化进料侧浓度边界层内的质量传递阻力，如下所示：

$$CPC = \frac{c_{Bm}}{c_{Bb}} \tag{10.9}$$

靠近膜表面的非挥发性化合物浓度的增加将具有降低跨膜通量的影响，这是由于在进料侧建立 CP 层而起到对挥发性分子物质（水）的传质阻力的作用。幸运的是，在热驱动的 MD 工艺中，CP 对工艺性能的影响通常有限。

对于通过多孔膜的质量传递，假设表面扩散可忽略不计，它受黏性阻力（由传递到膜的动量产生）、Knudsen 扩散阻力（由于分子和膜壁之间的碰撞）和普通扩散（由于扩散分子之间的碰撞）的影响。尘埃气体模型是通过多孔介质进行大规模运输的一般而有用的模型：

$$\frac{N_i^D}{D_{ie}^k} + \sum_{j=1 \neq i}^{n} \frac{p_i N_i^D - p_i N_j^D}{D_{ije}^0} = \frac{-1}{RT} \nabla p_i \tag{10.10}$$

$$N_i^v = -\frac{\varepsilon r^2 p_i}{8RT\tau\mu} \nabla p \tag{10.11}$$

$$D_{ie}^k = \frac{2\varepsilon r}{3\tau}\sqrt{\frac{8RT}{\pi M_i}} \tag{10.12}$$

$$D_{ije}^0 = \frac{\varepsilon}{\tau} D_{ij}^0 \tag{10.13}$$

式中，$N^D$ 为扩散通量；$N^V$ 为黏性通量；$D^k$ 为 Knudsen 扩散系数；$D^0$ 为普通扩散系数；$p_i$ 为组分 $i$ 的分压；$p$ 为总压力；$M_i$ 为组分 $i$ 的分子量；$r$ 为膜孔半径；$\varepsilon$ 为膜孔隙率（假设膜由均匀的圆柱形孔组成）；$\mu$ 为流体黏度；$\tau$ 为膜弯曲度；下标"$e$"为膜结构的有效扩散系数函数。

在大多数情况下，无论哪种机制涉及质量运输过程，以下更简单的经验相关性都是优选的：

$$N = C \cdot \Delta p$$

式中，$N$ 为摩尔通量；$\Delta p$ 为跨膜的蒸汽压差（膜表面温度和组成的函数）；$C$ 为可以通过试验获得的系数。$C$ 是膜内温度、压力和组成以及膜结构的函数，取决于所采用的 MD 构型以及 Knudsen 数（Kn，输送气体分子的平均自由程的比率（$\lambda$）通过膜孔到膜的平均孔径（$d$））。实际上，Kn 确定了通过膜孔的流动的物理性质，并且由于 MD 中使用的膜表现出孔径分布,因此可以通过膜发生一种以上的机制。

### 10.3.2 传热

控制膜内和膜周围热流的传热方程如下:

(1)在进料 f 和渗透物 p 侧的边界层内:

$$Q_f = h_f \cdot (T_f - T_{fm})$$
$$Q_p = h_p \cdot (T_{pm} - T_p)$$

(2)隔膜:

$$Q_{mem} = Q_v + Q_m$$
$$Q_v = h_v \cdot (T_{fm} - T_{pm}) = N \cdot \lambda_v$$
$$Q_m = \frac{K_g \cdot \varepsilon + K_m(1-\varepsilon)}{\delta} \cdot (T_{fm} - T_{pm})$$

式中,$N$ 为传质速率;$\lambda_v$ 为汽化热;$\varepsilon$ 为膜孔隙率;$K_g$ 为膜内蒸汽的热导率;$K_m$ 为固体膜材料的导热系数;$\delta$ 为膜厚度;$T_{fm}$ 和 $T_{pm}$ 分别为进料侧和渗透侧膜表面的温度。

由于 $K_g$ 通常比 $K_m$ 小一个数量级(表 10.1),因此通过增加膜孔隙率 $\varepsilon$ 可以减少通过膜传导而损失的热量。

表 10.1 各种聚合物、空气和水的导热系数

| 物质名称 | 导热系数/(W·m$^{-1}$·K$^{-1}$) |
| --- | --- |
| 聚丙烯 | 0.11 ~ 0.16 |
| 聚偏(二)氟乙烯 | 0.17 ~ 0.19 |
| 聚四氟乙烯 | 0.25 ~ 0.27 |
| 空气 | $2.72 \times 10^{-3} + 7.77 \times 10^{-5} T$ |
| 水 | $2.72 \times 10^{-3} + 5.71 \times 10^{-5} T$ |
| 水(60 ℃) | 0.022 |

MD 过程的总传热系数由下式给出:

$$U = \frac{1}{h_f} + \frac{1}{\left(\frac{K_g \cdot \varepsilon + K_m(1-\varepsilon)}{\delta}\right) + \left(\frac{N \cdot \Delta H_v}{T_{fm} - T_{pm}}\right)} + \frac{1}{h_p} \tag{10.14}$$

通过膜传递的总热量由下式给出:

$$Q = U \cdot \Delta T \tag{10.15}$$

式(10.14)说明了最小化边界层电阻的重要性(使边界层传热系数最大化)。温度极化系数(TPC)通常用于量化边界层电阻相对于总传热阻力的程度:

$$TPC = \frac{T_{fm} - T_{pm}}{T_f - T_p} \tag{10.16}$$

TPC 还用于间接评估 MD 性能:对于精心设计的系统,它在 0.4 ~ 0.7 之间,对于传质限制操作,它接近于统一,对于设计不良的系统接近零。

边界层传热系数几乎总是如此根据经验相关性估算,通常以下列形式表示:

$$Nu = \alpha \cdot Re^{\beta} Pr^{\gamma}$$

式中,$Nu$ 为 Nusselt 数;$Re$ 为雷诺数;$Pr$ 为 Prandtl 数(更多细节见参考文献[11]、[27])。

关于通过膜孔内的对流传递的热量,这也可以考虑但是可以忽略不计,因为对流占膜损失总热量的 6%,并且仅通过膜传递总热量的 0.6%。

关于 MD(如 DCMD、VMD、SGMD、AGMD 和 OD)中的质量和热传输现象的详细信息可以参考 Drioli 等的文章。

## 10.4 膜材料和模块

广泛应用 MD 的基本障碍是 MD 应用中不适合使用适当的膜。与其他膜过程一样,MD 的最终性能是所用膜的结构和物理化学参数的直接结果。更确切地说,MD 性能在厚度、孔隙率、平均孔径、孔分布和几何形状方面受到膜结构的内在影响。用于膜接触器的膜必须是多孔的、疏水的,具有良好的热稳定性和对进料溶液的优异的耐化学性。由于适当的膜所需的膜特征的广谱性,已经尝试了用几种材料合成用于 MD 应用的膜。除了传统的聚合物膜之外,陶瓷膜由于其更好的机械强度、热稳定性和耐溶剂性也越来越受到关注。

### 10.4.1 聚(偏氟乙烯)

聚(偏二氟乙烯)(PVDF)是半结晶聚合物,具有 35% ~ 70% 的典型结晶度并且包含—$(CH_2CF_2)_n$—的重复单元。它的玻璃化转变温度($T_g$)和熔点范围为 -40 ~ -30 ℃和 155 ~ 192 ℃。各种均聚物和共聚物已用于 PVDF 的膜制造。PVDF 具有良好的机械强度、耐化学性、热稳定性和合理的抗老化性。此外,它可溶于多种常用溶剂,如 N - 甲基 - 2 - 吡咯烷酮(NMP)、N,N - 二甲基乙酰胺(DMAc)和二甲基甲酰胺(DMF)。良好的性能和易加工性的结合使 PVDF 成为膜制造中应用最广泛的材料。PVDF 适用于各种构型的膜合成,包括中空纤维、平板、纳米纤维和管状。除了这些特性外,PVDF 强大的固有疏水特性为其用于 MD 膜提供了动力。除 MD 外,PVDF 膜已应用于多种应用,包括微滤、超滤、蒸发、燃料电池和其他工艺。

用于 MD 应用的 PVDF 膜主要通过非溶剂诱导的相分离(NIPS)过程合成。在 NIPS 中,PVDF 溶解在室温附近的溶剂中,并通过非溶剂诱导相分离。在应用其他合成 PVDF 膜的技术中已经引起越来越多人的兴趣,例如热诱导相分离(TIPS)和静电纺丝。由于几个独特的优点,TIPS 正在引起人们的兴趣,包括工艺简单、缺陷形成倾向低、孔隙率高、重现性好,以及形成窄孔径分布的能力。在该方法中,将 PVDF 熔融共混到合适的稀释剂中,并通过降低温度进行相分离。静电纺丝过程最近也引起了人们的极大兴趣,是生产亚微米和纳米级纤维的可行方法。与 NIPS 技术相比,静电纺丝膜显示出优异的空隙体积分数(孔隙率)、高比表面积和高强度质量比。静电纺丝的特性(层厚度、纤维直径、孔隙率和功能性)的定制膜可以通过改变静电纺丝参数、使用的材料和后处理来实现。根据所需的膜特性,静电纺丝可以通过熔融纺丝或溶液纺丝进行。前者涉及聚合物在溶剂或混合溶剂中的溶解,而后者依赖于在特殊设计的喷嘴内熔化颗粒。除了各种合成技术之外,已经提出了若干修改以赋予 PVDF 膜特定的亲水或疏水特性。这些改进有助于减少结垢或提高耐湿性。应用的主要改进包括表面涂层、接枝、混合和孔填充。然而,这些改进通常会增加对传质的抵抗力,从而降低膜渗透性。

为了获得特定的膜性能,已经开发了几种 PVDF 共聚物。这些共聚物在各种性质方面彼此不同,包括结晶度、稳定性、玻璃化转变温度、渗透性、弹性和化学稳定性。类似地,已开发出不同的均聚物以将特定性质结合到 PVDF 膜中(图 10.7)。

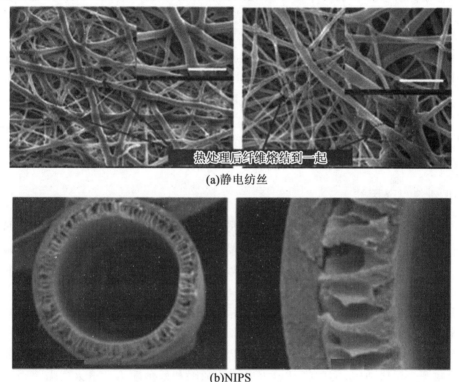

图 10.7　通过静电纺丝和 NIPS 制备的膜形态

用于 MD 应用的 PVDF 膜的未来研究方向预计将集中于通过使用较少探索的技术(例如 TIPS 和静电纺丝)更好地控制膜形态、孔径分布以及在较长时间内增强和稳定疏水性。其他材料(聚合物、纳米颗粒等)与 PVDF 一起使用(混合、涂覆、掺入)以获得所需性能预期也会得到更多关注。需要研究通过 TIPS 和静电纺丝制备的 PVDF 膜在通量、排斥和机械性能方面的性能,阐明多晶现象在膜污染和疏水特性方面对膜性能的影响,研究可重复、持久且易于应用的表面改性方法。

### 10.4.2　聚四氟乙烯

聚四氟乙烯(PTFE,商品名 Teflon)是另一种主要用于 MD 应用的聚合物。其骨架结构包含碳链,每个碳原子具有两个氟原子。碳原子的完全氟化与碳和氟的高强度相结合,使 PTFE 成为高度稳定,具有生物惰性和化学非反应性的材料。与 PVDF 和聚丙烯(PP)相比,PTFE 的表面能最低,这使得该聚合物具有最高的疏水性。与其他聚合物类似,PTFE 膜最初开发用于其他过滤应用,例如超滤和微滤,但这些膜的性质接近 MD 应用所需的性能。PTFE 膜的其他应用领域包括渗透蒸发、膜乳化和膜气体吸收。

PTFE 具有非常高的熔点(342 ℃),即使在其熔点以上也不会流动。另外,它在室温下不溶于任何溶剂。这些特性使得 PTFE 的可加工性极其困难,因此,通常用于膜合成的相转化或熔融纺丝技术对 PTFE 不起作用。目前用于合成 PTFE 的常用方法包括复杂的挤出、轧制、拉伸和烧结。然而,由于多孔结构的不良控制,通过这些技术制备的膜表现出较差的性能。

已经进行了若干尝试来改善 PTFE 膜的可加工性。可以通过改变聚合物的分子量来调节熔体黏度。为此,可获得分子量为 $10^4 \sim 10^5 \text{ g} \cdot \text{mol}^{-1}$ 的 PTFE。但是,它表现出脆性。还尝试通过使用乳液作为纺丝原液来制造 PTFE 中空纤维,所述纺丝原液可通过常规的干湿纺丝工艺纺成中空纤维。PTFE 膜显示出处理各种溶液的极好潜力,包括盐水、乳制品和水溶液中的气体分离。然而,需要进一步的研究工作来发明新的简单方法来制造具有所需特征的 PTFE 膜。

### 10.4.3 聚丙烯

PP 具有良好的热稳定性、耐化学性、机械强度且成本低,已成为最常用的膜合成聚合物之一。PP 是具有—$CH_2CH(CH_3)$—作为重复单元的结构线性聚合物,取决于立构规整度(沿主链的侧基的排列),它以半结晶形式和无定形形式存在。等规 PP(iPP)是一种半结晶形式,是商业规模的膜合成最常用的形式。这种形式的玻璃化转变温度是 -10 ℃ 并且它在 155~166 ℃ 周围熔化。iPP 具有非常好的耐溶剂性,但在较高温度下仍可溶解在强溶剂中,如 1,2,4-三氯苯、卤代烃、十氢化萘、脂肪酮和二甲苯。

PP 制造膜的常用技术有三种,包括 TIPS、拉伸和轨道蚀刻。在拉伸方法中,将熔融的聚合物膜挤出成薄膜,随后将其退火以减少缺陷和残余应力。退火之后进行冷热拉伸。前者产生毛孔,而后者扩大孔径。为了稳定膜尺寸并避免孔闭合,作为最后一步进行热定形。这是一种无溶剂技术,适用于半结晶聚合物,其中聚合物的结晶区域通过薄片连接,提供强度,无定形区域诱导多孔结构。轨道蚀刻也已应用于制造 PP 膜。在该技术中,高能重离子用于照射聚合物膜。可以通过使用溶剂除去照射部分。该技术提供精确的孔径分布和孔密度。

PP 的未来研究预计将探索将更好的特征结合到膜中的方法,包括通过使用较少探索的技术(例如 TIPS 和静电纺丝)改善疏水性,获得高孔隙率和更好的孔径分布,还可以研究掺入包括碳纳米管(CNT)和其他填料的不同材料以使膜具有一些特定的特性。

### 10.4.4 新的含氟聚合物

最近,一些新的含氟聚合物受到关注,以改善 MD 膜的耐湿性、热稳定性、耐化学性和机械强度。聚(乙烯三氟氯乙烯)(ECTFE)主要由 Solvay Specialty Chemicals 以商品名

HALAR 提供,是本节中的一个实例。ECTFE 在广泛的温度条件下表现出优异的机械稳定性。同样,它具有优异的耐溶剂和耐化学性。因此,它是在恶劣条件下应用的理想选择。由于其优异的疏水性,它是用 MD 应用的膜的非常有吸引力的候选者。基于 ECTFE 的膜的主要问题是在非常高的温度下制造膜。同样,来自 Solvay Specialty Polymers 的 Hyflon AD 和来自 Asahi Glass 的 Cytop 是 MD 应用的两个重要例子。这些聚合物在氟化溶剂中高度可溶,溶液黏度低,这些特性使它们成为膜合成的更有吸引力的候选物。高疏水性、窄孔径分布和良好的机械强度也表征涂有 Hyflon 的 PVDF 膜。

### 10.4.5 陶瓷膜

陶瓷膜具有优异的机械、热稳定性和化学稳定性,用于合成陶瓷膜的材料主要包括 $TiO_2$、氧化铝、二氧化硅和氧化锆,这些材料在表面具有羟基,赋予膜亲水性,阻止了它们在 MD 中的广泛使用。已经引入了几种修饰以赋予这些膜疏水特性,并且最常见的方法之一是基于使用氟代烷基硅烷作为表面改性剂。然而,各种应用修改的持久特性仍然是一个问题。

### 10.4.6 新材料和新兴材料

**1. 热重排聚合物**

热重排聚合物已成为膜制备的一类新材料,具有可调腔尺寸,窄腔尺寸分布,优异的机械和化学耐受性。这些聚合物迄今为止主要用于气体分离应用,但是它们也是水分离应用的非常有前途的候选者。纳米纤维热重排聚合物享有热重排聚合物和纳米纤维的益处,因此非常适合用于水净化应用的竞争剂,包括 MD。在最近的一项研究中,热排列的聚合物基膜已经显示出长期稳定性,有希望的助焊剂(在进料温度为 70 ℃ 时为 80 kg·m$^{-2}$·h$^{-1}$),在 MD 中使用时脱盐率大于 99.99%。

**2. 石墨烯**

石墨烯是一种有趣的材料,由于其非常高的强度质量比,因此具有多种应用。除了在各种领域(可折叠电子、生物工程、复合材料、储能)中的应用之外,最近的研究表明它对各种组分具有惊人的选择渗透性。例如,亚微米薄氧化石墨烯膜可以保留除水分子外的所有气体和液体。这些膜可以很好地证明水与有机混合物的分离。同样,石墨烯膜可以选择性地渗透一些存在的金属离子,厚度接近 1 nm 的石墨烯薄膜具有很高的机械强度和对各种气体的优异选择性。由于这些特性,可以减少石墨烯基薄膜的厚度,并且可以减少厚度。将它们应用于包括 MD 在内的海水淡化应用中。石墨烯的缺点是其具有非常高的热导率,考虑其在 MD 中的实际应用之前需要降低热导率。石墨烯膜在水处理中的应用可参见参考文献。

**3. 碳纳米管**

CNT 在水脱盐中的应用也在实验室规模研究中出现。CNT 包括具有纳米级尺寸的石墨烯的卷起圆柱体。它们出色的机械强度、耐化学性和热性能是众所周知的。CNT 中水分子的高传输以及它们改变水-膜相互作用的能力(能够阻止水分子的渗透,同时有利于蒸汽优先通过孔隙传输)促使它们结合到膜基质中。另外,基于CNT的膜提供优异的孔隙率和疏水性,这是MD膜的两个主要要求。Dumée等提供了初步研究,证明了CNT膜通过MD进行脱盐的潜力。基于CNT的膜在MD中的应用引起了通量增强和脱盐的显著增加。

**4. 二维材料**

原子厚度的二维(2D)材料代表具有极高渗透性的下一代膜材料。具有明确的传输通道和超低厚度的2D膜已经在液体和气体分离应用中表现出优异的性能。膜的独特原子厚度提供超低的质量传输阻力。2D膜的潜在材料包括沸石、混合有机骨架、石墨烯、二硫化钼等。目前这些膜的商业规模实施的主要挑战包括用于从大块晶体剥离高纵横比和完整纳米多孔单层的有限技术。在膜基质中钻孔具有所需特性(均匀、高密度、大面积、亚纳米尺寸)的孔,并将这些原子级膜放大成实际尺度的分离装置。

### 10.4.7 膜组件

在适当的膜可用之后,下一个重要的步骤是以特定的配置组装膜。这是通过在特定模块中容纳所需的膜区域来实现的。适当的模块设计具有几个特征,包括紧凑性、坚固性、热/浓差极化现象的减少、污垢的减少以及与热损失和压降相关的能量消耗。在设计良好的模块中,由于改进的流体动力学可以减轻热量和CP,因此确保更好地混合体内和膜表面存在的溶液。

已经有几种方法来改进MD工艺的模块设计,包括:①引入间隔物和挡板以引起趋于使通道内温度分布均匀化的湍流;②采用适当的流动方案(逆流、并流、交叉电流)以便在进料侧和渗透侧产生最大温度梯度;③使用不同的纤维构型;④利用热回收方案。间隔器已广泛用于提高平板膜组件的性能,适用于各种MD配置。间隔物中断正常的流动模式并改善体积和界面处存在的流体的混合,因此提供了控制温度极化的可能性。混合也可以通过引入各种中空纤维配置来改进,包括波浪形、螺旋形、卷曲形、间隔包裹形和间隔编织。这样的配置可以引起二次流或油恩涡,这些二次流或油恩涡可能使浓度和温度分布均匀化。流动通道。已经提出了不同的模块设计来回收MD中的热量(例如,MEVMD、PGMD,如10.2节中所述)。此外,为了从蒸汽中回收潜热,Singh和Sirkar在同一模块中引入了多孔和无孔中空纤维。含有冷液体(可以是MD中使用的进料溶液)的无孔中空纤维充当冷凝表面,以捕获来自通过多孔纤维的蒸汽的热量(图10.8)。

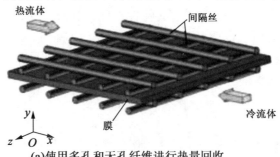

(a)使用多孔和无孔纤维进行热量回收

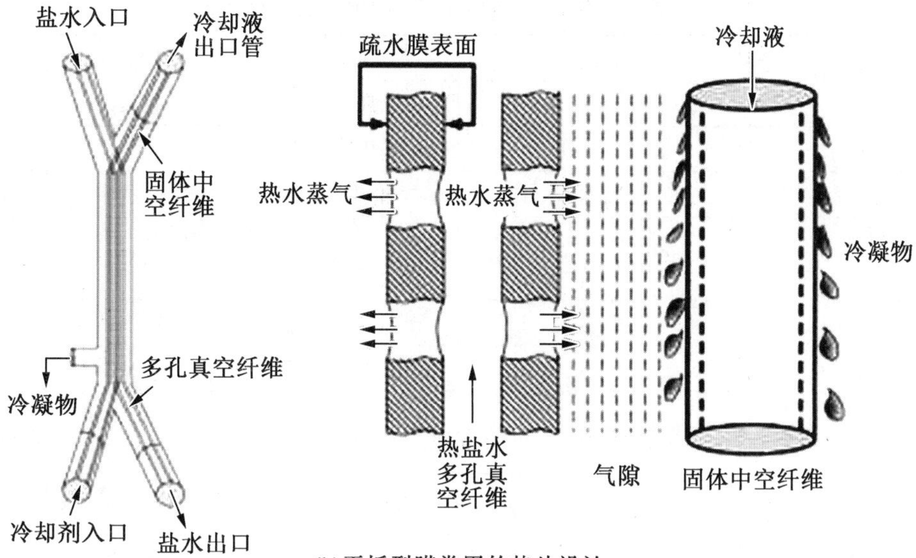

(b)平板型膜常用的垫片设计

图 10.8　使用多孔和无孔纤维进行热量回收和平板型膜常用的垫片设计

## 10.5　膜蒸馏应用

传统上,MD 被认为是为了脱盐,作为 RO 的替代品或克服 RO 和其他热脱盐技术的有限回收。但是,由于分离原理不同于传统的压力驱动膜工艺和较小的结垢倾向,已经探索了许多其他有趣的 MD 应用。

低温操作使 MD 对处理温度敏感产品(如药物化合物、果汁、乳制品、天然芳香族化合物等)具有吸引力。理论上 100% 非挥发性物质的排斥使 MD 工艺成为需要极高拒绝某些特性的应用的理想选择。如核废料或放射性水的处理和半导体工业用水的生产。在石油和天然气领域,产出水是盐,各种碳氢化合物和生产化学品的复杂混合物。通过实践状态过程处理这种复杂的流体确实具有挑战性。此外,生产过程中产出水的高压和高温为其立即处理提供了额外的复杂性。MD 作为独立工艺或与其他工艺(如正向渗透)整合,已经被证明是处理采出水和废水的一个非常有趣的候选者。同样,在实验室规模建立 MD 可以去除饮用水的重金属,如硼。MD 的另一个可能有趣的应用是从农业、家庭和工业废物中回收磷。由于其枯竭的水库,有很强的动力从其非传统来源回收磷。各种废水流中富含磷。MD 作为独立过程或与其他过程集成,不仅可用于控制水径流中的磷水平,还可用于从富磷流中回收磷晶体。

表 10.2 提供了最近文献中提到的各种应用 MD 的创新和潜在用途。

表 10.2　最近文献中提到的各种应用 MD 的创新和潜在用途

| 进料 | 目的 | 所用膜 | MD 配置 | 文献 |
| --- | --- | --- | --- | --- |
| 海水 | 除硼 | 聚偏二氟乙烯 | 膜蒸馏 | 62 |
| 模拟水 | 除铬 | 聚四氟乙烯 | 膜蒸馏 | 64 |
| 采油废水 | 脱盐 | 聚四氟乙烯 | 膜蒸馏 | 65 |
| N－甲基－2－吡咯烷酮水溶液 | N－甲基－2－吡咯烷酮 | 聚丙烯 | VMD | 66 |
| 冷却塔倒水 | 脱盐 | FS 聚丙烯 | 膜蒸馏 | 67 |
| 氨水溶液 | 除氨 | 聚偏二氟乙烯毛细管 | 膜蒸馏 | 67 |
| 橄榄油废料磨水 | 浓缩酚类化合物 | FS 聚四氟乙烯 | 膜蒸馏和 MDCMD | 68 |
| 生产水 | 脱盐 | FS 聚四氟乙烯 | 膜蒸馏 | 68 |
| 模型乳糖的解决方案 | 乙醇发酵 | 聚丙烯毛细管膜 | AGMD | 69 |
| 痕量 OC 的合成溶液 | 去除复杂的痕量有机化合物 | FS 聚四氟乙烯 | 膜蒸馏 | 70 |
| 硫酸水溶液 | $H_2SO_4$ 溶液的浓度 | 聚丙烯中空纤维 | 膜蒸馏 | 71 |
| NF 和 RO 的缓凝剂 | 改善水 RF 和盐结晶 | 聚偏二氟乙烯中空纤维 | 多重作用 MD | 21 |
| 大咸湖的水 | 矿物 | FS 聚四氟乙烯和聚丙烯 | 膜蒸馏 | 72 |
| Zablocka 热盐水 | 盐水 | 聚丙烯自然生长中空纤维 | 膜蒸馏 | 74 |
| 甘油发酵液 | 从培养液中分离醋酸 | 自然生长聚丙烯中空纤维 | 膜蒸馏 | 75 |
| 合成放射性废水 | 放射性元素的去除 | 疏水性烯丙基改性 FS PS 或聚醚砜 | 膜蒸馏 | 76 |
| 含不同浓度砷的废水 | 移除砷 | 聚丙烯和 FS 聚偏二氟乙烯 | 膜蒸馏 | 77 |
| 稀甘油废水 | 浓缩甘油 | FS 聚四氟乙烯 | 膜蒸馏 | 78 |
| 包裹的混合物 | 乙醇分离 | FS 聚四氟乙烯 | DCMD | 79 |

# 参 考 文 献

[1] Calabrò, V.; Jiao, B. L.; Drioli, E. Theoretical and Experimental Study on Membrane Distillation in the Concentration of Orange Juice. Ind. Eng. Chem. Res. 1994, 33, 1803.

[2] El-Bourawi, M. S.; Ding, Z.; Khayet, M. A Framework for Better Understanding Membrane Distillation Separation Process. J. Membr. Sci. 2006, 285, 4.

[3] Calabrò, V.; Drioli, E.; Matera, F. Membrane Distillation in Textile Wastewater Treatment. Desalination 1991, 83, 209.

[4] Alklaibi, A. M.; Lior, N. Membrane-Distillation Desalination: Status and Potential. Desalination 2005, 171, 111.

[5] Cabassud, C.; Wirth, D. Membrane Distillation for Water Desalination: How to Choose an Appropriate Membrane? Desalination 2003, 157, 307.

[6] Chouikh, R.; Bouguecha, S.; Dhahbi, M. Modeling of Amodified Air Gap Distillation Membrane for the Desalination of Seawater. Desalination 2005, 181, 257.

[7] Cath, T. Y.; Dean Adams, V.; Childress, A. E. Experimental Study of Desalination Using Direct Contact Membrane Distillation: A New Approach to Flux Enhancement. J. Membr. Sci. 2004, 228, 5.

[8] Findley, M. E. Vaporization Through Porous Membranes. Ind. Eng. Chem. Process. Des. Dev. 1967, 6 (2), 226-230.

[9] Bodell, B. R. Silicone Rubber Vapor Diffusion in Saline Water Distillation. US Patent 285,032, 1963.

[10] Lawson, K. W.; Lloyd, D. R. Membrane Distillation. J. Membr. Sci. 1997, 124 (1), 1-25.

[11] Macedonio, F. Membrane Distillation (MD). In Encyclopedia of Membranes Springer: Berlin, 2015; pp. 1-9. doi:10.1007/978-3-642-40872-4_361-2.

[12] http://www.pub.gov.sg/research/Key_Projects/Pages/Membrane3.aspx.

[13] Hanemaaijer, J. H. Memstills—Low Cost Membrane Distillation Technology for Seawater Desalination. Desalination 2004, 168, 355.

[14] Jansen, A. E.; Assink, J. W.; Hanemaaijer, J. H.; van Medevoort, J.; van Sonsbeek, E. Development and Pilot Testing of Full-Scale Membrane Distillation Modules for Deployment of Waste Heat. Desalination 2013, 323, 55-65.

[15] Camacho, L. M.; Dumée, L.; Zhang, J.; Li, J.-d.; Duke, M.; Gomez, J.; Gray, S. Advances in Membrane Distillation for Water Desalination and Purification Applications. Water 2013, 5, 94-196.

[16] http://www.aquastill.nl/Modules.html.

[17] Zhao, K.; Heinzl, W.; Wenzel, M.; Buttner, S.; Bollen, F.; Lange, G.; Heinzl, S.; Sarda, N. Experimental Study of the Memsys Vacuum-Multi-Effect-Membrane-Distillation (VMEMD) Module. Desalination 2013, 323, 150-160.

[18] Francis, L.; Ghaffour, N.; Alsaadi, A. A.; Amy, G. L. Material Gap Membrane Distillation: A New Design for Water Vapor Flux Enhancement. J. Membr. Sci. 2013, 448, 240-247.

[19] Wang, P.; Chung, T.-S. Recent Advances in Membrane Distillation Processes:

Membrane Development, Configuration Design and Application Exploring. J. Membr. Sci. 2015, 474, 39 – 56.

[20] Qin, Y.; Liu, L.; He, F.; Liu, D.; Wu, Y. Multi – Effect Membrane Distillation Device with Efficient Internal Heat Reclamation Function and Method. China Patent 201010570625, 2013.

[21] Li, X.; Qin, Y.; Liu, R.; Zhang, Y.; Yao, K. Study on Concentration of Aqueous Sulfuric Acid Solution by Multiple – Effect Membrane Distillation. Desalination 2012, 307, 34 – 41.

[22] Gryta, M. Osmotic MD and Other Membrane Distillation Variants. J. Membr. Sci. 2005, 246 (2), 145 – 156.

[23] Drioli, E.; Criscuoli, A.; Curcio, E. Membrane Contactors: Fundamentals, Applications and Potentialities. In Membrane Science and Technology Elsevier: Amsterdam/Boston, 2006. Series 11.

[24] Drioli, E.; Ali, A.; Macedonio, F. Membrane Distillation: Recent Developments and Perspectives. Desalination 2015, 356, 56 – 84.

[25] El – Bourawi, M. S.; Ding, Z.; Ma, R.; Khayet, M. Review. A Framework for Better Understanding Membrane Distillation Separation Process. J. Membr. Sci. 2006, 285, 4 – 29.

[26] Winter, D.; Koschikowski, J.; Wieghaus, M. Desalination Using Membrane Distillation: Experimental Studies on Full Scale Spiral Wound Modules. J. Membr. Sci. 2011, 370, 104 – 112.

[27] Ali, A.; Macedonio, F.; Drioli, E.; Aljlil, S.; Alharbi, O. A. Experimental and Theoretical Evaluation of Temperature Polarization Phenomenon in Direct Contact Membrane Distillation. Chem. Eng. Res. Des. 2013, 91 (10), 1966 – 1977.

[28] Kang, G.; Cao, Y. Application and Modification of Poly (Vinylidene fl Uoride) (PVDF) Membranes—A Review. J. Membr. Sci. 2014, 463, 145 – 165.

[29] Liu, F.; Hashim, N. A.; Liu, Y.; Abed, M. R. M.; Li, K. Progress in the Production and Modification of PVDF Membranes. J. Membr. Sci. 2011, 375, 1 – 27.

[30] Tijing, L. D.; Choi, J.; Lee, S.; Kim, S.; Kyong, H. Recent Progress of Membrane Distillation Using Electrospun Nanofibrous Membrane. J. Membr. Sci. 2014, 453, 435 – 462.

[31] Singh, B.; Guillen – burrieza, E.; Arafat, H. A.; Hashaikeh, R. Fabrication and Characterization of Electrospun Membranes for Direct Contact Membrane Distillation. J. Membr. Sci. 2013, 428, 104 – 115.

[32] Drioli, E.; Ali, A.; Simone, S.; Macedonio, F.; AL – Jlil, S. A.; Al Shabonah, F. S.; Al – Romaih, H. S.; Al – Harbi, O.; Figoli, A.; Criscuoli, A. Novel PVDF Hollow Fiber Membranes for Vacuum and Direct Contact Membrane Distillation Applications. Sep. Purif. Technol. 2013, 115, 27 – 38.

[33] Shirazi, M. M. A.; Kargari, A.; Tabatabaei, M. Evaluation of Commercial PTFE Membranes in Desalination by Direct Contact Membrane Distillation. Chem. Eng. Process. Process Intensif. 2014,76, 16 – 25.

[34] Hausmann, A.; Sanciolo, P.; Vasiljevic, T.; Weeks, M.; Schroën, K.; Gray, S.; Duke, M. Fouling of Dairy Components on Hydrophobic Polytetrafluoroethylene (PTFE) Membranes for Membrane Distillation. J. Membr. Sci. 2013,442, 149 – 159.

[35] Ahn, Y. T.; Hwang, Y. H.; Shin, H. S. Application of PTFE Membrane for Ammonia Removal in a Membrane Contactor. Water Sci. Technol. 2011,63 (12), 2944 – 2948.

[36] Gugliuzza, A.; Drioli, E. PVDF and HYFLON AD Membranes: Ideal Interfaces for Contactor Applications. J. Membr. Sci. 2007,300 (1 – 2), 51 – 62.

[37] Calle, M.; Lee, Y. M. Thermally Rearranged (TR) Poly(Ether Benzoxazole) Membranes for Gas Separation. Macromolecules 2011,44 (5), 1156 – 1165.

[38] Scholes, C. A.; Freeman, B. D.; Kentish, S. E. Water Vapor Permeability and Competitive Sorption in Thermally Rearranged (TR) Membranes. J. Membr. Sci. 2014,470, 132 – 137.

[39] Kim, J. H.; Park, H.; Lee, J.; Lee, M.; Lee, H.; Lee, K. H.; Kang, R.; Jo, J.; Kim, J. F.; Moo, Y. Environmental Science Desalination; Energy Environ. Sci. 2016.

[40] Nair, R. R.; Wu, H. A.; Jayaram, P. N.; Grigorieva, I. V.; Geim, A. K. Unimpeded Permeation of Water Through Helium – Leak – Tight Graphene – Based Membranes. Science 2012,335 (6067), 442 – 444.

[41] Huang, K.; Liu, G.; Lou, Y.; Dong, Z.; Shen, J.; Jin, W. A Graphene Oxide Membrane with Highly Selective Molecular Separation of Aqueous Organic Solution. Angew. Chem. Int. Ed. Engl. 2014,53 (27), 6929 – 6932.

[42] Sun, P.; Zhu, M.; Wang, K.; Zhong, M.; Wei, J.; Wu, D.; Xu, Z.; Zhu, H. Selective Ion Penetration of Graphene Oxide Membranes. ACS Nano 2013,7 (1), 428 – 437.

[43] Du, H.; Li, J.; Zhang, J.; Su, G.; Li, X.; Zhao, Y. Separation of Hydrogen and Nitrogen Gases with Porous Graphene Membrane. J. Phys. Chem. C 2011,115, 23261 – 23266.

[44] Han, Y.; Xu, Z.; Gao, C. Ultrathin Graphene Nanofiltration Membrane for Water Purification. Adv. Funct. Mater. 2013,23 (29), 3693 – 3700.

[45] Musico, Y. L. F.; Santos, C. M.; Dalida, M. L. P.; Rodrigues, D. F. Surface Modification of Membrane Filters Using Graphene and Graphene Oxide – Based Nanomaterials for Bacterial Inactivation and Removal. ACS Sustain. Chem. Eng. 2014,2, 1559 – 1565.

[46] Lee, J.; Chae, H.-R.; Won, Y. J.; Lee, K.; Lee, C.-H.; Lee, H. H.; Kim, I.-C.; Lee, J. Graphene Oxide Nanoplatelets Composite Membrane with Hydrophilic and Antifouling Properties for Wastewater Treatment. J. Membr. Sci. 2013, 448, 223-230.

[47] Gethard, K.; Sae-Khow, O.; Mitra, S. Water Desalination Using Carbon-Nanotube-Enhanced Membrane Distillation. ACS Appl. Mater. Interfaces 2011, 3(2), 110-114.

[48] Dumée, L.; Campbell, J. L.; Sears, K.; Schütz, J.; Finn, N.; Duke, M.; Gray, S. The Impact of Hydrophobic Coating on the Performance of Carbon Nanotube Bucky-Paper Membranes in Membrane Distillation. Desalination 2011, 283, 64-67.

[49] Dumée, L. F.; Sears, K.; Schütz, J.; Finn, N.; Huynh, C.; Hawkins, S.; Duke, M.; Gray, S. Characterization and Evaluation of Carbon Nanotube Bucky-Paper Membranes for Direct Contact Membrane Distillation. J. Membr. Sci. 2010, 351 (1-2), 36-43.

[50] Liu, G.; Jin, W.; Xu, N. Two-Dimensional-Material Membranes: A New Family of High-Performance Separation Membranes Minireviews. Angew. Chem. Int. Ed. Engl. 2016, 55, 2-16.

[51] Mart, L.; Rodríguez-Maroto, J. M. Characterization of Membrane Distillation Modules and Analysis of Mass Flux Enhancement by Channel Spacers. J. Membr. Sci. 2006, 274, 123-137.

[52] Chernyshov, M. N.; Meindersma, G. W.; De Haan, A. B. Comparison of Spacers for Temperature Polarization Reduction in Air Gap Membrane Distillation. Desalination 2005, 183 (1-3), 363-374.

[53] Al-Sharif, S.; Albeirutty, M.; Cipollina, A.; Micale, G. Modelling Flow and Heat Transfer in Spacer-Filled Membrane Distillation Channels Using Open Source CFD Code. Desalination 2013, 311, 103-112.

[54] Yang, X.; Wang, R.; Fane, A. G. Novel Designs for Improving the Performance of Hollow Fiber Membrane Distillation Modules. J. Membr. Sci. 2011, 384 (1-2), 52-62.

[55] Ali, A.; Aimar, P.; Drioli, E. Effect of Module Design and Flow Patterns on Performance of Membrane Distillation Process. Chem. Eng. J. 2015, 277, 368-377.

[56] Singh, D.; Sirkar, K. K. Desalination by Air Gap Membrane Distillation Using a Two Hollow-Fiber-set Membrane Module. J. Membr. Sci. 2012, 421-422, 172-179.

[57] Shakaib, M.; Hasani, S. M. F.; Ahmed, I.; Yunus, R. M. A CFD Study on the Effect of Spacer Orientation on Temperature Polarization in Membrane Distillation Modules. Desalination 2012, 284, 332-340.

[58] Adham, S.; Hussain, A.; Matar, J. M.; Dores, R.; Janson, A. Application of Membrane Distillation for Desalting Brines from Thermal Desalination Plants. Desalina-

tion 2013, 314, 101 – 108.

[59] Fakhru'l – Razi, A.; Pendashteh, A.; Abdullah, L. C.; Biak, D. R. A.; Madaeni, S. S.; Abidin, Z. Z. Review of Technologies for Oil and Gas Produced Water Treatment. J. Hazard. Mater. 2009, 170 (2 – 3), 530 – 551.

[60] Macedonio, F.; Ali, A.; Poerio, T.; El – sayed, E.; Drioli, E.; Abdel – jawad, M. Direct Contact Membrane Distillation for Treatment of Oilfield Produced Water. Sep. Purif. Technol. 2014, 126, 69 – 81.

[61] Xie, M.; Nghiem, L. D.; Price, W. E.; Elimelech, M. A Forward Osmosis – Membrane Distillation Hybrid Process for Direct Sewer Mining: System Performance and Limitations. Environ. Sci. Technol. 2013, 47 (23), 13486 – 13493.

[62] Hou, D.; Dai, G.; Wang, J.; Fan, H.; Luan, Z.; Fu, C. Boron Removal and Desalination from Seawater by PVDF Flat – Sheet Membrane Through Direct Contact Membrane Distillation. Desalination 2013, 326, 115 – 124.

[63] Xie, M.; Nghiem, L. D.; Price, W. E.; Elimelech, M. Toward Resource Recovery from Wastewater: Extraction of Phosphorus from Digested Sludge Using a Hybrid Forward Osmosis—Membrane Distillation Process. Environ. Sci. Technol. Lett. 2014, 1, 191 – 195.

[64] Bhattacharya, M.; Dutta, S. K.; Sikder, J.; Mandal, M. K. Computational and Experimental Study of Chromium (VI) Removal in Direct Contact Membrane Distillation. J. Membr. Sci. 2014, 450, 447 – 456.

[65] Singh, D.; Sirkar, K. K. Desalination of Brine and Produced Water by Direct Contact Membrane Distillation at High Temperatures and Pressures. J. Membr. Sci. 2012, 389, 380 – 388.

[66] Shao, F.; Hao, C.; Ni, L.; Zhang, Y.; Du, R.; Meng, J.; Liu, Z.; Xiao, C. Experimental and Theoretical Research on N – Methyl – 2 – Pyrrolidone Concentration by Vacuum Membrane Distillation Using Polypropylene Hollow Fiber Membrane. J. Membr. Sci. 2014, 452, 157 – 164.

[67] Yu, X.; Yang, H.; Lei, H.; Shapiro, A. Experimental Evaluation on Concentrating Cooling Tower Blowdown Water by Direct Contact Membrane Distillation. Desalination 2013, 323, 134 – 141.

[68] Qu, D.; Sun, D.; Wang, H.; Yun, Y. Experimental Study of Ammonia Removal from Water by Modified Direct Contact Membrane Distillation. Desalination 2013, 326, 135 – 140.

[69] Alkhudhiri, A.; Darwish, N.; Hilal, N. Produced Water Treatment: Application of Air Gap Membrane Distillation. Desalination 2013, 309, 46 – 51.

[70] Tomaszewska, M.; Białoń'czyk, L. Production of Ethanol from Lactose in a Bioreactor Integrated with Membrane Distillation. Desalination 2013, 323, 114 – 119.

[71] Wijekoon, K. C.; Hai, F. I.; Kang, J.; Price, W. E.; Cath, T. Y.; Nghiem, L.

D. Rejection and Fate of Trace Organic Compounds (TrOCs) During Membrane Distillation. J. Membr. Sci. 2014, 453, 636-642.

[72] Tun, C. M.; Groth, A. M. Sustainable Integrated Membrane Contactor Process for Water Reclamation, Sodium Sulfate Salt and Energy Recovery from Industrial Effluent. Desalination 2011, 283, 187-192.

[73] Hickenbottom, K. L.; Cath, T. Y. Sustainable Operation of Membrane Distillation for Enhancement of Mineral Recovery from Hypersaline Solutions. J. Membr. Sci. 2014, 454, 426-435.

[74] Gryta, M. The Concentration of Geothermal Brines with Iodine Content by Membrane Distillation. Desalination 2013, 325, 16-24.

[75] Gryta, M.; Markowska-Szczupak, A.; Bastrzyk, J.; Tomczak, W. The Study of Membrane Distillation Used for Separation of Fermenting Glycerol Solutions. J. Membr. Sci. 2013, 431, 1-8.

[76] Khayet, M. Treatment of Radioactive Wastewater Solutions by Direct Contact Membrane Distillation Using Surface Modified Membranes. Desalination 2013, 321, 60-66.

[77] Criscuoli, A.; Bafaro, P.; Drioli, E. Vacuum Membrane Distillation for Purifying Waters Containing Arsenic. Desalination 2013, 323, 17-21.

[78] Shirazi, M. M. A.; Kargari, A.; Tabatabaei, M.; Ismail, A. F.; Matsuura, T. Concentration of Glycerol from Dilute Glycerol Wastewater Using Sweeping Gas Membrane Distillation. Chem. Eng. Process. Process Intensif. 2014, 78, 58-66.

[79] Shirazi, M. M. A.; Kargari, A.; Tabatabaei, M. Sweeping Gas Membrane Distillation (SGMD) as an Alternative for Integration of Bioethanol Processing: Study on a Commercial Membrane and Operating Parameters. Chem. Eng. Commun. 2014, 202 (4), 457-466, 140917052218009.

# 第 11 章 膜结晶技术

## 缩写

| | | | |
|---|---|---|---|
| CNT | 经典成核理论 | FO | 正向渗透 |
| HEWL | 鸡蛋清溶菌酶 | MCr | 膜结晶 |
| MD | 膜蒸馏 | NF | 纳滤 |
| PP | 聚丙烯 | RO | 反渗透 |

## 符号

| | | | |
|---|---|---|---|
| $A$ | 指前因子的动力学参数 | $n^*$ | 临界体积 |
| $a$ | 活性 | $n_p$ | 膜中的气孔数量 |
| $A_{12}$ | 核/溶液界面区域 | $p$ | 分压 |
| $A_{23}$ | 溶液/底物界面区域 | $P$ | 液体静压力 |
| $A_{het}$ | 非均相成核的指前因子的动力学参数 | $p^0$ | 纯组分蒸气压 |
| $A_{hom}$ | 均相成核的指前因子的动力学参数 | $p^0_{背弧面}$ | 气-液界面曲率 |
| $A_m$ | 膜区域 | $P_{入口}$ | 入口压力极限 |
| $B$ | 增长率 | $R$ | 气体常数 |
| $c$ | 液体摩尔密度 | $r$ | 曲率半径 |
| $c_a$ | 非均相颗粒浓度 | $r_p$ | 孔隙半径 |
| $c_b$ | 容器中的浓度 | $S$ | 过饱和 |
| $c_m$ | 接近膜表面的浓度 | $T$ | 绝对温度 |
| $D_i^k$ | 克努曾扩散系数 | $t$ | 时间 |
| $\Delta a$ | 活动梯度 | $T_{cry}$ | 结晶温度 |
| $dG, \Delta G$ | 吉布斯自由能变化 | $T_d$ | 馏出物温度 |
| $\Delta p$ | 蒸汽压力梯度 | $t_{ind}$ | 诱导时间 |
| $\Delta T$ | 温度梯度 | $V$ | 体积 |
| $\Delta z$ | 膜厚度 | $W^*$ | 成核作业 |
| $F$ | 法拉第常数 | $x$ | 液体摩尔分数 |
| $I$ | 电流强度 | $y$ | 蒸汽摩尔分数 |
| $J$ | 横跨膜流量 | $z$ | 离子价态 |

| | | | |
|---|---|---|---|
| $k_B$ | 玻耳兹曼常数 | $\alpha$ | 接触角 |
| MW | 分子量 | $\gamma, \gamma_{12}$ | 核/溶液界面能量 |
| $N$ | 恒定成核率 | $\gamma_{13}$ | 核/底物界面能量 |
| $n$ | 摩尔数 | $\gamma_{23}$ | 溶液/底物界面能量 |
| $\lambda$ | 汽化潜热 | $\gamma_{eff}$ | 有效的核/溶液界面能量 |
| $\mu$ | 电化学势 | $\gamma_L$ | 液体表面张力 |
| $\xi$ | 活度系数 | $\varepsilon$ | 总孔隙率 |
| $\tau$ | 弯曲系数 | $\psi$ | 依靠温度和电容率的常数 |
| $v_0$ | 分子体积 | $\Omega$ | 摩尔体积 |
| $\varphi$ | 电势 | $\phi$ | 非均相和均相成核自由能比率 |

## 11.1 概　　述

如今,生产固态物质的必要性要求在工业、技术和科学研究的各个领域都非常苛刻。许多日常使用的产品,例如添加剂、药物、精细化学品和颜料,以结晶形式销售。这是因为固态使这些产品更易于存储,更易于用户管理并延长保质期。在一些技术领域,例如,在微电子、非线性光学和传感器应用中,固态是实现单晶半导体器件的基础;此外,结晶材料用于多相催化,活性物质的控制释放,以及纳米技术中。在科学研究方面,基于结构的研究需要单晶或粉末,特别强调合理药物设计和基于结构的材料开发的医学进步。

通常,诸如晶体形态(形状、尺寸和尺寸分布)、结构(多晶型)和纯度的晶体性质对产品的最终使用具有显著影响,并且需要控制它们以提高产品质量。在结晶粉末的情况下,晶体形态是主要特征。优选的晶体形状对于从母液中有效过滤颗粒是必要的,以确保在制备片剂时的最佳可压缩性,对于颜料的特定光学行为等。在多相催化中,体积小的、高度单分散的大小和均匀的晶体适合于实现最高的表面积与体积比和催化表面效率。在制药工业中,同一物质的不同多晶型被认为是多种材料具有自身的物理、化学和生物特性,从而使它们成为多样化和可获得专利的物质。在蛋白质的情况下,通过 X 射线衍射分析在原子分辨率水平上确定结构需要大的高质量晶体。

尽管有这些要求,但目前使用的结晶技术,例如蒸汽扩散、间歇反应器和反溶剂结晶具有一些不利于产品质量的限制,主要挑战是产品特性的可重复性差,这与不完全混合和(或)在工厂上的溶剂去除或反溶剂添加点的不均匀分布的过饱和的有限控制相关。此外,在常规蒸发器或真空系统中加热的高能量要求是另外的限制。

因此,开发可以以良好控制的方式操作的新结晶过程的可能性将代表许多领域的基本贡献,对生命科学的整个领域具有特别的影响。对生物领域越来越感兴趣,这更加合理,因为从结构复杂的生物大分子生产晶体的内在困难,增加控制和调节所生产材料的最终性质的必要性仍然没有得到解决。

在这些基础上,在过去几年中,提出了膜辅助结晶的创新概念。它基于使用膜作为合适的工具,通过调节膜的物理化学性质来促进和控制异相成核动力学(即表面化学、孔隙率、粗糙度和疏水性/亲水性)。该技术的主要益处从生物矿化现象和蛋白质结晶的研究中显而易见,在膜表面上成核相对于常规结晶技术以更高的速率成核,同时保持优异的结构顺序。此外,通过精细控制过饱和度和促进特定分子-膜相互作用来选择特定多晶型的能力在制药工业中引起了极大的兴趣。从视角来看,膜技术可以有利地引入一个有效和创新的选择,以改善工业结晶。

今天,基于膜的装置与混合系统中的常规操作的集成已经在海水淡化、废水处理以及高纯度矿物的分离和回收中显示出明显的益处。在这方面,膜结晶(MCr)可用于海水淡化、纳滤(NF)和反渗透(RO)盐水的处理,以获得增加的水回收率并获得有价值的结晶产物。MCr 在海水淡化和废水处理中的应用提供了利用与淡水相关的低品质能量同时提取淡水和矿物质的机会。

## 11.2 MCr 概念的发展

自膜利用开始以来,已观察到膜操作过程中发生结晶。然而,对这种现象的兴趣主要是采用有效避免它的策略,因为膜上方或孔内的晶体形成会导致严重的降解和剧烈的通量下降,从而导致过程失败。观察在海水淡化实践中面对高浓度盐水的聚合物 RO 膜表面上的沉积物沉积是 20 世纪 60 年代中期的第一个案例。实际上,结垢现象和高膜成本阻止了 RO 在海水淡化中的充分利用,直到成功的防垢方法,结合低成本不对称醋酸纤维素膜的商业化,使 RO 能够与传统的热脱盐方法竞争(并且实际上克服了)。同样对于 MD,在过去的几十年中出现了许多将结晶现象描述为产生通量下降的阻碍因素。因此,膜操作中发生的结晶直到几年前才被认为是副作用,而没有花费大量精力使用膜来辅助结晶过程。

第一次应用膜单元作为结晶器可以追溯到 1986 年,当时 RO 中空纤维模块中草酸钙的沉淀用于模拟肾小管中结石形成的早期阶段。1987 年,有可能明确提出了通过使用足够高浓度的 MD 以受控方式结晶溶质。1991 年,在通量降低到基本为零之后,通过 MD 在制药废水净化过程中回收牛磺酸晶体,将这一概念付诸实践。在同一年,RO 膜也经过测试,在渗透脱水过程中进行生物大分子的受控结晶。除了 MD 和 RO 膜之外,其他膜结晶操作的结晶研究尚未开始。20 世纪 90 年代,作为一个罕见的例子,Sluys 等描述了使用微滤将溶液浓度提高到种子结晶所需饮用软水的水平。

除了致力于开发 MCr 工艺或由于沉淀物引起的膜污染的研究之外,还对固体材料表面和晶体形成的发生率的总体框架进行了其他研究。在这些初步研究之后,在 2001 年,术语膜结晶器被创造出来。它指的是一种创新的概念,通过控制过饱和膜,在一个控制良好的通道中进行晶体成核和生长,从欠饱和溶液开始。今天定义的膜结晶器的工作原理可以被认为是 MD 或渗透蒸馏(OD)概念的延伸。根据这种设计,多孔疏水膜用于对无机盐以及有机和生物(大分子)分子进行良好控制的结晶过程。MCr 已成功应用于从不同流中回收有价值的盐和矿物质。已经报道了以晶体多晶型为目标，获得具有窄尺寸分布和高纯度的晶体的可能性。例如，在 MCr 生产 $Na_2CO_3$ 的研究中，已经实现了 $Na_2CO_3$ 晶体的纯度达到 99.5%。MCr 的简单控制之前已经显示出通过改变操作条件来瞄准所需多晶型物的巨大潜力。在案例研究中，选择 MCr 的操作条件（特别是关于温度）以解决形成硫酸钠作为芒硝，具有窄的尺寸分布和低杂质掺入。

文献中报道的大量关于膜蒸馏-结晶（MDCr）发展的研究致力于操作参数和膜性质对结垢的影响。由于在 MDCr 中同时发生结晶和分离，因此对于优化操作条件以减少结垢和最大化水产量非常重要。在组合的 MDCr 工艺中，由均匀成核引起的结晶在本体溶液中发生。此外，在膜表面附近的边界层中存在的膜和局部浓度极化可以降低成核的能垒并促进异相成核。在试图改善膜进料侧附近的进料搅拌的研究中，已经研究了诸如引入挡板和间隔物，振动和通气的策略以克服温度极化、浓度极化和结垢。在一些情况下，研究了操作条件对 MDCr 中结垢形成的膜污染机理的影响。进料温度变化对膜通量方面 MDCr 性能的影响表明，进料温度升高会增加膜通量。虽然在较高的进料温度下通量随着时间的推移而迅速下降，但这是由于在膜边缘层出现膜结垢和盐过饱和，因此有利于润湿。为了防止盐过饱和，计算了临界通量。通过保持膜通量低于临界通量，在连续 MDCr 操作期间实现了稳定的膜性能。此外，关于流速对通量下降和结晶的影响的研究表明，中间流速导致最低的结垢倾向。在低流速下，通过表面和本体结晶发生通量下降。在高流速下，由于二次成核的发生，体结晶变得更加重要。流速也影响 MDCr 中形成的晶体的尺寸，并且流速的增加导致晶体尺寸的减小。此外，在不同位置诱导成核和晶体生长的可能性，从而降低膜污染的风险，即使当相同的膜支持异相成核时，也是避免在膜表面上结垢和晶体沉积的另一种策略。

使用这种方法生产了适用于 X 射线衍射分析的高质量蛋白质晶体。在 2000 年之后，有几篇论文描述了 MCr 技术的使用及其优于传统蒸发技术的优势。通过作用于 MCr 的主要操作条件可能性，促进蛋白质特定晶形的形成和控制小有机分子的形态和多态性已被充分记载。MCr 的成功应用，与适当的膜的可用性和相关的热量和质量传递现象的理解密切相关。膜材料、形态和表面特性在工艺性能和稳定性方面起着至关重要的作用。

在过去的几年中，一些其他的工作报道了在设计结晶操作中使用膜。固体（无孔）中空纤维，其中进料溶液流过内腔侧，冷却溶液流过壳侧，从而诱导溶质成核并在低于饱和温度的温度下生长，已用于结晶。膜-基于 NF 和 RO 阶段的辅助结晶操作以在批量冷却结晶之前浓缩物流最近已用于一些有机物质。仿生正向渗透（FO）膜构成了现有 MCr 方法的潜在替代方案。将仿生 FO 膜应用于膜结晶器中，可以获得良好的性能，没有膜结垢或堵塞。

用于结晶的膜的特殊应用依赖于反溶剂结晶过程。一种结晶装置，其中结晶溶液被迫通过一种或多种反溶剂中的膜，用于可能结晶的物质或者一种或多种反溶剂被迫在包含待结晶物质的溶液中以产生具有窄晶体的颗粒尺寸分布已于 2004 年提出。相同的概念用于 L-天冬酰胺-水合物的结晶。在该系统中，溶液（无论结晶溶液或抗溶剂）通过多孔膜直接压在液相中以克服突破性压力。因此，膜的疏水/亲水性质对于该方法不是问题,除了亲水性膜对于水溶液将获得更高的流量,从而获得更高的生产率。

MCr 概念延伸到抗溶剂过程,是一种多孔膜用于计算结晶溶液中抗溶剂的用量而被提出。在该系统中,已经开发了两种操作配置:溶剂/反溶剂分层和反溶剂添加 MCR。在两种情况下,根据 MCr 的一般概念,溶剂/反溶剂迁移发生在气相中,并且与上述构型不同,不是通过迫使其在液相中通过膜。由多孔膜控制的反溶剂的选择性和精确定量给料允许在过程期间和成核点上更精细地控制结晶溶液组合物,从而有利于最终晶体特征。

膜结晶器的概念已被用于生产用于蛋白质结晶的微流体系统。这些装置由传统的蒸汽扩散装置组成,其中通常由聚(二甲基硅氧烷)制成的聚合物膜用于分离结晶和储存原液。根据若干操作参数,从大分子溶液到储层的溶剂蒸发速率的控制导致产生高质量晶体和(或)具有特定形态,适用于 X 射线衍射分析。

今天,人们越来越关注具有定制表面特性和结构的新型功能膜的制造,以促进异质成核梳理,并通过膜对过饱和度进行精细可调控制,适用于 MCr。近年来,开发功能性已经研究了在合适的固体载体(异核细胞)中结晶的一般优点与膜辅助结晶的结合的材料。已经制备了不同的水凝胶复合膜,其通常由疏水/亲水多孔膜的顶表面上的薄水凝胶层组成,并且用于蛋白质结晶和生物矿化测试。在蛋白质结晶中,已经报道了通过获得具有增强的衍射性质和较低蛋白质浓度的晶体来提高结晶效率。此外,水凝胶复合膜已被优化为平台以创建与溶质相容的环境,这是结晶作为生物矿化和多态选择研究的平台,并提供了获取非经典中晶结构的途径。最近已经实现了离子交换水凝胶复合膜作为生物固定合成控制多态性的 $Ca_2CO_3$ 超结构的新平台的开发和应用。不同形态的碳酸钙晶体的形成,已经证明了水凝胶复合膜作为生物矿化的合适平台的应用潜力。通过精细控制 $CO_2$ 的扩散速率,为 $Ca_2CO_3$ 结晶提供了合适的化学和纳米结构环境。

### 11.2.1 海水淡化和矿物回收中的 MCr

参考集成的膜系统,NF/RO 盐水可以在 MCr 单元中浓缩,直至形成盐晶体。从 NF 渗余物中获得的 NaCl、$CaCO_3$ 和泻盐($MgSO_4 \cdot 7H_2O$)作为固体产物,NaCl 是来自 RO 盐水的产物,而通过进一步提高浓缩因子可以生产其他产物如 LiCl。结合膜脱盐操作和矿物回收用于水和矿物生产,MCr 也可用于海水淡化厂,通过利用 RO – MD – MCr 集成系统回收其他具有高经济效益的物质,如钡、锶、锂和铜。为了达到这个目的,已经进行了几项研究,结果表明,从 RO 盐水中回收锶和锂可能部分取代了采矿,分别贡献了 90% 和 13%。最近,高度可溶性成分的回收如使用 MCr 的锂已成功报道。在该研究中,还比较分析了各种 MD 构型,以同时从高浓度 LiCl 溶液中回收水和晶体。通过调节操作条件已经获得了不同的多晶形式的 LiCl 晶体(即在高热和流体动力学条件下形成斜方晶结构,而在温和的操作条件下形成立方结构)。

在其他工作中,已经研究了 MCr 的潜力,用于结晶高价值的盐如高纯度的碳酸钠和硫酸钠的结晶。渗透性 MD 已经成功地用于从富含 $CO_2$ 的溶液中产生 $Na_2CO_3$ 晶体以封闭 $CO_2$ 封存环。进一步研究了无机杂质对 $Na_2CO_3$ 结晶的影响,考虑到 $CO_2$ 捕获的现实情景,已证明在排除杂质共晶的情况下,可以得到纯度为 99.5% 的晶体。在传统的矿物结晶中,不需要共结晶。MCr 已成功应用于从水溶液中分离和回收 $Na_2CO_3$ 和 $Na_2SO_4$。

最近，为了使 $Na_2CO_3$ 和 $Na_2SO_4$ 单独结晶并避免共结晶，已经开发了基于 MCr 与使用 $Ca(OH)_2$ 作为试剂的沉淀阶段相结合的整合方法。在 MCr 中使用中间沉淀步骤获得了纯的 $Na_2CO_3$ 和 $Na_2SO_4$ 晶体，已经报道了回收最大量的纯 $Na_2CO_3$ 和 $Na_2SO_4$ 并避免共结晶。

### 11.2.2 用于生物(大)分子结晶和生物矿化的膜

除了致力于开发 MCr 工艺(即操作参数，结垢或沉淀结垢现象)和集成脱盐系统的研究之外，还对固体材料表面和晶体形成的发生率的总体框架进行了研究。膜表面不仅可以通过降低聚集能量而且通过由特定聚合物分子界面相互作用驱动的结构匹配来促进异相成核，这是根据类似于外延生长的机制。已经研究了纳米结构疏水膜的使用，以促进生物分子的结晶。此外，多孔膜表面激活特定的分子－膜相互作用，有力地影响成核机制，从而允许分子在过饱和的条件下聚集，而不是足以进行自发成核。在这方面，已经研究了通过调节膜的物理化学性质(即表面化学、孔隙率、粗糙度和疏水性/亲水性)来促进异质成核动力学的能力，并且证明了表面的化学性质决定了它是否作为一种有效的成核活性基质，增加的表面粗糙度可以正面或负面地影响成核密度，这取决于表面的表面润湿性。

近年来，已经研究了制备水凝胶复合膜的可能性及其作为生物(大分子)和活性药物结晶的异质核化支持的潜在用途。在一项研究中，制备了聚丙烯酰胺和 PP 膜上负载的聚乙二醇二甲基丙烯酸酯水凝胶，并用于鸡蛋清溶菌酶(HEWL)和伴刀豆球蛋白的结晶。试验膜辅助结晶装置和结晶系统的机理如图 11.1 所示。用这两种蛋白质进行的测试证实，水凝胶膜允许获得较低浓度的晶体，并且衍射质量分析显示产生高衍射质量的晶体。

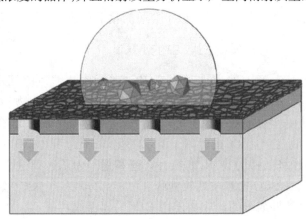

图 11.1 用于蛋白质结晶的膜辅助结晶试验装置

一滴高分子溶液位于复合膜上方，膜提供了与储层(汽提)溶液(向下)的物理接触，因此在作用下，只有挥发性溶剂分子以气相方式从底物(凝胶和膜)的干燥孔中穿过，从结晶流向汽提溶液。驱动力当蛋白质溶液集中在液滴内部时，过饱和会导致成核和晶体生长

(Di Profio, G.; Polino, M.; Nicoletta, F. P.; Belviso, B. D.; Caliandro, R.; Fontananova, E.; De Filpo, G.; Curcio, E.; Drioli, E. Tailored Hydrogel Membranes for Efficient Protein Crystallization. Adv. Funct. Mater. 2014, 24(11), 1583. Copyright John Wiley & Sons, Inc.)

在碳酸钙生物矿化的研究中，制备了聚丙烯酸和负载在 PP 膜上的甲基丙烯酸 2－羟乙酯水凝胶,并将其用作 $CO_2$ 封存控制输送到水凝胶层的新平台,水凝胶层与 $CaCl_2$(结晶溶液)接触,如图 11.2 所示。该系统允许调节由分解 $(NH_4)_2CO_3$ 产生的 $CO_2$ 供应速率。该贡献与在凝胶/溶液/空气界面处在降低的结晶动力学下产生的水凝胶复合膜平台中的多晶碳酸钙的形成机制相关。水凝胶结构及其化学的协同作用已得到强调,并且通过在水凝胶复合膜辅助结晶中以降低的结晶速率在凝胶/溶液/空气界面处可视化多晶球晶的形成来假定机理描述。

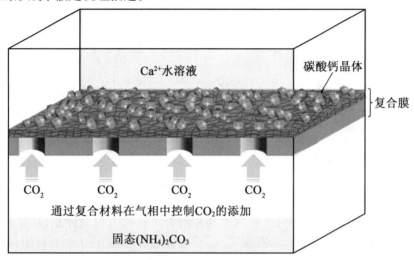

图 11.2 用于仿生合成 $CaCO_3$ 上层建筑的水凝胶复合膜矿化平台

复合膜将 $CaCl_2$ 水溶液与含有 $(NH_4)_2CO_3$ 的隔室分开。由于碳酸铵的自发分解,$CO_2$ 以取决于水凝胶层性质的速率扩散通过复合材料的多孔结构。$CO_2$ 与接触凝胶层的溶液平衡,并与 $Ca^{2+}$ 反应形成合成的 $CaCO_3$ 颗粒

(Di Profio, G.; Salehi, S. M.; Caliandro, R.; Guccione, P.; Nico, G.; Curcio, E.; Fontananova, E. Bioinspired Synthesis of $CaCO_3$ superstructures Through a Novel Hydrogel Composite Membranes Mineralization Platform: A Comprehensive View. Adv. Mater. 2016,28, 611. Copyright John Wiley & Sons, Inc.)

## 11.3 MCr 的一般工作原理

在目前的一般概念中,所谓的膜结晶器是这样一种系统,其中含有非易失性溶质的溶液(定义为结晶溶液或进料或渗余物)通过(大)多孔膜,在馏出物侧具有溶液。膜可以由聚合物或无机材料制成,或者通过混合或复合构造的两者的组合制成,可以无差别地使用中空纤维以及平板膜。

当防止膜从相邻溶液中被润湿时,在液相中不直接观察到通过其多孔结构的质量传递,但是两个接触的子系统在气相中经受大量的相互交换。当面对它的溶液的压力低于由 Young – Laplace 方程定义的进入极限($P_{entry}$)时,可以避免膜的润湿,直接通过:

$$P_{\text{entry}} = -\frac{2\gamma_L}{r_p}\cos\alpha \tag{11.1}$$

式中，$\gamma_L$ 为液体表面张力；$r_p$ 为孔半径；$\alpha$ 为膜和溶液之间的接触角（图 11.3）。

根据式（11.1），对于一个介于 90°～180°之间的 $P_{\text{entry}}$ 是正值，这意味着疏水膜可用于亲水（水性）结晶溶液，亲水膜材料适用于疏水（或亲油）溶液。

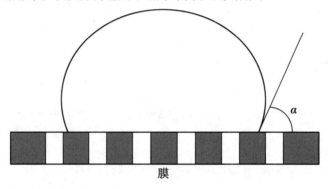

图 11.3 液晶溶液与膜表面的接触角 $\alpha$ 的定义

对于低于 $P_{\text{entry}}$ 的压力，两种液体在两个膜侧的每个孔的入口处停止，从而产生如图 11.4 所示的弯曲轮廓，其中 $c_b$ 为体积浓度；$c_m$ 为接近膜表面浓度；$J$ 为跨膜通量；$K$ 为现象常数；$\Delta p$ 为膜两侧之间的分压梯度。

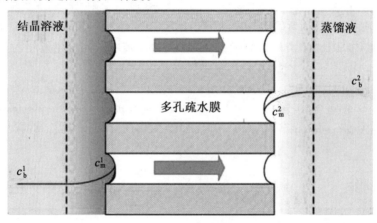

图 11.4 膜结晶器的一般原理

通常，通过产生过饱和来诱导进料溶液中的晶体成核和生长。这可以通过从结晶溶液中除去溶剂，从而增加溶质浓度直至克服其溶解度极限，或通过向其中加入抗溶剂来完成，这降低了溶质在混合溶剂/抗溶剂溶液中的溶解度。因此，膜的作用不仅仅是作为选择特定组分运输的筛分屏障，而是作为物理载体，通过除去蒸发的溶剂或通过添加抗溶剂，产生并维持受控的过饱和环境，其中晶体可以成核并生长。

通过使用针对 MD 和 OD 开发的相同概念，可以描述通过 MCr 中的膜传热和传质的详细关系和模型。因此，它们的详尽描述超出了本节的范围。读者可以在引用的文献或本书的其他特定章节中找到进一步的细节(例如参见关于膜蒸馏和渗透蒸馏的章节)。

在驱动力的作用下,溶剂或抗溶剂分子在气相中通过多孔膜结构从化学势较高的位置向低化学势子系统迁移,从而产生过饱和,产生成核和晶体生长。在结晶溶液中,质量传递的具体机制取决于膜结晶器的操作配置。存在两种情况:①溶剂蒸发膜结晶器(热或等温),其中溶剂在气相中从结晶溶液中除去;②抗溶剂膜结晶器,其中借助于膜在结晶溶液内加入抗溶剂。实际上,溶剂蒸发和抗溶剂膜结晶器配置均基于气相中的质量相互作用,因此在抗溶剂配制中,质量传递过程通过蒸发发生。在后一种情况下,存在另外两个版本的系统:溶剂/抗溶剂分层构型和抗溶剂加成构型。对于溶剂蒸发和抗溶剂膜结晶器,可以进行静态和动态过程。在第一种情况下,进料和馏出物溶液是静止的,而在第二种情况下,这两种溶液在强制溶液流动环境中循环,通常在层流条件下循环。

## 11.4 操作配置

### 11.4.1 溶剂蒸发膜结晶器

在溶剂蒸发膜结晶器配置中,待结晶的物质溶解在位于膜的进料侧的欠饱和溶液中,如图11.4所示。通常,为了避免润湿,疏水性膜材料优选用于水性进料溶液而亲水性膜可用于亲油溶液。在最常见的配置中,膜的馏出物侧由冷凝流体(通常是纯溶剂)组成,在驱动力的热活化的情况下在低于进料侧的温度下,或在由高渗的组成的汽提溶液中组成。在等温构型的情况下,惰性盐($NaCl$、$MgCl_2$、$CaCl_2$等)的溶液。因此,两个子系统之间的化学势梯度导致在进料侧的第一界面处溶剂蒸发的机制,溶剂在气相中通过多孔膜的迁移,并且最终在馏出物第二界面处再凝结。从进料溶液中连续除去溶剂会增加溶质浓度,从而在某一点产生过饱和。当溶剂从第一子系统蒸发并在另一侧再凝结时,发生与膜的两个面相邻的浓度极化层的建立。因此,靠近膜表面的偏振层中的溶质浓度 $c_m$ 相对于进料侧的本体溶质浓度 $c_b$ 更高。随着挥发性组分(溶剂)分子的物理状态的变化发生在溶液和膜之间的界面附近,热量分别被进料侧的蒸发分子吸收并在冷凝后在馏出物侧释放,因此系统中也存在温度极化。膜表面附近的浓度和温度极化都可能局部地影响过饱和度,因此结晶机理可以相对于溶液的大部分以不同的方式发展。因此,在膜上/膜附近成核和生长的晶体的性质可能显示出可以通过调节膜附近的热量和质量分布来控制的特征。

对于无机物质或低分子量有机化合物的结晶,热系统可以有效地用于热敏分子(如蛋白质)的结晶,由于其较温和的操作条件,渗透构型似乎更合适。

### 11.4.2 抗溶剂膜结晶器

抗溶剂膜结晶器系统根据图11.5所示的两种方案操作,其中 $T_f$ 为进料温度;$T_d$ 为馏出温度。在溶剂/抗溶剂分层配置(图11.5(a))中,将某种溶质溶解在溶剂和抗溶剂的适当混合物中,其溶剂的组成选择方式使得溶质在原始状态下无限期地保持溶液状态。当在膜的两侧之间产生化学势的梯度时,例如,通过温度差,在相同温度下被认为具有比抗溶剂更高的蒸气压的溶剂在更高的流速下蒸发,因此产生溶剂/抗溶剂分层。随着混合物中溶剂的量减少,溶质的较低溶解度产生过饱和,并且当抗溶剂超过一定体积分数时发生相分离。该配置的要求是:①抗溶剂和溶剂是可混溶的;②混合物中的初始溶剂/抗溶剂平衡保证溶质在其溶解度极限下;③溶剂以比抗溶剂更高的速度蒸发。通过该系统可以成功地从水/有机混合物中萃取结晶溶质。

在抗溶剂添加构型中(图11.5(b)),将溶质溶解在溶剂中,然后通过施加化学势梯度从膜的另一侧逐渐蒸发抗溶剂。当抗溶剂与溶剂混合时,溶质稀释,但同时,混合物的组成发生变化。在某一点上,过量的抗溶剂会产生过饱和和溶质结晶。该配置要求抗溶剂和溶剂可混溶。在这种情况下,待结晶的物质可溶于水溶液并且难溶于有机低沸点液体。

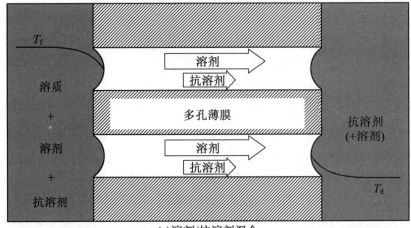

(a)溶剂/抗溶剂混合

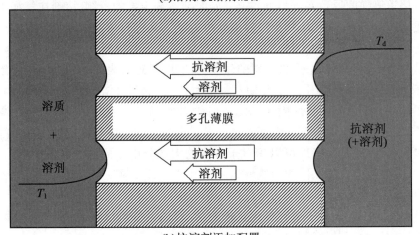

(b)抗溶剂添加配置

图11.5 抗溶剂膜结晶器的原理。

(Di Profio, G.; Stabile, C.; Caridi, A.; Curcio, E.; Drioli, E. Antisolvent Membrane Crystallization of Pharmaceutical Compounds. J. Pharmaceut. Sci. 2009, 98, 4902. Copyright Wiley – VCH Verlag GmbH & Co. KGaA.)

在抗溶剂添加构型中,由于某些原因,最初可能在馏出物侧存在一定量的溶剂。例如,调节结晶溶液中抗溶剂的用量,从而控制过程动力学;另一个原因可能是在使用纯抗溶剂时避免膜的润湿。当抗溶剂是乙醇时就是这种情况,当用作纯液体时,已知湿润疏水材料的大量表面。馏出物侧的混合物水/乙醇,其中乙醇的体积分数低于35%,可用于避免例如PP膜的润湿。

## 11.5 过饱和度的控制

在MCr系统中,膜不像其他常规膜操作那样表现为选择性分离介质,但它作为物理载体起作用,活化并维持气相中的质量传递机制,从而在结晶溶液中产生过饱和蒸汽分子从膜的一侧向另一侧扫过,在驱动力的作用下通过其多孔结构,驱动力的范围通过操作参数的组合固定,并且经历阻力,这取决于膜的性质。

根据Dusty气体模型理论,通过由膜两侧之间的分压梯度$\Delta p$驱动的多孔介质的跨膜通量$J_i$由下式给出:

$$J_i = \frac{\pi n_p r_p^2 D_i^k \Delta p}{RT\tau\Delta z} \tag{11.2}$$

$$D_i^k = 0.66 r_p \sqrt{\frac{8RT}{\pi MW}} \tag{11.3}$$

式中,$n_p$为膜中孔的数量;$r_p$为孔半径;$\Delta z$为膜的厚度;$\tau$为曲折因子;MW为分子量;$D_i^k$为Knudsen扩散系数。

虽然选择特定膜时膜厚度、孔径、总孔隙率和孔曲率等膜特性是固定的,但$D_i^k$与两种溶液之间挥发性组分的活性梯度$\Delta a$成正比。这意味着可能影响溶剂和(或)抗溶剂的活性梯度的不同参数,从而影响蒸发的程度和速率。结果,可以适当地调节溶质浓度相对于其在结晶溶液中的溶解度的有效过量(过饱和度,$S$)和其变化速率($dS/dt$)。

过饱和是结晶的驱动力,成核和晶体生长速率都取决于它。因此,通过选择合适的膜,可以适当地控制结晶种群的程度、形态(大小、性质和形状)和结构(多晶型)晶体性质以及纯度,所有这些是结晶动力学的结果。跨膜通量的特性和操作参数如溶质浓度、沉淀剂浓度(如果有的话)、汽提剂浓度(用于渗透膜结晶器)、溶液速度(用于动态系统)、抗溶剂的性质和浓度(用于抗溶剂膜结晶器)结晶溶液温度($T_{cry}$)、馏出物温度($T_d$)(对于热系统)和跨膜温度梯度($\Delta T$)有助于建立初始工作点和在该过程中遵循的补丁。由于这些参数随着同一结晶运行期间的时间而变化,系统内的工作点是动态的,在待结晶物种的相图中以不同的轨迹移动(图11.6),这取决于所遵循的具体进化。因此,从欠饱和溶液开始导致结晶的特定贴剂取决于上述参数的演变,从而对于所遵循的不同路线产生不同的结果。效果将是速率和成核程度随晶体生长的变化,可能产生一系列用于晶体成核和生长的轨迹,这在传统的结晶形式中是不容易实现的,并且会导致生产特定的晶体形态和结构。

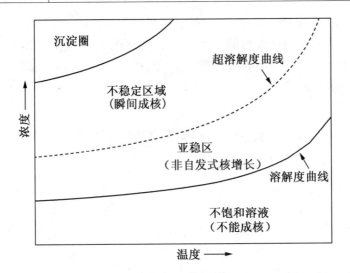

图 11.6 待结晶物质的一般浓度/温度图

### 11.5.1 对晶体形态和纯度的影响

如图 11.6 所示,待结晶的一般物质的相图,亚稳态区是更易于进行结晶的区域。在溶解度线下,溶液是欠饱和的,并且成核不会无限期地发生。在溶解度和超溶性曲线之间位于亚稳区,其中发生晶体生长并且在一定时间后可以观察到成核,定义为诱导时间($t_{ind}$)。诱导时间定义为过饱和开始和第一结晶核形成之间的经过时间,并且它是受操作条件影响的重要参数。亚稳区是进行结晶更方便的区域,因为可以实现受控的成核和生长速率。超溶性线上方是不稳定区域,其中观察到瞬时成核(诱导时间为零)。在这里,通常获得过量的成核,形成大量微小晶体,并且晶体形态不受操作者的控制。在不稳定区域位于沉淀区域,其中极高的过饱和度产生无定形沉淀物而不是固体结晶产物。在不稳定区域中,由于快速凝固过程,更可能将一定量的溶液和(或)杂质引入固体中。此外,过量的尺寸减小的颗粒可能引起广泛的聚集现象,从而产生高度不纯和低均匀的颗粒。因此,重要的是,在设计结晶过程时,对其进行精细控制并在相图的更合适的区域中操作,以便解决最终结晶产物的一些重要性质。

通常在 MCr 中所有产生跨膜通量减少的变化,如结晶溶液中初始溶质和(或)沉淀剂(抗溶剂)浓度的增加,馏出物侧的汽提剂浓度的降低,跨膜温度的降低和进料中抗溶剂体积分数的降低与过饱和度产生率降低有关,因此结晶过程较慢。结晶动力学的减速转化为晶体外观的更长的消逝时间和晶体生长相对于成核的优势,产生更少尺寸的晶体。然而,这些变化中的一些,如初始溶质和(或)抗溶剂溶质浓度的增加和结晶温度的降低,分别导致溶液中溶质分子的增加以及通过盐析或温度降低其溶解度。这种增加的初始过饱和条件将以晶体生长为代价刺激过度成核,同时出现小晶体淋浴。因此,在结晶过程的设计过程中,必须仔细平衡影响这两个相反方面的变化——跨膜通量(动力学)和溶解度(热力学),以达到所需的最终晶体尺寸和密度。然而,对于渗透系统和热系统而言,仅与馏出物侧相关的条件变化,例如汽提剂浓度或馏出物温度的变化,将仅影响跨膜通量而不影响进料中的溶解度。因此,与进料相关的参数可以被称为热力学参数,而馏出物条件可以被认为是动力学参数。(这不是绝对的定义,因为热力学参数的变化也具有动力学效应。跨膜通量而动力学参数的变化也会影响过饱和度,这是系统的纯热力学性质。)

已经研究了跨膜通量的精细控制及其对结晶的影响,例如,在通过 MCr 进行 HEWL 结晶的情况下。当增加初始蛋白质浓度时,在保持其他条件恒定的同时,降低了跨膜通量,并且观察到它随着时间的推移而下降得更陡峭,这有利于生产少量大晶体。虽然通量减少,但溶质浓度增加会增加过饱和度,导致产生大量小晶体时不希望的成核过量。当增加沉淀剂(NaCl)浓度或降低结晶温度时,观察到类似的行为,这是由于 HEWL 在这些条件下的溶解度降低。在这种情况下,通常在 MCr 系统中这些热力学参数在减少通量方向上的变化同时产生通过溶剂去除导致的过饱和度生成速率的降低,随之产生趋向于延伸的趋势但是溶解度的降低也导致 $S$ 的增加。由于 $t_{ind}$ 与过饱和度成反比,这意味着晶体被刺激出现得更早。因此,由于两个力对整个过程的竞争,通常在显示 $t_{ind}$ 与这些热力学参数之一之间的关系曲线中观察到抛物线行为。图 11.7(a)所示为 HEWL 的结晶。当仅在增加跨膜通量的方向上改变动力学参数时,过饱和度产生速率也增加,并且由于快速建立高水平的过饱和,晶体易于更快地成核。因此,通过这些参数的跨膜通量的依赖性显示出单调趋势,如图 11.7(b)所示。在后一种情况下,由于 $t_{ind}$ 与 $1/J$ 成比例,因此诱导时间也保持与 $J$ 的单调变化。

通过 MDCr 研究进料温度对 NaCl 产率和 NaCl 结晶动力学的影响,研究表明,提高进料温度可提高 NaCl 晶体的产率(因为水蒸发速率较高)和 NaCl 晶体呈均匀的立方体形状,其变化系数在 30% ~ 38% 的范围内,这意味着分散很窄。此外,平均晶体尺寸随着进料温度的升高而降低,这意味着在较高的进料温度下成核优于生长。这可归因于在较高过饱和度下核的减少,导致形成大量较小尺寸的盐晶。此外,流速也影响 MDCr 中形成的晶体的尺寸和流速的增加,导致晶体尺寸减小。

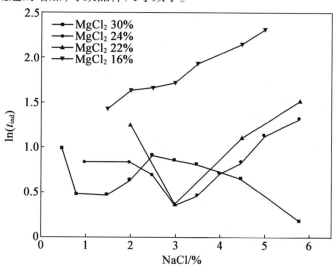

图 11.7　各种剥离剂($MgCl_2$)浓度的诱导时间与沉淀剂(NaCl)浓度的关系

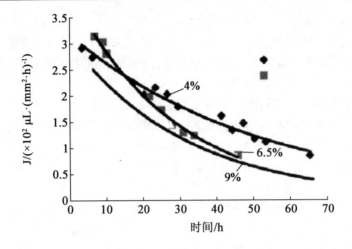

续图 11.7

(R Di Profio, G.; Curcio, E.; Cassetta, A.; Lamba, D.; Drioli, E. Membrane Crystallization of Lysozyme: Kinetic Aspects. J. Cryst. Growth. 2003, 257(3-4), 362. Copyright (2003), with permission from Elsevier); Down: Changes of transmembrane flux with time under various NaCl concentrations (Reprinted from Zhang, X.; Zhang, P.; Wei, K.; Wang, Y.; Ma, R. The Study of Continuous Membrane Crystallization on Lysozyme. Desalination. 2008, 219(1-3), 105, Copyright (2008), with permission from Elsevier.)

控制膜结晶器中的跨膜通量也对晶体的纯度有影响。通常，通过高局部过饱和水平可以降低晶体纯度，其产生高于临界阈值的生长速度，该临界阈值分离含杂质晶体发展区域和更纯净晶体的生长。对于高于该临界值的过饱和，更可能发生夹杂物，而在较低的生长速度下，生长较纯的晶体的趋势将增加并且夹杂物将不太有效。在 MCr 中，通过改变过程的驱动力来作用于跨膜通量的可能性允许在适当的生长条件下操作，从而获得纯晶体。在氯化钠从氯化钠/氯化钾溶液中结晶的情况下，MCr 中低和温和的过饱和度产生率导致小的和良好控制的生长速率，因此一步生成更纯的晶体。相反，更高的生长速率导致相当不纯的水晶。

在 MCr 生产 $Na_2CO_3$ 的研究中，报道了 $Na_2CO_3$ 晶体的纯度达到 99.5%。

## 11.5.2 对多态性的影响

许多物质可以以固态结晶态存在于几个相中，这种现象称为多晶现象。每种多晶型物的特征在于其特定的物理性质，如溶解度、溶解速率、热和机械稳定性、光学性质等。因此，每种形式代表一种特定的材料，在某种程度上与同一物质的其他相不同，对于其在工业、技术和科学应用中的特定应用具有显著意义。在不同阶段中，特定条件下的相对稳定性由热力学决定，如经典成核理论（CNT）所述。但是，有效获得的阶段取决于动力学，这是因为它之间的竞争。成核相的热力学和动力学控制，结合不同多晶型物的相对生长速率，将影响结晶过程的最终结果。

根据 CNT 的概念，成核的静态速率 $N$ 可用下式表示：

$$N = A\exp\left(\frac{-W^*}{k_B T}\right) \quad (11.4)$$

式中,$k_B$ 为玻耳兹曼常数;$A$ 为指数前动力学参数;$W^*$ 为成核作用。

在球形粒子的近似中,指数中的成核作用定义为

$$W^* = \frac{16\pi v_0^2 \gamma^3}{3(k_B T)^2 \ln^2 S} \quad (11.5)$$

式中,$V_0$ 为分子量;$\gamma$ 为界面能。

式(11.5)表明,势垒高度取决于表面自由能 $\gamma$ 和过饱和度 $S$。这意味着过饱和度可能决定了同一物质的不同形式的成核过程中的出现。

为简单起见,考虑一种二态系统,其中两种多晶型物 A 和 B 具有不同的溶解度,而稳定的多晶型物 A 具有最低的溶解度。根据式(11.5),分离稳定相和亚稳相的成核势垒的高度通过两种形式之间的溶解度和界面能的大的差异而增加。这可以在如图 11.8 所示的典型能量反应坐标图中看到,其中显示过饱和流体中溶质的自由能变化 $\Delta G$ 通过结晶转变成两种结晶产物 A 或 B 中的一种。

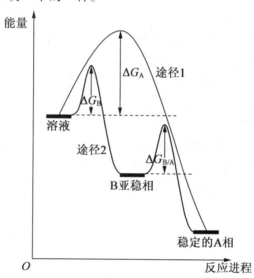

图 11.8  双晶分子系统中稳定和亚稳定相结晶的不同途径

与每个反应途径相关的是过渡态和活化自由能,其与两种结构的相对形成速率有关。由于 A 更稳定(溶解度更低),其过饱和度总是高于 B 型:$S_A > S_B$。然而,可能发生三种情况:①形式 A 的界面能低于亚稳相 B 的界面能,$\gamma_A < \gamma_B$,因此稳定多晶型的活化能低于动态形式 $\Delta G_B^* < \Delta G_A^*$;②形式 B 的界面能远低于热力学产物 A 的界面能,$\gamma_B \ll \gamma_A$,因此,式(11.5)克服了过饱和度的差异,最终导致稳定多晶型物的活化能高于动力学型 $\Delta G_B^* > \Delta G_A^*$;③两相的溶解度和界面能差异很小($S_A \sim S_B$ 和 $\gamma_A \sim \gamma_B$),因此成核的活化势垒彼此非常接近 $\Delta G_B^* \approx \Delta G_A^*$。

在第一种情况下,稳定形式 B 的形成在热力学上是有利的,并且最终将获得。在这种情况下,若亚稳相是所需产物,则溶质溶解度和(或)界面能的变化,例如通过改变抗溶

剂结晶中的溶液组成,可以适合于获得它。

在第二种情况下,不一定是最稳定的形式第一个出现,并且可以出现如图 11.7 所示的场景,其中系统可以遵循两个不同的路径。之所以出现这种情况,是因为这种系统受到一种形式相对于另一种形式增长的问题,这由奥斯特瓦尔德的阶段规则描述,该规则指出:"当离开亚稳状态时,给定的化学系统不寻求最稳定的状态而不是在没有自由能量损失的情况下可以达到的最近的亚稳态。"虽然这个规则不是物理定律,并且如上所述可以直接形成更稳定的相,但多态性似乎增加了晶体生长的动力学维度。与化学反应不同,结晶由于活化状态的性质而变得复杂,因为它涉及自组装分子的集合,其不仅具有精确的填充排列,而且还作为新的单独的固相存在。正是这种相界的存在使问题复杂化,因为这与系统自由能的增加有关,必须通过自由能的整体损失来抵消。因此,活化屏障的大小取决于超分子组装体(晶核)的尺寸(即新相的表面与体积比)。根据 Volmer 的说法,分子组装必须具有临界尺寸 $n^*$ 才能通过进一步的增长来稳定,由下式给出:

$$n^* = \frac{32\pi v_0^2 \gamma^3}{3(k_B T)^2 \ln^3 S} \tag{11.6}$$

过饱和的操作水平越高,该尺寸越小(通常为几十个分子)。

虽然 B 的过饱和度低于 A 的过饱和度,但若 B 的临界尺寸低于 A 的临界尺寸,对于特定的溶液组合物,则根据式(11.5),成核功为 $W_A^* > W_B^*$ 和 $\Delta G_A^* > \Delta G_B^*$,因此动力学将有利于形式 B 遵循"斯特瓦尔德行为"。只有当系统能够克服热力学形式的活化屏障时,才会发生稳定相 A 的直接形成。

第三种情况是两相的活化自由能仅略微不同的情况,因此两种形式同时成核的可能性非常高,并且两种多晶型的成核发生。在最后一种情况下,不同形式的相对增长率相对于动力学产物转化为稳定产物的速率将影响该过程的最终结果。通过热力学推导,形式 B 在溶液中转化为形式 A 取决于亚稳相的溶解(如式(11.7)所述),驱动稳定相的生长,如式(11.8)所定义:

$$B_B = -k_d(S - S_{(B-A)}) \tag{11.7}$$

$$B_A = k_g S_{(B-A)} \tag{11.8}$$

式中,$B$ 为生长速率;下标 g、d 为生长和溶解。

在这种情况下,所有这些效应对成核功的减少和临界核尺寸以及两相的相对生长/溶解速度的竞争力将影响有效获得的多晶型。因此,虽然过饱和度表明形成特定多晶型物的热力学趋势,但实际获得的相取决于相对成核和生长/溶解速率产生相同水平的过饱和的速率。

在这些基础上,很明显,过饱和度的控制及其在结晶过程中的变化速率将成为影响多态系统结晶过程中热力学/动力学平衡的工具,从而有可能解决特定阶段的增长问题。

在膜结晶器中,这种控制可以通过控制跨膜通量的控制来控制结晶溶液的组成来实现。这提供了系统地影响过饱和度变化速率的机会,而过饱和度变化率又影响沉淀物的多晶型组成。由于可以非常精确地生产控制,通过微调操作条件和(或)通过选择适当的膜性质,选择性多晶型物结晶是 MCr 技术可用的重要可能性,即在结晶过程中,当最不稳定的结构(或不同多晶型的核的混合物)形成遵循类似奥斯特瓦尔德的行为时,不同相的相对生长速率相对于过饱和生成速率将确定哪种形式将有效地生长。当过饱和度的变化率很低时,由于通过膜的蒸发速率低,若更稳定的结构的核有时间生长,而以溶剂介导的溶质转移的较不稳定的形式生成为代价,则热力学控制,并且将选择性地(或普遍地)获得更稳定的多晶型物。然而,对于更高的蒸发速率,亚稳区宽度的增加在更高的过饱和值下诱导成核。在这种情况下,从亚稳态到稳定期的转换对于前者的生长来说不够快,因此动力学上有利的形式(亚稳态)的生长,这可能也是第一次观察到奥斯特瓦尔德阶段的规则。在这种情况下,整个过程是动力学控制的。因此,基于膜的过程的高度控制提供了在结晶期间通过在成核阶段的动力学和热力学控制之间切换来诱导多晶型选择的可能性,从而允许产生任一种亚稳态或稳定结构。

在膜结晶器中选择性结晶氨基酸甘氨酸的 α 或 γ 多晶型物(图 11.9),对乙酰氨基酚的阶段Ⅰ和Ⅱ,或 L-谷氨酸中 α 和 β 中报道了这种可能性的证据。

卡马西平(CBZ)是一种水不溶性药物,以二水合物形式存在,至少以五种无水形式存在:原始单斜晶系(CBZ Ⅲ)、三斜晶系(CBZ Ⅰ)、中心单斜晶系(CBZ Ⅵ)和三角形(CBZ Ⅱ),按热力学稳定性降序排列,和正交形式(CBZ Ⅴ)分类。MCr 试验表明,在增加跨膜通量时,沉淀物固相中 CBZ Ⅰ 的量减少,而 CBZ Ⅳ 的量增加。在硫酸钠 MCr 的研究中,已经实现了作为芒硝的硫酸钠的形成。通过调节 MCr 操作,在碳酸钙结晶的情况下,使用水凝胶复合膜会形成不同的晶体形态(图 11.10):①具有光滑表面的单一和良好形状的菱形颗粒;②单晶呈现平坦[104]面,与弯曲和粗糙的面相连,或通过沿某一方向优先生长分布;③多晶颗粒导致菱形面的紧密堆叠。通过精细控制二氧化碳的扩散速率为 $Ca_2CO_3$ 结晶提供合适的化学环境,水凝胶复合膜作为靶向多态性形成的新型创新平台的适用潜力已得到证实。

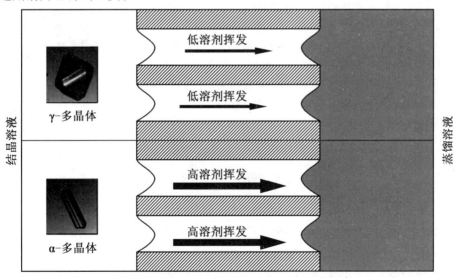

图 11.9　溶剂蒸发速率对甘氨酸选择性多晶型结晶的影响

(Di Profio, G.; Tucci, S.; Curcio, E.; et al. Selective Glycine Polymorph Crystallization by Using Microporous Membranes. Cryst. Growth Des. 2007, 7(3), 526 – 530, table of contents figure. Copyright 2007 American Chemical Society。)

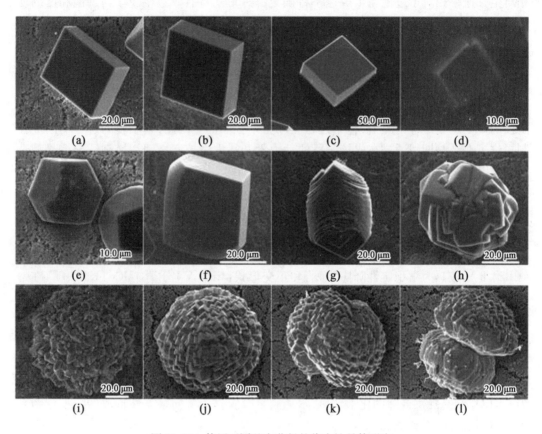

图 11.10 使用不同基底获得的代表性晶体形态

(a)~(d)具有光滑表面的单晶且形状良好的菱面体颗粒,(e)~(h)单晶具有平坦的[104]面,以及弯曲和粗糙的面,或通过沿某些方向的优先生长和(i)~(l)多晶颗粒导致菱形体的紧密堆积 (Di Profio, G.; Salehi, S. M.; Caliandro, R.; Guccione, P.; Nico, G.; Curcio, E.; Fontananova, E. Bioinspired Synthesis of CaCO3 Superstructures Through a Novel Hydrogel Composite Membranes Mineralization Platform: A Comprehensive View. Adv. Mater. 2016, 28, 612. Copyright Wiley – VCH Verlag GmbH & Co. KGaA.)

## 11.6 膜表面上的异质成核

通过溶液内的平移扩散将必须形成结晶接触的两个分子聚集在一起,为了增加微调适当空间定位的机会以建立导致聚集的正确物理贴片,需要通过随后的旋转扩散在空间上调整分子。由于这个原因,分子之间的成功碰撞导致结晶键的形成,不仅需要两个物质足够接近,而且还需要严格限制它们的空间取向。这是被定义为均相成核的理想情况,其基本上发生在非常纯的解决方案中。很明显,分子的随机旋转,即使在较大的复合物中速度非常快,也会导致正确有效的分子相互作用的机会减少。这是蛋白质的常见情况,甚至通过这些复杂生物大分子的有利聚集得到增强,是需要高度选择性和精确定向相互作用的自组装的过程来实现。因此,在许多结晶试验中,因为均相成核的自由能垒相对较大(大约 100 kBT 或更高),所以不能达到所需的饱和水平,不会发生成核。

为了创造有利于成核的环境,使用成核诱导表面已成为常见的做法。这些成核剂可有助于增加任何单一试验产生结晶材料的机会,从而减少用于筛选的起始材料的量和增加成核速率,影响晶体尺寸和尺寸分布。在溶质分子之间的成核辅助相互作用中,表面将支持适当的分子取向,从而导致形成具有良好有序的构件组织的结晶簇。此外,底物-分子相互作用会降低生长单元的表面张力,因此会降低成核的活化能,结晶在那些不适合自发成核的条件下发生,这种效应被称为异相成核,外来物质表面降低成核势垒并促进聚合的过程,这种条件不足以进行自发(均匀)成核。异晶成核对晶体生长者的吸引力的第一个原因是低程度过饱和度引发的结晶可发生在亚稳区内。因为亚稳区中的生长提供了动力学优势,其经常导致产生比在较高过饱和度下生长的晶体更大且更有序的晶体,结晶器的目标是以受控方式诱导异相成核的可能性。

异相成核的机制可能源于溶质分子和成核剂之间的物理和化学相互作用。不同的表面可能通过不同的方式影响异相成核,例如:①引入与晶格相关的空间特征;②由于浓度极化和(或)通过特定相互作用将溶质吸附到表面上而改变表面附近的过饱和曲线;③存在表面微观结构,例如粗糙度或孔隙率,有助于促进成核。已经尝试通过使用几种基质来控制异相成核,但是,尽管已经使用多种底物,已经追求了几年的初步基极结果,但是没有一种被证明可用于受控的异相成核通用成核剂。这在异质成核策略的发展中发生困难,呈现不可再现性,尤其是在蛋白质结晶中。

在膜结晶器中,结晶溶液与膜表面直接接触,因此在某些情况下会发生溶质-膜相互作用。同时,膜为气相中的质量传递提供物理载体,从而产生过饱和,并且固体载体促进异相成核机制。这种效应可归因于膜表面的结构和化学性质:表面的多孔性质可能提供空穴,其中溶质分子被物理截留,局部地导致适合于成核的高过饱和度值;膜和溶质分子之间的非特异性和可逆的化学相互作用可以使分子在表面上浓缩和取向而不损失迁移率,从而促进适于结晶的有效相互作用。膜表面不仅通过降低聚集能量而且通过根据与外延生长类似的机制的特定聚合物分子界面相互作用驱动的结构匹配来促进异相成核。多晶型选择的能力,由分子沿特定晶面的优先聚集动力学驱动,证实了这些假设。在一项研究中,研究了对乙酰氨基酚(ACM)和聚酰亚胺(PI)在成核过程中的特定分子间相互作用的影响。由于 PI 的亲水性,沿着{001}的(单斜晶)形式的优先取向,ACM 的羟基朝向聚合物表面,并且沿着平面(111)晶体的斜方晶形,ACM 的羟基倾斜取向在蛋白质等复杂分子系统的情况下,不同的相互作用机制依赖于具有不同化学性质的斑点,这些斑点可在分子表面上获得。已知疏水性和亲水性斑点带正电荷和带负电荷的官能团以及氢键部分对几乎任何种类的非生物表面都提供亲和力。吸附分子的结构重排随着溶质-表面停留时间的发展而被认为是吸附的驱动力之一,这有助于成核自由能的变化。此外,溶质-膜相互作用可以提供特定的溶质-溶质相互作用途径,当诱导异相成核时,通常成核所需的诱导时间和溶质浓度都会降低,而成核密度会从普遍均匀的成核贡献增加到普遍的异质成核作用。

从经典的成核方法来看,成核的能量主要涉及创造表面的工作。如果系统中已经存在固体基质,这将减少产生关键核所需的功,并且将局部地增加相对于系统中其他位置的成核概率。定量地,当通过存在适当的基板而降低时形成二维核所需的自由能由以下等式描述:

$$\Delta G_{het}^* = \frac{-\Delta \mu}{\Omega} + \gamma_{12} A_{12} + (\gamma_{23} - \gamma_{13}) A_{23} \tag{11.9}$$

式中,$\Omega$ 为摩尔体积,$\Omega = 4\pi r^3 = 3v_0$,$v_0$ 为分子体积;$\Delta \mu$ 为驱动力,$\Delta \mu = k_B T \ln S$;$\gamma$ 为每个区域的相互作用能;$A_{12}$ 和 $A_{23}$ 为界面的表面积;下标1、2、3分别为溶质、溶剂和底物。

由于式(11.9)中第二项的负值,聚集体和基材之间的有利相互作用以及结晶介质和基材之间的不利相互作用将降低表面自由能的总变化。因此,通过增加基板的表面积可以增强成核作用。根据式(11.9),成核工作取决于两个主要参数:外部控制的过饱和比和材料表面/溶液组成依赖的界面能。根据Young的理想光滑表面方程,界面能 $\gamma_{12}$ 可通过以下方法估算:

$$\gamma_{12} = \frac{\gamma_{23} - \gamma_{13}}{\cos \alpha} \tag{11.10}$$

式中,$\gamma_{12}$、$\gamma_{13}$ 和 $\gamma_{23}$ 为核-液、核-基底和液-基-界面能;$\alpha$ 为核和体相之间的界面与表面形成的角度(图10.1)。

接触角由表面和细胞核中的分子之间的相互作用决定。表面和分子之间的吸引力,强于核中分子之间的吸引力,将导致小的角度 $\alpha$,因为核扩散成薄的液滴以最大化其与表面的接触面积。然而,若表面倾向于排斥分子,则核被推离表面,导致接触角 $\alpha > 90°$。从Young方程式来看,相对于纯均匀过程的界面能 $\gamma_{12}$,异相成核的有效界面能 $\gamma_{eff}$ 将减少(因子 $0 < \varphi < 1$):$\gamma_{eff} = \varphi'/3 \gamma_{12}$。因为 $\gamma_{eff} < \gamma_{12}$,与均相过程相比,异质成核的形成工作大大减少。此外,指前数动力学参数方程式中(104)中的 $A_{het}$ 与异质粒子Ca的浓度成反比,其远小于分子体积 $v_0$,通常 $A_{het} \approx 10^{15} \sim 10^{25} \ll A_{hom} \approx 10$。因此,由于在界面接触时基板上的核表面能降低,因此基板上的异质成核通常在能量上比均匀成核要求低,即

$$\Delta G_{het}^* = \varphi \cdot \Delta G_{hom}^* \tag{11.11}$$

$$N_{het} \propto \varphi \cdot N_{hom} \tag{11.12}$$

式中,$\varphi$ 为非均相和均相成核机制贡献之间的比率。

考虑到溶质与基质之间的相互作用,即核与理想光滑和化学均匀的基质形成的接触角,通过非均相活化降低成核的活化能由下式给出:

$$\Delta G_{het}^* = \Delta G_{hom}^* \left( \frac{1}{2} - \frac{3}{4} \cos \alpha + \frac{1}{4} \cos^3 \alpha \right) \tag{11.13}$$

图11.11所示为异质成核导致的成核屏障自由能与聚合物表面的水接触角的变化。如果核完全润湿基板($\alpha = 180°$),$\Delta G_{het}^* = \Delta G_{hom}^*$;当接触角为 $90°$(疏水和亲水行为之间的限制)时,$\Delta G_{het}^* = (1/2)\Delta G_{hom}^*$,接触角 $\alpha$ 越小,成核活化能的值越小,成为 $\alpha = 0$。

使用MCr时,当成核发生在像膜这样的多孔基质上时,式(11.13)不再适用。在这种情况下,必须考虑表面多孔结构方程的修改版本,即

$$\frac{\Delta G_{het}^*}{\Delta G_{hom}^*} = \frac{1}{4}(2 + \cos \alpha)(1 - \cos \alpha)^2 \left[ 1 - \varepsilon \frac{(1 + \cos \alpha)^2}{(1 - \cos \alpha)^2} \right]^3 \tag{11.14}$$

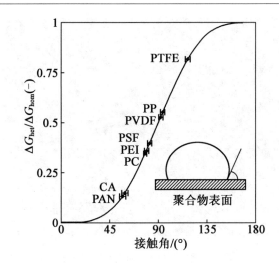

图 11.11　异质成核导致的成核屏障自由能与聚合物表面的水接触角的变化

图 11.12 所示为在固体表面蛋白质异质成核中表面孔隙率($\varepsilon$)对 $\Delta G_{het}^*/\Delta G_{hom}^*$ 比的影响。从图中可以看出，若不考虑其他溶质/基底相互作用，则随着表面的表面孔隙率增加，对成核的自由能垒的非均匀贡献增加。

图 11.13 所示为大孔疏水 PP 表面上生长的猪胰胰蛋白酶晶体。从图中可以看出，在大分子聚集开始时表面的多孔不规则内嵌入的晶体的完美刻面形态。

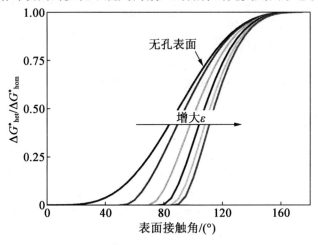

图 11.12　在固体表面蛋白质异质成核中表面孔隙率($\varepsilon$)对 $\Delta G_{het}^*/\Delta G_{hom}^*$ 比的影响

图 11.13 在大孔疏水 PP 膜表面生长的猪胰胰蛋白酶晶体

## 11.7 过程强化的观点

在实现改进生产周期的逻辑中，MCr 可以为过程集约化提供一个基本贡献的重要领域是水处理（净化和海水淡化），这正在成为解决饮用水最具经济竞争力的方法，也成为缺口较多的地区的解决方案。随着环境保护法律变得越来越严格，工业生产中产生的对环境影响很大的废物不能在没有预防性特定净化步骤的情况下在其中或周围排出。这是几个工业部门的情况，其中含有高污染和（或）高价值物质（精细化学品、重金属、农业食品、制革厂、海水淡化、矿化、汽油化学品等）的废水必须分散在生产周期中在环境中排放之前进行处理。在这个意义上，MCr 可以引入集成膜系统中，其中在各种分离步骤之后，可以实现选择性结晶和一些组分的去除。通过这种方式，一方面，处理过的废物可以通过几种污染物进行净化，从而达到直接排放的正确特性；另一方面，具有商业意义的有价值材料可以以结晶状态回收，因此具有高纯度，用于其他目的。从海水淡化中使用的 NF 和（或）RO 步骤的盐水中结晶海洋盐是这种策略的典型例子。

在海水淡化中，RO 是生产淡水的主要技术。然而，与该技术相关的一些问题仍然存在，例如需要增加淡水回收率，并解决处理大量高浓盐水的问题。MCr 形式的膜接触器技术代表了实现集成膜脱盐系统的另一种选择，其中不同操作的合理整合可能决定水质、产品回收系数、总成本、盐水处理和对环境造成的影响。当热膜结晶器跟随 NF 和（或）RO 阶段时，高浓度盐水不代表废弃物，而是代表晶体可以成核和生长的母液。利用集成的膜系统，NF 和（或）RO 盐水进一步浓缩在 MCr 单元中，直至以受控方式形成盐晶体。氯化钠、$CaCO_3$ 和泻盐（$MgSO_4 \cdot 7H_2O$）作为固体产物从 NF 渗余物流中获得，而 NaCl 是来自 RO 盐水的产物。如果 NF 作为 RO 的预处理可以增加水的回收率反渗透装置的因素高达 50%，膜结晶器的引入使整个系统理论上 100% 回收，从而消除了盐水处理的问题，因为生产的纯晶体可能代表有价值的产品。因此，在过程集约化的逻辑中，采用

MCr 似乎是一种有趣的可能性,可以改善海水淡化作业,满足日益增长的纯净水需求,同时降低成本和环境影响。此外,采矿业正面临各种问题,例如矿物加工、水消耗、污染和可再生能源方面的清洁生产。对这些问题的一个有前景展望可能是将采矿业与基于膜的海水淡化相结合。通过这种方式,可以最大限度地减少或解决许多问题,阻碍矿物质消耗,水生产而不是水消耗,盐水代替处置的巧妙使用,以及低能耗等。在过去的几年中,MCr 已经开发用于从高浓度溶液中回收矿物质的解决方案,MCr 能够处理其他在成本、能耗、晶体质量和数量等方面单元操作难以处理的解决方案。考虑到矿物和水生产相结合的优势,未来能源生产也可能是在海水淡化中引入,使矿物回收更加经济和可持续(即回收铜、锰)。

## 11.8 结 论

MCr 是通过仔细控制该过程中涉及的操作参数来执行良好结晶过程的有效方法,从而允许生产具有受控形状、尺寸、尺寸分布和多晶型的晶体。对于那些能够在几种结构中结晶的分子系统,可以通过控制过饱和度的变化速率来实现一种多晶型物的选择性结晶。因此,即使在生物大分子的情况下,也可以选择性地获得具有适合其特定用途的不同特性的晶体。通过膜辅助结晶系统可以获得很少的用于 X 射线衍射分析的结构完美的大晶体或结晶状态和具有受控形态的大量生物材料。此外,通过异相成核提高结晶动力学和(或)生成特定晶形是该创新技术提供的另一个机会。在生物矿化中,通过生物激发的 MCr 平台,为 $Ca_2CO_3$ 结晶提供合适的化学环境和精细控制 $CO_2$ 的扩散速率,实现通常不能常规获得的 $Ca_2CO_3$ 晶体的不同超结构。膜结晶器也代表了一个有趣的基本单元过程,用于在过程集约化战略逻辑中运行的集成膜系统,用于解决紧急的社会需求,例如淡水的回收其他具有高经济效益的化合物,例如钡、锶和锂和矿物的回收以及通过脱盐利用来自海洋的集成系统 RO - MD - MCr。

## 参 考 文 献

[1] Margolin, A. L.; Navia, M. A. Angew. Chem. Int. Ed. 2001,20, 2204 - 2222.

[2] Falkner, J. C.; Al - Somali, A. M.; Jamison, J. A.; Zhang, J.; Adrianse, S. L.; Simpson, R. L.; Calabretta, M. K.; Radding, W.; Philips, G. N.; Colvin, V. L. Chem. Mater. 2005,17, 2679 - 2686.

[3] McPherson, A. Crystallization of Biological Macromolecules; Cold Spring Harbor Laboratory Press: Cold Spring Harbor, NY, 1999.

[4] Drioli, E.; Di Profio, G.; Curcio, E. Curr. Opin. Chem. Eng. 2012,1, 178 - 182.

[5] Doye, J. P. K.; Louis, A. A.; Vendruscolo, M. Phys. Biol. 2004,1, P9 - P13.

[6] Curcio, E.; Criscuoli, A.; Drioli, E. Ind. Eng. Chem. Res. 2001,40, 2679 - 2684.

[7] Di Profio, G.; Fontananova, E. Cryst. Growth Des. 2012, 12, 3749-3757.

[8] Brito-Martínez, M.; Jullok, N.; Rodríguez Negrín, Z.; Van der Bruggen, B.; Luis, P. Chem. Eng. Res. Des. 2014, 94, 264-272.

[9] Boerlage, S. F. E.; Kennedy, M. D.; Bremere, I.; Witkamp, G. J.; Van der Hoek, J. P.; Schippers, J. C. J. Membr. Sci. 2000, 179, 53-68.

[10] Boerlage, S. F. E.; Kennedy, M. D.; Bremere, I.; Witkamp, G. J.; Van der Hoek, J. P.; Schippers, J. C. J. Membr. Sci. 2002, 197, 251-268.

[11] Wu, Y.; Drioli, E. Water Treat. 1989, 4, 399-415.

[12] Wu, Y.; Kong, Y.; Liu, J.; Zhang, J.; Xu, J. Desalination 1991, 80, 235-242.

[13] Wu, Y.; Kong, Y.; Liu, J.; Xu, J. Water Treat. 1991, 6, 253.

[14] Tomaszewska, M. J. Membr. Sci. 1993, 78, 277-282.

[15] Gryta, M. Desalination 2000, 129, 35-44.

[16] Gryta, M.; Tomaszewska, M.; Grzechulska, J.; Morawski, A. W. J. Membr. Sci. 2001, 181, 279-287.

[17] Azoury, R.; Garside, J.; Robertson, W. G. J. Cryst. Growth 1986, 79, 654-657.

[18] Azoury, R.; Garside, J.; Robertson, W. G. J. Cryst. Growth 1986, 76, 259-262.

[19] Azoury, R.; Garside, J.; Robertson, W. G. J. Urol. 1986, 136, 150.

[20] Azoury, R.; Robertson, W. G.; Garside, J. Chem. Eng. Res. Des. 1987, 65, 342-344.

[21] Drioli, E.; Wu, Y.; Calabrò, V. J. Membr. Sci. 1987, 33, 277-284.

[22] Todd, P.; Sikdar, S. K.; Walker, C.; Korzun, Z. R. J. Cryst. Growth 1991, 110, 283-292.

[23] Lee, C. Y.; Sportiello, M. G.; Cape, S. P.; Ferree, S.; Todd, P. Biotechnol. Prog. 1997, 13, 77-81.

[24] Sluys, J. T. M.; Verdoes, D.; Hanemaaijer, J. H. Desalination 1996, 104, 135-139.

[25] Curcio, E.; Criscuoli, A.; Drioli, E. In Proceedings of Euromembrane, Hills of Jerusalem, Israel, September 24-27, 2000.

[26] Curcio, E.; Criscuoli, A.; Drioli, E. In Proceedings of 3rd Italy—Korea Workshop on Membrane Processes for Clean Energy and Clean Environment, Cetraro, Italy, September 23-27, 2001.

[27] Ali, A.; Quist-Jensen, C. A.; Macedonio, F.; Drioli, E. Membranes 2015, 5, 772-792.

[28] Quist-Jensen, C. A.; Macedonio, F.; Drioli, E. Desalination Water Treatment 2016, 57, 7593-7603.

[29] Quist-Jensen, C. A.; Macedonio, F.; Drioli, E. J. Crystals 2016, 6, 36-49.

[30] Ye, W.; Lin, J.; Shen, J.; Luis, P.; Van der Bruggen, B. Cryst. Growth Des. 2013, 13, 2362-2372.

[31] Quist-Jensen, C. A.; Macedonio, F.; Horbez, D.; Drioli, E. Desalination 2016.

http://dx.doi.org/10.1016/j.desal.2016.05.007

[32] Tun, C. M.; Fane, A. G.; Matheickal, J. T.; Sheikholeslami, R. J. Membr. Sci. 2005, 257, 144–155.

[33] Julian, H.; Meng, S.; Li, H.; Ye, Y.; Chen, V. J. Membr. Sci. 2016, 520, 679–692.

[34] Creusen, R.; van Medevoort, J.; Roelands, M.; et al. Desalination 2013, 323, 8–16.

[35] Edwie, F.; Chung, T. S. Chem. Eng. Sci. 2013, 98, 160–172.

[36] Shin, Y.; Sohn, J. J. Ind. Eng. Chem. 2016, 35, 318–324.

[37] Curcio, E.; Di Profio, G.; Drioli, E. Desalination 2002, 145, 173–176.

[38] Gryta, M. Sep. Sci. Technol. 2002, 37, 3535–3558.

[39] Curcio, E.; Di Profio, G.; Drioli, E. Sep. Purif. Technol. 2003, 33, 63–73.

[40] Curcio, E.; Di Profio, G.; Drioli, E. J. Cryst. Growth 2003, 247, 166–176.

[41] Di Profio, G.; Curcio, E.; Cassetta, A.; Lamba, D.; Drioli, E. J. Cryst. Growth 2003, 257, 359–369.

[42] Drioli, E.; Curcio, E.; Criscuoli, A.; Di Profio, G. J. Membr. Sci. 2004, 239, 27–38.

[43] Tuna, C. M.; Fane, A. G.; Matheickal, J. T.; Sheikholeslami, R. J. Membr. Sci. 2005, 257, 144–155.

[44] Curcio, E.; Fontananova, E.; Di Profio, G.; Drioli, E. J. Phys. Chem. B 2006, 110, 12438–12445.

[45] Drioli, E.; Curcio, E.; Di Profio, G.; Macedonio, F.; Criscuoli, A. Chem. Eng. Res. Des. 2006, 84, 209–220.

[46] Mariah, L.; Buckley, C. A.; Brouckaert, C. J.; Curcio, E.; Drioli, E.; Jaganyi, D.; Ramjugernath, D. J. Membr. Sci. 2006, 280, 937–947.

[47] Zhang, X.; El-Bourawi, M. S.; Wei, K.; Tao, F.; Ma, R. Biotech. J. 2006, 1, 1302–1311.

[48] Zhang, X.; Zhang, P.; Wei, K.; Wang, Y.; Ma, R. Desalination 2008, 219, 101–117.

[49] Weckesser, D.; König, A. Chem. Eng. Technol. 2008, 31, 157–162.

[50] Simone, S.; Curcio, E.; Di Profio, G.; Ferraroni, M.; Drioli, E. J. Membr. Sci. 2006, 283, 123–132.

[51] Di Profio, G.; Tucci, S.; Curcio, E.; Drioli, E. Cryst. Growth Des. 2007, 7, 526–530.

[52] Di Profio, G.; Tucci, S.; Curcio, E.; Drioli, E. Chem. Mater. 2007, 19, 2386–2388.

[53] Zarkadas, D. M.; Sirkar, K. K. Ind. Eng. Chem. Res. 2004, 43, 7163–7180.

[54] Sirkar, K. K.; Zarkadas, D. M. Solid Hollow Fiber Cooling Crystallization System and Methods. U. S. Patent Appl. US20060096525A1.

[55] van der Gun, M. A.; Bruinsma, O. S. L. Crystallization and Nanofiltration, Partners in Minerals Processing. In Proceedings of 16th International Symposium on Industrial Crystallization, Dresden, Germany, September 11–14, 2005.

[56] Cuellar, M. C.; Herreilers, S. N.; Straathof, A. J. J.; Heijnen, J. J.; van der Wielen, L. A. M. Ind. Eng. Chem. Res. 2009, 48, 1566–1573.

[57] Kuhn, J.; Lakerveld, R.; Kramer, H. J. M.; Grievink, J.; Jansens, P. Ind. Eng. Chem. Res. 2009, 48, 5360–5369.

[58] Ye, W.; Lin, J.; Madsen, H. T.; et al. J. Membr. Sci. 2016, 498, 75–85.

[59] Bakker, W. J. W.; Geertman, R. M.; Reedijk, M. F.; Baltussen, J. J. M.; Batgeman, G.; van Lare, C. E. J. Antisolvent Solidification Process, World Patent Appl. WO2004096405A1.

[60] Mayer, M. J. J.; Demmer, R. L. M.; van Strien, C. J. G.; Kuzmanovic, B. Process Involving the Use of Antisolvent Crystallisation, World Patent Appl. WO2004096404A1.

[61] Zarkadas, D. M.; Sirkar, K. K. Chem. Eng. Sci. 2006, 61, 5030–5048.

[62] Di Profio, G.; Stabile, C.; Caridi, A.; Curcio, E.; Drioli, E. J. Pharm. Sci. 2009, 98 (12), 4902–4913.

[63] Hansen, C. L.; Sommer, M.; Quake, S. R.; Berger, J. M. Microfluidic Protein Crystallography Techniques, World Patent Appl. WO2005056813A3.

[64] Hansen, C. L.; Classen, S.; Berger, J. M.; Quake, S. R. J. Am. Chem. Soc. 2006, 128, 3142–3143.

[65] Di Profio, G.; Curcio, E.; Drioli, E. Ind. Eng. Chem. Res. 2010, 23, 11878–11889.

[66] Di Profio, G.; Paolinao, M.; et al. Adv. Funct. Mater. 2014, 24 (11), 1582–1590.

[67] Di Profio, G.; Salehi, S. M.; et al. Adv. Mater. 2016, 28, 610–616.

[68] Quist-Jensen, C. A.; Ali, A.; Mondal, S.; Macedonio, F.; Drioli, E. J. Membr. Sci. 2016, 505.

[69] Luis, P.; Van Aubel, D.; Van der Bruggen, B. Int. J. Greenhouse Gas Control 2013, 12, 450–459.

[70] Ye, W.; Wu, J.; Ye, F.; Zeng, H.; Tran, A. T. K.; et al. Cryst. Growth Des. 2015, 15, 695–705.

[71] Li, W.; Van der Bruggen, B.; Luis, J. Chem. Eng. Res. Des. 2016, 106, 315–326.

[72] Atkins, P. W., Physical Chemistry, 6th ed.; Oxford University Press: Oxford, 1998.

[73] Pena, L.; Godino, M. P.; Mengual, J. I. J. Membr. Sci. 1998, 143, 219–233.

[74] Martinez, L.; Vazquez-Gonzalez, M. I. J. Membr. Sci. 2000, 173, 225–234.

[75] Ugrozov, V. V.; Elkina, I. B. Desalination 2002, 147, 167–171.

[76] Schofield, R. W.; Fane, A. G.; Fell, C. J. D. J. Membr. Sci. 1987, 33, 299–313.

[77] Laganà, F.; Barbieri, G.; Drioli, E. J. Membr. Sci. 2000, 166, 1–11.

[78]　Mulder, J. Basic Principles of Membrane Process; Kluwer Academic: Dordrecht, 1996.

[79]　Gekas, V.; Hallstrom, B. J. Membr. Sci. 1987,30, 153 – 170.

[80]　Fujii, Y.; Kigoshi, S.; Iwatani, H.; Aoyama, M. J. Membr. Sci. 1992,72, 53 – 72.

[81]　Kast, W.; Hohenthanner, C. – R. Int. J. Heat Mass Transfer 2000,43, 807 – 823.

[82]　Kuhn, H.; Fostering, H. – D. Principles of Physical Chemistry; Wiley: New York, 2000.

[83]　Phattaranawik, J.; Jiraratananon, R.; Fane, A. G. J. Membr. Sci. 2003,215, 75 – 85.

[84]　Mason, E. A.; Malinauskas, A. P. Gas Transport in Porous Media: The Dusty – Gas Model; Elsevier: New York, 1983.

[85]　Fane, A. G.; Schofield, R. W.; Fell, C. J. D. Desalination 1987,64, 231 – 243.

[86]　Schofield, R. W.; Fane, A. G.; Fell, C. J. D. J. Membr. Sci. 1990,53, 173 – 185.

[87]　Warner, S. B. Fiber Science; Prentice – Hall: Englewood Cliffs, NJ, 1995.

[88]　Jonsson, A. S.; Wimmerstedt, R.; Harrysson, A. C. Desalination 1985,56, 237 – 249.

[89]　Lawson, K. W.; Lloyd, D. R. J. Membr. Sci. 1997,124, 1 – 25.

[90]　Kashchiev, D. Nucleation, Basic Theory with Applications; Butterworth: Oxford, 2001.

[91]　Ostwald, W. Z. Phys. Chem. 1987,22, 289 – 330.

[92]　Volmer, M. Kinetik der Phasenbildung; Steinkopf: Leipzig, 1939.

[93]　Cardew, P. T.; Davey, R. J. Proc. R. Soc. A 1985,398, 415 – 428.

[94]　Di Profio, G.; Curcio, E.; Ferraro, S.; Stabile, C.; Drioli, E. Cryst. Growth Des. 2009,9, 2179 – 2186.

[95]　Caridi, A.; Di Profio, G.; Caliandro, R.; Guagliardi, A.; Curcio, E.; Drioli, E. Cryst. Growth Des. 2012,12 (7), 4349 – 4356.

[96]　Mullin, J. W., Crystallization, 4th ed.; Butterworth – Heinemann: Oxford, 2001.

[97]　Kimble, W. L.; Paxton, T. E.; Rousseau, R. W.; Sambanis, A. J. Cryst. Growth 1998,187, 268 – 276.

[98]　McPherson, A.; Shlichta, P. Science 1988,239, 385 – 387.

[99]　Edwards, A. M.; Darst, S. A.; Hemming, S. A.; Li, Y.; Dkornberg, R. Nat. Struct. Biol. 1994,1, 195 – 197.

[100]　Chayen, N. E.; Saridakis, E.; El – Bahar, R.; Nemirovsky, Y. J. Mol. Biol. 2001,312, 591 – 595.

[101]　Rong, L.; Komatsu, H.; Yoshizaki, I.; Kadowaki, A.; Yoda, S. J. Synchrotron Radiat. 2004,11, 27.

[102] Vidal, O.; Robert, M. C.; Boùe, F. J. Cryst. Growth 1998, 192, 257–270.

[103] Sanjoh, A.; Tsukihara, T.; Gorti, S. J. Cryst. Growth 2001, 232, 618–628.

[104] Kornberg, R. D.; Darst, S. A. Curr. Opin. Struct. Biol. 1991, 1, 642–646.

[105] Curcio, E.; López-Mejías, V.; DiProfio, G.; et al. Cryst. Growth Des. 2014, 14 (2), 678–686.

[106] Horbett, T. A. In Stability of Protein Pharmaceuticals, Part 1; Ahern, T. J.; Manning, M. C., Eds.; Plenum Press: New York, 1992.

[107] Fletcher, N. H. J. Chem. Phys. 1963, 38, 237–240.

[108] Bonafede, S. J.; Ward, M. D. J. Am. Chem. Soc. 1995, 117, 7853–7861.

[109] Drioli, E.; Curcio, E.; Di Profio, G. Chem. Eng. Res. Des. 2005, 83, 223–233.

[110] Drioli, E.; Criscuoli, A.; Curcio, E. Membrane Contactors: Fundamentals, Applications and Potentialities; Elsevier: Amsterdam, 2006.

# 第12章 膜式冷凝器和膜式干燥器

## 12.1 概 述

如今,膜技术已在许多工业过程中得到广泛应用,包括水处理和再利用、农业食品、气体分离以及化学和汽油化学工业。膜操作已经是分子分离中的主要技术,但它们也作为膜反应器和膜接触器变得令人感兴趣。实际上,工艺工程的所有典型单元操作都可以重新设计为膜单元操作(膜蒸馏、膜结晶器、膜反应器、膜气体分离、膜冷凝器和膜干燥器)。膜工艺的成功归功于它们取代传统能源密集型技术(如蒸馏和蒸发)的巨大潜力,实现特定组分的选择性和有效运输,提高反应性工艺的性能,并最终实现为可持续的工业增长提供可靠的选择。目前,实现能够执行相同标准单元操作的紧凑和小尺寸膜系统的可能性变得可靠。在这个领域,膜接触器技术可能为相间质量传递提供最强大的工具。由于膜本身的疏水性,这种极其紧凑的装置能够将气体或液体界面固定在膜孔处,并且产生大的接触区域以促进有效的质量传递。气/液膜接触器已经在多种系统中进行了测试,包括:①吸收到$CO_2$、$NH_3$等的水溶液或有机溶液中;②半导体工业中的氧去除,用于生产超纯水;③臭氧化用于水处理;④在除湿过程中作为吸收空气处理系统使用液体干燥剂;⑤在浓缩和结晶过程中在低温下进行(即膜蒸馏、渗透蒸馏和膜结晶)。简言之,传统的汽提、洗涤、吸收和液-液萃取操作,以及冷凝、脱水、结晶和相转移催化,可以根据膜接触器配置进行。

本章通过膜式冷凝器和膜式干燥器操作中的微孔疏水膜说明工作原理、基本概念和传输现象。

## 12.2 膜式冷凝器简介

在工业过程中,需要回收和再利用工艺流,特别是水,以最小化淡水需求。供水问题对新建和现有工厂的重要性日益增加,因为淡水供应有限,预测到2025年,2/3的人将生活在水资源短缺的地区。

工业用水取水量占全球用水量的22%左右。工业用水的最大单一用途是发电,其需要用到锅炉的水,以冷却和清洁为目的。燃煤发电站每千瓦时发电量需要1.6 L水,而核电站需要$2.3\ L\cdot kW\cdot h^{-1}$。一个500 MW的热电厂使用$4.5\times10^4\ m^3/h$的水来冷却和满足其他工艺要求。对于考虑开发新型热电厂的公司而言，水是最大的关注点。

与水消耗一起，在温室效应方面与蒸汽排放相关的环境影响也越来越多地成为各类电厂的首要任务。因此，用于回收蒸发的废水及其再利用的有效技术代表了关键的工业需求。

针对这些问题，欧盟和美国能源部都资助了研究项目，通过回收蒸发的废水来减少工业工厂使用的淡水量。

从大气中回收水，特别是从许多工业生产过程中产生的废气中回收水，可以代表可饮用水的真正新来源。这种蒸发的废水通常会离开植物并最终进入大气，使其成为新水源。

### 12.2.1 工业过程中蒸发水回收技术

从冷却塔流出的冷凝水云的形象是很多人对热电厂的印象，但他们可能不知道羽消减塔可以用来从冷却塔捕获水。逸出的气流含有热量和水，通常被认为是流失到大气中的废物流，但如果它们可以回收和再利用，就可以保持降低工厂用水量并具有提高工厂效率的潜力。目前，还没有可用于从工业过程中回收蒸发废水的商业技术，可以使用三种基本方法来回收水：冷凝换热器、膜和干燥剂。

原则上，有可能通过与塑料热交换器的冷凝从烟道气中回收水。一个例子可以在美国能源部资助的"锅炉烟气中的水回收"项目中找到，该项目的编号为 DEFC26-06NT42727.2。该项目的目标是开发冷凝换热器以回收水燃煤电厂烟气中的蒸汽。开发和测试的冷凝热交换器装置由包含串联布置的水冷热交换器的长矩形管道组成。热烟道气从锅炉后端进入设备，并在通过热交换器时被冷却。然后，产出水可用于工厂操作，例如冷却塔或烟道气脱硫化。烟道气中的冷凝是一种复杂的现象，因为在不可冷凝的气体存在下，水蒸气和各种酸蒸气的热量和质量传递同时发生。结果，冷凝水相对较脏且具有腐蚀性。此外，若干设计和工艺参数影响烟道气水蒸气冷凝速率，例如冷却水入口温度和烟道气水蒸气含量。

美国能源部(DOE)国家能源技术实验室(NETL)支持并支持其他几个项目，这些项目正在开发减少热电厂用水量和影响的方法，包括冷却塔冷凝水和烟气。在这些中的一种中，开发了一种凝结水并从烟道气中回收热量的纳米多孔陶瓷膜装置。陶瓷膜必须具有耐热和耐化学性，称为传输膜冷凝器(TMC)。TMC 装置由氧化铝管组成，部分烧制以提供高孔隙率。这些管涂有另一层氧化铝以形成具有较小孔径的中间层，然后是最终非常薄的二氧化锆($ZrO_2$)涂层。将管捆扎成壳以基本上形成纳米多孔热交换器。烟气流过管道并与 TMC 管接触。在 TMC 中，来自进料侧烟道气的水蒸气在膜的纳米孔内冷凝，并通过与渗透物侧的低温水直接接触而通过(图12.1)。通过这种方式，运输的水与几乎所有的潜热一起被回收。经调节的烟道气在降低的温度和相对湿度低于饱和度的情况下离开 TMC。通过堵塞管膜孔的冷凝水抑制不可冷凝的气体如 $CO_2$、$O_2$、$NO_x$ 和 $SO_2$ 通过膜。膜管壁上的低压差及其管上的纳米多孔膜涂层抑制了颗粒堵塞孔隙。回收的水质量高、无矿物质，因此可直接用作锅炉补给水，也可用于其他工艺。Carney 宣布，Aspen 的研究表明，整合到蒸汽循环中的 TMC 可以将循环效率从基线 36.3% 提高 0.72%，节省

2%的补给水(对于550 MW装置,500 kg·min$^{-1}$)。

TMC技术最初是在燃气包装锅炉的工业示范规模上开发和验证的。此后,它进一步发展为适合燃煤电厂烟气应用的两阶段设计。

TMC也由Wang等研究,他们的工作得到了国家自然科学基金(21276123)、国家高技术研究发展计划(2012AA03A606)和江苏省"六大人才高峰论坛"的支持。他们声称,当使用冷水作为冷却剂并且入口气体混合物温度在75~77 ℃时,可以实现20%~60%的水回收率和33%~85%的热回收率(取决于气体流速、冷却剂流速和跨膜压差)。当冷却剂温度升高时,相应的回收率可能变低。然而,他们仅通过试验进行了活动,并宣称膜凝结中的传质机制非常复杂。

在亲水性膜基除湿机中不仅使用涂有二氧化锆($ZrO_2$)最终涂层的氧化铝管,而且还使用其他膜材料(如聚醚砜、混合纤维素酯(如三乙酸纤维素)和聚氯乙烯)。优势在于使用这些材料从蒸汽/气体混合物中分离水蒸气是它们对水分子的强亲和力。强亲和力导致水蒸气与气流的其他组分之间的高渗透差异。Zhang等证实,对于这种亲水膜,水与空气的渗透率范围为460~30 000。换句话说,除水蒸气之外的气体几乎不能透过这些膜。

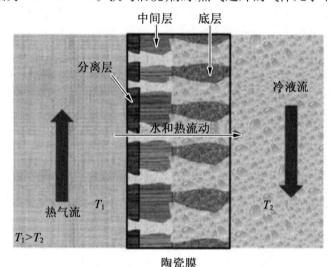

图12.1 TMC中膜结构示意图

(Reprinted with permission from Wang, T.; Yue, M.; Qi, H.; Feron, P. H.; Zhao, S. Transport Membrane Condenser for Water and Heat Recovery from Gaseous Streams: Performance Evaluation. J. Memb. Sci. 2015,484, 10–17.)

另一种可用于从气流中去除水蒸气的技术是使用干燥剂干燥系统。西门子发电公司(SPG)和北达科他大学(UND)的能源与环境研究中心(EERC),美国能源部支持的中试计划,检查了基于液体干燥剂的除湿技术的技术可行性,以有效地从发电厂烟气中提取水。特别是,Copen等设计了一种从涡轮机中提取水的中试规模排气(WETEX)系统回收水蒸气,并声明该系统可以按体积去除烟气中23%~63%的水蒸气。然而,干燥剂系统具有干燥剂再生和产出水质量低的缺点。

到目前为止,致密膜和多孔疏水膜也用于此目的。在致密膜的情况下,气体通过扩散被除湿。Sijbesma 等测试了两种膜材料,用于通过 PEBAX 和 SPEEK 的致密膜进行烟气脱水。他们的结果一方面显示了烟气脱水的技术可行性,另一方面显示了具有顶层 SPEEK 的复合中空纤维膜相对于 PEBAX 的优异性能。这些膜的缺点是它们在高压下操作,因为压力差是必要的,以促进水蒸气透过膜。反过来,这意味着压缩高能耗和高成本。

疏水聚合物膜提供另一种基于膜的替代方案,用于从工业气体中选择性回收蒸发的废水。特别地,疏水膜用于 Macedonio 等所称的膜冷凝器中,这种新膜技术的工作原理以及通过微孔疏水膜的有趣传输现象如下所述。

### 12.2.2　膜式冷凝器操作原理

水凝结是自然和工业环境中的常见现象。当凝结发生在未被冷凝物润湿的表面上时,水会聚成液滴并从表面滚落,该过程称为逐滴冷凝(DWC)。DWC 自 1930 年以来得到了广泛的研究,当时 Schmidt 等认识到与使用疏水涂层相关的效率优势。人工超疏水表面的开发引起了人们对使用这种涂层促进 DWC 的兴趣。了解控制表面水凝结的机制对于具有重大社会和环境影响的广泛应用至关重要,例如发电、海水淡化和环境控制。例如,蒸汽(朗肯)循环的热效率是世界上大部分电力生产的主要原因,与冷凝传热性能直接相关。同时,在加热、通风和空调系统中,它们占发达国家能源消耗总量的 10%~20%,并且正在新兴经济体迅速蔓延,蒸发器盘管上积聚的冷凝水可导致性能下降和危害人类健康的病原体扩散。水蒸气优先凝结在固体表面上而不是直接来自蒸汽,因为与均相成核相比,异相成核的活化能降低了。虽然表面的多余能量控制了异相成核过程,但它也决定了凝结物的润湿行为,对整体业绩产生重大影响。

然而,表面结构几何形状对凝结行为的影响仍然存在争议。可以肯定的是,疏水表面的使用改善了非均相冷凝,最近,已经提出使用以毛细管长度尺度结构的疏水表面来增强非均相冷凝。膜冷凝器是一种创新的膜操作,其中微孔疏水膜不是用作选择性屏障,而是用于促进水冷凝和回收。如上所述,Macedonio 等最近提出了工作原理,其中包括通过利用膜的疏水性来冷凝和回收膜组件的渗余物侧的饱和气体中所含的水,而脱水气体在渗透侧通过膜,图 12.2 所示为用于从气体流中回收蒸发废水的膜冷凝器工艺方案。

特别是,在一定温度下,在大多数情况下,从发电厂、冷却塔、烟囱等排出的气态物流(例如烟道气)被送入保持在过饱和气体状态的膜式冷凝器中。较低的温度,用于将气体冷却至超饱和状态。水在膜组件中冷凝,并且一旦该物流与微孔膜的滞留物侧接触,它们的疏水性就防止液体渗透到孔中,使脱水气体通过膜。因此,液态水在滞留物侧回收,而其他气体在膜单元的渗透侧回收。

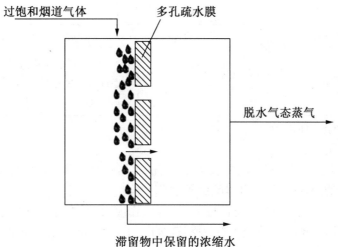

图 12.2 用于从气体流中回收蒸发废水的膜冷凝器工艺方案
(Reprinted with permission from Macedonio, F.; Brunetti, A.; Barbieri, G.; Drioli, E. Membrane Condenser as a New Technology for Water Recovery from Humidified "Waste" Gaseous Streams. Ind. Eng. Chem. Res. 2013,52(3), 1160-1167.)

与传统技术相比,膜式冷凝器的特点是可以将它们与其他方面区分开来(表12.1)。

表 12.1 膜式冷凝器与传统技术对比

|  | 液态和固态吸附 | 冷凝冷却 | 致密膜 | 膜式冷凝器 |
| --- | --- | --- | --- | --- |
| 水回收率/% | 22~62 | <70 | 20~40 | >70 |
| 水纯度 | >95% | 足以补充冷却塔水中的污染物 | >95% | 足以补充冷却塔。水中的污染物 |
| 维护和耐用性 | 由于盐干燥剂的存在和烟气中的 $O_2$,形成腐蚀和盐晶体 | 由于形成稀薄酸液和飞灰形成沉积物的薄液层而腐蚀 | 除去灰烬和烟气脱硫(FGD)以避免膜损坏 | 灰烬去除,以避免膜损坏 |
| 环境方面 | 二氧化碳排放量的增加,减少 $SO_x$ 排放量 $CaCl_2$ 的损失 | $SO_x$ 和 $NO_x$ 的结合可以导致环境利润减少 $DENO_x$ 和 FGD 系统 | 清洁操作 | 清洁操作 |
| 投资成本 | $5.8 \times 10^6$ 美元(2006)+ 200 000 美元(2006年)作为运营成本 | $6.4 \times 10^6$ 欧元(2011年) | 待定 | 待定 |

续表 12.1

| | 液态和固态吸附 | 冷凝冷却 | 致密膜 | 膜式冷凝器 |
|---|---|---|---|---|
| 经济可行性 | 4.4 美元/m³ | 1.5~2 欧元/m³ | 1.5 欧元/m³（潮湿地区），10 欧元/m³（干旱地区） | 1.5~2.5 欧元/m³ |

ᵃ仅考虑与能量需求和膜组件相关的成本。

首先，膜冷凝器相对于所有其他技术提供更高的水回收率。尽管吸附装置可能会出现与干燥剂损失有关的问题，但膜冷凝器可被视为清洁单元操作。此外，它们不会经历通常在传统冷凝器或干燥剂单元中发生的腐蚀现象。然而，无论气流是否含有灰尘或颗粒，在进料膜冷凝器之前可能需要预处理阶段。与致密膜技术相比，主要区别在于操作条件和水质。为了促进水蒸气透过致密膜，需要两个膜侧之间的高压差，这意味着与压缩机或真空泵的存在相关的投资和操作成本。相反，在膜冷凝器中回收的水的纯度可能受到冷凝器中污染物影响，如果存在于气流中，但它足以用于冷却塔或锅炉。然而，进一步的纯化需要使其可饮用。在这种情况下，膜冷凝器也可以被认为是用于预处理烟道气流的合适溶液，所述烟道气流必须被供给到另一个膜单元以进行 $CO_2$ 分离。事实上，在大多数情况下，由于存在诸如 $SO_x$ 和 $NH_3$ 之类的污染物，这些单元的性能被强烈耗尽或膜仍然不可逆地受损。通过适当调整操作条件，控制在膜冷凝器的滞留物侧回收的液态水中的污染物的冷凝的可能性可以导致其使用的两种不同选择：作为水回收的单元，最小化污染物含量或者作为后燃烧捕获的预处理阶段，迫使大部分污染物被保留。

至于膜接触器，如二氧化碳吸附器，许多挑战仍然限制了它们从实验室到工业水平的扩大。首先，膜冷凝器中使用的膜必须显示的基本性质是高疏水性，避免冷凝水渗透到膜孔中，因此有利于液相与在渗透物侧回收的气相分离。这些膜的疏水特性受进料条件的影响。如上所述，在大多数情况下，从工业工厂的烟囱排出的废气流含有可变量的污染物，例如 $SO_x$、$NO_x$、$NH_3$、HF 和 HCl，这些污染物长期影响膜冷凝器，耗尽膜的疏水特性。因此，挑战在于确定用于制造对这些组件表现出优异的耐受性和稳定性的膜材料。实际上，这些很好地代表了聚偏二氟乙烯（PVDF）或其他超疏水材料，例如 Hyflon 和 Teflon，它们的唯一缺点是相当昂贵，其中疏水层沉积在较便宜的载体上的新复合膜的合成可以形成长期稳定性以及合理的单元成本。

### 12.2.3 膜辅助脱水系统中的传输现象

膜冷凝器代表一种特殊类型的膜接触器，其中两个流通过膜分离和（或）接触。

穿过膜的蒸汽通量遵循尘埃气体模型的减少的 Knudsen – 分子扩散转变形式：

$$N_i^v = -\frac{1}{RT_{avg}} \left( \frac{D_w^k D_{w-a}^0}{D_{w-a}^0 + p_a D_w^k} \right) \frac{\Delta p}{\delta} M$$

其中，

$$D_w^k = \frac{2\varepsilon\gamma}{3\tau} \sqrt{\frac{8RT_{avg}}{\pi M}}$$

$$D_{w-a}^0 = 4.46 \times 10^{-6} \frac{\varepsilon}{\tau} T_{avg}^{2.334}$$

式中，$\Delta p$ 为通过温度梯度和(或)浓度差产生的两个膜表面的水的分压梯度(它是在所提出的过程中传质的驱动力)；$N^V$ 为黏性助焊剂；$D^k$ 为克努森扩散系数；$D^0$ 为普通的扩散系数；$M$ 为分子量；$\gamma$ 为膜孔半径；$\varepsilon$ 为膜孔隙率；$\tau$ 为膜曲折；$\delta$ 为膜厚度；$R$ 为气体常数；下标 w 为水；下标 a 为空气；下标 avg 为平均值。

当跨膜通量 $N$ 已知时，可以从进料气流中回收的水量可以用下式计算：

$$\text{回收水比例} = \frac{\left[n_{H_2O,\text{进料}} - \left(\frac{p_{H_2O}(T_{\text{出口}}) \cdot (n_{\text{进料}} - n_{H_2O,\text{进料}})}{P - p_{H_2O}(T_{\text{出口}})} - N \cdot a\right)\right]}{n_{H_2O,\text{进料}}}$$

式中，$n_{H_2O,\text{进料}}$ 为进料气流中的水摩尔数；$n_{\text{进料}}$ 为进料气态摩尔的总数；$p_{H_2O}(T_{\text{出口}})$ 为冷凝器出口温度下水的分压；$a$ 为膜面积。

从系统中排出的每种污染物 $i$ 与回收水的浓度 $c$(即 $c_{i,\text{出口液体}}$)可通过质量平衡估算，即

$$c_{i,\text{出口液体}} = \frac{\text{mol}i_{,\text{进料}} - \text{mol}i_{,\text{出口蒸气}}}{\text{回收的水}}$$

可以通过亨利定律估算不同气体在水中的溶解度：

$$\kappa_H = \kappa_H^0 \times \exp\left(\frac{-\Delta_{soln}H}{R}\left(\frac{1}{T} - \frac{1}{T^0}\right)\right)$$

$$\frac{\Delta_{soln}H}{R} = \frac{-d\ln \kappa_H}{d\left(\frac{1}{T}\right)}$$

式中，$\kappa_H$ 和 $T^0$ 函数参考标准条件(298.15 K)。

因此，模拟结果表明了回收水的数量和质量。在图 12.3 中可以找到一个例子，显示在各种进料温度下，在进料气流和膜组件之间的温差增加时可以回收的水量。

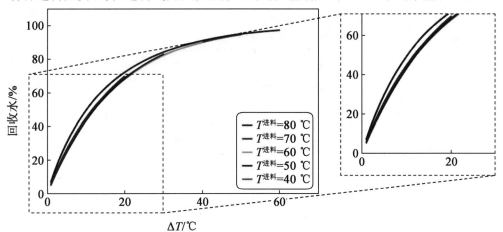

图 12.3　不同进料温度下回收水与 $\Delta T$(烟气与膜模块之间的温度降低)的对比

据估计,通常低于 20 ℃ 的 $\Delta T$ 足以回收超过 65% 的气态废物流中存在的水(图 12.3)。此外,由于水的分压对温度的指数依赖性,回收水的量随着 $\Delta T$ 和 $T^{Feed}$ 的增长而成比例地增加。另一个影响该过程的参数是进料流速 $Q^{Feed}$ 和界面膜面积膜比率:该比值的低值意味着膜面积足以处理进料;相反,该比值的高值意味着相对于模块中可用的膜面积,进料流速太高。因此,保持膜面积恒定并增加 $Q^{Feed}$,回收的水量将在增加的 $Q^{Feed}$ 时不成比例地增加(图 12.4)。

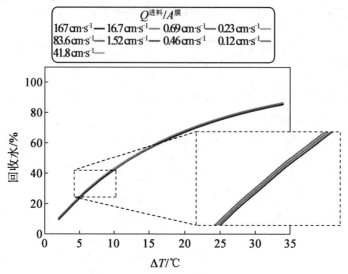

图 12.4　在不同 $Q^{进料}/A^{膜}$ 比值下回收的水与 $\Delta T$
(恒定进料温度为 55.51 ℃,相对湿度 RH 为 100%)

$Q^{进料}/A^{膜}$ 的比例也影响污染物的浓度(图 12.5)。然而,这仅在 $Q^{进料}$ 比 $A^{膜}$ 高 1.52 倍时发生,超过该值,相对于膜区域,进料流速太高而不能保留更多化合物,并且水浓度不会进一步降低。

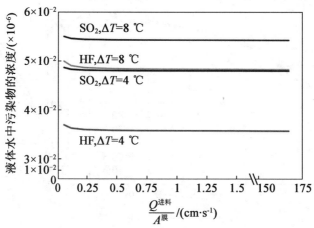

图 12.5　在不同 $\Delta T$(进料温度为 55.5 ℃,RH 进料为 100%)下回收水中 $SO_2$ 和 HF 的浓度与进料速度的关系

对于能量消耗而言,在膜式冷凝器(即冷凝器热负荷)中,它主要由两个术语构成:驱动最终压缩所需的功率(例如,通过风扇或鼓风机)和冷却气流并冷凝(部分)蒸气所需的热负荷。Macedonio 等证明该系统的能量消耗主要是由于冷凝水蒸气所需的热量(图12.6)。

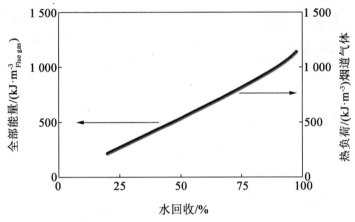

图 12.6　每平方米处理过的烟道气与回收水驱动该过程所需的功率
(在 RH = 100% 和 $T$ = 90 ℃下进料烟道气)

## 12.3　膜干燥器

固体颗粒通常包含在工业生产的浆料中,例如化学品、药品、化妆品、食品和涂料,大多数情况代表要回收的有价值的产品。典型的例子是催化剂、药物、颜料和食品粉末。用于回收颗粒的装置的选择通常与颗粒的数量和尺寸有关。压滤机、流化床、喷雾干燥机、真空干燥机和冷冻干燥机是最常用的,其主要原理和缺点见表 12.2。众所周知,膜操作可成功处理液体和气体流产生纯化的流(被膜排斥的物质耗尽)和浓缩的流(含有被拒绝的物种)。在许多情况下,由于控制物质通过的膜的选择性,如微滤、超滤、纳滤、反渗透、气体分离和渗透蒸发。然而,也可以使用膜来促进相之间的质量传递,通过将其用作"惰性屏障"。这是膜接触器的情况,通过该膜接触器,气液操作、液-液提取和无论所考虑的膜操作如何,都必须强烈避免在待处理的物流中存在固体颗粒,以保护膜表面免于结垢。因此,在膜单元之前,通常使用过滤器来阻挡固体化合物。最近对膜操作在固体颗粒回收中的应用进行了首次测试。特别研究了真空膜蒸馏(VMD),开发的单元称为真空膜干燥器(VMDr)。与其他膜蒸馏构造一样,VMD 基于水蒸气和挥发性化合物(从进料到渗透物侧)通过疏水膜的微孔的传输。如果应用于含有固体颗粒的物流,它能够在进料侧干燥它们,只要它们的尺寸高于膜的孔径,同时产生纯化的渗透物。相对于传统的真空干燥器,由于膜的存在,避免了微粒的损失(图 12.7)。

表 12.2　最常用干燥机的主要原理和缺点

| 干燥装置 | 简化方案 | 主要原理和缺点 |
| --- | --- | --- |
| 压力过滤器 | (压力达到20 atm；固体颗粒；过滤器；液态水和一些颗粒) | 原理：<br>①通过过滤器加压的液体进料；<br>②最终固体残余物质量分数不高于70%。<br>缺点：<br>①颗粒的机械应力；<br>②过滤液体中的颗粒损失；<br>③没有液体回收 |
| 喷雾干燥器 | (喂料；空气；固体颗粒；空气和一些颗粒；干颗粒) | 原理：<br>①进料必须是可泵送的液体；<br>②液体进料雾化成液滴；<br>③送空气以干燥水滴；<br>④干燥产品范围为 10~100 μm。<br>缺点：<br>①没有液体回收；<br>②颗粒的机械应力；<br>③气流中的颗粒损失(需要旋风分离器/袋式过滤器) |
| 流化床 | (空气和一些颗粒；固体颗粒；干颗粒；空气) | 原理：<br>送空气以干燥颗粒。<br>缺点：<br>①颗粒的机械应力；<br>②需要使用最佳粒径和进料浓度范围；<br>③气流中的颗粒损失(需要旋风分离器/袋式过滤器)；<br>④没有液体回收 |
| 真空干燥机 | (水汽和一些颗粒；真空环境下；固体颗粒；加热面) | 原理：<br>①在进料侧施加真空以干燥颗粒(通过液体蒸发)；<br>②液体在冷凝器中回收。<br>缺点：<br>蒸汽夹带引起的颗粒损失(需要旋风分离器/袋式过滤器) |

续表 12.2

| 干燥装置 | 简化方案 | 主要原理和缺点 |
|---|---|---|
| 冷冻干燥机 | 冷冻进料 + 减压下冰挥发(升华) | 原理:<br>①首先将进料冷冻,然后置于真空下,通过升华除去水分;<br>②液体在冷凝器中回收。<br>缺点:<br>能源密集型 |

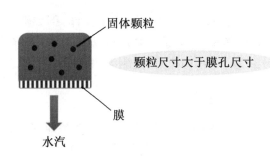

图 12.7　真空膜干燥器的示意图

作为案例研究,测试了 VMDr 的潜力,即聚苯乙烯微粒脱水(尺寸范围为 0.3~7 μm),固体残留量为(98±0.5)%。工作进料温度和真空压力分别为 30 ℃和 4 mbar。选择低温来研究必须处理不耐热化合物时系统的效率(如何在食品和制药行业中发生)。在所研究的不同配置中,用于进料的再循环和搅拌的平膜组件被确定为最适合该方法的组件(图 12.8)。

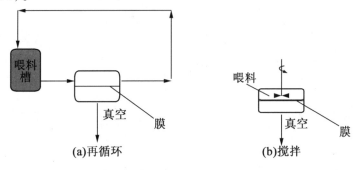

图 12.8　VMDr 平面配置

在两种情况下,使用 0.2 μm 孔径的商业聚丙烯膜。然而,通过再循环进料获得的最大固体残余物质量分数为(50±0.5)%。实际上,只有在进料仍然是流体的情况下,装置内的进料再循环才有可能,这意味着固体残留物较少。相反,通过在膜的一侧加载进料并通过搅拌确保其混合,获得质量分数为(98±0.5)%的固体残余物的目标。干燥过程通常受不同因素的影响,例如操作温度和真空压力、操作时间、待脱水的进料量、进料的初始固体残余物、粒度。在 VMDr 中,还必须添加膜特性的作用。

**1. 工作温度、压力和时间**

操作温度总是取决于待处理进料的性质。一旦确定,就可以确定要使用的真空压力。例如,若进料必须在低温下加工,则施加的真空必须高,以确保整个过程中良好的水蒸气通量(良好的干燥速率)。在传统的真空干燥器中,直接在真空下进料,高真空度可能导致更高的夹带和固体颗粒损失的风险,以及进料体积的增加。由于存在位于进料和真空侧之间的膜,VMDr 中不会出现这两种现象。作为一般规则,当可能时,必须优选高操作温度以在高干燥速率下工作。操作时间是可调参数,取决于要达到的最终目标,通常较高的操作时间会导致产品的干燥程度较高。

**2. 初始固体残留物**

干燥装置通常需要在一定范围的固体残余物中操作,例如流化床和真空带式干燥器,对于稀释进料必须考虑预浓缩步骤,或者必须可以泵送进料的喷雾干燥器。VMDr 能够直接干燥稀释(质量分数为 5%~10%)的进料至 $(98 \pm 0.5)\%$,然后覆盖更广泛的应用。

**3. 进料量**

对于不同量的进料,证明了 VMDr 在搅拌模块中的效率(2.24~14.91 g,对应于膜表面上的进料高度分别为 3 mm 和 2 cm)。在每种情况下,获得 98%±0.5% 的最终固体残余物,唯一记录的差异在于所需的操作时间(图 12.9)。

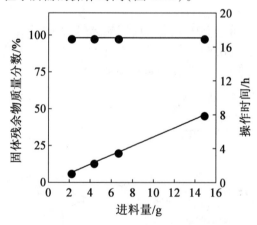

图 12.9　保留物的固体残余物和操作时间与进料量之间的关系

**4. 粒径**

粒径是选择干燥方法的关键因素:压滤机通常不能保留细颗粒(1~5 μm),喷雾干燥器产生 10~100 μm 的干产品,流化床需要在特定范围的颗粒尺寸下工作。如上所述,真空干燥器受到细颗粒夹带的影响。使用基于膜的干燥器的理论优势是避免所有比膜孔径更大的颗粒的损失。通过以质量分数为 10% 干燥三种进料为研究对象做了试验:

(1)含有 0.5 μm 颗粒的填料(填料 1);

(2)以相同百分比含有 0.3 μm、0.5 μm、1 μm 和 7 μm 颗粒的混合物填料(填料 2);

(3)含有 7 μm 颗粒的进料(填料 3)。

图 12.10 所示为所得结果。在所有试验中,实现了 $(98 \pm 0.5)\%$ 的最终固体残余物,

以及不含固体的渗透物。

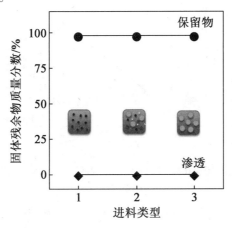

图12.10　不同类型进料中的固液残留和渗透

**5. 膜效应**

VMDr 的开发有两个重要因素：

(1) 作为膜面积的函数的效率(与系统的生产率相关)；

(2) 性能与膜性能(与设计和开发相关)的作用。

事实证明，较高的膜面积导致较低的跨膜通量(较低的干燥速率)，因为蒸发的水量较高，所以膜表面的温度较低。然而，通过使用更大的模块，可以获得质量分数为 98% ± 0.5% 的产品，唯一的区别在于操作时间(图 12.11)。

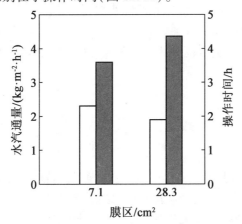

图 12.11　不同膜区膜元件的水汽通量和操作时间

提高 VMDr 性能的方法是降低膜提供的阻力。从试验中使用的膜的性质开始，计算在孔径(0.2 μm)的奇偶性下具有更高孔隙率(75%~80%)和更低厚度(20~70 μm)可实现的通量。图 12.12 所示为作为膜性质比($r_{p\varepsilon}/\delta_\tau$)的函数，达到 98% ± 0.5% 固体残余物所需的通量和操作时间。通过从膜性能比的 $0.54 \times 10^{-3}$ 移动到 $3.2 \times 10^{-3}$，通量从 2.3 kg·m$^{-2}$·h$^{-1}$ 增加到 13.6 kg·m$^{-2}$·h$^{-1}$，而干燥时间从 1.21 h 减少到 0.20 h。

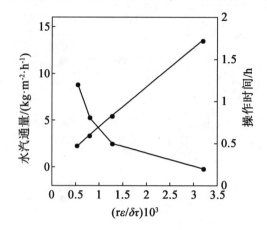

图 12.12 水蒸气通量和操作时间与膜特性的关系

**6. 渗透质量**

在固体残余物含量方面分析试验期间收集的渗透物,以验证固体颗粒的存在。在所有情况下,都没有检测到固体。然后,VMDr 能够生产出适合再利用的纯净水。

**7. VMDr 与传统干燥机的比较**

如前所述,VMDr 相对于传统设备的一个主要优点是膜可以保留细颗粒,避免使用旋风分离器/灰尘过滤器进行下游回收。此外,在获得的结果的基础上,VMDr 具有进一步的优点:

(1)脱水的粒径范围更广。
(2)脱水更广泛的进料浓度(无须预浓缩步骤)。
(3)下游不需要固体分离。
(4)在同一单元中获得更宽范围的产品干燥度(质量分数从百分之几到98%),正确选择操作时间液体回收。

## 12.4 结 论

膜接触器技术,特别是膜式冷凝器和膜式干燥器,可能潜在地导致工艺和产品的重大创新,从而为创新产品的设计、合理化和优化提供新的机会。

膜冷凝器是一种创新的膜单元操作,用于从工业气体中选择性回收蒸发的废水,并用于控制回收的液态水的组成。就目前提出的用于从气流中捕获蒸发水的技术而言,它具有以下优点:

(1)不会遭受传统冷凝器的腐蚀现象,因为可以使用大多数耐化学性聚合物制造出具有疏水性内在特性的膜。
(2)膜冷凝器的能耗相对于低温分离或致密膜的能耗较低,在第一过程中由于气体和水之间的沸点差异很大,在第二种条件下,要求高压。
(3)关于液体或固体吸附,膜冷凝器不受诸如干燥剂损失、吸附剂的余量再生和产出水的低质量等问题的影响。

此外,与其他传统的可比技术相比,这种新技术的无可置疑的好处是加速缩合过程的能力,因为与均相成核相比,异相成核的活化能降低。膜干燥器允许从液体悬浮液中回收和干燥固体微粒。此外,收集液体流以供进一步使用。在膜干燥器相对于传统装置的不同优点中,值得一提的是:

(1)使用稀释和浓缩进料操作的能力(无预处理步骤);
(2)处理不同尺寸颗粒的能力;
(3)使用细颗粒的可能性(无下游分离);
(4)减少待处理颗粒的机械和热应力。

为了满足所有的期望,膜冷凝器和膜干燥器需要更系统的分析,精确的建模,易于放大,开发具有高疏水特性和稳定性的膜,具有窄的孔径分布和改进的结构和形态特征。此外,所有可行的方法致力于通过增强质量和传热现象,控制结垢问题和相关缺点(堵塞、疏水性损失等)来提高这些膜接触器装置的效率,预计将成为在这个领域研究人员进一步研究的问题。

# 参 考 文 献

[1] Macedonio, F.; Brunetti, A.; Barbieri, G.; Drioli E. Membrane Condenser as a New Technology for Water Recovery from Humidified "Waste" Gaseous Streams. Ind. Eng. Chem. Res. 2013, 52 (3), 1160–1167.

[2] Jeong, K.; Kessen, M. J.; Bilirgen, H.; Levy, E. K. Analytical Modeling of Water Condensation in Condensing Heat Exchanger. Int. J. Heat Mass Transfer 2012, 53, 2361–2368.

[3] Feeley, T. J.; Pletcher, S.; Carney, B.; McNemar, A. T. Department of Energy/National Energy Technology Laboratory's Power Plant–Water R&D Program, Power–Gen International 2006; 2006.

[4] Carney, B. New Technology Will Recover Heat & Water from Flue Gas. Power Engineering. 23/August/2016. http://www.power–eng.com/articles/print/volume–120/issue–8/features/new–technology–will–recover–heat–water–from–flue–gas.html (Last access on November 14, 2016).

[5] Wang, D.; Bao, A.; Kunc, W.; Liss, W. Coal Power Plant Flue Gas Waste Heat and Water Recovery. Appl. Energy 2012, 91 (1), 341–348.

[6] Wang, T.; Yue, M.; Qi, H.; Feron, P. H.; Zhao, S. Transport Membrane Condenser for Water and Heat Recovery from Gaseous Streams: Performance Evaluation. J. Membr. Sci. 2015, 484, 10–17.

[7] Zhang, L. Z.; Zhu, D. S.; Deng, X. H.; Hua, B. Thermodynamic Modeling of a Novel air Dehumidification System. Energ. Buildings 2005, 37 (3), 279–286.

[8] Liu, X. H.; Zhang, Y.; Qu, K. Y.; Jiang, Y. Experimental Studyon Mass Transfer Performances of Cross Flow Dehumidifier Using Liquid Desiccant. Energy Convers. Manage. 2006, 47 (15 – 16), 2682 – 2692.

[9] Zurigat, Y. H.; Abu – Arabi, M. K.; Abdul – Wahab, S. A. Air Dehumidification by Triethylene Glycol Desiccantina Packed Column. Energy Convers. Manage. 2004, 45 (1), 141 – 155.

[10] Copen, J. H.; Sulliva, T. B.; Folkedahl, B. C.; Carney, B. Principles of Flue Gas Water Recovery System. In Proceedings of the Power – Gen International Conference, Las Vegas NV, 2005.

[11] Sijbesma, H.; Nymeijer, K.; vanMarwijk, R.; Heijboer, R.; Potreck, J.; Wessling, M. Fluegas Dehydration Using Polymer Membranes. J. Membr. Sci. 2008, 313, 263 – 276.

[12] Drioli, E.; Santoro, S.; Simone, S.; Barbieri, G.; Brunetti, A.; Macedonio, F.; Figoli, A. ECTFE Membrane Preparation for Recovery of Humidified Gas Streams Using Membrane Condenser. React. Funct. Polym. 2014, 79, 1 – 7.

[13] Brunetti, A.; Santoro, S.; Macedonio, F.; Figoli, A.; Drioli, E.; Barbieri, G. Waste Gaseous Streams: from Environmental Issue to Source of Water by Using Membrane Condensers. Clean Soil Air Water 2014, 42 (8), 1145 – 1153.

[14] Macedonio, F.; Cersosimo, M.; Brunetti, A.; Barbieri, G.; Drioli, E. Water Recovery from Humidified Waste Gas Streams: Quality Control Using Membrane Condenser Technology. Chem. Eng. Proc. 2014, 86, 196 – 203.

[15] Brunetti, A.; Macedonio, F.; Barbieri, G.; Drioli, E. Membrane Engineering for Environmental Protection and Sustainable Industrial Growth: Options for Waterand Gas Treatment. Environ. Eng. Res. 2015, 20 (4), 307 – 328.

[16] Rykaczewski, K. Microdroplet Growth Mechanism During Water Condensationon Superhydrophobic Surfaces. Langmuir 2012, 28 (20), 7720 – 7729.

[17] Schmidt, E.; Schurig, W.; Sellschopp, W. Versucheüber die Kondensation von Wasserdampf in Film und Tropfenform. Forsch. Ingenieurwes. 1930, 1, 53 – 63.

[18] Rose, J. W. Dropwise Condensation Theory and Experiment: A Review. Proc. Inst. Mech. Eng. A 2002, 216, 115 – 128.

[19] Enright, R.; Miljkovic, N.; Al – Obeidi, A.; Thompson, C. V.; Wang, E. N. Condensationon Superhydrophobic Surfaces: The Role of Local Energy Barriers and Structure Length Scale. Langmuir 2012, 28 (40), 14424 – 14432.

[20] Kim, M. H.; Bullard, C. W. Air – Side Performance of Brazed Aluminium Heat Exchangers Under Dehumidifying Conditions. Int. J. Refrig. 2002, 25 (7), 924 – 934.

[21] Hugenholtz, P.; Fuerst, J. A. Heterotropic Bacteriain Air – Handling System. Appl. Environ. Microbiol. 1992, 58 (12), 3914 – 3920.

[22] Kashchiev, D. Nucleation: Basic Theory with Applications, 1$^{st}$ ed.; Butterworth –

Heinemann: Oxford, 2000.

[23] Chen, C. -H.; Cai, Q.; Tsai, C.; Chen, C. -L.; Xiong, G.; Yu, Y.; Ren, Z. Dropwise Condensation on Superhydrophobic Surfaces with Two - Tier Roughness. Appl. Phys. Lett. 2007, 90 (17), 173108.

[24] Wier, K. A.; McCarthy, T. J. Condensationon Ultrahydrophobic Surfaces and Its Effect on Droplet Mobility: Ultrahydrophobic Surfaces Are Not Always Water Repellant. Langmuir 2006, 22 (6), 2433 - 2436.

[25] Ito, A. Dehumidification of Air by a Hygroscopic Liquid Membrane Supported on Surface of a Hydrophobic Microporous Membrane. J. Membr. Sci. 2000, 175 (1), 35 - 42.

[26] Folkedahl, B.; Weber, G. F.; Collings, M. E. Water Extraction from Coal - Fired Power Plant Flue Gas, Final Report; DOE Cooperative Agreement No. DE - FC26 - 03NT41907; Pittsburgh, PA: National Energy Technology Laboratory, 2006.

[27] Isetti, C.; Nannei, E.; Magrini, A. On the Application of a Membrane Air Liquid Contactor for Air Dehumidification. Energy Build. 1997, 25(3), 185 - 193.

[28] Perry, R. H.; Green, D. W. Perry's Chemical Engineers' Handbook, $8^{th}$ ed.; McGraw - Hill: Singapore, 2007.

[29] Richardson, J. F.; Harker, J. H.; Backhurst, J. R., Coulson & Richardson's Chemical Engineering, Particle Technology and Separation Processes, $5^{th}$ ed.;, vol. 2; Butterworth - Heinemann: Oxford, 2002.

[30] Drioli, E.; Criscuoli, A.; Curcio, E. Membrane Contactors: Fundamentals, Applications and Potentialities; Elsevier: Amsterdam, 2006.

[31] Drioli, E.; Carnevale, M. C.; Figoli, A.; Criscuoli, A. Vacuum Membrane Dryer (VMDr) for the Recovery of Solid Microparticles from Aqueous Solutions. J. Membr. Sci. 2014, 472, 67 - 76.

[32] Criscuoli, A.; Carnevale, M. C.; Drioli, E. Study of the Performance of a Membrane - Based Vacuum Drying Process. Sep. Purif. Technol. 2016, 158, 259 - 265.

# 第13章 膜乳化进展和前景

## 13.1 概 述

乳液是两种或更多种不混溶相(亲水和疏水)的混合物,其中一种液体(分散相)分散在另一种(连续相)中,可以根据疏水(油)和亲水(水)相的相对空间分布方便地分类乳液。由分散在水连续相中的油滴组成的系统是水包油(O/W)乳液。由分散在油连续相中的水滴组成的系统是油包水(W/O)乳液。更复杂的系统是多重乳液,其中使用简单的乳液(O/W 或 W/O)作为分散相,这些乳液可以是 W/O/W 和 O/W/O 乳液。例如,W/O/W 乳液由分散在较大油滴中的水滴组成,其中油滴本身分散在水连续相中。乳液类型如图 13.1 所示。此外,还可以获得其中固相分散成液相的悬浮液。

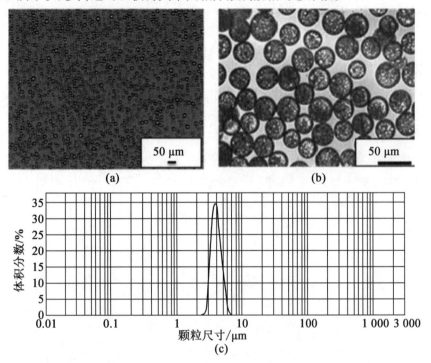

图 13.1 简单和多重乳液及通过膜乳化产生的乳液的粒度分布

当固体颗粒的尺寸在微米范围内时,可将其分为微胶囊和微球(图 13.2)。微胶囊具有核壳结构,最常见的形状是球形,也有椭圆形微胶囊。微胶囊由芯和涂层材料制成,其中涂层材料形成围绕内芯的壳。

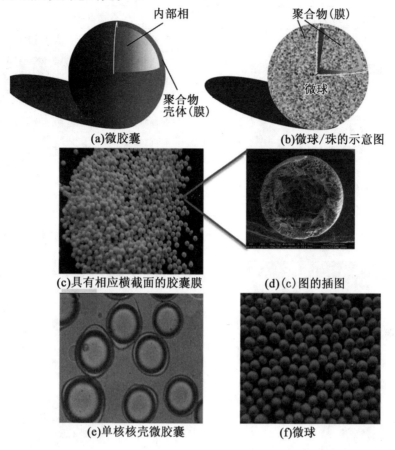

图 13.2 微胶囊、微球/珠的示意图

核-壳微胶囊可以是单核或多核的。在单核核壳微胶囊中,壳含有一个核。在多核核壳微胶囊中,壳含有多重核,它们各自被其自身的壳包围。装有固体(基质-核/壳微胶囊)、液体(液-核/壳微胶囊)、固-液分散体(悬浮-核/壳微胶囊)或气-固分散体(充气胶囊)的微胶囊罐已经可以工业化生产。微球或微珠是由均匀分布的材料组成的球形微粒,并且包封的组分也分布在整个结构中,包括在外层中。它们由各种天然和(或)合成材料组成:固体脂质微球、白蛋白微球、聚合物微球和无机-有机微球。

在膜乳化过程中可以考虑一些具体的定义。直接膜乳化是指通过将分散相通过膜孔挤出到连续相中而形成液滴(表 13.1)。预混合膜乳化是指通过将孔隙乳液通过膜孔挤出到连续相中而形成细小液滴乳液(表 13.1)。

表 13.1　用于生产乳液的机械方法

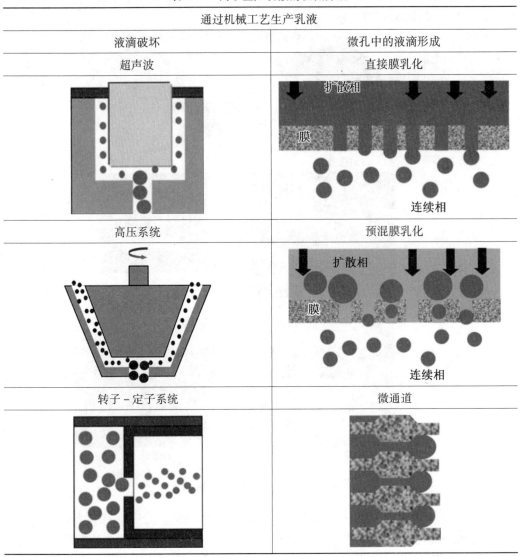

膜乳化可以在以下方面进行：

(1) 动态模式操作(图 13.3(a))。

① 使用静态和固定膜并移动连续相(交叉流动、脉冲流动或搅拌膜乳化)；

② 移动膜用于在膜和连续相之间产生相对运动。

(2) 静态模式操作(图 13.3(b))，其中当没有额外的移动力时，液滴在达到一定尺寸时从膜孔分离。一旦形成乳液，就采用几种方法来制备仅基于物理现象、聚合反应或结合物理和化学现象的颗粒。然而，它们都有三个共同的主要步骤，如图 13.4 所示。

在形成乳液后，需要将特定的化学品和材料加入到分散体中以形成胶囊壁或微球体(第一步)；然后，发生液滴的凝固或交联(第二步)；随后，在最后的第三步中分离并收集形成的颗粒。

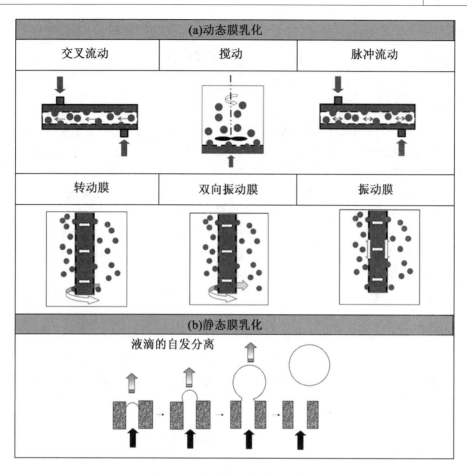

图 13.3　膜乳化操作模式和机理

图 13.4　颗粒形成的一般流程图

## 13.2 乳液制备

许多不同的方法可用于生产乳液(表 13.1),本节介绍了大多数常见方法的简要概述。存在几种非机械过程,例如分散相沉淀或相转化。通过温度或组成的变化或通过机械应力促进的待乳化物质的相行为的变化用于实现系统的期望状态。可以通过在预混合乳液中将分散相和连续相一起均化并通过破坏细乳液中的大液滴来形成乳液。转子-定子系统、高压系统和超声波被用作传统的机械设备来生产乳液。在转子-定子系统中,通过施加作为液滴破坏驱动力的机械能,可以连续和不连续地产生乳液。在高压系统中,驱动力是高压梯度。它们可以细分为径向扩散器、反向喷射分散器、轴向喷嘴聚合体,具体取决于流动引导。高压系统持续运行。在超声波系统中,能量输入通过所谓的超声波发生器进行。由于破坏机制出现空化和微湍流,它们是不连续操作的。

乳液也可以在膜和微结构体系中逐滴产生。在这种情况下,迫使分散相通过膜孔并在连续相中作为液滴收集(直接膜乳化)。膜乳化方法也可用于从预混合乳液中产生细小液滴,迫使粗乳液通过膜(预混合膜乳化)。20 世纪 90 年代初,Nakashima 和 Shimizu 在日本化学工程学会秋季会议上介绍了膜乳化技术。20 世纪 90 年代后期,铃木使用预混膜乳化来获得比其他乳化方法更高的生产率。微工程和半导体技术的快速发展导致了 Nakashima 等的微通道的发展,应用于乳化技术。表 13.2 列出了机械乳化过程的主要特性。

表 13.2 机械乳化过程的主要特性

| 处理过程 | 膜乳化 | 微通道 | 转子-定子系统 | 高压系统 | 超声 |
| --- | --- | --- | --- | --- | --- |
| 水滴形成机制 | 由墙壁剪切应力导致的液滴分离 | 液滴脱离不稳定现象 | 在湍流中的剪切/惯性应力或层流中的剪切应力中,液滴破裂 | 在湍流中,液滴被剪切/惯性应力破坏;空化;层流延伸流 | 气穴由于空化而破裂;微湍流 |
| Modus 操作 | 连续 | 连续 | 不连续或连续的 | 连续 | 间断 |
| 生产力 | 实验室/试验级生产 | 实验室/试验级生产 | 制造业生产 | 制造业生产 | 实验室/试验级生产 |
| 水滴大小 /$\mu m$ | 0.1~10 | >3 | >2 | <200 | ≈0.4 |
| 能量密度 /($J \cdot m^{-3}$) | $10^3 \sim 10^6$ | — | $10^5 \sim 10^8$ | $10^6 \sim 10^8$ | $10^7 \sim 10^8$ |
| 水滴大小分布 | 狭窄 | 单分散 | 多分散 | 多分散 | 多分散 |

这里，区分连续和不连续过程。在连续乳化的情况下，通常将成分单独给料或在搅拌器中预混合（以获得粗分散的原料乳液）。进一步显著的特征是乳化过程中可能的产品产量和产品应力，这为工业生产或实验室和（或）产品形式开发中的应用再次预定了不同的过程。转子－定子系统和高压系统经常用于工业生产中。由于产品产量小，超声波系统、膜乳化和微通道主要用于小批量生产。乳液的大多数性质取决于液滴尺寸和液滴尺寸分布。它们具有重要意义，因为它们对物理稳定性、流变学和光学特性，生物利用度或剂量反应，味道、质地和其他性质有很大影响。在高压均化器中，液滴直径是能量密度的直接函数，其等于均质阀处的有效压力差。使用该系统，可以获得具有高产品吞吐量的平均液滴，尺寸小于 $0.2~\mu m$。然而，由于高压梯度和流速，产品上的应力非常高。在转子－定子系统和超声波均质器中，液滴尺寸和能量密度仅基于试验数据通过近似值联系。对于转子－定子系统，不能获得低于 $2~\mu m$ 的平均液滴尺寸，产品吞吐量位于可用范围的中间，而产品应力可归类为中等。使用超声波均化器，可以获得约 $0.4~\mu m$ 的液滴尺寸，因此产品应力非常高。

在膜乳化过程中，液滴尺寸严格受膜孔径的控制。可以获得直径小至 $0.2~\mu m$ 的液滴，具有非常窄的液滴尺寸分布。然而，可能的产品吞吐量可归类为小型。乳化过程的巨大优势是施加的小剪切应力，其对应于最低能量输入。微通道乳化仅通过故意选择以非强烈非圆柱形几何形状结束的通道的特定几何形状而区别于膜乳化。使用微通道的乳化过程的能量密度未在文献中报道，但预计它可以在膜乳化的范围内。然而，与常规乳化方法相比，微通道工艺非常昂贵。因此能量输入并不重要。微通道工艺的主要优点是可以生产几乎单分散的乳液。

## 13.3　膜乳化法制备乳液

膜乳化的主要区别因素是通过迫使分散相通过膜孔进入连续相而产生乳液液滴。许多不同的参数影响膜乳化过程中的液滴尺寸、液滴尺寸分布和乳化生产率（图13.5）。在液滴形成期间，在孔开口处生长的液滴一旦达到一定尺寸就会脱落。取决于剪切力是否导致液滴从孔开口脱离或者在膜表面没有剪切流动时液滴自发地分离，可以分别区分动态或静态膜乳化。

### 13.3.1　动态膜乳化

通常，为了确保从孔开口迅速离开液滴，通过连续相的轴向速度的作用产生剪切应力，该轴向速度通过低剪切泵沿膜表面再循环，该技术被称为交叉流动膜乳化。或者，可以使用桨叶式搅拌器产生膜表面处的剪切应力，该技术称为搅拌膜乳化。动态膜乳化的示意图如图13.3（a）所示。

膜乳化的主要参数如图13.5所示。

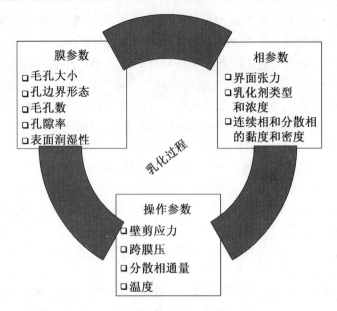

图 13.5　影响膜乳化过程的主要参数

跨膜压力($\Delta p_{tm}$)是将分散相通过膜孔压入连续相所需的力,它被定义为分散相的压力 $p_d$ 与连续相的平均压力之间的差值($p_{c,in}$ 和 $p_{c,out}$ 分别是膜的入口和出口处流动的连续相的压力),即

$$\Delta p_{tm} = p_d - \frac{(p_{c,in} + p_{c,out})}{2} \tag{13.1}$$

获得分散相渗透所需的最小压力是毛细管压力 $p_c$,其取决于 O/W 界面张力($\gamma_{ow}$)、分散相与连续相充分润湿的膜表面的接触角($\theta$),以及平均值膜孔径($d_p$),有

$$p_c = \frac{4\gamma \cos\theta}{d_p} \tag{13.2}$$

与跨膜压力相关的重要参数是分散相通量($J_d$)。根据达西定律,分散相通量还取决于膜渗透率($L_p$),膜厚度和分散相黏度($\mu$)。

$$J_d = \frac{L_p \Delta p_{tm}}{\mu L} \tag{13.3}$$

当分散相的压力足够高时,膜表面处的液滴形成开始。在动态膜乳化中,在液滴长到临界直径后,它通过膜表面上连续相的壁剪切应力($\tau_w$)分离。

在将膜液滴保持在膜表面的不同力中,由界面张力($F_\gamma$)引起的力是最主要的。它是由时间依赖的界面张力 $\gamma(t)$ 引起的,即

$$F_\gamma = \pi d \gamma(t) \tag{13.4}$$

由于表面活性剂对界面张力的影响,表面活性剂动力学强烈影响液滴形成。

根据线性关系乳液液滴直径($d_d$)是膜孔径($d_p$)的函数,其中线性系数($c$)是恒定的并且取决于所用的膜,即

$$d_d = c d_p \tag{13.5}$$

在动态膜乳化中,表明随着壁面剪切应力的增加,液滴尺寸变小,对低壁剪切应力的影响更

大。剪切应力对降低液滴尺寸的影响取决于膜孔尺寸,对较小的膜孔尺寸更有效。

最近引入了一种新的动态乳化方法,其中在连续相中产生周期性流动脉动而没有再循环,这种技术称为脉冲流 ME。脉冲流由频率发生器产生,或者通过在膜腔内前后反转流动方向。该过程适用于生产高分散的乳液连续相比,它可以连续或半连续模式运行。

或者,移动膜扫描用于产生负责液滴分离的剪切应力。旋转膜乳化对于粗乳液和易碎结构化产品的生产特别有利,其中液滴和(或)颗粒在泵再循环期间易于破裂。分散相径向渗透多孔膜壁并形成液滴进入连续阶段。另一种新方法是将横向激发应用于膜表面。当激发的幅度和频率足够大时,额外的力可能会显著降低平均液滴尺寸。在另一种方法中,称为方位角振荡膜乳化,膜周期性地前后旋转,分散相径向注入管腔侧。该方法允许连续生产液滴,也可用于大规模生产高生产率,简便的过程自动化和缩短的操作时间可以精确地调整不同的工艺条件以控制动态 ME 中的剪切应力。根据用于产生阻力的机制(连续相或移动膜的流动),使用不同的方程来计算壁剪切应力。

在交叉流动膜乳化中,考虑摩擦系数相关性($\lambda$)、乳液密度($\rho$)和轴向速度($V_{ax}$)计算壁面剪切应力:

$$\tau_w = \frac{\lambda \rho V_{ax}^2}{2} \tag{13.6}$$

摩擦系数相关性取决于雷诺数($Re$):

$$Re < 2\,000, \quad \lambda = \frac{16}{Re} \tag{13.7}$$

和

$$Re > 2\,000, \quad \lambda = 0.079\,2 Re^{-0.25} \tag{13.8}$$

雷诺数是由以下比率定义的无量纲参数:动态压力($\rho V_{ax}^2$)和剪切应力($\eta V_{ax}/D_h$),可表示为

$$Re = \frac{\rho V_{ax}^2}{\eta V_{ax}/D_h} = \frac{\rho V_{ax} D_h}{\eta} \tag{13.9}$$

式中,$D_h$ 为水力直径;$\eta$ 为黏度。

在搅拌膜乳化中,剪切应力($\tau$)是根据搅拌器的角速度($\omega$)计算的。

$$\tau_{max} = 0.825 \eta \omega r_{trans} \frac{1}{\delta}, \quad r < r_{trans} \tag{13.10}$$

$$\tau_{max} = 0.825 \eta \omega r_{trans} \left(\frac{r_{trans}}{r}\right)^{0.6} \frac{1}{\delta}, \quad r > r_{trans} \tag{13.11}$$

式中,$\eta$ 为连续相黏度,Pa·s;$r_{trans}$ 为过渡半径,其中旋转从自由涡变为强迫涡;$\delta$ 为由 Landau – Lifshitz 方程给出的边界层厚度,$\delta = \sqrt{\eta/\omega\rho}$。

剪切应力不均匀地分布在膜表面上,并且可以假设在距离膜中心的距离 $r_{trans}$ 处达到最大剪切($t_{max}$)。在旋转膜乳化中,考虑膜旋转速度($n$)和旋转膜与固定容器之间的环形间隙的宽度来计算剪切应力:

$$\tau = \frac{\pi R_1^2 n}{15(R_2^2 - R_1^2)} \tag{13.12}$$

式中,$R_1$ 为旋转膜的半径;$R_2$ 为固定容器的半径。

脉冲、振动和方位角振荡膜乳化基于通过连续相或膜的振荡产生剪切应力。剪切应力由振荡的频率($f$)和振幅($a$)控制：

$$\tau_{\max} = 2a(\pi f)^{3}/2(\eta\rho)^{1}/2 \tag{13.13}$$

式中，$\eta$ 为黏度；$\rho$ 为连续相的密度。

### 13.3.2 静态膜乳化

在膜表面没有剪切流动的情况下，跨膜压力、分散相通量、界面张力和膜孔的重要关系描述了静态膜乳化中要考虑的主要因素(图13.3(b))。在使用带槽和椭圆形直通微通道的液滴形成中也观察到这种类型的自发液滴分离。在这种情况下，界面张力是液滴分离的驱动力，特别是膜孔中分散相的流动对自发液滴形成行为有很大影响，并取决于分散相和连续相的黏度以及分散相通过膜孔的流速。此外，膜中有乳化作用，在没有连续相流的情况下，在连续相中加入的表面活性剂的吸附动力学对产生的液滴的尺寸和尺寸分布具有更深远的影响。在液滴形成过程中，表面活性剂分子吸附到新形成的油－水界面上以降低界面张力并因此促进形成。表面活性剂分子从本体溶液到新形成的油－水界面的转移速率主要由它们的扩散转移决定，因为没有连续相流。表面活性剂的类型和浓度极大地影响了表面活性剂的吸附动力学，从而影响了动态界面张力。Sugiura 提出了界面张力驱动液滴形成的分离机制，其中自发液滴从孔开口分离强烈依赖于形状。孔隙开口，非圆形孔隙导致小滴的自发脱落。通过考虑系统的自由能来描述这种机制的"基于自发变换的液滴形成"，在具有非圆形横截面的曲折孔隙形成液滴期间，扭曲的分散相是自发的由于系统的界面自由能最小化，通过界面张力转变成球形液滴。Christov 等首次使用光学显微镜观察到 SPG 膜自发形成的液滴。Yasuno 等在低分散相通量下观察了 SPG 膜的自发液滴形成，并提出了一种基于自发转化的液滴形成机制。Kukizaki 研究了表面活性剂类型和浓度，分散相和连续相的黏度以及跨膜压力对液滴尺寸、液滴尺寸分布和分散通量的影响。Kosvintsev 等利用金属膜进行了试验和理论研究，金属膜在零表面剪切条件下具有高度均匀的孔间距和均匀的孔径，表明膜乳化中存在额外的浮力和毛细力。通过考虑液滴在孔表面处变形时的几何形状而得到的推力是力平衡中的主要分离力。

静态条件下的乳化方法与交叉流动膜乳化相比具有几个优点，因为不需要交叉流动泵等活动部件：①试验装置通常比交叉流动膜乳化更简单；②所需的能量会降低；③在膜表面没有剪切流动的情况下的膜乳化可能适合于产生具有均匀尺寸的较低黏度和（或）较大的液滴。这是因为在错流膜乳化过程中形成液滴时，由于横流泵引起的剪切力，黏性较小或较大的液滴容易进一步破碎。

### 13.3.3 膜乳化过程中需要的进展

膜乳化过程的主要缺点是通过膜的低分散相通量。表13.3显示了在膜乳化过程中获得的分散相通量的典型值。SPG 膜是乳液制备中最常用的膜，即使通常在制备 O/W 和 W/O 乳液中获得分散相的低通量。用陶瓷膜获得更高的通量。

通过膜的通量由施加的跨膜压力、膜的渗透性和活性孔的数量（达西定律）决定。

SPG 膜具有低渗透性,因为它们非常厚(0.45~0.75 mm)并且结构均匀。据报道,活性孔的数量非常少,即 0.3%~0.5% 和 2%。对于陶瓷膜,渗透性预计会更高,因为具有最小孔的顶层非常薄,该层由孔径较大的层机械支撑。

为克服低分散助焊剂的限制,引入了各种操作方法,如旋转或振动膜和反复预混膜乳化。

表 13.3 在膜乳化方法中获得的典型分散相焊剂膜

| 膜 | 膜孔 | 乳液类型 | 分散相通量/$(dm^3 \cdot m^{-2} \cdot h^{-1})$ | 参考文献 |
| --- | --- | --- | --- | --- |
| 亲水 SPG | 0.2 μm | O/W | 5~15 | 28 |
| 亲水 SPG | 0.5 μm | O/W | 10~45 | 28 |
| 亲水陶瓷 $Al_2O_3$ 膜 | 0.2 μm | O/W | 50~250 | 29 |
| 亲水 SPG 预处理 | 0.5 μm | W/O | 200 | 29 |
| 亲水 SPG 预处理 | 1 μm | W/O | 2 300 | 29 |
| 聚丙烯 | 0.4 μm | W/O | 0.05~0.2 | 30 |
| 亲水性聚酰胺预处理 | 10 ku | O/W | 2 | 31 |

生产率(表示为分散相通量)是商业生产中的重要问题。通过适当的孔径和孔形状的膜设计可以提高膜的乳化生产率。特别是,非圆形孔可以为均匀液滴的产生提供显著的工艺益处。通过在外侧和内侧之间沿着厚度的润湿性使用具有不对称性质的膜来开发另一种策略。通过在亲水膜的内腔侧吸附疏水性大分子(脂肪酶)获得膜表面润湿性改性。分散相通量比传统膜获得的通量高两个数量级,工艺生产率显著提高。

膜表面和(或)孔中的污垢现象也是膜乳化应用中的重要问题。膜污染可以由用作乳化剂的蛋白质或通过分散相与膜材料的相互作用引起。结垢现象决定了分散相流速的降低。对于孔径较小的膜,这个问题最明显。另外,在乳化过程中必须避免膜的结垢,以保持液滴的合理窄的尺寸分布。

少量膜专门开发用于膜乳化,包括 SPG 膜(SPG 技术)和金属膜(Micropore Technology)。在大多数情况下,使用的膜是从其他过程借来的,并且适合于这种特定用途。膜乳化工艺所需的进步包括膜、模块和专门设计和开发的工厂,以满足乳化应用所需的性能:高通量、抗污性、适当的膜孔径和孔形设计。

### 13.3.4 水包油乳液

水包油(O/W)乳液是最通用的乳液,存在于许多配方中:
(1)蛋黄酱、奶油利口酒、奶精、可搅打配料和冰淇淋混合物,适用于食品领域。
(2)用于化妆品的护肤乳液。
(3)用于药物输送的药物悬浮液。
(4)多相系统作为化学或生化反应介质。

膜乳化的大多数研究报道了 O/W 乳液的制备,其中一些研究很重要,因为可以了解膜乳化过程的理论基础。表 13.4 为通过膜乳化制备 O/W 乳液的实例。

表 13.4 通过膜乳化制备 O/W 乳液的实例

| 研究参数 | 方法 | 操作程序 | 膜 | $d_p/\mu m$ | 分散阶段 | 连续阶段 | 乳化剂 | 分散相的通量或 $p_{tm}$ | 粉状率低于连续相 | $d_d/\mu m$ | 参考文献 |
|---|---|---|---|---|---|---|---|---|---|---|---|
| $\Delta p_{tm}$ | 直接 | 横流 | 亲水 SPG 膜 | 4.8 | 菜籽油 | 软化水 | Twee 80(质量分数2%) | 13.3~39.9 kPa | 30 Pa | 2.9~3.5 | 39 |
| $\Delta p_{tm}$ | 直接 | 横流 | 亲水陶瓷 $Al_2O_3$ 膜 | 0.8 | 植物油 | 软化水 | SDS(质量分数2%) | 50~325 kPa | 33 Pa | 2.5~3.45 | 40 |
| $\Delta p_{tm}$ | 直接 | 横流 | 亲水陶瓷 $Al_2O_3$ 膜 | 0.2 | 植物油 | 软化水 | Twee 20(质量分数0.1%) | 70~150 kPa | — | 6.2~10.6 | 40 |
| $\Delta p_{tm}$ | 直接 | 横流 | 亲水陶瓷 $Al_2O_3$ 膜 | 0.2 | 植物油 | 软化水 | SDS(质量分数0.1%) | 100~300 kPa | 30 Pa | 0.6 | 41 |
| $\tau_w$ | 直接 | 横流 | 亲水 SPG 膜 | 4.8 | 菜籽油 | 软化水 | Twee 80(质量分数2%) | 13.3 kPa | 1.3~30 kPa | 18~14 | 39 |
| $\tau_w$ | 直接 | 横流 | 亲水陶瓷 $Al_2O_3$ 膜 | 0.5 | Semper 131 植物油 | 脱脂牛奶 | Dimodan PVP(质量分数2%) | 20 kPa | 6.1~102.4 | 40~4.6 | 42 |
| $\tau_w$ | 直接 | 横流 | 亲水陶瓷 $Al_2O_3$ 膜 | 0.8 | 植物油 | 软化水 | LEO-10(质量分数0.7%) | 70 kPa | 5~20 | 1.28~0.84 | 40 |
| $\tau_w$ | 直接 | 横流 | 亲水陶瓷 $Al_2O_3$ 膜 | 0.1 | 植物油 | 软化水 | LEO-10(质量分数0.7%) | 33 kPa | 5~20 | 0.36 | 40 |
| $\tau_w$ | 直接 | 横流 | 亲水 MPG 膜 | 0.2 | 葵花籽油 | — | 乳蛋白(质量分数3%) | 450 kPa | 2.7~13.5 | 8.1~3 | 28 |
| $\gamma$ | 直接 | 横流 | 亲水陶瓷 $Al_2O_3$ 膜 | 0.2 | 植物油 | 软化水 | SDS(质量分数1%),11S球蛋白,LEO-10(质量分数0.7%),吐温20(质量分数0.1%),吐温20(质量分数2%),Lacprodan 60(质量分数0.1%) | 3 bar | 33 Pa | 1.25,2.5 3.5,2.5,10 | 41 |
| $\gamma$ | 直接 | 横流 | $\alpha-Al_2O_3$ 基膜 | 0.5 | 葵花籽油 | 水溶液 | SDS(质量分数0.02%),酪蛋白(质量分数0.02%) | 22.1 L·$(h\cdot m^2)^{-1}$ | 93.3 Pa | 2.2,6.10 6.50 | 44 |
| $d_p$ | 直接 | 横流 | 亲水 SPG 膜 | 0.36,0.73 1.25,1.9,2.34 | 玉米油 | 去离子水 | SE(质量分数0.3%) | — | — | 1.7,3.77,6 9,11.62 | 29 |
| $d_p$ | 直接 | 横流 | 亲水 MPG 膜 | 0.36,0.73 1.46 | 豆油 | 去离子水 | 磷脂(Pla)(质量分数0.5%) | — | — | 1.1,2.2, 4.34 | 43 |

研究表明,增加跨膜压力会导致更快的液滴生长,并获得更大的液滴。然而,只要与乳化剂的吸附相比液滴形成快,就可以观察到这种情况。同一乳化剂的液滴形成时间越长,跨膜压力对液滴尺寸的影响越小;当研究剪切应力效应时,试验研究表明,随着壁面剪切应力的增加,液滴尺寸变小,对壁面剪切力的影响要大得多(小于 30 Pa)。但是,这种影响取决于膜孔隙尺寸,对于较小的膜孔径更有效。当使用更快的乳化剂时,可获得更小的液滴尺寸。乳化剂分子吸附越快,凝结的可能性越小,尤其是在液滴形成过程中。Kato 等表明在代表性的 O/W 乳液中的液滴直径分布,由去离子水/蔗糖酯(SE)或十二烷基硫酸钠(SDS)或聚甘油酯/玉米油组成,通过 SPG 膜乳化方法使用各种孔径的膜制备。结果表明,分散液滴直径基本上取决于膜孔径。当使用微孔玻璃膜时,对于蛋磷脂乳液,发现乳液的粒度分布与所用膜的孔径分布之间的相同关系。

　　此外,报告了通过膜乳化的各种食品乳液配方。在专门为其他应用设计的乳液制剂中报道了少量研究。通过反复预混膜乳化制备含有虾青素的 O/W 乳液。虾青素是一种具有优异抗氧化性能的天然类胡萝卜素产品。在乳化过程中,将预制乳状液反复推过亲水或疏水膜。通过将含有溶解的虾青素的棕榈油分散在水中来制备预乳液。

　　该技术还代表了用于制备微结构化多相反应系统的合适策略。Giorno 等报道了使用膜乳化将相转移生物催化剂(来自皱落假丝酵母脂肪酶)分布在水包油稳定的乳液界面上。酶本身用作表面活性剂。该方法允许保持生物催化剂的催化性能以及在稳定、均匀和小油滴的界面处的最佳酶分布。

### 13.3.5　油包水乳液

　　油包水(W/O)乳化是食品、化妆品、制药和其他化学工业中的重要过程。此外,W/O 乳液用于生产多重乳液,用于胶囊化药物的微胶囊,用于包装凝胶渗透色谱的微球,以及高效液相色谱柱,固定酶和装载蛋白质药物。乳液的平均尺寸和尺寸分布对于所有这些"高科技"产品的制造具有特别重要的意义。此外,乳液的特性和稳定性受其尺寸和尺寸分布的极大影响。

　　关于通过膜乳化法制备 W/O 乳液的论文非常少,这可以通过以下事实来解释:W/O 乳液的制备难以与 O/W 乳液相比。这是因为在具有低介电常数的油相中,水滴难以通过电双层排斥力稳定。此外,表面活性剂分子通过连续油相的扩散较慢,因为与水相比,油的黏度较高。因此,新形成的水滴的稳定化是因为在液滴形成期间不能充分避免较低的过程和聚结。另外,在连续相黏度较高的情况下,制备的乳液中的液滴聚集较慢。表 13.5 总结了一些与通过膜乳化法制备 W/O 乳液有关的实例。大多数研究主要涉及通过直接膜乳化固定或交叉操作程序生产 W/O 乳液。在某些情况下,当使用交叉流动时,液滴尺寸低于平均孔径,这归因于以下事实:穿透膜的水不能完全取代油井内部的油相与水相比较高的油黏度或当水相和油相之间的界面张力小于 2 mN/m 时发生自发乳化。此外,大多数结果都涉及使用碳氢化合物。

表 13.5 通过膜乳化制备 W/O 乳液的实例

| 方法 | 操作程序 | 膜 | $D_p/\mu m$ | 分散阶段 | 连续阶段 | 乳化剂 | 分散相的通量或 $p_{tm}$ | 粉状率跟随连续相的应力 | $d_d/\mu m$ | 参考文献 |
|---|---|---|---|---|---|---|---|---|---|---|
| 预混料 | 静态的 | 疏水性 PTFE | 1 | 水 | 玉米油 | 六甘油聚蓖麻油酸酯（质量分数 2%） | 0.1~1.5 mPa | — | 3 | 56 |
| 直接 | 搅拌批次 | 亲水 SPG | 0.99 | 水 | 甲苯 | PE-64（质量分数 2%~10%） | 4 mL/min | — | 0.66~0.70 | 57 |
| 直接 | 搅拌批次 | 亲水 SPG | 2.70 | 水 | 甲苯 | PE-64（质量分数 2%~10%） | 4 mL/min | — | 1.38~1.96 | 57 |
| 直接 | 搅拌批次 | 亲水 SPG | 4.70 | 水 | 甲苯 | PE-64（质量分数 2%~10%） | 4 mL/min | — | 1.59~1.87 | 57 |
| 直接 | 搅拌批次 | 疏水 SPG | 4.8 | 水+NaCl（0.017~0.855 mol/L） | 煤油 | PGPR（质量分数 5%） | 3 kPa | — | 13.5~15.5 | 58 |
| 直接 | 搅拌批次 | 疏水 SPG | 2 | 水+NaCl（0.855 mol/L） | 煤油 | PGPR（质量分数 5%） | 7~10 kPa | — | 6.5~7.5 | 58 |
| 直接 | 搅拌批次 | 疏水 SPG | 4.8 | 水+NaCl（质量分数 3%） | 煤油 | PGPR（质量分数 5%） | 3 kPa | — | 15 | 59 |
| 直接 | 横流 | 疏水聚丙烯 | 0.4 | 水 | 矿物油 | PGPR（质量分数 10%） | 0.5 L/(m²·h) | 130 L/h | 0.42 | 30 |
| 直接 | 横流 | 疏水聚丙烯 | 0.4 | 水 | 矿物油 | PGPR（质量分数 10%） | 0.12 L/(m²·h) | 130 L/h | 0.31 | 30 |
| 直接 | 横流 | 疏水聚丙烯 | 0.4 | 水 | 矿物油 | PGPR（质量分数 10%） | 0.2 L/(m²·h) | 130 L/h | 0.26 | 30 |
| 直接 | 横流 | 疏水微阵列 | 2.5 | 水 | 正十六烷 | BolevMT（质量分数 1%） | 250 mbar | — | 125 | 62 |
| 直接 | 横流 | 疏水微阵列 | 3.5 | 水 | 正十六烷 | Span 85（质量分数 1%） | 150 mbar | — | 150 | 62 |
| 直接 | 横流 | 疏水性 MPG | 1 | 水+葡萄糖（质量分数 15%） | 豆油 | PC+PGCR（质量分数 5%） | 80 kPa | — | 3.08 | 63 |
| 直接 | 横流 | 亲水 SPG | 0.99 | 水 | 甲苯 | PE-64（质量分数 2%~10%） | 4 mL/min | 23 mL/min | 0.66~0.70 | 64 |

续表 13.5

| 方法 | 操作程序 | 膜 | $D_p/\mu m$ | 分散阶段 | 连续阶段 | 乳化剂 | 分散相的通量或 $p_{tm}$ | 粉状率跟随连续相的应力 | $d_d/\mu m$ | 参考文献 |
|---|---|---|---|---|---|---|---|---|---|---|
| 直接 | 搅拌 | 疏水金属 | 30 | 水+PVA（质量分数15%） | 煤油 | Hypermer B261（质量分数0.3%）Span 80（质量分数2%） | 70 L/(h·m²) | 70 dynes/cm² | 77 | 65 |
| 直接 | 搅拌 | 疏水金属 | 30 | 水+PVA（质量分数15%） | 煤油/大豆油（40%） | Hypermer B261（质量分数0.3%）Span 80（质量分数2%） | 70 L/(h·m²) | 126 dynes/cm² | 71 | 65 |
| 直接 | 搅拌 | 疏水金属 | 30 | 水+PVA（质量分数15%） | 煤油/大豆油（60%） | Hypermer B261（质量分数0.3%）Span 80（质量分数2%） | 70 L/(h·m²) | 127 dynes/cm² | 65 | 65 |
| 直接 | 搅拌 | 疏水金属 | 30 | 水+PVA（质量分数15%） | 煤油/大豆油（80%） | Hypermer B261（质量分数0.3%）Span 80（质量分数2%） | 70 L/(h·m²) | 120 dynes/cm² | 5 | 65 |
| 直接 | 搅拌细胞旋转 | 镍 | 5 | 水 | 葵花籽油 | PGPR（质量分数1%） | — | — | — | 66 |

### 13.3.6 多重乳液

多重乳液（或双重乳液）是非常复杂的分散体系，称为液体膜体系。双重乳液在食品工业中具有广阔的应用前景（低卡路里产品，改善的感官特性，味道掩盖），化妆品工业（易于涂抹的乳膏，水相和油相中含有胶囊成分），制药工业（药物输送系统）和其他农业和多室微球的生产等领域。若使用单一乳液（例如 W/O）作为待分散相，则也可以通过膜乳化方法生产双重乳液（例如 W/O/W）。初级乳液可以通过常规方法或通过膜乳化来制备。温和的膜乳化条件对于第二乳化步骤特别有用，以防止双乳液液滴的破裂，这甚至可能导致转化成单一的 O/W 乳液。与常规乳化方法相反，可以在不使用导致内部液滴逸出的高剪切应力的情况下生产小的单分散液滴。由于膜乳化中涉及的低剪切速率，膜乳化可以是制备多重乳液的选择方法。

Mine 等首次报道可以通过膜乳化生产双重乳液（W/O/W），他们使用常规机械乳化方法进行第一次 W/O 乳液制备，使用 SPG 膜进行第二次乳化步骤。结果表明，膜必须是亲水的，并且需要具有至少两倍于 W/O 乳液的初级水滴直径的平均孔径，否则这些液滴将被膜排斥。Okochi 和 Nakano 比较了两种含有水溶性药物的 W/O/W 乳液，它们通过膜乳化（用于第二乳化步骤）或（传统的）两步搅拌乳化方法制备。通过膜乳化制备的双乳液显示出较小的平均粒度标准偏差和略低的黏度。此外，膜乳化的包封效率稍高，这使得膜乳化方法特别适用于低分子量药物，其通常提供相对低的包封效率。通过膜乳化制备的乳液的药物释放较慢，这可能是更均匀的颗粒和更尖锐的尺寸分布使乳液更稳定。Higashi 和他的同事发表了第一个非常有希望的结果，用于临床研究这种基于膜乳化的新型药物传递系统。Nakashima 等报道了双膜乳化的应用，这意味着使用疏水膜制备 W/O 乳液并使用亲水膜完成 W/O/W 乳液。Shima 等研究了 W/O/W 乳液，以保护脆弱的生物活性化合物免受胃酸和肠道消化液的影响。若将化合物分离到 W/O/W 乳液的内水相中，则预期可以抑制或防止在从口服摄取到肠的递送过程中其功能丧失。因此，W/O/W 乳液可能是在消化过程中失活或消化的难吸附的亲水性生物活性化合物的有希望的载体。这些学者制备了 W/O/W 乳液作为载体系统，用于每日摄取生物活性物质（1,3,6,8-芘四磺酸四钠盐）的亲水性模型化合物。用转子/定子均化器制备的粗 W/O/W 乳液的膜过滤产生平均油滴直径小于 1 μm 且包封效率大于 90% 的细乳液。然而，作者观察到，在制备细乳液时，在粗乳液的膜过滤期间，所包含的水相消失。Vladisavljevic 等使用具有 SPG 膜的多级预混膜乳化制备 W/O/W 乳液。在中等压力下使用几次（2~4）通过而不是在高压下单次通过，获得了关于粒度分布的更好结果。通过在乳化的第一和第二步骤中使用膜乳化，已经生产了生物分子刺激响应性水包油包水（W/O/W）多重乳液。乳液界面用生物分子（伴刀豆球蛋白 A）功能化，生物分子能够作为目标化合物（葡萄糖）的受体。该研究证明了乳化膜的灵活性和适用性，调节其结构和功能特性以用于开发新型药物递送系统。

### 13.3.7 颗粒生产

在乳液生产后生产微粒。微胶囊化技术可应用于不同的工业领域，例如影印调色剂、光学记录、除草剂、动物驱虫剂、杀虫剂、口服和注射药物、化妆品、食品成分、黏合剂、固化剂和活细胞包封。

所产生的颗粒的尺寸可以在 100 nm ~ 1 mm 范围内,并且取决于它们的尺寸,可以分类为纳米颗粒、微米颗粒和大颗粒。

微胶囊化过程取决于颗粒的生产方式,可分为两大类。

**1. 化学过程**

使用不同方法的化学过程,例如复杂的保存,聚合物/聚合物不相容性,液体介质中的界面聚合,原位聚合,液体干燥和液体介质中的去溶剂化。通过化学方法产生的颗粒完全在充满液体的搅拌釜或管式反应器中形成。

**2. 机械过程**

采用不同系统的机械工艺,如喷雾干燥、喷雾冷却、流化床、静电沉积、离心挤出、压力挤出或喷入溶剂萃取浴。机械加工在封装过程的某个阶段使用气相。

与颗粒形成有关的主要问题之一是它们的附聚。它涉及在交联/固化步骤期间和(或)在回收/干燥步骤期间可能发生的微粒的不可逆或大部分不可逆的黏附。

在这项工作中,膜乳化产生的颗粒(微球或微胶囊)已根据聚合物材料的生物降解性进行分类,见表 13.6 和表 13.7。

一些工作涉及可生物降解的聚合物微胶囊或微球的制备,主要用于药物递送系统或色谱应用。分散相通常由水聚合物和添加剂制成,而连续相由溶剂和乳化剂制成。使用的膜通常是疏水型(表 13.6)。使用的生物聚合物是聚(丙交酯)(PLA)、聚(乳酸 - 共 - 乙醇酸)(PLGA)、壳聚糖和琼脂糖。这些聚合物主要用于在生物医学领域中用作预防和治疗蛋白质和肽的封装。到目前为止,输送途径是注射,不仅会给患者带来痛苦和不便,还会导致不稳定的治疗效果和副作用。使用微球作为控释系统是比较有前景的方法之一。事实上,它可以通过控制药物从微球中的释放速率来防止包封的药物被蛋白水解酶降解,延长寿命,并改善其体内生物利用度。最近,Doan 等通过将油包水溶剂蒸发方法与预混合膜均质化微球相结合,制备窄尺寸分布的聚(丙交酯 - 共 - 乙交酯)(PLGA),用于利福平在人体肺的递送。使用乙酸乙酯作为有机溶剂,在磁力搅拌下制备出水包油乳液(或预混物),并通过孔径为 5.9 $\mu m$ 的 SPG 膜挤出均化,稀释和溶剂蒸发后得到微球。将乳液逐渐减小尺寸并用膜均化,得到尺寸分布窄的微球。可以在 1 h 内制备 6 个均质化循环和 10 mL 乳液(含有 3 ~ 5 mL 分散相),并且所得微球的直径为 1 ~ 2 mm。一旦找到最佳条件,也成功地制备了具有利福平(质量分数高达 20%)的 PLGA 微球,并通过大鼠的气管内吹气测试肺递送。通过使用脉冲前后膜乳化与溶剂扩散结合用于制药领域(肠胃外施用生物活性化合物),制备尺寸范围为 2.35 $\mu m$ ~ 210 nm 的微米和纳米聚己内酯(PCL)颗粒。据报道,膜乳化与溶剂扩散相结合,用于生产多核基质颗粒,其具有定制的尺寸和在多种疗法中的潜在应用。测试多核基质颗粒的区室化结构与基质材料(聚己内酯)和核心材料(鱼明胶)的不同化学性质,同时包封亲水和疏水药物。通过膜乳化方法制备聚合物脂质或聚合物纳米颗粒,可以用于疫苗递送系统。通过膜乳化和双乳液溶剂蒸发方法制备疏水性聚合物 PLGA 核和脂质单层的表面涂层。体外研究表明,脂质 NPs 能够在口服给药后长时间保护负载的卵清蛋白(用作亲水性生物活性分子模型)来自恶劣的胃肠环境。

表 13.6 通过膜乳化制备可生物降解的颗粒的实例

| 方法 | 操作程序 | 膜 | $d_p$/μm | 分散阶段 | 连续阶段 | 乳化剂（质量分数/%） | 分散相的通量或 $p_c$ | $d_d$/μm | 参考文献 |
|---|---|---|---|---|---|---|---|---|---|
| 直接 | 横流 | 亲水 SPG | 5.2 | PLA（10%~15%）的 DCM/LOH 体积比 11:1 | 软化水 | SDS（0.06%）PVA（1%） | 0.07 bar | 14.6~38.1 | 77 |
| 直接 | 横流 | 疏水 SPG | 4.7 | 壳聚糖（1%）在醋酸中，NaOH（0.9%） | 液体石蜡/石油醚 7:5 | PO-500（4%） | 0.131 bar | 3.9 | 78 |
| 预混料 | 搅拌 | 亲水性 MPG | 2.8 | PLA（0.12%）+ Arlacel 83（2%）+ DCM/甲苯（21/79） | 软化水 | PVA（2%） | — | 3~9 | 81 |
| 直接 | 横流 | 具有活性 $ZrO_2$ 的亲水陶瓷 $Al_2O_3$-$TiO_2$ 膜 | 0.1、0.2、0.45 | Gelucire（44/14），Vitam（3%） | 软化水 | Tween 20（0.02%） | 6 bar | 0.07~0.215 | 83 |
| 直接 | 横流 | 疏水 SPG | 1.7 | 聚（丙烯酰胺-共-丙烯酸） | 环己烷 | PVA（2%） | — | 2.45 | 84 |
| 直接 | 横流 | 亲水 SPG | 0.48、1.95、3.63 | PLGA（1.2%），利福平（87%），DCM（11.6%） | 去离子水 | PVA（2%） | 0.24~0.28 bar | 1.27~9.3 | 86 |
| 直接 | 横流 | 亲水性 MPG | — | 壳聚糖（1%）在乙酸，NaCl（0.9%）中 | 液体石蜡 58%/石油醚 42% | PVA PEG | — | 4~12 | 87 |
| 预混料 | 搅拌 | 疏水性 SPG 聚乙烯 | 10.2、11.8、25.6 | 琼脂糖（10%）在水中 | 液体石蜡/石油醚 7:5（体积比）+ | PO-500（4%） | 1.0 kgf/$cm^2$ | 3~9 | 94 |

续表 13.6

| 方法 | 操作程序 | 膜 | $d_p/\mu m$ | 分散阶段 | 连续阶段 | 乳化剂（质量分数/%） | 分散相的通量或 $p_c$ | $d_d/\mu m$ | 参考文献 |
|---|---|---|---|---|---|---|---|---|---|
| 预混料 | 搅拌 | 疏水 SPG | 10.2 | 琼脂糖（10%）在水中 | 液体石蜡/石油醚 7:5（体积比） | PO-500（4%） | 1.0 kgf/cm² | 10 | 95 |
| 预混料 | 搅拌 | 亲水 SPG | 5.9 | PLGA（3%~30%）在乙酸乙酯（EA）和二甲基亚砜中 | 去离子水 | PVA（1%） | 50~250 kPa | 1~5 | 104 |
| 预混料 | — | 亲水 SPG | — | PLA 在 DCM 中 | 去离子水+甲醇 | PVA（1%） | — | 1 | 106 |
| 预混料 | 搅拌 | 亲水 SPG | 1.00、1.95、2.60、3.63、5.25 | PLGA（8.3%）、Sunsoft 818H（1.67%），DCM 中的利福平 | 蒸馏水 | PVA（1%），PEG（0.017%） | 0.09~0.4 kgf/cm² | 2.5~11.3 | 108 |
| 直接 | 搅拌 | 亲水 SPG | 1.00、1.95、2.60、3.63 | PLGA（5%）和利福平（0.5%）在 DCM 中 | 蒸馏水 | PVA（2%），PEG（0.026%） | 0.02~0.03 kgf/cm² | 3~8 | 116 |
| 预混料 | 搅拌 | VVHP 疏水性<br>PVDF 亲水性<br>$Al_2O_3$ 亲水陶瓷 | 0.1、0.1、0.03 | (PLGA) 在二氯甲烷、阿霉素、daumonycin 中 | 软化水 | — | — | 20~100<br>40~100<br>8~110 | 91 |

表 13.7 通过膜乳化制备的不可生物降解的颗粒的实例

| 方法 | 操作程序 | 膜 | $d_p/\mu m$ | 分散阶段 | 连续阶段 | 乳化剂（质量分数/%） | 通量或分散相 | $d_d/\mu m$ | 参考文献 |
|---|---|---|---|---|---|---|---|---|---|
| 直接 | 横流 | 亲水 SPG | 1.42、5.25、9.5 | 在二甲苯中 PU WP300（20%~40%） | 去离子水 | SDS（0.03%）PVP（10%~40%）MST-1（0.3%） | 1 mL/5 min | 5~18 | 76 |
| 直接 | 横流 | 亲水 SPG | 2.5 | 苯/二甲苯（2:1 体积比）；TDC | 去离子水 | SDS（0.5%）PVA（0.5%） |  | 7.9 | 79 |
| 直接 | 横流 | 亲水 SPG | 1.6 | 苯乙烯（87.3%）AD-VN（0.5%）；DMAE-MA（2.3%）十六烷（10%） | 去离子水 | PVP（0.4%）SDS（0.03%） | $p_c<0.4$ bar | 7.7~11.3 | 80 |
| 直接 | 搅拌 | 亲水金属 | 100 | 石蜡 | 去离子水 | Tween 20（2%）Carbomer（0.01%~0.25%） | — | 79~259 | 82 |
| 直接 | 横流 | 亲水 SPG | — | 乙酰氧基苯乙烯（58%），二乙烯基苯（2%），过氧化苯甲酰（1.2%），二甲苯（25%），十二烷（12%） | 去离子水 | PVA（2%）SDS（0.7%）$Na_2SO_4$（0.3%） | — | 1~2 | 85 |
| 直接 | 横流 | 亲水 SPG | 5.2 | 在 DCM，PST/PMMA（2%），LOH（16%） | 去离子水 | SDS（0.03%）PVA（1%） | 0.05~0.07 bar | 10 | 88 |

续表 13.7

| 方法 | 操作程序 | 膜 | $d_p/\mu m$ | 分散阶段 | 连续阶段 | 乳化剂(质量分数/%) | 通量或分散相 | $d_d/\mu m$ | 参考文献 |
|---|---|---|---|---|---|---|---|---|---|
| 直接 | 横流 | 亲水 SPG | 1.4 | BANI-M(30%),苯乙烯(18%),丙烯酸丁酯(30%),2EHA(12.5%),LOH(5%),ADVN(3.8%) | 去离子水 | SDS(0.04%),PVA(0.6%) | 0.2~0.3 bar | 6.3 | 89 |
| 直接 | 横流 | 金属膜 | 100~150 | 苯乙烯(27.5%),DVB(27.5%),4-甲基-2-戊醇(44%) | 去离子水 | PVA(0.1%),NaCl(5.6%) | — | 150~270 | 90 |
| 直接 | 横流 | 亲水 SPG 膜 | 2.9 | 苯乙烯(76%),丙烯酸丁酯(18%),碳黑(2.8%),Span 20(2.8%),BPO(2.8%) | 去离子水 | SDS(0.2%),PVA(1.6%) | 0.3 bar | 5.8 | 92 |
| 直接 | 横流 | 亲水 SPG 膜 | 5.2 | 在二甲苯(40%)中,PU(45%)乙烯基单体(56%),ADVN(3.5%) | 去离子水 | 去离子水 | — | 8~20 | 93 |
| 直接 | 横流 | 亲水 SPG 膜 | — | 在水中,丙烯酸(1%),NaOH(1.2%) | 水,HCl(0.12%) | PVA(0.5%) | 3 bar | 2~20 | 107 |
| 直接 | 横流 | 亲水 SPG 膜 | 5.2 | DVB,BPO,HQ | 去离子水 | SDS,PVA,NA$_2$SO$_4$ | — | 4~14 | 109 |
| 直接 | 搅拌 | 亲水 SPG 膜 | 4.8 | NIPAM,MBA,APS,水 | 煤油,2,2-二甲氧基-2-苯基苯乙酮 | — | 1.5~3 kPa | 10~20 | 117 |

Zhou 等报道了通过预混合膜乳化制备小直径(小于 10 μm)的均匀大小的琼脂糖珠(大于 14%),这些类型的颗粒在色谱中具有重要意义。在他们的工作中,利用跨膜压力的重要性,分散相和连续相之间的成分比例以获得均匀尺寸的琼脂糖微珠。结果还显示,在这种情况下,膜孔径直接影响琼脂糖珠的平均直径。

另一种聚合物,即聚丙烯酰胺-共-丙烯酸,已用于制备单分散水凝胶微球。由于其生物相容性已被用作药物装置。微球的平均直径取决于乳化制剂中使用的 SPG 膜的孔径(0.33~1.70 μm)。通过膜乳化/交联方法生产的聚乙烯醇(PVA)微球已被用作脂肪酶载体。颗粒固化期间从油包水(W/O)乳液中捕获使得脂肪酶以其活性形式分布在界面处,从而能够改善操作稳定性并促进酶与底物之间的内在最佳相互作用。通过使用 30 μm 孔径和 200 μm 孔间距的疏水膜产生的明胶/壳聚糖或仅仅明胶微粒用于包封诸如酵母细胞的活生物体。在使用不可生物降解的聚合物的情况下(表 13.7),分散相通常由单体或聚合物和添加剂或引发剂制成,而连续相由水、稳定剂和乳化剂制成,其吸附在液滴的表面上稳定它们。然后,将温度升高到高于引发剂的分解温度,进行悬浮聚合以形成均匀的颗粒。在聚合期间,若乳化和聚合条件足够,则保持单分散性。

已经使用几种类型的单体来制备微粒,如甲基丙烯酸酯(甲基丙烯酸甲酯、丙烯酸丁酯、丙烯酸环己酯等)、聚(甲基丙烯酸-甲基丙烯酸甲酯共聚物)共聚物、聚酰亚胺(PIP)和聚氨酯(PU)预聚物、苯乙烯及其衍生物单体、N-异丙基丙烯酰胺(NIPAM)、二乙烯基苯(DVB)等。

Omi 等报道了通过 SPG 膜的乳化技术将聚酰亚胺预聚物(PIP)(二苯基甲烷-4,40-双烯丙基酰胺、BAN-I-M)封闭成均匀的聚合物微粒。功能性材料(例如均匀聚合物颗粒中的 PIP)的封闭可以在复杂的电子器件中找到有希望的应用,例如液晶面板的黏合间隔物(在小的筛选过程之后),用于微尖端电路的黏合剂或绝缘体等。分散相由苯乙烯和各种丙烯酸酯、水不溶性试剂(月桂醇,LA)和引发剂(2,29-偶氮二-2,4-二甲基戊腈,ADVN)组成。水连续相含有少量 PVA 和 SDS 作为稳定对。将分散相加压通过陶瓷亲水性 SPG 膜,获得具有最大堵塞 PIP 的质量分数为 28.4% 的均匀聚合物微粒。当使用交联剂(乙二醇二甲基丙烯酸酯、EGDMA)时,PIP 包含得到改善。此外,在不存在 EGDMA 的情况下,使用甲基丙烯酸甲酯(MMA)和其他丙烯酸酯能够封闭几乎 100% 的 PIP,产生的颗粒直径为 6~12 μm。

另一种预聚物是 PU,它可用于各种弹性体配方、油漆、聚合物和玻璃的黏合剂,人造革以及生物医学和化妆品领域。Yuyama 等报道了从二甲苯中的 PU 预聚物溶液的 20%~40% 开始生产 PU 球的可能性。使用不同孔径(1.5~9.5 μm)的 SPG 亲水膜将 PU 液滴分散在水中,使 PU 液滴聚合,并在溶剂蒸发后获得具有不同尺寸(5 μ 和 18 μm)的最终固体 PU 颗粒。Ma 等还报道了与乙烯基聚合物(VP)、聚丙烯酸酯或聚苯乙烯杂交的均匀 PU 微球的形成。将溶解在单体(有时含有交联剂)中的 PU/二甲苯混合物通过亲水性 SPG 膜压入含有稳定剂的连续相中以形成均匀的液滴。然后,通过在水相中加入增链剂溶液使预聚物扩链。通过在 70 ℃ 下悬浮聚合 24 h,用二胺和三胺将液滴在室温下放置链延长几小时。获得平均直径为 20 μm、光滑表面和更高破坏强度的固体和球形 PU-VP 杂化颗粒。Ma 等通过使用 SPG 亲水膜制备具有均匀分布的聚苯乙烯-聚(甲基丙烯酸甲酯,PST-PMMA)的微胶囊。溶解在二氯甲烷(DCM)中的 PST、PMMA 和辅助表面活性剂(月桂醇、LOH)用作分散相,而含有聚(乙烯醇)和十二烷基硫酸钠(SDS)

的水相是连续相。由于在乳化的初始阶段 LOH 在液滴表面上的优先分配,PCr 随着 LOH 量的增加而降低。液滴在 70 ℃聚合,得到的微胶囊直径为 6~10 μm,比 1.4 μm 膜孔径大 6 倍。

最近,还通过 SPG 膜乳化使用酚醛(PF)溶液作为廉价的碳前体,然后在惰性气氛中冷冻干燥和碳化,制备单分散的碳冷冻凝胶(MCC)微球。研究了 PF 溶液的初始 pH 对 PF-CC 整料的多孔结构的影响。结果,可以合成具有发育中孔性的 PF-MCC 微球。PF-MCC 微球的孔体积和比表面积以及粒径(0.5~1.6 μm)被证实与间苯二酚(RF-MCC 微球相当,后者是由相对昂贵的间苯二酚溶液合成的,通常用作 MCC 颗粒的原料。开发的多孔结构和廉价的原料使 PF-MCC 微球比 RF-MCC 微球更实用。

在其他相关工作中,Figoli 等报道了将相转化技术与膜过程相结合的聚合物颗粒的制备。使用模型膜、单孔聚乙烯膜来证明一步制备的概念思想,首先是在有机介质(乳液)中制备聚合物滴,然后立即通过与其接触而使其凝固(颗粒形成)。凝固阶段(水/酒精)颗粒形成单元如图 13.6 所示。改性聚醚醚酮(PEEKWC)和聚偏二氟乙烯(PVDF)颗粒,有和没有催化剂(钼酸铵四水合物($NH_4$)$_6Mo_7O_{24}\cdot 4H_2O$),不同尺寸(300~800 μm)和形态(已经制备了与多孔或致密层不对称)。特别地,PEEKWC 和 PVDF 催化微胶囊用作非均相催化剂和相间接触器。研究的反应是用过氧化氢作为氧化剂将苄醇氧化成苯甲醛。结果表明,由于特定的聚合物微环境,催化聚合物微胶囊强烈地改善了亲水性(催化配合物)和疏水性物质(醇)之间的相互作用。

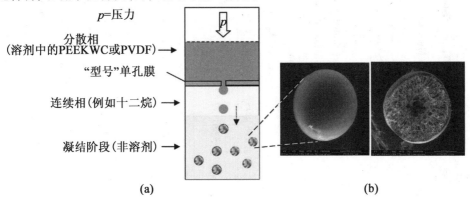

图 13.6　改性颗粒形成单元的方案和 PEEKWC 颗粒的表面、横截面

通过将膜乳化过程和溶剂诱导的相分离结合在一起制备 PES 微球。在乳化剂存在下,使用溶解在 DMF 中的 PES 作为分散相和石蜡、有机溶剂的混合物作为连续相,生成油包油乳液。用作有机溶剂的十二烷产生良好的非溶剂,允许合适的分层速率。

最近使用微孔膜通过纳米沉淀制备尺寸可调的纳米颗粒。通过纳米沉淀的聚合物纳米颗粒的典型合成包括将聚合物-有机溶剂溶液逐滴添加到更大量的水中,导致缓慢且不受控制的混合。膜的使用允许通过受控混合产生更均匀的纳米颗粒,更好地控制纳米颗粒性质,例如尺寸。该方法在连续模式下提供简单和温和配方的优点,也适用于规模化生产。

### 13.3.8　乳化膜专利

本节报道了乳化膜的专利分析结果(表 13.8)。

表13.8 膜乳化中开发的专利列表

| | 发布日期 | 标题 | 出版号 | 发明者 | 申请人 |
|---|---|---|---|---|---|
| 1 | 1990-04-06 | 乳液生产 | JP2095433 | Nakajima Tadao; Shimizu Masataka | Miyazaki Pref Gov |
| 2 | 1992-08-10 | 乳液和球形硅胶的生产 | JP4219131 | Ito Mutsuhiro; Fujisaki Minoru; Nakatani Kazuhiko; Yamazaki Mitsuhito; Arimura Masayuki | Fuji Davison Chemical |
| 3 | 1992-09-14 | 聚合物珠的生产 | JP4258601 | Hashizume Kiyoko | Ohtsu Tire & Rubber Co. Ltd. |
| 4 | 1992-09-14 | 双倍乳化酱的生产及其生产 | JP4258251 | Okonogi Shigeo; Kumazawa Renzo; Toyama Kazuyoshi; KatoMakoto; Asano Yuzo; Takahashi Kiyotaka; Fujimoto Masahisa | Morinaga Milk Industry Co. Ltd. |
| 5 | 1992-11-12 | 单分散有机聚合物珠粒的生产 | JP4323224 | Yamagoshi Tomio; Fujisaki Minoru; Ito Mutsuhiro; Yamazaki Murahito | Fuji DavisonChemical |
| 6 | 1993-07-27 | 乳液生产 | JP5184895 | Otsuka Yukio | Sekisui Fine Chemical Co. Ltd. |
| 7 | 1993-08-31 | 单分散单和双乳液及其生产 | JP5220382 | Nakajima Tadao; Shimizu Masataka; Kukizaki Masahito | Miyazaki Pref Gov |
| 8 | 1994-01-11 | 聚合物细颗粒的生产和由此生产的聚合物细颗粒 | JP6001854 | Hasegawa Jun; Haneda Hidekazu | Nippon Zeon Co. |
| 9 | 1994-01-18 | 双重乳化酱及其生产 | JP6007085 | Tomita Mamoru; Toyama Kazuyoshi; Kato Makoto; Asano Yuzo; Takahashi Kiyotaka; Fujimoto Masahisa | Morinaga MilkIndustry Co. Ltd. |
| 10 | 1994-01-18 | 乳液、低脂涂抹料和油包水包油型涂抹料的生产方法 | US5279847 | Okonogi Shigeo(JP); Kato Ryo (JP); Asano Yuzo (JP); Yuguchi Hiroya (JP); Kumazawa Renzo (JP); Sotoyama Kazuyoshi (JP); Takahashi Kiyotaka (JP); Fujimoto Masahisa (JP) | Morinaga Milk Industry Co. Ltd. (JP) |

续表 13.8

| | 发布日期 | 标题 | 出版号 | 发明者 | 申请人 |
|---|---|---|---|---|---|
| 11 | 1994-02-22 | 水性聚合物树脂分散体的生产 | JP6049104 | Yamamoto Akihito; Yoshino Fumio | Dainippon Ink & Chemicals |
| 12 | 1994-05-24 | 单分散球形细粒的生产 | JP6142505 | Hirayama Chuichi; Ihara Hirotaka; Iwatsuki Makoto | Hirayama Chuichi; Ihara Hirotaka; Ajinomoto KK |
| 13 | 1994-07-26 | 稳定的多重乳状液, 包括界面凝胶层, 调味剂包囊的多种乳状液以及包含该乳状液的低脂/无脂食品 | US5332595 | Gaonkar Anilkumar G (US) | Gen Foods Inc. (US) |
| 14 | 1994-08-23 | 乳液生产 | JP6233923 | Saka Sadanori; Kitahara Michio; Nakada Satoru | |
| 15 | 1994-11-15 | 乳化方法及装置 | JP6315617 | Nakajima Tadao; Shimizu Masataka; Iwasaki Yoshihiko; Fujimoto Kenji | Nonogawa Shoji YK; Fuji Shirishia Kagaku KK |
| 16 | 1995-04-04 | 混合乳化酱及其制备 | JP7087887 | Tomita Mamoru; Toyama Kazuyoshi; Kato Makoto; Asano Yuzo; Takahashi Kiyotaka Morinaga Milk Industry Co. Ltd. | Miyazaki Pref Gov; Kiyomoto Tekko KK |
| 17 | 1995-04-25 | 乳液生产 | JP7108164 | Saka Sadanori; Kitahara Michio; Yamazaki Mitsuhito | Nonogawa Shoji YK; Fuji Sylysia Chem Ltd. |
| 18 | 1995-05-23 | 价差和产生所述价差的方法 | US5417995 | Tomita Mamoru (JP); Sotoyama Kazuyoshi (JP); Kato Ryo (JP); Asano Yuzo (JP); Takahashi Kiyotaka (JP) | Morinaga Milk Industry Co. Ltd. (JP) |

续表 13.8

| | 发布日期 | 标题 | 出版号 | 发明者 | 申请人 |
|---|---|---|---|---|---|
| 19 | 1995-09-20 | 生产乳液的方法 | EP0672351 | Okonogi Shigeo (JP); KatoRyo (JP); Yuguchi Hiroya (JP); Asano Yuzo (JP) | Morinaga Milk Industry Co. Ltd. (JP) |
| 20 | 1995-12-05 | 食用脂肪水包油乳剂的制备方法 | JP7313056 | Yamano Yoshimasa; Aitani Shoichi; Hosoya Yasuto | Nisshin Oil Mills Ltd |
| 21 | 1996-10-16 | 含有溶血磷脂脂蛋白的水包油乳剂 | EP0737425 | Okutomi Yasuo (JP); Shimada Toshihiro (JP) | Asahi Denka Kogyo KK (JP) |
| 22 | 1997-08-05 | 乳化脂肪细粒的制备 | JP9201526 | Mukai Katsunori; Hisada Takashi; Naito Masanori | Sekisui Fine Chemical Co. Ltd. |
| 23 | 1997-09-04 | 乳化聚合物组合物的生产方法 | WO9731708 | Suzuki Kanichi (JP) | Kanegafuchi Chemical Ind (JP); Suzuki Kanichi (JP) |
| 24 | 1997-10-09 | 不混溶相的分散 | WO9736674 | Williams Richard Andrew (GB); Wheeler Derek Alfred (GB); Morley Neil Christopher (GB) | Disperse Tech Ltd. (GB); Wheeler Derek Andrew Williams Richard Alfred (GB); Morley Neil Christopher (GB) |
| 25 | 1998-02-17 | 乳液生产 | JP10043577 | Mukai Katsunori; Hisada Takashi | Sekisui Fine Chemical Co. Ltd. |
| 26 | 1998-08-04 | 药物缓释乳剂的制备及其生产 | JP10203962 | Nakajima Tadao; Shimizu Masataka; Komatsu Yoshinori; Kato Naoki | Miyazaki PrefGov; S P G Techno KK; Meiji Milk Prod Co. Ltd. |
| 27 | 1999-09-07 | 感光疏水性物质的乳化方法,乳化材料和卤化银照相感光材料 | JP11242317 | Endo Kiyoshi | Konishiroku Photo Ind |

续表 13.8

| | 发布日期 | 标题 | 出版号 | 发明者 | 申请人 |
|---|---|---|---|---|---|
| 28 | 1999-12-07 | 膜乳化装置 | JP11333271 | Taniguchi Toru | Reika Kogyo KK |
| 29 | 2000-04-20 | 稳定的水包油乳剂,其制备方法以及在化妆品和皮肤病学中的用途 | WO0021491 | Roulier Veronique (FR); Quemin Eric (FR) | Oreal (FR); Roulier Veronique (FR); Quemin Eric (FR) |
| 30 | 2001-06-28 | 旋转膜 | WO0145830 | Williams Richard (GB) | Univ Leeds (GB); Williams Richard (GB) |
| 31 | 2001-07-03 | 多相乳液 | JP2001179077 | Goto Masashi; Maekawa Akio; Nakajima Tadao; Shimizu Masataka | Sunstar Inc.; Miyazaki Prefecture |
| 32 | 2002-12-04 | 制备乳液的装置和方法 | EP1262225 | Schliessmann Ursula Dipl-Ing (DE); Stroh Norbert Dipl-Ing (DE) | Fraunhofer GES Forschung (DE) |
| 33 | 2003-11-28 | 形成乳液的方法和形成树脂颗粒的方法 | JP2003335804 | Hayashi Shinichi; Kojima Ryoji | Sony Chemicals |
| 34 | 2004-01-15 | S/O悬浮液,S/O/W乳液及其制造方法 | JP2004008837 | Nakajima Tadao; Shimizu Masataka; Kukizaki Masahito | Miyazaki Prefecture |
| 35 | 2004-04-15 | 乳液的生产方法 | JP2004113933 | Kobi Yoshiki | Kuraray Co |
| 36 | 2004-08-05 | 膜乳化均匀乳液 | US2004152788 | Wu Huey Shen (US); Oga Takahiro (JP); Omi Shinzo (JP); Yamazaki Naohiro (JP) | |
| 37 | 2004-12-31 | 具有均匀粒径的无机球的生产方法及其设备 | KR20040111082 | Tatematsu Shin; Yamada Kazuhiko; Yamada Kenji | Asahi Glass Co. Ltd. |
| 38 | 2005-02-03 | 制造无机球形体的方法和装置 | JP2005028358 | Yamada Kenji; Tatematsu Shin; Yamada Kazuhiko | Asahi Glass Co. Ltd. |

续表 13.8

| | 发布日期 | 标题 | 出版号 | 发明者 | 申请人 |
|---|---|---|---|---|---|
| 39 | 2005-02-03 | 乳液生产装置 | JP2005028254 | Nagahama Toru; Yoshino Tomoaki | Taisho Pharma Co. Ltd. |
| 40 | 2005-02-03 | 生产乳液的方法 | JP2005028255 | Yoshino Tomoaki; Nagahama Toru | Taisho Pharma Co. Ltd. |
| 41 | 2005-04-20 | 大小均一的壳糖微球和微胶囊及其制备方法 | CN1607033 | Ma Guanghui (CN); Su Zhiguo (CN); Wang Lian-yan (CN) | Inst of Process Engineering CH (CN) |
| 42 | 2005-07-14 | 制备乳液的装置和方法 | JP2005186026 | Nakajima Noboru; Fujiwara Mitsuteru | SPG Techno KK |
| 43 | 2005-10-13 | 用于制备乳液的一次性膜组件 | JP2005279326 | Nakajima Noboru; Fujiwara Mitsuteru; Maeda Daigo | SPG Techno KK |
| 44 | 2006-05-11 | 微球的制备方法 | US2006096715 | Suzuki Takehiko (JP); Matsukawa Yasuhisa (JP); Suzuki Akira (JP) | Tanabe Seiyaku Co. |
| 45 | 2006-06-07 | 由粗乳液制备细乳液的方法 | EP1666130 | Danner Thomas Dr (DE); Voss Hartwig Dr (DE); Bauder Andreas (DE); Viereck Sonja (DE) | BASF AG (DE) |
| 46 | 2006-06-15 | 乳化燃料的生产方法及其生产设备和改性燃料的设备 | US2006128815 | Clare Hugh J (GB); Pearson Christopher A (GB); Shanks Ian A (GB) | |
| 47 | 2006-07-13 | 乳化燃料的生产方法及其生产设备和改性燃料的设备 | JP2006182890 | Nakajima Noboru; Fujiwara Mitsuteru; Maeda Daigo; Watanabe Koji | SPG Techno KK |
| 48 | 2006-08-31 | 制备水性加成聚合物分散体的方法 | WO2006089939 | Gaschler Wolfgang (DE); Danner Thomas (DE); Bauder Andreas (DE); Funkhauser Steffen (DE); Hamers Christoph (DE) | BASF AG (DE); Gaschler Wolfgang (DE); Danner Thomas (DE); Bauder Andreas (DE); Funkhauser Steffen (DE); Hamers Christoph (DE) |

续表 13.8

| | 发布日期 | 标题 | 出版号 | 发明者 | 申请人 |
|---|---|---|---|---|---|
| 49 | 2006-10-19 | 用于乳化的微筛膜及其光刻方法 | WO2006110035 | Sanchez-De Vries Stefan (NL) | Fluxxion B V (NL); Sanchez-De Vries Stefan (NL) |
| 50 | 2006-12-07 | 金属粒子的制造方法 | JP2006328471 | Ishikawa Yuichi; Son Hitonori | KRI Inc. |
| 51 | 2006-12-21 | 乳液组合物的生产方法 | JP2006341252 | Fujimoto Kenji; Minamino Tatsuo; Akagi Hidekuni; Iwasaki Yoshihiko; Shimizu Masataka; Nakajima Tadao | Kiyomoto Iron & Machinery Work; Miyazaki Prefecture |
| 52 | 2006-12-28 | 使用多孔体制备乳液的方法及其装置 | JP2006346565 | Nakajima Noboru; Iwashita Kazuhiro; Fujiwara Mitsuteru; Maeda Daigo | SPG Techno KK |
| 53 | 2007-01-17 | 制备多孔膜连续、逐渐减小液滴直径的乳液 | CN1895763 | Li Na (CN) | Xi An Comm Univ (CN) |
| 54 | 2007-05-24 | 乳化过程和乳化装置 | JP2007125535 | Fujimoto Kenji; Iwasaki Yoshihiko; Shimizu Masataka; Torigoe Kiyoshi | Kiyomoto Iron & Machinery Work; Shimizu Masataka; Torigoe Kiyoshi; Miyazaki Prefecture |
| 55 | 2007-09-26 | 纳米胶囊的大小与其制备方法相同 | CN101040849 | Ma Guang hui Song (CN) | Chinese Acad Inst Process Eng (CN) |
| 56 | 2007-11-01 | 储存稳定的多种乳液的生产方法 | US2007253986 | Stange Olaf (DE); Mutter Martina (DE); Oswald Tanja (DE); Schmitz Mark (DE) | Bayer Technology Services Gmbh (DE) |
| 57 | 2008-05-28 | 产生乳液的设备和方法 | GB2444035 | Kosvintsev Serguei Rudolfovich (GB); Holdich Richard Graham (GB); Cumming Iain William (GB) | Micropore Technologies Ltd. (GB) |

续表 13.8

| | 发布日期 | 标题 | 出版号 | 发明者 | 申请人 |
|---|---|---|---|---|---|
| 66 | 2010-11-04 | 两步乳化制备脂质体的方法 | JP201024817 | Isoda Taketoshi; Wada Takeshi; Motokui Yasuyuki | Konica Minolta Holdings Inc. |
| 67 | 2011-12-08 | 夹层玻璃多孔膜及其制造方法 | JP2011246334 | Nakajima Noboru; Fujiwara Mitsuteru; Akagi Kenji | SPG Techno KK |
| 68 | 2012-05-02 | 单分散大尺寸碳球的制备方法 | CN102431996 | Qingquan Liu | Univ Henan Science & Tech |
| 69 | 2012-04-12 | 利用膜乳化技术制备含水飞蓟素的口服固体制剂及其制备方法 | KR20120034264 | Choi Han Gon (KR); Yong Chul Soon (KR); Yang Kwan Yeol (KR) | Univ Yeungnam IACF (KR) |
| 70 | 2012-06-27 | 具有高比表面积的磁性微球树脂及其制备方法和应用 | CN102516679 | Aimin Li; Qing Zhou; Mancheng Zhang; Chendong Shuang; Mengqiao Wang; Yang Zhou; Yeli Jiang; Zixiao Xu | Univ Nanjing; Nanjing University Yancheng Environmental Prot Technology and Engineering Res Inst |
| 71 | 2012-07-04 | 小叶菊抗流感病毒有效部位的微胶囊及其制备方法和应用 | CN102526168 | Yong Ye; Ya Guo | Univ South China Tech |
| 72 | 2012-12-26 | 体内相变肿瘤靶向纳米气泡及其制备方法和应用 | CN102836446 | Liu Wei; Xu Haibo; Chen Yunchao; Yang Xiangliang; Cheng Xin; Li Huan; Luo Binhua; Wan Jiangling; Zhou Xiaoshun | Univ Huazhong Science Tech |
| 73 | 2012-12-26 | 具有宽光谱和持久自发荧光的聚合物微球及其制备方法 | CN102838982 | Hao Dongxia; Ma Guanghui; Zhou Weiqing; Gong Fangling; Su Zhiguo | NST Process Eng CAS |

续表 13.8

| | 发布日期 | 标题 | 出版号 | 发明者 | 申请人 |
|---|---|---|---|---|---|
| 74 | 2013-02-06 | 功能纳米粒子复合非交联微球及其制备方法和应用 | CN102908961 | Sun Kang; Sun Kun; Dou Hongjing; Li Wanwan; Shen Lisong; Wang Gang; Wang Lu; Wang Xiebing | Xinhua Hospital Affiliated to Shanghai Jiao Tong Univ School of Medicine |
| 75 | 2013-02-13 | 具有保护生长因子活性的磺化壳聚糖微球的制备方法 | CN102921039 | Ma Lie; Li Feifei; Li Bo; Gao Changyou | Univ Zhejiang |
| 76 | 2013-04-18 | 用于显示的微胶囊的制造方法 | WO2013055028 | Hwang Hyun-Ha (KR); Kang Seung-Gon (KR) | Magelab Co. Ltd. (KR); Hwang Hyun-Ha (KR); Kang Seung-Gon (KR) |
| 77 | 2013-05-22 | 固体悬浮液单分散乳液及其乳化方法 | CN103111208 | Ding Mingliang; Chen Yanfeng; Ouyang Saihong; Yang Weiqiang; Luo Xuejun | Guangzhou OED Technologies Co. |
| 78 | 2013-06-26 | 具有可控制的粒径的聚合物微球及其制备方法 | CN103172779 | Peng Xiaojun; Qin Xuekong; Wei Lei; Bi Chenguang; Cui Qingling | Dalian Fusida Special Chemical Co. Ltd. |
| 79 | 2013-08-21 | 带有抗肿瘤化学治疗药物的蛋白质微/纳米球及其制备方法 | CN103251573 | Li Wei; Cui Wanyue | |
| 80,81 | 2013-10-09 | 双孔多糖微球及其制备方法和目的 | CN103341172 | Ma Guanghui; Wu Xie; Zhao Xi; Su Zhiguo; Cui Jinmei; Zhou Weiqing | Inst Process Eng CAS |
| 82 | 2013-12-11 | 微胶囊超声造影剂及其制备方法 | CN103432602 | Wu Decheng; Liu Baoxia; Yang Fei | Chinese Acad Inst Chemistry |
| 83 | 2014-03-19 | 纳米头孢噻诺单分散纳米脂质体制剂及其制备方法 | CN103637993 | Gong Jun | Hubei Lingsheng Pharmaceutical Co. Ltd. |

续表 13.8

| | 发布日期 | 标题 | 出版号 | 发明者 | 申请人 |
|---|---|---|---|---|---|
| 84 | 2014-03-20 | 功能性纳米微粒复合微球粉末及其制备方法和用途 | WO2014040353 | Sun Kang (CN); Sun Kun (CN); Dou Hongjing (CN); Li Wanwan (CN); Shen Lisong (CN); Wang Gang (CN); Wang Lu (CN); Wang Jiebing (CN) | Xin Hua Hospital Affiliated to Shanghai Jiao Tong University School of Medicine (CN) |
| 85 | 2014-03-26 | 海藻胶囊的制备方法 | CN103655516 | Zhong Jihua | Zhong Jihua |
| 86 | 2014-06-04 | 聚合物多孔膜及其制备方法和应用 | CN103833957 | Ma Guanghui; Zhang Rongyue; Mi Yace; Zhou Weiqing; Su Zhiguo | Inst Process Eng CAS |
| 87 | 2014-08-27 | 粒径均匀的皮克林乳液及其制备方法和应用 | CN104001437 | Ma Guanghui; Qi Feng; Wu Xie; Zhou Weiqing | Inst Process Eng CAS |
| 88 | 2014-11-12 | 基于快膜乳化法制备淀粉微胶囊和微气球的方法 | CN104138735 | Wu Decheng; Li Dan; Yang Fei | Chinese Acad Inst Chemistry |
| 89 | 2014-11-19 | 乳化用多孔膜及其制备方法和应用 | CN104147950 | Hu Quan | Hu Quan |
| 90 | 2015-06-10 | 单次通过脉冲膜乳化方法及其装置 | EP2879779 | Giorno Lidietta (IT); Piacentini Emma (IT); Drioli Enrico (IT) | Consiglio Nazionale Ricerche |
| 91 | 2015-07-08 | 微孔膜渗透乳化制备固定醇脱氢明胶微球的方法 | CN104762289 | Li Jian; Jiang Tao; Ma Jun; Wang Yan huan; Shao Huaiqi; Chen Yanhui; Cao Chengang | Univ Tianjin Science & Tech |
| 92 | 2015-09-02 | 包含由导电聚合物包围的相变材料的微胶囊及其制备方法 | KR20150100309 | Koh Won Gun (KR); Kim Jung Hyun (KR); Park Sang Phil (KR); Ryu Hyun Woog (KR); Jang Eun Ji (KR); Kim Yong Seok (KR) | Univ Yonsei Iacf (KR) |
| 93 | 2015-11-11 | 单分散共聚物微球及其制备方法 | CN105037603 | Zhou Li; Li Haitao | Bonna Agela Technologies Co. Ltd. |

续表 13.8

| | 发布日期 | 标题 | 出版号 | 发明者 | 申请人 |
|---|---|---|---|---|---|
| 94 | 2015-11-18 | 降血压肽微球的制备方法 | CN105055376 | Yang Jian; Hao Luqing; Huang Guoqing; Xiao Junxia | Shenzhen Polytechnic |
| 95 | 2015-12-09 | 轻丙基甲基纤维素纳米微球的制备方法 | CN105131313 | Gu Xiangling; Liu Yaolin; Yuan Meng; Sun Hanwen; Song Xinfeng; Cui Shuqin | Univ Dezhou |
| 96 | 2015-12-16 | 氯吡虫啉微胶囊制剂及其制备方法 | CN105145583 | Wu Decheng; Liu Baoxia | Chinese Acad Inst Chemistry |
| 97 | 2015-12-16 | W/O 疫苗油佐剂制剂及其制备方法 | CN105148266 | Ma Guanghui; Wang Lianyan; Su Zhiguo; Liu Yuan; Yang Tingyuan; Zhou Weiqing | Inst Process Eng CAS |
| 98 | 2016-01-13 | 扫膜乳化 | CN105246580 | Ramalingam Santhosh K; Sarafinas aaron | Rohm & Haas; DOW Global Technologies LLC |
| 99 | 2016-02-18 | 过滤乳化装置 | US2016045871 | Liebermann Franz (CH); Van Rijn Cornelis Johannes Maria (NL) | MST Microsieve Technologies GMBH |
| 100 | 2016-03-30 | 用于肺部药物输送的空心载药微球及其制备方法 | CN105434360 | Guo Baohua; Zhao Rui; Xu Jun | Univ Tsinghua |
| 101 | 2016-04-13 | 纳米级硫酸亚铁营养补充剂微胶囊产品及其制备方法 | CN105477014 | Huo Junsheng; Wang Lianyan; Huang Jian; Yang Tingyuan; Zhang Guifeng; Liu Hui; Zhang Bo | Nutrition and Health Inst Chinese Center for Disease Control and Prevention; Inst Process Eng CAS |
| 102 | 2016-05-04 | 新型微纳米级鱼油藻油微胶囊及其制备方法 | CN105533691 | Huo Junsheng; Wang Lianyan; Huang Jian; Yang Tingyuan; Zhang Guifeng; Liu Hui; Zhang Bo | Nutrition and Health Inst Chinese Center for Disease Control and Prevention; Inst Process Eng CAS |

膜乳化的第一项专利可追溯到 1990 年(JP2095433),该技术的发明者是日本的 Nakajima Tadao 和宫崎市清水东的 Shimizu Masataka。该发明显示了通过使用具有均匀孔径的微孔膜制备具有均匀颗粒的乳液的可能性。通过适当选择工艺条件和膜孔径分布来控制液滴尺寸和尺寸分布。该方法通过"逐滴"机制产生乳液,即将分散相通过多孔膜逐滴加入连续相中。在温和的操作条件和简单的设备中生产具有均匀液滴尺寸的乳液。可以乳化各种材料,显著改善物理特性。

1992 年,已经公布了关于简单和多重乳液、涂抹、球形硅胶和通过搅拌膜乳化或交叉流动膜乳化的聚合物生产的不同专利。1993 年,一项新专利(JP5220382)通过膜乳化分析了单分散简单和多重乳液的生产,引入了对操作参数和所用材料特性的精确分析。从经济的观点来看,简单的装置和操作程序以及减少的能量消耗是非常有利的。因此,更具体地说,该发明在生产需要乳液作为基础成分的各种最终产品中非常有用,例如生产具有改善质地的食品。有益于均匀乳液的其他产品包括药物、化妆品、颜料、功能性塑料颗粒和功能性无机材料颗粒,用于精细陶瓷的原料等,以及溶剂萃取。

**1. 食品工业中的乳化膜**

在食品工业中,日本森永乳业已经应用了许多专利(JP4323224、JP6007085、US5279847、JP7087887、US5417995 和 EP0672351)。这些专利响应食品工业的要求,制备具有低脂肪含量和优异风味的简单(W/O 和 O/W)和双(W/O/W 和 O/W/O)乳液,而不需要稳定剂和胶凝剂作为组分。这些专利涉及生产乳液、低脂肪涂抹物和多次乳液型涂抹物的方法,具有良好的味道、优异的稳定性和防腐性能,其水平从未通过任何常规方法实现。

食品领域越来越注重制备保持天然成分在味道和香味方面的性质的产品,这决定了日本化学公司 Asahi Denka Kogyo KK 的专利(EP0737425)的实现。该专利的发明人已广泛研究了天然鲜奶油的乳化结构。结果,他们发现掺入乳化剂和特定蛋白质提供了理想的水包油型乳液,赋予天然鲜奶油和植物奶油增强的性能特征。该专利表明,膜乳化方法也可用于制备含有剪切敏感成分(如蛋白质)的乳液,保持其性质,在口味方面获得优质鲜奶油味。

**2. 其他领域中的乳化膜**

日本卡内加富奇化学工业有限公司提出了预混膜乳化工艺,用于难以采用传统方法制备的具有高含量的分散相(水或油)乳液(WO9731708)。膜乳化工艺的应用范围包括医药和化妆品(JP11242317 和 WO0021491)或化工行业(JP2006182890 和 WO2006110035)。

**3. 工厂和装置改进**

最新分析证明,日本仍然是膜乳化专利最发达的国家(占已申请专利的 38%)(图 13.7),过去 7 年,它的份额减少了 22%。另外,从 2009—2016 年,我国申请专利的占比从 7% 增加到 33%,显著提高。数据清楚地表明,欧洲膜乳化领域的研究数量减少。推广膜乳化专利的欧洲公司包括微孔技术公司(英国)、弗劳恩霍夫公司和德国巴斯夫公司。

图 13.8 所示为 1990—2016 年公布的膜乳化专利。

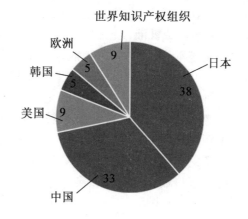

图 13.7　申请膜乳化专利的国家

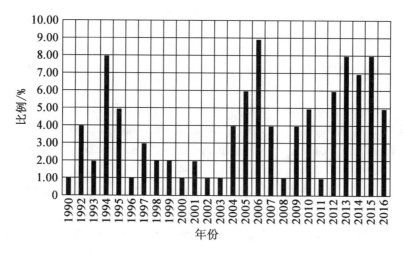

图 13.8　1990—2016 年公布的膜乳化专利

这些分布表明,2012—2016 年膜乳化专利的百分比很高且恒定。大多数已公布的专利涉及膜乳化工艺的应用(食品、照片、化妆品、制药和化学)。20 世纪 90 年代早期发布的专利主要涉及膜乳化技术为分散系统准备替代传统机械方法的可能性。随后,随着大量有关膜乳化方法的信息(如特性和参数的影响),探索了新的应用领域(制药、摄影和燃料),主要注重提高工艺效率和产品质量,特别是致力于优化工厂和设备的研究工作。

所进行的分析结果表明,膜乳化技术应用最多的领域是医疗领域,其次是食品领域(表 13.8)。

## 13.4　结　　论

1990 年引入的膜乳化在最初几年中,受到了在该时期发表的越来越多的专利的强烈冲击。然而,最近这种技术的潜力导致各种领域的应用数量增加。用于壁龛应用的生产工厂展示了该技术的优势。用于乳液领域的膜乳化方法的益处包括低剪切性能,尤其是用于制备含有剪切敏感成分的双乳液或乳液,以及控制微粒的微结构制造。尽管仍需要进行基础研究以充分了解膜乳化基本原理,特别是预混合操作模式和膜辅助纳米沉淀,但该技术已在各个领域得到证明并达到了生产水平。膜性能的改进,包括不对称润湿性,证明了提高工艺生产率的可行性。专门设计用于膜乳化的新型膜的大量生产仍然是需要改进的方面。基于公开的文献数据和对控制液滴/颗粒尺寸和尺寸分布的新方法以及各种战略领域(包括健康、能源、环境、食品)的先进配方的功能和传感特性的日益增长的需求。预计膜乳化和膜辅助微纳米颗粒制备的研究工作将增加。了解该技术的关键作用并投资于其研究和创新的国家将最终提高其在实施可持续发展方面面临挑战的竞争力和能力。

# 参 考 文 献

[1] Schultz, S.; Wagner, G.; Urban, K.; Ulrich, J. Chem. Eng. Technol. 2004, 27, 361 – 368.

[2] Nakashima, T.; Shimizu, M. Key Eng. Mater. 1991, 61/62, 513 – 516.

[3] Suzuki, K.; Shuto, I.; Hagura, Y. Food Sci. Technol. Int. 1996, 2, 43 – 47.

[4] Kawakatsu, T.; Kikuchi, Y.; Nakashima, M. J. Am. Oil Chem. Soc. 1997, 74, 317 – 321.

[5] Schubert, H.; Engel, R.; Kempa, L. In IUFoST World Congress 13$^{th}$ World Congress of Food Science and Technology IUFoST, 2006.

[6] Giorno, L.; De Luca, G.; Figoli, A.; Piacentini, E.; Drioli, E. Membrane Operations Innovative. Separations and Transformations; Wiley: Weinheim, 2009; pp. pp 463 – 497, (Chapter 21).

[7] Piacentini, E.; Poerio, T.; Bazzarelli, F.; Giorno, L. Microencapsulation by membrane emulsification of biophenols recovered from olive mill wastewaters. Membranes. 2016, 6(2); art no. 25.

[8] Williams, R. A.; Peng, S. J.; Wheeler, D. A.; Morley, N. C.; Taylor, D.; Whalley, M. Chem. Eng. Res. Des. 1998, 76, 902 – 910.

[9] Schröderr, V.; Schubert, H. Spec. Publ. R. Soc. Chem. 1999, 227, 70 – 80.

[10] Holdich, R. G.; Dragosavac, M. M.; Vladisavljevic, G. T.; Piacentini, E. Ind. Eng. Chem. Res. 2013, 52, 507 – 515.

[11] Piacentini, E.; Drioli, E.; Giorno, L. J. Membr. Sci. 2014, 453, 119 – 125.

[12] Engler, J.; Wiesner, M. R. Water Res. 2000, 34, 557 – 565.

[13] Choi, C. K.; Park, J. Y.; Park, W. C.; Kim, J. J. Membr. Sci. 1999, 157, 177 – 187.

[14] Vladisavljevic, G. T.; Williams, R. A. J. Colloid Interface Sci. 2006, 299, 396 –

402.

[15] Holdich, R. G.; Dragosavac, M. M.; Vladisavljevic, G. T. Ind. Eng. Chem. Res. 2010, 49 (8), 3810 – 3817.

[16] Zhu, J.; Barrow, D. J. Membr. Sci. 2005, 261, 136 – 144.

[17] Silva, P. S.; Dragosavac, M. M.; Vladisavljević, G. T.; Bandulasena, H. C. H.; Holdich, R. G.; Stillwell, M.; Williams, B. AIChE J. 2015, 61 (11), 3607 – 3615.

[18] Sugiura, S.; Nakajima, M.; Iwamoto, S.; Seki, M. Langmuir 2001, 17, 5562 – 5566.

[19] Kobayashi, I.; Nakajima, M.; Chun, K.; Kikuchi, Y.; Fujita, H. AIChE J. 2002, 48, 1639 – 1644.

[20] Sugiura, S.; Nakajima, N.; Kumazawa, N.; Iwamoto, S.; Seki, M. J. Phys. Chem. B 2002, 106, 9405 – 9409.

[21] Schröderr, V.; Behrend, O.; Schubert, H. J. Colloid Interface. Sci. 1998, 202, 334 – 340.

[22] Christov, N. C.; Ganchev, D. N.; Vassileva, N. D.; Denkov, N. D.; Danov, K. D.; Kralchevsky, P. A. Colloids Surf. A 2002, 209, 83 – 104.

[23] Yasuno, M.; Nakajima, M.; Iwamoto, S.; Maruyama, T.; Sugiura, S.; Kobayashi, I.; Shono, A.; Satoh, K. J. Membr. Sci. 2002, 210, 29 – 37.

[24] Kukizaki, M. J. Membr. Sci. 2009, 327, 234 – 243.

[25] Kukizaki, M.; Goto, M. J. Chem. Eng. Jpn. 2009, 42, 520 – 530.

[26] Kosvintsev, S. R.; Gasparin, G.; Holdich, R. G. J. Membr. Sci. 2008, 313, 182 – 189.

[27] Vladisavljevic, G. T.; Williams, R. A. Adv. Colloid Interface Sci. 2005, 113, 1 – 20.

[28] Scherze, I.; Marzilger, K.; Muschiolik, G. Colloids Surf., B 1999, 12, 213 – 221.

[29] Katoh, R.; Asano, Y.; Furuya, A.; Sotoyama, K.; Tomita, M. J. Membr. Sci. 1996, 113, 131 – 135.

[30] Vladisavljevi, G. T.; Tesch, S.; Schubert, H. Chem. Eng. Process. 2002, 41, 231 – 238.

[31] Giorno, L.; Mazzei, R.; Oriolo, M.; Davoli, M.; Drioli, E. J. Colloid Interface Sci. 2005, 287, 612 – 623.

[32] Yasuno, M.; Nakajima, M.; Iwamoto, S.; Maruyama, T.; Sugiura, S.; Kobayashi, I.; Shono, A.; Satoh, K. J. Membrane Sci. 2002, 210, 29 – 37.

[33] Vladisavljevic, G. T.; Schubert, H. Desalination 2002, 144, 167 – 172.

[34] Gijsbersten – Abrahamse, A. J. van der Padt, A. Boom, R. M 3iemeCongres Mondial de I'Emulsion Lyon, France, 2002, vols. 24 – 27.

[35] Yuan, Q.; Aryanti, N.; Gutirrez, G.; Williams, R. A. Ind. Eng. Chem. Res. 2009, 48, 8872 – 8880.

[36] Piacentini, E.; Imbrogno, A.; Drioli, E. Giorno L (2014). J. Membr. Sci. 2014,

459, 96 – 103.

[37] Trentin, A.; Ferrando, M.; López, F.; Guella, C. Desalination 2009, 245, 388 – 395.

[38] D'oria, C.; Charcosset, C.; Barresi, A. A.; Fessi, H. Colloids Surf., A 2009, 338, 114 – 118.

[39] Vladisavljevic, G. T.; Schubert, H. J. Membr. Sci. 2003, 225, 15 – 23.

[40] Schröderr, V.; Schubert, H. Colloid and Surfaces 1999, 152, 103 – 109.

[41] Schröderr, V.; Beherend, O.; Schubert, H. J. Colloid Interface Sci. 1998, 202, 334 – 340.

[42] Joscelyne, S. M.; Trägårdh, G. J. Food Eng. 1999, 39, 59 – 64.

[43] Mine, Y.; Shimizu, M.; Nakashima, T. Colloid Surf., B 1996, 6, 261 – 268.

[44] Berot, S.; Giraudet, S.; Riaublanc, A.; Anton, M.; Popineau, Y. Trans. IChemE 2003, 81, 1077 – 1082.

[45] Asano, Y.; Sotoyama, K. Food Chem. 1999, 66, 327 – 331.

[46] Ribeiro, H. S.; Rico, L. G.; Badolato, G. G.; Schubert, H. J. Food Sci. 2005, 70, 117 – 123.

[47] Giorno, L.; Piacentini, E.; Mazzei, R.; Drioli, E. J. Membr. Sci. 2008, 317, 19 – 25.

[48] Kawakatsu, T.; Tragardh, G.; Tragardh, C.; Nakajima, M.; Oda, N.; Yonemoto, T. Colloids Surf., A 2001, 179, 29 – 37.

[49] Liu, H. J.; Nakajima, M.; Kimura, T. J. Am. Oil Chem. Soc. 2004, 81, 705 – 711.

[50] Mine, Y.; Shimizu, M.; Nakashima, T. Colloids Surf., B 1996, 6, 261 – 268.

[51] Hatate, Y.; Uemura, Y.; Ijichi, K.; Kato, Y.; Hano, T. J. Chem. Eng. Jpn. 1995, 28, 656 – 659.

[52] Maciejewska, M.; Osypiuk, J.; Gawdzik, B. J. Polym. Sci., Part A – 1: Polym. Chem. 2005, 43, 3049 – 3058.

[53] Omi, S.; Kaneka, K.; Nakayama, A.; Katami, K.; Taguchi, T.; Iso, M.; Nagai, M.; Ma, G. H. J. Appl. Polym. Sci. 1997, 65, 2655 – 2664.

[54] Wang, L. Y.; Ma, G. H.; Su, Z. G. J. Controlled Release 2005, 106, 62 – 75.

[55] Sugiura, S.; Nakajima, M.; Ushijima, H.; Ushijima, K.; Yamamoto, K.; Seki, M. J. Chem. Eng. Jpn. 2001, 34, 757 – 765.

[56] Suzuki, K.; Fujiki, I.; Hagura, Y. Food Sci. Technol. Int., Tokyo 1998, 4, 164 – 167.

[57] Kandori, K.; Kishi, K.; Ishikawa, T. Colloids Surf. 1991, 55, 73 – 78.

[58] Cheng, C. J.; Chu, L. Y. Xie, R. J. Colloid Interface Sci. 2006, 300, 375 – 382.

[59] Cheng, C. J.; Chu, L. Y.; Xie, R.; Wang, X. W. Chem. Eng. Technol. 2008, 31, 377 – 383.

[60] Geerken, M. J.; Lammertink, R. G. H.; Wessling, M. J. Colloid Interface Sci.

2007,312, 460-469.

[61] Mine, Y. ; Shimizu, M. ; Nakashima, T. Colloids Surf. , B1996,6, 261-268.

[62] Kazuhiko, K. ; Kazuko, K. ;Tatsuo, I. Colloids Surf. 1991, 61, 269-279.

[63] Stillwell, M. T. ; Holdich, R. G. ; Kosvintsev, S. R. ; Gasparini, G. ; Cumming, I. W. Ind. Eng. Chem. Res. 2007,6, 965-972.

[64] Schadler, V. ; Windhab, E. J. Desalination 2006,189, 130-135.

[65] Okochi, H. ; Nakano, M. Chem. Pharm. Bull. 1997,45, 1323-1326.

[66] Higashi, S. ; Iwata, K. ; Tamura, S. Cancer 1995,75, 1245-1254.

[67] Higashi, S. ; Maeda, Y. ; Kai, M. ; Kitamura, T. ; Tsubouchi, H. ; Tamura, S. ; Setoguchi, T. Hepato-Gastroenterology 1996,43, 1427-1430.

[68] Higashi, S. ; Setoguchi, T. Adv. Drug Delivery Rev. 2000,45, 57-64.

[69] Nakashima, T. ; Shimizu, M. ; Kukizaki, M. Adv. Drug Delivery Rev. 2000,45, 47-56.

[70] Shima, M. ; Kobayashi, Y. ; Fujii, T. ; Tanaka, M. ; Kimura, Y. ; Adachi, S. ; Matsuno, R. Food Hydrocolloids 2004,18, 61-70.

[71] Vladisavljevic, G. T. ; Shimizu, M. ; Nakashima, T. J. Membr. Sci. 2004,244, 97-106.

[72] Piacentini, E. ; Drioli, E. ; Giorno, L. Biotechnol. Bioeng. 2011,108, 913-923.

[73] Thies, C. In Microencapsulation methods and industrial applications; Benita, Simon, Ed. ; Microencapsulation methods and industrial applications Vol. 17; Marcel Dekker: New York, 1996; pp 1-21.

[74] Yuyama, H. ; Yamamoto, K. ; Shirafuji, K. ; Nagai, M. ; Ma, G. H. ; Omi, S. J. Appl. Polym. Sci. 2000,77, 2237-2245.

[75] Ma, G.-H. ; Nagai, M. ; Omi, S. Colloids Surf. , A 1999,153, 383-394.

[76] Wang, L.-Y. ; Ma, G.-H. ; Su, Z.-G. J. Controlled Release 2005,106, 62-75.

[77] Chu, L.-H. ; Xie, R. ; Zhu, J.-H. ; Chen, W. M. ; Yamaguchi, T. ; Nakao, S. J. Colloid Interface Sci. 2003,265, 187-196.

[78] Ma, G.-H. ; Su, G.-Z. ; Omi, S. ; Sundberg, D. Stubbs. J. Colloid Interface Sci. 2003,266, 282-294.

[79] Liu, R. ; Ma, G.-H. Wan, Y.-H Su, Z.-G. ,Colloids Surf. , B 2005,45, 144-153.

[80] Vladisavljevic, G. T. ; Williams, R. A. J. Colloid Interface Sci. 2006,299, 396-402.

[81] Charcosset, C. ; El-Harati, A. ; Fessi, H. J. Controlled Release2005,108, 112-120.

[82] Nagashima, S. ; Koide, M. ; Ando, S. ; Makino, K. ; Tsukamoto, T. ; Ohshima, T. Colloids Surf. , A 1999,153, 221-227.

[83] Westover, D. ; Seitz, W. R. ; Lavine, B. K. Microchem. J. 2003,74, 121-129.

[84] Ito, F. ; Makino, K. Colloids Surf. , B 2004,39, 17-21.

[85] Wang, L.-Y. ; Gu, Y.-H. ; Zhou, O.-Z. ; Ma, G.-H. ; Wan, Y.-H. ; Su,

[86] Ma, G. -H.; Nagai, M.; Omi, S. J. Colloid Interface Sci. 1999,214, 264 - 282.

[87] Omi, S.; Matsuda, A.; Imamura, K.; Nagai, M.; Ma, G. -H. Colloids Surf., A 1999,153, 373 - 381.

[88] Dowding, P. J.; Goodwin, J. W.; Vincent, B. Colloids Surf., A 2001,180, 301 - 309.

[89] Costa, M. S.; Cardoso, M. M. Desalination 2006,200, 498 - 500.

[90] Ha, Y. K.; Song, H. S.; Lee, H. J.; Kim, J. H. Coll. and Surf. A: Phisioch. and Eng. Asp. 1999,162, 289 - 293.

[91] Ma, G. -H.; An, C. -J.; Yuyama, H.; Su, Z. -G.; Omi, S. J. Appl. Polym. Sci. 2003,89, 163 - 178.

[92] Zhou, Q. -Z.; Ma, G. -H.; Su, Z. -G. J. Membr. Sci. 2009,316, 694 - 700.

[93] Zhou, Q. -Z.; Wang, L. Y.; Ma, G. -H.; Su, Z. -G. J. Membr. Sci. 2008, 322, 98 - 104.

[94] Zhou, Q. -Z.; Wang, L. Y.; Ma, G. -H.; Su, Z. -G. J. Colloid Interface Sci. 2007,311, 118 - 127.

[95] Fuchigami, T.; Toki, M.; Nakanishi, K. J. Sol - Gel Sci. Technol. 2000,19, 337 - 341.

[96] Doan, T. V. P.; Olivier, J. C. Int. J. Pharm. 2009,382, 61 - 66.

[97] Imbrogno, A.; Piacentini, E.; Giorno, L. Int. J. Pharm. 2014,477, 344 - 350.

[98] Imbrogno, A.; Dragosavac, M. M.; Piacentini, E.; Vladisavljević, G. T.; Holdich, R. G.; Giorno, L. Colloids Surf., B 2015,135, 116 - 125.

[99] Ma, T.; Wang, L.; Yang, T.; Wang, D.; Ma, G.; Wang, S. Colloids Surf., B 2014,117, 512 - 519.

[100] Liu, Y.; Yin, Y.; Wang, L. Y.; et al. J. Mater. Chem. 2013,1, 3888 - 3896.

[101] Piacentini, E.; Mengying, Y.; Giorno, L. J. Membr. Sci. 2017,524, 79 - 86.

[102] Morelli, S.; Holdich, R. G.; Dragosavac, M. M. Microparticles for cell encapsulation and colonic delivery produced by membrane emulsification. J. Membr. Sci. 2017,524, 377 - 388.

[103] Yamamoto, T.; Ohmori, T.; Kim, Y. H. Carbon 2010,48, 912 - 928.

[104] Sawalha, H.; Purwanti, N.; Rinzema, A.; Schroën, K.; Boom, R. J. Membr. Sci. 2008,310, 484 - 493.

[105] Sheibat - Othman, N.; Burne, T.; Charcosset, C.; Fessi, H. Colloids Surf., A 2008,315, 13 - 22.

[106] Ito, F.; Fujimori, H.; Honnami, H.; Kawakami, H.; Kanamura, K.; Makino, K.; Kanamura, K.; Makino, K. Colloids Surf., B 2008,67, 20 - 25.

[107] Hao, D. -X.; Gong, F. -L.; Wei, W.; Hu, G. -H.; Ma, G. -H.; Su, Z. -G. J. Colloid Interface Sci. 2008,323, 52 - 59.

[108] Figoli, A.; De Luca, G.; Longavita, E.; Drioli, E. Sep. Sci. Technol. 2007,42

(13), 2809 – 2827.

[109] Buonomenna, M. G. ; Figoli, A. ; Spezzano, I. ; Drioli, E. Catal. Commun. 2008, 9 (13), 2209 – 2212.

[110] Buonomenna, M. G. ; Figoli, A. ; Spezzano, I. ; Morelli, R. ; Drioli, E. J. Phys. Chem. B 2008, 112, 36.

[111] Lakshmi, D. S. ; Cundari, T. ; Furia, E. ; Tagarelli, A. ; Fiorani, G. ; Carraro, M. ; Figoli, A. Macromol. Symp. 2015, 357, 159 – 167.

[112] Mascheroni, E. ; Figoli, A. ; Musatti, A. ; Limbo, S. ; Drioli, E. ; Suevo, R. ; Talarico, S. ; Rollini, M. Int. J. Food Sci. Technol. 2014, 49, 1401 – 1407.

[113] Piacentini, E. ; Lakshmi, D. S. ; Figoli, A. ; Drioli, E. Giorno L. J. Membr. Sci. 2013, 448, 190 – 197.

[114] Ito, F. ; Fujimori, H. ; Honnami, H. ; Kawakami, H. ; Kanamura, K. ; Makino, K. ; Kanamura, K. ; Makino, K. Colloids Surf. , B 2008, 66, 65 – 70.

[115] Chang – Jing Cheng, C. – J. ; Chu, L. – Y. ; Zhang, J. ; Zhou, M. – Yu Xie R. Desalination 2008, 234, 184 – 194.

[116] Othman, R. ; Vladisavljević, G. T. ; Hemaka Bandulasena, H. C. ; Nagy, Z. K. Chem. Eng. J. 2015, 280, 316 – 329.

[117] Jaafar – Maalej, C. ; Charcosset, C. ; Fessi, H. J. Liposome Res. 2011, 21 (3), 213 – 220.